Nachhaltige Mobilitätskonzepte
im Tourismus

BLICKWECHSEL

Schriftenreihe des Zentrum
Technik und Gesellschaft
der TU Berlin

Herausgegeben von
HANS-LIUDGER DIENEL
und SUSANNE SCHÖN

Band 5

Angela Jain

Nachhaltige Mobilitätskonzepte im Tourismus

Franz Steiner Verlag 2006

Umschlagabbildung: IGA Rostock 2003

Bibliografische Information der Deutschen Bibliothek
Die Deutsche Bibliothek verzeichnet diese Publikation
in der Deutschen Nationalbibliografie; detaillierte
bibliografische Daten sind im Internet über
<http://dnb.ddb.de> abrufbar.

ISBN-10: 3-515-08873-3
ISBN-13: 978-3-515-08873-2

Layout / Satz: designbüro böing grüthling, Berlin

ISO 9706

Jede Verwertung des Werkes außerhalb der Grenzen
des Urheberrechtsgesetzes ist unzulässig und strafbar.
Dies gilt insbesondere für Übersetzung, Nachdruck,
Mikroverfilmung oder vergleichbare Verfahren sowie
für die Speicherung in Datenverarbeitungsanlagen.
Gedruckt auf säurefreiem, alterungsbeständigem Papier.
© 2006 by Franz Steiner Verlag GmbH.
Druck: Printservice Decker & Bokor, München
Printed in Germany

Vorwort der Autorin

Am Anfang fast jeder Reise oder Freizeitaktivität steht der Ortswechsel. Unsere Gesellschaft war noch nie so mobil wie heute und obwohl angesichts des demographischen Wandels zurzeit noch Unsicherheiten darüber bestehen, auf welchem Mobilitätsniveau sich die derzeit herausbildenden Gruppen der ‚neuen Alten' künftig bewegen werden, steht fest, dass Reisen, Mobilsein und Erleben mittlerweile unverzichtbar zu unserem Leben gehören.

Eine Reihe von Forschungsvorhaben hat sich in den letzten Jahren mit dem hier behandelten Thema ‚Freizeitmobilität' auseinandergesetzt, unter anderem das vom Bundesministerium für Bildung und Forschung (BMBF) geförderte Forschungsprojekt ‚EVENTS – Freizeitverkehrssysteme für den Eventtourismus', in dessen Zusammenhang der vorliegende Band entstanden ist. Weitere Ergebnisse und Handreichungen, die das Projekt hervorgebracht hat, sind zum Beispiel das ‚Handbuch Eventverkehr' (vgl. Dienel/Schmithals 2004), das als Planungs- und Arbeitshilfe für die Eventverkehrsplanung dienen soll, oder der Sammelband ‚Erfolgreiche Eventverkehre', in dem wertvolle Praxiserfahrungen und konkrete Fallbeispiele zu Freizeitverkehr und Eventtourismus beleuchtet werden (vgl. Schiefelbusch 2004).

Die Motivation für das vorliegende Buch entstand ebenfalls in diesem Forschungskontext. Es geht in seinen Betrachtungen jedoch weit über das spezifische Segment des Eventtourismus hinaus und diskutiert das Phänomen Freizeitverkehr als maßgebliche Schnittstelle zwischen den Systemen Verkehr und Tourismus. Als Grundlage diente meine im Oktober 2004 an der Humboldt-Universität zu Berlin eingereichte Dissertation ‚Konzepte und Instrumentarien zur Entwicklung nachhaltiger Freizeitverkehrsangebote im Tourismus', die von Prof. Dr. Dr. h.c. Siegfried Heinz und Prof. Dr. Angelika Wolf in großartiger Weise begleitet wurde. Schwerpunkt der Arbeit ist die Gestaltung von touristischen Mobilitätskonzepten unter dem Leitbild der Nachhaltigkeit – ein Themenfeld, dass in den Aufgabenstellungen der Freizeitmobilitätsforschung meist implizit mitschwingt, aber bisher fast nie konkret angegangen wurde. Vor diesem Hintergrund wird ein normatives Planungskonzept entwickelt, das im Besonderen auf die Vereinbarkeit von Nachhaltigkeitsbelangen mit der Anspruchsvielfalt von Reisenden und den oft begrenzten Handlungsmöglichkeiten der Anbieter eingeht. Ein aus diesem Dilemma herausführender Lösungsweg ist das auf Praxisnähe und Umsetzungsorientierung ausgelegte Konzept der ‚Reiseketten'. Dass die ‚Reisekette' als nachhaltige Mobilitätsstrategie für den Tourismus zukunftsweisend sein kann, zeigen inzwischen einzelne Beispiele aus anderen Regionen Europas. Erwähnt sei der österreichische Modellort ‚Werfenweng', der seinen Gästen ökologische, erlebnisorientierte Mobilitätsbausteine anbietet. Die Erfahrungen zeigen zwar, dass alternative Mobilitätsformen Zeit zur Einführung brauchen, dass aber innovative Ideen in Kombination mit einem umfassenden Service zum maßgeblichen Standortfaktor werden können. Die anfängliche Durststrecke lässt sich jedoch nur in gemeinsamer Anstrengung von Mobilitätsdienstleistern und Tourismusakteuren überwinden. Dabei kommt dem Aufbau von dauerhaften Netzwerken ein besonderer Stellenwert zu. Ein zentrales Ergebnis der akteurszentrierten Untersuchung

VORWORT DER AUTORIN

ist, dass die Chancen zur Verlagerung des Freizeitverkehrs auf umweltfreundliche Verkehrsmittel insgesamt besser genutzt werden könnten, wenn die in Frage kommenden Akteure stärker als bisher zusammenarbeiteten. Das Potenzial, das sich aus dem Aufbau von Netzwerken und aus der Optimierung der Kooperations- und Kommunikationsstrukturen zwischen Tourismus- und Mobilitätssektor ergibt, liegt jedoch häufig brach.

Vor diesem Hintergrund möchte ich ganz besonders den Herausgebern Dr. Hans-Liudger Dienel und Dr. Susanne Schön für die Aufnahe in die Reihe ‚Blickwechsel' danken, die in der Erforschung und Weiterentwicklung des Kooperationsmanagements eine herausragende Aufgabe sehen. In diesem Kontext soll auch die vorliegende Untersuchung einen Beitrag zum Dialog zwischen den Fachdisziplinen leisten.

INHALT

	Vorwort der Herausgeber	9
1	**Ausgangssituation: Mobilität und Tourismus**	**11**
1.1	Problemstellung: Das Nachhaltigkeitsdilemma des Reisens	14
1.2	Zielsetzung: Entwicklung von Handlungsansätzen für touristische Akteure	21
1.2.1	Ziele und methodisches Vorgehen	21
1.2.2	Planungsmodell, Arbeitsmethoden und Thesen	23
2	**Theoriekonzept: Wirkungsfelder im touristischen Verkehr**	**43**
2.1	Heranführung an die Wirkungsfelder	43
2.1.1	Nachhaltigkeitsziele – zwischen Anspruch und Wirklichkeit	44
2.1.2	Reisende – zwischen Hedonismus und Umweltgewissen	49
2.1.3	Angebotsstruktur – zwischen Erlebniswelt und Ökozauber	56
2.2	Wirkungsfeld Nachhaltigkeitsziele	60
2.2.1	Definitionen und Ziele einer nachhaltigen Tourismusentwicklung	62
2.2.2	Definitionen und Ziele einer nachhaltigen Entwicklung der (Freizeit-) Mobilität	74
2.2.3	Fazit: Zielsystem für die Gestaltung nachhaltiger Freizeitverkehrsangebote im Tages- und Kurzreisetourismus	82
2.3	Wirkungsfeld Reisende	90
2.3.1	Untersuchungsansätze in der Tourismus- und Mobilitätsforschung	93
2.3.2	Die Reiseentscheidung	102
2.3.3	Die Auswahl der Reiseverkehrsmittel	114
2.3.4	Fazit: Einflussfaktoren auf die Wahl von Reiseangeboten im Tages- und Kurzreisetourismus	136
2.4	Wirkungsfeld Angebotsstruktur	138
2.4.1	Entwicklung touristischer Reiseangebote: Prozess der Angebotsgestaltung	139
2.4.2	Kooperations- und Kommunikationsstrukturen	147
2.4.3	Räumlich-strukturelle Voraussetzungen	157
2.4.4	Fazit: Erfolgsfaktoren und Rahmenbedingungen für die Gestaltung von Freizeitmobilitätsangeboten	178
2.5	Bewertung der Wirkungsfelder und Entwicklung von Lösungsstrategien für das Handlungskonzept	180
3	**Handlungskonzept: Entwicklung nachhaltiger Mobilitätskonzepte im Tourismus**	**185**
3.1	Reisetypen	185
3.1.1	Zielgruppenmodell für touristische Mobilitätsangebote	186
3.1.2	Profil der Reisetypen: Freizeit- und Mobilitätsbedürfnisse	196
3.1.3	Fazit: Reisetypen als Handlungsansatz zur zielgruppengerechten Gestaltung von Freizeitmobilitätsangeboten	222
3.2	Reiseketten	223
3.2.1	Vorgehensweise im Prozess der Handlungsforschung	225

3.2.2	Entwicklung von Reiseketten-Varianten	229
3.2.3	Beispiel: Busreisekonzept für ‚Gruppenorientierte Autofans'	236
3.2.4	Beispiel: Bahn- und Radreise für ‚Bequeme Selbstorganisierer'	246
3.2.5	Bewertung der Reisekette ‚Perlen auf dem Weg zum Meer'	255
3.2.6	Netzwerkbildung: Analyse der Kooperations- und Kommunikationsstrukturen	266
3.2.7	Fazit: Handlungsempfehlungen für die Gestaltung nachhaltiger und zielgruppenspezifischer Reiseketten	282
3.3	Nachhaltigkeitsbewertung	285
3.3.1	Grundlagen zur Beurteilung der Nachhaltigkeit	287
3.3.2	Evaluierungsansatz für die Nachhaltigkeit von Reiseketten	311
3.3.3	Fazit: Handlungsansatz zur Beurteilung der Nachhaltigkeit von Freizeitverkehrsangeboten	349
4	**Schlussbetrachtung**	**353**
4.1	Zusammenfassung der zentralen Ergebnisse	353
4.2	Schlussfolgerung und Ausblick	359
	Abkürzungsverzeichnis	363
	Verzeichnis der Abbildungen und Tabellen	365
	Literatur	369

Vorwort der Herausgeber

Seit einigen Jahren veröffentlicht das Zentrum Technik und Gesellschaft (ZTG) – seit kurzem gemeinsam mit dem nexus Institut für Kooperationsmanagement und interdisziplinäre Forschung – in einer Buchreihe Monografien und Sammelbände, die sich der Analyse von Problemen des Kooperationsmanagements im weiteren Sinne sowie der Erarbeitung von neuen, innovativen Lösungen in den von ZTG und nexus bearbeiteten Themenfeldern widmen. Der Titel der Reihe – Blickwechsel – soll die im ZTG und im nexus Institut typische multiperspektivische Herangehensweise und disziplinäre Begegnung von Methoden, Fragestellungen und Lösungsansätzen widerspiegeln.

Die vorliegende Arbeit von Dr. Angela Jain zum nachhaltigen Freizeitverkehrsmanagement passt aus mehreren Gründen ideal in unsere Buchreihe:
Sie ist in dem vom Bundesforschungsministerium geförderten Projektverbund „Events – Freizeitverkehrssysteme für den Eventtourismus" entstanden. Dieser Verbund hat neue Eventverkehre konzipiert, in denen die An- und Abreise zu einem Teil des Events werden sollte (www.eventverkehr.de). Koordinator des Verbunds war das aus dem ZTG hervorgegangene nexus Institut für Kooperationsmanagement und interdisziplinäre Forschung (www.nexus-berlin.com). Das Institut für agrar- und stadtökologische Projekte (IASP) an der Humboldt Universität, ein langjähriger Kooperationspartner des ZTG, in dem Angela Jain als Doktorandin gearbeitet hat, war einer der Projektpartner.

Die Arbeit leistet einen grundlegenden Beitrag zur Entwicklung von Kategorien für nachhaltigen Freizeitverkehr und befruchtet damit die methodischen Debatten in den ZTG-Forschungsbereichen zur sozialwissenschaftlichen Mobilitäts- und Raumforschung einerseits und der Formulierung von Nachhaltigkeitszielen andererseits. Dieser Beitrag ist wichtig. Zwar kann der weiter wachsende innerdeutsche Tourismus Arbeitsplätze in strukturschwachen Regionen schaffen oder auch regionale Bindungen erhöhen. Aber er ist zugleich unter anderem landschaftsverbrauchend und CO_2-intensiv; kurz: es handelt sich um einen kontroversen und für die Durchsetzung nachhaltiger Entwicklungsziele wichtigen Bereich.

Im Freizeitverkehr sind bisher die Anteile öffentlicher Verkehrssysteme kleiner als etwa im Berufsverkehr, weil der Freizeitverkehr insgesamt weniger bündelungsfähig ist. Eine Ausnahme bildet allerdings der Eventverkehr, auf den sich die Untersuchung konzentriert, denn die An- und Abreise im öffentlichen Eventverkehr bietet viele attraktive Chancen, sich auf das Event und die Mitreisenden einzustimmen, das Event nachklingen zu lassen oder den Reiseraum zu genießen.

Die Erfolgschancen von Eventverkehren als Teil des Events hängen entscheidend von guten, innovativen Vorschlägen für die Gestaltung der An- und Abreise ab. Auch hier präsentiert die Arbeit von Angela Jain mit der Vorstellung attraktiver Reiseketten bis hin zur Gestaltung des Reise- und Straßenraums neue, weitgreifende und originelle Ansätze. Die Umsetzung von attraktiven Reiseketten muss nicht immer aufwändig sein. Sie erfordert aber fast immer die Integration mehrerer Partner und damit eine neue Verteilung von Zuständigkeiten und Gewinnen und neue Formen und Wege der Zusammenarbeit.

Die vorliegende Arbeit spiegelt die mehrjährige Projekterfahrung von Frau Jain in der Forschung und Konzeption von Freizeitverkehren wider und dokumentiert damit die Stärke von Ansätzen, die sowohl theoretisch ambitioniert als auch praxiserfahren und -orientiert argumentieren können. Frau Jain gelingt in ihren Beschreibungen und Konzepten die Kombination scharfer, wissenschaftlicher Analyse und pragmatisch umsetzbarer Lösungsansätze.

Wir wünschen der Arbeit weite Verbreitung bei den wissenschaftlichen und praxisorientierten Akteuren im Freizeitverkehrsmanagement, der sozialwissenschaftlichen Mobilitätsforschung, der Verkehrsgeografie, der Tourismusforschung, der Regionalentwicklung und Nachhaltigkeitsforschung sowie der Ostdeutschlandforschung, alles Arbeitsfelder von Angela Jain.

Hans-Liudger Dienel und Susanne Schön

1   Ausgangssituation: Mobilität und Tourismus

Der Tourismus stellt für einige Gebiete im ländlichen Raum einen zentralen Wirtschaftsfaktor dar und wird insbesondere in strukturschwachen Regionen häufig als einzige Möglichkeit der Einkommenssicherung und der Verhinderung von Abwanderung gesehen. So gilt die Initiierung und Bezuschussung touristischer Investitionen auf nahezu allen politischen und administrativen Planungs- und Entscheidungsebenen als Erfolgsfaktor für die Zukunft ländlicher Regionen. Die Entwicklung eines umwelt- und sozialverträglichen Tourismus kann somit als möglicher „Impulsgeber für eine eigenständige Regionalentwicklung" dienen, der hilft, die „Strukturkrise ländlicher Räume" zu überwinden (Hoffmann/Wolf 1998:123). Gekennzeichnet ist diese Krise insbesondere durch den fortschreitenden Bedeutungsverlust der Landwirtschaft, eine Unterversorgung mit Arbeitsplätzen und damit die verbundene Abwärtsspirale Migration der Bevölkerung, Reduzierung des sozial-kulturellen Angebots und Identifikationsverlust (vgl. ebd.). Durch die Entwicklung des Tourismus können derartige Probleme wie der Bedeutungsverlust der Landwirtschaft „abgefedert, nicht selten auch weitgehend ausgeglichen werden" (Mose 1998:9). Wirtschaftliche Potenziale ergeben sich unter anderem durch mögliche Einnahmen aus der Direktvermarktung landwirtschaftlicher Produkte und der Förderung von Landschafts-Pflegemaßnahmen aus Abgaben und Steuern (Dosch/Beckmann 1999:304). Des Weiteren sichert der Tourismus den Erhalt historischer Kulturlandschaften und ermöglicht die Einrichtung von Schutzgebieten, beispielsweise Nationalparks, denn vielfältige Natur- und Kulturlandschaften, funktionierende Gemeinschaften und eine erholsame Umgebung bilden das größte touristische Potenzial ländlich geprägter Regionen. Dieses „wichtigste Kapital der Reise- und Erholungsindustrie" gilt es langfristig zu bewahren (Stiens 1999:325).

So sehr der Tourismus zum Heilsbringer des ländlichen Raumes stilisiert wird, dürfen einige Nachteile doch nicht übersehen werden: Die intakte Natur und Umwelt als das wichtigste Kapital wird annähernd kostenlos gehandelt; der „Verschleiß" und insbesondere die gravierenden, bisher aber weitgehend vernachlässigten Folgen der „grenzenlosen Mobilität" sind in den Reisekosten nicht enthalten. Zahlen des statistischen Bundesamtes belegen, dass im Zeitraum von 1993 bis 2003 die Siedlungs- und Verkehrsfläche täglich um 122 ha angewachsen ist, zumeist verursacht durch die Umwidmung landwirtschaftlich genutzter Flächen (Statistisches Bundesamt 2004, Bundesamt für Bauwesen und Raumordnung 2001:8). Zwangsläufig ergeben sich durch diese augenfälligen Eingriffe in Landnutzungsstrukturen gravierende Auswirkungen sowohl für den Landschaftshaushalt als auch für die dort wohnenden Menschen. Ferner dient der ländliche Raum oft nur noch als Kulisse für die Vorstellungswelt der zumeist städtischen Besucher, die mit der Wirklichkeit auf dem Land nichts zu tun hat. Dass die touristische Entwicklung zu sich ändernden Anforderungen an die dort tätigen Arbeitskräfte sowie zu Konflikten mit traditionellen Landnutzungsstrategien in den touristischen Destinationen führt und damit „einschneidende soziale Prozesse bewirkt, ist unbestritten" (Backes/Goethe 2003:15). Insbesondere die aus der fortschreitenden Ausdifferenzierung von Lebensstilen resultierende hohe Erwartungshaltung der Besucher nach individueller Erlebnisbefriedigung (vgl. u.a.

1 Ausgangssituation: Mobilität und Tourismus

Beck 1986, Hradil 2001) führt zu Landnutzungskonflikten. Dennoch ist es unzulässig, die tourismusbedingten Einflüsse auf die nachhaltige Regionalentwicklung isoliert betrachten zu wollen; erhebliche Einflüsse sind auch durch Medien, Bildung sowie die gesamtgesellschaftliche Entwicklung zu verzeichnen.

Einen wesentlichen Auslöser für den Aufschwung des Reisens und des Tourismus stellt der gesellschaftliche Wandel dar. Als „(technologisch) orientierte Kernfaktoren" sind in diesem Zusammenhang vor allem veränderte Mobilitätsbedingungen, Veränderungen im Zeitbudget und in den Zeitstrukturen sowie eine veränderte Wohlstandsverteilung bzw. der Konsumwandel zu nennen (Bachleitner/ Weichbold 2000:4f.). Die Erfolgsgeschichte des Reisens ist unmittelbar und schicksalhaft mit der Mobilität als Möglichkeit der Bewegung durch Raum und Zeit verknüpft. Materiell gesehen sind die Erfindungen von Eisenbahn und Dampfschiff „Geburtshelfer des Tourismus" (Backes/ Goethe 2003:9). Letztlich war es aber die fortschreitende und massenhafte Automobilisierung, die den „entscheidenden Impuls für den Aufschwung" setzte und zu einer Verlagerung von Erholung und Erlebnis in weiter entfernte Zielregionen führte (vgl. Hoffmann 1994; Luger/ Rest 1995, zit. in Bachleitner/ Weichbold 2000:4f.). Die durch Freizeit- und Tourismusaktivitäten bedingte Freizeitmobilität hat auf Grund von sich ändernden Lebensmodellen und Lebensumständen in den letzten Jahrzehnten stark zugenommen. Noch nie hat es bisher eine Generation gegeben, die so viel freie Zeit zur Verfügung hatte und die gleichzeitig so mobil war (Opaschowski 2001:88). Der starke Mobilitätsdrang resultiert aus Freizeitbedürfnissen mit einer hohen Erlebniserwartung. Zur Erfüllung dieser Mobilitätsbedürfnisse ist Verkehr, verstanden als realisierte Mobilität (vgl. FGSV 2003:5) und als Instrument, das Mobilität ermöglicht (Becker 2001:5), eine wesentliche Voraussetzung. Deutlich zeigt sich dies insbesondere bei der aktuell zu beobachtenden Zunahme von immer kürzeren und häufigeren Reisen im Inland, die überwiegend mit dem Pkw durchgeführt werden.

Die negativen Folgen des Freizeit- und Tourismusverkehrs sind Naturzerstörung, Flächenverbrauch und Zersiedelung sowie ein Identitätsschwund bei den Bereisten, der sich insbesondere auf Transiträume auswirkt. „Spätere Historiker werden erstaunt sein, wie viele Kosten man für diese neue Integration der Menschen in die mobile Gesellschaft auf sich nahm, an Verkehrstoten, Verbauungen, Umweltschädigungen" (Meier-Dallach/ Hohermuth 1999:2). Die An- und Abreise stellt – insbesondere auf Grund des erheblichen Verbrauchs nicht erneuerbarer Ressourcen sowie enormer Schadstoff- und Lärmemissionen – meist das gravierendste ökologische Problem einer Reise dar, wurde aber bisher hinsichtlich der Folgenabschätzung des Tourismus nur unzureichend in die Überlegungen einbezogen. Trotz seiner zunehmenden Bedeutung spielt der Freizeitverkehr bis heute in den Überlegungen von Verkehrsplanern, Tourismusfachleuten und politischen Entscheidungsträgern „eine untergeordnete Rolle" obwohl er – bezogen auf die Verkehrsleistung – mittlerweile den größten Verkehrszweck im Personenverkehr darstellt (vgl. Freyer/ Groß 2003:2) und insbesondere ländliche Regionen im Umland von Agglomerationen stark belastet.

Die vorliegende Untersuchung soll dazu beitragen diese bestehende Forschungslücke zu schließen, indem sie den Fokus auf den Tagesausflugs- und Kurzreiseverkehr als eines der stärksten Wachstumssegmente im Inlandstourismus legt (vgl. F.U.R. 2002 und 2004). In der Verkehrsplanung werden die betrachteten Tagesausflüge und Kurzreisen zum „Freizeit- und Urlaubsverkehr" bzw. dem „touristischen Verkehr" zugeordnet, der zum Bereich des „nicht-alltäglichen" Freizeitverkehrs zählt (Lanzendorf 2001:37). Der Untersuchungsansatz ist demnach im Spannungsfeld von Tourismus, den verkehrlichen Folgen und der zunehmenden Abhängigkeit ländlicher Räume vom Tourismus angesiedelt. Einen besonderen Schwerpunkt stellt der Teilbereich des Event- oder Veranstaltungstourismus dar. Events, d.h. zeitlich befristete Großveranstaltungen, zählen heute zu den wichtigsten Marktsegmenten im Tourismus und sind insbesondere für viele kleinere Destinationen im ländlichen Raum zentrale Wirtschaftsfaktoren.

Der Ansatz ist stark akteurszentriert, d.h. der Mensch steht als handelndes Subjekt im Mittelpunkt der Betrachtungen. Dem entspricht auch die Erarbeitung eines am Prinzip der Nachhaltigkeit orientierten Handlungskonzepts für den Freizeitverkehr, das als Quintenessenz auf mögliche Verhaltensänderungen touristischer Akteure gerichtet ist. Konkretes Anwendungsbeispiel ist das Event Internationale Gartenbauausstellung (IGA) Rostock 2003. Für diese Tourismusdestination werden auf Grundlage der theoretischen Untersuchungen und für ausgewählte Zielgruppen (Reisetypen) modellhaft Angebote (Reiseketten) entwickelt und praktische Handlungsempfehlungen abgeleitet. Mit Hilfe des eigens entwickelten Evaluierungsansatzes können Reiseketten schließlich auch auf ihre ökologische, ökonomische und soziale Verträglichkeit und ihren Beitrag zur nachhaltigen Regionalentwicklung überprüft werden. Die Untersuchungen, die dem vorliegenden Band zugrunde liegen, waren eingebunden in das vom BMBF geförderte Forschungsvorhaben „EVENTS – Freizeitverkehrssysteme für den Eventtourismus"[1]. Grundgedanke des Forschungsprojekts war die Entwicklung innovativer Verkehrskonzepte, die insbesondere die Integration der An- und Abreise in das Eventerleben zum Ziel hatten. Es wurde davon ausgegangen, dass Mobilitätsangebote – wie Reiseangebote insgesamt – den individuellen Ansprüchen und Wünschen der Reisenden entsprechend gestaltet sein müssen. Events, so die Annahme, können also nicht isoliert als Verkehrsbewältigungsereignisse betrachtet und allein unter Gesichtspunkten wie Lage und Erreichbarkeit geplant werden. Vielmehr sollte bei der Gestaltung von Mobilitätskonzepten dem Charakter des Events und dem Teilnehmerspektrum Rechnung getragen werden. Die Ergebnisse des Forschungsvorhabens sind in einem „Handbuch Eventverkehr"

---

1   Laufzeit 2000-2004; vgl. BMBF- Forschungsprojekt EVENTS – Freizeitverkehrssysteme für den Event-Tourismus (2004): Abschlussbericht Evaluierung. Zugänglich über die Technische Informationsbibliothek Hannover.

zusammengefasst (vgl. Dienel/ Schmithals 2004). Die vorliegende Untersuchung baut auf die dort gewonnenen Erkenntnisse auf und entwickelt sie weiter.

1.1 Problemstellung: Das Nachhaltigkeitsdilemma des Reisens

Technische, wirtschaftliche und soziale Entwicklungen haben in den letzten Jahrzehnten zu einer hohen Mobilität in unserer Gesellschaft geführt. „Mobilität von Personen und Gütern ist Voraussetzung für die wirtschaftliche und soziale Entwicklung eines Landes" (Bundesregierung 2001:145). Mobilität erschließt Räume: Lebensräume, Arbeitsräume und Wirtschaftsräume und ist damit wesentliche Vorbedingung für Freizeit- sowie für Reise- und Tourismusaktivitäten. Dabei ist Mobilität jedoch nicht gleich zu setzen mit Verkehr, sondern stellt zunächst nur die „Möglichkeit für geistige, soziale und physische Bewegungen zur Bedürfnisbefriedigung" dar (FGSV 2003:4f.). Erst wenn zur Bedürfnisbefriedigung eine Ortsveränderung notwendig und das Mobilitätsbedürfnis realisiert wird, entsteht Verkehr. Verkehr ist demnach ein „Instrument, das Teilnahme und dadurch ausgelöste Mobilität ermöglicht" (ebd.). Um das heutige Bedürfnis nach oftmals entfernungsintensiven Freizeit- und Tourismusformen zu befriedigen, ist ein hohes Maß an Verkehrsaufwand notwendig.

Die verkehrlichen Auswirkungen des Tourismus als einer der größten Industrie- und am schnellsten wachsenden Wirtschaftszweige sind sowohl auf ökologischer als auch auf ökonomischer und soziokultureller Ebene erheblich (United Nations Economic and Social Council 2001:2ff.). Die Folgen des Freizeit- und Urlaubsverkehrs sind nicht nur die dauerhafte Schädigung von Natur und Umwelt als Lebensgrundlage für Menschen, Flora und Fauna. Auch die Lebens- und Erholungsqualität wird durch steigende Lärm- und Abgasbelastung und die Störung des Landschaftsbildes durch die Zerschneidung zusammenhängender Landschaften stark beeinträchtigt. Die Auswirkungen der Verkehrsbelastungen betreffen damit nicht nur die ökologische Dimension der Nachhaltigkeit. Zugleich engen die durch den touristischen Verkehr verursachten Staus die Mobilität ein. Sie stellen „für Bürger und Wirtschaft eine erhebliche Belastung dar und verursachen zudem volkswirtschaftliche Kosten" (Bundesregierung 2001:145). Weiter verschärft werden die verkehrlichen Auswirkungen dadurch, dass mit der Zunahme von Kurzreisen gegenüber Urlaubsreisen sowie steigenden Reiseentfernungen ein ungünstigeres Verhältnis zwischen Verkehrsaufwand und Aufenthalt am Reiseziel entsteht. Einem sinkenden Umsatz durch touristische Einnahmen stehen steigende Umweltbelastungen gegenüber.

Für die Reisenden fällt auf Grund dieser Verschiebung die Fahrzeit, die meist im Auto verbracht wird, als ‚Nicht-Zeit' stärker ins Gewicht. Gerade bei Ausflügen

1.1 Problemstellung: Das Nachhaltigkeitsdilemma des Reisens

und Kurzreisen wird für die An- und Abreise häufig mehr Zeit aufgewendet als für die eigentliche Freizeitaktivität (vgl. Bundesministerium für Umwelt, Naturschutz und Reaktorsicherheit 1994:54). Wie sich bei der Analyse bestehender Reiseangebote zeigt, entsprechen heutige An- und Abreiseangebote mit umweltfreundlichen öffentlichen Verkehrsmitteln – auf Grund veränderter Freizeitstile – nicht den heutigen Ansprüchen, insbesondere hinsichtlich der Anforderungen und Bedürfnisse in Bezug auf die Reisegestaltung. Trotz zahlreicher Appelle an das Umweltbewusstsein von Reisenden und immer längeren Staus auf den Straßen hat der Anteil alternativer Verkehrsmittel am Gesamtverkehr eher abgenommen (Umweltbundesamt 2001b:9). Analog zum Alltagsstress stehen häufig auch in der Freizeit hohe Reisegeschwindigkeiten im Mittelpunkt des Interesses und nicht die sinnliche E*rfahrung* des Weges zum Ziel, d.h. die Entdeckung der Regionen rechts und links der Strecke. Entsprechend nehmen in Transitregionen positive Effekte wie Chancen für Regionalentwicklung durch Tourismus und sozialer Austausch eher ab, da die Reisenden sich möglichst kurz aufhalten und nur unmittelbar mit der technischen und organisatorischen Durchführung der An- und Abreise in Zusammenhang stehende Dienstleistungen, beispielsweise Autobahnraststätten, nachgefragt werden. Darüber hinaus gehende positive Auswirkungen auf das soziokulturelle Lebensumfeld und die Wirtschaftsstruktur der Transitregion sind nicht zu erwarten.

Im Folgenden werden die Entwicklungstrends in den Bereichen Tourismus und Verkehr näher betrachtet, um bei der Suche nach Lösungsansätzen auf die gegenwärtige Situation und auf künftige Entwicklungen eingehen zu können.

Entwicklungstrends Tourismus und Verkehr
Nach wie vor ist Europa das Quell- und Zielgebiet mit den meisten Urlaubsströmen und die deutschen Bundesbürger haben als ‚Reiseweltmeister' daran einen maßgeblichen Anteil: Deutschland liegt bei den Auslandsreisen an erster Stelle, dicht gefolgt von den USA (vgl. F.U.R. 2004:1f). Dass die deutsche Bevölkerung aber nicht ausschließlich Fernreisen unternimmt, zeigt die große Zahl derer, die ihren Urlaub im eigenen Land oder in deutschsprachigen Gebieten (Österreich, Schweiz, Südtirol) verbringen. Internationale Krisen und Attentate in vielen Teilen der Welt sowie die stagnierende wirtschaftliche Entwicklung führen derzeit zu einer Tendenz zu kürzeren Reisen. So waren 1999 allein 55% aller inländischen Privatreisen Kurzreisen (Bundesregierung 2002:5), Tendenz steigend. Die Reisedauer ist in den letzten Jahren kontinuierlich gesunken. Der inländische Tourismus profitiert von diesem Trend; Urlaub im eigenen Land wird wieder attraktiver: er stieg von 29% im Jahr 1998 auf 33% im Jahr 2003 (F.U.R 2004). Obwohl sich angesichts der gegenwärtig instabilen weltpolitischen Lage und dem steigenden Anteil von Inlandsurlaubern ein der globalen Umwelt zu Gute kommender Gegentrend zum Ferntourismus abzeichnet, ist noch keine Lösung für die nationalen Umweltprobleme gefunden. Durch die Zunahme von Inlandsreisen treten Probleme zu Tage, die bisher durch den Fernreiseverkehr zu einem großen Teil auf andere Länder verlagert wurden und die es nun (auch) hier zu lösen gilt.

1 Ausgangssituation: Mobilität und Tourismus

Auf Grund steigender Reisedistanzen wird heute für Freizeitzwecke, inklusive Urlaubsreisen, mit einem Anteil von etwa 48% am Personenverkehrsaufkommen die größte Verkehrsleistung erbracht (DIW 2002 o.S.). Das größte Wachstum im erdgebundenen Verkehr hatte in den letzten Jahren der motorisierte Individualverkehr (MIV) zu verzeichnen; hier stieg die Verkehrsleistung zu Freizeitzwecken zwischen den Jahren 1989 und 1999 kontinuierlich von 247,1 Mrd. auf 326,8 Mrd. Personenkilometer an. Selbst bei der Bahn gab es auf vergleichsweise niedrigem Niveau einen Anstieg von 12,9 Mrd. auf 24,4 Mrd. zurückgelegten Personenkilometern.

Die Verkehrsmittelnutzung bei Freizeit und Reisen wird, da bislang keine bundesweiten Untersuchungen zu Naherholung und Mobilität vorliegen, anhand der nachfolgenden Zahlenbeispiele dargestellt:

Tabelle 1: Verkehrsmittelnutzung in der Alltagsfreizeit, im Urlaub und in einer Beispielregion

Tägliche Freizeitwege Quelle: Mobilität in Deutschland 2002 (DIW/Infas 2004:67)	- 54% Motorisierter Individualverkehr (MIV), davon 22% Mitfahrer - 30% Fuß - 11% Fahrrad - 6% Öffentlicher Verkehr (ÖV)
Urlaubsreisen im Inland Quelle: Reiseanalyse 2005 (FUR 2005:5)	- 74,3% Pkw - 13,7% Bahn - 9,2% Bus
Ausflüge der Berliner (2003) Quelle: Ausflugsstudie der FU-Berlin (Willi-Scharnow-Institut für Tourismus 2003)	- 71,2% Pkw - 23,6% S-/ Regionalbahn - 4,4% Reisebus - 3,5% Rad - 2,6% Nahverkehrsbus

Quellen: DIW/Infas 2004, FUR 2005, Willi-Scharnow-Institut für Tourismus an der FU Berlin 2003

Insgesamt nutzten im Jahr 2001 zwar mehr Fahrgäste die öffentlichen Verkehrsmittel im Vergleich zum Vorjahr, doch die Fahrgastzahlen der Fernverkehrsverbindungen im Reiseverkehr mit Omnibussen sind von 2001 auf 2002 um 2,6% zurückgegangen. Auch die Eisenbahn verzeichnete im Personennah- und Fernverkehr insgesamt einen deutlichen Rückgang (Internationales Verkehrswesen 2002:290). Diese anhaltende Tendenz führt dazu, dass Verkehrsunternehmen des öffentlichen Verkehrs unter Handlungsdruck geraten, zumal sie sich mehr und mehr auf einem liberalisierten Markt behaupten müssen. Zurzeit stagniert der Freizeitverkehr auf hohem Niveau, was auch der allgemeinen Entwicklung der Personenverkehrsleistung entspricht. So stieg die Pkw-Verfügbarkeit seit Mitte der neunziger Jahre nicht weiter an, Realeinkommen stagnierten bzw. sanken und auch die demographische Entwicklung, die zu einer Verschiebung der Alterspyramide zugunsten höherer Altersklassen führt, trägt dazu bei, dass das Wachstum der Verkehrsleistung im Freizeitverkehr vorerst gebremst ist. Obwohl die ‚neuen Alten' heute wesentlich aktiver leben, sind sie gegenüber den stark zurückgehenden jüngeren Jahrgängen weniger mobil (vgl. Gstalter 2003:107).

Die beschriebene Stagnation trifft allerdings – wie beschrieben – nicht in dem Maße auf Urlaubsreisen bzw. Tages- und Kurzreisen zu. Besonders im Bereich des Tages- und Kurzreiseverkehrs wird vielmehr ein weiterer Anstieg des Freizeitverkehrs prognostiziert.

Vor diesem Hintergrund gewinnt die nachhaltige Gestaltung des Freizeit- und Tourismusverkehrs zunehmend an Bedeutung, zumal der Verkehr im Reisesektor schon jetzt als Hauptverursacher für Umweltschäden anzusehen ist. Denn individuelle, ein hohes Maß an Mobilität erfordernde (Freizeit-) Bedürfnisse stehen im Konflikt zu den Zielen einer nachhaltigen Tourismus- und Verkehrsentwicklung, da sie zumeist mit un-nachhaltigen (oder umweltbelastenden) Verkehrsmitteln realisiert werden. Beispielsweise treten tourismusbedingte Belastungen in den Bereichen Wasserverbrauch, Gewässerschutz, Abfall und Lärm – laut Bundesumweltministerium – in Deutschland allenfalls kleinräumig auf. Das größte Problem sind die Emissionen klimaschädlicher Treibhausgase (v.a. CO_2). Sie beliefen sich im Jahr 1999 auf rund 74,6 Millionen Tonnen. Zum Vergleich lag in der Chemieindustrie der Ausstoß bei knapp 40 Millionen Tonnen (Bundesministerium für Umwelt, Naturschutz und Reaktorsicherheit 2002). So werden 63% der auf den Tourismus in Deutschland zurück zu führenden Treibhausgasemissionen durch die An- und Abreise zum und vom Urlaubsort sowie durch Mobilität vor Ort hervorgerufen. Einen Hauptanteil daran trägt der motorisierte Individualverkehr (MIV). Für den freizeitbedingten Energieverbrauch prognostiziert das Deutsche Institut für Wirtschaftsforschung einen steigenden Anteil im Personenverkehr von 37,7% (1980) auf 40,4% (1996) und auf geschätzte 43,8% im Jahr 2010. Dies bedingt sich einerseits durch den Anstieg der Verkehrsleistung, andererseits nimmt der Anteil der Verkehrsarten mit sehr hohen spezifischen Energieverbrauchswerten (Pkw- und Luftverkehr) gegenüber solchen mit niedrigen Werten (Bahn- und öffentlicher Straßenpersonenverkehr) zu. Zwar sind „für einige Luftschadstoffe deutliche Minderungen erreicht worden bzw. werden in nächster Zeit erreicht", doch bleiben „wesentliche Problemfelder bestehen"(Borken/ Höpfner o.J.:4).

Die EU-Kommission hat 1994 in ihrem Weißbuch „Wachstum, Wettbewerbsfähigkeit, Beschäftigung: Herausforderungen der Gegenwart und Wege in das 21. Jahrhundert" darauf hingewiesen, dass die externen Kosten der heutigen Verkehrssysteme – also die Kosten der Umweltverschmutzung, Unfälle und Staus – bereits 3 bis 4% des Bruttoinlandproduktes (BIP) ausmachen. Während beim öffentlichen Verkehr zwar zunächst relativ hohe Investitionskosten nötig sind, denen aber in der Regel nur geringere externe Kosten entgegenstehen, führt beim motorisierten Straßenverkehr die Verbindung von sehr hohen Investitionskosten mit extrem hohen externen Folgekosten (beispielsweise durch Unfälle, Umweltbeeinträchtigungen und Flächenverbrauch) zu einer exorbitanten gesamtwirtschaftlichen Unterdeckung (vgl. NUP 1995). Vom Verkehrsclub Österreich wurden die ungedeckten Wegekosten des Verkehrs in Österreich auf mindestens 2,2% des BIP geschätzt. Der motorisierte Straßenverkehr verursacht dabei 94% der externen Kosten, auf den Schienenverkehr entfallen 4% und auf den Flugverkehr 2% (ebd.). Die volkswirtschaftlichen Gesamtkosten des Verkehrssystems ergeben sich aus den betriebswirtschaftlichen Wege- und Betriebskosten, den externen Folgekosten (aus Wegebau, Betrieb und Instandhaltung, Verkehrsunfälle mit Verletzten und Getöteten und Umweltschäden) abzüglich des externen Nutzens. Derartige Berechnungen sind insbesondere auf Grund der Schwierigkeiten bei der Bewertung von Folgekosten von Umweltschäden nicht unangefochten. Volkswirtschaftlich bilanziert ist der Verkehr aber in jedem Fall nicht kostendeckend, und zwar für alle Verkehrsträger (vgl. ebd.).

Vor diesem Hintergrund folgert die Arbeitsgemeinschaft für nachhaltige Tourismusentwicklung DANTE, dass durch die „hohen staatlichen Subventionen und Steuererleichterungen für Flugverkehr und Straßenbau, die meist über Steuergelder finanziert werden", das Verkehrsaufkommen stark gefördert wird. Dieses „mehrfache Abwälzen der Kosten einer umweltbelastenden Verkehrsinfrastruktur auf die Allgemeinheit" trägt zu einem „immer häufigeren, schnelleren und maßloseren Konsum touristischer Angebote durch eine privilegierte Minderheit [bei] und unterläuft das Ziel sozialer Gerechtigkeit" (DANTE 2002:17). Gefordert wird daher „eine Trendwende im Verkehr hin zu einer für alle erschwinglichen sanften Mobilität und einem regionalen Versorgungskreislauf mit lokalen Produkten und Energieträgern, gerade auch im Tourismus" (ebd.). Bei der Verkehrsplanung muss der Tourismus folglich mehr als bisher berücksichtigt und umgekehrt bei der Planung von Ferienlandschaften und Urlaubsgebieten der touristisch bedingte Verkehr stärker als bislang einbezogen werden.

Schlussfolgerungen
Angesichts der geschilderten Problemlage ist eine intensivere Beschäftigung mit der An- und Abreise als entscheidender, aber vernachlässigter Faktor für eine nachhaltige, d.h. zukunftsfähige Tourismus- und Verkehrsentwicklung erforderlich. Den größten Einfluss auf die ökologische Dimension der Nachhaltigkeit hat die Auswahl von Verkehrsmitteln und Reiserouten, und zwar durch spezifische Emissionsbelastungen sowie durch Energie- und Flächenverbrauch. Die Routenwahl beeinflusst aber auch ökonomische und soziale Effekte in den Transit- und Zielregionen.

Einen Verzicht auf Freizeitmobilität zu fordern wäre zwar ökologisch am wirkungsvollsten. In Anbetracht der weltweit steigenden Reiseintensität (WTO 2002) und der Einigkeit darüber, dass Mobilität und Verkehr menschliche Grundbedürfnisse darstellen[2], ist diese Forderung jedoch unrealistisch. Zumal Reisen den kulturellen Austausch fördern und Möglichkeiten der Auseinandersetzung mit einer globaler werdenden Welt eröffnen können. In ökonomischer Hinsicht und als vielfältiger

1.1 Problemstellung: Das Nachhaltigkeitsdilemma des Reisens

Arbeitsmarkt hat der Tourismus inzwischen eine beachtliche Bedeutung erlangt; ein weiteres Wachstum ist insofern positiv zu bewerten. So wird beispielsweise durch Reisetätigkeiten ein Anteil am deutschen Bruttoinlandsprodukt von rund 8% erwirtschaftet, davon etwa 3% allein durch den Tagestourismus. Nicht enthalten sind darin tourismusnahe Anlageinvestitionen, zu denen zu einem Teil auch die Verkehrsinfrastruktur zählt. Der Anteil vom Tourismus abhängiger Arbeitsplätze liegt in Deutschland ebenfalls bei etwa 8% (Bundesministerium für Wirtschaft und Technologie 2000:7f.), in einigen Bundesländern sogar um einige Prozentpunkte höher.

Vor diesem Hintergrund stellt sich die Frage nach den Verantwortungsträgern für eine ökologisch und sozialverträglichere Entwicklung des Freizeitverkehrs, die auch ökonomisch tragbar ist. Nach dem Leitbild der nachhaltigen Entwicklung sind alle Menschen sowohl in gesellschaftlichen und politischen Handlungsbereichen, in der Wirtschaft und nicht zuletzt das Individuum aufgefordert, zu mehr Nachhaltigkeit beizutragen. Auf gesellschaftspolitischer Ebene wird eine zukunftsfähige Tourismus- und Verkehrsentwicklung zwar nachdrücklich gefordert, die Umsetzung aber zunehmend den Gesetzen des Marktes überantwortet. Auch die Wirtschaft bekennt sich – zumindest nach außen hin – zu den von ihr selbst definierten Nachhaltigkeitsprinzipien. Doch gibt es bisher wenige Bestrebungen, diese auch in Form marktfähiger Angebote umzusetzen.

Um das wachsende Problem der verkehrlichen Belastungen im Tourismus dennoch zu lösen, ist eine möglichst kurzfristige und von tagespolitischen Entscheidungsrichtungen unabhängige Berücksichtigung der Belange der Nachhaltigkeit notwendig. Zu diesem Zweck ist zu klären, mit welcher Art von Verkehrsnetz eine touristische Region vorrangig erschlossen werden soll, wie die aus dem Verkehr resultierenden Folgeschäden minimiert werden können und wie der Zugang zu Mobilitätsdienstleistungen für alle Bürger gesichert werden kann. Sowohl die Reiseanbieter als auch die beteiligten Akteure in den betroffenen Regionen müssen dabei ihre Verantwortung für eine nachhaltige Tourismusentwicklung anerkennen. Es kann nicht darum gehen, Erholungssuchende oder sportliche Aktivitäten aus Natur und Landschaft zu verbannen, vielmehr müssen Wege gefunden werden, die sicherstellen, dass sensible Naturräume auch in Zukunft noch Lebensräume für wichtige Tier- und Pflanzenarten und Erholungsräume für Menschen sind (Bundesregierung 2001:14). So lange hierzu keine verbindlichen Regeln existieren, müssen – zur Sicherstellung der eigenen Zukunftsfähigkeit – touristische Unternehmen in Zusammenarbeit mit Verkehrsanbietern eine hohe Verantwortung bei der Gestaltung umweltfreundlicher Mobilitätsangebote übernehmen. Dazu ist in erster Linie erforderlich, die An- und Abreise als Schnittstelle zwischen Tourismus und Verkehrsplanung zu erkennen und ein gegenseitiges Verständnis für das jeweils andere System aufzubringen. Länger-

---

[2] Seit der Charta von Athen 1933 ist der Bereich Verkehr und Kommunikation als Grunddaseinsfunktion des Menschen kodifiziert (vgl. ARL 1996:906).

fristig besteht sonst die Gefahr, dass sich der Tourismus durch die wachsenden Folgen des Verkehrs seine eigene Grundlage entzieht (United Nations Economic and Social Council 2001:2ff.) und Regionen entlang von Verkehrsachsen auf ihre Transitraum-Funktion reduziert werden.

Forschungsfragen

Wie die Problemanalyse zeigt, ist das übergeordnete Ziel der Nachhaltigkeit in erster Linie über die Minderung von Umweltbelastungen durch verstärkte Nutzung umweltfreundlicher Verkehrsmittel zu erreichen. Damit umweltfreundliche Verkehrsmittel für die An- und Abreise attraktiv sind und nachgefragt werden, ist eine intensive Beschäftigung mit den Anforderungen und Bedürfnissen von Reisenden erforderlich. Verkehrsangebote, die sich allein an verkehrstechnischen Funktionserfordernissen ausrichten, wurden – wie die Realität zeigt – trotz zahlreicher Appelle an das Umweltbewusstsein in der Vergangenheit kaum angenommen.

Für die gesetzliche Verankerung des ‚Nachhaltigkeitsgedankens' ist im Prinzip die Politik zuständig. Die verbindliche Festschreibung erfolgt aber, ebenso wie die Definition konkreter Handlungsziele sowie die Erfolgsbewertung, eher in langfristiger Perspektive. Für die kurzfristige Verbesserung von Angeboten wird die Verantwortung in erster Linie bei den Unternehmen gesehen. Der Erhalt des natürlichen Potenzials gilt bei der Tourismusindustrie und den unterstützenden Organisationen als Garant für die künftige Wirtschaftsentwicklung. Dies lässt sich zwar kritisieren, solange von der Seite der Politik jedoch keine verbindlichen Richtlinien festgelegt werden, ist dieses Wirtschaftsinteresse der wesentliche Motor für die nachhaltige Tourismusentwicklung. Es kann also aus diesem Blickwinkel nur darum gehen, weiterhin Aufklärung zu betreiben und Instrumente anzubieten, mit deren Hilfe beispielsweise Reiseanbieter ihre Produkte und Angebote leichter im Sinne der Nachhaltigkeit gestalten können. Dafür soll diese Arbeit eine Hilfestellung bieten.

Im Tourismus existieren zwar marktwirtschaftliche Steuerungs- und Bewertungsinstrumente für eine nachhaltigere Tourismusentwicklung, an die im Hinblick auf die nachhaltige Gestaltung des Freizeitverkehrs und für dessen Bewertung angeknüpft werden kann. Bisher fehlt jedoch das Bewusstsein für die verkehrsbedingten Belastungen und für die Belange der Reisenden vor und während der An- und Abreise. Im Verkehrsbereich beziehen sich Nachhaltigkeitsbewertungen vor allem auf die ökologische und wirtschaftliche Dimension. Die soziale Dimension sowie die Qualitätsansprüche der Reisenden werden weitgehend außer Acht gelassen. Aus diesem Problemkontext heraus stellen sich für die weitere Untersuchung folgende Forschungsfragen:

Kernfrage:

Wie kann unter marktwirtschaftlichen Gesichtspunkten die Nutzung nachhaltiger An- und Abreiseangebote im Tages- und Kurzreiseverkehr gefördert werden?

Detailfragen:
- An welchen gesellschaftlichen und politischen Grundlagen orientiert sich das Ziel der nachhaltigen Tourismus- und Verkehrsentwicklung?

- Welche Einflussfaktoren bestimmen die Nachhaltigkeit von An- und Abreiseangeboten und welche Ziele leiten sich daraus für die Angebotsgestaltung ab?

- Welche Anforderungen und Motive sind aus Sicht der Reisenden ausschlaggebend für die Nutzung bestimmter An- und Abreiseangebote?

- Wie lassen sich Reisende mit ihren unterschiedlichen Ansprüchen an die An- und Abreise zu charakteristischen und leicht fassbaren Zielgruppen bündeln?

- Wie lassen sich An- und Abreiseangebote in Gesamt- bzw. Pauschalreiseangebote und in den Prozess der Angebotsgestaltung integrieren?

- Welche durch die Angebotsstruktur vorgegebenen Rahmenbedingungen, d.h. welche räumlich-strukturellen Voraussetzungen und Kooperations- und Kommunikationsstrukturen sind bei der zielgruppengerechten Gestaltung nachhaltiger An- und Abreiseangebote zu beachten?

- Wie lassen sich die Belange der Nachhaltigkeit, die Anforderungen von Reisenden und die Angebotsstruktur bei der Gestaltung von An- und Abreiseangeboten für den Eventtourismus berücksichtigen und auf das Beispiel der IGA Rostock 2003 übertragen?

- Wie können die Auswirkungen von An- und Abreiseangeboten abgeschätzt und die Nachhaltigkeit praxisbezogen beurteilt werden?

1.2 Zielsetzung: Entwicklung von Handlungsansätzen für touristische Akteure

1.2.1 Ziele und methodisches Vorgehen

Ziel der Untersuchung ist es, Ansätze zur Beeinflussung des umweltrelevanten Verhaltens und Handelns zu finden. Nicht Appelle an das Umweltbewusstsein von Reisenden stehen dabei im Vordergrund, sondern die Entwicklung handlungsorientierter Lösungsvorschläge für tourismusrelevante Akteure. Mit Hilfe solcher Handlungsansätze soll die Gestaltung attraktiver, bedürfnisorientierter und nachhaltiger Mobilitätsangebote erleichtert und auf diese Weise die Nutzung umweltfreundlicher Verkehrsmittel erhöht, aber auch die zunehmend individualisierten Ansprüche der

1 Ausgangssituation: Mobilität und Tourismus

Reisenden befriedigt werden können. Um die Zukunftsfähigkeit tourismusabhängiger Regionen langfristig zu sichern, ist dies unabdingbar, da der Tourismus ohne eine intakte Natur als größtes Potenzial ländlicher Regionen nicht als dauerhafte Einnahmequelle erschlossen werden kann. Abgeleitet aus der Problemstellung wird die Verbesserung der Nachhaltigkeit von Verkehrsangeboten im Tourismus als übergeordnetes Ziel definiert. Die Ergebnisse sollen dazu beitragen, an der Schnittstelle zwischen Tourismus- und Verkehrsplanung die Umsetzung von Nachhaltigkeitszielen bei der Gestaltung von Freizeitverkehrsangeboten zu erleichtern. Erfolgversprechend können solche Angebote aber nur sein, wenn sie gleichzeitig stärker an den Ansprüchen von Reisenden ausgerichtet sind. In diesem Zusammenhang soll durch das Aufzeigen der engen Verflechtungsbeziehungen zwischen Tourismus und Verkehr auch das gegenseitige Verständnis gefördert werden. Vor dem Hintergrund dieser Zielstellung wird ein systematisches Vorgehen zur Entwicklung von langfristigen Handlungszielen und -abfolgen anstrebt (ARL 1996:708). Dieser Planungsprozess ist zugleich „vergesellschaftet Tätigkeit", da Form und Inhalt geprägt sind von der „jeweils bestehenden ökonomischen und sozialen Gesellschaftsformation" (Bechmann 1981:44). Die Einflüsse und Wechselwirkungen gilt es, zu Beginn der Planung zu beleuchten.

Entsprechend werden als zu verfolgende Ziele und dazu erforderliche Zwischenetappen definiert:

- Analyse der auf den Freizeitverkehr anwendbaren Nachhaltigkeitsziele,

- Ermittlung der Bedürfnisse und Anforderungen von Reisenden an Freizeitverkehrsangebote,

- Bestimmung und Bewertung der äußeren und inneren einflussgebenden Rahmenbedingungen bezüglich Angebotsgestaltung und -umsetzung,

- Entwicklung von Lösungsstrategien zur Zusammenführung von Nachhaltigkeitsbelangen und den Anforderungen von Reisenden sowie zur Optimierung der Rahmenbedingungen,

- Ableitung von Handlungsansätzen als Hilfestellung für die Gestaltung nachhaltiger Mobilitätskonzepte im Tourismus.

Als Modellfall dient die Internationale Gartenbauausstellung (IGA) Rostock 2003, die auch Untersuchungsgegenstand des Forschungsprojektes „Events – Freizeitverkehrssysteme für den Eventtourismus" (EVENTS) war. Die vorliegende Untersuchung ist eng mit diesem Projekt verknüpft. Ziel war es, Lösungen zu finden um die ökologischen, sozialen und ökonomischen Belastungen des Eventverkehrs zu minimieren. Durch die Berücksichtigung von Zielgruppenbedürfnissen bei der Gestaltung von Mobilitätsangeboten sollte eine nicht-restriktive, sondern vielmehr eine

‚freiwillige' Verlagerung des motorisierten Individualverkehrs auf umweltfreundlichere Verkehrsmittel bewirkt werden.

Im Rahmen des Forschungsprojekts war es zwar möglich, einen Teil der entwickelten Ansätze am konkreten Anwendungsfall zu testen. Da die modellhaft entwickelten Handlungsansätze der hier vorliegenden Untersuchung jedoch weit über das Einzelbeispiel der IGA Rostock 2003 hinausgehen, erscheint eine weitere, umfassende Erprobungsphase dringend notwendig.

1.2.2 Planungsmodell, Arbeitsmethoden und Thesen

Zur Einreihung des Untersuchungsansatzes in bestehende Planungstheorien, bedarf es zunächst der Begriffsklärung: Generell beinhalten Planungstheorien nach Bechmann „systematisches Wissen" über Planung und sind ein „Produkt von Wissenschaft" (Bechmann 1981:48). Der Aufbau einer Planungstheorie hängt von den Erkenntnisinteressen und Fragestellungen ab, unter denen der Planungsprozess betrachtet wird (ebd.:49). Statt der reinen Beschreibung und Deutung bietet sich für die vorliegende Untersuchung ein „normativer Planungsansatz" an, da sie sich durch ihre Fokussierung auf das Leitbild der Nachhaltigkeit in ihrer theoretischen Durchdringung sehr stark an ein ethisch begründetes Werteschema anlehnt (vgl. Bechmann 1981:49). Im Mittelpunkt steht damit nicht die Erklärung von Prozessen, vielmehr geht es darum, mit Hilfe einer normativen Planungskonzeption Ansätze zum Handeln zu schaffen. Normative Planungsansätze beteiligen sich durch ihre bewusste Abkehr von der reinen Analyse der vorgefundenen Wirklichkeit an der „Sinnsuche" der Wissenschaft (Becker 1996:133) und orientieren sich stark an ethischen Kategorien. Sie sind in der Regel konzeptionell verfasst, auf die Zukunft gerichtet und enthalten „normative Handlungsregelungen" (vgl. u.a. Wolf 1998:48). Auch das weit verbreitete „Konzept der nachhaltigen Regionalentwicklung" ist der Gruppe der normativen theoretischen Planungsansätze zuzuordnen (vgl. ebd.).

Das Vorhandensein rahmensetzender Normen ist zwar das entscheidende Element zur Zuordnung zu einer planungstheoretischen Herangehensweise. Dieser Werterahmen stellt aber nur einen kleinen Ausschnitt aller zu berücksichtigenden Dimensionen in einem Planungsprozess dar. So muss – bevor eine Planungskonzeption erstellt werden kann – im Rahmen einer Situationsanalyse zunächst ausreichendes Wissen über den Planungsgegenstand selbst, über seine Wechselbeziehungen zum normativen Kontext sowie den Handlungsspielraum erworben werden. Diese für den Planungsprozess zu berücksichtigenden Dimensionen werden im Folgenden als „Wirkungsfelder" bezeichnet. Sie haben maßgeblichen Einfluss auf den Planungsgegenstand, das Freizeitverkehrsangebot, und sind in ihren Beziehungen und Rückkopplungen darzustellen und zu untersuchen.

1 Ausgangssituation: Mobilität und Tourismus

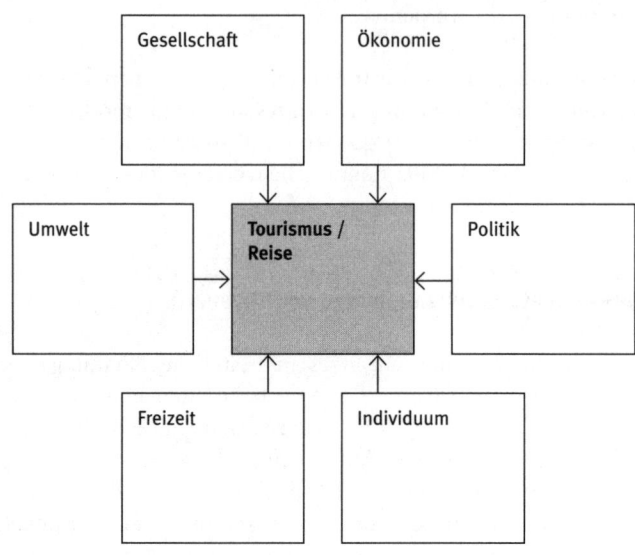

Abbildung 1: **Ganzheitliches Tourismusmodell**
Quelle: nach Freyer (2001:32), leicht verändert

Abgeleitet werden die Wirkungsfelder aus dem Modell eines „ganzheitlichen Tourismus" von Freyer (2001:31f). Bisher existiert zwar kein allgemein akzeptiertes touristisches Gesamtmodell, doch besteht weitgehende Einigkeit über die zu erfüllenden Anforderungen: Es sollte die verschiedenen Teildisziplinen, die sich bisher mit dem Tourismus beschäftigen, integrieren („vernetzen"), multifunktional und „ganzheitlich" ausgerichtet sein und den Tourismus als eine Querschnittsdisziplin verstehen (ebd.). Dieser Anspruch richtet sich auch an die vorzunehmende Untersuchung, da hier unterschiedliche Teildisziplinen betrachtet werden, die es unter dem ganzheitlichen Blickwinkel der Nachhaltigkeit zu vernetzen gilt. Das auf dieser Basis von Freyer entwickelte Modell ist ein Vorschlag, der „die gegenwärtige Diskussion widerspiegelt" (ebd.). Dargestellt werden die Beziehungen zwischen sechs sogenannten Modulen und dem Tourismus bzw. der Reise. Die zu untersuchenden Wirkungsfelder werden wie folgt aus dem Modell abgeleitet:

- Das *Ökonomie-Modul* bezieht sich auf volkswirtschaftliche Entwicklungen und betriebswirtschaftliche Aktivitäten und beeinflusst so den Tourismus in seiner ökonomischen Dimension (Freyer 2001:31). Für den Betrachtungsgegenstand ‚Freizeitverkehrsangebot' wurden relevante Entwicklungen in der Tourismus- und Verkehrswirtschaft zur Darstellung der Ausgangssituation beschrieben. Die betriebswirtschaftliche Betrachtungsweise ist nicht Gegenstand dieser Arbeit,

1.2 Zielsetzung: Entwicklung von Handlungsansätzen für touristische Akteure

wird aber im erweiterten Sinne berücksichtigt. Dies gilt besonders für die ökonomische Situation touristischer Regionen.

- Das *Gesellschafts-Modul* beinhaltet in erster Linie Aspekte wie Sozialordnungen sowie gesellschaftliche Werte und ihren Wandel. Ebenso wie die Ökonomie wird die gesellschaftliche Dimension hier unter dem Blickwinkel der Nachhaltigkeit betrachtet. Ablesbar beispielsweise an der Nationalen Nachhaltigkeitsstrategie für Deutschland (vgl. Bundesregierung 2001). Danach kann Nachhaltigkeit als Forderung nach ökologischer, ökonomischer und sozialer Verträglichkeit, z.B. von Reisen, sowie als langfristiger Planungsgrundsatz und als gesellschaftlich anerkanntes Wertesystem eingestuft werden. Gesellschaftliche Werte, die im individuellen Verhalten erkennbar sind, werden im Modul „Individuum" spezifiziert.

- Das *Umwelt-Modul* ist ein „besonders aktuelles Modul eines ganzheitlichen Tourismusmodells" und behandelt Fragen der Umweltbelastung und -gestaltung (Freyer 2001:31f). Diese spielen auch in allen anderen Modulen eine wichtige Rolle, da die Landschaft und die natürliche Umwelt als zentrale Elemente für die Tourismusentwicklung angesehen werden. Da sie jedoch – wie in der Ausgangssituation erläutert – von den negativen Folgen des Tages- und Kurzreiseverkehrs besonders betroffen sind, liegt hier ein wesentlicher Schwerpunkt für die Suche nach Lösungsansätzen. Allerdings kann die Umwelt nicht isoliert von ökonomischen und gesellschaftlichen Einflüssen betrachtet werden.

- Das *Freizeit-Modul*, das Ausprägungen des Freizeitverhaltens beschreibt, ist von wesentlichem Einfluss für den Tourismus, da „Tendenzen zu veränderter Freizeitgestaltung auch den Tourismus deutlich prägen" (ebd.). Das Freizeitverhalten stellt ein Spezifikum des allgemeinen Individualverhaltens dar, insofern lassen sich Freizeit- und Individual-Modul höchstens nach den beteiligten Wissenschaftsdisziplinen unterscheiden: die Freizeitwissenschaft und die Psychologie. Die beiden Module werden daher unter dem Wirkungsfeld „Reisende" zusammengefasst.

- Das *Individual-Modul* umfasst die Analyse von Einstellungen und Verhaltensweisen des Individuums in Bezug auf den Tourismus. So sind Persönlichkeitsmerkmale, Motive und Freizeitbedürfnisse von (potenziellen) Reisenden wesentliche Einflussfaktoren für die Reiseentscheidung; dies gilt auch für die Wahl der Reiseverkehrsmittel.

- Das *Politik-Modul* beschäftigt sich mit politischen Institutionen und Mandatsträgern mit Einfluss auf den Tourismus, z.B. im Rahmen der Wirtschafts-, Sozial- oder Tourismuspolitik (ebd.). Da in dieser Arbeit anbieterorientierte Handlungsansätze und nicht politische Instrumente entwickelt werden sollen, spielt die Politik nur vor dem Hintergrund der Berücksichtigung geltender Gesetzesgrundlagen und im Hinblick auf die Wertediskussion (Nachhaltigkeit vs. kurzfristige Marktorientierung) eine Rolle (vgl. Kapitel 2.1.).

Im Zentrum der beschriebenen Module, die zentrale Einflussfaktoren darstellen, steht das touristische Angebot (vgl. Freyer 2001:102f). Dieses spaltet sich auf in unterschiedliche Produkte und Dienstleistungen wie Beherbergung, Verpflegung und Mobilität, die schließlich gemeinsam das Gesamtprodukt ‚Reise' bilden. Der Baustein ‚Mobilität' kann daher nicht isoliert vom Gesamtangebot betrachtet werden, sondern muss vielmehr in die Gesamtstruktur von Reiseangeboten eingeordnet und in den Prozess der Angebotsgestaltung einbezogen werden. Auf Grund der engen Wechselbeziehungen erscheint die Zusammenfassung der drei Module Ökonomie, Gesellschaft und Umwelt zum Wirkungsfeld „Nachhaltigkeit" zweckmäßig. Aus dieser Perspektive heraus betrachtet bekommen die Module Ökonomie, Gesellschaft und Umwelt folgende Bedeutung bei der Sicherung der Zukunftsfähigkeit tourismusnaher Bereiche: langfristige Sicherung der ökonomischen Grundlagen des Tourismus, Erhalt einer stabilen Gesellschaftsordnung (so dass Reisen weiterhin möglich ist) und Schutz der natürlichen und kulturellen Lebensgrundlagen.

Die beschriebenen Einflussfaktoren des „ganzheitlichen Tourismusmodells" werden demzufolge für die Untersuchung wie folgt zu Wirkungsfeldern zusammengefasst:

- Wirkungsfeld Nachhaltigkeitsziele,
- Wirkungsfeld Reisende und
- Wirkungsfeld Angebotsstruktur.

Planungsmodell
Zur Veranschaulichung der methodischen Vorgehensweise und der Zusammenhänge wird ein kybernetisches Planungsmodell mit einem linearen Ablaufschema kombiniert. Damit lässt sich einerseits die Komplexität der planerischen Realität, d.h. die Einflüsse auf den Planungsgegenstand weitmöglichst abbilden und andererseits leicht nachvollziehbare Handlungsabfolgen darstellen. Mit dem kybernetischen Planungsmodell (siehe Abbildung 2), das sich aus mehreren Subsystemen mit unterschiedlichen Funktionen zusammensetzt, sollen die Beziehungen und Rückkopplungen zwischen den einzelnen Systemen verdeutlicht und die Stellung der am Planungsprozess Beteiligten dokumentiert werden. Das Modell, das den Planungsprozess und die Rahmenbedingungen von Freizeitverkehrsangeboten repräsentiert, unterscheidet (vgl. Bechmann 1981:72ff.):

- das **Aktionssubjekt**, welches seine Umwelt aktiv durch Handeln verändern kann. Das Aktionssubjekt trifft Entscheidungen z.B. über touristische Ziele und zu nutzende Verkehrsmittel, wählt aus möglichen Handlungsalternativen aus und determiniert auf diese Weise durch seine Bedürfnisse und Anforderungen die Zielsetzung bei der Planung des touristischen Produkts. Auf Grund der Zielset-

1.2 Zielsetzung: Entwicklung von Handlungsansätzen für touristische Akteure

zung dieser Untersuchung stellt das einzelne Individuum (= der/die Reisende) das Aktionssubjekt dar.

- das **Aktionsobjekt**, das den durch die Planung zu beeinflussenden Untersuchungsbereich darstellt. Im vorliegenden Fall ist dies die Angebotsstruktur von Freizeitverkehrsangeboten im Tourismus, die allerdings vom Planungssubjekt (s.u.) nicht allein zu beeinflussen ist, sondern auch von Umwelt und Gesellschaft beeinflusst wird.

- **Umwelteinflüsse**, die nicht allein durch das Aktionssubjekt bzw. Planungssubjekt kontrollierbar sind. Sie resultieren sowohl aus ökosystemaren Zusammenhängen als auch aus vorangegangenem umweltrelevantem Handeln. Die Auswirkungen des Handelns sind jedoch nicht nur im direkten Zusammenhang mit dem Reisen und seinen Folgen zu sehen, beeinflussen aber zukünftige Reisetätigkeiten. Als Beispiel sind hier die Auswirkungen des Klimawandels und die negativen Folgen für den Skitourismus zu nennen.

- das **Planungssubjekt** (= Planer/in), das in Rückkopplung zu den anderen Subsystemen Planungsvorgaben erstellt. Die Planungsvorgaben beziehen sich auf das Aktionsobjekt (Freizeitverkehrsangebot) und betreffen i.d.R. mehrere an der Planung und Vermarktung touristischer Angebote beteiligte Akteure.

- das normative Grundmuster der **gesellschaftlichen Wertvorstellungen**. Wertemuster wirken in unterschiedlicher Intensität auf die einzelnen Subsysteme ein. Im vorliegenden Fall werden sie durch die rahmensetzenden Ziele der Nachhaltigkeit repräsentiert, die als Grundgedanke eine zukunftsfähige Entwicklung von Gesellschaft, Ökonomie, Umwelt und Politik anstreben.

Alle beteiligten Subsysteme sind im kybernetischen Modell durch informative und energetische Rückkopplungen miteinander verkoppelt und bilden die realen gesellschaftlichen Beziehungen zwischen Planern, Akteuren, Betroffenen und Umwelt abstrahierend ab (Bechmann 1981:73). Auslösendes Moment stellt die in der Problemstellung geschilderte Gefährdung der Zukunftsfähigkeit des Tourismus dar, die insbesondere auf negative Umweltauswirkungen des Verkehrs zurückzuführen ist. Besonderes Augenmerk wird damit auf die das Aktionsobjekt gefährdenden Umwelteinflüsse gelegt, die im Rahmen des Modells wiederum durch das handelnde Aktionssubjekt beeinflusst werden können.

Die Reisenden (Aktionssubjekte) stellen, durch ihre Rolle als Entscheidungsträger, in diesem Modell den aktiven Ausgangspunkt des Planungsgeschehens dar; ihnen obliegt es, in das System einzugreifen und Veränderungen in Gang zu setzen (vgl. Abbildung 2). Das Planungssubjekt formuliert nach Stachowiak normorientierte Zielvorstellungen, beschafft sich dann Informationen über das Aktionsobjekt (Angebotsstruktur) und entwickelt in Rückkopplung mit den Umwelteinflüssen Handlungskonzepte, mit denen die vorgegebene Zielsetzung realisiert werden kann (Stachowiak 1970, zitiert nach Bechmann 1981:74). Zwingende Vorraussetzung für das Funktionieren des Planungssystems ist das Zusammenwirken aller Subsysteme und die Existenz wirksamer Informations- und Kooperationsbeziehungen.

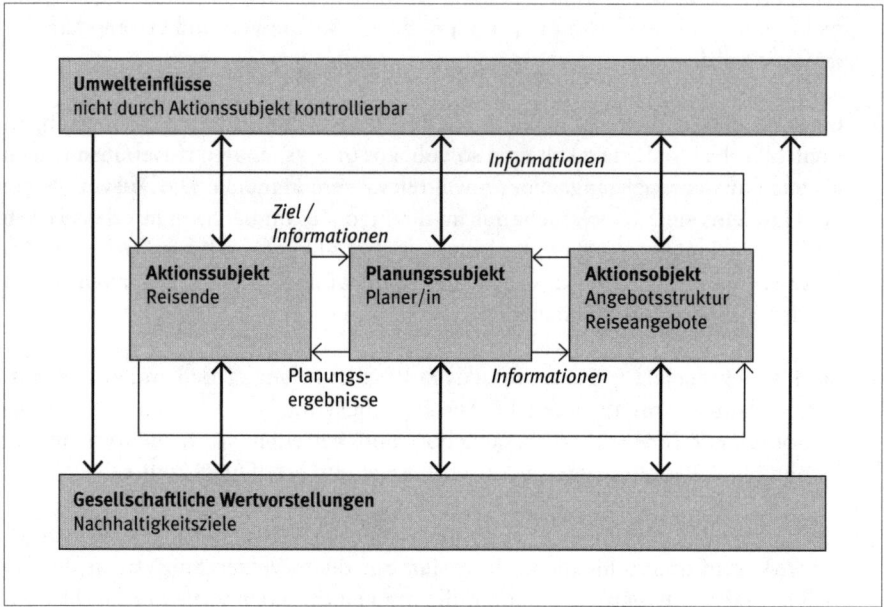

Abbildung 2:   **Kybernetisches Planungsmodell**
Quelle: Eigene Darstellung in Anlehnung an Stachowiak 1970, zitiert nach Bechmann 1981:73

Das kybernetische Modell erleichtert zunächst durch seine abstrakte Klarheit die begriffliche Verortung von gesellschaftlichen Planungsproblemen und stellt die Wirkungsfelder anschaulich dar, doch fehlen sowohl weiterführende Erklärungsansätze zur Stellung des Planungssubjektes als auch Elemente, die den Faktor Zeit berücksichtigen (vgl. Bechmann 1981:75). Während für das Verhältnis des Planungssubjekts, das aktiv in den von ihm zu untersuchenden Prozess eingebunden ist, Erkenntnisse aus der Aktions- bzw. Handlungsforschung („action research", Lewin 1946, zit. in Mayring 1999:36) für die Untersuchung weiterführend sind, bieten sich zur Berücksichtigung und Darstellung der Zeitachse im Planungsprozess lineare Strukturmodelle an.

Lineare Strukturmodelle geben in Form eines Ablaufschemas die wichtigsten Arbeitsschritte eines Planungsverlaufs in der Reihenfolge wieder, in der sie durchlaufen werden und ermöglichen so die Orientierung über notwendige Arbeitsschritte im Planungsprozess (Bechmann 1981:58). Ein lineares Ablaufschema (vgl. Abbildung 3) bildet die verschiedenen Stadien einer Planung ab, die von der Problematisierung und Theoriebildung über die Zielformulierung (Darstellung der angestrebten Zukunftssituation) bis hin zur Konkretisierung der Ziele (in Form von Handlungsanweisungen) durchlaufen werden müssen.

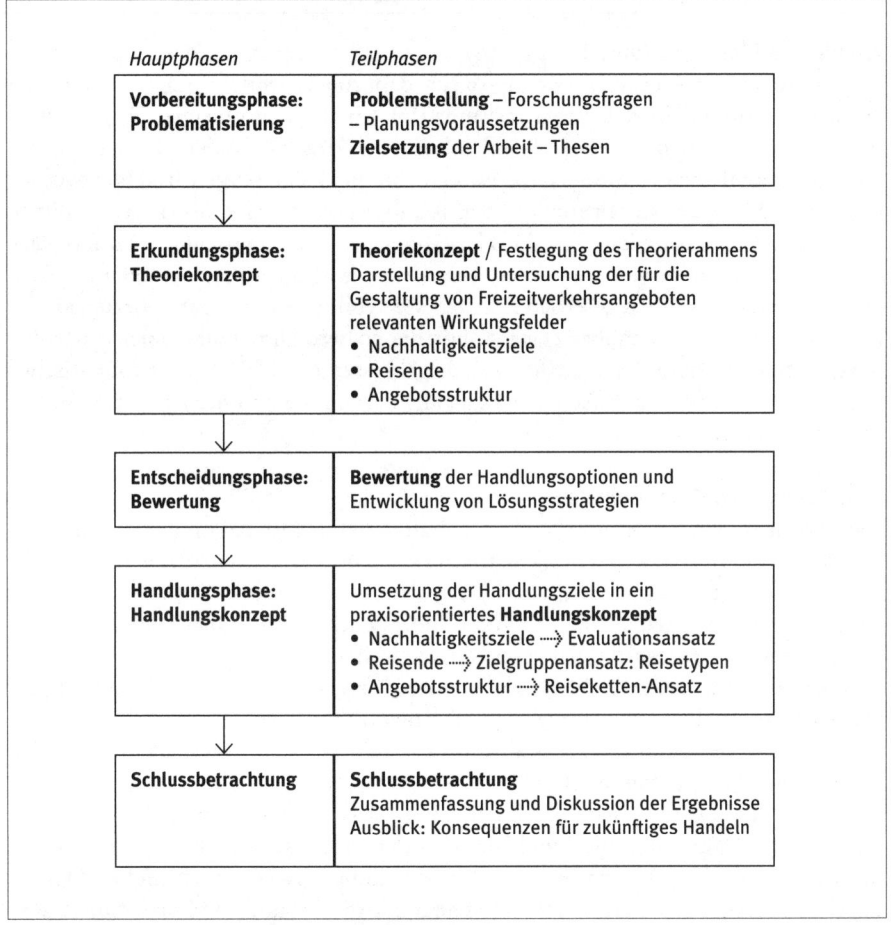

Abbildung 3: **Lineares Ablaufschema der Untersuchung**
Quelle: eigene Darstellung in Anlehnung an Bechmann 1981:59f.

Aus diesen Überlegungen wurde für das methodische Vorgehen ein Ablaufschema für den Planungsprozess gewählt, das eine Kombination zwischen einem kybernetischen und einem linearen Planungsmodell darstellt und mit dem die beschriebenen Nachteile der jeweiligen Modelle ausgeglichen werden kann. Der Vorteil dieses in der nachfolgenden Abbildung 4 dargestellten Schemas ist, dass sich die Wechselbeziehungen zwischen den Teilsystemen (Planer/in, Reisende, Angebotsstruktur und Nachhaltigkeitsziele) *im* Ablauf zeigen lassen.

Nachfolgend werden die wesentlichen Inhalte und die methodische Vorgehensweise der einzelnen Arbeitsschritte in ihrer Bedeutung für den Untersuchungsverlauf skizziert.

Problemstellung (vgl. Kapitel 1.1)
Forschungsleitendes Problem ist die durch den zunehmenden Freizeitverkehr gefährdete Zukunftsfähigkeit des Tourismus. Im Abschnitt Problemstellung wird an Hand eines zusammenfassenden Problemaufrisses dargelegt, welche Bedeutung diesem Sachverhalt beigemessen wird, welche Rahmenbedingungen beachtet werden müssen und welche Auswirkungen in Zukunft zu erwarten sind. In der Problemstellung, die als Grundlage für die Herleitung der Wirkungsfelder dient, werden (künftige) Umweltentwicklungen und die derzeitigen Lebensbedingungen im Kontext eines sich ändernden gesellschaftlichen Wertebildes – vor allem in Bezug auf das Freizeitverhalten – gegenüber gestellt. Für die spätere Umsetzung spielen darüber hinaus Möglichkeiten des Transfers von Ergebnissen in die Praxis der touristischen Angebotsgestaltung eine entscheidende Rolle, die ständig an Entwicklungstrends zu orientieren sind.

Zielsetzung (vgl. Kapitel 1.2)
Zielsetzung der Untersuchung ist die nachhaltigere Gestaltung von Freizeitverkehrsangeboten im Tourismus, die auch den zunehmend individualisierten Ansprüchen von Reisenden gerecht werden kann. Um sicherzustellen, dass auch tatsächlich eine Umsetzung dieser Ziele erfolgt, ist die rahmengebende Angebotsstruktur von Reiseangeboten zu berücksichtigen sowie die zuvor definierten Nachhaltigkeitsziele zu evaluieren. Mit dieser Absicht werden Teilziele bzw. zu beachtende Wirkungsfelder identifiziert und durch forschungsleitende Thesen untersetzt.

Theoriekonzept (vgl. Kapitel 2)
Ziel des Theoriekonzepts ist die Eingrenzung des theoretischen Rahmens für die weitere Betrachtung und die Einordnung in den wissenschaftlichen Kontext sowie die synoptische Auswertung bestehender Forschungsansätze. Im Mittelpunkt steht dabei die Untersuchung der nachfolgend angeführten an- und abreiserelevanten Wirkungsfelder. Unter Wirkungsfeldern werden Einflüsse verstanden, die auf die Möglichkeiten der Angebotsgestaltung einwirken und die zentrale Teilsysteme in dem zu Grunde liegenden Planungsmodell darstellen (siehe Abbildung 4). Im Einzelnen sind dies die Wirkungsfelder *Reisende, Angebotsstruktur* und *Nachhaltigkeitsziele*.

Für die Zukunftsfähigkeit des Tourismus spielt zunächst die Beachtung von Nachhaltigkeitszielen eine entscheidende Rolle, zumal dies auch zunehmend gesellschaftspolitisch gefordert wird. Aus Sicht der Reisenden ist die Berücksichtigung ihrer Bedürfnisse und Wünsche als potenzielle Kunden und damit ihre positive Beurteilung

1.2 Zielsetzung: Entwicklung von Handlungsansätzen für touristische Akteure

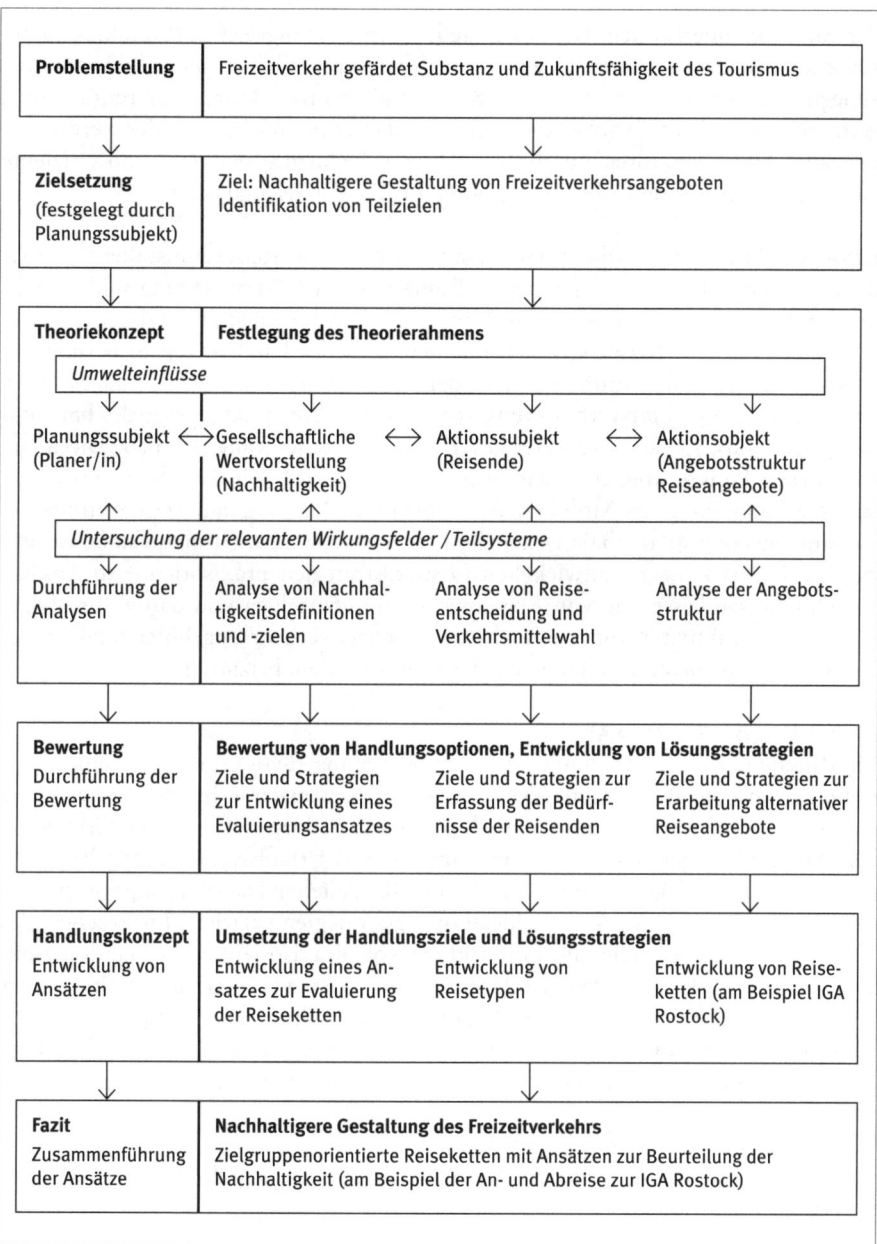

Abbildung 4: **Methodische Vorgehensweise der Untersuchung**
Quelle: Eigene Darstellung

der Angebote unerlässlich. Die zur Erstellung eines erfolgreichen Produktes zu beachtenden Angebotsstrukturen wie beispielsweise räumlich-strukturelle Voraussetzungen oder die Kooperations- und Kommunikationsstrukturen der touristischen Akteure stellen ebenfalls wesentliche Größen dar. Diese Wirkungsfelder werden auf relevante Einflussfaktoren für die nachhaltige, bedürfnisorientierte und effiziente Gestaltung von An- und Abreiseangeboten im Tourismus analysiert.

Besondere Beachtung verdient dabei die Sichtweise von Reiseveranstaltern[3], da sie die Hauptakteure für die Angebotsgestaltung und deren Vermarktung sind. Die ihnen im Planungsprozess unterstellte Motivation ist zum einen die Verbesserung der Nachhaltigkeit von Reiseangeboten mit dem Ziel der langfristigen Sicherung der Zukunftsfähigkeit des Tourismus und der Aufwertung des eigenen Images. Zum anderen ist die Qualitätsverbesserung von Reiseangeboten, angesichts des hart umkämpften Markts, ein zwangsläufiges Ziel touristischer Unternehmen. Die angesprochenen Punkte können – wie gezeigt werden wird – insbesondere über eine stärkere Einbindung des Mobilitätsbausteins in die Planung und Vermarktung von Gesamtangeboten (Pauschalreiseangebote) erreicht werden. Grundgedanke ist, mit den im Theoriekonzept entwickelten Lösungsstrategien praxisorientierte Ansätze zur Qualitätsverbesserung von Reiseangeboten aufzuzeigen und damit zur Steigerung der Attraktivität von nachhaltigeren Freizeitverkehrsangeboten und in der Konsequenz zu einem nachhaltigeren Verkehrsverhalten beizutragen.

Bewertung (vgl. Kapitel 2.5)
Im Mittelpunkt dieses Abschnitts steht die Bewertung zuvor ermittelter Handlungsoptionen und die Bestimmung der weiteren Vorgehensweise bei der Entwicklung eigener Handlungsansätze zur nachhaltigeren und bedürfnisorientierten Gestaltung von Mobilitätsangeboten im Freizeit- und (Kurz-) Urlaubsverkehr. Auf Basis der zentralen Einflussfaktoren und den daraus abgeleiteten Handlungsoptionen werden für die einzelnen Wirkungsfelder Lösungsstrategien skizziert. Im Ergebnis des Bewertungsprozesses steht die Entwicklung von praxisorientierten Handlungsansätzen. Diese sollen umsetzungsrelevanten Akteuren wie Reiseveranstaltern oder Verkehrsunternehmen eine Hilfestellung bei der Gestaltung nachhaltiger Freizeiverkehrsangebote im Tourismus bieten und Anregungen für freiwilliges Handeln geben. Für die einzelnen Wirkungsfelder werden folgende Lösungsstrategien angestrebt:

- *Wirkungsfeld Nachhaltigkeitsziele*:
  Erarbeitung eines spezifischen Ansatzes zur Evaluierung der zuvor definierten Nachhaltigkeitsziele;

---

[3] Häufig treten auch Verkehrsunternehmen, beispielsweise Busunternehmen, als Reiseveranstalter auf.

1.2 ZIELSETZUNG: ENTWICKLUNG VON HANDLUNGSANSÄTZEN FÜR TOURISTISCHE AKTEURE

- *Wirkungsfeld Reisende:*
  Identifikation potenzieller Nachfragetypen für nachhaltige Freizeitverkehrsangebote („Reisetypen');

- *Wirkungsfeld Angebotsstruktur:*
  Entwicklung spezieller bedürfnis- und umweltgerechter Angebotsformen für die An- und Abreise im Tourismus („Reiseketten').

Handlungskonzept (vgl. Kapitel 3)
Im Rahmen des Handlungskonzepts erfolgt – mit Blick auf ihre Anwendbarkeit in der touristischen Praxis – die Konkretisierung und Umsetzung der im Theoriekonzept formulierten Lösungsstrategien. Ziel des Handlungskonzepts ist die Darstellung von Handlungsoptionen für Reiseveranstalter und Verkehrsunternehmen als Hilfestellung zur Gestaltung nachhaltiger und qualitativ hochwertiger An- und Abreiseangebote im Tages- und Kurzreisetourismus.

Die einzelnen Handlungsansätze geben Antworten darauf,

a) wie touristische Mobilitätsangebote unter dem Gesichtspunkt der Nachhaltigkeit praxisorientiert gestaltet und bewertet werden können,

b) wie, unter der Maßgabe der Qualitätsverbesserung, die Bedürfnisse und Anforderungen der Reisenden bei der Angebotsgestaltung besser berücksichtigt werden können,

c) wie sich am Beispiel von Reiseangeboten zur IGA Rostock 2003, unter Orientierung an der vorhandenen oder neu zu entwickelnden Angebotsstruktur, attraktive Mobilitätsangebote entwickeln und in Reiseprodukte integrieren lassen.

Bei der Überführung der aus dem Theoriekonzept entwickelten Lösungsstrategien in konkrete Handlungsansätze bedarf es des Einsatzes verschiedenartiger Arbeitsmethoden. Die hier angewendeten Instrumente sind – entsprechend ihrer Zuordnung zu den einzelnen Wirkungsfeldern – in den nachfolgenden Tabellen angeführt:

Tabelle 2: **Arbeitsmethoden im Wirkungsfeld Nachhaltigkeit**

Handlungsansatz Nachhaltigkeit	
Ziel	Verbesserung der Nachhaltigkeit von Freizeitverkehrsangeboten
Lösungsstrategie	Entwicklung eines Evaluierungsansatzes
eingesetzte Arbeitsmethoden	- Anwendung eines normativen Planungsmodells Die Anwendung eines normativen Planungsmodells zielt auf die Bewertung zu untersuchender Zustände und setzt voraus, dass Wertmaßstäbe existieren, „an denen sich Planer orientieren sollen" (Bechmann 1981:49). Die in diesem Rahmen vorgesehene Evaluierung dient jedoch nicht nur zur Erfolgskontrolle der gesetzten Ziele, sondern auch als ‚Rückmeldeschleife' in einem aufzubauenden Planungs- und Managementsystem. Für die Entwicklung eines Evaluationsansatzes ist es dementsprechend erforderlich, auch die Methoden der Evaluationsforschung zu berücksichtigen.

Quelle: Eigene Darstellung

Tabelle 3: **Arbeitsmethoden im Wirkungsfeld Reisende**

Handlungsansatz Reisetypen	
Ziel	Bedürfnisorientierte und zielgruppengerechte Gestaltung von Freizeitverkehrsangeboten
Lösungsstrategie	Entwicklung von Reisetypen
eingesetzte Arbeitsmethoden	- Quantitative Haushaltsbefragung (Einzugsgebiet der IGA Rostock 2003) - Zielgruppensegmentierung (Typologiebildung) Da die hier vorliegende Arbeit eng mit dem Forschungsprojekt EVENTS verknüpft ist, erfolgte bereits im Vorfeld der Befragungen die Definition von Schnittstellen zum gegenseitigen Austausch von Forschungsergebnissen. Es konnte daher auf alle innerhalb des Forschungsprojekts erhobenen Daten (quantitative Haushaltsbefragung und darauf aufbauende Zielgruppensegmentierung) zurückgegriffen werden. Die im Forschungsprojekt ermittelten Event-Reisetypen dienen als wichtige Grundlage für die Entwicklung eines eigenen Zielgruppenansatzes (Reisetypen).

Quelle: Eigene Darstellung

1.2 Zielsetzung: Entwicklung von Handlungsansätzen für touristische Akteure

Tabelle 4: Arbeitsmethoden im Wirkungsfeld Angebotsstruktur Reiseangebote

Handlungsansatz Angebotsstruktur Reiseangebote	
Ziel	Effiziente Gestaltung und praxisgerechte Umsetzung von Freizeitverkehrsangeboten
Lösungsstrategie	Entwicklung von Reiseketten
eingesetzte Arbeitsmethoden	- Handlungsforschung am Beispiel der Reiseketten zur IGA Rostock 2003 Die beispielhafte Entwicklung von An- und Abreiseangeboten (Reiseketten) zum Event IGA Rostock 2003 erfolgte mittels eines Ansatzes zur Handlungsforschung („action research" nach Lewin 1946, vgl. u.a. Mayring 1999). - Entwicklung von Beispiel-Reiseketten auf Grundlage der Zielgruppensegmentierung Zur Erforschung und Überprüfung des Reiseketten-Entwicklungsprozesses wurden unterschiedliche Methoden empirischer Sozialforschung eingesetzt. Die Zielgruppensegmentierung im Rahmen von EVENTS (Event-Reisetypen) basiert auf einer empirisch begründeten Typenbildung. Die Entwicklung der Reiseketten wiederum stützt sich auf die Bedürfniskonstellationen der Reisetypen. Mit Hilfe der Typen kann die Validität der Ergebnisse der Aktionsforschung überprüft werden. - Experteninterviews Begleitet wurde der Prozess der Handlungsforschung durch Experteninterviews mit unterschiedlichen Akteuren und Schlüsselpersonen, mit deren Hilfe die Reiseketten nach der Umsetzungsphase auch evaluiert wurden. - Analyse regionaler Handlungsstrukturen / vergleichende Analysen Um im Rahmen dieser Arbeit die Validität der Resultate der Aktionsforschung zu überprüfen, wurden die Ergebnisse der Handlungsforschung mit wissenschaftlich-theoretischen Grundlagen zur Freizeit- und Tourismusforschung sowie Erkenntnissen aus der Praxis konfrontiert.

Quelle: Eigene Darstellung

Schlussbetrachtung (vgl. Kapitel 4)
Um den Neuigkeitswert der an der Schnittstelle zwischen Tourismus und Verkehrsplanung angesiedelten Untersuchung zu Nachhaltigkeit und Bedürfnisorientierung des Freizeitverkehrs anschaulich und nachvollziehbar darstellen zu können, werden im Fazit die entwickelten Handlungsansätze im Hinblick auf die Zielstellung diskutiert und Anwendungsmöglichkeiten beschrieben.

Thesen
In den folgenden Thesen werden die Grundannahmen der Zielsetzung zusammengefasst. Sie dienen als Basis für die Entwicklung des Theorie- und Handlungskonzepts. Entsprechend des gewählten normativen Planungsansatzes steht den Thesen der normative Bezugspunkt voran.

Normativer Bezugspunkt:
- Die **Zukunftsfähigkeit** touristischer Reiseangebote ist nur dann gewährleistet, wenn die An- und Abreise verstärkt in Nachhaltigkeitsbetrachtungen einbezogen wird.
- Die Verbesserung der Nachhaltigkeit wird bei der An- und Abreise im Tourismus vor allem über die Steuerung des Verkehrsverhaltens, bedingt durch attraktivere Mobilitätsangebote, erreicht.

- Für **Reisende** sind An- und Abreiseangebote im Tourismus nur dann attraktiv und werden entsprechend nachgefragt, wenn sowohl ihre Mobilitätsanforderungen als auch ihre Freizeitbedürfnisse wahrgenommen werden und sich entsprechend im Angebot widerspiegeln.
- Um individuelle Mobilitätsanforderungen und Freizeitbedürfnisse berücksichtigen und Interessen bündeln zu können, müssen Mobilitätsangebote – wie Reiseangebote – auf bestimmte Zielgruppen ausgerichtet sein.
- Die Bedürfnisse und Anforderungen von Zielgruppen lassen sich am besten aus Typologien (Mobilitätstypen und Freizeit-/ Urlaubertypen) ableiten und zu spezifischen „**Reisetypen**" für Mobilitätsangebote im Tages- und Kurzreiseverkehr weiterentwickeln.

- Die Berücksichtigung der **Angebotsstruktur** (Raum- und Infrastruktur, Kooperations- und Kommunikationsstrukturen) ist für Konzeption, Umsetzung und Erfolg von Mobilitätsangeboten wesentliche Voraussetzung.
- Die unmittelbare Einbindung des Mobilitätsbausteins in den Entwicklungsprozess von (Pauschal-) Reiseangeboten ermöglicht die effiziente Realisierung und Vermarktung von nachhaltigen Freizeitverkehrsangeboten.
- Die Gestaltung der An- und Abreise als integrierte und eng mit dem Reiseangebot verknüpfte „**Reisekette**" ermöglicht die optimale Berücksichtigung der Bedürfnisse von Reisenden, der Angebotsstruktur und der Nachhaltigkeitsbelange.

- Die **Nachhaltigkeit** von Reiseangeboten kann nur verbessert werden, wenn konkrete Handlungsziele vorliegen, die den beteiligten Akteuren als Handlungsorientierung dienen können.
- Um die Nachhaltigkeit sowohl hinsichtlich der Angebote selbst als auch im gesamten Prozess der Angebotserstellung und -umsetzung berücksichtigen zu können, sind die Nachhaltigkeitsziele an den Handlungsmöglichkeiten der beteiligten Akteure auszurichten.
- Zur Sicherstellung der Umsetzung der Nachhaltigkeitsziele sind **Evaluierungsansätze** erforderlich, mit deren Hilfe vor Planungsbeginn eine Wirkungsabschätzung unterschiedlicher Angebotsvarianten durchgeführt und anschließend die Umsetzung der Ziele kontrolliert werden kann.

1.2 Zielsetzung: Entwicklung von Handlungsansätzen für touristische Akteure

Erläuterung
Vorhandene Freizeitverkehrsangebote mit öffentlichen Verkehrsmitteln entsprechen bisher nicht den Bedürfnissen und Anforderungen der Mehrheit der Reisenden. Nur selten bieten sich attraktive Wahlmöglichkeiten bezüglich der individuellen Ausgestaltung der Fahrt; eine Integration der An- und Abreise in touristische (Pauschal-) Reiseangebote findet kaum statt. Selbst die Informationsvermittlung über umweltfreundliche An- und Abreisemöglichkeiten als Alternative zum Pkw wird häufig vernachlässigt. Damit sich Reisende für umweltfreundliche Verkehrsmittel entscheiden, müssen entsprechend attraktive und individuell gestaltete An- und Abreiseangebote zur Auswahl stehen. Diese sind für Reisende dann attraktiv, wenn sowohl ihre Freizeitbedürfnisse als auch Mobilitätsanforderungen Berücksichtigung finden. Daraus schließend stehen die Reisenden als Entscheider über die Nutzung von Verkehrsmitteln und die Wahl der Reiseroute im Mittelpunkt der Untersuchung. Sie haben auf Grund ihrer soziodemographischen Merkmale, ihres Freizeit- und Lebensstils sowie ihrer Reisemotivation unterschiedliche Präferenzen bezüglich der Gestaltung ihrer Freizeitmobilität. Den aktuellen Entwicklungen zufolge ergibt sich für Reisende aus einer Verkürzung der Aufenthaltszeit vor Ort ein ungünstigeres Verhältnis zur Fahrzeit. Umso mehr gewinnen die qualitativen Seiten des Unterwegs-Seins an Bedeutung und erfordern eine intensivere Beschäftigung mit der An- und Abreise als Qualitätskriterium touristischer Reiseangebote.

Auf dieser Grundlage müssen die Bedingungen für die Wahl von An- und Abreiseangeboten aus Kundensicht definiert und Kriterien für die Angebotsgestaltung entwickelt werden. Es ist jedoch nur in den seltensten Fällen möglich, eine einzige optimale Lösung für alle Reisenden und für alle Gelegenheiten zu finden, da die Ansprüche und Bedürfnislagen oft sehr unterschiedlich sind. Weil auf der anderen Seite Angebote nicht für alle Reisenden individuell gestaltet werden können, bietet sich eine Bündelung der Nachfrage mittels Zielgruppenbildung an. Zielgruppen für Freizeitmobilitätsangebote im Tourismus *(Reisetypen)* setzen sich zusammen aus Zielgruppen für Urlaub und Reise sowie für Freizeitmobilität. Die Bündelung der individuellen Ansprüche zu Nachfragegruppen und die an ihnen orientierte Angebotsgestaltung ermöglichen schließlich eine erfolgreiche Vermarktung der An- und Abreise als elementarer Bestandteil von Reiseprodukten. Auf diese Weise kann bereits die Reise- bzw. Fahrtzeit zu einem Bestandteil des Freizeiterlebnisses und der Erholung werden und zu einer hochwertigeren Gestaltung der knappen Freizeit beitragen. Zugleich eröffnet dies ein bisher ungenutztes Potenzial der touristischen Angebotsvermarktung und Qualitätsverbesserung.

Der Erfolg bei der Angebotsgestaltung und -umsetzung liegt nicht allein in der Hand des Anbieters. Für eine differenzierte Angebotserstellung ist es notwendig, die durch die räumliche und gesellschaftliche Struktur vorgegebenen Rahmenbedingungen zu kennen und zu beachten. So bestimmen zum einen die gegebenen räumlichen-strukturellen Voraussetzungen – sowohl im Quell- und Zielgebiet als auch entlang der Strecke – die Gestaltungsspielräume der Angebotsstruktur. Zum anderen sind für

1 Ausgangssituation: Mobilität und Tourismus

die Konzeption und Umsetzung der Angebote die Kooperation mit weiteren Akteuren sowie funktionierende Organisations- und Kommunikationsstrukturen unabdingbar. Der Erfolg der Angebote ist schließlich von der zielgruppenspezifisch aufbereiteten Informationsvermittlung und vom Außenmarketing abhängig. Es wird angenommen, dass umweltfreundliche Verkehrsmittel von Reisenden insbesondere dann in Anspruch genommen werden, wenn die Mobilität bereits in das (Pauschal-) Reiseangebot integriert ist und die Organisation der Fahrt komplett vom Anbieter übernommen wird. Ein integriertes An- und Abreiseangebot beinhaltet im Idealfall nicht nur die Beförderung mit einem Hauptverkehrsmittel, sondern auch den Transfer vom Wohnort bzw. am Zielort als Teil des Leistungspaketes und ermöglicht ggf. einen Aufenthalt an Zwischenzielen. Durch die erleichterte Planung und Durchführung der Reise mit umweltfreundlichen Verkehrsmitteln als ‚*Reisekette*', d.h. von Tür-zu-Tür, erfolgt eine Reduzierung von Aufwand und Kosten bzw. eine Steigerung des persönlichen Nutzens. Ein durchgängig geplantes und gut koordiniertes Reiseangebot sorgt für ein reibungsloses Umsteigen, wodurch der Reiseablauf optimiert wird.

Für die Analyse der Nachhaltigkeit des Freizeit- und Tourismusverkehrs ist es zunächst erforderlich, die Forderung nach einer ökologisch, ökonomisch und sozial verträglichen An- und Abreise zu konkretisieren und Nachhaltigkeit in Bezug auf die Freizeitmobilität zu definieren. Im Hinblick auf die Umsetzung ist es darüber hinaus erforderlich, konkrete Handlungsziele zu formulieren und damit Planern und Entwicklern Handlungsorientierungen zu bieten. Bei Beurteilung der Auswirkungen von An- und Abreiseangeboten ist die ökologische Dimension auf Grund der global wirkenden Emissionen und des hohen Verbrauchs nicht-erneuerbarer Energien die bedeutendste der drei Nachhaltigkeitsdimensionen Ökologie, Ökonomie und Soziales. Die Wahl der Reiseverkehrsmittel und der Strecken bestimmen über den Umwelteinfluss und den Einfluss der Reise auf die regionale Wirtschaft und das soziokulturelle Umfeld der Bewohner. Um sowohl die Angebote selbst als auch den gesamten Prozess der Angebotskonzeption nachhaltig gestalten zu können, gilt es zunächst zu klären, auf welche Weise die Nachhaltigkeit bei der Angebotsentwicklung gewährleistet und auch bei der Realisierung langfristig gesichert werden kann. Zu diesem Zweck muss eine Beurteilung touristischer Mobilitätsangebote anhand zuvor definierter Nachhaltigkeitskriterien und Handlungsziele möglich sein. In diesem Zusammenhang gilt es, die Handlungsspielräume der umsetzungsrelevanten Akteure in unterschiedlichen Handlungsfeldern zu berücksichtigen. Für die Überprüfung, ob die Entwicklungen tatsächlich in die gewünschte Richtung gehen, sind Instrumentarien zur Beurteilung von Reiseketten und zur Erfolgskontrolle bezüglich der Umsetzung von Nachhaltigkeitszielen notwendig. Die Ergebnisse der *Nachhaltigkeitsevaluierung* führen schließlich zu einer Beeinflussung künftigen Handelns.

Eingrenzung
Für den Bereich des Freizeit- bzw. Urlaubsverkehrs existieren über die Verkehrsplanung hinaus weitgehend anerkannte Definitionen. So werden unter dem Begriff

1.2 Zielsetzung: Entwicklung von Handlungsansätzen für touristische Akteure

„Freizeitverkehr" Verkehre gefasst, die keinen Berufs- oder Versorgungsverkehr darstellen und deren Dauer *bis zu* 3 Übernachtungen beträgt. Demgegenüber unterscheidet sich der „Urlaubsverkehr" durch eine Dauer von *mehr* als 3 Übernachtungen vom Freizeitverkehr (vgl. Gather/ Kagermeier 2002:10). Der Freizeitverkehr kann wiederum unterteilt werden in (siehe Abbildung 5):

- „alltäglichen Freizeitverkehr", z.B. bei Sport, kulturellen Aktivitäten oder dem Besuch von Freunden wochentags,

- „nicht-alltäglichen Freizeitverkehr", z.B. Verwandten- und Bekanntenbesuche oder Besuche von Großveranstaltungen (Events) im Rahmen von Tages- oder Kurzreisen.

Eine solche „Disaggregierung der Freizeitmobilität [ist] unerlässlich", um die Entstehung von Freizeitmobilität zu klären. Sie ist auch notwendig, wenn Ansatzpunkte für die Gestaltung von Verkehrssystemen betrachtet werden sollen, „da die Bereitschaft zur Wahl bestimmter Verkehrsmittel ganz entscheidend durch den konkreten Verkehrszweck geprägt wird" (Gather/ Kagermeier 2002:10).

Die vorliegende Untersuchung fokussiert sich auf den Tagesausflugs- und Kurzreiseverkehr, insbesondere auf den Eventverkehr, der dem nicht-alltäglichen Freizeitverkehr zuzuordnen ist. Keine spezifischen Aussagen werden zum alltäglichen Freizeitverkehr getroffen. Ebenfalls nicht näher betrachtet wird die Mobilität am Zielort. Nichts desto trotz wird ein den touristischen Bedürfnissen angepasstes Verkehrssystem vor Ort als wesentliche Voraussetzung für die Nutzung alternativer Mobilitätsangebote bei Tages- und Kurzreisen angesehen.

1 Ausgangssituation: Mobilität und Tourismus

```
Freizeit- und Urlaubsverkehr
├── Alltäglicher Freizeitverkehr
└── Nicht-alltäglicher Freizeitverkehr
    ├── Tagesausflugsverkehr
    ├── Kurzreiseverkehr ── Eventverkehr
    └── Urlaubsverkehr
    └── Verkehr am Zielort
```

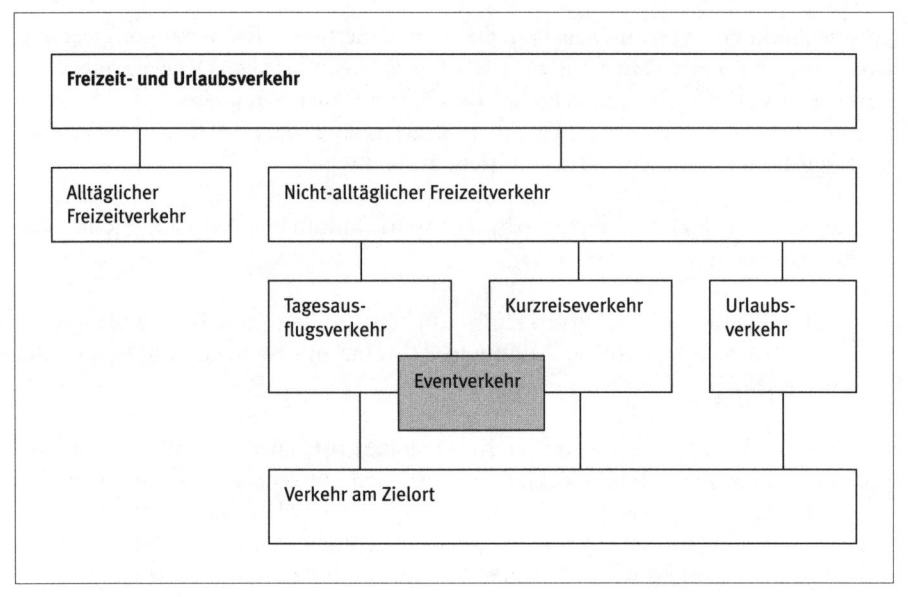

Abbildung 5: **Tourismus und Freizeitverkehr**
Quelle: Eigene Darstellung nach Lanzendorf 2001:37

Die im Rahmen des Handlungskonzepts zu entwickelnden Lösungsvorschläge für die nachhaltige und zielgruppenorientierte Gestaltung touristischer An- und Abreiseangebote beziehen sich auf marktwirtschaftliche, also auf freiwillige Steuerungsinstrumente. Dies erscheint am sinnvollsten, da letztlich die Nachfrage die Gestaltung der Angebote bestimmt. Aus diesem Grund stehen die Reisenden als Nachfrager und Reiseveranstalter respektive Verkehrsunternehmen als Anbieter im Fokus der Betrachtung und nicht politische Instrumente oder ordnungspolitische Maßnahmen zur Durchsetzung von Nachhaltigkeitszielen. Auf Grundlage des übergeordneten Ziels der Nachhaltigkeit sind, bezogen auf den (Freizeit-) Verkehr, zunächst drei grundsätzliche Handlungsstrategien denkbar: a) Verkehrsvermeidung, b) Verkehrsverlagerung auf umweltfreundlichere und effizientere Verkehrsmittel und c) Optimierung bestehender Angebote durch Optimierung des Verkehrsablaufs bzw. verbesserte Technologien (vgl. NFP 41 2000:7). Wissenschaftliche Untersuchungen zum Freizeitverkehr mit dem Ziel der nachhaltigeren Verkehrsentwicklung befassen sich derzeit, neben der Entwicklung neuer Technologien, überwiegend mit Strategien der Verkehrsvermeidung. Beispielsweise werden Lösungen gesucht, das direkte Wohnumfeld attraktiver zu gestalten (Wohnumfeldverbesserung), um damit die Distanzen zu Erholungsmöglichkeiten und Freizeitzielen zu verringern. Da die Strategie ‚Wege vermeiden' jedoch zwangsläufig eine Reduzierung von Reiseaktivitäten bedeuten würde, erscheint sie als Lösungsansatz für den marktwirtschaftlich orientierten Handlungsbereich Tourismus nicht geeignet. In jüngster Zeit spielen aber zunehmend auch Überlegungen zur Verlagerung des Verkehrs, etwa vom mo-

1.2 Zielsetzung: Entwicklung von Handlungsansätzen für touristische Akteure

torisierten Individualverkehr auf umweltfreundlichere Verkehrsträger eine wichtige Rolle. Die Idee der Verkehrsverlagerung beruht in erster Linie auf der innovativen und attraktiven Gestaltung neuer sowie der Optimierung bestehender Angebote.

Mit der Entwicklung von Handlungsansätzen für die Gestaltung attraktiver und bedürfnisorientierter Freizeitverkehrsangebote soll mit dem vorliegenden Planungsansatz eine Verkehrsverlagerung vom motorisierten Individualverkehr auf umweltfreundlichere Verkehrsmittel erreicht werden. Mit Blick auf das Potenzial, das der Tourismus für eine nachhaltige Regionalentwicklung bietet, wird akzeptiert und im Hinblick auf die globale Tourismus- und Verkehrsentwicklung auch gewünscht, dass Ausflüge und Kurzreisen verstärkt im Inland unternommen werden.

2 Theoriekonzept: Wirkungsfelder im touristischen Verkehr

Im Mittelpunkt des Theoriekonzeptes steht die Darstellung und Untersuchung der für die Gestaltung nachhaltiger Freizeitverkehrsangebote im Tourismus relevanten Wirkungsfelder. Am Beispiel der An- und Abreise bei Tagesausflügen und Kurzurlauben zu touristischen Zielen innerhalb Deutschlands werden die Wirkungsfelder aus der Perspektive von Reiseveranstaltern betrachtet, da sie die Hauptakteure für die Gestaltung von Reiseangeboten sind. Ziel ist es, relevante Einflussfaktoren zur Verbesserung der Nachhaltigkeit und zur Steigerung der Attraktivität von Freizeitverkehrsangeboten zu identifizieren und Handlungsoptionen für das Vorgehen bei der Entwicklung von Handlungsansätzen darzustellen und zu bewerten. Als Ergebnis der Untersuchung werden Lösungsstrategien skizziert, die die Grundlage für das Handlungskonzept bilden.

2.1 Heranführung an die Wirkungsfelder

Die zu untersuchenden Wirkungsfelder stellen zentrale Teilsysteme bei der Gestaltung von Freizeitverkehrsangeboten im Tourismus dar. Ermittelt wird ihr jeweiliger Einfluss, den sie auf den Entwicklungsprozess und die Vermarktung von Angeboten haben. Entsprechend der untersuchungsleitenden Zielstellung wird davon ausgegangen, dass die Angebotserstellung sowohl von der Motivation der Qualitätsverbesserung als auch von der Notwendigkeit zur Sicherung der Zukunftsfähigkeit des Tourismus geleitet wird. Im Vorfeld der Untersuchung gilt es, die Wirkungsfelder im Hinblick auf den Betrachtungsgegenstand näher zu definieren. Zu diesem Zweck ist es zunächst erforderlich, die in Zusammenhang mit dem Planungsobjekt ‚Freizeitverkehrsangebot' stehenden Randbedingungen zu beschreiben.

Der mit Hilfe der normativen Planungskonzeption angestrebte nachhaltige Tourismus ist als „offenes Konzept" anzusehen, „das ein Akteursnetzwerk hervorbringt" (Wöhler 2001:42). Als Akteure sind nicht nur die Tourismusanbieter und kooperierende Unternehmen, unter ihnen insbesondere Mobilitätsdienstleister, sondern auch die Touristen anzusehen. Unter Berücksichtigung der Prämisse der Nachhaltigkeit gesellt sich außerdem „die Natur als einer von vielen möglichen *Stakeholdern* (Bewohner, Verbände, Politiker, Wissenschaftler, Medien)" insofern hinzu, als sie durch ihre Eigenschaften (Umweltbedingungen) handelt und folglich „wie die anderen Akteure auf das Netzwerk einwirkt" (ebd.). Ausgangspunkt der nachfolgenden Betrachtungen sind vor diesem Hintergrund tourismusbedingte Verkehrs- bzw. Umwelteinflüsse sowie individuelle und gesellschaftliche Wertvorstellungen und ihre Auswirkungen auf das Handeln der relevanten Akteure. Im Spannungsfeld dieser Rahmenbedingungen lassen sich die Wirkungsfelder folgendermaßen umreißen:

2 THEORIEKONZEPT: WIRKUNGSFELDER IM TOURISTISCHEN VERKEHR

- **Nachhaltigkeitsziele:** Zwischen Anspruch und Wirklichkeit,
- **Reisende:** Zwischen Hedonismus und Umweltgewissen,
- **Angebotsstruktur:** Zwischen Erlebniswelt und Ökozauber.

2.1.1 Nachhaltigkeitsziele – zwischen Anspruch und Wirklichkeit

Um das Ziel der nachhaltigen Entwicklung langfristig sichern zu können und nicht von sich ändernden politischen Machtverhältnissen abhängig zu sein, ist eine Festlegung von Nachhaltigkeitszielen erforderlich. Damit aus gesetzlichen Festlegungen auch Konsequenzen erfolgen, müssen die Ziele möglichst konkret formuliert und verantwortliche Akteure benannt werden. Eine solche Festlegung von Zielen dient der Umsetzung einer nachhaltigen Tourismus- und Verkehrsentwicklung, da den beteiligten Akteuren durch verbindliche Vorgaben und konkrete Handlungsorientierungen die Gestaltung von ökologisch, ökonomisch und sozial verträglichen Reiseangeboten erleichtert werden kann. Im Folgenden wird dargestellt, wie das Prinzip der Nachhaltigkeit derzeit definiert wird und welche Konsequenzen sich daraus für die Akteure der Tourismus- und Verkehrswirtschaft ergeben.

2.1.1.1 Das Prinzip Nachhaltigkeit

Das Prinzip der Nachhaltigkeit ist angesichts des hohen Verbrauchs natürlicher Ressourcen, an dem auch der wachsende Freizeitverkehr maßgeblich beteiligt ist, in den letzten Jahrzehnten immer stärker in den Fokus des öffentlichen und politischen Interesses gerückt. Weltweit bekannt wurde der Begriff der Nachhaltigkeit als 1987 die Weltkommission Kommission für Umwelt und Entwicklung – unter der Leitung der damaligen norwegischen Ministerpräsidentin Gro Harlem Brundtland – ihren Bericht „Unsere gemeinsame Zukunft" vorlegte. Klassisch geworden ist die darin vorgenommene Definition des „sustainable development" (vgl. u.a. Weltkommission für Umwelt und Entwicklung 1987:XV). Im Sinne einer ‚dauerhaften Entwicklung' wurde das Nachhaltigkeitskonzept in den Folgejahren auf alle gesellschaftlichen Lebensbereiche ausgedehnt und im Jahre 1992 von einem Großteil der internationalen Staatengemeinschaft auf der Konferenz der Vereinten Nationen für Umwelt und Entwicklung (UNCED) in Rio de Janeiro zum Leitbild der „Nachhaltigen Entwicklung" erhoben. Auf dieser Konferenz wurde mit der ‚Agenda 21' ein „globales Aktionsprogramm für das 21. Jahrhundert" verabschiedet und die wichtigsten Herausforderungen für das 21. Jahrhundert benannt. Die 179 Unterzeichnerstaaten, darunter auch Deutschland, sind darin aufgefordert, eine Strategie zu entwickeln, die eine wirtschaftlich leistungsfähige, sozial gerechte und ökologisch verträgliche Entwicklung zum Ziel hat (United Nations General Assembly 1992). Unter dem Motto ‚global denken, lokal handeln' sollten für die wesentlichen Probleme des kommenden Jahrhunderts Lösungen gefunden werden. Thematisch können die Nachhaltigkeitsziele in der ‚Agenda 21' grob unterschieden werden in ökonomische, ökologische und soziokulturelle Ziele. Diesem sogenannten ‚Drei-

Säulen-Modell' zufolge sollen innerhalb der Gesellschaft die Belange von Ökologie, Ökonomie und Soziokultur gleichzeitig und gleichberechtigt entwickelt werden (vgl. u.a. BUND & MISEREOR 1996, Umweltbundesamt 1997b).

Für Deutschland wurde im Jahr 2002 vor dem Hintergrund der internationalen Nachhaltigkeitsdiskussion (Brundtland-Bericht 1987, Weltgipfel für Umwelt und Entwicklung 1992 in Rio de Janeiro) ein nationales Leitbild, die „Nationale Nachhaltigkeitsstrategie" beschlossen (Bundesregierung 2001). Diese stellt das übergeordnete Leitbild der Politik hinsichtlich der nachhaltigen Entwicklung dar. Im Mittelpunkt steht, eine „ausgewogene Balance zwischen den Bedürfnissen der heutigen Generation und den Lebensperspektiven künftiger Generationen" zu finden (Bundesregierung 2001:II). In der Nationalen Nachhaltigkeitsstrategie werden folgende Faktoren betrachtet: Generationengerechtigkeit, Lebensqualität, sozialer Zusammenhalt, internationale Verantwortung. Die Festlegung von zu erreichenden Zielen wird für verschiedene Handlungsfelder und Adressaten unterschiedlich konkret formuliert. Als verantwortliche Akteure werden Wirtschaftsunternehmen („Managementregeln der Nachhaltigkeit"), Bürgerinnen und Bürger („Lokale Agenda 21") und die Politik („Nachhaltigkeit als roter Faden für die zukünftige Reformpolitik") identifiziert und damit eine der wesentlichen Voraussetzungen zur Umsetzung des Nachhaltigkeitsgedankens geschaffen. Da sich die Definition der Nationalen Nachhaltigkeitsstrategie der Bundesregierung nur schwer auf den Betrachtungsgegenstand übertragen lässt, da beispielsweise der Aspekt der internationalen Verantwortung hier keine wesentliche Rolle spielt, wird Nachhaltigkeit – entsprechend dem Rat von Sachverständigen für Umweltfragen – im Folgenden „als wirtschaftlich leistungsfähige, sozial gerechte und ökologisch verträgliche Entwicklung" (vgl. SRU 2002, o.S.) definiert.

Der Begriff der Nachhaltigkeit ist inzwischen zwar zum am häufigsten benutzten Begriff in der Entwicklungs- und Umweltdiskussion geworden, oft wird aber nur als inhaltsleere Formel gebraucht. So hat die „Diffusion des Begriffs ‚nachhaltig' in alle Bereiche der Politik" kaum dazu beigetragen, den Begriff mit den „Inhalten einer neuen Umweltpolitik" zu belegen und das Leitbild der nachhaltigen Entwicklung zu festigen (SRU 2002 o.S.). Als wesentlicher Kritikpunkt wird vor allem mangelnde Anwendbarkeit des Nachhaltigkeitsprinzips beklagt. Denn um die tatsächliche Umsetzung der nachhaltigen Entwicklung zu gewährleisten, sind konkrete Handlungsziele erforderlich, die sich praxisnah in Maßnahmen übertragen lassen. Zudem mangelt es an Instrumenten zur Bewertung von Planungen und Maßnahmen im Hinblick auf die drei Nachhaltigkeitsdimensionen und zur Kontrolle der Entwicklungsrichtung hinsichtlich der übergeordneten Zielsetzung. Der Kritik mangelnder Umsetzbarkeit soll hier begegnet werden, indem für den Teilbereich des Freizeitverkehrs konkrete Ziele formuliert werden und damit eine Grundlage für die Gestaltung nachhaltiger touristischer Produkte geschaffen wird.

2.1.1.2 Handlungsfelder Mobilität und Tourismus

Die Nationale Nachhaltigkeitsstrategie der Bundesregierung benennt im Handlungsfeld „Mobilität sichern – Umwelt schonen" Ziele und Maßnahmen und sieht die Realisierung einer nachhaltigen und umweltverträglichen Verkehrsentwicklung als „zentrale Herausforderung" an (Bundesregierung 2001: 148). Die Umsetzung wird aber vor allem von der aktuellen Tagespolitik und der Handlungsbereitschaft der Unternehmen bzw. den Gesetzen des Marktes abhängig gemacht. So wird beim Ziel der Verkehrsverlagerung vor allem auf die Einführung von mehr Wettbewerb im Schienenverkehr und ÖPNV als „Instrument zur Mobilisierung kundengerechter Leistungen" gesetzt (ebd.: 158). Insgesamt beziehen sich Handlungsansätze zur Verbesserung der Nachhaltigkeitsbilanz im Verkehrssektor in erster Linie auf einzelne Projekte und Maßnahmen der Verkehrsinfrastrukturplanung. Eine Chance, bereits auf der übergeordneten Planungsebene Verkehr künftig umweltverträglicher zu gestalten, bietet seit 2004 die in nationale Gesetzgebung umgesetzte EU-Richtlinie zur Strategischen Umweltprüfung (SUP). Diese ermöglicht es, Umweltauswirkungen von (Verkehrs-) Planungen im Vorfeld abzuschätzen und zu bewerten; Praxiserfahrungen zur Umsetzung stehen allerdings noch aus (vgl. Bongardt et. al 2004). Doch „bedarf es einen Mix an Instrumenten, der über die Planungsinstrumente weit hinausgeht, um eine tatsächliche Verkehrswende zu erreichen" (Schäfer et. al. 2003: 51). Auch beschränken sich die Bewertungen überwiegend auf ökologische Schadstoffbilanzen und vernachlässigen die ökonomischen und sozialen Folgekosten. Daneben spielen freiwillige Selbstverpflichtungen eine wesentliche Rolle, etwa das Öko-Audit (EMAS-Verordnung 1993) oder die freiwillige Vereinbarung der europäischen Automobilindustrie über die Verringerung von CO_2 Emissionen bei neu zugelassenen Fahrzeugen (vgl. Keimel/ Ortmann/ Pehnt 2000:47). Gesetzliche Vorgaben und Richtlinien zur Umsetzung dieser Ziele durch Wirtschaft und Verbraucher fehlen weitgehend. Dabei wäre es die Aufgabe einer integrierten, auf Nachhaltigkeit bedachten Verkehrspolitik, unabhängig von wirtschaftlichen, kommunalen oder länderbezogenen Interessen und auch unabhängig von einzelnen Verkehrsträgern nachhaltige Entwicklung zu definieren, entsprechende Rahmenbedingungen zu schaffen und den Prozess zu überwachen. Wird die Definition und Bewertung den einzelnen Interessenträgern überlassen, so werden jeweils Maßnahmen als nachhaltig definiert, die den kurzfristigen Bedarf am schnellsten und effektivsten befriedigen. Die Verkehrspolitik wandelt sich so zur „Kunst der Befriedigung verschiedener divergierender Interessen" (FGSV 2003:34) ohne langfristige und der Allgemeinheit dienliche Aspekte zu berücksichtigen. Bestehende Ansätze einer ökologischen Finanzreform werden nur halbherzig durchgeführt: zwar wurde das Autofahren durch die Ökosteuer zwischen 1999 und 2003 stufenweise verteuert, doch endete die Erhöhung im Jahr 2003. Nach wie vor wird der Schienenverkehr steuerlich belastet, gleichzeitig aber Flugverkehr steuerbefreit, was kaum zu einem fairen Wettbewerb der Verkehrsträger beiträgt (VCD 2004: 11).

Auf besondere verkehrliche Belange im Tourismus geht die Nationale Nachhaltigkeitsstrategie weder im Handlungsfeld „Mobilität" näher ein, noch wird der Tourismus in seiner Gesamtheit als eigenes Handlungsfeld konkretisiert. Dies ist insbesondere darauf zurück zu führen, dass Tourismus kein eigenständiges Politikfeld darstellt, sondern als Querschnittsaufgabe in vielen Bereichen verankert ist. Um eine nachhaltige Tourismusentwicklung zu gewährleisten, wäre eine ressort- und akteursübergreifende „Nachhaltigkeits-Gesetzgebung" notwendig, da fast alle politischen Ressorts berührt werden. Gesetzlich geregelt werden touristische Belange einzig im Rahmen der Erholungsvorsorge durch die Naturschutzgesetzgebung; eine gesetzliche Notwendigkeit zur Tourismusplanung wird hingegen nicht erkannt. Vielmehr wird darauf gesetzt, dass Umwelt- und Naturschutzverbände durch ihre Lobbyarbeit für die Umsetzung der nachhaltigen Entwicklung auf der Planungs- und Maßnahmenebene sorgen. So wird auch im Rahmen der Nationalen Nachhaltigkeitsstrategie die Arbeit des Deutschen Naturschutzrings (DNR) als größter Dachverband hervorgehoben und lobend erwähnt, dass er sich als „Anwalt von Natur und Umwelt" versteht und in „wichtigen Bereichen, wie Verkehr, Freizeit, Tourismus, Stadtökologie, Energie- und Wirtschaftspolitik sowohl lokal, wie national und international" agiert (Bundesregierung 2001:67). Da es keine originäre administrative Zuständigkeit gibt, fehlen auch institutionelle Strukturen zur Definition eines gesetzlichen Rahmens. Zwar wird der Tourismus im Leitbild der nachhaltigen Entwicklung auch mit seinen negativen Begleiterscheinungen (z.B. Gefährdung sensibler Ökosysteme) gesehen, es werden jedoch lediglich „die Verantwortlichen in den betroffenen Regionen" dazu aufgerufen, „für einen naturverträglichen Tourismus zu sorgen" (Bundesregierung 2001:14). Wie im Bereich Verkehr und Umwelt wird auch hier auf die freiwillige Verantwortungsübernahme durch touristische Unternehmen vertraut und ihnen damit die Umsetzung und Bewertung der nachhaltigen Tourismusentwicklung überlassen. Keine bedeutende Rolle spielen dagegen ordnungspolitische, fiskalische und planerische Instrumente sowie umweltbezogene Fördermaßnahmen. Auch im Rahmen der europäischen Umweltpolitik wird Tourismus zwar als ein prioritärer Handlungsbereich erkannt, spielt jedoch aus Mangel eines übergeordneten europäischen Leitbildes einer nachhaltigen Tourismuspolitik keine bedeutende Rolle (Öko-Institut 2001:11).

Insgesamt hat die Nachhaltigkeitsdiskussion zwar zu Diskussionsprozessen sowohl in tourismuspolitischen und -wirtschaftlichen als auch in tourismuskritischen Kreisen geführt und durch eine Vielzahl von internationalen Konferenzen und Deklarationen auch zu einer Sensibilisierung bezüglich der negativen wie positiven Auswirkungen geführt. Eine Umsetzung ist bisher jedoch nur ansatzweise erfolgt. So hat die politisch unterstützte Förderung des Ökotourismus Möglichkeiten zur Finanzierung von Nationalparks durch den Tourismus geschaffen und auch die „Inwertsetzung von Naturerhaltung [...] als Grundlage des touristischen Angebots verdeutlicht" (Wissenschaftliche Vereinigung für Entwicklungstheorie und Entwicklungspolitik 2003:5). Es besteht aber die Gefahr, dass die starke Fokussierung auf das „Nischensegment" Ökotourismus davon ablenkt, die Ziele der nachhaltigen Entwicklung auf den gesamten Markt zu übertragen (vgl. Pils 2002). Denn nur eine Ökologisierung der gesamten Branche kann die Nachhaltigkeit gesichert werden (Backes/ Goethe

2003:24). So bieten auch andere Formen als der Ökotourismus, beispielsweise der Event- oder Erlebnistourismus, wirtschaftliche Chancen für Regionen, „die sonst durch den Globalisierungsprozess eher peripherisiert würden" (Wissenschaftliche Vereinigung für Entwicklungstheorie und Entwicklungspolitik 2003:5). In diesem Zusammenhang eröffnen sich für lokale Initiativen sowie kleine und mittelständische Unternehmen Möglichkeiten, an der touristischen Entwicklung teilzuhaben.

2.1.1.3 Fazit: Nachhaltigkeitsziele zwischen Anspruch und Wirklichkeit

Für eine nachhaltige Entwicklung des Freizeitverkehrs wäre es sicherlich am effektivsten, wenn politische Instrumente (Gesetze, Steuern, Abgaben) sowohl Anbietern als auch Reisenden ökologisch, ökonomisch und sozial verträgliches Verhalten vorschreiben würden. Bisherige Handlungsansätze zur Verbesserung der Nachhaltigkeitsbilanz im Verkehr beschränken sich jedoch überwiegend auf Infrastruktur-Investitionen[4]. Instrumente, die es ermöglichen auf Anbieterseite eine nachhaltige Gestaltung von Verkehrsangeboten kurzfristig durchzusetzen und überprüfen zu können, existieren bisher nicht. Ein Lösungsansatz auf politischer Ebene könnte in der Definition und gesetzlichen Verankerung konkreter Handlungsziele liegen, wie beispielsweise die Vorgabe des Modal-Split oder eine großflächige Sperrung ökologisch sensibler Gebiete für den motorisierten Verkehr. Dies ist jedoch vorerst nicht in Sicht, zumal die Gefahr besteht, dass sich durch eine zu restriktive Steuerung des touristischen Verkehrs die Probleme auf Reiseziele im Ausland verlagern. Restriktionen, die auf eine Vermeidung des touristischen Verkehrs abzielen sind daher sowohl unter dem Aspekt der wirtschaftlichen Entwicklung des Inlandstourismus, als auch unter globalen Nachhaltigkeitsgesichtspunkten nicht tragbar und auch nicht erwünscht.

Zusammenfassend lässt sich für die Betrachtung des Untersuchungsgegenstandes feststellen: Bei der konkreten Umsetzung von Nachhaltigkeitszielen im Bereich Tourismus und bei der Ausgestaltung der Verkehrssysteme setzt die Politik vorwiegend auf marktwirtschaftliche Instrumente bzw. freiwillige Selbstverpflichtungen der Unternehmen. Bisher existiert keine umsetzungsrelevante politische Verankerung für die nachhaltige Gestaltung einzelner Freizeitverkehrsangebote. Es fehlt weiterhin der vorgegebene gesetzliche Rahmen, der eine zielgerichtete Ansprache von Adressaten und messbare Handlungsziele und Bewertungsmaßstäbe beinhaltet sowie Zeiträume vorgibt, in denen die Ziele zu erreichen sind. Zudem mangelt es an Instrumenten zur Bewertung von Mobilitätsangeboten und zur Kontrolle der gesamten Entwicklungsrichtung im Hinblick auf die drei Nachhaltigkeitsdimensionen. Um die tatsächliche

---

[4] So soll zum Beispiel das Ziel der gleichberechtigten Investitionen für alle Verkehrsträger im Rahmen der Bundesverkehrswegeplanung umgesetzt werden. Hier ist eine Berücksichtigung der ökologischen Belange, die besonders betroffen sind, vorgeschrieben, ökonomische und soziale Interessen werden jedoch nicht explizit bewertet. Sie dienen aber meist als Begründung für die Konzeption von Straßen (Kostenminimierung durch Stauvermeidung, Sicherheit in Ortschaften, etc.).

Umsetzung des Ziels der nachhaltigen Tourismus- bzw. Verkehrsentwicklung zu gewährleisten, müssten jedoch konkrete Handlungsziele formuliert werden, die als Basis für die Gestaltung nachhaltiger touristischer Produkte dienen können und die sich praxisnah in Maßnahmen übertragen lassen.

2.1.2 Reisende – zwischen Hedonismus und Umweltgewissen

Um bei der Entwicklung von Handlungsansätzen die gegenwärtigen und zukünftigen Anforderungen und Bedürfnisse von Reisenden bei der An- und Abreise berücksichtigen zu können, werden – mit dem Fokus auf Tages- und Kurzreisen – das sich wandelnde Reiseverhalten sowie Reise- und Freizeittrends betrachtet. Die Bewertung neuer Reise- und Freizeittrends hilft, Aussagen über die Entwicklung der Nachfrage treffen zu können, um auch in Zukunft eine nachfragegerechte Gestaltung von Mobilitätsangeboten im Tourismus zu ermöglichen.

2.1.2.1 Trends im Freizeit- und Reiseverhalten

Insbesondere die stetig an Bedeutung gewinnende Freizeit hat weitreichende Auswirkungen auf die Gesellschaft und die individuelle Lebenswelt. Für die Freizeitgestaltung steht heute ein großes Zeitbudget zur Verfügung, was in den letzten Jahrzehnten zu Veränderungen im Reise- und Freizeitverhalten und zur Ausdifferenzierung von Lebensstilen geführt hat und was sich auf unterschiedliche gesellschaftliche und auch wirtschaftliche Handlungsfelder wie Tourismus und Fremdenverkehr, Medien und Kommunikation, Kultur, Sport sowie Konsum und Unterhaltung auswirkt. In diesem Zusammenhang wird deutlich, dass Mobilität immer mehr zur Voraussetzung für die individuelle Freizeitgestaltung wird (vgl. Umweltbundesamt 2000:58). Um die Zusammenhänge zwischen Freizeitverhalten und wachsendem Verkehrsaufkommen erkennen zu können, ist es zunächst erforderlich, gegenwärtige und zukünftige Trends im Freizeitverhalten zu analysieren. Schwerpunkt der nachfolgenden Betrachtungen ist nicht die Alltagsfreizeit, sondern die Wochenendfreizeit bzw. Tagesausflüge und Kurzurlaubsreisen[5].

Freizeit, Erholung und Erlebnis
Freizeit ist ein subjektiv geprägter, mehrdeutiger Begriff für den eine eindeutige Definition fehlt. Je nach betrachtender Fachdisziplin existieren unterschiedliche Auffassungen, wie sich Freizeit zur ‚Nicht-Freizeit' abgrenzen lässt. Beispielsweise ist es in den Wirtschaftswissenschaften üblich, Freizeit als jene Zeitspanne aufzufassen, „die übrigbleibt, wenn man die überwiegend der fremdbestimmten Erwerbsarbeit dienende Zeit abzieht" (Bundesministerium für Soziale Sicherheit und Generationen

---

5   Die Feierabenderholung hat einen Anteil von 34% an der Gesamtnettofreizeit im Jahr, die Wochenenderholung dagegen 50,5%, die Erholung im Urlaub 15,5% (vgl. Obenaus 1999:13).

1999:3). Unberücksichtigt bleiben bei dieser Definition Tätigkeiten der alltäglichen Lebensorganisation und der Reproduktionsarbeit, die kaum als Freizeitbeschäftigungen bezeichnet werden können. Eine Ausnahme bildet hier das Einkaufen, das je nach Situation sowohl als notwendige Arbeit, als auch als Freizeiterlebnis gelten kann. Ebenfalls unberücksichtigt bleiben ganze Bevölkerungsgruppen, die nicht der Erwerbsarbeit nachgehen wie Hausmänner und -frauen, Kinder, Erwerbslose sowie Rentner und Pensionäre. Eine Definition des Freizeitforschers Opaschowski fasst die Bedeutung des Begriffs sehr weit: „Freizeit ist das, was die Mehrheit als Freizeit empfindet" (Opaschowski 1994:17ff.). Trotz deutlicher Arbeitszeitverkürzung wuchs seiner Ansicht nach in den letzten 20 Jahren das subjektive Gefühl, über zu wenig Freizeit zu verfügen. Die Ursache für dieses Empfinden sieht er in immer höheren Anforderungen, die heute sowohl an den Beruf, als auch an die Freizeit gestellt werden, weshalb er Freizeit über das „Gefühl, freie Zeit zu besitzen" definiert (ebd.).

Ein wesentliches Bedürfnis in der Freizeit ist – trotz der zahlreichen weiteren Ansprüche wie Aktivität und Erlebnis – immer noch die Erholung im Sinne der Kompensation des Arbeitsalltags und der Rekreation. In der Erholungsforschung ist die grundlegende Voraussetzung für Erholung, dass ihr eine beanspruchende Tätigkeit vorausgeht. Dabei gibt es sowohl unterschiedliche Formen der Tätigkeit, z.B. körperliche oder geistige, als auch unterschiedliche Arten der Beanspruchung, beispielsweise Überforderung oder Unterforderung. Durch überfordernde bzw. unterfordernde Situationsbedingungen (z.B. Arbeitsbedingungen) entstehen „Ermüdung, Monotonie, psychischer Stress oder psychische Sättigung" als typische Folgen der Beanspruchung. Erholung lässt sich als Prozess erklären, durch den die psychophysischen Folgen der Beanspruchung „ausgeglichen und die individuellen Handlungsvoraussetzungen wiederhergestellt werden"(Allmer 1994:70). Erholung kann also in bezug auf Freizeit und Urlaub vor allem als Kompensationsleistung im Hinblick auf den täglichen Arbeitsstress im Alltag beschrieben werden. Die „optimale Erholung" ist jedoch „nicht nur eine Frage der Erholungszeit, sondern auch der Erholungssituation, die mehr oder weniger sinnvoll zu einer vorangegangenen Arbeitssituation passt". Für Arbeiten, die Konzentration erfordern, ist sportliche Bewegung beispielsweise ein gutes Mittel, um sich anschließend wieder der geistigen Arbeit widmen zu können (Wieland-Eckelmann 1994:143).

Neben der Wiederherstellung der geistigen und körperlichen Arbeitskraft, kommen der Freizeit weitere, sowohl individuelle als auch soziale Funktionen zu:

Tabelle 5: **Funktionen der Freizeit**

Individuelle Funktionen der Freizeit	Soziale Funktionen der Freizeit
- Rekreation (Entspannung, Erholung, Wohlbefinden)	- Regeneration
- Kompensation (Abwechslung, Zerstreuung, Ausgleich)	- Sozialisation
- Kontemplation (Ruhe, Muße, Selbstbesinnung)	- Kompensation
- Kommunikation, Geselligkeit	- Integration (Zusammensein, Gruppenbildung)
- Information, Bildung	- Enkulturation (Kreativität, produktive Teilnahme am kulturellen Leben)
- Bewegung	- Konsum, Kommerz
- Expression	- Partizipation (Beteiligung, Engagement, soziale Selbstdarstellung)
- Identität, Selbstverwirklichung	- Innovation, Lebensstilkreation
- Befreiung von Zwängen	- Systemstabilisierung

Quelle: Eigene Darstellung nach MÖRTH 2002, o.S. und Bundesministerium für Soziale Sicherheit und Generationen 1999:4f.

Angesichts sich abzeichnender Freizeittrends scheint es sinnvoll, die oben genannten ‚Funktionen der Freizeit' noch um einige wichtige Aspekte zu erweitern. Die am häufigsten genannten Begriffe und Bedürfnisse, die mit Freizeit assoziiert werden, sind „Aktivität, Erlebnis, Ausflug und Reise" (Opaschowski 1994:17). Es zeigt sich, dass immer mehr Wert auf eine aktive Freizeitgestaltung gelegt wird, in der Erlebnis, Unterhaltung und das Entdecken von Neuem eine wesentliche Rolle spielen. Die Suche nach dem „schönen Erlebnis" ist zu einem wichtigen Bestandteil des Alltags und der Freizeit geworden (Schulze 1995:422). Der ständigen Suche danach liegt die Vorstellung vom „Projekt des schönen Lebens" zugrunde, bei dem das Individuum die Welt nach seinen Wünschen und Vorstellungen um sich herum arrangiert. Es geht nicht mehr um das *Über*leben, sondern um das *Er*leben, nicht mehr um Lebenserhaltung, sondern um Lebensgestaltung (Schulze / Günther 2000, o.S.).

Bezogen auf die Freizeitgestaltung münden die individuellen Wünsche, Vorstellungen und Möglichkeiten der Reisenden in unterschiedliche Aktivitäten. Beispielsweise unternimmt an einem „typischen Wochenende" die Mehrheit der Bevölkerung über 14 Jahre (57%) einen Ausflug oder eine Wochenendreise (Opaschowski 2001a, o.S.). Hier gilt es, die zur Verfügung stehende Zeit möglichst optimal zu nutzen. Bezogen auf den Faktor ‚Zeit' gelangt die sogenannte „Wohlstands-" oder „Luxusgesellschaft" aber mehr und mehr an ihre Grenzen, da sich auch die reichste

2 THEORIEKONZEPT: WIRKUNGSFELDER IM TOURISTISCHEN VERKEHR

Gesellschaft nicht zusätzliche Zeit verschaffen kann (Prisching o.J., o.S.). Steigende Tourismuszahlen (vgl. WTO 2002 o.S.) lassen erkennen, dass der Drang die eigenen vier Wände zu verlassen immer größer wird, so dass das knappe Gut ‚Zeit' zwangsläufig nach einer Verkürzung der Reisezeiten und damit nach einer eine Zunahme von Kurzreisen verlangt. Ungeachtet des Trends zu Beschaulichkeit und Entschleunigung bewegt sich daher der „Mainstream auf ‚mehr Urlaub pro Zeiteinheit' zu" (Umweltbundesamt 2000:59.).

Freizeit-Trends
Freizeit- und Tourismusforschung stimmen weitgehend darin überein, dass die Individualisierung als fortschreitender und langfristiger Prozess und damit als zentraler Trend anzusehen ist (Kreilkamp 2003:6f.). Voraussetzung für die Individualisierung ist ein „historisch gewachsenes Wohlstandsniveau", das auf ausreichend freier Zeit und finanziellem Wohlstand beruht und auf diese Weise eine „zunehmende Differenzierung" ermöglicht (ebd.). Um die Zusammenhänge zwischen der Entwicklung von Freizeit und Freizeitverhalten und den damit verbundenen Auswirkungen auf das Mobilitätsverhalten für die Zukunft abschätzen zu können, sollen im Folgenden einige wichtige Trends umrissen werden.

Für die Verteilung von Arbeitszeit und Freizeit prognostiziert Opaschowski bis zum Jahr 2010, dass für „privilegierte Vollzeitbeschäftigte" die Arbeit „immer intensiver und konzentrierter, zeitlich länger und psychisch belastender" wird. Er erwartet für diese Bevölkerungsgruppe, dass die „Hälfte der Mitarbeiter [...] doppelt so viel [verdient]" aber dafür „dreimal so viel leisten [muss] wie früher." Da auf der anderen Seite aber die Arbeitslosigkeit nicht signifikant abnehmen wird, zeichnet sich eine Polarisierung der Gesellschaft ab, in der es Besserverdienende mit einem hohen verfügbaren Einkommen, aber wenig Zeit gibt und dem auf der anderen Seite viele Geringverdiener gegenüber stehen, die für ihre Freizeitgestaltung kaum Geld zur Verfügung haben (vgl. Opaschowski 2001a, o.S.).

Events:
Events haben sich in den letzten Jahrzehnten zu einem bedeutenden Teilbereich des Freizeit- und Tourismusgeschehens entwickelt und es ist zu erwarten, dass sich dieser Trend fortsetzt (vgl. Opaschowski 2001b:84). Freizeitgestaltung ist gekennzeichnet von Bedürfnissen nach Abwechslung und nach besonderen, vom Alltag stark abgehobenen Erlebnissen mit emotionalen Qualitäten wie Spannung, Spontaneität und Gemeinschaftsgefühl. Neben der Ortsveränderung hin zu abwechslungsreichen „Kontrasträumen" (vgl. Dienel et al. 2004) können diese Bedürfnisse am besten durch den Besuch von Veranstaltungen erfüllt werden, die einmalige Erfahrungen vermitteln (vgl. Freyer et al. 1998:9). Zu diesem Zweck setzen sich Massen von Menschen in Bewegung und werden mobil, um Teil dieses Erlebnisses zu werden, woraus ein steigendes Verkehrsaufkommen mit hohen Belastungskonzentrationen und entsprechenden Auswirkungen auf Mensch und Umwelt resultiert.

Events leben von drei Erfolgsfaktoren: Mit dem Ziel der *„Imagination"* werden je nach Thematik Kulissen geschaffen und der Ablauf inszeniert. Besondere *„Attraktionen"*, Außergewöhnliches oder Überraschendes und Unvorhersehbares machen das Ereignis unvergleichlich. Die „Everything-Goes-Devise" und die großen Erwartungen der Besucher verlangen zudem nach *„Perfektion"* in Planung und Ablauf der Veranstaltung (Prisching o.J, o.S.). Häufig wird in diesem Zusammenhang übersehen, dass bereits die Anreise einen wichtigen Teil des einmaligen Gesamterlebnisses ausmacht – oder vielmehr ausmachen kann. Wird der ‚Transport' mit Gemeinschaftsverkehrsmitteln als Ouvertüre und als Ausklang des Events begriffen und entsprechend gestaltet und vermarktet, besteht die Chance, dass sowohl Besucher als auch Reiseveranstalter davon profitieren. Bei der Gestaltung der An- und Abreise sollten daher ‚Imagination', ‚Animation' und ‚Perfektion' eine ebenso wichtige Rolle spielen wie bei der Eventplanung selbst.

Die Gruppe der „Eventkonsumenten" scheint sich derzeit, ähnlich der „Erlebnisgesellschaft" (vgl. Schulze 1995:542), aufzuspalten: Auf der einen Seite bestimmt weiterhin die Suche nach einmaligen Ereignissen das Freizeitverhalten. Bei den Eventbesuchern wächst dadurch der Zwang, dabei sein zu *müssen*, um nichts zu verpassen, was in der Konsequenz zu Unsicherheit das ‚Richtige' gewählt zu haben und zu Enttäuschung, Frustration und Stress führen kann (Schulze/ Günther 2000, o.S.). Auf der anderen Seite entstehen im Gegenzug Formen der Selbstentlastung vom permanenten „Wählen müssen" und „Fasziniert sein", die zur Besinnung auf sich selbst und zu einem ein „Wandel vom Wohlstands- zum Wohlfühltourismus" führen (Opaschowski 2001b:91).

Innenorientierung:
Wirtschaftlich unsichere Zeiten und globalisierte Lebenswelten führen zur Verstärkung des Wunsches nach Ruhe und Geborgenheit (Romeiß-Stracke 2001:25). Zu dieser Verunsicherung haben sicherlich sowohl der Rückgang des Wirtschaftswachstums, als auch die zunehmende Terrorangst einen erheblichen Teil beigetragen. „Intimität", der Rückzug auf eine bekannte und vertraute Umgebung, und „Introversion", die Besinnung auf das eigene körperliche und seelische Wohlbefinden, werden immer wichtiger (ebd.). „Sich mit der Familie beschäftigen" rückt zunehmend in den Mittelpunkt des Alltagslebens (2000: 47% – 2001: 51%), zudem wächst das Bedürfnis „über wichtige Dinge zu reden" (2000: 30% – 2001: 34%). An der Auseinandersetzung über die bedeutenden Fragen des Lebens zeigt sich die Generation der 14- bis 29-Jährigen interessierter als die ältere Generation der über 50-Jährigen (vgl. Opaschowski 2001a, o.S.). Durch diesen Einstellungswandel wird – als Gegenpol zur ständigen Suche nach Erlebnissen – das eigene Wohnumfeld wieder stärker zum Zentrum der persönlichen Lebensqualität.

Anspruchsvolles Reisen:
Die vorstehend genannten gesellschaftlichen Entwicklungen kommen vor allem der inländischen Tourismusbranche zugute – sofern Inlandsreisen nicht nur als reine

‚Leistungspakete' begriffen und vermarktet werden, die sich aus ‚Transport' und ‚Unterkunft' zusammensetzen. Gelingt es dagegen, auf der gesamten Reise – d.h. *inklusive* der Hin- und Rückfahrt – „Lebensfreude und Wohlergehen auf Zeit" zu vermitteln, ließe sich mit neuen Aspekten die Qualität der Angebote und damit auch die Nachfrage wesentlich steigern (BAT 2001b, o.S.). In diesem Zusammenhang gilt es unbedingt, das auf Grund zunehmender Reiseerfahrung gestiegene und weiter steigende Anspruchsniveau als zentralen Trend der touristischen Nachfrage zu berücksichtigen (Umweltbundesamt 2000:62).

2.1.2.2 Wertvorstellungen und Umweltbewusstsein

Bei der Betrachtung individueller Wertvorstellungen im Kontext des Leitbildes der nachhaltige Entwicklung wird ein Konflikt zwischen kurzfristigen individuellen Zielen (z.B. Konsumbedürfnissen) und der langfristigen, generationenübergreifenden Entwicklungsperspektive deutlich. Auf Grund der heute z.T. sehr großen Aktionsradien, insbesondere in Freizeit und Urlaub, und der daraus resultierenden Notwendigkeit mobil zu sein und sich durch den Raum zu bewegen, stehen Mobilität und Lebensqualität mittlerweile oft im Widerspruch zueinander. Stetig steigende Mobilitätsansprüche und das daraus erwachsende Verkehrsaufkommen haben in einem solchen Maß zugenommen, dass die Bevölkerung spürbare Beeinträchtigungen ihrer Lebensqualität hinnehmen muss.

Im täglichen Handeln steht vor allem die schnellstmögliche Bedürfnisbefriedigung im Vordergrund. Dazu gehört im Bereich Freizeit und Tourismus seitens der Verbraucher vor allem die Realisierung von Freizeitbedürfnissen und Reisewünschen zu einem möglichst günstigen Preis. Für die Wahl der Reiseverkehrsmittel bedeutet dies, dass für Wochenendreisen heute eher Billigfluganbieter gewählt werden als beispielsweise die wesentlich umweltfreundlichere Bahn. Trotz zahlreicher Appelle an das Umweltbewusstsein von Reisenden und immer längeren Staus auf den Straßen hat der Anteil alternativer Verkehrsmittel am Gesamtverkehr abgenommen. Eine der Ursachen dafür liegt – wie in zahlreichen Untersuchungen zum ökologischen Bewusstsein deutlich wird – in der Kluft zwischen der Einstellung von Menschen und ihrem tatsächlichen Verhalten, die im Verkehrsbereich besonders deutlich zutage tritt (vgl. Kuckartz 2000, Preisendörfer et al. 1999:30). Zwar stellen eine intakte Natur und Umwelt entscheidende Reisemotive dar und drücken sich auch in der Urlaubszufriedenheit aus, auf die Wahl der Verkehrsmittel für An- und Abreise hat dies jedoch kaum Einfluss (Umweltbundesamt 1999, S, 71). Einschränkungen zugunsten der Umwelt werden im Freizeitverkehr wenig akzeptiert. Obwohl die begrenzte Belastbarkeit der Ökosysteme heute zum Allgemeinwissen gehört und bekannt ist, dass die ökologischen Grenzen „teilweise deutlich überschritten werden", erfolgen nur bescheidene Verhaltensänderungen. Es besteht insbesondere im Verkehrsbereich eine deutliche Diskrepanz zwischen dem Verhalten und den Anforderungen nachhaltiger Entwicklung, weil „die kurzfristige individuelle Bedürfnisbefriedigung höher gewichtet wird als die langfristigen Konsequenzen für zukünftige

Generationen" (Ernst Basler + Partner AG 1998:3). Berücksichtigt man zudem noch die psychologische Komponente der Verkehrsmittelwahl, offenbart sich ein weiteres Problemfeld: Empirische Untersuchungen zur Verkehrsmittelwahl belegen, dass die Verfügbarkeit eines Automobils, aber auch emotionale Einflüsse wie Statusbewusstsein das Verhalten in hohem Maß beeinflussen. Ist die Pkw-Nutzung erst einmal zur Gewohnheit geworden hat sich das Mobilitätsverhalten so weit habitualisiert, dass der Umstieg auf andere Verkehrsmittel mit sehr hohen psychologischen Kosten verbunden ist (Lanzendorf 2003:103).

Ein Grund für die ausbleibende Verhaltensänderung im Verkehrsbereich ist die hohe Bedeutung, die dem Auto und der Automobilindustrie zugemessen wird und die dazu führt, dass Verkehrspolitik als ein äußerst sensibles Feld gilt. Deutlich wird dies bei der Frage nach Tempolimit auf Autobahnen: nur Minderheiten sind für Geschwindigkeitslimits von 100 bis 120 km/h wohingegen rund 40% der Bevölkerung jedes Tempolimit ablehnen (Kuckartz 2000:8). Verkehrspolitischen Maßnahmen wie der Ausbau des ÖPNV und des Radwegenetzes und die Verlegung des Güterverkehrs auf die Schiene können dennoch mit „überwältigender Zustimmung" in der Bevölkerung rechnen. Ob diese Möglichkeiten dann auch tatsächlich genutzt werden, bleibt allerdings offen.

2.1.2.3 Fazit: Reisende zwischen Hedonismus und Umweltgewissen

In den letzten Jahren hat die Freizeit als eigenständiger Lebensbereich immer mehr an Bedeutung gewonnen und steht nun zumindest quantitativ etwa gleichwertig der Arbeitszeit gegenüber. Die Ausprägung bestimmter Lebensstile basiert nicht mehr ausschließlich auf einer bestimmten gesellschaftlichen Stellung innerhalb der Arbeitswelt, sondern erfolgt zunehmend vor dem Hintergrund persönlicher Freizeitbedürfnisse. Vor allem in der Freizeit besteht die Möglichkeit, verschiedene Lebensstile kennen zu lernen und auszuprobieren, um daraus eine individuelle Vorstellung vom eigenen ‚Projekt des schönen Lebens' zu entwickeln. Emotionen spielen dabei eine tragende Rolle: es geht weniger um Wohlstand, als um ein gutes Lebensgefühl. Die zur Verfügung stehende Zeit wird in diesem Zusammenhang zu einem Hauptkriterium und zur Mangelware. Dem Gefühl, über zu wenig Zeit zu verfügen, wird in der Freizeit mit unterschiedlichen Konzepten begegnet. Es kommt zu einer Polarisierung der Zeiteinteilung, bei der auf der einen Seite der Anspruch steht, möglichst viel in kurzer Zeit zu erleben bzw. zu konsumieren, also eine Befriedigung der Bedürfnisse ohne Zeitverzögerung. Auf der anderen Seite gibt es immer mehr Menschen, die das Schöne und Wertvolle im eigenen Umfeld entdecken und sich dafür – im Sinne einer ‚Entschleunigung' des Lebensalltags – die nötige Ruhe lassen wollen. Alle diese Aspekte haben entscheidenden Einfluss auf das Reiseverhalten und die Reisezielwahl. Und auch die Frage *wie* gereist wird – also die Wahl von Reiserouten, Verkehrsmitteln und Zwischenzielen – wird davon gelenkt.

Eine restriktive Steuerung des Freizeitverkehrsverhaltens von Reisenden, z.B. durch Einschränkung der Pkw-Nutzung, ist angesichts der bedeutenden Stellung von automobiler Freiheit und Freizeit ohne die Bereitstellung von attraktiven Angebotsalternativen kaum durchzusetzen. Um den Gedanken der nachhaltigen Entwicklung im Verbraucherverhalten zu verankern, genügt der Appell an das Umweltbewusstsein nicht (vgl. Umweltbundesamt 2001a:115). Vielmehr muss mit ökologischen Verbesserungen auch die Berücksichtigung der Qualitätsansprüche sowie Erholungs- und Erlebnisbedürfnisse von Reisenden einhergehen. Werden diese Ansprüche nicht gewürdigt, überwiegen beispielsweise bei Kurzurlaubsreisen weiterhin die Vorteile des Individualität und Unabhängigkeit versprechenden Pkw oder des kostengünstigen Flugzeugs. Ohne einen entsprechenden Gegenwert ist eine Verhaltensänderung bei den Reisenden nicht zu erwarten.

2.1.3 Angebotsstruktur – zwischen Erlebniswelt und Ökozauber

Im Mittelpunkt bei der Betrachtung des Wirkungsfeldes ‚Angebotsstruktur' steht die Analyse der Rahmenbedingungen, welche die Möglichkeiten und Grenzen der Gestaltung von touristischen Mobilitätsangeboten bestimmen und den Prozess der Produktentwicklung beeinflussen. Zu diesem Zweck wird der strukturelle Aufbau von Reiseangeboten, insbesondere für Tages- und Kurzreisen, untersucht. Die Analyse der Schnittstelle zwischen Tourismus und Verkehr, d.h. zwischen Reiseveranstaltern und Verkehrsunternehmen, wird dabei in den Mittelpunkt gestellt. Ziel der Untersuchung ist die Bewertung und Gewichtung der relevanten Rahmenbedingungen und ihrer Wechselwirkungen sowie die Identifizierung von Erfolgsfaktoren für den Prozess der Angebotserstellung bei der An- und Abreise.

Um aufzuzeigen, in welchem Spannungsfeld sich die touristische Angebotsgestaltung künftig bewegen muss, damit sie einerseits den Belangen der Nachhaltigkeit und andererseits den steigenden Ansprüchen der Reisenden gerecht werden kann, wurden bereits die wichtigsten Randbedingungen der Wirkungsfelder ‚Nachhaltigkeitsziele' und ‚Reisende' skizziert. Bei der Darstellung der Einflussfaktoren im Wirkungsfeld ‚Angebotsstruktur' stehen vor allem wirtschaftliche Akteure im Mittelpunkt der Betrachtungen.

2.1.3.1 Akteure der Tourismuswirtschaft

Die Spitzenverbände und -organisationen der deutschen Tourismuswirtschaft bekennen sich, belegt durch ihre Umwelterklärung vom Oktober 1997, zum Ziel der nachhaltigen Tourismusentwicklung (vgl. Rauschelbach 1998). Die Berücksichtigung des Verkehrs wird, trotz seiner immensen ökologischen Relevanz, bisher größtenteils vernachlässigt. Einzig in den speziellen Segmenten ‚sanfter' oder ‚nachhaltiger Tourismus' bzw. ‚Ökotourismus' bestehen Ansätze zur Minderung der negativen ökologischen, ökonomischen und sozialen Auswirkungen von Reiseaktivitäten, die auch Aussagen zum Problemfeld ‚Verkehr' beinhalten. „Der Massenmarkt und insbesondere Pauschalreisen" bleiben davon jedoch „weitgehend unberührt" (Öko-Institut 2001:11). Bemühungen zu Umwelt- und sozialen Verbesserungen beschränken sich auf wenige kleine und mittlere Reiseveranstalter. Das bislang nur unzureichende Angebot an umweltverträglichen und zugleich attraktiven Mobilitätsangeboten ist darauf zurück zu führen, dass zum einen häufig das Bewusstsein für das Ausmaß der verkehrlichen Auswirkungen fehlt; zum anderen wird oft die eigene Zuständigkeit ignoriert bzw. die ökologische und soziale Verantwortung nicht anerkannt. Ursache hierfür ist der Mangel an konkreten Handlungszielen und Ansätzen für Maßnahmen zur Verbesserung der Nachhaltigkeitsbilanz. Infolgedessen werden Handlungsmöglichkeiten und Chancen der Beeinflussung kaum wahrgenommen. Reiseangebote, welche die Mobilität (mit umweltfreundlichen Verkehrsmitteln) beinhalten, sind im Inlandstourismus bislang nur selten zu finden. Allerdings gibt es vereinzelt Ansätze, die Anreize für die Anreise mit alternativen Verkehrsmitteln bieten, wie beispielsweise das Angebot einiger Hotels bei Anreise mit der Bahn den Nahverkehr vor Ort kostenlos nutzen zu können.

Auch im Hinblick auf die Qualität von Reiseangeboten wurde die An- und Abreise bisher kaum beachtet. Dies mag zum Teil darin begründet sein, dass Untersuchungen bzw. Informationen zu mobilitätsrelevanten Ansprüchen von Reisenden nur sehr selten zu finden sind (Freyer/ Groß 2003:13). Aus dem Blickwinkel der Reisenden kann der Freizeit-, Erlebnis- und Erholungswert von umweltverträglicheren Verkehrssystemen bislang nur als gering eingestuft werden. In den vergangenen Jahrzehnten ging die Entwicklung vor allem in Richtung Beschleunigung, während Bemühungen um qualitative Reiseerlebnisse abgenommen haben. Auch die Ausrichtung von Angeboten auf Zielgruppen, die sonst im Tourismus üblich ist und deren Bedeutung zunimmt, fehlt bei touristischen Mobilitätsangeboten fast völlig. Nicht erkannt wird in diesem Zusammenhang auch das Potenzial, das in der Vermarktung eines zusätzlichen Reisebausteins steckt, zumal sich der Trend abzeichnet, dass Einzelleistungen mehr und mehr als Bausteine verkauft werden, um damit eine flexible Angebotsgestaltung zu ermöglichen.

2.1.3.2 Anbieter von Mobilitätsdienstleistungen

Nicht nur im Tourismussektor, sondern auch im Bereich Mobilitätsdienstleistungen ist der touristische Verkehr bisher ein wenig beachtetes Feld – sowohl unter dem Gesichtspunkt der Nachhaltigkeit als auch im Hinblick auf Qualitätsaspekte. Bisherige Handlungsansätze zur Optimierung der Angebotsqualität beschränken sich auf Verkehrstechnologien und Effizienzsteigerungen, v.a. im Straßenverkehr. Bei allen Verkehrsträgern konnten „erhebliche Fortschritte im Umweltschutz durch technische Verbesserungen" erzielt werden und auch weiterhin wird eine Erhöhung der Auslastung bei allen Verkehrsträgern angestrebt (Öko-Institut 2001:11). Diese Entwicklungen entsprechen der marktökonomischen Zielsetzung der Anbieter und sind auch aus ökologischer Sicht positiv zu bewerten. Doch reichen technologische

2 Theoriekonzept: Wirkungsfelder im touristischen Verkehr

Verbesserungen allein nicht aus, da die Effekte durch den Anstieg der Verkehrsleistungen im Freizeitverkehr (häufigere Kurzreisen, größere Reiseentfernungen) überkompensiert werden.

Ansätze zur Verkehrsverlagerung sind bisher kaum vorhanden, da die Zusammenarbeit der Verkehrsanbieter (z.B. Reisebus, Bahn, etc.) untereinander eher durch Konkurrenz als durch den Willen zur Kooperation geprägt ist und demzufolge verkehrsmittelübergreifende Angebote zum Wohl der Nutzer und der Umwelt nur vereinzelt zu finden sind. Allerdings setzt sich im Bahnverkehr mittlerweile die Erkenntnis durch, dass eine Verkehrsverlagerung nur durch integrierte Verkehrskonzepte, d.h. durch intermodale Angebote, erreicht werden kann. Angebote, die in diese Richtung weisen, sind Möglichkeiten der Kombination von Bahn und Fahrrad (z.B. Bike&Ride, Fahrradmitnahme im Zug, Call a bike; vgl. DB AG 2002) bzw. Pkw und Bahn (Park&Ride, Carsharing). Bei der Gestaltung von Freizeitverkehrsangeboten werden diese Potenziale allerdings kaum ausgeschöpft. Konkret gefordert und auch realisiert werden integrierte Verkehrskonzepte bzw. intermodale Angebote bisher ausschließlich in Zusammenhang mit dem Flugverkehr (Deutsches Verkehrsforum 1998, o.S.). Mit dem Ziel Inlandsflüge zu reduzieren, wird der Transfer zu internationalen Flughäfen zunehmend in Zusammenarbeit mit der Bahn geleistet. Hintergrund ist jedoch keine ökologische, sondern eine wirtschaftliche Zielsetzung, denn auf Grund einer reduzierten Anzahl von Inlandsflügen können frei werdende Start- und Landekapazitäten für lukrativere Fernflüge genutzt werden. Daraus ergibt sich zwar zunächst ein positiver Effekt durch die Verkehrsverlagerung vom Flugzeug auf die Bahn. Durch die steigende Nutzung von Lowcost Airlines wird dieser Effekt jedoch bei weitem kompensiert.

Als Reaktion auf sinkende Fahrgastzahlen und steigenden Konkurrenzdruck beginnen einzelne Verkehrsunternehmen in jüngster Zeit, sich zunehmend als Dienstleister zu begreifen. Sie erkennen die Notwendigkeit, die Bedürfnisse ihrer Kunden ernst zu nehmen. Vermehrt wird daher ein verbesserter Service mit entsprechenden Servicegarantien und eine Ausrichtung des Wettbewerbs an kundenorientierten Qualitätskriterien angemahnt (Laumann/ Sauer/ Röhrleef 2002:292ff.). Als Folge dieser Entwicklung streben „klassische Verkehrsunternehmen an, sich als umfassende ‚Mobilitätsdienstleister' zu positionieren". Anbieter neuer ‚integrierter' Mobilitätsdienstleistungen, etwa Mobilitätsmanagementzentralen oder auch Kooperationen zwischen Verkehrsunternehmen und Partnern aus den Marktfeldern Car-Sharing, Autovermietung und Taxiunternehmen sowie Reisebüros und touristische Unternehmen, erscheinen auf dem Markt (DVWG 2000, o.S.). Diese angestrebten Qualitätsverbesserungen sind ein erster Schritt in Richtung einer verstärkten Berücksichtigung der Anforderungen und Wünsche von Reisenden. Ein erstes offensichtliches Zeichen dieser Neuorientierung ist das Verschwinden der bisher gebräuchlichen Bezeichnung ‚Beförderungsfall', die immer häufiger durch ‚Fahrgäste' oder ‚Kunden' ersetzt wird.

2.1.3.3 Fazit: Zwischen Erlebniswelt und Ökozauber

Zusammenfassend lässt sich feststellen, dass die Tourismusindustrie, hier vor allem die Reiseanbieter, weder das wirtschaftliche Potenzial touristischer Mobilitätskonzepte nutzen, noch die Verantwortung für die verkehrlichen Auswirkungen auf die Umwelt und das Lebensumfeld der Bevölkerung in den Transit- und Zielregionen übernehmen. Nur selten werden Freizeitverkehrsangebote als elementare Bestandteile in Reiseangebote integriert bzw. zielgruppenspezifisch gestaltet. Statt dessen werden Nachfragegruppen ausschließlich nach unterschiedlichen ‚Transportgefäßen' für die schnellstmögliche Überwindung der Reisestrecke unterteilt. Möglichkeiten der Kombination und Verknüpfung unterschiedlicher Verkehrsträger sowie Erlebnis- oder Entspannungsangebote während der Fahrt, die für eine optimale und bedürfnisgerechte Angebotsgestaltung notwendig sind, bleiben unbeachtet.

Wenn der Tourismus es aber schafft, die steigenden Qualitätsansprüche der Reisenden mit entsprechenden Reiseprodukten zu bedienen und durch Motivations- und Marketingkampagnen „Lust auf Urlaub" zu machen, dann hat der Inlandstourismus weiterhin günstige Chancen. Voraussetzung ist, dass die „Zeichen der Zeit richtig gedeutet und die sich wandelnden Bedürfnisse in die Angebote integriert" werden (BAT 2001b, o.S.). Die Erlebnisstrategien im Tourismus müssen auf variable Bausteinprogramme und Nischenmarketing setzen, sie müssen Perfektion beherrschen und phantasievoll eingesetzt werden, damit Urlauber „die Wirklichkeit verträumen oder ihre Träume verwirklichen können" (Opaschowski 2001b:134). Zudem verlangt der gegenwärtig immer stärker werdende Trend der gesellschaftlichen Individualisierung, dass die einzelnen Bausteine eine Reise nach persönlichen Wünschen zusammengestellt werden können. Dies verlangt auch die zunehmende „Fragmentierung der Zielgruppen", die zurückzuführen ist auf ein hohes Bildungsniveau, die zunehmende Berufstätigkeit von Frauen, den demographischen Wandel „zu Ungunsten der Jüngeren und hin zu einer überalterten Gesellschaft" und auf „Polarisierungstendenzen" in der Gesellschaft hinsichtlich der Besitzverteilung (Kreilkamp 2003:24). Insbesondere der Trend zur Individualisierung führt dazu, dass der Einzelne bei der Reiseplanung, auf der Suche nach der ganz persönlichen Nische, auf organisatorische Hilfe von außen angewiesen ist – für Reiseanbieter mit interessanten Reiseangeboten bietet sich hier eine große Chance. Um die Akzeptanz und Nutzung nachhaltiger Mobilitätsangebote zu erhöhen, müssen Mobilitätskonzepte künftig verstärkt auf die unterschiedlichen Ausprägungen von Lebens- und Freizeitstilen eingehen und diese bereits bei der Anreise zu Freizeitzielen oder Reisedestinationen, und nicht nur beim Aktivitätenangebot vor Ort berücksichtigen. Um ein Umsteigen auf alternative, umweltfreundliche Mobilitätsangebote zu erreichen, müssen individuelle Wünsche und Bedürfnisse integriert werden, da ansonsten der flexiblere und Individualität versprechende Pkw weiterhin als Hauptverkehrsmittel eingesetzt wird. Attraktive Angebote für Bahn-, Bus- oder auch Radreisen könnten jedoch die Chance bieten, dass umweltfreundliche Verkehrsmittel weniger auf eine Nutzung aus Vernunft angewiesen sind, sondern dass auch schon das Unterwegssein zur Erfahrung wird und das Auto aus diesem Grund zu Hause gelassen wird.

2.2 Wirkungsfeld Nachhaltigkeitsziele

Wie sich bei der Betrachtung gesellschaftlicher und individueller Wertvorstellungen zeigt, wird das Prinzip der nachhaltigen Entwicklung zwar sowohl auf der gesellschaftspolitischen als auch auf der individuellen Ebene befürwortet, bisher aber kaum in Taten umgesetzt. Politische Entscheidungsträger berufen sich bei der Umsetzung von Nachhaltigkeitszielen in starkem Maße auf die Unterstützung durch die Wirtschaft und fordern die Entwicklung freiwilliger, marktwirtschaftlich funktionierender Instrumente, beispielsweise in Form von Selbstverpflichtungen. Auf rechtlicher Ebene schreibt allein das Raumordnungsgesetz (ROG) als Leitvorstellung für die Raumordnungsplanung eine „nachhaltige Raumentwicklung" vor (§ 1 Abs. 2 ROG, Fassung 18.8.1997) und verpflichtet damit die Träger aller Planungsebenen, sich an diesem Gebot Raumentwicklung auszurichten (vgl. ARL 2000:11). Auf Grund mangelnder Konkretisierung und Operationalisierbarkeit kann die Umsetzung dieses Ziels durch die nachfolgenden, die Tourismus- und Verkehrsplanung betreffenden Planungsebenen bisher jedoch kaum geleistet werden. „Entscheidend ist letztlich die Konkretisierung der Ziele für die verschiedenen Nachhaltigkeitsdimensionen" (Schäfer et al. 2003: 18). Dies ist aber bislang nur unzureichend erfolgt.

Vor diesem Hintergrund wurde eingangs die These aufgestellt, dass auf dem Weg zur Umsetzung einer nachhaltigeren Gestaltung des Freizeitverkehrs zunächst Ziele formuliert werden müssen, die es zu erreichen gilt. Je konkreter diese Ziele formuliert sind und je mehr sie sich an den Handlungsspielräumen der umsetzungsrelevanten Akteure orientieren, desto einfacher lassen sie sich im Prozess der Angebotsgestaltung berücksichtigen und auf Freizeitverkehrsangebote übertragen. Im Rahmen dieses Kapitels wird daher untersucht, inwieweit über die Gesetzgebung hinaus gehende, informelle politische Deklarationen von nationalen und internationalen Regierungs- und Nichtregierungs-Organisationen (NGO) Aufschluss über die Ziele einer nachhaltigen Tourismus- und Verkehrsentwicklung geben können. Eine wesentliche Rolle für die Umsetzung der Ziele spielen wirtschaftliche Akteure wie Reiseveranstalter oder Verkehrsunternehmen. Neben politischen Leitbildern werden daher auch Forderungen der Tourismus- und Verkehrswirtschaft analysiert. Mit der Untersuchung bestehender Definitionen, Leitlinien und Vereinbarungen soll den eingangs formulierten Forschungsfragen nachgegangen werden und geklärt werden, welche Einflussgrößen die Nachhaltigkeit von An- und Abreiseangeboten maßgeblich bestimmen, welche Handlungsfelder berührt werden und welche Ziele für eine nachhaltigere Gestaltung des Freizeitverkehrs zu erfüllen sind. Als Grundlage für die Untersuchung dient eine Literatur- und Dokumentenanalyse aus den Bereichen Politik, Tourismus- und Verkehrswirtschaft. Auf Basis des aktuellen Erkenntnisstandes werden bestehende Ansätze aus diesen Bereichen auf ihre Relevanz für die Mobilität im Tages- und Kurzreisetourismus untersucht (siehe Abbildung 6). Die untersuchten Ansätze haben zwar meist keine rechtlich bindende Wirkung, können aber als konsensfähige Forderungen an Politik und Wirtschaft gelten.

2.2 WIRKUNGSFELD NACHHALTIGKEITSZIELE

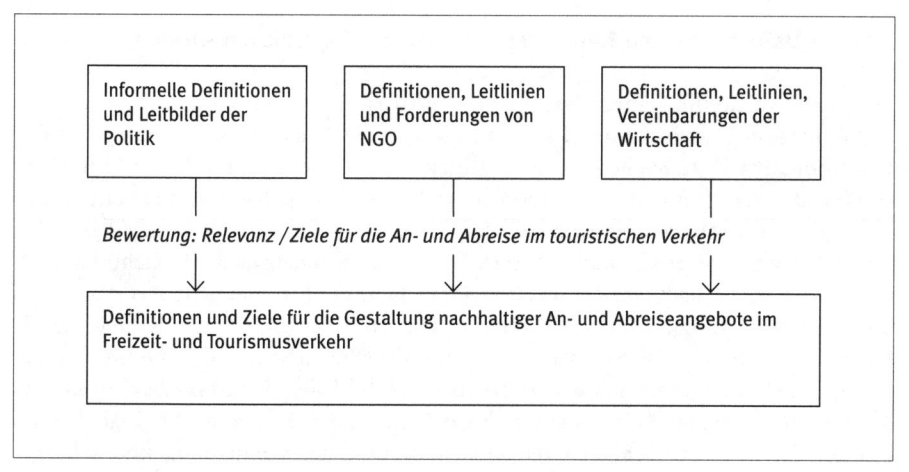

```
┌─────────────────────┐  ┌─────────────────────┐  ┌─────────────────────┐
│ Informelle          │  │ Definitionen,       │  │ Definitionen,       │
│ Definitionen und    │  │ Leitlinien und      │  │ Leitlinien,         │
│ Leitbilder der      │  │ Forderungen von     │  │ Vereinbarungen der  │
│ Politik             │  │ NGO                 │  │ Wirtschaft          │
└──────────┬──────────┘  └──────────┬──────────┘  └──────────┬──────────┘
           │                        │                        │
     Bewertung: Relevanz / Ziele für die An- und Abreise im touristischen Verkehr
           ↓                        ↓                        ↓
┌──────────────────────────────────────────────────────────────────────┐
│ Definitionen und Ziele für die Gestaltung nachhaltiger An- und       │
│ Abreiseangebote im Freizeit- und Tourismusverkehr                    │
└──────────────────────────────────────────────────────────────────────┘
```

Abbildung 6:   Ableitung von Definitionen und Zielen aus vorhandenen Ansätzen
Quelle: Eigene Darstellung

Ziel ist es, anhand einer synoptischen Auswertung der Ansätze eine Definition für die Nachhaltigkeit des (nicht-alltäglichen) Freizeitverkehrs festzulegen und auf dieser Basis Nachhaltigkeitsziele zu formulieren, an denen sich Reiseveranstalter oder Anbieter von Mobilitätsdienstleistungen bei der Gestaltung von Mobilitätsangeboten in Freizeit und Tourismus orientieren können. Die Ziele geben als „Leitlinien zweckrationaler Handlungen" an, welche Handlungswirkungen im Sinne der nachhaltigen Gestaltung von An- und Abreiseangeboten „beabsichtigt und [...] erwünscht" sind (Bechmann 1981:145f.). Im Ergebnis stehen Definitionen und Ziele, deren Relevanz und Richtigkeit bereits durch Diskussions- und Aushandlungsprozesse bestätigt wurden und die hinreichend Ansatzpunkte zur Übertragung auf die Freizeitmobilität bieten.

Da sowohl im Bereich Tourismus als auch im Bereich Verkehr heute eine fast unüberschaubare Vielzahl von Definitionen, Leitlinien und Kriterienkatalogen existiert, werden für die Untersuchung ausschließlich solche herangezogen, die für die An- und Abreise im Tages- und Kurzreiseverkehr Relevanz haben. Häufig werden in den existierenden Ansätzen die Begriffe ‚Definitionen', ‚Ziele', ‚Kriterien' und ‚Maßnahmen' vermischt, so dass eine entsprechend eindeutige Zuordnung oft nicht möglich ist. Aus diesem Grund wird in der zusammenfassenden Auswertung einheitlich der Begriff ‚Ziele' verwendet. Auf den Untersuchungsgegenstand ‚Freizeitmobilitätsangebot' übertragbare Ziele werden weiter entwickelt und zu einem Zielsystem zusammengefasst, dieses soll touristischen Anbietern als Handlungsorientierung für die Gestaltung von nachhaltigen Angeboten dienen. Im Rahmen des Handlungskonzepts wird darauf aufbauend außerdem ein Evaluierungsansatz für die Angebotsbewertung entwickelt.

2.2.1 Definitionen und Ziele einer nachhaltigen Tourismusentwicklung

Die vor etwa dreißig Jahren begonnene Diskussion um die ökologischen und soziokulturellen Auswirkungen des Reisens sowie der Nachhaltigkeitsdialog seit der Rio-Konferenz 1992 haben erste Erfolge gebracht. Zunehmend wird auf Grund der Gefährdung der natürlichen Ressourcen und Potenziale gefordert, das Leitbild der Nachhaltigen Entwicklung auch auf den Tourismus anzuwenden (United Nations Economic and Social Council 2001:3). Erste Forderungen in diese Richtung wurden jedoch schon ab Ende der 1970-er Jahre laut, die für eine neue Art des „sanften" Reisens" (Jungk 1980:156)[6], einen „sanften Tourismus" (vgl. Kramer 1983; Krippendorf 1984), „Ökotourismus" (vgl. Hall 1984; Arbeitsgruppe Ökotourismus 1995)[7] oder einen „nachhaltigen Tourismus" (vgl. Müller 1995) plädierten. Bereits 1988 wurde von der Welt-Tourismusorganisation (WTO) eine nachhaltige Tourismusentwicklung vorgeschlagen, nach der ökonomische, soziale und ästhetische Bedürfnisse erfüllt werden, gleichzeitig aber die kulturelle Identität, die lebenswichtigen ökologischen Prozesse, die biologische Vielfalt und die Lebensbedingungen der Bevölkerung in den Destinationen bewahrt bleiben sollten. Sowohl in der Nachhaltigkeitsdiskussion insgesamt, als auch im speziellen Bereich der nachhaltigen Tourismusentwicklung wurden seitdem eine Reihe von nationalen und internationalen Richtlinien erstellt und Abkommen getroffen, die durch staatliche Institutionen veranlasst wurden. Daneben existiert auf der Basis von Selbstverpflichtungen oder Empfehlungen eine Vielzahl von Deklarationen, die auf die Initiative von NGOs zurückgehen. Mehrere Konferenzen zum nachhaltigen Tourismus boten bis dato wichtige Foren für den Meinungsaustausch, ermöglichten eine Einigung auf ein gemeinsames weiteres Vorgehen und mündeten in der Verabschiedung von Leitlinien (vgl. Viegas 1998:29). Laut der Charta für nachhaltigen Tourismus (Charter for sustainable Tourism 1995) fungiert der Tourismus als besonders „wirksames Entwicklungsinstrument" und kann einen hohen Beitrag zur nachhaltigen Entwicklung liefern. Ein wesentliches Erfordernis ist das „vernünftige Management" und damit die „Gewährleistung eines ökologischen Umgangs mit den Ressourcen, von denen der Tourismus abhängt" (ebd.). Im Rahmen der internationalen Nachhaltigkeitsdiskussion wurde das Prinzip der nachhaltigen Tourismusentwicklung auch in das „Programm zur weiteren Umsetzung der Agenda 21" aufgenommen (United Nations Commission on Sustainable Development 1997, annex, o.S.). Auf dieser Basis arbeiten einzelne Regionen bereits an der Umsetzung integrativer Entwicklungskonzepte, in welche das Tourismusangebot dauerhaft eingebettet werden soll.

Auch seitens der Tourismuswirtschaft wurden sowohl auf internationaler als auch auf nationaler Ebene Deklarationen und Abkommen zur nachhaltigen Tourismu-

---

[6] Jungk stellte Erscheinungsformen von „hartem und sanftem Reisen" gegenüber, diese beinhalteten sowohl ökologische als auch sozio-kulturelle Aspekte.
[7] Der Begriff „Ökotourismus" stammt als Übersetzung von „ecotourism" ursprünglich aus dem Amerikanischen.

sentwicklung unterzeichnet. In der „Umwelterklärung der deutschen Tourismuswirtschaft" (vgl. Rauschelbach 1998:129ff.) erkennen die Spitzenverbände und -organisationen der deutschen Tourismuswirtschaft an, dass eine „intakte Umwelt und Natur" von jeher die „wichtigste Grundlage für den Tourismus" ist und dass nach dem Prinzip der nachhaltigen Entwicklung Umwelt- und Naturschutz „integrale Bestandteile aller relevanten gesellschaftlichen Entscheidungsprozesse" sein sollten. Vor diesem Hintergrund wurden in den letzten Jahren zahlreiche Instrumente zur Gestaltung und freiwilligen Überprüfung nachhaltiger Tourismusprodukte entwickelt wie beispielsweise Umweltkennzeichnungen oder touristische Gütesiegel (ecolabel). Im Gegensatz zu den in Vielzahl vorhandenen Deklarationen ohne Bindungswirkung beinhalten diese Instrumente verbindliche Ziele und Ansätze zur Beurteilung von Nachhaltigkeitsmaßnahmen, wie beispielsweise die Umweltdachmarke Viabono (Viabono GmbH 2001) oder die Initiative VISIT (Pils 2002). Bei Viabono handelt es sich um den Entwurf einer Dachmarke für touristische Angebote auf dem Gebiet der Bundesrepublik Deutschland, während VISIT (Voluntary Initiative for Sustainability in Tourism) die Einführung eines einheitlichen und den einzelnen Gütezeichen übergeordneten Gütesiegels zum Ziel hat. Die Evaluierung von gesamten Reiseangeboten bzw. Reiseveranstaltern ist bisher in keinem der Ansätze enthalten. Mit Entwicklung der Umwelt-Dachmarke wurde das Ziel anvisiert, den Verbrauchern eine bessere Übersicht zu bieten und die Fülle der in Deutschland kursierenden Gütesiegel zu vereinheitlichen. Insgesamt repräsentieren die Gründungsmitglieder eine große Anzahl von Unternehmen, Verbänden sowie Tourismuskommunen (Viabono GmbH o.J.:1) [8]. Die beteiligten Umweltverbände bringen ihre bereits gewonnenen Erfahrungen im Bereich der nachhaltigen Tourismusentwicklung und der Gestaltung nachhaltiger Verkehrslösungen ein. Viabono und VISIT sind derzeit die herausragendsten Versuche, ein umfassend angewandtes und bekanntes Umweltqualitätszeichen für den Tourismussektor zu schaffen. Die jeweiligen Startphasen wurden vom deutschen Umweltbundesamt bzw. Bundesumweltministerium und vom Life-Umweltprogramm der Europäischen Union mitfinanziert (Klein-Vielhauer 2002:129ff.).

Im Folgenden werden Dokumente aus dem tourismusnahen Politikbereich und aus der Tourismuswirtschaft dargestellt und im Hinblick auf ihre Relevanz für den Freizeitverkehr ausgewertet. Auf Grund der großen Anzahl ist jedoch nur die Betrachtung einer Auswahl möglich. Dazu werden Ansätze einbezogen, die entweder wichtige ‚Meilensteine' für die Nachhaltigkeitsdiskussion darstellen oder die ausdrücklich auch die Themenfelder Mobilität bzw. Verkehr berücksichtigen. Besonderes Augenmerk wird darauf gelegt,

---

[8] Gründungsmitglieder sind beispielsweise: ADAC, Deutscher Hotel- und Gaststättenverband (DEHOGA), Deutscher Naturschutzring (DNR), Deutscher Tourismusverband (DTV), forum anders reisen, Naturschutzbund Deutschland (NABU), Ökologischer Tourismus in Europa (ÖTE) und Verkehrsclub Deutschland (VCD). Diese repräsentieren etwa 15 Mio. Mitglieder, 85 000 Tourismusunternehmen sowie 6000 Tourismuskommunen.

- welche Aussagen zu den Themen Mobilität und Verkehr getroffen werden („Relevanz für den Freizeitverkehr"),

- welche weiteren Aussagen für die umfassende Betrachtung der Zusammenhänge Freizeit-/ Tourismusverkehr und Nachhaltigkeit zu berücksichtigen sind („weitere Ziele zur Erreichung der Nachhaltigkeit").

Da der Mobilitätsbaustein nicht isoliert betrachtet werden kann, sondern immer im Zusammenhang mit dem touristischen Gesamtangebot zu sehen ist, werden auch allgemeine Nachhaltigkeitsziele auf ihre Relevanz für die nachhaltige Gestaltung von Freizeitverkehrsangeboten überprüft. Die als relevant ermittelten Definitionen, Ziele oder Kriterien werden ggf. weiterentwickelt und in die Nachhaltigkeitsdefinition bzw. in das Zielsystem zur Entwicklung nachhaltiger Freizeitverkehrsangebote übernommen. Die untersuchten Instrumente, die auch Bewertungsansätze und -systeme beinhalten, werden später im Rahmen des Handlungskonzepts wieder aufgegriffen und auf ihre Anwendbarkeit für die Entwicklung eines spezifischen Evaluierungsansatzes für Freizeitverkehrsangebote überprüft.

2.2.1.1 Nationale und internationale Definitionen, Leitlinien und Vereinbarungen von Regierungs- und Nicht-Regierungsorganisationen (NGO)

Bei den hier betrachten Ansätzen handelt es sich überwiegend um Ergebnisse gesellschaftspolitischer Diskussionsprozesse. Die auf dieser Grundlage verabschiedeten Deklarationen zum nachhaltigen Tourismus bleiben daher in vielen Fällen sehr allgemein. In einigen Ansätzen werden jedoch – auch den touristischen Verkehr betreffend – Handlungsfelder beschrieben und Ziele formuliert, die sich auf die nachhaltige Gestaltung von Freizeitverkehrsangeboten übertragen lassen.

Tabelle 6: Definitionen, Leitlinien und Vereinbarungen von Regierungs- und Nicht-Regierungsorganisationen zum nachhaltigen Tourismus

Dokument	Initiative und Beteiligte	Status/Bindungswirkung für touristische Unternehmen	Relevanz für den Freizeitverkehr	Weitere Ziele zur Erreichung der Nachhaltigkeit
Definitionen, Leitlinien und Vereinbarungen				
The Manila Declaration on World Tourism (1980)	Welt Tourismus Organisation (WTO), Delegationen von 107 Staaten, 91 Beobachter	Abschlusserklärung der Welt Tourismus Konferenz	–	Allgemeine Nachhaltigkeitsziele

2.2 Wirkungsfeld Nachhaltigkeitsziele

Dokument	Initiative und Beteiligte	Status/Bindungswirkung für touristische Unternehmen	Relevanz für den Freizeitverkehr	Weitere Ziele zur Erreichung der Nachhaltigkeit
Agenda 21 / Rio-Deklaration Umwelt und Entwicklung (UNCED) (1992)	Konferenz der Vereinten Nationen für Umwelt und Entwicklung (UNCED), Internationale Staatengemeinschaft, Vertreter von Nicht-Regierungsorganisationen	Agenda 21 – Globales Aktionsprogramm für das 21. Jahrhundert	–	Allgemeine Definition von Nachhaltigkeit
World Conference on sustainable tourism (WCST) auf Lanzarote (1995)	Akteure des nachhaltigen Tourismus (Tourismusindustrie, Regierungs- und Nichtregierungsorganisationen, UN und andere internationale Organisationen)	Verhaltensrichtlinien für Entwicklung verantwortungsbewusster touristischer Aktivitäten	Forderung nach integrierten Planungs- und Managementstrategien bezüglich des touristischen Verkehrs	Forderung von Bewertungsinstrumenten, integrierten Planungs- und Managementstrategien und der gerechten Verteilung von Nutzen und Lasten des Tourismus
Touristische Nachhaltigkeitsbilanz (1995)	Arbeitskreis Freizeit- und Fremdenverkehrsgeographie (Becker / Job / Witzel)	Indikatoren für eine touristische Nachhaltigkeitsbilanz (Reisestern) als Entscheidungshilfe für die Wahl von Reiseprodukten zur Anwendung für Verbraucher	An- und Abreise wird im Rahmen der ökologischen Dimension bei der Ableitung von Schlüsselindikatoren berücksichtigt („Raumüberwindungsindikator")	Berücksichtigung der ökologischen, ökonomische und soziale Dimension der Reise anhand weniger ausgewählter Indikatoren
European charter for sustainable tourism in protected areas (1997)	Federation of Nature and National Park of Europe (FNNPE), Vertreter der Tourismusindustrie	Grundsätze für die nachhaltige Tourismusentwicklung in Schutzgebieten	Forderung: Reduzierung des MIV und verstärkte Nutzung öffentlicher und nicht-motorisierter Verkehrsarten	Allgemeine Grundsätze für einen nachhaltigen Tourismus in Schutzgebieten
Berliner Erklärung (1997)	Vertreter von Staaten, internationalen Organisationen, Nicht-Regierungsorganisationen und der Tourismusindustrie	Grundsätze (Integration der Belange der Natur in eine nachhaltige Tourismusentwicklung), Umsetzung des Übereinkommens über die biologische Vielfalt	Allgemeine Forderungen zum touristischen Verkehr; Idee, mit Umweltauszeichnungen zum Verkehr zu arbeiten	Betonung der Relevanz ökonomischer Instrumente und Anreize (Auszeichnungen, Zertifikate, Umweltgütesiegel)

2 Theoriekonzept: Wirkungsfelder im touristischen Verkehr

Dokument	Initiative und Beteiligte	Status/Bindungswirkung für touristische Unternehmen	Relevanz für den Freizeitverkehr	Weitere Ziele zur Erreichung der Nachhaltigkeit
Kommission für nachhaltige Entwicklung (CSD) Tourism and sustainable development – Agenda 21 (1997 – 1999)	Kommission für nachhaltige Entwicklung („General Assembly and the Commission on Sustainable Development" – CSD)	Internationale, handlungsorientierte Leitlinien	Forderung nach verstärktem Informationsaustausch zwischen Verkehrssektor und anderen Tourismusbereichen	Forderung nach Aufnahme des nachhaltigen Tourismus in die Gesetzgebung und in Planungsinstrumente, Bewertungs- und Monitoring-Systeme
NFI – Leitlinien zu touristischen Mega-Projekten (1998)	Naturfreunde Internationale (NFI), Wien	Leitlinien als Entscheidungshilfen für Politik und Raum- und Regionalplanung	Thema Mobilität vergleichsweise konkret: Erreichbarkeit mit ÖV-Verbesserung, Auslastung der bestehenden Infrastruktur-Kapazitäten, gerechte Verteilung der externen Kosten des Verkehrs	Berücksichtigt Nachhaltigkeitskriterien, um negative Auswirkungen touristischer Großprojekte zu vermeiden.
NFI Indikatoren für nachhaltige Entwicklung im Tourismus (1999)	Naturfreunde Internationale (NFI), Wien	Vorschlag für Nachhaltigkeitsindikatoren (25 Leitindikatoren) im Tourismusbereich	Indikatoren für Freizeitverkehr: Flächenverbrauch durch Verkehrsflächen, Energieverbrauch, Bahnhofsnähe	Umsätze durch Tourismus, Saisonalität, Beeinträchtigung geschützter Flächen
UNEP Principles on the Implementation of Sustainable Tourism (2000)	Umweltprogramm der UN (United Nations Environment Programme Industry and Environment, UNEP-IE)	Grundsätze und Richtlinien sowohl für Politik und Planungsebene, als auch für die Privatwirtschaft	Allgemeine Grundsätze. Einziges mittelbares Handlungsziel: Grundsatz zur Emissionsminderung	Allgemeine Grundsätze im Rahmen einer freiwilligen Selbstverpflichtung; Aufbau eines Monitoring-Systems
CSD / WSSD: Sustainable Development of Tourism (2001)	Kommission für nachhaltige Entwicklung (CSD), World Tourism Organization (WTO/OMT)	Darstellung der Bedeutung des Tourismus für die nachhaltige Entwicklung	–	Allgemeine Forderung nach der Entwicklung von Nachhaltigkeitsindikatoren. Gebot eines betrieblichen Umweltmanagements

2.2 Wirkungsfeld Nachhaltigkeitsziele

Dokument	Initiative und Beteiligte	Status/Bindungswirkung für touristische Unternehmen	Relevanz für den Freizeitverkehr	Weitere Ziele zur Erreichung der Nachhaltigkeit
Workshop über Biologische Vielfalt und Tourismus (2001)	Konvention zum Übereinkommen über die Biologische Vielfalt (CBD) und die Kommission für nachhaltige Entwicklung (CSD)	Beschluss richtet sich an Regierungen, die Richtlinien als verbindliches Instrument festzusetzen	–	Verantwortlichkeit der Tourismusindustrie (Reiseveranstalter) und touristischer Verkehr werden nicht thematisiert
Alpenschutzkommission (CIPRA): Positionen der CIPRA Schweiz (2001)	CIPRA Schweiz, Vertreter schweizerischer Umwelt-NGO	Forderungen und Leitlinien für einen nachhaltigen Tourismus im Alpenraum	Bedürfnisse von Reisenden: Bequemlichkeit öffentlicher Verkehrsmittel, Gepäcktransport sowie Informationen zu Mobilitätsangeboten	Formulierung genereller Zielsetzungen für einen zukunftsfähigen Tourismus in den Alpen
IITF/ Baumgartner (2001)	Institut für Integrativen Tourismus und Freizeitforschung (IITF Wien)	Vorschlags-Set mit Kriterien und Indikatoren zur Bewertung von Nachhaltigkeit im Tourismus	Bezieht Kriterien vorhandener Ansätze ein, z.B. die ständige Erreichbarkeit von Destinationen (Viabono)	Gleiche Gewichtung der drei Nachhaltigkeitsdimensionen im Bewertungssystem
World Ecotourism Summit in Quebec (2002)	United Nation Environment Programme (UNEP), World Tourism Organization (WTO) und 132 Länder	Grundsätze und Stellungnahmen zum nachhaltigen Tourismus	Informationsvermittlung an Reisende über die Reiseauswirkung sowie die Berücksichtigung der Belange mobilitätseingeschränkter Personen	Forderung nach Aufbau nachhaltiger Zulieferketten und Einsatz lokaler Ressourcen
World Summit on Sustainable Development (WSSD) in Johannesburg (2002)	Konferenz der Vereinten Nationen für Umwelt und Entwicklung (UNCED), Internationale Staatengemeinschaft, Vertreter von Nicht-Regierungsorganisationen	Aktionsplan zur Umsetzung der (erweiterten) Ziele der Agenda 21 („Plan of Implementation")	Allgemeiner Handlungsauftrag zum Energiesparen und zur Emissionskontrolle, der sich auch auf den Verkehr anwenden lässt	Forderung nach Public-Private-Partnerships, Bewusstseinsbildung, Diversifikation des touristischen Angebots, Beteiligung lokaler Unternehmen (KMU)
Nationale Nachhaltigkeitsstrategie für Deutschland (2002)	Bundesregierung, Rat für nachhaltige Entwicklung	Definition von prioritären Handlungsfeldern (u.a. Mobilität), politische Vision	Nur indirekter Bezug von Indikatoren auf An- und Abreise im Tourismus möglich	Benennung unkonkreter Indikatoren zur nationalen Nachhaltigkeitsstrategie

2 Theoriekonzept: Wirkungsfelder im touristischen Verkehr

Dokument	Initiative und Beteiligte	Status/Bindungswirkung für touristische Unternehmen	Relevanz für den Freizeitverkehr	Weitere Ziele zur Erreichung der Nachhaltigkeit
DANTE – Rote Karte für den Tourismus (2002)	‚Arbeitsgemeinschaft für eine nachhaltige Tourismusentwicklung' (DANTE): umwelt-/ entwicklungspolitische NGO aus Deutschland, Österreich und der Schweiz	Zehn Leitsätze und Forderungen für eine zukunftsfähige Entwicklung des Tourismus im 21. Jahrhundert	Ziele für das Handlungsfeld Verkehr, Schwerpunkt Flugverkehr. Handlungsfeld ‚Konsum und Lebensstil' auch verkehrsrelevant	Handlungsfelder für eine nachhaltige Tourismusentwicklung werden definiert und detailliert beschrieben

Quelle: Eigene Darstellung

Generell lässt sich feststellen, dass fast alle Ansätze aus der Politik und von gesellschaftspolitischen Interessengruppen zwar ambitioniert hinsichtlich der Zielformulierung sind, jedoch nur selten Wege zur Umsetzung aufzeigen. Neben der meist konsensorientierten Herangehensweise bei den politischen Akteuren wurden daher auch Erklärungen bzw. Leitlinien zum nachhaltigen Tourismus mit regierungs- und wirtschaftsunabhängiger Sichtweise vorgestellt. Diese Ansätze stammen überwiegend von NGOs oder aus der Tourismusforschung. Sie erlauben aus dieser Position heraus eine konkretere Benennung der Problemlagen, da sie nicht auf Konsens mit allen Akteuren angewiesen sind. Denn dieser führt oftmals nur zur Festlegung von Vereinbarungen auf dem kleinsten gemeinsamen Nenner.

2.2.1.2 Definitionen, Leitlinien und Vereinbarungen der Tourismuswirtschaft und wirtschaftspolitischer Interessengruppen zum nachhaltigen Tourismus

Nachfolgende Tabelle zeigt eine Übersicht über Definitionen, Leitlinien und Vereinbarungen der Tourismuswirtschaft und wirtschaftspolitischer Interessengruppen zum nachhaltigen Tourismus. Dabei wird unterschieden, ob verbindliche Festlegungen in den Ansätzen enthalten sind bzw. ob eine Bewertung und Zertifizierung anhand von Kriterien vorgesehen ist. Zur überschaubareren Darstellung wurden Ansätze, die primär dem Ziel der Bewertung und Zertifizierung von Unternehmen (Reiseveranstaltern) bzw. Produkten (Reiseangeboten) dienen, gesondert aufgeführt. Diese Ansätze weisen durch die verpflichtende Teilnahme an einem Evaluierungsverfahren einen hohen Verbindlichkeitscharakter auf.

2.2 Wirkungsfeld Nachhaltigkeitsziele

Tabelle 7: Definitionen, Leitlinien und Vereinbarungen der Tourismuswirtschaft und wirtschaftspolitischer Interessengruppen zum nachhaltigen Tourismus

Dokument	Initiative und Beteiligte	Status/Bindungswirkung für touristische Unternehmen	Relevanz für den Freizeitverkehr	Weitere Ziele zur Erreichung der Nachhaltigkeit
Definitionen, Leitlinien und Vereinbarungen				
WTTC Environmental Guidelines (1991)	World Travel & Tourism Council (WTTC)	Umwelt-Richtlinie und freiwillige Selbstverpflichtung. Grundlegendes Dokument für Bewusstseinsbildung in der Tourismusindustrie	–	Umweltbelange als Schlüsselfaktor für die Entwicklung von Tourismusdestinationen
Agenda 21 for the Travel & Tourism Industry (1996)	World Travel & Tourism Council (WTTC), the World Tourism Organization (WTO) and the Earth Council	Leitlinien für die Reise- und Tourismusindustrie	Nachfrage-Management zu Gunsten umweltfreundlicher Verkehrsarten und Informationsaustausch zwischen Bereichen Verkehr / Umwelt	Partizipation der Bevölkerung in Destinationen, Berücksichtigung der soziokulturellen Identität und regionalen Tradition, gerechte Arbeitsbedingungen
WTO – „What Tourism Managers need to know" (1996)	Welt Tourismus Organisation (WTO)	Leitfaden als Hilfe für Tourismusmanager und Verwaltungen, Indikatorensystem	Der Verkehr ist in der ökologischen Dimension angesiedelt (Emissionen, Energieverbrauch)	Grundsätze zur Bewahrung kultureller und ökologischer Integrität und zum Schutz ökologisch sensibler Gebiete, Indikator ‚Sicherheit'
The Studiosus Declaration of Commitment (1996)	STUDIOSUS-Reisen	Selbstverpflichtung, Teilnahme an EU-Öko-Audit zur Überprüfung des Umweltmanagement-Systems (EMS) anhand EMAS II und DIN EN ISO 14001.	„Stop the engine"-Kampagne für Busunternehmen, aktive Förderung von Bahnreisen	Detaillierte Informationen zu eigenen Nachhaltigkeitsaktivitäten im Angebotskatalog, aktive Partizipation der lokalen Bevölkerung

2 Theoriekonzept: Wirkungsfelder im touristischen Verkehr

Dokument	Initiative und Beteiligte	Status/Bindungswirkung für touristische Unternehmen	Relevanz für den Freizeitverkehr	Weitere Ziele zur Erreichung der Nachhaltigkeit
Umwelterklärung der deutschen Tourismuswirtschaft (1997)	u.a. Bundesverband der Deutschen Tourismuswirtschaft e.V. (BTW), Bundesverband mittelständischer Reiseunternehmen e.V. (asr), Deutsche Zentrale für Tourismus e.V. (DZT), Deutscher Hotel- und Gaststättenverband e.V. (DEHOGA), Deutscher Reisebüro-Verband e.V. (DRV), Internationaler Bustouristik Verband e. V. (RDA)	Leitlinie für die zukünftigen Aktivitäten und Bemühungen der verschiedenen Träger der deutschen Tourismuswirtschaft im Hinblick auf eine nachhaltige Entwicklung	Benennung konkreter Ziele wie Verkehrsverlagerung (MIV) auf Schiene und Busse, Förderung eines integrierten Verkehrssystems, Vermeidung von Flächenverbrauch, Entlastung ökologisch sensibler Gebiete	Informationsaustausch, Know-How-Transfer, Aus- und Weiterbildung im Tourismusbereich, Aufbau von Evaluations- und Monitoring-Systemen
Umweltkriterien für Destinationen (2001)	TUI Group	Selbstverpflichtung zum Destinationsmonitoring	Durchführung von Luftanalysen, Maßnahmen zur Verkehrsentlastung und zur Minderung von Lärm, z.B. Lärmschutzanlagen	Fragenkatalog zu den Handlungsfeldern Landschaft und Bebauung, Umweltinformationen und umweltfreundliches Tourismusangebot
Industry as a Partner for Sustainable Development: Tourism Report (2002)	World Travel and Tourism Council (WTTC), International Federation of Tour Operators (IFTO), Business Enterprises for Sustainable Travel (BEST), Tour Operators Initiative for Sustainable Tourism (TOI), World Tourism Organization (WTO)	Richtlinien für Reiseveranstalter. Trotz vergleichsweise unkonkreter Formulierungen hat das Dokument hohe Relevanz, da erste Übereinkunft wichtiger (Wirtschafts-) Akteure	Energieverbrauch und Emissionen als Handlungsfeld, Einsatz von „zero-emission terrestrial vehicles"	Forderung nach der Weiterentwicklung von Bewertungsinstrumenten für Reiseveranstalter

2.2 Wirkungsfeld Nachhaltigkeitsziele

Dokument	Initiative und Beteiligte	Status/Bindungswirkung für touristische Unternehmen	Relevanz für den Freizeitverkehr	Weitere Ziele zur Erreichung der Nachhaltigkeit
Beurteilungsansätze (externe Evaluierung)				
Kriterienkatalog Forum anders reisen (1998)	Forum anders reisen e.V. Zusammenschluss kleiner und mittlerer touristischer Unternehmen (v.a. Reiseveranstalter)	Verpflichtende Teilnahme an einer regelmäßigen Unternehmens-Evaluierung für alle Mitglieder	Nutzung umweltschonender Transportmittel, Bevorzugung langsamer und nichtmotorisierter Fortbewegungsarten, Fokus: Mobilität vor Ort	Kriterien für umweltverträgliches und sozialverantwortliches Reisen, Verantwortung gegenüber den Kunden, Reiseleitung
NETS – Netzwerk Europäischer Tourismus mit Sanfter Mobilität (1999)	Zusammenschlüsse autofreier Gemeinden, Mobilitätsdienstleister, interessierte Unternehmen EU-Modellprojekt, vernetzt erstmalig Partner aus den Wirtschaftsbereichen Tourismus, Verkehr und Umwelt	Partnervereinbarung: Erfüllung eines Kriterienkatalogs durch Tourismusorte und -verbände zur Entwicklung einer Angebotsgruppe „Autofreie Tourismusdestinationen"	Autofreie An- und Abreise wird gefördert Schwerpunkt: Mobilität am Zielort	Ziele für eine stärkere Vermarktung autofreier Tourismusorte, Unterstützung eines integrierten Qualitätsmanagements im Tourismus
Viabono-Kriterien (2001)	Gründungsmitglieder u.a. Bundesumwelt- sowie Wirtschaftsministerium, Deutscher Tourismusverband, interessierte Umwelt- und Tourismusverbände (z.B. ADAC, DEHOGA, DTV – Deutscher Tourismusverband, forum anders reisen, NABU – Naturschutzbund Deutschland, VCD – Verkehrsclub Deutschland)	Verpflichtende Teilnahme an einem Zertifizierungsverfahren zur Erlangung des touristischen Gütesiegels für touristische Akteure, wie z.B. Unterkünfte, Kommunen, Naturparke etc.	Destinationen: Integrierter Bewertungskatalog mit Kriterien für An- und Abreise, z.B. Ständige Erreichbarkeit der Destination mit dem ÖV, Information der Reisenden über umweltfreundliche Mobilitätsangebote	Kriterien für umwelt- und sozialverträgliches Reisen, aber auch Qualitätskriterien („Wohlbefinden der Gäste")

Dokument	Initiative und Beteiligte	Status/Bindungswirkung für touristische Unternehmen	Relevanz für den Freizeitverkehr	Weitere Ziele zur Erreichung der Nachhaltigkeit
VISIT – Voluntary Initiative for Sustainability in Tourism (2002) (noch in der Testphase)	ECEAT – European Centre for Environmental Agro-Tourism, ECO-TRANS, Stattreisen Hannover, Friends of Nature International, Regional Agency for Environment in the Emilia-Romagna region in Italy.	Praxisorientierter Leitfaden und Indikatoren-Set für Tourismusdestinationen zur Integration eines Nachhaltigkeits- und Umweltmanagement-Systems Bewertungskriterien an zehn Destinationen getestet	Handlungsfeld Verkehr und Mobilität (Nutzung umweltfreundlicher Verkehrsmittel, Verringerung der Verkehrsbelastung)	Weitere Indikatoren zu touristischen Aktivitäten und zur sozialen, kulturellen und wirtschaftlichen Entwicklung einer Region
TOI (Tour Operators' Initiative) – The Tour Operators' Sector Supplement (2002) (noch in der Testphase)	Durch das Umweltprogramm der UN (UNEP) gefördertes Netzwerk von internationalen Organisationen (z.B. UNESCO, World Tourism Organization, WWF) und Reiseunternehmen (z.B. Studiosus Reisen, LTU-Touristik; TUI)	Für den Bereich der Pauschalreisen entwickeltes Bewertungssystem. Ziel ist die Entwicklung eines Handbuchs zur Anwendung und Überprüfung der Kriterien sowie Empfehlungen für eine möglichst effektive Nachhaltigkeitsberichterstattung und deren Einbindung in unternehmensinterne Abläufe	Keine explizite Berücksichtigung des Handlungsfelds Mobilität und Verkehr	Zahlreiche Kriterien/ Indikatoren zur Integration der Nachhaltigkeitsidee in Unternehmen, Produkte und Marketing (Produktmanagement und -entwicklung, Management der Zulieferketten, Kooperationen, etc.)

Quelle: Eigene Darstellung

2.2.1.3 Relevanz bestehender Definitionen, Leitlinien und Vereinbarungen zur nachhaltigen Tourismusentwicklung für Freizeitverkehrsangebote

Schon seit längerer Zeit existieren im Umfeld der Tourismuswirtschaft Deklarationen, Leitlinien und Vereinbarungen zu einer nachhaltigen Tourismusentwicklung, die jedoch zunächst weitgehend unverbindlich blieben. In einer eher abwartenden Haltung wurden darauf aufbauend von einigen Reiseveranstaltern und Interessenverbänden Grundsätze und Leitlinien für das eigene Handeln entwickelt, zu denen auch die „Umwelterklärung der Deutschen Tourismuswirtschaft" zählt. Diese Leitlinien sind „zwar ambitioniert", enthalten aber meist keinerlei verbindliche oder (quantitativ) überprüfbare Handlungsziele (Öko-Institut 2001:11). Es besteht deshalb Bedarf, derartige Ansätze „im Sinne einer Selbstverpflichtung der Tourismuswirtschaft weiterzuentwickeln" (ebd.). Den Anfang dazu machten eher kleine und mittlere, oft auf Ökotourismus spezialisierte Unternehmen wie die Mehrzahl der

2.2 Wirkungsfeld Nachhaltigkeitsziele

Mitglieder des ‚forum anders reisen'. Die Aktivitäten in Richtung einer nachhaltigeren Tourismusentwicklung bleiben damit jedoch auf wenige Unternehmen im Tourismussektor beschränkt. Ansätze für die Tourismuswirtschaft sind auf konkrete Handlungsvorgaben angewiesen. Häufig scheitert jedoch die Umsetzung der meist hehren Ziele gerade am Fehlen von solchen Handlungszielen und dem Mangel an Instrumenten, mit denen sich die Umwelt- und Sozialverträglichkeit von Angeboten messen lässt. Insbesondere die Produktgestaltung und das Produktmanagement werden nur sehr eingeschränkt an Umweltkriterien gemessen; „der Massenmarkt und insbesondere Pauschalreisen" bleiben davon „weitgehend unberührt" (Öko-Institut 2001:11). Erst in jüngster Zeit sind Ansätze zu finden, die die Absicht verfolgen das gesamte Spektrum von Reiseangeboten bzw. Reiseveranstaltern abzudecken. Dazu zählen beispielsweise das Umweltgütesiegel Viabono, der Ansatz von VISIT und insbesondere die Bemühungen der Tour Operators' Initiative (TOI), an der auch große, den Massenmarkt repräsentierende Unternehmen der Tourismusbranche beteiligt sind.

Den kleinsten gemeinsamen Nenner bei der Betrachtung verkehrlicher Aspekte stellt die Verringerung von Emissionen und Energieverbrauch dar, die durch die Nutzung umweltfreundlicher Verkehrsmittel (Bahn, Bus, nicht-motorisierte Verkehrsmittel) erreicht werden soll. Des Weiteren lassen sich – aus der Perspektive von Reiseveranstaltern betrachtet – folgende Ziele auf die An- und Abreise übertragen bzw. Handlungsfelder zur Gestaltung von nachhaltigen Freizeitmobilitätsangeboten identifizieren:

- Unternehmensmanagement unter dem Blickwinkel der Nachhaltigkeit,

- Aufbau nachhaltiger Produkt- bzw. Zulieferketten bei der Erstellung von (Pauschal-) Reiseangeboten,

- Kooperation mit unterschiedlichen Wirtschaftsbereichen und Unternehmen, insbesondere mit Verkehrsunternehmen und anderen Mobilitätsdienstleistern,

- Kooperation mit Kommunen und anderen touristischen Einrichtungen bezüglich der Förderung umweltfreundlicher Mobilitätsformen,

- Berücksichtigung ökologisch sensibler Gebiete, Besucherlenkung und -information

- Partizipation der von den Folgen des Tourismus betroffenen Bevölkerung,

- Verbraucherinformation über die Möglichkeiten der umweltfreundlichen An- und Abreise und Aufklärung über die Auswirkungen des Reisens.

Eine wesentliche Notwendigkeit zur Umsetzung einer nachhaltigen Tourismusentwicklung in die Praxis ist, dass Unternehmen die Verpflichtung eingehen, festgeschriebene Kriterien zu erfüllen und sich daran messen zu lassen. Trotz der immensen ökologischen Auswirkungen der An- und Abreise spielt der touristische Verkehr in den Definitionen, Leitlinien und Kriterienkatalogen zur nachhaltigen Tourismusentwicklung nur eine untergeordnete Rolle. Stärkere Berücksichtigung als in der Politik findet er noch in Ansätzen der Tourismuswirtschaft, in denen sogar konkrete Handlungsziele und Kriterien formuliert werden. Zur vollständigen Erfassung des Untersuchungsgegenstands ‚Freizeitmobilitätsangebot' erscheint es im Rahmen dieses Kapitels jedoch unabdingbar, zusätzlich eine Auswertung von Ansätzen zur Verbesserung der Nachhaltigkeit aus dem Verkehrsbereich vorzunehmen.

2.2.2 Definitionen und Ziele einer nachhaltigen Entwicklung der (Freizeit-) Mobilität

Auch im Verkehrsbereich werden seit einigen Jahren die Nachhaltigkeitsproblematik verstärkt diskutiert und vereinzelt Ansätze zur nachhaltigeren Gestaltung von Mobilität entwickelt (vgl. u.a. Brodmann et al. 1999, Halbritter 2000, IFEU 2002a). In Anbetracht der deutlichen Steigerung der Reise- und Transportintensitäten werden in den Debatten weitgehend übereinstimmend die vorherrschenden Problembereiche wie Schädigung der Ökosysteme und der menschlichen Gesundheit durch Luftschadstoffemissionen, Emissionen von Klimagasen (insbesondere CO_2), Flächenverbrauch und -zerschneidung, Unfälle, Lärmbelastung und Behinderungen in den Verkehrsabläufen mitsamt ihren Kosten für die Gesellschaft genannt (Keimel et. al. 2000:44). Um aber die Nachhaltigkeit des Freizeitverkehrs in allen drei Dimensionen gewährleisten zu können, müssen neben der Reduzierung von Umweltauswirkungen auch die ökonomischen und sozialen Belange der betroffenen (Transit-) Regionen beachtet werden.

Im Folgenden wird anhand von aktuellen Ansätzen untersucht, wie – über die ökologischen Belange hinaus – Nachhaltigkeit für den Bereich Verkehr und Mobilität definiert werden kann und welche Ziele bzw. Kriterien sich für eine nachhaltige Verkehrsentwicklung formulieren lassen. Dabei wird deutlich, dass trotz der großen Bedeutung des Freizeit- und Tourismusverkehrs kaum akteursbezogene Ziele existieren. Ausgangspunkt der bestehenden Ansätze ist zumeist eine Einflussnahme auf die Verkehrspolitik und damit auf den Neu- und Ausbau der Verkehrsinfrastruktur sowie die Mittelverteilung für die einzelnen Verkehrsträger (v.a. Straße, Schiene). Daraus erklärt sich, dass bisher (und immer noch) eher das Prinzip der Konkurrenz als der Integration vorherrscht, da übergreifende Leitlinien und Strategien zur nachhaltigeren Gestaltung des (Freizeit-) Verkehrs fehlen und somit die einzelnen Verkehrsträger jeweils darauf bedacht sind, einen höchstmöglichen Anteil aus dem öffentlichen Haushalt zu erhalten. So beziehen sich die Bemühungen der nachhaltigeren und insbesondere der ökologischeren Gestaltung des Verkehrs immer auf einzelne Verkehrsträger, nicht auf das Gesamtsystem. Bei dieser verkehrsträgerspezifischen Betrachtungsweise zeigt sich, dass gesamt gesehen der öffentliche Verkehr gegenüber dem MIV als vergleichsweise umweltfreundlich eingestuft werden kann. Die Diskussionen über den öffentlichen Verkehr zielen auf eine flächendeckende Versorgung (vgl. BMBF- Förderschwerpunkt „Personennahverkehr für die Region"[9]) ab oder gehen – seit Einführung des Wettbewerbs – verstärkt in Richtung Qualitätsverbesserung (vgl. Pfeiffer 2001:48ff.). Im Bereich des motorisierten Individualverkehrs sind die Akteure entweder Fahrzeughersteller oder die Nutzer, eine dazwischen liegende Dienstleistungsebene wie beim öffentlichen Verkehr besteht hier nicht. Als politischer Hoffnungsträger spielen freiwillige Selbstverpflichtungen, etwa die Vereinbarungen der europäischen Automobilindustrie über die Verringerung von CO_2-Emissionen bei neu zugelassenen Fahrzeugen, eine wichtige Rolle (vgl. Keimel/ Ortmann/ Pehnt 2000: 47). Eine freiwillige Verschärfung der Umweltauflagen scheitert jedoch häufig an der Diskussion um zu hohe Kosten und Arbeitsplatzsicherung, wie schon an der Diskussion über Rußfilter für Dieselfahrzeuge deutlich wird. In diesem Zusammenhang ist auch zu bemerken, dass seitens der Politik kaum Anstrengungen unternommen werden, das Umweltbewusstsein der Verkehrsteilnehmer hinsichtlich eines bewussteren Verkehrsmittelwahlverhaltens zu stärken. Auf Grund der sehr potenten Autolobby beschränken sich politische Forderungen weitgehend auf Appelle an freiwillige Selbstverpflichtungen der Autoindustrie. Dessen ungeachtet wurden in den letzten Jahren Forschungen zur Entwicklung eines integrierten Verkehrssystems unternommen; entsprechend sind erste Ansätze und Lösungen für die Gestaltung einer integrierten Verkehrspolitik vorhanden – es fehlt allein am Umsetzungswillen.

Im Zuge der EU-weiten Liberalisierung und Öffnung des Marktes für den Wettbewerb wird die Aufmerksamkeit im Bereich des öffentlichen Verkehrs derzeit verstärkt auf Kundenorientierung gelegt. Dass dies jetzt erst geschieht, liegt darin begründet, dass der Verkehrssektor bis vor kurzem überwiegend von der öffentlichen Hand gesteuert wurde und sich die Angebotsgestaltung an den Wünschen der Auftraggeber und nicht an den Bedürfnissen der Kunden auszurichten hatte (vgl. Berndt/ Blümel 2003:10ff.). Bislang sind Forderungen oder Hinweise bezüglich einer nachhaltigeren und kundenorientierteren Gestaltung einzelner Mobilitätsdienstleistungen kaum vorhanden. Es weisen aber Initiativen in die Richtung, verstärkt die Anforderungen und Vorstellungen der Nutzer bzw. unterschiedlicher Nutzergruppen in die Gestaltung von Verkehrsangeboten und -dienstleistungen einzubeziehen (vgl. Becker/ Behrens/ Hollborn 2003). Konkrete Forderungen nach bedürfnisgerechten Angeboten und nach einer nachhaltigeren Gestaltung des Freizeit- und Tourismusverkehrs mit Bezug auf das ‚Gesamtsystem Verkehr', d.h. mit integrierter Sichtweise, kommen bisher aber fast ausnahmslos aus dem Tourismussektor.

---

9 www.pnvregion.de

Im Folgenden werden Ansätze beschrieben, die sich umfassend mit der Frage der nachhaltigen Verkehrsentwicklung befassen und alle drei Dimensionen der Nachhaltigkeit einbeziehen. Dokumente, die nur einen Teilaspekt des Verkehrs wie Energieverbrauch oder Infrastrukturmaßnahmen fokussieren, werden nicht berücksichtigt.

2.2.2.1 Nationale und internationale Definitionen, Leitlinien und Handlungsinitiativen zur nachhaltigen Verkehrsentwicklung

Nachstehende Tabelle zeigt eine Übersicht der untersuchten Definitionen, Leitlinien und Handlungsinitiativen einer nachhaltigen Entwicklung der (Freizeit-) Mobilität. Auch hier wurden zum besseren Verständnis Ansätze, die primär zur Bewertung von Maßnahmen erarbeitet wurden, gesondert dargestellt. Eine Differenzierung nach Politik und Wirtschaft, d.h. nach verkehrspolitischer Motivation und Aussagen der Verkehrswirtschaft, erfolgt nicht. Aussagen aus der Verkehrswirtschaft sind zumeist verkehrsträgerspezifisch ausgerichtet, im Mittelpunkt steht hier jedoch eine verkehrsträgerübergreifende Sichtweise. Aussagen zum spezifischen Bereich des Freizeitverkehrs sind in den Dokumenten kaum zu finden; die Untersuchung wird daher differenziert nach:

- Möglichkeit der direkten Übertragung auf die Gestaltung von Freizeitverkehrsangeboten („Relevanz für den Freizeitverkehr") und

- weiterführende Zielsetzungen, die (z.B. durch Verkehrsunternehmen) nicht direkt beeinflussbar sind, auf die (Verkehrs-) Wirtschaft und Politik aber langfristig hinarbeiten sollten.

Tabelle 8: Definitionen, Leitlinien und Handlungsinitiativen einer nachhaltigen Entwicklung der (Freizeit-) Mobilität

Dokument	Initiative und Beteiligte	Status/Bindungswirkung für touristische Unternehmen	Relevanz für den Freizeitverkehr	Weitere Ziele zur Erreichung der Nachhaltigkeit
Definitionen, Leitlinien und Vereinbarungen				
Nationaler Umweltplan (NUP Österreich (1995)	Österreichische Bundesregierung	Umweltbezogenes Handlungsprogramm u.a. für ein nachhaltiges Verkehrswesen	Technologische Verbesserungen, Nutzung der individuellen Vorzüge jedes Verkehrsträgers, Internalisierung externer Kosten	Forderung nach gesamtheitlicher Betrachtung des Transportsystems. Forderung der Reduktion von Transporterfordernissen
Agenda 21 – Verkehr („Transport") (1997)	Kommission für nachhaltige Entwicklung („General Assembly and the Commission on Sustainable Development" – CSD)	Grundsätze für die zukünftige Verkehrsentwicklung	Partnerschaften zur Stärkung der Verkehrsinfrastruktur und Entwicklung innovativer öffentlicher Verkehrssysteme, Unterstützung des Rad- und Fußgängerverkehrs	Förderung freiwilliger Leitlinien für einen umweltfreundlichen Verkehr. Integrierte Verkehrsplanung und Erhaltung öffentlicher Verkehrsnetze
Nationale Nachhaltigkeitsstrategie der BRD (2001)	Bundesregierung, Rat für nachhaltige Entwicklung	Anforderungen an eine nachhaltige Mobilität	Verkehrsverlagerung auf umweltfreundlichere Verkehrsträger, Verstärkter Einsatz innovativer Technologien, Berücksichtigung der Bedürfnisse aller Bevölkerungsgruppen	Nutzung von Synergieeffekten, verbesserte und vernetzte Planung (Integration), Steigerung der Effizienz des Verkehrssystems
World Summit on Sustainable Development (WSSD) in Johannesburg (2002)	Konferenz der Vereinten Nationen für Umwelt und Entwicklung, Internationale Staatengemeinschaft, Vertreter von Nicht-Regierungsorganisationen (NGO)	Aktionsplan zur Umsetzung der (erweiterten) Ziele Agenda 21 („Plan of Implementation")	Forderung nach Energieeffizienz im Tourismus- und Verkehrsbereich	Integration von Nachhaltigkeitszielen in die Gesetzgebung für Verkehrsdienstleistungen und -systeme, Berücksichtigung der Flächennutzungsplanung, der Infrastruktur und öffentlicher Verkehrssysteme

2 Theoriekonzept: Wirkungsfelder im touristischen Verkehr

Dokument	Initiative und Beteiligte	Status/Bindungswirkung für touristische Unternehmen	Relevanz für den Freizeitverkehr	Weitere Ziele zur Erreichung der Nachhaltigkeit
Verkehrsclub Deutschland (VCD) (o.J.)	VCD	Empfehlungen, Verhaltensgrundsätze und Leitlinien für Politik, Wirtschaft und Verkehrsnutzer	Ausbau eines zusammenhängenden Fuß- und Radwegenetzes, Bike&Ride-Plätze, bessere Fahrgastinformation, mehr Kundenservice. Einfache und preiswerte Tarife bei Bus und Bahn, großzügige Mitnahmeregelungen, besondere Angebote für Jugendliche und Senioren	Verbesserung des Schienenverkehrs in der Fläche, schnelle Einführung schärferer Abgasnormen; mehr Lebensqualität durch qualitative Verkehrssicherheit, mehr Platz zum Spielen und zum Flanieren; Parkraumbewirtschaftung, Förderung von Car-Sharing
Bewertungsansätze				
OECD – Programm Environmentally Sustainable Transport (EST) (1997)	Organisation for Economic Co-operation and Development (OECD), International Energy Agency (IEA), European Conference of Ministers of Transport (ECMT), Vertreter weiterer Organisationen und Regierungen	Leitlinien und Ziele für eine ökologisch nachhaltige Verkehrspolitik	Indikatoren für lokale, regionale und globale Auswirkungen anhand sechs Leit-Indikatoren, darunter CO_2, NO_x, Flächennutzung, Lärm	Benennung von länderspezifischen Zielen zur Reduzierung von Emissionen, Energie- und Flächenverbrauch
Umweltbundesamt – Weiterentwicklung der allgemeinen Nachhaltigkeitsindikatoren der CSD (1997)	Umweltbundesamt	Bestimmung von Nachhaltigkeitsindikatoren für den Verkehrsbereich	Sicherung der Teilnahme am öffentlichen Leben, des Zugangs zu sozialen Kontakten und zur Natur; Vermeidung von Beeinträchtigungen der physischen und psychischen Unversehrtheit	Ökologische Kriterien und Indikatoren für die realisierte Verkehrsnachfrage (siehe OECD 1997)

2.2 Wirkungsfeld Nachhaltigkeitsziele

Dokument	Initiative und Beteiligte	Status/Bindungswirkung für touristische Unternehmen	Relevanz für den Freizeitverkehr	Weitere Ziele zur Erreichung der Nachhaltigkeit
Nationales Forschungsprogramm „Verkehr und Umwelt, Wechselwirkungen Schweiz – Europa" (NFP 41) Schweiz (1998 – 2001)	Nationales Forschungsprogramm (NFP 41) Schweiz, Programmleitung ECOPLAN, Bern	Thesen und Indikatoren zur Gestaltung der Verkehrspolitik im 21. Jahrhundert	Förderung der kombinierten Mobilität, z.B. durch Car-Sharing, Verbesserung der Rahmenbedingungen für Fuß- und Veloverkehr. „Verkehrsunternehmen sollten statt Platzkilometer ein Gesamtpaket an Mobilitätsdienstleistungen anbieten."	Kostenwahrheit im Verkehr, Bahnreform, Förderung der Telematik (Verkehrsleitsysteme) – auch im öffentlichen Verkehr, verstärkte Anreize für umweltfreundliche Technologien
Technikfolgenabschätzung (TA) (2000)	Institut für Technikfolgenabschätzung (ITAS), Karlsruhe	Leitlinien für eine nachhaltige Verkehrsentwicklung, Entwicklung von Bewertungsinstrumenten für die Verkehrsinfrastruktur	Vermeidung von Überlastungen der Regenerations- und Anpassungsfähigkeiten der Ökosysteme und von Gesundheitsgefahren	Beteiligung gesellschaftlicher Gruppen an Entscheidungsprozessen und Einsatz von Bewertungsverfahren
Internationale Alpenschutzkonvention (CIPRA) – Verkehrsprotokoll (1999 – 2002)	Mitglieder der internationalen Alpenschutzkommission Deutschland, Frankreich, Italien, Liechtenstein, Monaco, Österreich, Schweiz, Slowenien sowie die Europäische Gemeinschaft	Verpflichtung der Vertragsparteien zur nachhaltigen Verkehrsentwicklung	Förderung kundenfreundlicher und umweltgerechter öffentlicher Verkehrssysteme; Erreichbarkeit von Menschen, Gütern und Dienstleistungen; Sicherung der Arbeitsplätze der wettbewerbsfähigen Betriebe und Unternehmen in den einzelnen Wirtschaftssektoren	Kostenwahrheit, Eigenwirtschaftlichkeit des Verkehrs; Stärkere Nutzung der Eisenbahn für Verkehre über lange Distanzen und zur touristischen Erschließung; Überprüfung der verkehrlichen Auswirkungen touristischer Anlagen, Vorsorge- und Ausgleichsmaßnahmen ergreifen
TERM – transport and environment reporting mechanism (2002)	Europäische Umweltagentur (Kopenhagen), im Auftrag der Europäischen Kommission	Ziele und Indikatoren für die nachhaltige Verkehrsentwicklung in der EU	Optimale Nutzung der vorhandenen Verkehrsinfrastrukturkapazitäten, ausgewogene Kombination der Verkehrsträger	Gerechte und effiziente Methode der Preisberechnung, Internalisierung externer Kosten

Quelle: Eigene Darstellung

2.2.2.2 Relevanz bestehender Definitionen, Leitlinien und Handlungsinitiativen zur nachhaltigen Verkehrsentwicklung für Freizeitverkehrsangebote

Da die Gestaltung eines nachhaltigen Verkehrssystems in erster Linie von politischen Rahmenbedingungen abhängig ist, zielt der überwiegende Teil der betrachteten Ansätze auf die Ebene der (Verkehrs-) Politik. Ausgangspunkt bestehender Ansätze auf nationaler Ebene ist zumeist die Einflussnahme auf den Neu- und Ausbau der Verkehrsinfrastruktur sowie die Mittelverteilung für die Verkehrsträger Straße, Schiene, Luftverkehr und ÖPNV. Auf diese Weise beziehen sich die Bemühungen der nachhaltigeren und insbesondere ökologischeren Gestaltung des Verkehrs immer auf einzelne Verkehrsträger, nicht auf das Gesamtsystem. Obgleich weitgehende Einigkeit über die grundsätzliche Notwendigkeit einer nachhaltigen Verkehrsentwicklung besteht, hat sich deren Umsetzung in die Praxis – vor allem auf Grund der teils widersprüchlichen Interessen – als problematisch herausgestellt. Insgesamt fehlt in den Disziplinen Verkehr und Mobilität eine eigene Nachhaltigkeitsforschung, was in erster Linie darauf zurück zu führen ist, dass ‚Verkehr' in „Administration und Politik und auch in Teilen der Forschung immer noch fehlinterpretiert wird" (Steierwald/ Nehring 2000: 80). Verkehr wird zu häufig als reines Problemfeld der Technik und der Ökonomie betrachtet und nicht als realisiertes Mobilitätsbedürfnis erkannt, welches „sich der Technik zur Umsetzung bedient und ökonomisch resp. ökologisch messbare Spuren hinterlässt und partiell ökonomisch begründbar ist" (ebd.: 80f.). So bleiben die inzwischen gut erforschten Hintergründe für das Verkehrsverhalten der Nutzerinnen und Nutzer des Verkehrssystems, die letztlich für die verkehrlichen Folgen verantwortlich sind, in den Zielstellungen unbeachtet. In den meisten Ansätzen werden von den drei Dimensionen der Nachhaltigkeit nur die Bereiche Ökologie und Ökonomie betrachtet, „nicht aber die sozialen Aspekte, die über die Fragen des Wohlstandes hinausgehen". Die Bewertungsformel „Ökologie x Ökonomie" muss meist „als Platzhalter der Nachhaltigkeit herhalten" (ebd.: 81). Ursache hierfür ist, dass sich das Verkehrswesen zwar von jeher mit der Bewertung von Verkehrssystemen und Verkehrsinfrastrukturen befasst, ursprünglich aber vor allem ökonomische und erst seit wenigen Jahren auch ökologische Aspekte einbezogen wurden. Bei der Zielformulierung wird häufig die volkswirtschaftliche Ebene fokussiert; meist handelt es sich dabei um die Forderung nach einer Internalisierung der externen Kosten des Verkehrs. Diese Forderung ist zwar im Prinzip zu begrüßen, erscheint aber – bezogen auf den Freizeitverkehr – auf Grund des ökonomischen Drucks auf die touristischen Akteure unrealistisch, solange die Politik keine verbindlichen Vorgaben bzw. Angebote für anderweitige Entlastungen macht. Die Festlegung von Zielen bzw. die Ermittlung von Indikatoren für eine sozialverträgliche Gestaltung des Verkehrssystems scheint nach wie vor schwierig. Immerhin wird im Nationalen Forschungsprogramm Verkehr und Umwelt der Schweiz (NFP 41) bemerkt, dass neben dem ökologischen auch im wirtschaftlichen und sozialen Bereich Handlungsbedarf besteht, beispielsweise „wegen der ungenügenden Kostendeckung einzelner Verkehrsträger und wegen der Benachteiligung von Kindern und betagten Verkehrsteilnehmern" (Brodmann/ Spillmann 2000: K-5).

Trotz der Ausgangslage, dass sich politische und wirtschaftliche Akteure im Verkehrsbereich eher kleinräumigen Problemen zuwenden und die globalen Auswirkungen des Verkehrs zugunsten kurzfristiger Interessen verdrängen, existieren mittlerweile neben einigen nur indirekt verkehrsbezogenen Initiativen wie z.B. die Klimakonvention auch Abkommen, die sich ausschließlich mit der Verkehrsproblematik befassen, beispielsweise die EST-Studie (Environmentally Sustainable Transport) der OECD. Einen kleinräumigeren internationalen Zusammenschluss stellt die Internationale Alpenschutzkommission (CIPRA) dar, die die von den verkehrlichen Auswirkungen des Transitverkehrs besonders betroffenen Alpenländer repräsentiert. Ungeachtet seiner enormen Bedeutung beim Personenverkehrsaufkommen spielt der Freizeit- und Tourismusverkehr in Definitionen und Leitbildern zur nachhaltigen Verkehrsentwicklung nur eine untergeordnete Rolle. Ausnahmen bilden hier wiederum die Alpenschutzkommission (Verkehrsprotokoll), die speziell auf das Handlungsfeld Tourismus eingeht, oder das Nationale Forschungsprogramm „Verkehr und Umwelt" der Schweiz (NFP 41), welches die hohe Relevanz des Freizeitverkehrs am Gesamtverkehrsaufkommen erwähnt. Insgesamt bleibt weitgehend unklar, wie sich im Rahmen von Bewertungsinstrumenten Mobilitätsbedürfnisse sowie soziale, ökologische und auch zum Teil wirtschaftliche Belange abbilden lassen. Für den gesamten Verkehrs- bzw. Mobilitätssektor bedeutet dies, dass messbare Ziele und Indikatoren bisher nur lückenhaft existieren. Fest steht, dass die Bestimmung von möglichst quantifizierbaren Zielen für alle Handlungsbereiche – darunter auch der touristische Verkehr – für eine nachhaltige Verkehrsentwicklung unumgänglich ist (Borken/ Höpfner o.J., o.S.). Dabei sind die „ökologischen Anforderungen an den Verkehr notwendig, aber nicht hinreichend"; sie müssen mit sozialen und ökonomischen Anforderungen abgewogen werden und „sowohl das physische Verkehrssystem, als auch seine Funktionen und seine Nutzer" berücksichtigen (ebd.). Vor diesem Hintergrund wird im Rahmen der Untersuchung auf die Berücksichtigung von sozial-ökonomischen Anforderungen an die Mobilität besonderer Wert gelegt.

Die durch Auswertung bestehender Ansätze gewonnenen Erkenntnisse werden für die Entwicklung der Nachhaltigkeitsdefinition sowie zur Festlegung von Nachhaltigkeitszielen aufgegriffen. Zusammenfassend sind folgende Ansätze und Ziele der nachhaltigen Verkehrsentwicklung auch auf den Freizeitverkehr bzw. auf touristische Mobilitätsangebote übertragbar:

- Verringerung der Verkehrsleistung (Naherholung);

- Emissionsminderung und Steigerung der (Energie-) Effizienz durch innovative Technologien;

- Verlagerung des Verkehrs auf umweltfreundlichere Verkehrsträger;

- Verringerung von Flächenverbrauch und Lärm;

2 THEORIEKONZEPT: WIRKUNGSFELDER IM TOURISTISCHEN VERKEHR

- Nutzung der Systemvorteile der unterschiedlichen Verkehrsträger durch eine optimale Verkehrsmittelkombination und -verknüpfung;

- Bildung von Partnerschaften zur Stärkung des öffentlichen Verkehrs, des Rad- und Fußverkehrs und der Verkehrsinfrastruktur;

- Ermöglichung der Mobilität für alle Bevölkerungsgruppen;

- Angebot eines kundenfreundlichen, bedürfnisgerechten Mobilitätssystems mit einfachen Tarifen, Verkehrsinformation mit Telematik-Unterstützung, auch im öffentlichen Verkehr, verbesserte Mitnahmemöglichkeiten;

- Schaffung von Arbeitsplätzen und Ermöglichung von Wettbewerb in unterschiedlichen Wirtschaftssektoren.

2.2.3 Fazit: Zielsystem für die Gestaltung nachhaltiger Freizeitverkehrsangebote im Tages- und Kurzreisetourismus

Die Entwicklung einer Definition für nachhaltige Freizeitverkehrsangebote im Tages- und Kurzreisetourismus basiert auf der synoptischen Auswertung der zuvor vorgestellten nationalen und internationalen Ansätze unterschiedlichster Herkunft aus dem Tourismus- und Verkehrsbereich. Die Gewichtung der drei Nachhaltigkeitsdimensionen (Ökologie, Ökonomie und Soziales) folgt der „Umwelterklärung der deutschen Tourismuswirtschaft" von 1997 (vgl. Rauschelbach 1998), die geleitet ist von den Zielen und Prinzipien der Rio-Deklaration von 1992 und der Agenda 21, der Agenda 21 for the Travel and Tourism Industry (World Travel and Tourism Council, WTTC[10]) sowie der Charter for Sustainable Tourism (World Conference on Sustainable Tourism, WCST). Darin gilt die ökologische Dimension, d.h. die Berücksichtigung der Umweltbelange, als Prämisse und als Schlüssel-Variable („key factor') für das zukünftige Wachstum im Tourismus. Die Umwelterklärung wird herangezogen, da sie sich der Verkehrsproblematik in besonderer Weise widmet und zudem den Vorteil besitzt, dass sich die Spitzenverbände und -organisationen der deutschen Tourismuswirtschaft bereits zu ihr bekannt haben.

Auf Grundlage der Definition erfolgt die Ableitung eines Zielsystems zur Verbesserung der Nachhaltigkeit von Reiseangeboten. Das Zielsystem ist hinsichtlich der vertikalen Zielordnung in *Ober-, Unter-* und *Handlungsziele* gegliedert (siehe Abbildung 7), wobei von den Oberzielen zu den Handlungszielen der Konkretisierungsgrad, d.h. der „Grad der Operationalisierung" zunimmt (Otto-Zimmer-

---

10 „A clean, healthy environment is essential to future growth – it is core of the Travel & Tourism product." (vgl. WTTC 2003, o.S.)

2.2 Wirkungsfeld Nachhaltigkeitsziele

mann 1989:179f.). So geben beispielsweise Umwelthandlungsziele Schritte an, die notwendig sind, um einen zuvor beschriebenen (Umwelt-) Zustand zu erreichen oder sie enthalten Vorgaben für notwendige Umweltentlastungen (ARL 2000:27). Übertragen auf die Gestaltung von Freizeitverkehrsangeboten sind unter operativen Gesichtspunkten vor allem Handlungsziele von Bedeutung, die maßnahmenbezogen sind und auf diese Weise Wege zur langfristigen Erreichung der übergeordneten Zielebenen (Ober- und Unterziele) aufzeigen (ebd.). Die Vorgehensweise der stufenweisen Konkretisierung dient dazu, die Realisierung und Überprüfung der Ziele zu erleichtern. Je konkreter Ziele formuliert werden, desto einfacher gestaltet sich schließlich die Umsetzung und auch die zur Bewertung notwendige Operationalisierung (vgl. Bechmann 1989:91).

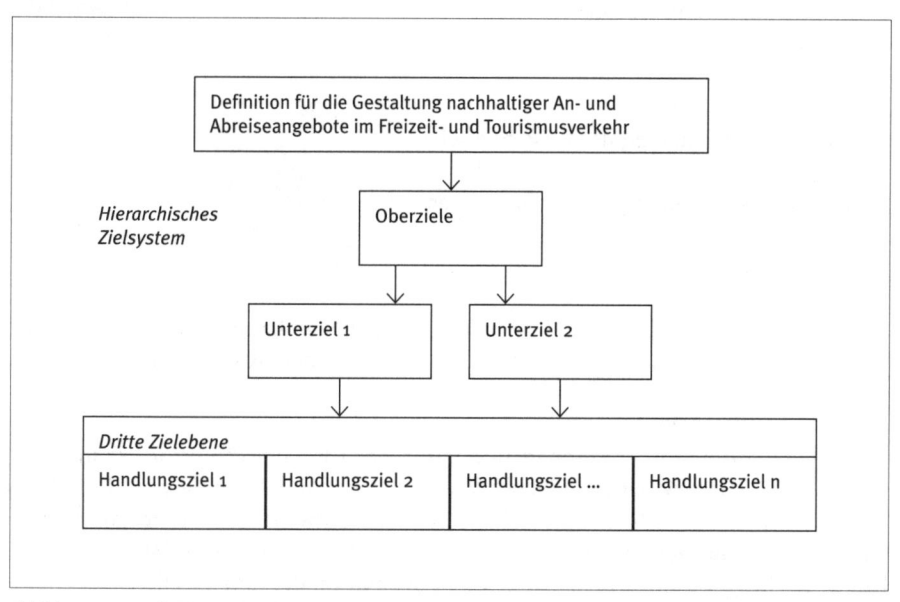

Abbildung 7: Definitionen für die Gestaltung nachhaltiger An- und Abreiseangebote im Freizeitverkehr und Ableitung eines hierarchischen Zielsystems
Quelle: Eigene Darstellung in Anlehnung an Otto-Zimmermann 1989:179f.

2.2.3.1 Definitionen und Ableitung von Zielen

Zur Berücksichtigung der ökologischen Dimension der Nachhaltigkeit touristischer Mobilitätsangebote spielen die genutzten An- und Abreiseverkehrsmittel eine entscheidende Rolle. Sie sind – bezogen auf Reisen im Inland – verantwortlich für den größten Teil der tourismusbedingten Emissionen (Busch/ Luberichs 2001:46) und haben einen hohen Anteil am freizeitbedingten Energie- und Flächenverbrauch (vgl. DIW 2000). Die Verbesserung der Nachhaltigkeit von Reiseangeboten lässt sich

2 Theoriekonzept: Wirkungsfelder im touristischen Verkehr

demzufolge vor allem über die Nutzung umweltfreundlicher Verkehrsmittel für die An- und Abreise steuern.

Wie die Untersuchung der betrachteten Ansätze zeigt, müssen über die ökologischen Belange hinaus auch die Belange der Transit- und Zielregionen berücksichtigt werden. Zu diesen Belangen zählt der „wirtschaftliche Wohlstand bei optimaler Wertschöpfung" ebenso wie ein intaktes soziokulturelles Umfeld und das subjektive Wohlbefinden der Bewohner und Gäste (Hoffmann/ Wolf 1998: 135). Das „Zielsystem eines nachhaltigen Tourismus" von Müller, das sich auch auf Freizeitverkehrsangebote anwenden lässt, beinhaltet zusammenfassend als „Gestaltungsrecht zukünftiger Generationen" folgende Ziele (Müller 1998: 150):

- intakte Natur und Ressourcenschutz,

- wirtschaftlicher Wohlstand,

- optimale Befriedigung der Gästewünsche,

- subjektives Wohlbefinden der Bewohner,

- intakte Kultur.

Auf Basis der vorangegangenen Darstellungen wird Nachhaltigkeit für den Freizeitverkehr, bezogen auf die drei Nachhaltigkeitsdimensionen, wie folgt definiert:

Ökologische Dimension

Der Schutz von Natur, Landschaft und natürlichen Ressourcen erfordert in erster Linie den Einsatz umweltfreundlicher Verkehrsmittel und Technologien. Damit öffentliche oder nicht-motorisierte Verkehrsmittel als umweltfreundlichere Alternative zum motorisierten Individualverkehr genutzt werden, ist die Berücksichtigung der Kundenbedürfnisse sowie die ausführliche Information der (potenziellen) Reisenden über bestehende An- und Abreisemöglichkeiten unabdingbar. Ein maßgeblicher Aspekt zur Berücksichtigung der Kundenwünsche ist die durchgängige Organisation der An- und Abreise als Reisekette und die Einbindung von Mobilitätsangeboten in das Gesamtangebot (Pauschalangebot). Über die Wahl der Verkehrsmittel hinaus bestimmt die Wahl der Reiserouten und der Reisezeiträume die ökologische Verträglichkeit des Angebots. Zu berücksichtigen ist die ökologische Belastbarkeit der Transit- und Zielregionen im Zusammenhang mit der räumlichen und zeitlichen Konzentration von Verkehrsströmen. Die Vermeidung negativer Auswirkungen touristischer Aktivitäten unterwegs kann zudem durch gezielte Besucherlenkung und Informationen über Verhaltensmaßnahmen gewährleistet werden. Durch eine entsprechende Angebotsgestaltung und -vermarktung haben Reiseveranstalter und ihre Kooperationspartner also einen unmittelbaren und maßgeblichen Einfluss auf die ökologische Verträglichkeit ihrer Reiseangebote. Da das Produkt aber nicht unabhängig von seinen Produzenten betrachtet werden kann[11], ist auch das Umweltmanagement der Unternehmen in die Bewertung einzubeziehen.

Ökonomische Dimension
Tourismus und Freizeitverkehr sind nur dann als nachhaltig zu bezeichnen, wenn alle Beteiligten davon profitieren, d.h. eine Gleichverteilung von Nutzen und Lasten ('benefits and burdens') stattfindet. Das ökonomische Interesse von Reise- und Verkehrsanbietern an der Gestaltung nachhaltiger Produkte besteht insbesondere in der Qualitätssteigerung und in der Erhöhung ihrer Absatzmöglichkeiten auf dem Markt. Darüber hinaus tragen Kooperationen und der Aufbau nachhaltiger Dienstleistungsketten zur Effizienz der Angebotsgestaltung und zu ökonomischer Effizienz bei. Die auf die Ziel- und Transitregionen bezogene ökonomische Tragfähigkeit von Angeboten im Freizeit- und Tourismusverkehr, d.h. eine optimale regionale Wertschöpfung, wird durch die Beteiligung von örtlichen Wirtschaftsunternehmen an der Angebotsgestaltung und deren Integration in Dienstleistungsketten gesteigert. Insbesondere der Einsatz regionaler bzw. lokaler Produkte und Arbeitskräfte sowie die Kooperation mit kleinen und mittelständischen Unternehmen führt durch die Diversifikation des touristischen Angebots zur langfristigen Stabilisierung des regionalen Wirtschaftssystems, insbesondere durch die verstärkte Einbeziehung von Mobilitätsdienstleistungen in die touristische Angebotspalette. Schließlich können Anbieter durch die Vermarktung umweltfreundlicher Mobilitätsangebote das Image der Region positiv beeinflussen und die tourismusabhängige Wirtschaft durch Erhöhung des Bekanntheitsgrades unterstützen.

Soziale Dimension
Zur Verbesserung der Versorgungsstruktur und zur Steigerung der Lebensqualität der Bevölkerung ist der Einsatz umwelt- und sozialverträglicher Reiseverkehrsmittel und die Erweiterung des bestehenden Mobilitätsangebots insbesondere in ländlichen Regionen unabdingbar. Dabei muss der gleichberechtigte Zugang der einheimischen Bevölkerung zum touristischen Angebot gewährleistet sein. Durch die Reduzierung der Verkehrsbelastung und die Ausweitung des Mobilitätsangebots zur Anpassung an touristische Bedürfnisse wird außerdem eine Steigerung der Erholungsqualität für Reisende erreicht. Für die Bevölkerung in Transit- und Zielregionen ist eine Verbesserung der Arbeitsmarktsituation zu erwarten. Auf den regionalen Arbeitsmarkt haben die Reiseveranstalter jedoch zumeist nur mittelbaren Einfluss; die Nutzung der touristischen Infrastruktur und der Dienstleistungen durch die einheimische Bevölkerung hingegen kann im Rahmen der Möglichkeiten des einzelnen Angebots sichergestellt werden. Durch die aktive Vermarktung der Region und ihrer nachhaltigen (Tourismus-) Produkte lässt sich die regionale Identität stärken und eine Imageverbesserung erreichen. Die Verantwortungsübernahme für das eigene Wirt-

---

11 Die Berücksichtigung von Zusammenhängen und Wechselwirkungen ist Teil des Nachhaltigkeitsprinzips.

schaften in der Region erfordert Kooperationen und Partnerschaften mit Behörden, Organisationen und lokalen Interessengemeinschaften vor Ort. Ebenso braucht es zur nachhaltigen Entwicklung der Zielregion die Beteiligung an politischen Prozessen wie die Lokale Agenda 21. Darüber hinaus schaffen Partizipationsmöglichkeiten für Beteiligte und Betroffene an den touristischen Planungsvorhaben Möglichkeiten zur aktiven Mitgestaltung.

Ableitung von Zielen

Nachhaltigkeit kann – auch bei der Gestaltung von Freizeitverkehrsangeboten im Tages- und Kurzreisetourismus – nur dann erreicht werden, wenn sämtliche Akteure ihren Beitrag zu einer nachhaltigen Tourismusentwicklung leisten. Unter ‚Akteure' werden sowohl die wirtschaftlichen Akteure des Tourismus- und Verkehrssektors und ihre Vertragspartner als auch Behörden, Organisationen und die Bevölkerung vor Ort sowie die Reisenden verstanden. Da der Tourismus in starkem Maße von der Zusammenarbeit unterschiedlicher Dienstleistungsbereiche und dem Funktionieren von Netzwerken lebt, ist ein kontinuierlicher Dialog zwischen allen Beteiligten nötig. Nur gemeinsam kann sich dem Ziel einer nachhaltigen Entwicklung genähert und ein frühzeitiges Aufgreifen von Verbesserungsvorschlägen und Aufdecken kritischer Zustände ermöglicht werden. Damit alle an der Angebotsgestaltung mitwirkenden Akteure dieselbe ‚Vision' von Nachhaltigkeit entwickeln und auch danach handeln können, muss im Rahmen eines kooperativen Aushandlungsprozesses ein Leitbild aufgestellt und kommuniziert werden. Darüber hinaus ist eine regelmäßige Evaluierung der Angebote im Hinblick auf die gesetzten Ziele (Monitoring) und Berichterstattung über die Ergebnisse erforderlich.

Wie sich bei der Formulierung von Nachhaltigkeitszielen für den Freizeit- und Tourismusverkehr zeigt, ist eine eindeutige Differenzierung entsprechend den drei Nachhaltigkeitsdimensionen kaum durchführbar und auch nicht sinnvoll. Dies bestätigt sich bei der Entwicklung des Zielsystems. Grund dafür ist, dass sich die Umsetzung eines Ziels zumeist nicht nur auf eine Dimension auswirkt, sondern zwei oder alle drei Dimensionen betroffen sein können. Darüber hinaus besteht beim Rückgriff auf die ‚klassischen' drei Nachhaltigkeitsdimensionen die Gefahr, dass das „sektorale Denken" gefördert wird (Giegrich/ Möhler/ Borken 2003:14). Eine Einteilung in die drei Dimensionen (Ökologie, Ökonomie und Soziales) wird bei der Entwicklung des handlungsorientierten Zielsystems zur Gestaltung nachhaltiger An- und Abreiseangebote im Freizeit- und Tourismusverkehr daher verworfen. Mit Blick auf die Anwendung in der Praxis erscheint eine Unterscheidung der Ziele nach den unterschiedlichen Möglichkeiten der Umsetzung sinnvoller. Es wird daher eine Unterteilung der Ziele nach den unterschiedlichen Einflussbereichen von Reiseveranstaltern vorgeschlagen. Zu diesem Zweck werden folgende Handlungsfelder definiert:

- *Unternehmen*: Ziele für das Nachhaltigkeitsmanagement im eigenen Unternehmen sowie für die Einflussnahme auf Kooperationspartner,

- *Produkt*: Ziele für die Produktgestaltung im Sinne der Umwelt- und Sozialverträglichkeit,

- *Regionalentwicklung*: Ziele zur Förderung der nachhaltigen Regionalentwicklung in Transitregionen und Destinationen.

Den größten Einfluss haben die wirtschaftlichen Akteure zunächst auf das eigene Unternehmen. Hier lassen sich – in Zusammenarbeit mit den Mitarbeiterinnen und Mitarbeitern – Nachhaltigkeitsziele für das Unternehmensmanagement direkt umsetzen. Durch die Aufstellung von Leitlinien, die eine bevorzugte Kooperation mit ebenfalls nachhaltig wirtschaftenden Unternehmen beinhalten, kann auch Einfluss auf Kooperationspartner ausgeübt werden. Die Produktgestaltung im Zuge der Angebotsplanung und die Qualität der Leistungserbringung während der Reise ist in erster Linie von einer funktionierenden Kooperation und Kommunikation zwischen dem Reiseveranstalter und den eigentlichen Leistungserbringern, z.B. Mobilitätsdienstleistern, abhängig. Im Bereich der Regionalentwicklung bestehen Möglichkeiten der Beeinflussung in erster Linie im Engagement und der in Verantwortungsübernahme der Reiseveranstalter bzw. Kooperationspartner für die Belange der Ziel- bzw. Transitregion und in der Schaffung von Partizipationsmöglichkeiten für regionale Akteure. Dass die Ziele erreicht werden können, hängt maßgeblich von der Bereitschaft der Akteure ab, sich am gegenseitigen Austausch zu beteiligen und andere an den eigenen Entscheidungen teilhaben zu lassen.

2.2.3.2 Zielsystem für nachhaltige Freizeitverkehrsangebote im Tourismus

Auf Basis der Nachhaltigkeitsdefinition für Freizeitverkehrsangebote im Tourismus und durch Übertragung und Weiterentwicklung der betrachteten Ansätze aus den Bereichen Tourismus und Verkehr erfolgt die Entwicklung des Zielsystems. Dieses wird in *Ober-, Unter- und Handlungsziele* differenziert und folgt damit einem hierarchischen Aufbau. Die Ziele liefern wichtige Hinweise, sowohl für den Prozess der Gestaltung nachhaltiger Angebote als auch für die spätere Evaluierung. Zur Erleichterung der Handhabung und zur Zuordnung nachvollziehbarer Handlungsbereiche wird das Zielsystem in die genannten Bereiche *Unternehmen*, *Produkte* und *Regionalentwicklung* unterteilt. In der folgenden Tabelle sind die als zentral ermittelten Ziele zur Einflussnahme der touristischen Akteure auf die Nachhaltigkeit touristischer (Mobilitäts-) Produkte aufgeführt.

Tabelle 9: Zielsystem „Nachhaltige Freizeitverkehrsangebote im Tourismus"

Handlungsfeld UNTERNEHMEN	Integration der Nachhaltigkeitsidee in das Unternehmensmanagement
1.	Oberziel: Integrierte Planungs- und Managementstrategien zur Unterstützung einer nachhaltigen Tourismus- und Verkehrsentwicklung
1.1.	Teilnahme an bestehenden und in der Praxis bereits erprobten Zertifizierungssystemen und Auszeichnungen
1.2.	Aufstellung unternehmenseigener Leitlinien und Handlungsziele (Einbeziehung der Mitarbeiter, der Öffentlichkeit und der Behörden, Berücksichtigung nationaler und internationaler Deklarationen, Abkommen und Leitlinien aus den Bereichen Tourismus und Verkehr)
1.3.	Schaffung von Organisationsstrukturen zur Sicherstellung und zur Kommunikation der Nachhaltigkeitsprinzipien im Unternehmen
2.	Oberziel: Aufbau nachhaltiger Dienstleistungsketten („supply chain management")
2.1.	Kooperation mit Betrieben mit einer nachhaltigen Unternehmensstrategie
2.2.	Standardsetzung (Richtlinien) für kooperierende Unternehmen
2.3.	Kommunikation der Nachhaltigkeitsidee an Kooperationspartner
3.	Oberziel: Nachhaltiges Wirtschaften als Wettbewerbsvorteil
3.1.	Nutzung der Nachhaltigkeitsprinzipien als Innovationsmotor
3.2.	Optimierung der Absatzmöglichkeiten für nachhaltige Produkte und Dienstleistungen
4.	Oberziel: Evaluierung der Unternehmensziele (Monitoring)
4.1.	Durchführung und Auswertung des Monitorings in regelmäßigen Zeitabständen
4.2.	Gemeinsame Entwicklung von Handlungsstrategien und Maßnahmen zur Stärkung der Potenziale und Minimierung der Defizite

Handlungsfeld PRODUKTE	Verbesserung der Nachhaltigkeit von An- und Abreiseangeboten
5.	Oberziel: Berücksichtigung der ökologischen und sozialen Belastbarkeit und des ökonomischen Nutzens der Transit- und Zielregionen
5.1.	Verlagerung des Verkehrs auf umwelt- und sozialverträgliche Verkehrsarten und effiziente Nutzung des touristischen Verkehrssystems
5.2.	Abstimmung der Reisewege und Routen auf die ökologische und soziale Belastbarkeit der Transit- und Zielregion und Steigerung des ökonomischen Nutzens durch den Tourismus
5.3.	Kooperationen mit Verkehrs- und Mobilitätsdienstleistern zur Gestaltung nachhaltiger An- und Abreiseangebote und Begünstigung von Destinationen und Betrieben, die umweltschonende Formen der Mobilität fördern

2.2 Wirkungsfeld Nachhaltigkeitsziele

6.	Oberziel: Bedürfnisorientierte Gestaltung von touristischen Mobilitätsangeboten
6.1.	Schaffung von Mobilitätsangeboten unter Berücksichtigung der Bedürfnisse aller Bevölkerungsgruppen
6.2.	Entwicklung den touristischen Bedürfnissen angepasster, durchgängig nutzbarer Reiseketten von Tür-zu-Tür.
6.3.	Erhöhung der Erlebnisqualität der Reise und Attraktivitätssteigerung durch zielgruppenorientierte Gestaltung der An- und Abreise
7.	Oberziel: Informationsvermittlung über nachhaltige Mobilitätsangebote sowie über die ökologischen und sozialen Auswirkungen der Reise
7.1.	Vermarktung nachhaltiger Mobilitätsangebote bzw. Reiseketten
7.2.	Aufklärung der Konsumenten über tatsächlichen Kosten und Auswirkungen der An- und Abreiseangebote

REGIONAL-ENTWICKLUNG	Förderung der nachhaltigen Regionalentwicklung in Destinationen und Transitregionen
8.	Oberziel: Unterstützung der Region beim Erhalt und Ausbau einer vielfältigen Wirtschaftsstruktur
8.1.	Gleichverteilung von Nutzen und Lasten durch Beteiligung der Reiseveranstalter an den Kosten und Teilhabe der Destinationen und Transitregionen an den ökonomischen Effekten des Tourismus
8.2.	Stärkung regionaler Wirtschaftskreisläufe und Förderung der Wertschöpfung in der Region durch Nutzung regionaler Materialien, Produkte und Dienstleistungen zur Diversifikation des touristischen Angebots
8.3.	Förderung einer regionalen Innovationskultur durch Aufbau von regionalen Netzwerken zwischen verschiedenen Wirtschaftssektoren
9.	Oberziel: Verbesserung der Lebensbedingungen der Bevölkerung in Destinationen und Transitregionen
9.1.	Erhalt und Schaffung von qualifizierten Arbeitsplätzen
9.2.	Gleicher Zugang der einheimischen Bevölkerung zu touristischen Infrastruktureinrichtungen und Dienstleistungen
9.3.	Stärkung der regionalen Identität
10.	Oberziel: Partizipation und Verantwortungsübernahme
10.1.	Einbindung der regionalen Akteure und Betroffenen in lokale Planungen und Vorhaben im Bereich Tourismus
10.2.	Engagement und Verantwortungsübernahme für die Entwicklungsprozesse in der Region
10.3.	Förderung regionaler Selbstorganisation zur Unterstützung der nachhaltigen Regionalentwicklung

Quelle: Eigene Darstellung

Bei der Entwicklung des Zielsystems wurde versucht, sich in die Lage von Reiseveranstaltern zu versetzen, weil diese Akteursgruppe die größten Einflussmöglichkeiten auf die Produktgestaltung hat. Im Ergebnis legt das Zielsystem dar, welche Ober- und Unterziele strategisch verfolgt werden müssen, um die Nachhaltigkeit sowie die Qualität touristischer Produkte zu steigern. Durch das Aufzeigen konkreter Handlungsorientierungen soll touristischen Anbietern und Anbietern von Mobilitätsdienstleistungen verdeutlicht werden, dass „die Zukunft des Tourismus als Wirtschaftsfaktor" nicht mehr in erster Linie „von der maximalen Erschließung und Ausnutzung der Landschaft" abhängt, sondern dass die „Bewahrung der natürlichen Qualitäten" und die „Sicherung der eigenständigen [...] Identitäten" zu den wesentlichen Standortfaktoren zählen (Hoffmann/ Wolf 1998:134).

Auf Grundlage des Zielsystems erfolgt die Entwicklung eines detaillierten Fragebogens zur Evaluierung der Nachhaltigkeit von Mobilitätskonzepten bzw. Reiseketten (vgl. Kapitel 3.3.2). Dieser handlungsorientierte Ansatz soll es ermöglichen, Angebote im Hinblick auf ihre ökologische, ökonomische und soziale Verträglichkeit zu bewerten und die Umsetzung der Handlungsziele zu überprüfen. Da die Untersuchung auf der Grundannahme beruht, dass eine Verbesserung der Nachhaltigkeit von Freizeitverkehrsangeboten in erster Linie über die Wahl umweltfreundlicher Verkehrsmittel erreicht werden kann und dass zur Steuerung des Verkehrsverhaltens ein attraktives Verkehrsangebot unabdingbar ist, werden im folgenden Kapitel die Ansprüche und Bedürfnisse der Reisenden in den Mittelpunkt der Betrachtung gerückt.

2.3 Wirkungsfeld Reisende

Bei der Analyse des Wirkungsfeldes ‚Reisende' wird von der Grundannahme ausgegangen, dass sich im Freizeitverkehr eine Beeinflussung des Verhaltens nur über Motivation und Motivationsveränderung erreichen lässt. Denn letztendlich treffen die Reisenden selbst die Entscheidung darüber, wie sie ihre Fahrt gestalten und welche Reiseverkehrsmittel sie dafür wählen. Eine stärkere Nutzung umweltfreundlicher Verkehrsmittel bei der An- und Abreise im Tourismus setzt folglich voraus, dass positive Anreize gesetzt werden und für Reisende eine Steigerung des „persönlichen Gewinns" zu erwarten ist (Umweltbundesamt 2001a:130), insbesondere da im Verkehrsbereich Einschränkungen zugunsten der Umwelt eine sehr geringe Akzeptanz aufweisen (vgl. Kuckartz 2000:52f.). Für die Entwicklung und Vermarktung von Freizeitverkehrsangeboten mit umweltfreundlichen Verkehrsmitteln kommen somit vor allem freiwillige Steuerungsinstrumente (‚soft policies') bzw. marktwirtschaftliche Motive (‚pull-Faktoren') wie z.B. Maßnahmen zur Qualitätssteigerung in Frage.

Wie bereits in der Problemstellung verdeutlicht wurde, entsprechen vorhandene Angebote bislang nicht in ausreichendem Maße den Bedürfnissen und Anforderungen der Mehrheit der Reisenden. Opaschowski macht unter anderem die geringe Nutzerfreundlichkeit sowie einen kaum vorhandenen Erlebniswert dafür verantwortlich, dass „öffentliche Verkehrsmittel mehr Argumentationshilfen für, als Alternativen gegen den Autoverkehr liefern" (Opaschowski 1995:24). Bisher lebten öffentliche Verkehrsmittel fast nur von den Defiziten des Autos (zum Beispiel Parkplatzsuche, Staus, Umweltprobleme). Sie sind oft deshalb nicht attraktiv, weil ihre Nutzung im Vergleich zum privaten Pkw mehr Aufwand (Planung, Organisation etc.) erfordert. Ein Verkehrssystem, mit dem sich geistige und körperliche Energie einsparen lässt, wird dementsprechend bevorzugt. Das Auto entspricht weitgehend dieser Bedingung (Knoflacher 2000:11). Damit dennoch der Anteil nachhaltiger Mobilitätsangebote im Tourismus erhöht werden kann, müssen Angebote für Reisende Vorteile bieten, welche die Vorteile einer Pkw-Nutzung überwiegen. Wie die Trends im Reiseverhalten zeigen, nimmt der Erlebnisaspekt besonders im Tourismus einen immer größeren Stellenwert ein. Opaschowski ist daher der Ansicht, Planer und Politiker müssen sich „in Zukunft nicht nur mit Verkehrsplanung, sondern auch mit Mobilitätspsychologie beschäftigen" und auch die Verkehrspolitik bräuchte „Szenarien und Visionen für die Zukunft, in denen die erlebnispsychologische Bedeutung der Mobilität stärker berücksichtigt wird" (Opaschowski 1999:172). ‚Erlebnisqualität' hat dabei weniger mit der Beschaffenheit der ‚Hardware' (Fahrzeuge und Infrastruktur), als vielmehr mit Atmosphäre, Ambiente und Animation zu tun (ebd. 2001b:108). In diesem Zusammenhang gesehen sind öffentliche Verkehrssysteme oft auch deshalb nicht attraktiv, weil sie – im Gegensatz zum Pkw – vor allem auf die reine Transportfunktion hin konzipiert und gestaltet sind und Emotionen und Erlebniswerte kaum eine Rolle spielen. Darüber, welche subjektiven Einflussfaktoren aus Sicht der Reisenden zur Steigerung des Attraktivitäts- und Qualitätsempfindens beitragen, liegen jedoch bisher kaum gesicherte Erkenntnisse vor. Weder in der Tourismus- bzw. in der Mobilitäts- und Verkehrsforschung noch in der Praxis wurde dem Aspekt der ‚Erlebnisqualität' von Verkehrsangeboten bisher besondere Beachtung geschenkt. Und das, obwohl auch für Verkehrsunternehmen im öffentlichen Verkehr die Qualität von Dienstleistungen zunehmend an Bedeutung gewinnt, da sie sich mit steigender Wettbewerbsintensität stärker auf dem Markt positionieren müssen (Laumann et. al. 2002:292f.). Die Analyse des Wirkungsfeldes ‚Reisende' soll dazu beitragen, diese Lücke zu schließen, indem der Mobilitätsbaustein bzw. die An- und Abreise als wesentliche Teilleistung touristischer Angebote sowie die Bedürfniskomponenten stärker in dem Mittelpunkt gerückt werden.

Vor diesem Hintergrund wird angenommen, dass Maßnahmen zur Entkopplung der Freizeitmobilität vom motorisierten Individualverkehr nur erfolgreich sein können, wenn neben Mobilitätsbedürfnissen auch freizeitbezogene Bedürfnisse berücksichtigt werden. Politische Instrumente zur Beeinflussung des Mobilitätsverhaltens (‚push-Faktoren'), z.B. Ökosteuern auf nicht-nachhaltige Verkehrsmittel werden nicht betrachtet. Eingangs wurde die These aufgestellt, dass für Reisende An- und Abreiseangebote im Tourismus nur dann attraktiv sind, wenn sie sowohl Mobilitätsanforderungen als auch Freizeitbedürfnissen gerecht werden. Durch die Integration von Freizeitbedürfnissen in Mobilitätsangebote wird der Erlebniswert der gesamten Reise erhöht und infolgedessen der Umstieg auf umweltverträglichere Verkehrsmit-

2 Theoriekonzept: Wirkungsfelder im touristischen Verkehr

tel gefördert. Da die individuellen Ansprüche und Bedürfnislagen sehr unterschiedlich sein können, ist es nur in den seltensten Fällen möglich, eine einzige optimale Lösung für alle Reisenden und für alle Segmente zu finden. Auf der anderen Seite lassen sich Angebote aus ökonomischer Sicht nicht für jedes Individuum einzeln gestalten. Mit Blick auf die Umsetzung folgte daraus die These, dass individuelle Mobilitätsanforderungen und Freizeitbedürfnisse nur berücksichtigt und somit Interessen gebündelt werden können, wenn Mobilitätsangebote – wie Reiseangebote – auf bestimmte Zielgruppen ausgerichtet sind.

Bisher wurden Mobilitätsbedürfnisse und -orientierungen sowie Freizeit- und Reisepräferenzen kaum im Zusammenhang bzw. in ihren Wechselwirkungen untersucht. Ausnahmen bilden die in diesem Kapitel betrachteten Ansätze zu Reise- bzw. Urlaubertypologien und Freizeitmobilitätstypologien, die zumindest Teilaspekte des jeweils anderen Untersuchungsfeldes mit einbeziehen. Erkenntnisse für die bedürfnisgerechte Gestaltung von Freizeitverkehrsangeboten müssen diesbezüglich sowohl aus dem Bereich der Mobilitätsforschung als auch aus der Freizeit- und Tourismusforschung abgeleitet und miteinander verknüpft werden.

Reisende haben auf Grund ihrer soziostrukturellen Voraussetzungen, ihres Freizeit- und Lebensstils sowie ihrer Reisemotivation unterschiedliche Präferenzen bezüglich der Reisegestaltung. Unter welchen Bedingungen sie ein bestimmtes Mobilitätsangebot wählen, ist zum einen von der Reiseentscheidung, d.h. von der Entscheidung über Reiseziel, Dauer und Art bzw. Organisation der Reise abhängig. Zum anderen spielen bei der Wahl der Reiseverkehrsmittel innere Beweggründe wie Mobilitätsorientierungen und Verkehrsmittelpräferenzen sowie individuelle An- und Abreisebedürfnisse (Erlebnis, Erholung) eine entscheidende Rolle. Die Wahl eines auf Nachhaltigkeit ausgerichteten An- und Abreiseangebots wird somit bedingt durch a) die generelle Reiseentscheidung und b) die Wahl der Reiseverkehrsmittel. Die Untersuchung der Bedürfnisse und Anforderungen von Reisenden an die An- und Abreise im Ausflugs- und Kurzreiseverkehr muss daher beide Themenfelder umfassen. Für die Gestaltung eines attraktiven Mobilitätsangebots ist zunächst zu klären wie die Reiseentscheidung zustande kommt. Anschließend muss geprüft werden, auf welcher Basis die Reiseverkehrsmittel ausgewählt werden.

In beiden Bereichen beeinflussen sowohl äußere, objektive Rahmenbedingungen als auch innere Wünsche und Präferenzen die Entscheidung. Diese subjektiven und objektiven Einflussfaktoren sind bei der Gestaltung von bedürfnisorientierten Mobilitätsangeboten zu berücksichtigen:

- *Objektive Faktoren:* Individuelle Lebenssituation (Alter, Berufstätigkeit, Einkommen usw.), räumlich-strukturelle Voraussetzungen (raum- und siedlungsstrukturelle Gegebenheiten) sowie Verfügbarkeit und Nutzungsbedingungen privater und öffentlicher Verkehrsmittel.

- *Subjektive Faktoren:* z.B. Einstellungen, Werte, Orientierungen, Lebensstil und Freizeitbedürfnisse hinsichtlich Mobilität und Reisen.

Die subjektiven Einflussfaktoren stehen im Mittelpunkt der Bedürfnisanalyse dieses Kapitels. Die Betrachtung kann jedoch nicht unabhängig von der individuellen Lebenssituation und den Möglichkeiten zur Nutzung bestimmter Verkehrsmittel, z.B. ihrer Verfügbarkeit, erfolgen. Im Hinblick auf die spezifische Fragestellung der An- und Abreise bei Tages- und Kurzreisen werden zur Ermittlung subjektiver Einflussfaktoren geeignete Untersuchungsansätze aus den Bereichen Tourismus und Freizeitverkehr ausgewählt und im Rahmen einer Metaanalyse auf Aussagen zu Anforderungen und Bedürfnissen von Reisenden hin analysiert. Im Ergebnis stellt die Untersuchung dar, welche Anforderungen Reisende an ihre Freizeitmobilität stellen, welche Kriterien es für die Verkehrsmittelwahl gibt, welchen Einfluss Reisemotive haben und welche Rolle dabei Freizeitbedürfnisse spielen. In diesem Zusammenhang kann insbesondere auf Ergebnisse des Forschungsprojekts EVENTS zurückgegriffen werden. Mit dem Ziel der stärkeren Berücksichtigung der Bedürfnisse von Reisenden wurde für den Anwendungsfall Internationale Gartenbauausstellung Rostock 2003 im Rahmen des Projekts eine Zielgruppensegmentierung von Event-Reisenden („Event-Reisetypen") vorgenommen. Die Analyse dieser Event-Reisetypen beinhaltete sowohl Aspekte der Verkehrsmittelwahl in der Freizeit als auch Merkmale der Reiseentscheidung und steht somit an der Schnittstelle der Forschungsschwerpunkte Tourismus und Freizeitverkehr. Die ermittelten Einflussfaktoren auf die Reiseentscheidung und auf die Verkehrsmittelwahl dienen als Grundlage für die Entwicklung eines eigenen Zielgruppenansatzes („Reisetypen") mit höherer Allgemeingültigkeit im Rahmen des Handlungskonzepts.

2.3.1 Untersuchungsansätze in der Tourismus- und Mobilitätsforschung

Die folgende Abbildung stellt dar, in welchen Untersuchungsfeldern der Mobilitäts- und Verkehrsforschung und der Freizeit- und Tourismusforschung bereits Ansätze existieren, die sich zur Analyse der Anforderungen, Bedürfnisse und Präferenzen von Reisenden bezüglich der Verkehrsmittelwahl heranziehen lassen. Einen Überblick gibt Zahl in einer Bestandsaufnahme der sozialwissenschaftlichen Forschung zur Freizeitmobilität. In dieser Literaturstudie wird deutlich, dass mittlerweile eine „unüberschaubare Vielzahl von Typologien, Zielgruppensegmentierung, Milieu- bzw. Lebensstilmodellen" besteht (Zahl 2001:55).

2 Theoriekonzept: Wirkungsfelder im touristischen Verkehr

```
                    Lebensstil- und
                    Milieuforschung

    Zielgruppen-                    Zielgruppen-
    orientierte                     orientierte
    Freizeit-                       Mobilitäts-
    forschung      Zielgruppen-     forschung
                   orientierte
                   Freizeitmobilitäts-
                   forschung

Freizeit- und                          Mobilitäts- und
Tourismus-                             Verkehrs-
forschung          Freizeit-           forschung
                   mobilitäts-
                   forschung
```

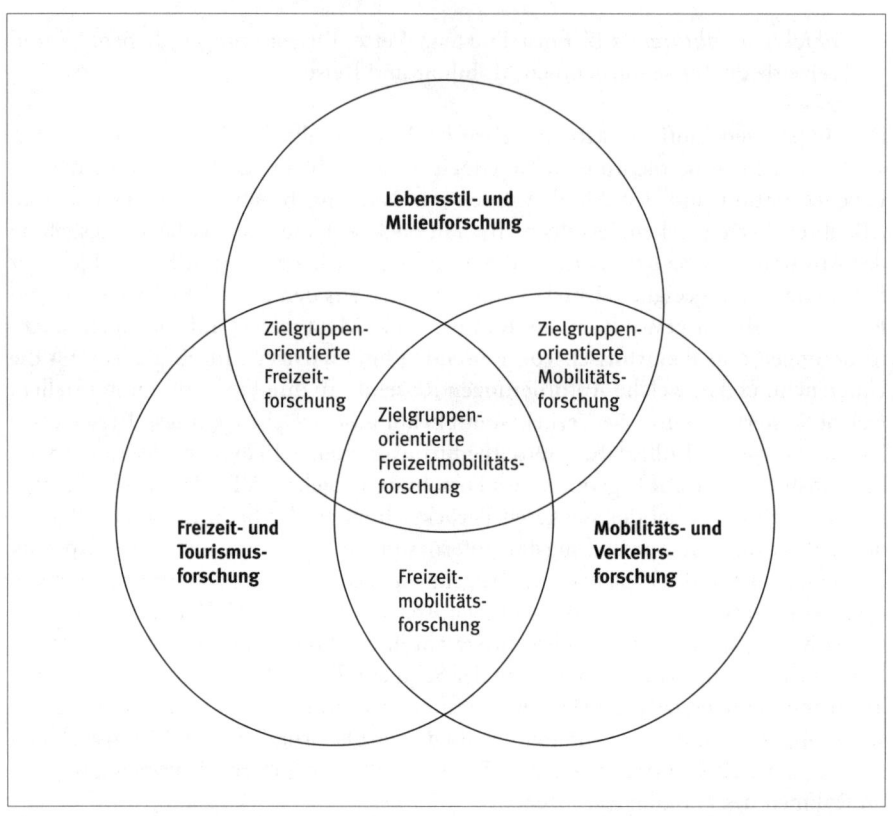

Abbildung 8:   Zielgruppenspezifische Freizeitmobilität – Bestandsaufnahme der sozialwissenschaftlichen Forschung
Quelle: Eigene Darstellung nach Zahl 2001:4

In den letzten Jahren hat sich das vergleichsweise junge Forschungsfeld der Freizeitmobilitätsforschung als wichtige Schnittmenge mehr und mehr etabliert. Zunehmend spielen in der Mobilitäts- und Verkehrsforschung sowie in der Freizeit- und Tourismusforschung Milieus und Lebens- bzw. Freizeitstile eine bedeutende Rolle. Im Zusammenhang mit der stärkeren Anwendungsorientierung und der marktorientierten Angebotsgestaltung gewinnt dabei auch die Bildung von Zielgruppen an Bedeutung.

Im Folgenden werden die in Abbildung 8 dargestellten Forschungsfelder und ihre Methoden erläutert und auf ihre Anwendbarkeit bei der Ermittlung von Einflussfaktoren auf die Wahl nachhaltiger An- und Abreiseangebote geprüft.

2.3.1.1 Lebensstil und Milieuforschung

Die Art der persönlichen Freizeitgestaltung, dazu gehören insbesondere Urlaub und Reisen, ist Ausdruck eines bestimmten Konsum- und Lebensstils (Hammer/ Scheiner 2002:5f. Sowohl Lebensstile als auch Milieus beschreiben Gruppierungen, die hinsichtlich ihrer sozialstrukturellen Gegebenheiten homogen sind und zwar in erster Linie im Denken und Verhalten der Menschen und weniger in ihren äußeren Lebensbedingungen (Hradil 2001:425).

Das Konzept der Milieus kann „als ‚vermittelnde' Mesostruktur zwischen sozialer Lage und Lebensstil angesiedelt werden. Lebensstile differenzieren somit die übergeordnete Kategorie des Milieus, die wiederum der sozialen Lage logisch nachgeordnet ist" (ebd. 2002:8). Die nachfolgende Tabelle zeigt einen Überblick über unterschiedliche Konkretisierungsgrade von sozialer Lage, Milieu und Lebensstil auf Ebene der sozialen Struktur und der Handlungsebene.

Tabelle 10: **Soziale Lage, Milieu und Lebensstil**

Ebene der sozialen Struktur	Handlungsebene
Soziale Lage	Konstellation von Handlungsbedingungen
Milieu	Handlungssituation (‚wahrgenommene und genutzte Lage')
Lebensstil	Handlungsausführung

Quelle: Eigene Darstellung nach Hradil 1992:18

Da es in der vorliegenden Untersuchung weder um die Beeinflussung der Konstellation von Handlungsbedingungen, noch um eine grundlegende Veränderung der individuellen Handlungssituation geht, sondern vielmehr Einfluss auf die konkrete Handlungsausführung genommen werden soll, liegt der Fokus der weiteren Betrachtungen auf der Ebene der Lebensstile. Unter Lebensstilen werden bestimmte Organisationsstrukturen des individuellen Alltagslebens verstanden, die abhängig sind von jeweils verfügbaren Ressourcen, aktuellen Lebenszielen, von der momentanen Lebensform und den persönlichen Einstellungen der Einzelnen. „Ein Lebensstil ist demnach ein regelmäßig wiederkehrender Gesamtzusammenhang von Verhaltensweisen, Interaktionen, Meinungen, Wissensbeständen und bewertenden Einstellungen eines Menschen" (Hradil 2001:437). Das Konzept der Lebensstile basiert auf unterschiedlichen Dimensionen, die jeweils Ausdruck für diese bestimmten Orientierungen oder Verhaltensweisen sind. Anders als die Zugehörigkeit zu einem bestimmten sozialen Milieu kann sich der Lebensstil eines Menschen schnell ändern (ebd.:438). In der Forschungspraxis werden diese Dimensionen je nach Untersuchungsschwerpunkt mit unterschiedlichen Variablen hinterlegt und anhand konkreter Beispiele abgefragt (Tabelle 11).

Tabelle 11: Dimensionen und Operationalisierung von Lebensstilen

Lebensstil-Dimensionen	Typische Variablen
Expressiv	Freizeitverhalten, Konsumpräferenzen, Alltagsästhetik, Geschmack
Interaktiv	Soziale Kontakte, Kommunikation, Mediennutzung
Evaluativ	Einstellungen, Werte, Lebensziele
Kognitiv	Selbstidentifikation, Wahrnehmungen

Quelle: Eigne Darstellung nach Hammer / Scheiner 2002:2

Das alltägliche Mobilitätsverhalten spielt (bisher) in Lebensstilansätzen kaum eine Rolle. Zunehmend werden aber sowohl in der Mobilitäts- als auch in der Tourismusforschung Freizeit- und Lebensstilmerkmale zur Bildung von Zielgruppen bzw. Typologien herangezogen. Auch in dem neueren Feld der Freizeitmobilitätsforschung wird zunehmend auf das Konzept der Lebensstile und Milieus bezug genommen und versucht, das Mobilitätsverhalten nach unterschiedlichen Bedürfnisgruppen abzugrenzen (vgl. u.a. Lanzendorf 2001, Zahl 2001). „Der größte Nutzen des Lebensstilansatzes im Bereich der Personenmobilität besteht in seinem Potenzial, relevante Zielgruppen zu identifizieren". Auf dieser Basis lassen sich Angebote und Marketingmaßnahmen „auf die Bedürfnisse und Präferenzen der anvisierten Personengruppen" besser abstimmen (Hunecke 2000b:33). Aktuelle Forschungsarbeiten zeigen, dass Prozesse der gesellschaftlichen Individualisierung und die Ausdifferenzierung von persönlichen Lebensstilen in den Beschreibungs- und Erklärungsansätzen des Mobilitätsverhaltens stärker als bisher berücksichtigt werden müssen (vgl. ebd.:27).

Vor diesem Hintergrund lassen sich aus der Betrachtung von Lebensstilmerkmale integrierenden Ansätzen in den Bereichen Tourismus und Verkehr Schlussfolgerungen für die Gestaltung von touristischen Mobilitätsangeboten ziehen.

2.3.1.2 Freizeit- und Tourismusforschung

Die Freizeit- und Tourismusforschung verfolgt in erster Linie das Ziel, ein spezielles Segment des Konsumverhaltens zu untersuchen und künftiges Verhalten vorauszusagen. Im Fall der Tourismusforschung dienen die Analysen dazu, das zukünftige Reiseverhalten zu prognostizieren und Angebote darauf abstimmen zu können. Die Erhebungsmethoden können dabei unterschiedlich sein. Auf Basis einer bevölkerungsrepräsentativen Befragung wird beispielsweise jährlich die „Reiseanalyse" als „sozialwissenschaftliche (Markt-) Forschung zum Urlaubstourismus der Deutschen" durchgeführt (Lohmann 1998:145). Sie dient seit 1970 zur Erfassung des Urlaubsreiseverhaltens, der Urlaubsmotive und Urlaubsinteressen und zur Beschreibung von Zielgruppen und ihrer Verhaltensweisen. Aussagen zu Mobilitätsbedürfnissen von Reisenden werden allerdings nicht getroffen, sondern lediglich Angaben über die jeweils genutzten Reiseverkehrsmittel gemacht. Zur „Messung des [realisierten] Mobilitätsverhaltens" wurde 1991 das Analyseinstrument „Mobility" entwickelt, welches den deutschen Reisemarkt im Fernverkehr, d.h. Geschäfts- und Privatreisen ab einer Entfernung von 100 km, beobachtet (Jochens/ Tregel 198:187ff.). Hinsichtlich der Fragestellung ‚subjektiver' Einflussfaktoren auf die Verkehrsmittelwahl sind auch hier keine Angaben enthalten. Die Untersuchung beschränkt sich neben der Erhebung der genutzten Verkehrsmittel auf Fragen zu Reiseziel, Reisedauer, Wochentag und Anzahl der mitgereisten Personen.

Insgesamt ist für die touristische Marktforschung, wenn sie als Grundlage für die Produktentwicklung dienen soll, der Einsatz von Repräsentativbefragungen nur begrenzt sinnvoll. Weder lassen sich ‚subjektive' Faktoren wie Gründe und Motivationen für das Reisen ausreichend erfassen, noch können Subgruppen mit ihren jeweils spezifischen Ansprüchen und Bedürfnissen identifiziert werden. Zur Bündelung individueller Bedürfnisse und Präferenzen von Reisenden ist es jedoch sinnvoll – je nach betrachtetem Marktsegment – gleichartige Personengruppen zu Zielgruppen

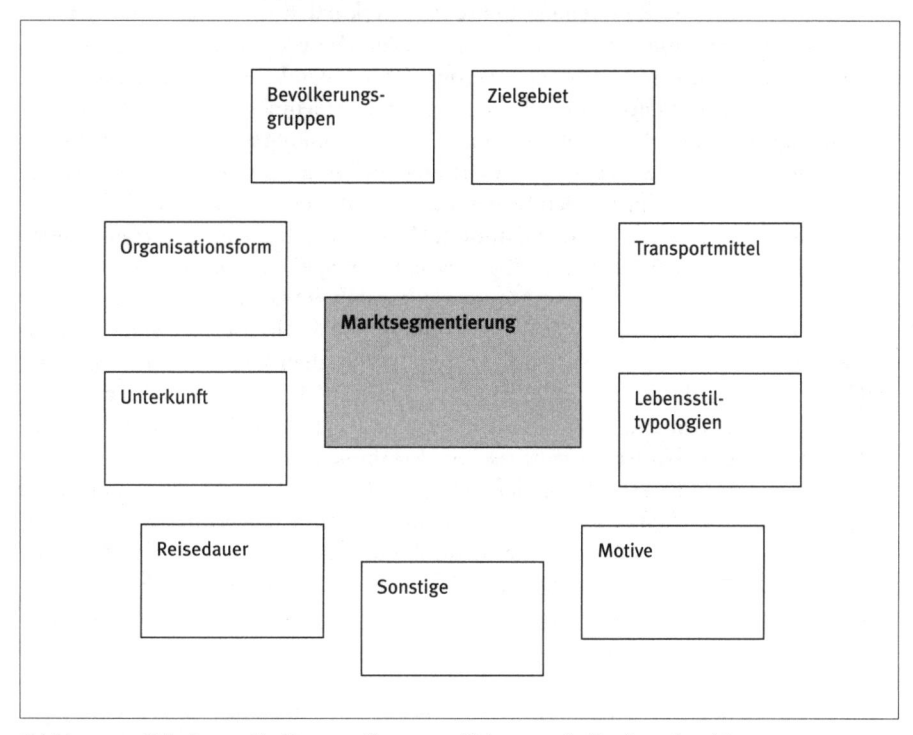

Abbildung 9:   **Kriterien zur Marktsegmentierung von Zielgruppen im Tourismusbereich**
Quelle: Eigene Darstellung nach Kreilkamp 2000:266, ergänzt

2 Theoriekonzept: Wirkungsfelder im touristischen Verkehr

zusammenzufassen und die ermittelten Charakteristika entsprechend zur Marktbearbeitung einzusetzen (siehe Abbildung 9).

Bestehende Zielgruppenuntersuchungen oder Typologien im Bereich Tourismus beziehen sich vor allem auf Urlaubsmotive, Urlaubsformen, Urlaubsverhaltensweisen sowie auf soziodemographische Merkmale und Lebensstilmerkmale. Dabei wird versucht, die Bedürfnisse und Präferenzen einer Personengruppe zu kombinieren und zu bündeln (z.B. Altersgruppe, Zielgebiet und Reisedauer). So teilt eine Urlaubertypologie die heterogene Gesamtheit der Urlauber nach spezifischen Differenzierungskriterien in verschiedene, in sich relativ homogene Subgruppen ein. Damit wird es ermöglicht, die Ansprüche potenzieller Besucher eines Zielgebiets genauer zu bestimmen. Ein Urlaubertyp innerhalb einer Urlaubertypologie ist „ein empirisch gewonnenes Konstrukt einer Anzahl von Urlaubern mit ähnlichen Reisemotiven, Urlaubsverhaltensweisen und Urlaubsformen" (Schrand 1993:547).

Als mögliche Unterscheidung von Reisenden und ihren individuellen Bedürfnissen können drei Merkmalsarten zur Marktsegmentierung bzw. Typenbildung angewandt werden: (sozio-) demographische, verhaltensorientierte und psychographische Merkmale. Der Schwerpunkt von Typologien im Tourismus besteht derzeit in der Beschreibung von soziodemographischen Merkmalen (in erster Linie Lebensphasen) in Kombination mit Verhaltensmerkmalen. Diese können leicht erfasst bzw. vorhandenen Statistiken entnommen werden. Zunehmend stehen aber auch in der Freizeit- und Tourismusforschung Lebensstil- und Milieumerkmale als verhaltensbeeinflussende Faktoren im Mittelpunkt von Untersuchungen und werden für die touristische Marktforschung und -bearbeitung eingesetzt. Da gerade das Reiseverhalten „Ausdruck des allgemeinen Lebensstils ist, erfreuen sich Lebensstil-Typen im Tourismus immer größerer Beliebtheit, ohne dass sich bisher eine Typologie durchgesetzt hätte" (Freyer 1997:186f.). Bei diesen Typologien werden sowohl objektiv zu erfassende als auch subjektive Merkmale kombiniert. Zusammenfassend kann bei ‚subjektiven' Merkmalen wie Lebensstilmerkmalen, Urlaubsmotiven und Einstellungen von „psychographischen Faktoren" gesprochen werden (vgl. Frömbling 1993). Im Rahmen der Reiseanalyse wurde im Jahre 1991 (damals vom Studienkreis für Tourismus, Starnberg) erstmals eine Lebensstil-Typologie beschrieben (Freyer, 1997). Mit Hilfe multivariater statistischer Verfahren wurden aus den Ergebnissen von Lebensstil- und Reisephilosophiefragen je sechs Typen für die alten und neuen Bundesländer entwickelt; die einzelnen Typen weisen Gemeinsamkeiten in ihrem Konsum- und Reiseverhalten auf. Da dieser Ansatz jedoch ausschließlich Urlaubsreisen betrachtet, d.h. das Ausflugs- und Kurzreiseverhalten außer Acht lässt, und zudem keinerlei Aussagen zur Nutzung von Reiseverkehrsmitteln getroffen werden, wird er hier nicht weiter berücksichtigt.

Generell eignen sich Typologien in der Tourismusforschung dazu, Gruppen mit spezifischen Anforderungen an die Reise zu identifizieren, um daraus Maßnahmen und Angebote ableiten zu können. Mit dem Ziel, auch subjektive Einflussfaktoren (Einstellungen, Werte, Bedürfnisse) zu berücksichtigen, wird darüber hinaus die Beachtung von Lebensstilmerkmalen als sinnvolles Merkmal zur Typenbildung angesehen. Spezifische Untersuchungen oder Typologien zu den Anforderungen an touristische Mobilitätsangebote existieren bisher nicht, obwohl An- und Abreise häufig einen nicht unerheblichen Zeit- und Kostenanteil der gesamten Reise ausmachen.

2.3.1.3 (Freizeit-) Mobilitätsforschung

In der Verkehrsforschung gilt es mittlerweile weitgehend als anerkannt, dass sich das Verkehrsverhalten nicht allein durch ‚objektive Einflussfaktoren' – wie beispielsweise die Siedlungs- und Verkehrsinfrastruktur oder die Verfügbarkeit bestimmter Verkehrsmittel – erklären lässt (vgl. u.a. Kutter, 1972; Held 1980). Die alleinige Fokussierung auf die strukturellen Rahmenbedingungen für die Erklärung des Mobilitätsverhaltens reichen nicht aus (Hunecke 2002:62). Vielmehr spielen individuelle soziodemographische und sozioökonomische Faktoren, Präferenzen und Werte sowie subjektive Wahrnehmungen und Einstellung gegenüber bestimmten Verkehrsmitteln oder auch die Einschätzung des Verkehrsaufwands (Zeit, Kosten etc.) bei der individuellen Verkehrsmittelwahl eine wichtige Rolle. Zum vertieften Verständnis des Verkehrsmittelwahlverhaltens ist daher die Berücksichtigung subjektiver Einflussfaktoren, wie z.B. individuelle Vorstellungen zu Lebens- und Mobilitätsgestaltung unverzichtbar. Aus diesem Grund hat die sozialwissenschaftlich ausgerichtete Mobilitätsforschung in den letzten Jahren ihre Aufmerksamkeit mehr und mehr auf personenbezogene, d.h. auf die Erforschung ‚subjektiver' Einflussfaktoren gelegt. Gerade im Bereich der Freizeitmobilität lassen sich die derzeit zu beobachtenden Zuwächse augenscheinlich nur durch die Zunahme subjektiver Beweggründe erklären (vgl. u.a. Hunecke/ Schlaffer 2002), auch wenn in diesem Forschungsfeld der Erkenntnisgewinn derzeit noch eher spärlich ist. Insbesondere persönliche Lebensstile und Mobilitätseinstellungen entfalten vermutlich einen erheblichen Einfluss sowohl auf das langfristige Raum-Zeit-Verhalten (z.B. bei der Wohnstandortwahl) als auch auf das kurzfristige Verkehrsverhalten, z.B. bei Freizeitreisen (Hunecke 2000:6). Das subjektive Wohlbefinden spielt dabei eine wichtige Rolle, da „zwischen Hedonismus und Altruismus [...] ein weites Spektrum" möglicher Ansprüche und Wünsche zu finden ist (Karg/ Schulze/ Zängler 1998:1).

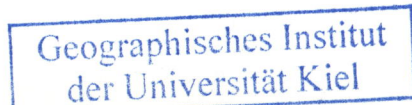

Für die Analyse des Einflusses personenbezogener Einflüsse auf das Mobilitätsverhalten werden gegenwärtig in erster Linie zwei unterschiedliche Forschungsstrategien angewandt. Eine bezieht sich auf die Anwendung von allgemeinen psychologischen Handlungsmodellen wie Rational-Choice-Modelle, die Theorie des geplanten Verhaltens oder Norm-Aktivations-Modelle, die dazu dienen sollen, das Verkehrsverhalten bestimmter Personen (-gruppen) zu erklären. Eine zweite Methode wendet typologisierende Verfahren an, die auf theoretischer oder empirischer Basis spezifische Merkmale für Personengruppen (Zielgruppen) ermitteln. Diese Methode wird – wie auch bereits für die Urlaubertypen aufgezeigt – in erster Linie mit dem Ziel der konkreten Maßnahmenentwicklung und Vermarktung angewandt. In wie weit jedoch äußere und personenbezogene Faktoren in ihrem Einfluss auf das Mobilitätsverhalten zusammenwirken, ist bisher kaum bekannt. Einen Überblick über bisher zur Anwendung gekommene Ansätze bieten Hunecke/ Schlaffer (2002):

Tabelle 12: **Modelle und Ansätze in der Mobilitätsforschung**

Personenbezogene Einflussfaktoren (Handlungsmodelle)	Rational-Choice-Theorie: Kosten-Nutzen-Überlegungen These: Verkehrsmittelwahl wird von objektivierbaren Größen wie Kosten- und Zeitaufwand bestimmt.
	Low-Cost-These: Verhältnis von Einstellungen und Verhaltenskosten These: Einfluss des Umweltbewusstseins auf die Verkehrsmittelwahl ist umso geringer, je höher die Kosten des ökologischen Handelns bzw. Verhaltens sind.
Einstellungen und Werthaltungen (Handlungsmodelle)	Theorie des geplanten Verhaltens: Subjektive Nutzenerwartungen These: Verkehrsmittelwahl abhängig von Einstellung gegenüber dem Verkehrsmittel, normative Erwartungen Dritter und subjektiv wahrgenommene Nutzungshemmnisse.
	Norm-Aktivations-Modelle: Orientierung an normativen Erwartungen These: Einfluss persönlicher ökologischer Normen auf die Verkehrsmittelwahl.
	Sozial-kulturelle Dimensionen der Mobilität: Einstellungen und Stilisierungen These: Verkehrsmittelwahl ist abhängig von symbolischen Dimensionen wie Autonomie, Status, Erlebnisorientierung und Privatheit.
Lebens-/ Mobilitätsstile (Zielgruppenmodelle)	Qualitative oder quantitative Verfahren: Differenzierung von Subgruppen anhand von Personenmerkmalen wie Einstellungen und Wertehaltungen. These: Berücksichtigung u.a. von Lebens- und Mobilitätsstilen bei der Beschreibung des Verkehrsmittelwahlverhaltens einzelner Subgruppen.

Quelle: Eigene Darstellung nach Hunecke / Schlaffer 2002

Die in der Ökonomie und Soziologie dominierenden Rational-Choice-Ansätze wurden hauptsächlich im Zusammenhang mit der Erwerbsarbeitsmobilität untersucht. Die Verkehrsmittelwahl in der Freizeit erfolgt dagegen häufig auf Grund individueller, emotionaler Motive (z.B. Erlebniswert), die sich mit dieser Theorie nicht erfassen lassen (vgl. Hunecke/ Schlaffer 2002:2). Für die Analyse der Ansprüche an Freizeitverkehrsangebote sind Handlungsmodelle daher nur bedingt geeignet. Die Theorie des geplanten Verhaltens nach Ajzen/ Fishbein (1980) sowie das Norm-Aktivations-Modell nach Schwartz (1977) stellen sozial-psychologische Ansätze zur Erklärung umweltbezogenen Handelns dar. Da das Hauptmotiv für die Entwicklung von Freizeitmobilitätsangeboten aber nicht ein Appell an das Umweltbewusstsein sein soll, werden auch diese Modelle als nicht geeignet betrachtet. Dies gilt auch für die Low-Cost-These. Sozial-kulturelle Dimensionen der Mobilität werden hingegen als relevante Merkmale für die Gestaltung von bedürfnisorientierten Mobilitätsangeboten im Tourismus angesehen. In allgemeine psychologische Handlungsmodelle lassen sie sich kaum integrieren (Hunecke/ Schlaffer 2002:6), können aber Lebensstilanalysen sinnvoll ergänzen. Insgesamt stellen allgemeine Handlungsmodelle wie die oben beschriebenen keine Möglichkeit dar, Unterschiede zwischen Personen darzustellen oder unterschiedliche Teilgruppen zu identifizieren. Da mit Hilfe der vorliegenden Untersuchung das Mobilitätsverhalten aber nicht erklärt, sondern konkrete Angebote entwickelt werden sollen, ist die Unterteilung der ‚Masse' der Reisenden in Gruppen mit ähnlichen Beschaffenheiten unabdingbar. Daher wird in der weiteren Untersuchung des Wirkungsfeldes ‚Reisende' auf Zielgruppenmodelle zurückgegriffen, die mit Hilfe typologisierender Analyseverfahren entwickelt werden.

2.3.1.4 Typologien als Untersuchungsmethode

Eine Typologie ist das Ergebnis eines Gruppierungsprozesses, bei dem ein Untersuchungsbereich anhand eines oder mehrerer Merkmale in Gruppen bzw. Typen eingeteilt wird. Mit der Methode der Typenbildung lassen sich durch unterschiedliche Motive, Präferenzen und individuelle Verhaltensweisen „unterschiedliche Personengruppen auf Grund ihrer jeweils spezifischen Merkmalskombinationen" identifizieren (Hunecke 2002:90). „Mit dem Begriff ‚Typus' werden die gebildeten Teil- oder Untergruppen bezeichnet, die gemeinsame Eigenschaften aufweisen und anhand der spezifischen Konstellationen dieser Eigenschaften beschrieben und charakterisiert werden können" (Kluge 1999:27). Die Begriffe ‚Typen' und ‚Zielgruppen' werden häufig synonym verwandt. Auf Basis der Typenbeschreibung lassen sich – abhängig von Präferenzen und anderen Merkmalen – Zielgruppen herausfiltern, die für bestimmte Angebote ansprechbar sind.

Im Unterschied zu (Mobilitäts-) Typen fließen bei der Bildung von Mobilitätsstilen, die ebenfalls Zielgruppen beschreiben, auch Verhaltensmerkmale ein. Mobilitätsstile sind demnach von kürzerer Gültigkeit, da Verhalten auch von konkreten Situationen abhängig ist, die sich verändern können. Die den Typologien zugrunde liegenden Einstellungen und Orientierungen sind hingegen zeitlich stabiler (vgl. Hunecke 2002b:34f.). Die Auswertung der Daten für die Typenbildung erfolgt in der Regel in vier Stufen (Kluge 1999:89).

1. Auswahl von Merkmalen bzw. Vergleichsdimensionen anhand derer die untersuchten Fälle beschrieben und vor allem miteinander verglichen werden können,

2. Gruppierung der Fälle anhand dieser Vergleichsdimensionen bzw. Untersuchungsmerkmale (z.B. Einstellungen zur Mobilität),

3. Analyse der inhaltlichen Sinnzusammenhänge: dieser Schritt stellt den Prozess der eigentlichen Typenbildung dar,

4. Charakterisierung und Beschreibung der gebildeten Typen.

Meist wird bei der Bildung von Typologien auf statistische Verfahren wie die Faktoren- und Clusteranalyse zurückgegriffen. Ziel ist dabei Einzelmerkmale zu Merkmalsgruppen zusammenzufassen, u.a. um die Anzahl der Untersuchungsmerkmale und damit die Komplexität zu reduzieren. Es wird angestrebt, dass sich die Merkmalsausprägungen innerhalb eines Typus möglichst ähnlich sind und sich die Typen untereinander möglichst stark unterscheiden (Kluge 1999:43).

Da sich die so gebildeten Gruppen anschaulich darstellen und gut kommunizieren lassen, eignen sie sich insbesondere für die Marktforschung und Marktbearbeitung, wo Zielgruppenanalysen auch schon lange erfolgreich eingesetzt werden. Dabei sind sie weniger Erklärungsmodelle für soziales Verhalten, sondern dienen in erster Linie als konkrete Handlungsanleitungen für die Produktentwicklung. Auch in der Freizeit- und Tourismus- sowie in der Mobilitätsforschung wird aus diesem Grund zunehmend die Methode der Zielgruppen- oder Typenbildung angewandt. Die Verwendung von Typologien trägt in der Praxis zur Anschaulichkeit und Verständlichkeit der anvisierten Zielgruppen bei und gibt Hinweise für die Produktgestaltung.

Für die Gestaltung von Freizeitverkehrsangeboten müssen zunächst Faktoren ermittelt werden, die die Wahl von Reiseverkehrsmitteln beeinflussen. Auf diese Weise kann bei der Suche nach Gestaltungsoptionen zwischen verschiedenen Zielgruppen oder „Typen von Freizeitmobilität" unterschieden und auf deren Bedürfnisse eingegangen werden (Lanzendorf 2003:103). Zur weiteren Analyse des Wirkungsfeldes ‚Reisende' wird im Folgenden untersucht, in wieweit diese Einflussfaktoren (Mobilitätsansprüche, Freizeit- und Urlaubsbedürfnisse, Lebensstilmerkmale) bereits in bestehende Typologien der Forschungsfelder Tourismus und Freizeitmobilität Eingang gefunden haben. Ziel ist es, darauf aufbauend eine Typologie als Handlungsansatz für die Gestaltung von Freizeitverkehrsangeboten zu entwickeln. Im Vorfeld gilt es jedoch zunächst zu klären, welche Rolle die An- und Abreise im Prozess der Reiseentscheidung spielt.

2.3.2 Die Reiseentscheidung

Die Reiseentscheidung ist ein äußerst komplexer Vorgang und setzt voraus, dass Reisende den Wunsch und die Möglichkeit haben, überhaupt eine Reise anzutreten. Ist dies der Fall, so sind Reisemotive, der Reisezeitpunkt, die Organisationsform der Reise sowie die Reiseverkehrsmittel als zentrale Teilentscheidungen näher zu betrachten. Ein weiteres wichtiges Kriterium der Reiseentscheidung ist nicht zuletzt die Möglichkeit der Informationsbeschaffung und die Art der Informationsaufbereitung. Wie die Reiseentscheidung zustande kommt, wird in der Kaufverhaltensforschung mit Hilfe unterschiedlicher Modelle untersucht, die entweder auf einem dynamischen Prozess (z.B. AIDA-Modell – Attention, Interest, Decision und Action) oder auf einem hierarchischer Stufenprozess, bei dem die Destinationswahl an erster Stelle steht, basieren (Freyer 2001:86f.). Im Allgemeinen wird davon ausgegangen, dass Anreize von Außen (z.B. Werbung) auf „Bedürfnislagen, Erwartungen, Werte oder Ziele einer Person treffen und sie dazu anregen, sich mit dem Thema Reise oder Urlaub zu beschäftigen" (ebd.). Um sich über die verschiedenen Möglichkeiten des Urlaubs zu informieren, werden dann verschiedene Informationsquellen zur Orientierung genutzt und Einzelentscheidungen über Reiseziel, Reiseform, Verkehrsmittel, Unterkunft, Verpflegung usw. getroffen. Diese Teilentscheidungen müssen letztlich eine „homogene Gesamtentscheidung" darstellen (ebd.). In einer Leitstudie zur Reiseanalyse wurde bereits 1973 nach der Bedeutsamkeit der Teilentscheidungen gefragt, die auch neueren Grundlagenarbeiten zufolge nach wie vor Gültigkeit haben. Danach ist die Entscheidung über das Zielgebiet bzw. den Zielort, die „bedeutsamste (Teil-) Entscheidung", es folgen (Pivonas 1973, zit. in: Braun 1993b:303):

- Wahl der Destination,
- Urlaubsart: Erholung, Bildung, Verwandtenbesuch, etc.,
- Preis / Reisekosten,
- Unterkunftsart,
- Verkehrsmittel,
- Reiseorganisation (pauschal, individuell).

Zusammengefasst gibt es zunächst eine aktivierende Komponente der Reiseentscheidung, welche dann reales Verhalten nach sich zieht. Dieses begründet sich auf Motivationen, Bedürfnissen und Einstellungen sowie Emotionen und Erlebniswerten (Freyer 1997:202). Neben der aktiven Komponente beeinflussen auch kognitiven Komponente – also Wahrnehmung, Denken, Erfahrungen – die Reiseentscheidung. Die Einzelentscheidungen werden zum einen von objektiven Gegebenheiten (z.B. Zeit, Einkommen) und zum anderen von subjektiven Merkmalen (z.B. Reisemotive und Lebensstil) beeinflusst.

Der Fokus dieses Kapitels liegt auf der Betrachtung der subjektiven Merkmale. Die An- und Abreise wird sowohl von Reisenden als auch von Reiseanbietern mehrheitlich nur als „Grundvoraussetzung" (Freyer 2001:89) für die Durchführung der ‚Dienstleistung Reise' angesehen, aber kaum als wichtige Teilentscheidung gewürdigt. Die Wahl des Verkehrsmittels ist zwar in der Regel nicht Entscheidungsauslöser, sondern wird meist erst in Folge der Destinationswahl getroffen und findet oft auch nicht als bewusster Prozess statt. Trotzdem gibt es Gelegenheiten, bei denen die Bedeutung der Verkehrsmittelwahl bei der Reiseentscheidung deutlich wird, zum Beispiel bei einem geplanten Fahrradurlaub, bei der Fahrt mit ‚besonderen' Verkehrsmitteln wie Nostalgiezügen und zum Teil auch bei Busreisen. Demzufolge wurde der An- und Abreise als Kriterium der Reiseentscheidung bislang zu wenig Beachtung geschenkt. Dennoch ist offenkundig, dass beispielsweise die Erreichbarkeit von Destinationen auch ihre Attraktivität und damit auch das Besucherpotenzial beeinflusst (Bundesamt für Bauwesen und Raumordnung 1998:13). Schon aus diesem direkten Zusammenhang heraus ist eine genaue Analyse der Zusammenhänge zwischen Reiseentscheidung und Verkehrsmittelwahl sinnvoll. Denn wenn die

Mobilität über den Kernnutzen des Transports von A nach B hinaus auch attraktiv gestaltet wird, kann sie einen Zusatznutzen darstellen, der das Produkt gegenüber anderen heraushebt.

2.3.2.1 Einflussfaktoren der Reiseentscheidung

In der touristischen Reiseverhaltensforschung ist die Motiv- und Bedürfnisforschung am verbreitetsten (Freyer 1997:190ff.). Psychologische und soziologische Faktoren zählen danach zu den wichtigsten Determinanten des Reiseverhaltens. „Reisen kann Bedürfnisse nach Mobilität, Abenteuer, Kulturerleben und Entspannung befriedigen. Sich verändernde Lebensstile und demographische Entwicklungen führen zu neuen Nachfragemustern, die sich auch in zielgruppenorientierteren und individuelleren Ferienangeboten niederschlagen" (Kuom 1999:71) Eine der bekanntesten Theorien ist die Maslowsche Bedürfnispyramide (Abbildung 10). Je nach Entwicklungsstufe werden – ausgehend von der Befriedigung von Grundbedürfnissen wie Essen und Schlafen – mit jeder höheren Stufe neue Verhaltensweisen ‚aktiviert'.

Abbildung 10: **Maslowsche Bedürfnispyramide**
Quelle: Eigene Darstellung

Freyer (1997:199 ff.) hat diese Bedürfnis-Stufen, die es auch im Hinblick auf die Entwicklung von Freizeitverkehrsangeboten zu berücksichtigen gilt, jeweils mit touristischen Entsprechungen versehen.

Tabelle 13: **Bedürfnis-Stufen touristischer Angebote**

Bedürfnis-Stufen	Entsprechende Reisebedürfnisse
Sicherheitsbedürfnisse: Reisen zur Regeneration der Arbeitskraft	Entspannung und Erholung
Soziale Bedürfnisse: private und gesellschaftliche Besucherreisen	Soziale Interaktion
Wertschätzungsbedürfnisse: Reisen als gesellschaftliche Anerkennung	Eindrücke, Entdeckung und Bildung
Entwicklungsbedürfnisse: Reisen als Selbstzweck	Abwechslung und Erlebnis

Quelle: Eigene Darstellung nach Freyer 1997, 199ff.

Im Hinblick auf die Wahl der Reiseverkehrsmittel können die individuellen Anforderungen an die Angebote höchst unterschiedlich sein und auch unterschiedlich wahrgenommen und bewertet werden. So wird beispielsweise die Sicherheit des Pkw zumeist überschätzt, die von Bussen (z.B. auf Grund von Medienberichten über Busunglücke) häufig unterschätzt. Hinsichtlich der sozialen Bedürfnisse bei der An- und Abreise kann die Spannbreite von der ‚lustvollen Enge' im Expresszug zur Loveparade bis hin zum privaten ‚Luxusabteil' im Schlafwagen reichen. Neben Wertschätzungsbedürfnissen wie Status und Prestige spielt auch das Image von Verkehrsmitteln eine wesentliche Rolle. Schon aus diesem Grund ist eine zielgruppenspezifische Ausrichtung der Angebote anzustreben. Mit Hilfe von Typologien können diese individuellen Unterschiede erfasst und gebündelt werden.

Als die Reiseentscheidung beeinflussende Faktoren wurden soziodemographische Merkmale, Verhaltensmerkmale und psychographische Merkmale ermittelt. Die soziodemographischen Faktoren bilden die objektiv-individuellen Voraussetzungen für die Entscheidung. Sichtbar wird das Ergebnis des Entscheidungsprozesses durch das realisierte und beobachtbare Verhalten, welches sich anhand von Verhaltensmerkmalen beschreiben lässt. Eine Art ‚Black Box' ist der Entscheidungsprozess: Bisher ist weitgehend ungeklärt, welche Reise- oder Mobilitätsbedürfnisse schließlich für die Entscheidung bzw. für das realisierte Verhalten ausschlaggebend sind. Bei der Ermittlung relevanter Untersuchungsmerkmale zur Analyse sind folgende Merkmalskategorien zu betrachten:

- soziodemographische Merkmale,
- verhaltensorientierte Merkmale und
- psychographische Merkmale

Beispiele zu den Merkmalskategorien finden sich in nachfolgender Tabelle:

Tabelle 14: **Merkmalskategorien der Reiseentscheidung**

Merkmals-kategorie	Beschreibung	Beispiel
soziodemographisch	objektive individuelle Lebenssituation	- Alter/ Lebensphase (Die Lebensphase definiert sich durch das Durchschnittsalter sowie die Haushaltsgröße bzw. das Vorhandensein von Kindern im Haushalt), - Geschlecht, - Schulabschluss/ Bildung, - Beruf/ Einkommen, - Familienstand/ Haushaltsgröße/ Kinder, - Wohnort/ Herkunft (Ausland / Inland, Stadt / Land).
verhaltens-orientiert	reales Verhalten	- Zielgebiet: Ausland / Inland, Stadt / Land, etc.; - Reisemotive: Erholung, Kultur, Naturerlebnis, Sport, etc.; - Organisationsform: individuell, pauschal, Gruppenreisen; - Reisedauer: Tagesreisen, Kurzurlaub, Urlaub; - Transportmittel: Flugzeug, Bus, Bahn, Pkw, Fahrrad, Wandern, etc.; - Unterkunft: Hotel, Ferienwohnung, Bauernhof, Club, Privat, etc.; - Reisezeit: Jahreszeiten, Haupt-/ Nebensaison; - Begleitung: Single-/ Paar-/ Familien-/ Gruppenreise; - Ausgaben: Billigreise bis Luxusreise.
psychographisch	soziodemographische Persönlichkeitsmerkmale und Lebensstilmerkmale	- Einstellungen, Werte und Lebensziele; - Bildungs- und Gesellschaftsorientierung, hedonistische Grundorientierung, Tradition und Sicherheit, Familie, Umweltbewusstsein, Technikaffinität; - Reisemotive, bevorzugte Freizeit-/ Urlaubsaktivitäten, Konsumpräferenzen; - Erholung, Sport und Aktivität, Naturleben, Abwechslung und Erlebnis.

Quelle: Eigene Darstellung

Soziodemographische Merkmale:
Sie geben Auskunft über die objektive individuelle Lebenssituation der Reisenden, die die persönliche Voraussetzung für das Reisen bildet. So haben beispielsweise Bildungsgrad, Einkommen und Haushaltsgröße Einfluss auf die Reiseentfernung (Inland/ Fernreisen) und auf die Reisehäufigkeit. Dass das Alter auf die Zielwahl und die Aktivitäten einen großen Einfluss ausübt, wird inzwischen immer mehr in Zweifel gezogen. Eine größere Erklärungskraft wird hingegen der Lebensphase zugesprochen (vgl. Frömbling 1993). Eine Unterscheidung nach Lebensphasen wird im Tourismusbereich sehr häufig verwendet, da die Werte (Alter, Anzahl der Rei-

senden) zumeist als Statistiken oder in Ergebnissen von Repräsentativbefragungen vorliegen. Für die Entwicklung von Freizeitverkehrsangeboten werden soziodemographische Merkmale für die Zielgruppenbeschreibung als wichtig angesehen, vor allem da sie leicht zu erfassen sind. Darüber hinaus sind sie – im Gegensatz zu den differenzierteren psychographischen Merkmalen – den (Reise-) Unternehmen durch die Anwendung bei der Produktentwicklung oftmals bereits bekannt.

Verhaltensorientierte Merkmale:
Diese Merkmale sind am realen Verhalten der Reisenden orientiert und häufig auch Gegenstand von Gästebefragungen in touristischen Destinationen. Sie stellen wichtige Größen bei der Gestaltung von Pauschalangeboten dar. Bis auf die Wahl der Unterkunftsart beeinflussen alle weiteren Verhaltensmerkmale (siehe Tabelle 14) auch die Gestaltung von touristischen Mobilitätsangeboten.

Die Wahl des Zielgebietes liefert meist schon Anhaltspunkte für die Motive der Reise. Diese lassen sich zusammengefasst folgendermaßen unterteilen (Kreilkamp, 2000:261ff.):

- Erholungsfremdenverkehr (physische und psychische Regeneration, Kurerholung),
- kulturorientierter Fremdenverkehr (Bildungstourismus, Kulturtourismus),
- gesellschaftsorientierter Fremdenverkehr (Verwandten-/ Bekanntenbesuche),
- sportorientierter Fremdenverkehr,
- wirtschafts- und politikorientierter Fremdenverkehr.

Motive können – je nach Konkretisierungsgrad – sowohl den verhaltensorientierten, als auch den psychographischen Merkmalen zugeordnet werden. Zur Entwicklung von Reiseangeboten sind Kenntnisse der Zielgruppen hinsichtlich ihrer Verhaltenstendenzen notwendig. Ebenso müssen für die Gestaltung von An- und Abreiseangeboten Merkmale wie die bevorzugte Organisationsform, die bisherige Verkehrsmittelnutzung und die Reisedauer bekannt sein, um das Angebot und den damit verbundenen Service darauf abstimmen zu können. Darüber hinaus ist eine Orientierung des Angebots an den Bedürfnissen der Reisenden besser möglich, wenn auch die Reisemotive bekannt sind. Diese können bei der kreativen Gestaltung der An- und Abreise wertvolle Hinweise liefern und im Rahmen des Informations- und Serviceangebots aufgegriffen werden.

Psychographische Merkmale
Um Reise- bzw. An- und Abreiseangebote nicht nur von ihrem Rahmenangebot (Übernachtung, Aktivitäten vor Ort) auf die Kundenwünsche abstimmen, sondern auch Komfort, Service und Ambiente bedürfnisgerecht gestalten zu können, ist eine genauere Betrachtung psychographischer Merkmale sinnvoll. Diese inneren Prozesse können beispielsweise mit der Untersuchung von Lebensstilmerkmalen erfasst werden. In der Praxis haben Lebensstiltypologien sowohl für Marktforschung und Mar-

keting als auch für die Gestaltung von Angeboten eine hohe Bedeutung erlangt. Sie sind anwendungsorientiert und stellen bereits weitgehend akzeptierte Instrumente dar. „Als Kombination demographischer und psychographischer Kriterien" wurden in neuerer Zeit Typologien entwickelt, die „oft sehr plastisch bestimmte Zielgruppen charakterisieren" (Freyer 1997:186ff.). Auf Grundlage der Typenmerkmale lassen sich Marketing und Produktentwicklung „wesentlich effizienter gestalten", als dies allein mit Hilfe soziodemographischer Angaben möglich ist. Die Typologiebildung bedeutet daher einen deutlichen Fortschritt gegenüber der traditionellen Marktsegmentierung (ebd.).

2.3.2.2 Untersuchungen zu Freizeit- und Urlaubertypologien

Im Folgenden werden bestehende Urlaubertypologien daraufhin überprüft, ob sie die zuvor als relevant ermittelten typenbildenden Merkmale berücksichtigen. Die Analyse soll zeigen, welche der Einflussfaktoren bei der Ermittlung von Urlaubertypen eine besondere Rolle spielen bzw. sich als Differenzierungsmerkmale zur Unterscheidung der Typen eignen. Die betrachteten Zielgruppenansätze sollten möglichst Aussagen zu Mobilitätsbedürfnissen bzw. zur Reiseverkehrsmittelnutzung enthalten. Da solche Ansätze nicht existieren, wurden solche ausgewählt, die wenigstens zwei Merkmalskategorien kombinieren und Hinweise auf Präferenzen von Reisenden bezüglich des Tages- bzw. Kurzreisetourismus geben.

Im Folgenden werden drei Studien zu Urlaubertypologien vorgestellt. Aus diesen Zielgruppenmodellen können Rückschlüsse für die Bildung einer spezifischen Typologie gezogen werden, die Freizeit- und Mobilitätsmerkmale verbindet. Die Studien werden daher bei der Entwicklung des Handlungsansatzes ‚Reisetypen' (Kapitel 3.1.) wieder aufgegriffen.

1. Typologie zum Reiseverhalten in Deutschland (ADAC)
2. Freizeitreisende im Münsterland (Frömbling)
3. Typologie Deutschlandurlauber (Romeiß-Stracke)

Typologie zum Reiseverhalten in Deutschland
Basis der Untersuchung zum Reiseverhalten in Deutschland im Auftrag des ADAC (2001) war eine repräsentative Befragung (n = 2075) von ADAC-Mitgliedern und ADAC-Nichtmitgliedern zum Thema Reisen und Touristik. In einer explorativen Datenanalyse erwiesen sich die Reisegründe (Reisemotive) als das am stärksten differenzierende Merkmal. Vor diesem Hintergrund wurde zur Ermittlung von Typen mit unterschiedlichen Reisemotivschwerpunkten eine Faktoren- und Clusteranalyse zu den Reisegründen für die Haupturlaubsreise durchgeführt. Die Typologie wurde zur näheren Betrachtung ausgewählt, da ihr sowohl Aussagen zu Reisemotiven als auch zur bevorzugten Organisationsform zu entnehmen sind. Zudem wurde für die einzelnen Typen auch die Verkehrsmittelnutzung für die Haupturlaubsreise sowie

die Reisedauer bzw. die Anzahl von Kurzreisen pro Jahr beschrieben. Als die Reiseentscheidung beeinflussende Faktoren wurden untersucht (ADAC 2001:2ff.):

- Reisemotive („Reisegrund für die Hauptreise"),
- gewählte Organisationsform (Pauschal-, Teilpauschal-, selbstorganisierte Reise),
- Verkehrsmittelnutzung (Pkw/ Flugzeug) sowie
- Häufigkeit von Kurzreisen (Reisedauer ; Anzahl kurze/ lange Reisen pro Jahr).

Die Typologie basiert damit auf Verhaltensmerkmalen aus vergangenen Reisen. Daneben wurden soziostrukturelle Merkmale wie Alter, Bildung, Berufstätigkeit und Wohnumfeld (ländlich, mittlere Städte, Großstädte) erfasst und zur Typenbeschreibung herangezogen. Ein insbesondere für das Marketing wichtiges Merkmal ist die Präferenz bezüglich der Informationsvermittlung.

Es wurden folgende Typen gebildet:

Tabelle 15: **Typologie zum Reiseverhalten in Deutschland**

Urlaubertypen in Deutschland
- Sport- und Hobbyurlauber
- Familienurlauber
- Erholungsurlauber
- Spaßurlauber
- Luxusurlauber
- Erlebnisurlauber
- Eventreisende

Quelle: Eigene Darstellung nach ADAC 2001

Fazit für die Bildung von Reisetypen:
Ausschlaggebender Einflussfaktor für die Reiseentscheidung sind die Reisemotive. Diese sind auch bei der Gestaltung von touristischen Mobilitätsangeboten unbedingt zu berücksichtigen. Da die Typologie Verhaltensmerkmale (Reisemotive, Präferenzen für Kurzreisen), Aussagen zur Verkehrsmittelnutzung sowie soziodemographische Angaben miteinander verknüpft, liefert sie wichtige Erkenntnisse, die zur Entwicklung und Charakterisierung des Zielgruppenansatzes ‚Reisetypen' für die touristische An- und Abreise genutzt werden können. Zwar wird bei der Verkehrsmittelnutzung nur zwischen dem Pkw und Flugzeug unterschieden, dennoch lässt sich daraus schlussfolgern, ob der jeweilige Urlaubertyp ausschließlich diese Verkehrsmittel nutzt oder ob auch andere in Betracht gezogen werden. Diese Aussagen sind für die Gestaltung zielgruppenorientierter An- und Abreiseangebote von großer Relevanz.

2 Theoriekonzept: Wirkungsfelder im touristischen Verkehr

Typologie von Reisenden im Münsterland

Die Untersuchung von Frömbling (1993) zur Ermittlung touristischer Zielgruppen stützt sich auf eine Befragung von Busreisenden im Münsterland (n = 970). In der Untersuchung wurde die Eignung soziodemographischer und psychographischer Merkmale zur Erklärung des Besuchsverhaltens (Besuchsabsicht, Reiseentfernung und Besuchsdauer) und als Kriterium zur Marktsegmentierung untersucht. Daneben wurden die Zielgruppen nach Entfernungsgruppen unterteilt, da angenommen wurde, dass sich die spezifischen Ansprüche von Zielgruppen je nach Entfernung unterscheiden[12]. Diese Annahme konnte durch die empirische Untersuchung bestätigt werden. Auf Basis der Untersuchung ergab sich eine Einteilung der Entfernung in zwei Gruppen:

- Entfernungsgruppe I (bis 300 km): Ausflügler, Kurzurlauber, Urlauber für Naherholung
- Entfernungsgruppe II (ab 300km): Kurzurlauber, Urlauber

Im Ergebnis der Untersuchung zeigt sich, dass der Einfluss soziodemographischer Faktoren auf das Besuchsverhalten nur gering ist (Frömbling 1993:81). Der Untersuchungsschwerpunkt lag daher auf der faktorenanalytischen Ermittlung psychographischer Merkmale von Reisenden wie Lebensstilmerkmale, Einstellungen und Reisemotive sowie deren Einfluss auf das Besuchsverhalten. Mit dem Ziel relevante Lebensstilmerkmale zu ermitteln, wurde in der Untersuchung eine Vielzahl von Werteindikatoren abgefragt und diese anschließend mittels einer Faktorenanalyse verdichtet. Die folgenden Wertehaltungen bzw. Orientierungen wirken am stärksten differenzierend auf die Reiseentscheidung:

- Bildungs- und Gesellschaftsorientierung,
- Hedonistische Grundorientierung,
- Freiheitsorientierung,
- Tradition und Sicherheit,
- Gesundheit und Umwelt.

Generell lassen sich Basismotive für Reisen nach Regenerations- und Erlebnisbedürfnissen unterscheiden (Frömbling 1993:133). Darauf aufbauend wurde eine Reihe von bevorzugten Urlaubsaktivitäten abgefragt und diese Motivindikatoren ebenfalls faktorenanalytisch zu Motivgruppen verdichtet:

---

12 In der Befragung wurden die durchschnittlichen Entfernungen bei Tagesausflügen, Kurzurlauben und Urlauben von Besuchern der Untersuchungsregion ermittelt: Tagesausflüge 160 km, Kurzurlaube 284 km und Urlaube 366 km.
Im Allgemeinen wird für Tagesausflüge jedoch eine Entfernung von 70 bis etwa 150 km angenommen (DWIF 1995). Überregional bedeutende Events haben einen Einzugsbereich von durchschnittlich 150 km (Schäfer 2002:18).

- Sportbezogene Aktivitätsbedürfnisse,
- Regenerations- und Genussbedürfnisse,
- Kulturelle Bedürfnisse,
- Sportaverses Bewegungsbedürfnis (z.B. Spazieren gehen) sowie
- Familienorientierte Erlebnisbedürfnisse.

Auf Grundlage dieser entscheidungsrelevanten psychographischen Merkmale wurden folgende Freizeit-/ Urlaubertypen ermittelt:

Tabelle 16: **Psychographische Typologie Reisende im Münsterland**

Freizeit-/ Urlaubertypen im Münsterland
- Traditionelle Spaziergängerfreunde
- Land- und Kulturorientierte
- Sportaktive Familienurlauber
- Strand- und Badeurlauber
- Regenerations- und Genussorientierte

Quelle: Eigene Darstellung nach FRÖMBLING 1993

Fazit für die Bildung von Reisetypen:
Mit Hilfe der Untersuchungsergebnisse wurden Werte und Einstellungen als wichtige Differenzierungsmerkmale bestätigt. In Bezug auf die Reisemotive kann zwar angemerkt werden, dass diese nicht als zeitlich stabil gelten, dennoch werden die Ergebnisse der ADAC-Befragung hinsichtlich der hohen Relevanz von Reisemotiven gestützt. Insgesamt erweisen sich soziodemographische Merkmale gegenüber psychographischen Merkmalen als weniger geeignet, Zielgruppen zu identifizieren und zu charakterisieren.

Typologie Deutschlandurlauber
Im Rahmen einer Untersuchung zum „Urlaub in Deutschland" entwickelte Romeiß-Stracke (1989) eine Typologie von Deutschlandurlaubern auf qualitativer Basis. Im Gegensatz zu den bisher betrachteten wurde diese Typologie nicht auf quantitativ-empirischer Basis ermittelt, sondern durch eine Metaanalyse vorhandener Forschungsergebnisse gewonnen (Sekundäranalysen, Literaturauswertung). Die Metaanalyse, die auch in der vorliegenden Untersuchung zur Anwendung kommt, hat den Vorteil, dass ein wesentlich breiteres Spektrum an Daten ausgewertet werden kann und sich die Untersuchung nicht auf ein begrenztes Untersuchungsgebiet oder eine begrenztes Fragenspektrum beschränken muss. Bei der Typenbildung wurden Deutschlandreisende hinsichtlich ihres Freizeit- und Urlaubsverhaltens differenziert und anhand von Freizeit- und Lebensstilmerkmalen sowie ihrer sozialen Struktur näher beschrieben. Darüber hinaus wurde die Mobilität als wichtiges Kriterium für

die Gestaltung von Reiseangeboten in die Beschreibung der Typen einbezogen. Es wurden folgende Merkmale untersucht:

- Freizeit- und Urlaubsverhalten (Reisemotive und Aktivitäten, Reisedauer),
- Lebens- und Freizeitstil (Freizeitinteressen, Werte, Konsumverhalten, Technikaffinität, Umweltbewusstsein, etc.),
- soziale Struktur (Alter, Haushaltsgröße, Bildung, Einkommen),
- Mobilität (Anforderungen / Erwartungen an touristische Mobilitätsangebote).

Die auf dieser Grundlage ermittelten Deutschlandurlauber-Typen wurden als „Idealtypen" formuliert. Sie bilden – im Gegensatz zu Typologien auf Basis empirischer Daten – den Vorteil, dass sie nicht nur einen momentanen Stand ab, sondern besitzen durch die breit angelegte Datenbasis über einen längeren Zeitraum Gültigkeit. Es wurden folgende Urlaubertypen ermittelt:

Tabelle 17: **Deutschlandurlauber-Typologie**

Urlaubertypen Deutschlandurlaub
- Aktive Genießer
- Trendsensible
- Familiäre
- Nur-Erholer

Quelle: Eigene Darstellung nach Romeiß-Stracke 1989

Fazit für die Bildung von Reisetypen:
Anhand der Typencharakterisierung wird deutlich, dass sich Lebensstilmerkmale neben dem Freizeit- und Urlaubsverhalten sehr sinnvoll zur Unterscheidung von Urlaubertypen einsetzen lassen. Als zusätzliche Charakterisierungsmerkmale berücksichtigt Romeiß-Stracke im Rahmen der Typenbeschreibung darüber hinaus zielgruppenspezifische Ansprüche von Reisenden an die Erreichbarkeit des Urlaubszieles (An- und Abreise) und die Verkehrssituation vor Ort. Die vorgeschlagenen Maßnahmen zur Gestaltung von Mobilitätsangeboten verdeutlichen die Möglichkeiten der praktischen Anwendung von Typologien beispielhaft.

2.3.2.3 Einfluss der Reiseentscheidung auf die Gestaltung von Mobilitätsangeboten im Tourismus

Sowohl in der Marktforschung als auch in der touristischen Praxis kommt der zielgruppenspezifischen Gestaltung und Vermarktung von Reiseangeboten eine besondere Bedeutung zu. Wie die Analyse bestehender Forschungsarbeiten zeigt, verlieren Zielgruppenansätze an Relevanz, die sich allein auf soziostrukturelle Merkmale stützen. Lebensstilbasierte bzw. psychographische Typologien gewinnen hingegen

2.3 Wirkungsfeld Reisende

an Bedeutung. Für die Zukunft kann mit einer „Differenzierung der Fremdenverkehrsnachfrage nach verschiedenen Lebensstilen" gerechnet werden, da Lebensstile unter anderem ausschlaggebend dafür sind, dass Ausflüge oder Kurzurlaube überhaupt unternommen werden (Götz/ Schubert/ Zahl 2001:40). Auf Grundlage der Typencharakterisierungen in den untersuchten Urlaubertypologien lassen sich einige Rückschlüsse auf die freizeitgemäße Gestaltung von Mobilitätsangeboten ziehen. Die Typen beschreiben dabei jeweils unterschiedliche Eigenschaften von Reisenden, wie z.B. Motive und bevorzugte Aktivitäten bezüglich der Freizeit- und Urlaubsgestaltung, Lebensstilmerkmale sowie die Reiseorganisationsform und geben somit konkrete Hinweise für die Gestaltung zielgruppenorientierter An- und Abreiseangebote. Als zentrale Einflussfaktoren zur Beschreibung der Reise- und Freizeitbedürfnisse und zur Differenzierung von Zielgruppen im Tagesausflugs- und Kurzurlaubsverkehr konnten zusammenfassend die nachfolgend dargestellten Merkmale ermittelt werden. Im Rahmen der zielgruppenspezifischen Angebotsgestaltung gilt es, diese Einflussfaktoren jeweils für die anvisierten Zielgruppen zu spezifizieren, um Freizeitmobilitätsangebote entsprechend darauf abstimmen zu können.

Tabelle 18: **Freizeit- und reisebezogene Einflussfaktoren**

Einflussfaktoren	Detailangaben (entsprechende Studie)
Soziale Struktur	- Alter, Geschlecht, Haushaltsgröße, Bildung, Beruf, Einkommen, Wohnumfeld (ALLE betrachteten Untersuchungen)
Affinität zu Urlauben, Kurzreisen und Ausflügen	- Häufigkeit von Kurzreisen: Reisedauer – Anzahl kurze/ lange Reisen pro Jahr (ADAC) - Entfernungsgruppe I: v.a. Ausflügler, Kurzurlauber Entfernungsgruppe II: v.a. Kurzurlauber, Urlauber (Frömbling) - Freizeit- und Urlaubsverhalten: Reisedauer (Romeiß-Stracke)
Reisemotive	- Sport und Aktivität - Regeneration und Genuss - Kultur und Veranstaltungen - Natur - Spaß, Erlebnis und Abenteuer (ALLE betrachteten Untersuchungen)
Reiseorganisation, Reisebegleitung	- Reiseart: Pauschal-/ Teilpauschalreise, selbstorganisierte Reise (ADAC) - Übernachtung: Hotel, Pension, Ferienhaus/ -wohnung, Bekannte (ADAC) - Reisebegleitung: allein, mit Partner, mit Partner und Kindern, mit Freunden/ Bekannten (ADAC, Romeiß-Stracke)

Einflussfaktoren	Detailangaben (entsprechende Studie)
Freizeit- und Lebensstilorientierungen	- Hedonismus und Freiheitsorientierung (Frömbling, Romeiß-Stracke) - Tradition und Sicherheit (Frömbling) - Bildung, Kultur und Gesellschaft (Frömbling, Romeiß-Stracke) - Gesundheit und Umwelt (Frömbling, Romeiß-Stracke) - Konsumverhalten, Technikaffinität (Romeiß-Stracke)
Reiseverkehrsmittelnutzung / Anforderung an Reiseverkehrsmittel	- Benutzte Verkehrsmittel für die Hauptreise (ADAC) - Anforderungen und Erwartungen an touristische Mobilitätsangebote (Romeiß-Stracke)
Informationsvermittlung	- Informationsquellen für die Vorbereitung der Hauptreise: Bücher/ Zeitschriften, Filme/ Videos, Reiseliteratur, Reisebüro (ADAC)

Quelle: Eigene Darstellung

Im Gegensatz zu Lebensstilmerkmalen spielen Mobilitätsanforderungen und Merkmale zur Bestimmung der an- und abreiserelevanten Bedürfnisse in den betrachteten Urlaubertypologien keine besondere Rolle. In den bestehenden Forschungsansätzen wird die Teilentscheidung ‚Mobilität' weitgehend vernachlässigt. Anforderungen an Reiseverkehrsmittel und an das Serviceangebot werden nicht näher bestimmt, sondern lediglich die reale Verkehrsmittelnutzung erhoben. Die Bedürfnisse bezüglich der Gestaltung von Freizeitverkehrsangeboten müssen daher aus mobilitätsbezogenen Zielgruppenuntersuchungen abgeleitet werden. Da die Charakterisierung der zu bildenden ‚Reisetypen' sowohl die Freizeit- und Reisebedürfnisse als auch die Mobilitätsbedürfnisse von Reisenden widerspiegeln soll, werden im nachfolgenden Kapitel neben Freizeit- und Urlaubsmerkmalen auch Einflussfaktoren auf die Wahl der Reiseverkehrsmittel analysiert. Zu diesem Zweck werden Freizeitmobilitätstypologien betrachtet, die später zu den Urlaubertypen in Beziehung gesetzt werden. Eine Typologie, die sowohl Freizeitbedürfnisse als auch Mobilitätsbedürfnisse berücksichtigt, ist der Zielgruppenansatz „Event-Reisetypen". Diese Zielgruppensegmentierung, die im Rahmen des Forschungsprojekts EVENTS durchgeführt wurde (vgl. Dörnemann 2002), leistet einen wichtigen Beitrag zur Bildung der Reisetypen.

2.3.3 Die Auswahl der Reiseverkehrsmittel

In Ergänzung zu den freizeit- und urlaubsbezogenen Einflussfaktoren werden im Folgenden Einflussfaktoren für die Wahl von Mobilitätsangeboten im Freizeitverkehr ermittelt. Wie bereits beschrieben, spielen dabei insbesondere ‚weiche' bzw. subjektive Faktoren eine entscheidende Rolle. Hinsichtlich dieser subjektiven Einflussfaktoren für die Verkehrsmittelwahl im Tages- und Kurzreiseverkehr sind insbesondere Einstellungen oder Mobilitätsorientierungen von Bedeutung. Typologien, die die spezifischen Anforderungen und Bedürfnisse einzelner Zielgruppen zu beschreiben, sind als Zielgruppenmodelle im Hinblick auf die Angebotsgestaltung besonders geeignet.

2.3.3.1 Einflussfaktoren der Verkehrsmittelwahl

Als Ausdruck realisierten Mobilitätsverhaltens resultiert die Verkehrsmittelwahl aus mehreren Einflussgrößen, die einerseits beim Individuum selbst liegen und andererseits durch das äußere Umfeld bestimmt werden. Diese Einflussgrößen lassen sich in subjektive und objektiv-situative Determinanten unterteilen. Als objektiv-situative Merkmale werden in der Mobilitäts- und Verkehrsforschung schwerpunktmäßig soziodemographische Merkmale und die Verkehrsmittelverfügbarkeit in Untersuchungen einbezogen. So wird in vielen Untersuchungen zum Mobilitätsverhalten die Autoverfügbarkeit als die „dominierende Einflussgröße" auf die Verkehrsmittelwahl gesehen (Bundesanstalt für Straßenwesen 1999:42). Die Befragungen des Forschungsprojekts EVENTS zeigen jedoch, dass im Freizeit- bzw. Eventverkehr die Pkw-Verfügbarkeit nicht zwangsläufig auch zu dessen Nutzung führt: Lediglich 7% der Befragten verfügten über keinen Pkw im Haushalt, die meisten davon in den Städten Rostock und Berlin. Hingegen hätten rund zwei Drittel der ÖV-Nutzer die Möglichkeit der Pkw-Nutzung gehabt, haben sich beim Eventbesuch aber bewusst dagegen entschieden (Schäfer 2002:22). Die Zahl der ‚Zwangskunden' des öffentlichen Verkehrs ist somit relativ gering.

Zunehmend werden in der Mobilitätsforschung die engen Zusammenhänge zwischen dem Verkehrsmittelwahlverhalten und den raum- und siedlungsstrukturellen Gegebenheiten erkannt. Diese stellen auch für die Gestaltung von touristischen Mobilitätsangeboten wichtige Rahmenbedingungen dar. Zusammengefasst kommen als Einflussfaktoren in Betracht (vgl. Hautzinger/ Pfeiffer 1996:32ff.):

- Merkmale der objektiven individuellen Lebenssituation (Alter, Berufstätigkeit, usw.),
- raum- und siedlungsstrukturelle Gegebenheiten (städtischer/ ländlicher Raum),
- Verfügbarkeit und Nutzungsbedingungen privater und öffentlicher Verkehrsmittel,
- institutionelle Regelungen und rechtlicher Ordnungsrahmen,
- soziale und psychologische Faktoren.

Das Kostenargument stellt in der Diskussion um die Gründe für die Verkehrsmittelwahl bzw. das Verkehrshandeln einen äußerst wichtigen, aber höchst komplexen Aspekt dar. Da die Preisgestaltung jedoch stark von den politischen Rahmenbedingungen abhängig ist und von Reiseanbietern nur bedingt beeinflusst werden kann, wird darauf – bis auf den nachfolgenden Exkurs – nicht weiter eingegangen.

Tabelle 19: Der Preis als Faktor der Verkehrsmittelwahl

Exkurs: Der Preis als Faktor der Verkehrsmittelwahl

Allgemein gilt, dass bei der Gestaltung von Preisen vor allem auf Preistransparenz zu achten ist, da die Möglichkeit von Kosten-Nutzen-Erwägungen für die Kunden ein wichtiges Entscheidungskriterium darstellt. Die Preistransparenz beinhaltet in erster Linie die Verständlichkeit der Tarifstruktur, wozu auch eine Reduzierung der Komplexität in der Angebotsstruktur zählt. Zudem sollten Preise und vor allem Sonderangebote (Tarifvergünstigungen) glaubwürdig sein und auch eine Preissicherheit bieten. Grundsätzlich existieren von Verbraucherseite zwei Typen von Preisurteilen die „Preisgünstigkeit" und die „Preiswürdigkeit" (Schneider 1999:54ff.):

Preisgünstigkeit

Auf Basis der Preisinformation zu einem zur Disposition stehenden Angebot stellen Reisende Vergleiche mit einem externen oder internen (Gedächtnis) Referenzpreis an. Beispielsweise wird ein angebotener Sondertarif der Bahn mit dem normalen Fahrpreis und / oder den Kosten für den Pkw verglichen. Es wird unterstellt, dass jeder Konsument über eine Vorstellung eines mittleren Preisempfindens verfügt und „ein beliebiger Preisstimulus im Hinblick auf diesen Referenzpreis bewertet wird" (Trommsdorf 1998:268, zit. in Schneider 1999:57). Das Urteil beschränkt sich bei der Preisgünstigkeit ausschließlich auf die Höhe des zu zahlenden Preises.

Preiswürdigkeit

Hier wird das Preisurteil auf Basis der wahrgenommenen Preisgünstigkeit einerseits und der wahrgenommenen Produktqualität andererseits gefällt. „Preiswürdigkeitsurteile sind demnach immer Urteile über das Preis-Leistungsverhältnis eines Produktes oder einer Dienstleistung" (Schneider 1999:57).
Es lässt sich feststellen, dass nicht allein die Günstigkeit eines Produktes beurteilt wird und daher zentrales Entscheidungskriterium ist, sondern auch die gebotene Leistung bewertet wird. Kann ein Reiseprodukt also nicht kostengünstig angeboten werden (z.B. im Vergleich zum Pkw), ist es erforderlich umso stärker die dahinterstehende Leistung herauszustellen. In diesem Zusammenhang erhalten auch Zusatzleistungen, die ein Konkurrenzprodukt nicht bietet, einen besonderen Stellenwert. Bei komplett angebotenen Reisepaketen kann beispielsweise ein exklusiv gestaltetes und von Tür-zu-Tür organisiertes An- und Abreiseangebot eine solche Zusatzleistung darstellen.
Einstellungsorientierte Preisbeurteilungen, d.h. Urteile, die nicht auf dem Wissen über die tatsächlichen Preise unterschiedlicher Verkehrsmittel beruhen, sondern auf subjektiven Einschätzungen, sind generell schwer zu beeinflussen. In diesem Fall kann jedoch auf eine Verbesserung der Preiseinstellung durch die genannten Punkte und durch eine Verbesserung des Preiswissens hingearbeitet werden (Schneider 1999:188). Eine Verbesserung des Preiswissens (Kenntnis der aktuellen Preise) kann sowohl durch Verbesserung der externen Information, als auch durch Hinweise auf Referenzpreise erzielt werden (z.B. Preisvergleich unterschiedlicher Verkehrsmittel). In diesem Zusammenhang ist auch die „Preissicherheit", d.h. die Garantie gleich bleibender Preise von besonderer Bedeutung, da sie „deutlich stärker als die Preiseinstellung das Verkehrsmittelwahlverhalten beeinflusst" (Schneider 1999:162).

Quelle: Eigene Darstellung

Schwerpunkt der nachfolgenden Betrachtungen sind die sozialen und psychologischen Einflussfaktoren auf die Verkehrsmittelwahl von Reisenden. Der ordnungsrechtliche Rahmen wird nicht weiter betrachtet, alle anderen Faktoren wie soziodemographische Merkmale, Raum- und Siedlungsstrukturen und Verkehrsmittelverfügbarkeit müssen bei der Bildung von ‚Reisetypen' berücksichtigt werden werden aber hier nicht nochmals erläutert.

Lebensstilmerkmale
Auch im Bereich der Freizeitmobilität eignen sich Lebensstilmerkmale dazu Zielgruppen mit ähnlichen Einstellungen, Werten und Präferenzen zu bestimmen. Allein mit Hilfe von Lebensstilmerkmalen lassen sich jedoch nicht alle Aspekte des Mobilitätsverhaltens beschreiben. „Schwierig gestaltet sich hier beispielsweise die Erfassung der motivationalen Elemente"; Wertorientierungen lassen sich hingegen noch relativ gut erfassen. „Wenn es aber zur Einschätzung der Nutzungsqualität der Verkehrsmittel kommt, scheinen dem Lebensstilansatz Grenzen gesetzt zu sein" (Beutler 1996:56). Dies bedeutet, dass darüber hinaus weitere Dimensionen zur Beschreibung eines bestimmten Mobilitätsverhaltens betrachtet werden müssen. So spielen bei der Ermittlung potenzieller Zielgruppen für die Nutzung alternativer An- und Abreiseangebote Mobilitätsorientierungen, das Mobilitätsverhalten sowie Reisepräferenzen eine zentrale Rolle. Die tatsächliche Umsetzung eines Aktivitätswunsches in reales Verhalten (Verkehrsmittelnutzung) stellt einen „innerpsychologischen Prozess dar, der sehr stark nach Umwelt und sozialen Bedingungen variiert" (Beutler 1996:56). Lebensstilmerkmale sind Ausdrucksform dieser inneren Prozesse und äußeren Bedingungen.

Nutzungsqualität von Verkehrsmitteln
Die individuelle Einschätzung der Attraktivität und der Nutzungsqualität von Verkehrsmitteln wie Reisezeit, Kosten, Bequemlichkeit, aber auch Stressfreiheit, Erlebniswert und Umweltverträglichkeit ist stark vom jeweiligen Mobilitätszweck abhängig. Die grobe Differenzierung erfolgt zunächst nach den Sparten Berufs-, Versorgungs- und Ausbildungsverkehr sowie Freizeit- und Urlaubsverkehr. So kann für den Weg zur Arbeit Schnelligkeit das wichtigste Kriterium sein, während für dieselbe Person in der Freizeit die Stressfreiheit im Vordergrund steht (Beutler, 1996:31). Langsame oder ungeübte Verkehrsteilnehmer wie Kinder und ältere Menschen legen großen Wert auf die Qualität des Weges und der Aufenthaltsorte und die damit verbundenen Möglichkeiten des Erlebens und der Kommunikation. Beim zu Fuß gehen oder Fahrradfahren spielt zudem die körperliche Bewegung (Bewegungsdrang, Erhaltung der Gesundheit) eine große Rolle (Kasper 2003:174f.). In den meisten Fällen kann bei der Beurteilung der Nutzungsqualität von Verkehrsmitteln dennoch von einer relativen Konstanz der individuellen Bewertungs-Rangfolgen ausgegangen werden (Beutler 1996:31).

So wurden Verkehrsmittelnutzer in einer Studie von Held nach den wichtigsten Kriterien für die Nutzungsqualität von Verkehrsmitteln für ihre alltägliche Mobilität befragt (Held 1980). Diese Studie wurde als eine der ersten Untersuchungen dieser Art durchgeführt. Die Ergebnisse zeigen, dass – ähnlich der Haushaltsbefragung des Forschungsprojekts EVENTS – Bequemlichkeit und Zeit an vorderster Stelle stehen, gefolgt von Unabhängigkeit bzw. Flexibilität (vgl. Tabelle 20). Auch wird deutlich, dass die Kosten nicht der alles entscheidende Faktor für die Wahl eines Verkehrsmittels sind, dass aber beispielsweise der „Privatsphäre" sowie dem „Gemeinschaftsaspekt" und nicht zuletzt auch der Sicherheit künftig mehr Aufmerksamkeit geschenkt werden sollte. Die nachfolgend aufgeführten Rangfolgen von Kriterien für die Wahl von (Reise-) Verkehrsmitteln sollten bei der Erstellung von (Freizeit-) Mobilitätsangeboten unbedingt berücksichtigt werden. Sie können aber je nach Zielgruppe variieren.

Tabelle 20: Gegenüberstellung von Kriterien der Nutzungsqualität und Rangfolge

Rangfolge	Nutzerbefragung (Held) (n=...) Erarbeitung einer Zielliste mit Kriterien für die Verkehrsmittelwahl (Gruppendiskussion, Interviews)	Haushaltsbefragung EVENTS (n= 1180) Gründe für die Verkehrsmittelwahl bei der Fahrt zu Großveranstaltungen
1.	Bequemlichkeit	Zeit/ Reisedauer
2.	Zeit	Komfort/ Bequemlichkeit
3.	Unabhängigkeit	Flexibilität
4.	Kosten	Reisekosten
5.	Privatsphäre	Gemeinschaftsaspekt
6.	eigene Sicherheit	einzig mögliche Variante
7.		Sicherheit des Verkehrsmittels

Quelle: Eigene Darstellung nach Held 1980:324ff. und Schäfer 2002:37ff.

Symbolfunktion
Vor allem im Freizeitbereich nimmt das Auto einen besonderen Stellenwert ein. Hier steht bei der Verkehrsmittelwahl häufig weniger der reine Beförderungszweck im Vordergrund, von entscheidenderer Bedeutung ist vielmehr die „Symbolfunktion des eigenen Fahrzeugs" (Hilgers 1999:1). Emotionale Motive wie Selbstwertgefühl, Unabhängigkeit und Freiheit, Machtgefühl und Nervenkitzel oder auch das Bedürfnis nach Schutz und Sicherheit (Verkehrssicherheit und soziale Sicherheit) überwiegen in vielen Fällen die Zweckrationalität der Entscheidung. So stellt eine Untersuchung zum Freizeit- und Tourismusverkehr folgende Dimensionen zur Berücksichtigung des Lebensstils, der sozialen Lage und der Symbolfunktion von Verkehrsmitteln heraus, die in die Gestaltung von Maßnahmen einfließen sollten (Götz/ Loose/ Schmied/ Schubert 2003:77ff.):

- soziale Aufwertung und soziale Integration,
- Distinktion und Exklusivität,
- Erlebnis und Abwechslung,
- moderne Technik,
- Sicherheit.

Als Motiv für die Freizeitmobilität hat sich die sogenannte ‚Fluchtthese', nach der Freizeit als Flucht aus der Arbeitswelt verstanden wird, kaum bestätigt. Eine große Bedeutung hat hingegen die Suche nach Abwechslung, sozialen Kontakten und Naturerleben. Insbesondere im Bereich der Freizeit- und Tourismusmobilität ist die zunehmende Erlebnisorientierung zu berücksichtigen, bei der die Mobilität zum Selbstzweck dient und das Unterwegssein als Ziel der Reise begriffen wird. Für die Suche nach Gestaltungsoptionen muss die Planung daher solche Mobilitätsbedürfnisse zunächst einmal ernst nehmen, was bisher noch eher die Ausnahme ist (Lanzendorf 2003:102). In diesem Zusammenhang bekommen auch der Freizeitbezug und die freizeitorientierte Gestaltung verschiedener Arten der Fortbewegung eine zunehmend wichtige Bedeutung (Gstalter 2003:116).

Einstellungen und Orientierungen
Einstellungen und Orientierungen sowie das einer Person zugrunde liegende Wertesystem beeinflussen auch die Einschätzung der Nutzungsqualität von Verkehrsmitteln. Sie können aber über eine bessere Informiertheit über die Verkehrsmitteleigenschaften auch geändert werden (vgl. Beutler, 1996:31). So entsprechen Einschätzungen der Dauer eines Weges mit verschiedenen Verkehrsmitteln oft nicht der Realität. Bei negativer Einstellung gegenüber dem ÖPNV werden die Fahrten in Ballungsgebieten um durchschnittlich ein Drittel überschätzt und die Dauer der Fahrt mit dem Auto um ein Fünftel unterschätzt. Wenn beide Verkehrsmittel demnach tatsächlich gleich schnell sind, wird die Fahrzeit mit dem ÖPNV subjektiv für zwei Drittel länger gehalten als mit dem Pkw (VDV/ Socialdata 1993:14). Solche Fehleinschätzungen sind auch häufig bei der Abschätzung der Kosten für die Autonutzung anzutreffen und spielen auch bei der Beurteilung der Unfallgefährdung eine wichtige Rolle. Dabei ist es häufig nicht nur die zu gering eingeschätzte Unfallgefahr beim Pkw, sondern die Angst vor Übergriffen, die zu einer vergleichsweise schlechten Bewertung des öffentlichen Verkehrs führt. Die Summe dieser subjektiven Bewertungen führt schließlich zu einer bestimmten Mobilitätsorientierung bzw. Einstellung gegenüber unterschiedlichen Fortbewegungsarten. Die einzelnen Kriterien lassen sich dabei aber nicht genau differenzieren. Zusammengefasst beeinflussen insbesondere in der Freizeit folgende subjektive Einflussfaktoren das Verkehrsmittelwahlverhalten:

- Lebensstilmerkmale (Werthaltungen),
- Einschätzung der Nutzungsqualität abhängig von Mobilitätszweck, Erfahrungen und Informiertheit (Reisezeit, Kosten, Bequemlichkeit, Stressfreiheit, Erlebniswert und Umweltverträglichkeit),
- Symbolfunktion (Status, Freiheit, Bequemlichkeit, Sicherheit),

- Einstellungen gegenüber Verkehrsmitteln, Mobilitätsorientierungen,
- situative Einflüsse wie Wetter oder Stimmung (nicht vorherbestimmbar, werden hier nicht weiter untersucht).

2.3.3.2 Untersuchungen zu Freizeitmobilitätstypologien

Um sich der Entwicklung von Reisetypen für den Tages- und Kurzreiseverkehr weiter anzunähern, werden im Folgenden Mobilitätstypologien betrachtet, welche die subjektive Komponente des Verkehrsmittelwahlverhaltens einbeziehen. Da im Bereich der Mobilitätsforschung mittlerweile eine fast unüberschaubare Vielzahl von Untersuchungsansätzen existiert, wird nur auf zielführende Freizeitmobilitätstypologien eingegangen.

Die Zielgruppensegmentierung der SINUS-Studie „Stadtverkehr im Wertewandel" zur Nutzung des ÖPNV wurde 1991 in verschiedenen Städten mit Hilfe von standardisierten Interviews durchgeführt (n = 3592 Personen). Inhalt der Befragung waren Motive und Einstellungen zum ÖPNV sowie Einstellungen zu restriktiven Maßnahmen zur Reduktion der Verkehrsbelastung (vgl. SINUS 1991). Als großer Verdienst dieser Studie kann angesehen werden, dass „zum ersten Mal auf einer repräsentativen Ebene Einstellungstypen zum Stadtverkehr erhoben wurden" (Beutler 1996:45). Die vier identifizierten Typen wirken zwar relativ undifferenziert, sind aber vergleichsweise trennscharf, da zwei Pole (Auto-Fans und Auto-Ablehner) mit den dazwischenliegenden Mischtypen (rationale, tolerante Verkehrsmittelnutzer und distanziert Gleichgültige) beschrieben werden. „Relativ unscharf" bleibt hingegen die sozioökonomische Situation der Gruppen (Geschlecht, Alter, Bildungsgrad, Einkommen und Haushaltsgröße) sowie die Beschreibung der konkreten Lebensumstände. „Einstellungstypologie und Milieustruktur bleiben so nebeneinander stehen" (Beutler 1996:45). Damit wird deutlich, dass Angaben zu soziodemographischen Merkmalen Eingang in die weiteren Betrachtungen finden müssen, um genauere Aussagen über die Eigenschaften von (Freizeit-) Mobilitätstypen zu erhalten. Gerade auf Grund ihrer guten Trennschärfe eignen sich die vier Einstellungstypen dennoch dazu, als Vergleichsgruppen für die Zielgruppensegmentierung (‚Reisetypen') im Tages- und Kurzreiseverkehr herangezogen zu werden.

- Der rationale, tolerante Verkehrsmittelnutzer.
- Der distanzierte Gleichgültige.
- Der Auto-Ablehner.
- Der Auto-Fan.

Eine weitere Studie, die im Rückgriff auf die SINUS-Milieus ebenfalls mobilitätsbezogene Einstellungen betrachtet, ist die SPIEGEL-Studie „Auto, Verkehr, Umwelt" (Spiegel-Dokumentation 1993). Hier wurde eine Typologie zum Problemfeld „Verkehr und Umwelt" entwickelt. Als aktive Variablen für die Typenbildung wurden Einstellungen zum Straßenverkehr, zur Umwelt und Umweltbelastung durch den

Verkehr einbezogen. Da beide Studien zu ähnlichen Ergebnissen gelangen, wird hier auf eine ausführlichere Darstellung der SPIEGEL-Studie verzichtet.

Da die Mobilitätsforschung mit der SINUS-Studie zu der Erkenntnis gelangte, dass mit Hilfe von einstellungsbasierten Typologien das Mobilitätsverhalten wesentlich besser beschrieben werden kann und gezielter Maßnahmen ergriffen werden können, als bei der Betrachtung der Gesamtheit der Bevölkerung, wurde seither eine Vielzahl von Typologien entwickelt. Diesen lag immer ein bestimmter Fokus – meist mit Alltagsbezug – zugrunde. Zur Systematisierung von verschiedenen, auf Stadtmobilität ausgerichteten Studien analysierte Hunecke fünf Typologien (siehe Tabelle 21). Dazu gehören:

- die beiden vorstehend beschriebenen Studien („Stadtverkehr im Wertewandel" von SINUS 1991 und die SPIEGEL-Studie „Auto, Verkehr, Umwelt")

- ein Zielgruppenmodell von Mobilitätsstilen in den Städten Freiburg und Schwerin, das im Rahmen des Forschungsprojekts „CITY:mobil – Stadtverträgliche Mobilität" (Götz 1998) entstand. Die Mobilitätsstil-Analyse untersucht sowohl das Verkehrsverhalten als auch die Verbindung zu Lebensstilorientierungen (Freizeitpräferenzen und normative Grundorientierungen bzw. Werte). Das Mobilitätsverhalten stellt kein typenbildendes Merkmal dar, sondern diente lediglich der Typenbeschreibung (vgl. Hunecke 2002: 92).

- eine Typenbildung auf qualitativer Basis zu Mobilitätsmustern in Großstädten (Beutler 1996).

Um ein möglichst hohes Maß an Vergleichbarkeit herzustellen, wurden explizit nur solche Typologien ausgewählt, denen mobilitätsbezogene Einstellungen zugrunde lagen. Die Bezeichnungen für die einzelnen Typen orientieren sich stärker an der Verkehrsmittelnutzung als an der Einstellung zu Verkehrsmitteln. Darüber hinaus wurde auch eine Gruppe von (ungewollt) ‚Immobilen' identifiziert, die aus unterschiedlichen Gründen nicht bzw. kaum mobil sind. Im Hinblick auf die Aussagekraft dieser vier ermittelten ‚Grundtypen' verweist Hunecke auf die Unschärfe seiner Analyse, die sich aus den unterschiedlichen methodischen Vorgehensweisen der Fallstudien ergibt. Dennoch werden – in Ergänzung zur SINUS-Studie – vier wesentliche Grundorientierungen hinsichtlich Einstellung und Verhalten deutlich, auch wenn diese sich nicht genauer quantifizieren lassen:

Tabelle 21: **Vergleich von Typologien mobilitätsbezogener Einstellungsmerkmale**

Typ	Einstellungsmerkmale
Multimodale Verkehrsorientierung, Multimobile	Zweckrationale Fortbewegung, Berücksichtigung ökologischer Argumente „Ökologische Argumente stellen im Mobilitätsbereich ein Entscheidungskriterium dar, das die Nutzung des Automobils wenigstens teilweise einschränken kann."
Überwiegende Autonutzung Auto-Fans, Hedonistische Automobilisten, Status Automobilisten, Verunsicherte Autofahrer, Rationale Autofahrer	Erlebnis, Status, Zweckrationalität
Autoablehnung Ökologisch motivierte Autoablehner, Auto-Distanzierte	Der quantitative Umfang des Segments ist sehr gering
Ungewollt immobil	Aus verschiedensten Gründen, z.B. mangelnde materielle oder körperliche Voraussetzungen

Quelle: Eigene Darstellung in Anlehnung an Hunecke 2000b:36

Wie in den Untersuchungen festgestellt wurde, haben die zum Teil gegensätzlichen Einstellungen einen bedeutenden Einfluss auf die Verkehrsmittelwahl und sind infolgedessen auch bei der Ermittlung von Zielgruppen und bei Gestaltung von Freizeitverkehrsangeboten einzubeziehen. Es ist allerdings zu berücksichtigen, dass es sich um Untersuchungen zur Stadtmobilität handelt, bei denen Freizeitaspekte nicht explizit erfasst wurden. Aus diesem Grund wird der Blick im weiteren Verlauf der Untersuchung speziell auf Freizeitmobilitätstypologien gerichtet. Diese werden analog zu den Urlaubertypologien bewertet und später in die Entwicklung von Reisetypen einbezogen. Die oben dargestellten Grundtypen dienen dabei als Vergleichsbasis.

Typologie Harzreisende

Die Zielgruppensegmentierung von Harzreisenden wurde innerhalb eines Forschungsprojekts zum Freizeitverkehr ‚MobiHarz' durchgeführt (Götz/ Schubert/ Zahl 2001). Die Bildung der Typologie basiert auf einer qualitativen Untersuchung, bei der Intensivinterviews mit Besuchern des Landkreises Wernigerode durchgeführt wurden. Die Typen wurden nicht auf der Basis einer statistisch repräsentativen Erhebung ermittelt, sondern sind Ergebnis einer heuristischen Untersuchungsauswertung. Die Aussagen wurden dazu verwandt, idealtypische Cluster von Zielgruppen zu entwickeln, welche die Freizeitmobilitäts- und Lebensstilorientierungen von Harzreisenden widerspiegeln. Ausschließlich auf den Harzbesuch beziehen sich jedoch nur zwei Untersuchungskategorien, die nicht in die weiteren Untersuchungen einfließen. Die anderen Kategorien besitzen über den Harzbesuch hinaus Gültigkeit und sind somit verallgemeinerbar. Es wurden folgende Dimensionen betrachtet:

Tabelle 22: **Untersuchungsmerkmale der Typologie von Harzreisenden**

Lebensstilorientierungen und soziale Situation	- Traditionalität, Familienorientierung, Modernität, Kultur, Hedonismus - Lebensstandard - Lebensphase
Mobilitätsorientierungen und –verhalten	- allgemeine Verkehrsmittelnutzung - Reiseverkehrsmittelnutzung - ÖV-Orientierung (Affinität, Pragmatismus, Notwendigkeit, Distanz) - MIV-Orientierung (s.o.) - MIV-Symbolik (Status, Freiheit, Bequemlichkeit, Sicherheit)
Reiseverhalten und -präferenzen	- Allgemeine Reisemotive (Natur, Kultur, Erholung, Kinder, Abwechslung) - Kostenaspekt - Reiseart (z.B. Gruppenreise, Paarreise, Singlereise)
Informationsverhalten und -präferenzen	- Information vorab (Erfahrungsberichte, individuelle Beratung, Printmedien, Internet) - Information vor Ort - Präferenz Informationsaufbereitung

Quelle: Götz / Schubert / Zahl 2001:89ff

Auf Basis der Befragungsergebnisse wurden folgende ‚Ideal-Typen' identifiziert:

Tabelle 23: **Typologie von Harzreisenden**

Freizeitmobilitätstypen
- Traditionelle Ältere
- Konventionelle Familien
- Moderne Familien
- Service-orientierte Ältere
- Multioptionale Jüngere
- Junge Hedonisten
- Aktive Ältere
- Gutsituierte Aufgeschlossene
- Pragmatiker

Quelle: Eigene Darstellung nach Götz et. al. 2001:79ff.

2 THEORIEKONZEPT: WIRKUNGSFELDER IM TOURISTISCHEN VERKEHR

Fazit für die Bildung von Reisetypen:
Die Typologie von Harzreisenden wurde für die nähere Betrachtung ausgewählt, da sie Mobilitätsorientierungen und Mobilitätsverhalten mit Aspekten des Reiseverhaltens (Reisemotive, Reiseart, etc.) verknüpft. Anhand dieser Zielgruppenuntersuchung können Querbezüge zwischen Freizeitbedürfnissen, Reisepräferenzen und Mobilitätsorientierungen hergestellt werden. Darüber hinaus werden die Typen nach Lebensstilmerkmalen und soziostrukturellen Merkmalen differenziert. Die Aussagen zu den Informationspräferenzen geben – analog zur ‚Typologie zum Reiseverhalten in Deutschland' (ADAC 2001) – auch Hinweise für geeignete Vermarktungsstrategien. Damit ergeben sich bereits eine Vielzahl von Ansätzen zur Gestaltung von Freizeitverkehrsangeboten. Um allerdings bei der Erarbeitung konkreter Angebote spezifischer auf Mobilitätsanforderungen eingehen zu können, fehlen genauere Angaben darüber, wie einzelne Zielgruppen die Nutzungsqualität von Verkehrsmitteln einschätzen und welche Symbolfunktion ihnen zugemessen wird.

Die Beurteilung der Nutzungsqualität unterschiedlicher Verkehrsmittel stellt einen Schwerpunkt in der folgenden Typologie dar.

Typologie Wochenendfreizeit
Anforderungen an Verkehrsmittel bezüglich der Wochenend-Freizeitmobilität von Stadtbewohnern wurden von Lanzendorf (2001) in einer Untersuchung am Beispiel der Stadt Köln analysiert. Neben Einstellungen zu Verkehrsmitteln in der Freizeit und der Bedeutung von Verkehrsmitteleigenschaften wurden auch Freizeitziele, -wünsche und -aktivitäten abgefragt (siehe Tabelle 24). Die Typologie basiert auf einer 1997 in vier Kölner Stadtvierteln durchgeführten repräsentativen Befragung (n= 949). Die Konstruktion der Typen erfolgte mittels einer Faktoren- und Clusteranalyse. Zur Typenbildung wurden folgende Items ausgewählt:

Tabelle 24: Untersuchungsmerkmale der Typologie ‚Wochenendfreizeit'

Freizeitorientierungen	
	- Traditionell, Naturverbundenheit
	- (Hoch-) Kultur
	- Familie
	- Reisen, Neues erleben
	- Ausruhen, Nichtstun
	- Spazierfahrten, Konsum
	- Bewegung draußen zu Fuß

Mobilitätseinstellungen / Wichtigkeit von Verkehrsmitteleigenschaften	- Bus und Bahn = Spaß, Bequemlichkeit, Erholung, Schnelligkeit, Preis - Auto = Spaß, Erholung, Bequemlichkeit, Preis, Schnelligkeit - Erlebnisqualitäten Freizeitweg = Erholung, Spaß, Umweltfreundlichkeit, körperliche Bewegung - Nutzungsqualität Freizeitweg = Schnelligkeit, Flexibilität, Bequemlichkeit - Preisbewusstsein Freizeitweg

Quelle: Eigene Darstellung nach Lanzendorf 2001: 144

In der Clusteranalyse wurden sieben Freizeitmobilitätstypen ermittelt und jeweils mit weiteren Angaben zu soziodemographischen Merkmalen sowie Führerscheinbesitz und Pkw-Verfügbarkeit hinterlegt:

Tabelle 25: **Typologie ‚Wochenendfreizeit' von Stadtbewohnern**

Freizeitmobilitätstypen
- Familienbewegte
- Allseits Aktive
- Auto-Kultur-Individualisten
- Bummler
- Schnelle Fitte
- Selbstzufriedene Individualisten
- Häuslich Genügsame

Quelle: Eigene Darstellung nach Lanzendorf 2001: 147

Fazit für die Bildung von Reisetypen:
Zur Untersuchung der Freizeitmobilität wurden in dieser Untersuchung Merkmale einbezogen, die sowohl Freizeitaktivitäten und -orientierungen als auch Einstellungen zu Verkehrsmitteln auf Freizeitwegen beschreiben. Die Untersuchung von Lanzendorf ergänzt somit die Typologie von Harzreisenden. Mobilitätseinstellungen werden in beiden Ansätzen untersucht. Die Freizeitorientierungen entsprechen teilweise den Lebensstilorientierungen bzw. Reisemotiven der Harzreisenden. Das Spektrum der betrachteten Einflussfaktoren auf die Verkehrsmittelwahl in der Freizeit wird jedoch durch das bedeutende Merkmal „Wichtigkeit von Verkehrsmitteleigenschaften" erweitert. Dieses Merkmal spielt bei der Beschreibung der Anforderungen und Präferenzen einzelner Zielgruppen an die An- und Abreise und damit auch bei der Gestaltung zielgruppenspezifischer Mobilitätsangebote eine wichtige Rolle.

2 Theoriekonzept: Wirkungsfelder im touristischen Verkehr

Mobilitätsstile in der (Alltags-) Freizeit

Mit einer Untersuchung zu Mobilitätsstilen in der Freizeit, im Auftrag des Umweltbundesamtes, konnte ein plausibler Zusammenhang von Lebensstilen und (Freizeit-) Verkehrsverhalten aufgezeigt werden (Götz et. al. 2003). Bei der Bildung der Mobilitätsstil-Gruppen standen in der Studie „Minderung der Umweltbelastungen des Freizeit- und Tourismusverkehrs" lebensstil-spezifische Bedürfnisse und Anforderungen an Mobilitätsangebote im Vordergrund. Die Zielgruppenuntersuchung basiert auf einer bundesweiten Repräsentativbefragung von Privathaushalten nach Zufallsauswahl. Ergebnis sind lebensstilorientierte Zielgruppen, für die jeweils bestimmte Mobilitätsangebote in Betracht kommen (Loose 2001:4f.). Die gruppenspezifischen Unterschiede im Verkehrsverhalten sind nicht nur im Freizeitverkehr, sondern auch im Alltag signifikant. Die Mobilitätsstil-Gruppen wurden ebenfalls mittels Faktoren- und Clusteranalyse gebildet (Götz et. al. 2003:72ff.). Es wurden unter anderen folgende Merkmale untersucht und zur Bildung und Beschreibung der Zielgruppen herangezogen:

Tabelle 26: **Untersuchungsmerkmale zur Bildung der Mobilitätsstile in der Alltagsfreizeit**

Mobilitätsbedürfnisse und -einstellungen	- Auto = aus Spaß durch die Gegend fahren - Auto = unabhängig - ÖV-Distanz / -Affinität - ÖV-Fahrten = abends/ nachts bedrohlich - ÖV = Gedränge, mit unangenehmen Menschen konfrontiert - Pragmatismus - Fahrrad für Freizeitausflüge - Zufußgehen = kontemplativ, Naturerlebnis - Zufußgehen langweilig und erlebnisarm, als Fußgänger bedroht - Erlebnis und Geschwindigkeit
Lebens- und Freizeitstilmerkmale	- Hedonismus, Gruppenbezug, Spaß- und Erlebnisorientierung - Exklusivität und Distinktion - Naturverbundenheit/ Umweltsensibilität - Traditionelle Werte und Tugenden - Sicherheit und Nähe - Ich-Bezogenheit/ Individualisierung
Verkehrsmittelnutzung	- Häufigkeit der Nutzung verschiedener Verkehrsmittel - Verkehrsmittel der letzten Kurzreise zum und am Ziel
Kurzurlaubs- und Urlaubsverhalten	- Anzahl, Zweck und Entfernung der Urlaube bzw. Kurzurlaube

Quelle: Eigene Darstellung nach GÖTZ et. al. 2003, Anhang

Auf Basis der ausgewählten Untersuchungsmerkmale wurden fünf Gruppen gebildet:

Tabelle 27: **Mobilitätsstile in der Alltagsfreizeit**

Freizeitmobilitätstypen
- Fun-Orientierte
- Modern-Exklusive
- Belastete Familienorientierte
- Benachteiligte
- Traditionell-Häusliche

Quelle: Eigene Darstellung nach Götz et. al. 2003

Fazit für die Bildung von Reisetypen:
Durch die Untersuchung wird die Bedeutung von Lebensstilmerkmalen für die Identifikation von Zielgruppen im Freizeitverkehr deutlich. Da die Studie Lebensstilmerkmale mit Mobilitätseinstellungen verknüpft und mit Verhaltensmerkmalen untermauert, liefert sie wichtige Aussagen über die Eigenschaften und Anforderungen potenzieller Nutzergruppen und gibt damit konkrete Hinweise für die Gestaltung touristischer Mobilitätsangebote. Darüber hinaus können anhand der Untersuchungsergebnisse auch die Aussagen der bereits betrachteten Typologien gestützt werden, da ähnliche Lebensstilmerkmale und Einstellungen zur Mobilität ermittelt sowie Gruppen ähnlicher Verhaltensmerkmale bezüglich der Verkehrsmittelnutzung und des (Kurz-) Reiseverhaltens gefunden wurden.

Zusammenfassung der Freizeitmobilitätstypologien
Allen vier betrachteten Ansätzen ist gemein, dass sie sich mit den subjektiven Komponenten und Verhaltensweisen der Freizeitmobilität befassen. Dabei werden jeweils unterschiedliche Aspekte der Freizeitmobilität beleuchtet. Wie die Ergebnisse der vorgestellten Befragungen zeigen, haben Aspekte wie Zeit, Flexibilität, Komfort und Kosten eine große Bedeutung für die Wahl der Reiseverkehrsmittel. Neben den objektiven externen Faktoren und den internen Präferenzen bestimmen auch Handlungsroutinen das Verkehrsmittelwahlverhalten. „Als Konsequenz ergibt sich die Schwierigkeit, dass Gestaltungsoptionen auf Routinehandeln Bezug nehmen und besonders an Situationen interessiert sein müssten, an denen es – aus welchen Gründen auch immer – zu Routinewechseln kommt" (Lanzendorf 2003:100). Dies bedeutet, dass routinierte Verhaltensweisen auch bei der Gestaltung zielgruppenspezifischer Mobilitätsangebote im Tourismus zu berücksichtigen sind. Der Leitgedanke, bei Kurzreisen und Ausflügen durch die Attraktivitätssteigerung umweltfreundlicher Verkehrsmittel eine Verlagerung vom motorisierten Individualverkehr zu erreichen, kann sich aber auch auf die Feststellung stützen, dass die routinemäßige Nutzung bestimmter Verkehrsmittel in der Freizeit geringer ist als im Alltag. So zeigt sich

in einer Befragung zur Verkehrsmittelwahl, dass bei der „Aktivität Arbeiten" routinebedingt eine deutlich höhere Bindung an bestimmte Verkehrsmittel besteht als bei der „Aktivität Freizeit" (Jansen/ Perian/ Beckmann 2002:117). In der Freizeit wird demnach weniger aus Gewohnheit gehandelt, d.h. Entscheidungen werden bewusster getroffen und sind daher leichter beeinflussbar. Aus diesem Grund ist es erforderlich, neben der Identifikation subjektiver Einflussfaktoren auf die Verkehrsmittelwahl auch die reale Verkehrsmittelnutzung der anvisierten Zielgruppen sowie die Zugangsvoraussetzungen zu Pkw (Pkw-Besitz) und öffentlichem Verkehr (z.B. ÖV-Zeitkartenbesitz) zu betrachten und zu interpretieren.

Trotz der zahlreich gewonnenen Erkenntnisse über Mobilitätseinstellungen und -bedürfnisse geben die bisherigen Untersuchungen zu Freizeitmobilitätstypologien noch keine Antworten auf die speziellen Anforderungen für die freizeitgerechtere Gestaltung von Mobilitätsangeboten. Aus diesem Grund wurden im vorigen Abschnitt Einflussfaktoren der Reiseentscheidung (Reiseziel, Organisation, Reisemotive) identifiziert und entsprechende Zielgruppenansätze betrachtet. Denn neben reinen Mobilitätsbedürfnissen wird in letzter Zeit verstärkt auf die Bedeutung des ‚Spaß- und Erlebnisfaktors' als Kriterium für die Verkehrsmittelwahl hingewiesen (vgl. Lanzendorf 2001, Götz 1998)[13]. Im Rahmen des Forschungsprojekts EVENTS wurde solchen Erlebnisaspekten ein besonderer Stellenwert eingeräumt. Neben ‚klassischen' Mobilitätsanforderungen wurden auch Bedürfnisse nach Informations- und Unterhaltungsangeboten sowie Merkmale der Reiseorganisation abgefragt. Freizeit- und Reisemerkmale wurden als Zielgruppeneigenschaften mit Mobilitätskriterien kombiniert. Der Zielgruppensegmentierung von Eventreisenden kommt daher in der vorliegenden Untersuchung ein besonderer Stellenwert zu.

2.3.3.3 Untersuchung An- und Abreise im Eventverkehr

Im Rahmen des Forschungsprojekts „EVENTS – Freizeitverkehrssysteme für den Eventtourismus" wurden auf Basis einer Haushaltsbefragung im Einzugsgebiet der Internationalen Gartenbauausstellung (IGA) Rostock 2003 die Anforderungen von Eventreisenden an die An- und Abreise untersucht. Die Erhebung zielte in erster Linie darauf ab, die Struktur von potenziellen Besuchern, ihre Interessen und Erwartungen sowie ihre voraussichtliche Verkehrsmittelwahl zu ermitteln. Außerdem diente die Befragung als Grundlage für eine Zielgruppensegmentierung, mit deren Hilfe zielgruppenorientierte Mobilitätsangebote für die IGA Rostock 2003 gestaltet und gezielte Marketingstrategien erarbeitet werden sollten. Durch die Verknüpfung der „Event-Reisetypen" mit den zuvor betrachteten Typologien, lässt sich ein umfassendes Bild von Reisenden, ihren Motiven für die Verkehrsmittelwahl und Mobilitätsbedürfnissen im Tages- und Kurzreiseverkehr skizzieren.

---

[13] „Die Nutzung soll Spaß machen" (Lanzendorf 2001), „Suche nach Risiko, Abwechslung und Abenteuer" (Götz 1998)

Datengrundlage

Als Datenbasis zur Bildung der Event-Reisetypen diente eine schriftliche quantitative Haushaltsbefragung mit telefonischer Unterstützung (n= 661 Haushalte). Das Untersuchungsgebiet wurde auf den regionalen und überregionalen Einzugsbereich der IGA Rostock 2003 eingegrenzt, welcher im Verkehrskonzept ermittelt wurde (Ingenieurgesellschaft Stolz 1997 o.S.). Mit dem Gebiet sollte der Einzugsbereich von Tagesausflüglern abgedeckt werden (Radius von 150 km). Die Distanzwahl stimmt mit den Ergebnissen der vom Institut für Freizeit- und Tourismusberatung GmbH in Köln (ift) durchgeführten Besucherumfragen bei Bundesgartenschauen (BUGA) überein. Bei den BUGAs Magdeburg 1994 und Gelsenkirchen 1997 lag der Anteil der Tagesausflügler bei etwa 80 – 85%, die Anfahrtsdauer lag bei 55 – 60% der Besucher unter zwei Stunden (Ift Institut für Freizeit- und Tourismusberatung 1997, 1999). Die Grundgesamtheit der Befragung wurde entsprechend der erwarteten Besucherströme räumlich geschichtet nach a) Stadt Rostock, b) Einzugsgebiet einer Tagesreise (150 km) und c) die Städte Berlin und Hamburg (Schäfer 2002:18f.). Die Befragung fand in zwei Wellen statt (Sommer 2001 und Frühjahr 2002).

Zielgruppen für Eventreise-Angebote

Die Bildung der Event-Reisetypen erfolgte auf Basis einer explorativen Datenanalyse zu den Ergebnissen der Haushaltsbefragung (Dörnemann 2002:2). In erster Linie wurden die Merkmale „Mobilitätsanforderungen für die Fahrt zu Großveranstaltungen", „persönliche Einstellungen zur Mobilität" sowie Reisepräferenzen untersucht. In einer Faktorenanalyse wurden signifikante Zusammenhänge zwischen Einzelmerkmalen zu Merkmalsgruppen zusammengefasst. So ließen sich beispielsweise Merkmale wie „Verbindung des Eventbesuchs mit anderen Zielen" und „Unterhaltung während der Fahrt" der Merkmalsgruppe „Unterwegs etwas erleben" zuordnen. Bei Fragen nach der Einstellung zur Mobilität konnten anhand von Merkmalen wie „Auto als Ausdruck der eigenen Persönlichkeit und gesellschaftlichen Stellung" oder „Auto als Transportmittel" nur geringe Unterschiede zwischen den einzelnen Typengruppen festgestellt werden, weshalb letztlich zur Differenzierung der Typen nur zwei Merkmale („Autofahren macht Spaß" bzw. „ÖV-Nutzung nur ausnahmsweise") herangezogen wurden.

Eine Übersicht über die verwendeten Merkmale ist in nachfolgender Tabelle dargestellt:

Tabelle 28: **Typenkonstituierende Merkmale der Event-Reisenden**

TYPENKONSTITUIERENDE MERKMALE	
Mobilitätsanforderungen und -präferenzen bei der Fahrt zu Veranstaltungen	Gut betreut auf schöner Strecke - Informationen zur Reiseroute/ Sehenswürdigkeiten - Informationen zur Veranstaltung - Sehenswürdigkeiten entlang der Strecke - Landschaftlich schöne Gegend - Reiseleitung
	Unterwegs etwas erleben - Verbindung des Eventbesuchs mit anderen Zielen - Unterhaltung während der Fahrt
	Entspanntes Reisen - Entspannung - Angenehmes Raumklima - Niedriger Geräuschpegel
	Kurze und schnelle Anreise - Kurze Reisezeit - Kurzer Reiseweg
	Verkehrsinfos und freie Wahl von Zeit und Route - Freie Wahl der Fahrtstrecke und des Anreisezeitpunktes - Informationen zur Verkehrssituation
	Parken dicht am Ziel - Nähe des Parkplatzes zum Veranstaltungsort - P&R-Möglichkeiten am Veranstaltungsort
	Fahren von Tür zu Tür ohne Umsteigen - Direkte Fahrt von Tür zu Tür - Kein Umsteigen
Einstellungen zur Mobilität	Spaß am Autofahren - Autofahren macht Spaß - ÖV-Nutzung nur ausnahmsweise
Reisepräferenzen	Geselliges, organisiertes, preisgünstiges Reisen - Unternehme gerne Gruppenreisen - Nutze gerne Pauschalangebote von Reiseveranstaltern, damit ich mich um nichts kümmern muss - Preisgünstige Angebote
	Selbstorganisiertes Reisen - Organisiere Ausflüge/ Kurzreisen gerne selbst

Quelle: Eigene Darstellung nach Dörnemann 2002:4-10

2.3 WIRKUNGSFELD REISENDE

Auf Basis dieser Merkmalsgruppen wurde eine Clusteranalyse durchgeführt und als Ergebnis fünf Typen identifiziert. Diese empirisch gebildeten Gruppen lassen sich untereinander durch ihre spezifischen Anforderungen an die An- und Abreise zu Events sowie durch ihre Einstellung zur Mobilität und ihre Reisepräferenzen unterscheiden. Innerhalb der Gruppen weisen die einzelnen Personen signifikante Gemeinsamkeiten hinsichtlich ihrer persönlichen Einstellungen (Lebensstilmerkmale) auf (Schüler-Hainsch 2002:183).

Tabelle 29: **Typologie für die Event-An- und Abreise**

Event-An- und Abreisetypen
- Unterhaltungsinteressierte Pauschalreisende
- Gruppenorientierte Autofans
- Reiseminimierende Individualisten
- Komfortbewusste Anspruchsvolle
- Bequeme Selbstorganisierer

Quelle: Eigene Darstellung nach Dörnemann 2002:11

Die Segmentierung der Event-Reisetypen wurde auf der Grundlage Einstellungen und Präferenzen vollzogen, was die Bezeichnung ‚Typen' rechtfertigt (vgl. Hunecke 2002:89-97). Verhaltensmerkmale dienten lediglich zur näheren Charakterisierung der jeweiligen Zielgruppe. Diese typenbeschreibenden Merkmale sind in der folgenden Tabelle abgebildet.

Tabelle 30: **Typenbeschreibende Merkmale der Event-Reisenden**

TYPENBESCHREIBENDE MERKMALE	
Soziodemographische Merkmale	- Geschlecht - Durchschnittsalter - Haushaltsgröße - Lebensphase (gebildet aus: Alter, Haushaltsgröße) - Wohnort - Beruf
Verkehrsmittelaffinität	- Pkw-Anzahl im HH / Pkw-Verfügbarkeit / ÖV-Zeitkartenbesitz - Verkehrsmittelnutzung für die Fahrt zu Events („Mit welchem Verkehrsmittel sind Sie zu der Veranstaltung gelangt?") - Motiv für die Verkehrsmittelwahl („Warum haben Sie sich für die genannten Verkehrsmittel entschieden?")

2 Theoriekonzept: Wirkungsfelder im touristischen Verkehr

Reiseverhalten unterwegs	- Mit Mitreisenden unterhalten - Die Landschaft betrachtet - Radio gehört - Walkman / Diskman gehört - Gelesen - Über Ziel / Veranstaltung (das Event) informiert - Spiele gespielt - Pausen eingelegt - Ausgeruht / geschlafen
Lebens- und Freizeitstil und Freizeitaktivitäten (Beispiele)	- Abwechslung im Leben, Offenheit für neue Trends - Verfolgen eigener Ziele, Unabhängigkeit - Ausflüge und Reisen - Zeit für Familie und Freunde - Interesse an technischen Dingen und neuen Entwicklungen - Ruhe und Erholung zu Hause - Spazieren gehen, Radtouren machen - Besuch von kulturellen Veranstaltungen - Ehrenamtliche Tätigkeiten, politische Aktivitäten

Quelle: Eigene Darstellung

Soziodemographische Merkmale vermitteln ein Bild über die Lebenssituation der betrachteten Gruppe. Diese Daten lassen sich für die Angebotsgestaltung z.T. aus vorhandenen Statistiken (z.B. amtliche Beherbergungsstatistik) entnehmen. Oft sind sie auch als Erfahrungswerte präsent. Die Zugehörigkeit zu einer Gruppe schließt nicht aus, dass vollkommen unterschiedliche Alters- und Einkommensgruppen innerhalb eines Typs vertreten sein können. Durch Anzahl der Pkw im Haushalt, Pkw-Verfügbarkeit, Besitz von Zeitkarten für den öffentlichen Verkehr sowie die reale Verkehrsmittelnutzung drückt sich eine bestimmte Verkehrsmittelaffinität (Pkw-/ÖV-Affinität) aus. Ist beispielsweise eine Zeitkarte für den ÖV vorhanden, kann davon ausgegangen werden, dass dieser auch entsprechend häufig genutzt wird. Die Aussagen zu den Motiven für die Wahl eines bestimmten Reiseverkehrsmittels stützen zumeist diese Tendenz. Als Besonderheit der Befragung gibt das Reiseverhalten unterwegs Auskunft über bevorzugte Formen der Beschäftigung und des Zeitvertreibs während der Fahrt und somit konkrete Hinweise für die Angebotsgestaltung. Mit diesem Untersuchungsmerkmal wird versucht, dem Freizeitbezug der An- und Abreise Rechnung zu tragen. Damit wird erstmalig in einer Untersuchung ergründet, welche Merkmale aus Sicht der Reisenden die Qualität der Fahrt und des Fahrerlebens beeinflussen. Auf dieser Basis lassen sich konkrete Maßnahmen zur Angebotsgestaltung ableiten. Merkmale des Lebens- und Freizeitstils sowie Freizeitaktivitäten wurden nicht in die Typenbildung einbezogen, sondern den einzelnen Typen im Rahmen einer Zusatzauswertung zugeordnet. Sie geben Auskunft über die persönlichen Freizeitpräferenzen und ermöglichen auf diese Weise eine Gegenüberstellung mit den zuvor betrachteten Urlauber- und Freizeitmobilitätstypologien.

Anhand der typenbildenden Merkmale (Mobilitätsanforderungen und -einstellungen, Reisepräferenzen) und mit Hilfe zusätzlicher Beschreibungen (Soziodemographie, Verkehrsmittelaffinität, Reiseverhalten unterwegs) lassen sich die unterschiedlichen Event-Reisetypen anschaulich charakterisieren. Eine Verknüpfung der Typologie von Eventreisenden mit den zuvor beschriebenen Freizeitmobilitätstypologien ist sowohl über die Merkmale ‚Einstellungen zur Mobilität' (Typologie Harzreisende, Mobilitätsstile in der Freizeit), als auch über die Kriterien der ‚Nutzungsqualität von Verkehrsmitteln' (Typologie Wochenendfreizeit) möglich. Ein Bezug zu den Urlaubertypologien lässt sich über die ‚Reisepräferenzen' (z.B. Organisation der Reise) herstellen.

2.3.3.4 Einfluss der Verkehrsmittelwahl auf die Gestaltung von Mobilitätsangeboten im Tourismus

Entscheidungen für oder gegen die Nutzung bestimmter Reiseverkehrsmittel werden auf der Basis komplexer Zusammenhänge gefällt, vielfach spielen ‚emotionale' Faktoren eine wesentlich größere Rolle. So wird insbesondere in der Freizeit der Pkw häufig nicht allein aus zweckrationalen Gründen gewählt. Vielmehr ist das tatsächliche Verhalten durch positive bzw. negative Einstellungen und die subjektive Wahrnehmung gegenüber zur Verfügung stehenden Alternativen beeinflusst. So stellt sich für die Verkehrsmittelwahl, insbesondere im Freizeitverkehr, kaum noch die Frage, ob Entscheidungen tatsächlich rational sind, d.h. einer „rational-choice" entsprechen. Zumal „Rationalität erstens zeit-, zweitens informations- und drittens konsensaufwendig ist" (Schimanek 2000:90), dieser Aufwand aber gerade bei kurzfristigen Entscheidungen (Tagesausflüge) möglichst umgangen wird. Sich bei verfügbarem Pkw bewusst über Alternativen zu informieren, widerspricht demnach sogar dem zweckrationalen Denken (vgl. ebd.). Aus diesem Grund werden Handlungen – dazu gehören auch Verkehrsmittel-Entscheidungen – in Routinen überführt, da dies hilft, den Informations-, Organisations- und Konsensbildungsaufwand zu minimieren. Die Planung eines Ausflugs oder einer Kurzreise ist allerdings nicht als Gegenstand einer routinierten Handlung anzusehen, sondern stellt vielmehr eine „Hochkostensituation" dar, bei der für die betreffenden Akteure subjektiv ‚viel auf dem Spiel steht' (Schimanek 2000:95ff). In diesen seltenen Hochkostensituationen, bei denen es beispielsweise um die Zufriedenheit oder Unzufriedenheit mit einem Kurzurlaub geht, werden Entscheidungen eher bewusst als routiniert getroffen. Aus diesem Grund finden sich insbesondere bei nicht-alltäglichen Handlungen Ansatzpunkte für das „Aufbrechen von Routinen" (Lanzendorf 2002, S.32). Werden also im Rahmen von Ausflügen oder Kurzreisen attraktive Mobilitätsalternativen angeboten, bestehen Chancen, dass diese Alternativangebote zu ‚besonderen' Anlässen genutzt werden. Unter Umständen ergeben sich daraus sogar Lerneffekte für zukünftige Mobilitätsentscheidungen.

Wann ein Angebot als attraktiv gilt, ist von den Ansprüchen und Bedingungen der jeweiligen Zielgruppe abhängig. Die nachfolgende Tabelle stellt dar, welche Ein-

2 Theoriekonzept: Wirkungsfelder im touristischen Verkehr

flussfaktoren bei der Gestaltung von Freizeitverkehrsangeboten beachtet werden müssen, um diese gemäß den Anforderungen bestimmter Zielgruppen gestalten zu können. Die Einflussfaktoren und Merkmale aus den zuvor betrachteten Untersuchungsansätzen stellen darüber hinaus bei der Entwicklung des spezifischen Zielgruppenansatzes ‚Reisetypen' für den Ausflugs- und Kurzreiseverkehr einen zentralen Baustein dar.

Tabelle 31: **Freizeitmobilitätsbezogene Einflussfaktoren auf die An- und Abreise**

Einflussfaktoren	Detailangaben	Studie
Soziale Situation	- Durchschnittsalter, Geschlecht, Haushaltsgröße, Lebensphase, Wohnort, Beruf, Lebensstandard	- alle Typologien
Anforderungen an die Reise / Reiseverkehrsmittel)	- z.B. Schnelligkeit, Flexibilität, Erholung und Entspannung auf dem Weg, Bequemlichkeit/ Komfort, Spaß, Bewegungsaspekt	- Typologie Wochenendfreizeit
	- z.B. schnelle Anreise, kein Umsteigen, individuelle Streckenwahl, Verkehrsinfos, Information zu Reiseroute und Sehenswürdigkeiten, angenehme Atmosphäre, Klima/ Geräusche, Komfort/ Bequemlichkeit, Unterhaltung, Sicherheit	- Typologie Event-Reisende
Mobilitätsorientierungen und -einstellungen	- z.B. ÖV/ MIV-Orientierung: Affinität, Pragmatismus, Distanz; MIV-Symbolik: Status, Freiheit, Bequemlichkeit, Sicherheit.	- Harzreise-Typologie - Mobilitätsstile Alltag
	- Einstellungen zu Verkehrsmitteln auf Freizeitwegen: Bus und Bahn, Auto, Fahrrad, zu Fuß gehen	- Typologie Wochenendfreizeit
	- z.B. Spaß am Autofahren, ÖV-Nutzung nur ausnahmsweise	- Typologie Event-Reisende
Verkehrsmittelnutzung und Verkehrsmittelaffinität	- Pkw-Besitz, Bahncard-/ ÖV-Zeitkartenbesitz, allgemeine / Reiseverkehrsmittelnutzung	- Harzreise-Typologie - Mobilitätsstile Alltag
	- Pkw-Besitz und -verfügbarkeit	- Typologie Wochenendfreizeit
	- Pkw-Besitz, Bahncard-/ ÖV-Zeitkartenbesitz, Verkehrsmittelnutzung für Eventreisen	- Typologie Event-Reisende

2.3 Wirkungsfeld Reisende

Einflussfaktoren	Detailangaben	Studie
Lebensstil- und Freizeitorientierungen	- z.B. Traditionalität, Familienorientierung, Modernität, Hedonismus	- Harzreise-Typologie - Mobilitätsstile Alltag
	- z.B. Traditionalität / Naturverbundenheit, Familie, Sport und Gesellschaft, Kultur, Reisen und Neues erleben	- Typologie Wochenendfreizeit
	- z.B. Verfolgen eigener Ziele/ Unabhängigkeit, Zeit für Familie und Freunde, Abwechslung und neue Trends	- Typologie Event-Reisende
Affinität zu Ausflügen und Kurzreisen	- Durchführung von Ausflügen und Kurzreisen	- Harzreise-Typologie - Mobilitätsstile Alltag
	- Verreisen/ aus eigenen Wänden herauskommen, Reisehäufigkeit am Wochenende, Ausflüge zu Freizeit-Einrichtungen	- Typologie Wochenendfreizeit
	- Ausflüge und Reisen sind wichtig, Verreise gerne	- Typologie Event-Reisende
Reiseverhalten und -präferenzen	- z.B. allgemeine Reisepräferenzen (Motive), Reisehäufigkeit, Reiseart	- Harzreise-Typologie
	- z.B. Reiseart, Reisebegleitung, Selbstorganisation/ Nutzung von Pauschalangeboten	- Typologie Event-Reisende
Informationsverhalten und -präferenzen	- z.B. Information vorab/ vor Ort, Informationsaufbereitung	- Harzreise-Typologie
	- z.B. Information zu Ziel, Reiseroute und Strecke, Verkehrsinformation	- Typologie Event-Reisende

Quelle: Eigene Darstellung

2 Theoriekonzept: Wirkungsfelder im touristischen Verkehr

2.3.4 Fazit: Einflussfaktoren auf die Wahl von Reiseangeboten im Tages- und Kurzreisetourismus

Als Ergebnis des Wirkungsfeldes ‚Reisende' wurden Einflussfaktoren identifiziert, die aus der Perspektive von Reisenden zum einen für die Reiseentscheidung und zum anderen für die Wahl der Reiseverkehrsmittel bei Tages- und Kurzreisen ausschlaggebend sind. Zusammengefasst sind folgende Kategorien entscheidungsrelevant:

- die konkrete Situation (z.B. Reisezweck),

- objektive Rahmenbedingungen (z.B. Infrastruktur und Verkehrsangebot),

- subjektive Bewertungen (z.B. Einstellungen, Werte, soziale Normen).

Da subjektiven Bewertungen im Freizeitverkehr eine große Erklärungskraft zugesprochen wird, wurde hierauf in der Untersuchung das Augenmerk gerichtet. Auf Basis der ermittelten Einflussfaktoren kann bei der Gestaltung von Freizeitverkehrsangeboten gezielt auf die Anforderungen und Bedürfnisse von Reisenden eingegangen werden (siehe Tabelle 32). Wie aus der Analyse hervorgeht, kommt insbesondere freizeitbezogenen Bedürfnissen wie Spaß und Erlebnis sowie Freizeitorientierungen eine wachsende Bedeutung bei der Verkehrsmittelwahl zu. Die Berücksichtigung von Erlebnisbedürfnissen im Bereich Freizeit und Reisen sollte sich damit nicht nur auf den Aufenthalt vor Ort beschränken, sondern auch in die Gestaltung der Reise dorthin einbezogen werden. Soll die An- und Abreise erfolgreich als Baustein im Rahmen qualitativ hochwertiger Pauschalangebote vermarktet werden, so ist auch bei der Konzeption von Mobilitätsangeboten eine Berücksichtigung von Bedürfnissen wie Erholung, Erlebnis oder soziale Interaktion erforderlich. In diesem Fall kann der ‚Transport', der zumeist nur als unwesentlicher Reisebaustein betrachtet wird, einen Zusatznutzen erfüllen und auf diese Weise die Entscheidung für ein bestimmtes Produkt positiv beeinflussen. Dass dennoch die Nutzung des Pkw im Tages- und Kurzreiseverkehr bei weitem überwiegt, liegt in fehlenden attraktiven Alternativen begründet. Häufig mangelt es an freizeitgerechten Angeboten bzw. an der entsprechenden Information darüber. Nur selten werden bei Reiseauskünften Hinweise gegeben, wie der Urlaub auch ohne Auto organisiert und die Mobilität am Zielort dennoch sichergestellt werden kann. Die eingangs aufgestellte These, dass An- und Abreiseangebote im Tourismus dann attraktiv sind, wenn sowohl Mobilitätsanforderungen als auch Freizeitbedürfnisse von Reisenden berücksichtigt werden, kann somit auf Basis der Erkenntnisse bestätigt werden.

Tabelle 32: Übersicht an- und abreiserelevante Einflussfaktoren

Freizeit- und Tourismusforschung (Urlaubertypologien)	Mobilitätsforschung (Freizeitmobilitätstypologien)
Soziale Struktur	
Affinität zu Urlauben, Kurzreisen und Ausflügen	
(Reise-) Verkehrsmittelnutzung und -affinität	
Lebensstilorientierungen, Freizeitorientierungen und -aktivitäten	
Reisemotive	
Reiseverhalten und -präferenzen	
Informationsvermittlung	
Reiseorganisation und Reisebegleitung	Anforderungen an Reiseverkehrsmittel
	Mobilitätsorientierungen und -einstellungen

Quelle: Eigene Darstellung

Da Reiseanlässe und Reiseziele sehr unterschiedlich sein können, lassen sich konkrete Gestaltungskonzepte für Freizeitverkehrsangebote nur exemplarisch darstellen. Dies erfolgt am Beispiel des Eventtourismus zur IGA Rostock 2003. Eine Analyse der objektiven Rahmenbedingungen und deren Einfluss auf die Angebotsgestaltung, wird im nachfolgenden Kapitel vorgenommen (Wirkungsfeld ‚Angebotsstruktur').

Durch die Orientierung künftiger Mobilitätsangebote an den hier ermittelten Einflussfaktoren wird der Forderung nachgegangen, Qualitätsstandards für den öffentlichen Personen(nah)verkehr vorrangig aus Sicht der Nutzerinnen und Nutzer zu definieren (Just/ Reutter 1993:7f.). Denn schließlich stellt der öffentliche Verkehr eine Dienstleistung dar, die wie jede Dienstleistung „den Kunden in den Mittelpunkt" stellen und daher auch die sich wandelnden Lebensbedingungen und daraus resultierenden Ansprüche berücksichtigen sollte (Berndt/ Blümel 2003:25). Wie aus der Untersuchung folgt, sind typologisierende Verfahren ein besonders geeignetes Mittel, um speziell auf Zielgruppen zugeschnittene Maßnahmen für Mobilitätskonzepte im Ausflugs- und Kurzurlaubstourismus zu gestalten. Zwar sind sie in der wissenschaftlichen Diskussion vereinzelt dem Vorwurf ausgesetzt, dass sie „ihrer Natur nach tautologisch sind", da die Einteilung der Typengruppen auf Grund von Verhaltensmerkmalen geschieht und die typenspezifischen Merkmale dann als Ursache für das Verhalten angesehen werden (Braun 1993a:10). Dem kann unter Bezugnahme auf die betrachteten Zielgruppenansätze insofern widersprochen werden, als dass darin keine Verhaltensmerkmale zur Typenbildung herangezogen wurden. Zudem besteht der Sinn von Typologien im Rahmen der vorliegenden Untersuchung nicht darin Verhalten zu erklären, sondern möglichst konkrete Anhaltspunkte für die Gestaltung von Angeboten zu liefern. In der Praxis trägt in diesem Zusammenhang die Beschreibung der Typen anhand ihrer jeweils auffälligsten Merkmale zur Anschaulichkeit bei und bietet Reiseveranstaltern oder Anbietern von Verkehrsdienstleistungen eine verständliche, leicht anwendbare und damit praxisorientierte Hilfestellung. So bestätigt sich auch die zweite eingangs aufgestellte These, dass zur Berücksichtigung personenbezogener Anforderungen und Bedürfnisse bei der Gestaltung von Angeboten die Bündelung von Interessen, d.h. die Ausrichtung auf Zielgruppen, eine sinnvolle und effiziente Maßnahme ist. Zur Entwicklung des Zielgruppenansatzes ‚Reisetypen' werden im Rahmen des Handlungskonzepts die ermittelten Einflussfaktoren wieder aufgegriffen (Kapitel 3.1). Anhand zentraler Merkmale werden die untersuchten Typologien aus den Bereichen Freizeitmobilität und Tourismus miteinander verknüpft. Als Ergebnis werden Reisetypen identifiziert, deren Ansprüche sowohl bezüglich ihrer Freizeit- und Reisegestaltung als auch ihrer Anforderungen an Mobilitätsangebote genau beschrieben werden können.

2.4 Wirkungsfeld Angebotsstruktur

Im Fokus der weiteren Betrachtungen steht der Produktgestaltungsprozess und die Beschaffenheit der Angebotsstruktur von Reiseangeboten sowie die räumlich-strukturellen Voraussetzungen für die Entwicklung von Freizeitmobilitätsangeboten. Besondere Aufmerksamkeit wird dabei der Integration der Mobilität als Reisebaustein gewidmet.

Die Initiative zur Entwicklung touristischer Angebote geht in der Regel von einem Reiseveranstalter aus. Die Gestaltungsfreiheit bei der Angebotsentwicklung hängt von etlichen äußeren Faktoren ab, die bestimmt und begrenzt werden durch die „beschaffungstechnischen Restriktionen und die Marktgegebenheiten der Beschaffungsmärkte" (Kreilkamp 2001:331). Bei der Gestaltung von Angeboten ist es unerlässlich, die an der Erstellung des Reiseprodukts beteiligten Unternehmen, Institutionen oder Personen einzubinden, um sie von vorneherein auch in die Qualitätsverantwortung einzubeziehen. Dies ist von zentraler Bedeutung, da Reiseveranstalter kaum Einfluss auf die Qualität der vor Ort bzw. unterwegs erbrachten Teilleistungen nehmen können. Zudem werden Reisende durch das enge Zusammenwirken der Leistungserbringer die Reise eher als Gesamtprodukt erleben und bewerten. Die Angebotsentwicklung und die Qualität der Leistungserbringung liegt somit nicht allein in der Hand von Reiseveranstaltern, sondern ist auch abhängig von der Kooperation mit anderen Dienstleistern. Großen Einfluss haben weiterhin die räumlichen Strukturen und infrastrukturellen Voraussetzungen sowie die politischen und administrativen Entwicklungsziele in einem touristischen Zielgebiet.

Im Folgenden wenden sich die Betrachtungen daher auch den Kooperations- und Kommunikationsbeziehungen zwischen den beteiligten Akteuren zu. Politische und administrative Bedingungen werden nicht betrachtet, da sie weitgehend außerhalb des Einflussbereichs der touristischen Unternehmen liegen. Um konkrete Ansatzpunkte zur Optimierung der Angebotsstruktur im Sinne von Effizienz und Bedürfnisnähe identifizieren zu können, erfolgt zunächst eine Betrachtung des Planungsablaufs zur Erstellung touristischer Reise- bzw. Mobilitätsangebote.

2.4.1 Entwicklung touristischer Reiseangebote: Prozess der Angebotsgestaltung

Aufgabe von Reiseveranstaltern ist es, die für die Zusammenstellung von Reisepaketen notwendigen Teilleistungen verschiedener Dienstleister zu kombinieren und anzubieten. Dabei wird unterschieden zwischen Vollpauschalreisen (Verkauf vollständig organisierter Reisen) und Teilpauschalreisen (Verkauf einzelner Reisebausteine, wie z.B. Unterkunft oder Hin- und Rückfahrt). Die wichtigsten Teilleistungen einer Pauschalreise sind:

- Transport,
- Übernachtung und Verpflegung,
- Reisebetreuung, Reiseleitung, Animation,
- Kulturelle oder sportliche Angebotsleistungen am Ort.

Hinzu kommt die Beratungs- und Vermittlungsleistung, die entweder vom Reiseveranstalter selbst oder vom Reisemittler erbracht wird (vgl. Freyer 2001:151). Als Reiseveranstalter können sowohl kommerzielle als auch gemeinnützige Veranstalter, aber auch Verkehrsunternehmen sowie Vereine und Verbände in Destinationen auftreten (vgl. Freyer 1997:80f). Die grundlegenden von Reiseveranstaltern zu berücksichtigenden Rechte und Pflichten sind auf der Grundlage der EG-Pauschalreiserichtlinie vom 13. Juni 1990 definiert und rechtlich geregelt (vgl. Mundt 2001:34): Nach dem sogenannten ‚Reiserechtsparagraphen' des Bürgerlichen Gesetzbuches (§651 BGB) gilt in Deutschland als Reiseveranstalter,

- wer mindestens zwei Hauptreiseleistungen (zum Beispiel Flug und Hotel) zu einem Gesamtpaket zusammenfasst und zu einem einheitlichen Preis anbietet;

- wer nach außen hin als Reiseveranstalter auftritt, indem er zum Beispiel Ferienhausaufenthalte oder Charterboote über einen Katalog anbietet, auch wenn die Anreise privat von den Kunden organisiert wird.

Für Kunden sind mit der Buchung von Pauschalreisen viele Vorteile verbunden. Zum einen wird ihnen die Organisation der Reise abgenommen, zum anderen erhalten sie das Reisepaket meist günstiger als bei der separaten Buchung von Einzelleistungen.

2 Theoriekonzept: Wirkungsfelder im touristischen Verkehr

Darüber hinaus erwerben Pauschalreisende einen rechtlichen Anspruch auf die korrekte Erbringung der vertraglich festgelegten Leistungen und eine Absicherung im Falle des Konkurses (Insolvenzschutz) (vgl. Mundt 2001:312).

Im Mittelpunkt bei der Gestaltung und Weiterentwicklung des touristischen Angebots steht seit den Anfängen des Tourismus die Verbesserung des Serviceangebots der Destinationen. Hier wurde und wird viel unternommen, um neue Bedürfnisse bei den Kunden zu wecken und den touristischen Markt zu beleben. Das Angebot an Transport und Unterkunft, als wesentliche Komponenten einer Reise, ist im Verlauf der Entwicklung des touristischen Marktes zwar immer weiter ausgebaut worden (vgl. Mundt 2001:245), jedoch mit unterschiedlichen Intentionen. Im Hinblick auf Mobilitätsaspekte vollzog sich die Entwicklung hauptsächlich in Richtung Beschleunigung von Verkehrsmitteln und Infrastrukturen (Ausbau von Straßen, Hochgeschwindigkeitsnetz der Bahn), also auf die reine ‚Hardware'. Die An- und Abreise als Gestaltungsraum zur Qualitätsverbesserung und Angebotserweiterung zu begreifen und ihr einen eigenständigen Wert zuzubilligen lag dagegen bislang fern. So wird die Mobilität insbesondere bei Tages- und Kurzreisen im Inlandstourismus bis heute nur selten in Pauschalangebote integriert. In den Fällen wo dies doch geschieht, handelt es sich um spezialisierte Veranstalter bzw. um Verkehrsunternehmen, die als Reiseveranstalter auftreten (z.B. Busunternehmen). Auf eine erlebnisorientierte Gestaltung der An- und Abreise wird jedoch nur selten Wert gelegt, es sei denn, es kommen besondere Fahrzeuge wie z.B. Nostalgiezüge zum Einsatz (Jain/ Müller/ Schäfer 2004).

Die Beschränkung der Gestaltungsbemühungen auf Destinationen scheint verwunderlich, denn Eisenbahn-, Schifffahrts- und Straßenpersonenverkehr haben mit etwa 2,5% einen relativ hohen Anteil an den Gesamtausgaben im Tourismus. Zum Vergleich: Der Anteil von Hotels und Pensionen lag 1995 auch nur bei 5,9% (vgl. Filip-Koehn/ Hopf/ Kloas 1999). Auffallend hoch ist der Anteil der Ausgaben für die An- und Abreise in Verbindung mit Flugpauschalreisen. Hier hat der Transport einen Anteil von durchschnittlich 37% an der Wertschöpfungskette (Kreilkamp 2001:308). Es erstaunt in diesem Zusammenhang, dass Reiseanbieter sowie die Freizeit- und Tourismusforschung die Gestaltung der An- und Abreise und deren Integration in das gesamte Reiseerlebnis bisher weitgehend ignoriert haben. Ansätze in diese Richtung haben in der Vergangenheit nur zu begrenzten Erfolgen geführt (Öko-Institut 2001:11). Die ‚Anreise' oder der ‚Transport' werden meist als notwendiges Übel gesehen und in den Katalogen kurz abgehandelt. Ausnahmen bilden einige wenige Sonderfahrten mit Zügen oder Bussen sowie kombinierte Rad- oder Wanderreisen, die den Weg als Ziel der Reise sehen. Unter den geschilderten Umständen wird deutlich, wie wenig das ökonomische Potenzial der Mobilität als Baustein von Reiseprodukten bisher genutzt wird. Um das mögliche Entwicklungspotenzial ermessen können, werden im Folgenden Ansatzpunkte zur Optimierung des Angebots in diese Richtung identifiziert.

2.4.1.1 Prozess der Angebotsgestaltung

Zu Beginn steht im Prozess der Angebotsgestaltung die Auswahl der Destination sowie die Festlegung der weiteren Leistungsbestandteile. Bei der Zusammenstellung der Erlebniskomponenten ist zu berücksichtigen, dass die touristische Dienstleistung nicht-materiell ist, sondern ein ideelles Produkt darstellt. Bei allen Entscheidungen müssen daher Reiseanbieter die Wünsche, Vorstellungen und sogar Träume der Zielgruppen stets vor Augen haben. Die Bedürfnisse der Kunden stellen eine entscheidende Komponente der Nachfrage dar, die bei der Zusammenstellung der Einzelbausteine beachtet werden müssen (Freyer 1997:113). In den folgenden Gestaltungsbeispielen gilt das besondere Augenmerk dem Baustein ‚Transport'. Ein zentraler Aspekt ist hier, dass zur Erreichung eines touristischen Ziels zumeist mehrere Verkehrsmittel bzw. andere Fortbewegungsmöglichkeiten sinnvoll miteinander kombiniert werden müssen. Zur Erhöhung der Attraktivität eines Angebotes sind daher die einzelnen Komponenten bzw. Teilleistungen der Reise so miteinander zu verknüpfen, dass ein reibungsloser Ablauf möglich ist und kein erkennbarer Leistungs- und Qualitätsbruch an den Schnittstellen zwischen den Einzelverkehrsmitteln entsteht. Im Idealfall entsteht beim Reisenden der Eindruck eines von einer Hand geplanten und organisierten Angebots.

Um die verschiedenen Dienstleistungskomponenten bzw. Teilleistungen zu strukturieren, wird die Vorgehensweise bei der Entwicklung von Freizeitverkehrsangeboten in Anlehnung an das „Phasenmodell der Dienstleistungserstellung" von Freyer (vgl. Freyer 2001, 2003) beschrieben (siehe Tabelle 33). Das Modell unterteilt den Prozess bei der Erbringung von Reiseleistungen in drei Phasen:

1. Potenzialphase (Vor-Reisephase),
2. Prozessphase (Reisephase) und
3. Ergebnisphase (Nach-Reisephase).

In der ‚Potenzialphase' erfolgt die *Vorbereitung* (Organisation, Planung) und *Konkretisierung* des Angebots[14]. Diese Phase beinhaltet einen kreativen Gestaltungsprozess sowie die Kontaktaufnahme mit den Kooperationspartnern, die Teilleistungen übernehmen sollen. Die ‚Prozessphase' bedeutet für alle beteiligten Partner die *Durchführung* der geplanten Teilleistungen. Dabei ist das Ineinandergreifen der einzelnen Leistungen bzw. die lückenlose Leistungserstellung von besonderer Bedeutung. In der ‚Ergebnisphase' wird neben der Nachbetreuung der Kunden auch die Nachbereitung und *Bewertung* der Leistungserbringung durch die beteiligten Dienstleister als notwendig angesehen. In diesem Teil spielt auch die Evaluation der Nachhaltigkeit des Angebots eine bedeutende Rolle (vgl. Kapitel 3.3.).

---

14 Nach Freyer (2001:67) beinhaltet die Potenzialphase „'Dienstleistungen' im Sinne von Fähigkeiten und Bereitschaft zur Erbringung einer Dienstleistung".

Tabelle 33: **Prozess der Angebotsgestaltung**

Potenzialphase 1 (Vor-Reisephase) **Vorbereitung**	**Arbeitsziele / Aufgabenstellung**
Auswahl der Zielgruppen	- Auswahl in Frage kommender Zielgruppen - Einordnung der Zielgruppen in die Reisetypen-Kategorien - Beschreibung der Anforderungen und Bedürfnisse des Reisetypen
Entwicklung eines Konzeptentwurfs	Unter Berücksichtigung der Bedürfnisse der Zielgruppe erfolgt - die Auswahl der Ziele und Reiserouten - die Zusammenstellung der Reisebausteine (Organisationsform der Reise, Kosten- und Tarifgestaltung) - die Auswahl und Kombination umweltfreundlicher Reiseverkehrsmittel
Kontaktaufnahme mit Kooperationspartnern	Absprache des Konzeptentwurfs und Erörterung von Möglichkeiten und Potenzialen der Zusammenarbeit durch - gemeinsame Entwicklung und Umsetzung von Reiseangeboten mit Kooperationspartnern - gegenseitiges Vermitteln von Kontakten - Nutzung bestehender und Entwicklung neuer Vermarktungsstrukturen
Potenzialphase 2 (Vor-Reisephase) **Konkretisierung**	**Arbeitsziele / Aufgabenstellung**
Detaillierte Planung der Reisekette (hier: nur An- und Abreise)	Mobilitätsangebot: Reiseverkehrsmittel/ Beförderung - Zubringerservice, Transfer und Gepäcktransport - Fahrzeuggestaltung und -ausstattung - Integration erlebnisbezogener Mobilitätsangebote Infrastrukturelles Angebot - Wege, Wegeführung und Integration von Zwischenstationen - Gestaltung der Schnittstellen und Aufenthaltsorte unterwegs Information und Service - Information über Reiseverlauf (Verkehrsmittel, Ziele und Zwischenziele) - Service und Information unterwegs
Planung zusätzlicher Maßnahmen zur Verbesserung der Nachhaltigkeit	Mobilitätsangebot: Reiseverkehrsmittel/ Beförderung Infrastrukturelles Angebot

2.4 Wirkungsfeld Angebotsstruktur

Vermarktung und Verkauf	Marketingkonzept, Werbung
	Information und Beratung
	- Informationen über umweltfreundliche Mobilitätsangebote
	- Information über die Umweltauswirkungen der Reise
	Buchung, Reservierung und Ticketverkauf
	Reiseunterlagen: Bereitstellung von Information über Reiseverlauf (Verkehrsmittel, Ziele und Zwischenziele)
Bereitstellung	Bereitstellung von Kapazitäten (z.B. Platzkapazitäten im Verkehrsmittel)
Prozessphase (Reisephase) **Durchführung**	Arbeitsziele / Aufgabenstellung
	Beförderung
	Information und Service unterwegs
Ergebnisphase (Nach-Reisephase) **Bewertung**	Arbeitsziele / Aufgabenstellung
Nachbereitung der Reise	Kunden
	- Nachbetreuungsaktivitäten (Befragung zur Zufriedenheit mit der Qualität des Angebots und mit den Leistungserbringern)
	- Beschwerdemanagement
	- Maßnahmen zur Kundenbindung
	Kooperationspartner
	- Erfolgsbewertung und ‚Manöverkritik'
	- Perspektiven für die weitere Zusammenarbeit
	Bewertung der Nachhaltigkeit
	- Im Unternehmen
	- An- und Abreise/ Mobilität vor Ort
	- Nachhaltige Regionalentwicklung

Quelle: Eigene Darstellung, stark verändert und ergänzt nach Freyer 2003:15

Potenzialphase

Die Vor-Reisephase umfasst alle Aspekte, die zur Vorbereitung der Reise bis zur Abreise anstehen (vgl. Freyer 2003:18). Die ersten Schritte, die *Auswahl der Zielgruppen* und die *Entwicklung eines Konzeptentwurfs*, liegen zumeist beim Reiseveranstalter. Wie die Analyse des Wirkungsfeldes ‚Reisende' zeigt, ist es bei der Entwicklung des Konzeptentwurfs ratsam, Bekanntheitsgrad und Attraktivität vorhandener Mobilitätsangebote zu ermitteln und ggf. Informationsangebote zu verbessern (vgl. Tobler 2000:14). Zudem können nicht alle Besucher- und Kundengruppen gleichermaßen von einer Erlebnisanreise angesprochen werden, so dass bei der Entwicklung und beim Marketing solcher Angebote entsprechend differenziert vorgegangen werden muss. Ebenso bedeutend ist die rechtzeitige *Kontaktaufnahme mit potenziellen*

Kooperationspartnern, um diese frühzeitig und dauerhaft in die Entwicklung des Reisekonzepts einzubinden.

Die Konkretisierung des zielgruppenspezifischen Angebots verläuft im Rahmen eines kooperativen Prozesses. Die *detaillierte Planung des Reisekonzepts* wird mit Bezug auf die Zielgruppenansprüche und die Belange der Nachhaltigkeit in einem gemeinsamen Entwicklungsprozess mit den Partnern durchgeführt. Auf Basis des ersten Konzeptentwurfs erfolgt die Auswahl der Ziele, Reiserouten und Organisationsform der Reise sowie die Kosten- und Tarifgestaltung. Die konkrete Festlegung und Gestaltung der Servicebausteine und der Reiseverkehrsmittel stehen dabei im Mittelpunkt. Bei der Entwicklung des Angebots sind die räumlich-strukturellen Rahmenbedingungen zu berücksichtigen sowie Maßnahmen zur Verbesserung der Nachhaltigkeit festzulegen.

Parallel zur Angebotsentwicklung müssen auch *Vermarktung und Verkauf* frühzeitig geplant und umgesetzt werden. Mit Blick auf die Nachhaltigkeit des Gesamtangebots sind die Kunden über umwelt- und sozialverträgliche An- und Abreisemöglichkeiten und die Auswirkungen der Reise zu informieren. Mit den Reiseunterlagen erhalten die Reisenden detaillierte Angaben zum Reiseablauf. Dies ist besonders wichtig, wenn bei der An- und Abreise unterschiedliche Verkehrsmittel zum Einsatz kommen. Sobald die Resonanz auf das Angebot erkennbar ist, kann die *Bereitstellung der Kapazitäten* erfolgen (z.B. Reservierung der Verkehrsmittel und der Unterkünfte).

Prozessphase
Die Reisephase umfasst die gesamte Durchführung der Reise. Während der An- und Abreise werden sämtliche für die Potenzialphase vorgesehenen Dienstleistungen, die sich mit *Beförderung, Service und Information* befassen, realisiert. Nach Freyer/ Groß (2003:17) schließt die Reisephase zwar den Aufenthalt im Verkehrsmittel, nicht aber den Transfer bis zum endgültigen Ziel ein. Es wird lediglich das Mobilitätsdienstleistungsunternehmen betrachtet, mit dem der größte Streckenanteil der Reise zurückgelegt wird. Als vollständiger Reisebaustein umfasst die An- und Abreise jedoch sämtliche Beförderungsleistungen von der Haustür, ggf. über Zwischenstationen, bis zum Ziel inklusive Umstiege und Wechsel der Verkehrsmittel sowie Gepäcktransport. Wesentliche Elemente für die zielgruppengerechte Gestaltung des Mobilitätsangebots, einschließlich der Fahrzeugausstattung, sind Serviceleistungen und Informationen unterwegs sowie die attraktive und nutzerfreundliche Gestaltung der Umsteigehaltestellen und Aufenthaltsorte. Als besondere Elemente lassen sich – entsprechend den Zielgruppeninteressen – Zwischenstationen in die An- und Abreise einbinden oder die Fahrt durch Nutzung alternativer Fortbewegungsmöglichkeiten (Fahrrad, Draisine, Schiff) erlebnisorientierter gestalten.

Auf den Verlauf der eigentlichen Reise hat der Reiseveranstalter keine direkten Einflussmöglichkeiten. Umso wichtiger ist es, auf die Zuverlässigkeit und das Qualitätsbewusstsein der Partner vertrauen zu können. Aufgabe ist es, dass die Leistung so erbracht wird, wie sie von den Kunden gebucht wurde und erwartet wird oder die Kunden sogar positiv überrascht werden.

Ergebnisphase
Zur Sicherstellung der Angebotsqualität ist eine Nachbereitung des Durchführungsprozesses durch die Kooperationspartner unabdingbar. Im Unterschied zu Freyer/ Groß (2003:17) wird hier als Ergebnis- oder Nach-Reisephase nicht nur „das Verlassen des Verkehrsmittels am Zielpunkt [...] bis zur endgültigen Ankunft am gewünschten Zielort" verstanden. Vielmehr dient diese Phase auch der Erfolgskontrolle und führt zu Lernprozessen (vgl. Heinze 2004: 57). Sie beinhaltet demnach auch Nachbereitungsaktivitäten, und zwar sowohl nach Ankunft der Reisenden am Zielort als auch nach ihrer Rückkehr am Heimatort. Für die Erfolgskontrolle und für sofortige Nachbesserungen sind sowohl die Kooperationspartner als auch der Reiseveranstalter zuständig. Hier kommen Instrumente wie Kundenbefragungen, Beschwerdemanagement und Maßnahmen zur Kundenbindung zum Einsatz (siehe Kapitel 2.4.2 ‚Kommunikation'). Um die Nachhaltigkeit des Angebots dauerhaft zu gewährleisten, muss ebenfalls beurteilt werden, ob und in welcher Form die Maßnahmen zur Berücksichtigung und Verbesserung der Nachhaltigkeit durchgeführt wurden und ob die erwünschten Effekte erzielt werden konnten. Zur Erreichung dieses Ziels, wird in Kapitel 3.3 ein Ansatz zur Evaluation der Nachhaltigkeit von Reiseangeboten vorgestellt, der sich im Rahmen der Ergebnisphase einsetzen lässt.

Bei der zusammenfassenden Betrachtung aller Reisephasen zeigt sich eine hohe Komplexität von Faktoren, die es bei der Erstellung von Angeboten zu beachten gilt. Nach Freyer (1997:81) kann daher die Tourismuswirtschaft als ein „Multiproduktunternehmen" verstanden werden, welches das Zusammenspiel vieler Dienstleistungskomponenten regelt. Unabdingbar ist dabei ein „koordiniertes Marketing" aller an der Angebotserstellung beteiligten Kooperationspartner bzw. Leistungsträger, um das Gesamtangebot erfolgreich vermarkten zu können (ebd.). Zur Erstellung eines attraktiven und qualitativ hochwertigen Angebots ist stärker als bisher auch die Mobilität als wesentlicher Reisebaustein zu begreifen und in die Angebotsplanung zu integrieren. Nur durch die enge Zusammenarbeit der einzelnen Leistungserbringer ist der reibungslose Ablauf einer Reise möglich. Aus diesem Grund sind Reiseangebote als „Leistungs- oder Serviceketten" (Freyer 1997: 82) zu verstehen, wobei die Abfolge der einzelnen Reisebausteine nicht beliebig wählbar ist. Aus der Sicht der Reisenden greifen im Idealfall die einzelnen Kettenglieder – von der ersten Information und Beratung bis hin zur Nachbetreuung – so ineinander, dass die gesamte Reise ohne Unterbrechungen verlaufen kann und auch entsprechend wahrgenommen wird.

Dieser Idealfall, die Erstellung von Reiseangeboten in Form einer lückenlosen ‚Reisekette', sollte generell das Leitmotiv für die Planung von (Mobilitäts-) Angeboten sein und ist daher Gegenstand der nachfolgenden Betrachtungen.

2.4.1.2 Reiseketten

Der Begriff ‚Reisekette' ist bisher nicht eindeutig definiert. Im Verkehrsbereich findet er in erster Linie im Zusammenhang mit der ‚Verkettung', d.h. Verknüpfung unterschiedlicher Verkehrsmittel innerhalb einer Reisestrecke Verwendung. Grundgedanke ist dabei, dass Reisende durch die Gestaltung der Reise als „Servicekette" das „Produkt aus einer Hand" erleben und auf diese Weise noch „größere Kundenzufriedenheit" bewirkt werden kann (Deutsches Verkehrsforum 1998, o.S.). Im Zusammenhang mit der Gestaltung touristischer Produkte taucht der Begriff ‚Reisekette' seltener auf. Freyer verwendet ihn synonym zum Begriff ‚Leistungskette', bezieht ihn aber auf das gesamte touristische Leistungsspektrum. Er fordert, die „einzelbetrieblichen Leistungsketten zu einer touristischen Gesamt- oder Branchenkette, zur ‚Reisekette', zu verbinden" (Freyer 1997: 86). Ziel ist, damit sowohl den Nutzen für die Kunden zu erhöhen, als auch anbieterseitig die Organisation effizienter zu gestalten.

Für die Gestaltung von Reiseketten als touristische Mobilitätsangebote ist es erforderlich, die touristische und die verkehrliche Perspektive miteinander zu verbinden. Unter dem Begriff ‚Reisekette' wird demnach im Rahmen der vorliegenden Untersuchung die Integration der Mobilität in den Gesamtkomplex des touristischen Reiseangebotes verstanden. Darüber hinaus muss die lückenlose Kombination und Verknüpfung unterschiedlicher Verkehrsmittel innerhalb eines Reiseweges sowie die Optimierung des Reiseablaufs von Tür-zu-Tür gewährleistet sein, um die erforderlichen Umsteigevorgänge zu erleichtern. Mit der Zielrichtung ein nachhaltiges Wachstum im Eventtourismus zu ermöglichen, wird der Gestaltungsrahmen von Reiseketten durch die Nachhaltigkeit bestimmt. In diesem Zusammenhang stehen der Umstieg vom motorisierten Individualverkehr (MIV) auf umweltfreundliche Fortbewegungsarten, die lückenlose Kombination und Verknüpfung unterschiedlicher Verkehrsmittel innerhalb eines Reiseweges sowie die Optimierung des Reiseablaufs im Mittelpunkt der Reisekettenkonzeption. Grundgedanke ist die Entwicklung nutzerfreundlicher Alternativen zur bisher überwiegenden Pkw-Nutzung. Bestehende Verkehrsangebote im öffentlichen Verkehr sollen in ihrer Attraktivität verbessert und damit im Optimalfall Neukunden aus dem Kreis der Pkw-Reisenden gewonnen werden (vgl. Bethge/ Jain/ Schiefelbusch 2004: 103ff). Ein Vorteil integrierter An- und Abreiseangebote ist die Qualitätssteigerung des gesamten Reiseprodukts, die sich aus dem Zusatzservice ergibt. Nach Opaschowski (1995:28) meiden 39% der Nicht-ÖPNV-Nutzer den ÖPNV aus Bequemlichkeitsgründen, zu 27% aus Komfortgründen und zu 21% aus dem Zwang zum Umsteigen. Von einem optimierten Verkehrsangebot profitieren sowohl die Kunden als auch Reiseveranstalter und Verkehrsdienstleister. Zum anderen bewirken attraktive Reiseangebote Umsteigeeffekte auf umweltfreundliche Verkehrsmittel, so dass die Reise den auch im Tourismus immer stärker geforderten Nachhaltigkeitskriterien entsprechen kann.

Für die Gestaltung nachhaltiger Reiseketten kommen Reisebusse, Bahn, ÖPNV, Fahrrad und andere Fortbewegungsmittel, je nach Art ihres Einsatzes umweltver-

2.4 Wirkungsfeld Angebotsstruktur

trägliche Verkehrsmittel in Frage. In Abhängigkeit von der jeweiligen Situation zählt auch der Pkw dazu. Für den Hauptteil der Reise (*Hauptlauf*) werden in der Regel Bahn oder Bus als Verkehrsmittel genutzt (vgl. Abbildung 11). Für die Fahrt zum Bahnhof (*Vorlauf*) und vom Zielbahnhof zur Unterkunft (*Nachlauf*) ist der Einsatz weiterer Verkehrsmittel erforderlich. Ein integriertes An- und Abreiseangebot beinhaltet daher im Idealfall nicht nur die Beförderung im Hauptlauf (vom Heimat- zum Zielbahnhof), sondern auch – ohne Zusatzkosten – den Transfer vom Wohnort zum Bahnhof bzw. von dort zur Unterkunft als Teil des touristischen Leistungspaketes. Unerlässlich für die individuelle Reiseplanung ist insbesondere, dass die Reisenden bereits im Vorfeld über alle Anreisemöglichkeiten mit unterschiedlichen Reiseverkehrsmitteln umfassend informiert werden, um es ihnen so zu ermöglichen, das ihren Bedürfnissen entsprechende Angebot zu finden.

Eine einfache Reisekette ohne Zwischenaufenthalte könnte wie folgt aussehen:

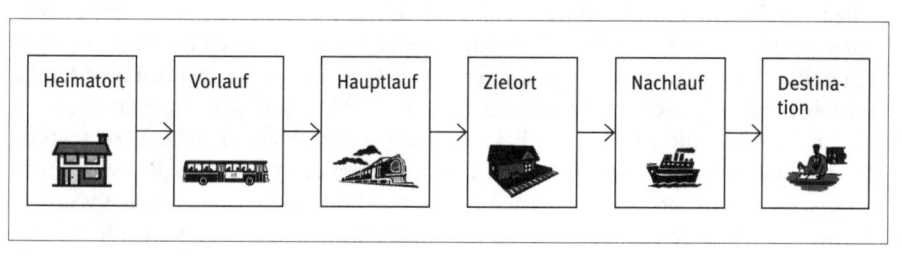

Abbildung 11: **Aufbau einer Reisekette**
Quelle: Eigene Darstellung

2.4.2 Kooperations- und Kommunikationsstrukturen

Um die Forderung nach integrierten Reiseketten – an denen von der Haustür bis zum Ziel viele Unternehmen beteiligt sind – in die Realität umsetzen zu können, sind funktionierende Kooperations- und Kommunikationsstrukturen unabdingbar. Die Koordination und Vernetzung der touristischen Akteure stellen zentrale Aspekte und gleichzeitig die Kernprobleme bei der Erstellung und Umsetzung von Reiseketten dar. Wie die Erfahrungen im Rahmen des Forschungsprojekts EVENTS zeigen, wird von potenziellen Kooperationspartnern ein erheblicher Mehraufwand zum Aufbau der Kooperationsstrukturen befürchtet, hingegen werden die sich daraus ergebenden Chancen selten erkannt. Dabei zielt eine Vernetzung immer auch auf die Nutzung von Synergieeffekten ab, durch die sich der Mehraufwand in der Regel mehr als ausgleichen lässt. Bei der Umsetzung von Reiseketten müssen daher zunächst allen Partnern die oft sehr unterschiedlich motivierten Vorteile der Kooperation verdeutlicht werden. Durch Kooperationen können insbesondere Kleinveranstalter eine bessere unternehmerische Position zu erreichen, indem sie beispielsweise Vertriebs-

2 THEORIEKONZEPT: WIRKUNGSFELDER IM TOURISTISCHEN VERKEHR

gemeinschaften bilden und gemeinsame Kataloge erstellen. Durch Gestaltung eines einheitlichen Marktauftritts und einer einheitlichen Werbelinie verbessern sie ihre Position gegenüber Reisemittlern oder großen Reiseveranstaltern. Eine weitere Voraussetzung für eine erfolgreiche Kooperation ist zudem eine nach innen und außen gut vermittelbare ‚Vernetzungs-Idee', also ein reizvolles Marketingmotto, sowie ein erfolgversprechendes Vermarktungskonzept für den Zusammenschluss aller Partner. Mit Hilfe eines derartigen Netzwerks kann flexibler auf sich ändernde Rahmenbedingungen reagiert und auch die Konzeption neuer Reiseangebote erleichtert werden. Zudem kommen die verbesserten Kommunikationsstrukturen allen beteiligten Akteuren zugute.

Im Bereich Verkehr gibt es bisher nur sehr wenige Initiativen zur Bildung von Kooperationen zwischen Anbietern verschiedener Mobilitätsdienstleistungen. Auch bei der Entwicklung gemeinsamer Angebote und bei deren Vermarktung liegt in der Kooperation zwischen Tourismusanbietern und Verkehrsunternehmen ein erhebliches Defizit vor. Dies liegt insbesondere am generell fehlenden Bewusstsein für den Verkehr als wesentliche touristische Dienstleistung. So werden beispielsweise bei Events Fragen der An- und Abreiseorganisation im Tagesgeschäft der Veranstalter häufig vernachlässigt. Wie sich jedoch am Beispiel der EXPO 2000 in Hannover zeigte, ist selbst bei Events mit sehr hohem Bekanntheitsgrad die zielgerichtete Vermarktung über die Leistungsträger unabdingbar. Erst nachdem das Preis- und Reservierungskonzept der Bahn korrigiert und auch Busunternehmen aktiv eingebunden wurden, konnten die erwarteten täglichen Besucherzahlen auch tatsächlich erfüllt werden (RDA 2001:111). Wie Eventveranstalter verlassen sich auch Reiseveranstalter vielfach darauf, dass die Gäste eigene Mittel und Wege finden, um zu den Reisezielen zu gelangen. Von den Verkehrsunternehmen wird stillschweigend erwartet, dass zur Abwicklung des Event- bzw. Tourismusverkehrs ausreichend Kapazitäten vorgehalten werden.

Auch unter dem Nachhaltigkeits-Aspekt haben Kooperationen und Kommunikation eine besondere Bedeutung. So benennt beispielsweise die UN im Rahmen ihres Umweltprogramms Erfolgsbedingungen für die nachhaltige Tourismusentwicklung („Principles on the Implementation of Sustainable Tourism"; vgl. UNEP 1999): Eine Bedingung ist die Einbindung aller Beteiligten (lokale Gemeinschaft, Tourismusindustrie, Regierung) in die Entwicklung und Umsetzung von Tourismusplanungen. Als wichtiges Erfolgskriterium wird der Informationsaustausch gesehen, der dazu beiträgt, das Bewusstsein für eine nachhaltige Tourismusentwicklung zu stärken und Verhaltensänderungen zu implementieren.

2.4.2.1 Kooperation

Da die Erstellung von touristischen Pauschalangeboten oder ‚Reisepaketen' von mehreren Betrieben und Dienstleistern erstellt wird, ist die kooperative Zusammenarbeit zwischen Reiseveranstalter und allen anderen Leistungserbringern unabdingbar. Diese Leistungserbringer sind Tourismusbetriebe im weiteren Sinne, d.h. Betriebe, die tourismustypische Leistungen erbringen, aber auch solche, die „nicht üblicherweise oder nicht ausschließlich tourismustypische Leistungen herstellen" oder deren Nachfrager vorwiegend Touristen sind (Freyer 2001:17). Verkehrsunternehmen und andere Mobilitätsdienstleister zählen zu dieser Gruppe, da sie ihre Leistungen auch für Touristen anbieten.

Bei der Bündelung der einzelnen Teilleistungen (Unterkunft und Transport) tritt in der Regel ein Reiseveranstalter in den Vordergrund, der die Teilleistungen von den Produzenten der Tourismusleistung (Beherbergungs- und Transportbetriebe) einkauft und als Gesamtpaket an Reisemittler (Reisebüros) oder direkt an die Endverbraucher (die Reisenden) weiterverkauft (vgl. Freyer 2001:115). In den folgenden Darstellungen wird zum leichteren Verständnis die Komplexität der Anbieterstrukturen im Tourismus dahin gehend vereinfacht, dass davon ausgegangen wird, dass Reiseveranstalter ihre Angebote in Zusammenarbeit mit anderen Leistungsträgern selbst entwickeln, vermarkten und verkaufen und sie damit verantwortlich für die Koordination der einzelnen Teilleistungen sind. Ebenso wird angenommen, dass ihnen der direkte Kontakt zu den Kunden obliegt. Eine ähnliche Funktion können auch Reisemittler einnehmen, die Veranstalterreisen anbieten. In diesem Fall sind sie ebenfalls in die Kooperation einzubeziehen, da sie den Kontakt zum Kunden haben. Sie können im Rahmen ihrer Nachbetreuungsaktivitäten am besten evaluieren, wie hoch der Zufriedenheitsgrad bei den Kunden ist. Je nach Struktur des zu gestaltenden Angebots können unterschiedliche Akteure in das Kooperationsnetzwerk eingebunden werden. Für die Entwicklung und Umsetzung von Pauschalangeboten, inklusive Mobilitätsbaustein, lassen sich die in nachfolgender Tabelle dargestellten Partner identifizieren:

Tabelle 34: **Kooperationspartner bei der Entwicklung und Umsetzung von Pauschalreiseangeboten**

Hauptakteur	• Reiseveranstalter, dazu zählen - kommerzielle wie gemeinnützige Veranstalter - Verkehrsunternehmen und Destinationen in der Funktion als Reiseveranstalter
Wichtige Kooperationspartner	• Eventveranstalter • Lokale/ regionale Tourismusorganisationen • Vertreter von Sehenswürdigkeiten und touristischen Attraktionen • Verkehrsunternehmen (Bahn, Busunternehmen, Verkehrsbetriebe des ÖPNV, Taxi) • Andere Mobilitätsdienstleister (Car-Sharing, Autovermietung, Verleihe von ‚Erlebnismobilen' wie Fahrrad, Kanu, Inline-Skates, etc., Veranstalter von Kanu- oder Kutschentouren) • Beherbergungsbetriebe und Gastronomie • Personal- und Servicedienstleistung, z.B. Reiseleitung, Catering • Interessenvertreter einer nachhaltigen Tourismusentwicklung
Weitere mögliche Kooperationspartner	• Logistikunternehmen für den Gepäcktransport • Designer und Ausstatter für die Gestaltung von Fahrzeugen und Informationssystemen • Architekten, Stadtplaner und Landschaftsplaner als Berater für die Entwicklung von Reiserouten und für die Gestaltung von Umstiegs- und Aufenthaltsorten • Medien/ Presse

Quelle: Eigene Darstellung

Da die objektive und die subjektiv empfundene Qualität eines Reiseangebots stark von dem Fachwissen, den Fähigkeiten und der Service-Qualität der beteiligten Akteure abhängt, muss der Reiseveranstalter seine „Service-Orientierung auf die Kunden ausrichten" (Kreilkamp 1998:333). Diesbezügliche Maßnahmen können sein:

- regelmäßige Überwachung der Dienstleistungsqualität der kooperierenden Akteure bzw. Leistungserbringer,
- Entwicklung von Service-Programmen und Schulungen für Mitarbeiter kooperierender Unternehmen,
- Auswahl der Leistungsträger unter Service-Aspekten,
- Nachbetreuungsaktivitäten der Kunden und Beschwerdemanagement.

Die Zusammenarbeit der beteiligten Akteure muss an allen drei Orten der touristischen Leistungserstellung wirksam werden:

- Am Heimatort:
  Hier wird die Reisevorbereitung und -organisation unter Regie des Reiseveranstalters vorgenommen. Der wesentliche Aspekt der Kooperation besteht in der gemeinsamen Entwicklung des Angebots mit den beteiligten Akteuren unter Koordination des Reiseveranstalters, der auf diese Weise auch die direkte Kontrolle über das Ergebnis hat.

- Unterwegs:
  Hier findet die Durchführung der An- und Abreise und damit die eigentliche Dienstleistung statt. Gemeinsam tragen die einzelnen Leistungserbringer (Personen- und Gepäcktransport, Verpflegung, Service) die Verantwortung für die Qualität der Reise und die Zufriedenheit der Reisenden; der direkte Einfluss des Reiseveranstalters ist in dieser Phase begrenzt.

- Im Zielgebiet:
  Hier werden die Hauptelemente der Reise erbracht (Unterkunft, Verpflegung etc.). Bei einer funktionierenden Kooperation können bereits in dieser Phase eventuelle Qualitätsmängel bei der Anreise durch guten Service ausgeglichen werden. Ein wesentliches Element der übergreifenden Kooperation und wichtiger Serviceaspekt ist die ausführliche und detaillierte Information über Mobilitätsangebote im Zielgebiet sowie über den Ablauf der Rückreise (Freyer, 1997:80).

Im Idealfall kooperieren alle beteiligten Akteure so eng, dass für den Reisenden der Eindruck eines Gesamtprodukts entsteht. Denn „die Beurteilung der Qualität der Dienstleistung ‚Pauschalreise' erfolgt durch die Kunden nicht nur dadurch, welche Einzelbestandteile geboten werden", sondern auch *wie* sie ihnen geboten werden. Wichtig ist daher eine homogene Servicequalität entlang der gesamten Reisekette. Schwierigkeiten im Rahmen der Zusammenarbeit entstehen häufig dadurch, dass die einzelnen Akteure in erster Linie ihre eigenen, kurzfristigen Ziele verfolgen. Dieses Vorgehen scheint auf kurze Sicht häufig effizienter, da die Kooperation mit anderen Akteuren zunächst einen nicht kalkulierbaren Mehraufwand bedeutet. Wenn aber mittel- und langfristige Ziele und mögliche Synergieeffekte bedacht werden, zeigen sich die Potenziale einer besseren Vernetzung. Zusammenfassend können folgende Erfolgsfaktoren bzw. Hemmnisse für eine erfolgreiche Zusammenarbeit im Rahmen der Gestaltung von An- und Abreisekonzepten im Eventverkehr genannt werden (Schmithals/ Schophaus/ Leder 2004:136f.):

Tabelle 35: **Wirkfaktoren der Kooperation**

Wirkbereiche	Potenziale und Aufgaben der Kooperation	Hemmnisse der Kooperation
Kommunikation	• Kontakte zwischen verschiedenen Akteuren herstellen • konkrete Benennung von Ansprechpartnern • reibungsloser Ablauf in Planung und Durchführung	• an Eigeninteressen, nicht am Gesamtprojekt orientierte Kommunikation

Vernetzung	• Entwicklung gemeinsamer Themen und Ideen
	• Synergieeffekte durch Stärkung bzw. Fokussierung auf gemeinsame Interessen:
	  - lückenlose Reisekettengestaltung
	  - Möglichkeiten der gegenseitigen Vermarktung
	• höhere Besucherzahlen (finanzieller Gewinn)
	• bessere Darstellung von An-/Abreise und Event bzw. Destination
	• kann Grundlage für zukünftige darstellen
		• Konkurrenz(denken)
		• fehlende Zusammenarbeit, wo sie möglich wäre (z.B. auf Grund von befürchtetem Mehraufwand)
		• isolierte Planung der Akteure (Fehlplanung)
		• Vernetzungsmöglichkeiten werden nicht erkannt/genutzt

Aufgabenverteilung	• überschaubare und effektive Kooperationsstruktur:
	  - aufgabenbezogene Arbeitsgruppen
	  - Bestimmung eines Koordinators
		• unklare Zuständigkeiten für einzelne Aufgaben

Informationsfluss	• ausreichender, regelmäßiger Informationsfluss zwischen allen Partnern
	• gemeinsames Informationssystem für alle Partner (Protokolle, Dokumentation, Internet, Workshops etc.):
	  - relevante Informationen stehen allen zur Verfügung
	  - Überblick über Arbeitsschritte
	  - Vermeidung doppelter Arbeit
		• fehlende Informationsübermittlung (ungewollt oder absichtlich)
		• Zurückhalten von Informationen

Qualifikation der Beteiligten	• Fachkompetenz • Kooperations- und Teamfähigkeit • Know-how-Transfer unter den Partnern	• Zurückhalten von Kenntnissen / Erfahrungen
Wertschätzung und Vertrauen	• Grundlage für funktionierende Zusammenarbeit • höhere Motivation aller Beteiligten	• gegeneinander statt zusammen arbeiten • mangelnde Motivation
Transparenz	• fördert das Vertrauen • bringt alle Beteiligten auf den gleichen Wissensstand	• Zurückhalten von Kenntnissen und Informationen auf Grund von Machtstreben
Beteiligung	• Entscheidungsprozesse unter Einbeziehung aller relevanten Akteure	• Keine klaren Zuständigkeiten und Verantwortlichkeiten

Wirkbereiche	Potenziale und Aufgaben der Kooperation	Hemmnisse der Kooperation
Arbeitsmethoden	• Moderation der Arbeitssitzungen bzw. -treffen • flexible Detailplanung	• langatmige Arbeitssitzungen • ergebnislose Arbeitssitzungen
Ressourcen	• ausreichende finanzielle, personelle und technische Ausstattung (Ergänzung der Partner untereinander) • Einbringen von Ressourcen durch alle Partner	• Engpässe im Personalbereich • Stress • Vernachlässigung wichtiger Bereiche
Umgang mit Konflikten	• Konflikte erkennen und bewältigen durch Krisenmanagement/Konfliktberatung (Analyse und Klärung von Krisen und Konflikten)	• Verschleppung von Problemen • Eskalierung des Konfliktes

Quelle: Eigene Darstellung nach Schmithals / Schophaus / Leder 2004:136f.

Ein Anwendungsbeispiel für eine gelungene verkehrsorientierte Kooperation im Tourismus stellt die Aktion „Fahrtziel Natur" dar, bei der die Deutschen Bahn AG mit ihren Kooperationspartnern Bund für Umwelt und Naturschutz e.V., Naturschutzbund Deutschland e.V., Verkehrsclub Deutschland e.V. und der Umweltstiftung WWF Deutschland den nachhaltigen Tourismus in Deutschland unterstützt und naturverträgliche Reisen in Großschutzgebiete in Deutschland anbietet. Die Kooperation zielt darauf, umweltverträgliche Mobilität mit kompetenter Betreuung der Besucher durch Umweltverbände und lokale Tourismusorganisationen vor Ort zu verbinden und Freizeitverkehr auf die Schiene zu verlagern (DB AG 2003, o.S.).

2.4.2.2 Kommunikation

Um Reiseketten für nachhaltige Freizeitverkehrsangebote entwickeln zu können, müssen zunächst die Kommunikations- und Organisationsstrukturen aufgebaut werden, die die bestehenden Beziehungen zwischen den Leistungsträgern einbeziehen, aber nach festzulegenden Kriterien neu zu strukturieren sind. Im Ergebnis entstehen effiziente und flexibel reagierende, dauerhafte Strukturen, mit deren Hilfe ohne große Abstimmungsprobleme eine Vielzahl von zielgruppengerechten Reisekettenangeboten zum Vorteil aller beteiligten Unternehmen entwickelt werden kann.

Eine weitere Kommunikationsebene ist die zwischen Anbietern und Reisenden sowie Meinungsbildnern wie Medien oder Interessengruppen. Insbesondere zur Steigerung der Akzeptanz von umweltfreundlichen An- und Abreiseangeboten sind Instrumente notwendig, die in den Alltag der Menschen hineinreichen und sie dort abholen, wo sie stehen. Dabei erweist sich die Gesamtbevölkerung als Zielgruppe für die Entwicklung von Kommunikationsstrategien als zu unscharf. Werden alle Bevölkerungsgruppen gleichzeitig angesprochen ist der Erfolg eher mäßig und die Streuverluste groß (vgl. u.a. Seydel 2004: 82). Aus diesem Grund sollte sich die

2 THEORIEKONZEPT: WIRKUNGSFELDER IM TOURISTISCHEN VERKEHR

Kommunikation zwischen Reiseveranstalter und Reisendem am Konzept der Zielgruppenspezifizierung orientieren. Ein spezifisches Kommunikationskonzept zielt darauf ab, lediglich in Frage kommende Zielgruppen auf umweltfreundliche Mobilitätskonzepte anzusprechen und geeignete Marketinginstrumente zu entwickeln.

Kommunikation zwischen Reiseveranstalter und Kooperationspartnern
Die Kommunikation zwischen Akteuren bietet informelle Interaktionschancen zur Konzeption von Reiseketten und basiert weniger auf vertraglichen Vereinbarungen, sondern auf gegenseitigem Vertrauen. Die Kommunikation verläuft erfahrungsgemäß in mehreren Schritten. Nach einer ersten Kontaktaufnahme der potenziellen Partner folgt eine Abstimmungsphase über Inhalte, Ziele und Kooperationsformen der Zusammenarbeit. Daraus resultiert im Idealfall eine gemeinsame Handlungsstrategie, die gegebenenfalls in eine Kooperationsvereinbarung mündet (vgl. Leder/ Schmithals/ Schophaus 2004:132).

Zur Verdeutlichung der ablaufenden Prozessschritte werden im Folgenden die einzelnen Phasen des Kooperationsprozesses mit den jeweils zu treffenden Steuerungsmaßnahmen dargestellt (vgl. ebd.:133f.). Die Steuerung des Kooperationsverlaufs erfolgt immer parallel zum Prozess der Angebotserstellung.

1. Start- und Konstituierungsphase (Potenzialphase 1 + 2)
Die Kontaktaufnahme zu potenziellen Kooperationspartnern erfolgt nach der Auswahl der Zielgruppen und der darauf basierenden Entwicklung eines ersten Konzept-Entwurfs (Potenzialphase 1). Erst in diesem Stadium kann der Reiseveranstalter als Hauptakteur und Initiator absehen, welche Art von Partnern in welcher Region zu kontaktieren sind. Nachdem die Kooperationspartner angefragt wurden und eine Akteursanalyse durchgeführt wurde, sollten sich zu Beginn der Reisekettenplanung alle Partner über ihre Ziele, Interessen und Verantwortungsbereiche austauschen (Potenzialphase 2). Daraufhin wird eine Einigung bezüglich der Organisations- und Kooperationsstrukturen angestrebt und Funktionsrollen verteilt. Vereinbarungen über Leitbilder und Strategien, der Aufbau interner und externer Kommunikationskanäle, die Art und Häufigkeit von Projekttreffen sowie die Festlegung von Arbeitsschwerpunkten ergänzen die einzuhaltenden Qualitätsstandards bei der gemeinsamen Arbeit.

2. Durchführungsphase (Reisephase)
In der Durchführungsphase werden die von den Akteuren entwickelten Pläne und Strategien praktisch umgesetzt. Management und Vermarktung stehen hier im Mittelpunkt. Die einzelnen Partner legen dazu eine Planung mit Teilschritten und zu erreichenden Zwischenzielen vor, die mit den anderen Partnern regelmäßig abzustimmen ist. Auf Grund der Vielfalt der parallel ablaufenden Arbeitsschritte ist hier ein flexibles Kooperationsmanagement besonders wichtig, das kurzfristig auf Probleme reagieren kann und sowohl die Kommunikation innerhalb des Teams, als auch mit der Öffentlichkeit pflegt. In dieser Phase sind ggf. weitere Leistungsträger, die für

die praktische Umsetzung von Projektideen notwendig sind, in den Projektablauf einzubinden.

3. Ergebnis- oder Nachbereitungsphase (Nach-Reisephase)

Die Ergebnis- oder Nachbereitungsphase dient der Erfolgskontrolle und Lernprozessen. Sie beginnt mit der selbstkritischen Evaluation und umfasst neben einer Wirkungsabschätzung auch die Kontrolle der erreichten Ziele z.B. durch Besucherbefragungen, Auswertung von Gästestatistiken oder Soll-Ist-Vergleichen mittels zu Beginn festgelegter Evaluationskriterien. Um institutionelle Lernprozesse zur Effizienzsteigerung in zukünftigen Projekten zu ermöglichen, müssen die durchgeführten Arbeitsschritte und gewonnen Ergebnisse gesichert werden. Zum Projektabschluss sollten daher insbesondere folgende Maßnahmen durchgeführt werden (vgl. u.a. Heinze 2004:56):

- Dokumentation der Organisations- und Kommunikationsstruktur sowie der dabei gemachten Erfahrungen in Form einer Handlungsanweisung für das weitere Vorgehen,

- Suche nach Weiterführungs- und Übertragungsmöglichkeiten für die angestoßenen Prozesse,

- Abschluss formeller Vereinbarungen mit den Kooperationspartnern, um den künftigen Kooperationsaufwand zu minimieren,

- Auswertung aller zugänglichen Medien, um die Effizienz der eigenen Öffentlichkeitsarbeit zu überprüfen.

Dass die Kommunikation beim Aufbau nachhaltiger Produktketten (Reiseketten) eine wesentliche Rolle spielt, wurde auch von der Tour Operators' Initiative (TOI) erkannt. Im Rahmen des Katalogs von Nachhaltigkeitskriterien wird der Austausch zwischen den beteiligten Dienstleistern an mehreren Stellen abgeprüft und fließt als ein Kriterium in die Nachhaltigkeits-Berichterstattung von Reiseveranstaltern ein. So sollen beispielsweise die Kommunikationsprozesse der beteiligten Unternehmen beschrieben werden. Diese Prozesse können umfassen: „One-way-communication" (z.B. Fragebögen), „Two-way communication" (z.B. Informationsaustausch) oder „active co-operation" (z.B. Weiterbildungsmaßnahmen für die beteiligten Unternehmen), wobei der Grad der Beteiligung jeweils zunimmt (GRI 2002:17ff.).

Kommunikation zwischen Anbietern und Endkunden

Die Kommunikation zwischen Akteuren und Endkunden funktioniert in zwei Richtungen. Einerseits muss eine Brücke gebaut werden zwischen den Erwartungen der Kunden an die Reise inklusive Unterkunft, Verpflegung, Transport etc. Diese Erwartungen werden an den Reiseveranstalter bzw. an seine Produkte gestellt. Andererseits sind die touristischen Anbieter bemüht, ihr Produkt zielgruppengerecht an ihre

Endkunden zu vermitteln und ein höchstmögliches Maß an Kundenzufriedenheit zu erwirken (vgl. u.a. Mundt 2001:319). Dieser Vorgang wird im Tourismus mit dem Begriff Customer-Relationship-Management (CRM) beschrieben und umfasst die Vermarktung und den Vertrieb touristischer Produkte, die Definition von touristischen Zielgruppen sowie das Schnittstellenmanagement zwischen Endkunden und den touristischen Akteuren.

Die Kommunikation zwischen touristischen Akteuren und Endkunden setzt eine qualitative Zielgruppen- und Medienplanung voraus, die in der Regel durch Marktforschungsunternehmen (z.B. durch Kundenbefragungen) begleitet wird (vgl. u.a. Communication Networks 6.0, o.J.)[15]. Im Ergebnis steht ein zielgruppengenaues Marketingkonzept, das

- konkrete Informationen über das Produkt liefert,
- zeigt, welchen Nutzen das Produkt für den Endkunden hat,
- das Produkt anschaulich präsentiert,
- die Faszination des Produkts vermittelt,
- ästhetisch und ansprechend gestaltet ist,
- unterhaltsam ist und
- einen nachvollziehbaren Qualitätsstandard bietet.

Hilfreich ist in diesem Zusammenhang auf Qualitäts- oder Gütesiegel zurückzugreifen, die den Kunden Produktqualität vermitteln und so die Auswahl unter einer Vielzahl ähnlicher Produkte erleichtern sollen. Gerade bei der Entwicklung von Reiseketten verhilft die zielgerichtete Kommunikation dazu, die Nutzerpotenziale umweltgerechter Freizeitverkehrskonzepte besser auszuschöpfen, wozu allerdings ausreichende Informationen über Art und Qualität des Angebots vorhanden sein müssen. Für ein verbessertes Qualitätsmanagement sollten die Kunden die Möglichkeit erhalten, Kritik und Anregungen zu äußern. Dies umfasst ein kundenfreundliches Beschwerdemanagement, mit denen Unzufriedenheiten der Reisenden kanalisiert, und zentral die Maßnahmen zur Behebung der aufgetretenen Missstände gesteuert werden können (vgl. Fiedler 2001:83). Kritik kann und sollte im Rahmen der Nachbereitungsphase aktiv bei den Kunden abgefragt werden. Das Beschwerdemanagement hat eine hohe Bedeutung für eine positive Unternehmensbewertung, da die Einstellung der Reisenden gegenüber den Anbietern in hohem Maß davon abhängt, wie auf ihre Einwände reagiert wird.

---

15 Communication Networks 6.0 ist mit 31.458 Fällen eine der größten Marktstudien in Deutschland.

2.4 Wirkungsfeld Angebotsstruktur

2.4.3 Räumlich-strukturelle Voraussetzungen

Zur Konkretisierung des Angebots und zur Umsetzung von Reiseketten ist die Analyse der räumlich-strukturellen Rahmenbedingungen eine unabdingbare Voraussetzung, da hiervon die möglichen Gestaltungsvarianten abhängen. Besonders außerhalb von Städten besteht meist das Problem, dass Verkehrsangebote nur selten mit den Belangen von Touristen übereinstimmen, da die Angebote überwiegend auf den Alltags- bzw. Berufsverkehr und nicht auf den Freizeitverkehr abzielen. Reisende, die mit alternativen Verkehrsmitteln zu Destinationen in periphere Regionen reisen wollen, sind in der Regel auf sich allein gestellt. Sie erhalten zwar auf Anfrage bei Auskunftsstellen der Tourismusdestinationen Hinweise zu einer eventuell möglichen Bahnanreise, doch weit häufiger können sie erst vor Ort klären, wie sie mit ihrem Gepäck zu ihrem eigentlichen Ziel gelangen und wie viel Zeitaufwand und welche Kosten hierfür anfallen. In jedem Fall entspricht eine solche An- und Abreiseorganisation nicht den Erwartungen an eine bedürfnisgerechte Reisekette. Um dies zu ändern ist die Kreativität der Verkehrsunternehmen und die Verantwortung der Aufgabenträger gefordert (DTV 2002:8).

Zentrale Rahmenbedingungen für die Planung von Reiseketten stellen das (öffentliche) Mobilitätsangebot und die zur Verfügung stehende Infrastruktur dar. Demnach sind folgende Einflussfaktoren in die Überlegungen einzubeziehen:

- Das Mobilitätsangebot (Reiseverkehrsmittel/ Beförderung)
- Hauptverkehrsmittel
- Zubringerservice, Transfer und Gepäcktransport,
- Fahrzeuge (Fahrzeuggestaltung und -ausstattung),
- erlebnisbezogene Mobilitätsangebote.

- Das infrastrukturelle Angebot
- Wege (Straße, Schiene, Rad-/ Fußwege),
- Schnittstellen und Aufenthaltsorte unterwegs,
- Integration von Zwischenstationen unterwegs.

- Information und Service
- Information über den Reiseverlauf (Verkehrsmittel, Ziele und Zwischenziele),
- Service und Information unterwegs.

2.4.3.1 Mobilitätsangebot: Reiseverkehrsmittel und Beförderung

Voraussetzung für den Erfolg der Reisekette ist ihre problemlose Nutzung und die einfache Erreichbarkeit der einzelnen Standorte. Zur Einbindung in die Reisekette eignen sich als Ausgangspunkte für Bahnreisen Städte mit Fern- bzw. Regionalverkehrsanbindung, die möglichst ohne Umsteigen zu erreichen sind. Ist die Anbindung

2 Theoriekonzept: Wirkungsfelder im touristischen Verkehr

nicht gegeben, so dass die Anreise mit dem Pkw erfolgen muss, lässt sich zumindest die Mobilität vor Ort sowie die Weiterreise an andere Standorte mit umweltfreundlichen Verkehrsmitteln gestalten. Innerhalb der Zielregion sollte die Verknüpfung der einzelnen Reisestationen entweder durch auf Besucher und Besuchszeiten abgestimmte Zusatzangebote im Linienverkehr oder durch gemeinsam mit den Kooperationspartnern initiierte Ergänzungsangebote sichergestellt werden.

Im Folgenden werden die wichtigsten Einzelmerkmale des Mobilitätsangebots sowohl aus Sicht der Reisenden als auch unter Berücksichtigung der Nachhaltigkeitsbelange dargestellt.

Auswahl der Reiseverkehrsmittel

Aus der Sicht der Reisenden existieren neben den zielgruppenspezifischen Anforderungen an das Mobilitätsangebot auch allgemeingültige Ansprüche, die zum erwarteten Standard eines Reiseangebotes zählen. Unerlässlich ist zunächst die generelle Erreichbarkeit und Zugänglichkeit der Verkehrsmittel, und zwar nicht nur die real vorhandene sondern auch die wahrgenommene und positiv bewertete Zugangsmöglichkeit (Heinze/ Kill 1997:151). So hängt die Einschätzung der Nutzungsqualität von Verkehrsmitteln unmittelbar von der Informiertheit über das vorhandene Angebot ab. Wer beispielsweise nicht weiß, dass für eine bestimmte Strecke alternative Verkehrsmittel zur Verfügung stehen, mit denen die Fahrt sogar schneller oder komfortabler abläuft als mit dem Pkw, hat keinen Grund, sein Mobilitätsverhalten in Frage zu stellen bzw. zu überdenken (Beutler 1996:31).

Bezugnehmend auf das Wirkungsfeld ‚Nachhaltigkeitsziele' wird davon ausgegangen, dass die in Tabelle 36 aufgeführten Reiseverkehrsmittel jeweils für bestimmte Distanzen umweltverträglicher sind als andere und sich daher zur Gestaltung nachhaltiger Freizeitverkehrsangebote besonders eignen:

Tabelle 36: **Gestaltung von An- und Abreiseangeboten**

	Reiseverkehrsmittel
Vorlauf / Nachlauf (Nahbereich)	Zu Fuß
	Fahrrad
	ÖPNV (U-/ S-Bahn, Bus, Tram)
	Taxi
	Mietwagen
	Abholservice
	MIV (eigener Pkw, Motorrad, etc.)

2.4 Wirkungsfeld Angebotsstruktur

Hauptlauf (größere Distanzen)	Regional- und Fernbahn
	Reisebus
	Schiff/ Fähre
	Fahrrad (in Kombination mit o.g.)

Quelle: Eigene Darstellung

Neben den genannten Verkehrsmitteln kommt für die An- und Abreise im Freizeit- und Tourismusverkehr auch die Nutzung von ‚Erlebnismobilen', meist in Kombination mit anderen Verkehrsmitteln in Betracht. Unter ‚Erlebnismobilen' werden Verkehrsmittel verstanden, die durch ihren Neuigkeits- oder historischen Wert bzw. durch ihre geringe Verbreitung eine Attraktion darstellen, darüber hinaus jedoch als Transportmittel eingesetzt werden. Hierzu zählen sowohl individuelle Fortbewegungsmittel wie Inlineskates, Roller, Kanus, Waterbikes, Draisinen, neuartige Fahrräder oder Elektro- und Solarmobile als auch Mobilitätsdienstleistungen wie z.B. Velotaxis (Fahrradrikschas), Pferdekutschen oder historische Eisenbahnen oder Busse. Sie können in die An- und Abreise eingebunden werden, um „den Weg abwechslungsreicher zu gestalten, bewusster wahrzunehmen und neue Erfahrungen zu ermöglichen" (Bethge/ Jain/ Schiefelbusch 2004, 111).

Eine tatsächliche Auswahl unter allen Verkehrsmitteln ist nicht in jedem Fall möglich, da die Lage von touristischem Quellgebiet und Destination sowie die verbindende Verkehrsinfrastruktur das Spektrum der Möglichkeiten mehr oder weniger stark einschränken. Hier ist zunächst eine Analyse des Ist-Zustandes, d.h. eine Erreichbarkeitsanalyse und Reisezeitvergleiche vorzunehmen (siehe nachfolgende Tabelle). Diese stellt die Potenziale und Defizite der vorhandenen Verkehrsverbindungen einschließlich der notwendigen Verkehrsmittelwechsel heraus und macht deutlich, an welchen Stellen Angebotsergänzungen erforderlich sind.

Tabelle 37: **Bestandteile einer Erreichbarkeitsanalyse**

Analyse des Ist-Zustandes (Beispiele): Vergleich der Reisezeiten zwischen MIV und ÖV auf den verschiedensten Reiserelationen und Ermittlung der reisezeitverlängernden Einflüsse (Zugang, Warten, Fahren, ggf. Warten beim Umsteigen, Abgang).
Zu- und Abgang: - Zu große Entfernung zum nächstem Bahnhof, zu geringe Haltestellendichte des ÖPNV, - ungünstiges Fußgänger- oder Radwegenetz (hoher Umwegfaktor, unattraktive Wege), - fußgängerunfreundliche Ampelschaltungen, - weit abgerückte B+R- und P+R-Plätze, - zu seltene / unregelmäßige Fahrtenangebote, verbunden mit langen Wartezeiten, - zeitaufwändige Zahlungsmodalitäten.

2 Theoriekonzept: Wirkungsfelder im touristischen Verkehr

Während der Beförderung:
- Vielzahl von Haltestellen, lange Haltezeiten,
- häufiges verkehrsbedingtes Anhalten (Stau, ungünstige Ampelschaltungen),
- ungünstige Routen- oder Linienführungen,
- beschwerliches Ein- und Aussteigen besonders für mobilitätseingeschränkte Personen.

Beim Umsteigen:
- lange / unbequeme Wege (Treppen, fehlender Witterungsschutz) zwischen den Verkehrsmitteln,
- schlechte Anschlüsse (lange Wartezeiten),
- fehlende Lagepläne an den Verknüpfungspunkten (verpasste Anschlüsse bei zu kurz geplanten Übergangszeiten).

Quelle: Eigene Darstellung nach Fiedler 2001:21

Da viele touristische Standorte in strukturschwachen ländlichen Gebieten liegen, ist ihre Erreichbarkeit und die Verbindung untereinander mit öffentlichen Verkehrsmitteln häufig unzulänglich. Daher sollte im Rahmen der Reisekettengestaltung die Ergänzung und Erweiterung des bestehenden Verkehrsangebots angestrebt werden. Bis zusätzliche Mobilitätsangebote realisiert werden können, lassen sich kurzfristig durch lokale Angebote, beispielsweise ein durch Hotels organisierter Abholservice vom Bahnhof, Lösungen schaffen.

Zur Berücksichtigung von Nachhaltigkeitskriterien sind als Ziele im Rahmen der Angebotsgestaltung anzustreben:

Tabelle 38: **Erfordernisse der Nachhaltigkeit bei Mobilitätsangeboten**

Erfordernisse der Nachhaltigkeit (Beispiele)
- Verlagerungen der Transportleistungen auf Verkehrsmittel mit geringeren spezifischen Emissionsmengen sowie eine Erhöhung der Auslastungsgrade.
- Verbesserte Fahrzeugtechnologie durch Optimierung konventioneller Fahrzeuge und Entwicklung alternativer Energieformen.
- Ökologische Optimierung des Verkehrsablaufes durch Abstimmung des Fahrverhaltens, der Verkehrsregelung und -steuerung auf einen möglichst umwelt- und ressourcenschonenden Betrieb.
- Sozial-ökologische Optimierung der Verkehrsinfrastruktur (z.B. Lärmschutzwände).
- Verursachergerechte Finanzierung, bei der die hohen ungedeckten Kosten des privaten und des öffentlichen Verkehrs von den Verursachern und nicht von der Allgemeinheit finanziert werden.
- Setzung von klaren Rahmenbedingungen, die einen wirksamen Wettbewerb, aber auch eine ausreichende Marktsteuerung ermöglichen.

Quelle: Eigene Darstellung, u.a. nach Nationaler Umweltplan Österreich 1995, Fiedler 2001 und WALTER 2001

Die wesentlichen Anforderungen an Reiseverkehrsmittel aus der Perspektive der Reisenden zeigt Tabelle 39. Auf den Kostenaspekt, der zwar eine wichtige Rolle spielt, der aber für die hier vorgenommenen Betrachtungen eine zu hohe zusätzliche Komplexität aufweist, wird im Rahmen dieses Kapitels nicht näher eingegangen.

Tabelle 39: **Anforderungen der Reisenden an Reiseverkehrsmittel**

Schienenverkehr (vgl. DTV 2002:6ff.)
- nachfragegerechte Fahrtzeiten und Pünktlichkeit,
- einheitliches, benutzerorientiertes Tarif- und Auskunftssystem,
- modernes Fahrzeugmaterial, Sauberkeit,
- umsteigefreie und platzbuchungsfähige Verbindungen zu touristisch wichtigen Zielen,
- barrierefreie Zugänge und behindertengerechte Ausstattung der Züge und Anlagen,
- attraktive Gestaltung von Bahnhöfen, Nebenanlagen und Dienstleistungsangeboten,
- Busterminals an wichtigen Umsteigepunkten für bequemen Wechsel zwischen Bus und Bahn,
- Integration von Car-Sharing-Angeboten in Reisekette und Tarifstruktur (vgl. Muheim / Reinhardt 2000:54f.),
- Verbesserung von Kundenbetreuung, Kundeninformation und Freundlichkeit,
- spezielle Serviceangebote (Kleinkind-Abteile, Fahrradabteile, Gastronomie, Informationsangebote, etc.),
- Einsatz ‚besonderer' Züge (Hotel-/Autoreisezüge, Traditionszüge, Panoramazüge).
Reisebus (vgl. GBK 2001, o.S / BDO 2002:1f.)
- Kriterien des RAL-Gütezeichens Buskomfort (Sitzabstand, Bordeinrichtungen, Sitzplatzkapazität, etc.)
- Weitere Qualitätsmerkmale:
- Komfort (Klima, Ergonomie, Hygiene, Unterhaltung während der Fahrt, Geräuschpegel und Vibrationen),
- Service- und Versorgungsqualität (Reiseleitung an Bord, Bord-Verpflegung, Nichtraucherfahrten),
- Kontakt mit den Kunden, Gemeinschaftsaspekt,
- Verbesserung des Image des Verkehrsmittels, Sicherheit als großer Imagefaktor.
- weitere Ausstattungsmerkmale der Fahrzeugqualität, z.B. Videoanlage, Fahrradmitnahmemöglichkeit, Schlafsessel (das „Rollende Hotel").

2 Theoriekonzept: Wirkungsfelder im touristischen Verkehr

ÖPNV (vgl. DTV 2002:8f. / Fiedler 2001:9ff. / Hunecke 2000a:44f.)

- Hohe Erschließungsqualität durch optimale und kurzwegige Verknüpfung von ÖPNV mit Pkw- und Fahrradverkehr,
- hohe Ausstattungsqualität von Schnittstellen (z.B. wettergeschütze Park&Ride-, Bike&Ride-Plätze), günstige Lage,
- komfortable Umsteigepunkte mit abgestimmten Fahrplänen zwischen Nah-, Regional- und Fernverkehr,
- dichtes, gegliedertes Erschließungsnetz,
- hohe Taktfrequenz und einprägsame Takte,
- einheitliches Tarifsystem, Berücksichtigung besonderer Nutzergruppen bei der Tarifgestaltung (Familien, etc.),
- Erleichterung der Mitnahme von Fahrrädern,
- Verknüpfung des Nahverkehrsangebotes mit touristischen Leistungen, z.B. Hotelausweis oder Kurkarte berechtigen zur kostenlosen Benutzung des ÖPNV,
- Gewährleistung subjektiver Sicherheit der Fahrgäste,
- Ergänzung des bestehenden Angebots durch bedarfsgesteuerte Angebote (z.B. Rufbus, Anruf-Sammeltaxen),
- Vermittlung von zielgruppenspezifischen Informationen für individualisierte Mobilitätsansprüche (I&K).

Fahrradverkehr (vgl. DTV 2002:12 / BMVBW 2002a:49ff. / Netzwerk Langsamverkehr 2001:9ff.)

- Erweiterung und Verbesserung des Radwegenetzes (Wegebreite, Instandhaltung, Beleuchtung, etc.),
- bedarfsgerechte Fahrradparkmöglichkeiten (Witterungsschutz und Sicherheit),
- attraktive und flächenerschließende Verbindungen zu touristisch relevanten Zielen,
- ausreichende und einheitliche Wegweisung, Trennung von Rad- und Fußwegen,
- hohe Verkehrssicherheit und soziale Sicherheit,
- Möglichkeiten zur Mitnahme in öffentlichen Verkehrsmitteln / Kombinationsverkehre mit Bahn, Schiff und Bus,
- Fahrradverleih mit Verleih von Zubehör (Helme, Kinderfahrräder, etc.)
- günstige Fahrradtarife durch Kombitickets, Fahrraddauerkarten oder Gratisradmitnahme,
- Schnittstellen wie Fahrradstationen oder bewachte Abstellanlagen mit Dienstleistungsangeboten,
- nutzerfreundliche Lösungen für Einwegfahrten (Fahrrad hin, Bahn zurück) und Fahrradversand.

Quelle: Eigene Darstellung u.a. nach DTV 2002, BMVBW 2002a, Fiedler 2001, Hunecke 2000a

Für die flexiblere Nutzung alternativer Verkehrsmittel werden derzeit weitere Möglichkeiten erprobt, um das bestehende öffentliche Verkehrsangebot zu erweitern. Neuere Elemente, die für die Reisekettengestaltung eine hohe Bedeutung erlangen können, sind beispielsweise verbesserte Angebote für Fahrradfahrer. Hierzu zählen sowohl optimierte Mitnahmemöglichkeiten für eigene Fahrräder, als auch Fahrradverleihe an Bahnhöfen oder Busknotenpunkten. Ein Angebot der Deutschen Bahn ist „Call a bike", mit dem, unabhängig von Öffnungszeiten, Fahrräder an zentralen Punkten von Großstädten zum Verleih positioniert werden, die sich auch für One-Way-Strecken nutzen lassen (vgl. DB AG 2002:22). Die Kombination von Bahn und Rad im Tourismus wird überaus gut angenommen, zumal Radfahrer die Bahn erheblich stärker als andere Touristen nutzen. Insbesondere für die Rückreise von einer mehrtägigen Radtour wird die Bahn genutzt (in 45,2% aller Fälle), bei der Anreise sind es 36,9% (ADFC 2002, o.S.). Im Freizeitverkehr erfreuen sich auch Busse mit Fahrradanhänger besonderer Beliebtheit. Sie verkehren vor allem am Wochenende zu beliebten Naherholungsgebieten. Entlang der meisten Fernradwege befinden sich eine Reihe von Bahnhöfen und Bushaltestellen mit denen der Fahrradverkehr günstig mit Bus oder Bahn kombiniert werden kann.

Zubringerservice und Gepäcktransport

Die Verknüpfung der Verkehrsträger zu einer durchgängigen Reisekette kann – je nach Anbindung des Wohnortes an das öffentliche Verkehrsnetz bzw. nach persönlichen Wünschen – den Einsatz eines Zubringerdienstes zu Bus oder Bahn erforderlich machen. Derartige Angebote sind bereits in das Gesamtangebot (Reisepaket) zu integrieren und möglichst kostenlos anzubieten, um die Nutzung umweltfreundlicher Verkehrsmittel zu erleichtern. Eine weitere wichtige Voraussetzung für die Nutzung öffentlicher Verkehrsmittel ist der Gepäcktransport. So führten bei einer bundesweiten Befragung als Grund für die Nicht-Nutzung des ÖPNV 17% der Befragten den beschwerlichen Gepäcktransport an (Opaschowski 1995:28; n=2600 Personen). Hier kommt als Serviceangebot beispielsweise ein (kostenloser) Abhol- und Zustellservice in Frage, der trotz seiner zunächst augenscheinlichen Nicht-Nachhaltigkeit, das Umsteigen von Pkw-Nutzern auf nachhaltigere Verkehrsmittel wahrscheinlicher macht (vgl. Fiedler 2001:21f.).

Fahrzeuggestaltung und -ausstattung

Da die Fahrzeuggestaltung und -ausstattung bis auf die zu beachtenden Platzkapazitäten der Verkehrsmittel keine limitierende Rahmenbedingung darstellt, wird hierauf nur in Kürze eingegangen. Eine ausführliche Beschreibung von Möglichkeiten zur Ausgestaltung von Bussen erfolgt später am Beispiel von Eventreisen (Kapitel 3.2.3.). Fahrzeuggestaltung und -ausstattung bieten im Rahmen der Reisekonzeption die Möglichkeit, auf unterschiedliche Komfort-, Erlebnis- und Erholungsansprüche einzugehen. Die Erwartungen von Reisenden unterscheiden sich je nach Zielgruppe und Phase der Reise (Hin- und Rückfahrt) mehr oder weniger stark. Dies spricht besonders bei langen Anfahrten dafür, verschiedenartig gestaltete Räume für verschiedene Bedürfnislagen vorzusehen. Mit oft einfachen Mitteln lassen sich Fahrzeuge, Personaleinsatz und auch das Umfeld so gestalten, dass sie zu einem besonderen Flair der Reise beitragen. Die Größe der Innenräume von Bussen oder Bahnen erlaubt die Schaffung unterschiedlicher Zonen, die sowohl Privatsphäre als auch Gemeinschaftserleben ermöglichen.

Integration erlebnisbezogener Mobilitätsangebote

Ausflüge und Kurzreisen bieten als Teil der Erlebnisfreizeit die Möglichkeit, neue Fortbewegungsarten auszuprobieren. Der derzeitige Trend zu bewegungsorientierten Freizeitaktivitäten kann dazu genutzt werden, attraktive und umweltfreundliche Fortbewegungsalternativen zum Pkw anzubieten (vgl. Jain/ Schiefelbusch

2004:159). Als Beispiel kann hier das Konzept der „Human Powered Mobility" (HPM) als innovatives Mobilitätskonzept für die EXPO 2002 in der Schweiz gelten (Velobüro Schweiz o.J., o.S.). Human Powered Mobility, d.h. die Bewegung mit eigener Muskelkraft, ist ein Konzept, sich auf kürzeren Strecken auf umweltschonende Weise mit dem Fahrrad, zu Fuß, mit Inline-Skates, Kanus o.ä. fortzubewegen und dabei gleichzeitig etwas für den körperlich-geistigen Ausgleich zu tun. Strecken wie beispielsweise vom Bahnhof zum eigentlichen Ziel oder auch die Wege zwischen verschiedenen Standorten können so attraktiv ausgewählt und gestaltet werden, dass schon der Weg zu einem Teil des Freizeiterlebens wird. Bei der EXPO Schweiz 2002 wurde ein spezielles Routennetz zwischen den Standorten der dezentralen Events geschaffen, das mit an allen Bahnhöfen ausleihbaren muskelbetriebenen Fahrzeugen befahren werden konnte.

Der Einsatz beschränkt sich allerdings auf Grund der Wetterabhängigkeit überwiegend auf die Sommersaison. Im Winter können wiederum andere innovative Fortbewegungsmöglichkeiten zum Einsatz kommen. Zudem sollten die angestrebten Zielgruppen Spaß an der Bewegung und am ‚Aktiv sein' haben. Als Fortbewegungsmittel eignen sich Fahrzeuge, die (neue) Erlebnisse vermitteln, wie z.B. Liegeräder oder Draisinen. Neben dem höheren Erlebniswert der Reise kann durch solche Maßnahmen die touristische Anziehungskraft einer Region gestärkt und die Verlagerung des MIV vor Ort auf umweltfreundliche Verkehrsmittel bewirkt werden, was zur Verbesserung der Nachhaltigkeitsbilanz beitragen kann.

Beispiel hierfür sind zwei österreichischen Modellgemeinden, Bad Hofgastein und Werfenweng, wo seit 1998 das Modellvorhaben „Sanfte Mobilität – Autofreier Tourismus" durchgeführt wird[16]. Mit dem Vorhaben wird versucht, umwelt-, verkehrs-, tourismus-, technologie- und regionalpolitische Ziele umzusetzen und Wege für einen nachhaltigen Tourismus aufzuzeigen. Maßnahmenschwerpunkte sind u.a. die Verknüpfung von innovativen Mobilitäts- und Tourismusangeboten und die Entwicklung von „Lösungen für die Anreiseproblematik" (Holzer 2004:3f). Für den Aufbau integrierter und erlebnisorientierter Reiseketten können folgende Einzelbausteine als besonders geeignet hervorgehoben werden:

- Für das Land Salzburg wurde eine alle Verkehrsmittel umfassende elektronische Fahrplanauskunft sowie eine Mobilitätszentrale eingerichtet (www.mobilito.at).

- In den beiden Gemeinden sind 99 Elektrofahrzeuge für unterschiedliche Zwecke im Einsatz: E-Scooter, E-Fahrräder und E-Autos. Dafür wurde ein Car-Sharing

---

16 Federführung hat das Bundesministerium für Land- und Forstwirtschaft, Umwelt und Wasserwirtschaft gemeinsam mit den Bundesministerien für Verkehr, Innovation und Technologie, sowie für Wirtschaft und Arbeit und das Bundesland Salzburg mit Unterstützung der EU.
In Umsetzungspartnerschaften wird mit Verkehrsunternehmen, Fahrzeugherstellern, Reiseveranstaltern, Tourismusorganisationen und NGOs zusammengearbeitet (www.werfenweng.de).

und Verleihsystem in Werfenweng aufgebaut sowie eine der ersten Solartankstellen für Elektrofahrzeuge in Österreich errichtet. Verkauf und Wartung der Fahrzeuge werden beinahe ausschließlich über lokale Betriebe abgewickelt.

- Ein besonderer Service ist ELOIS, das E-Shuttle: ein privater Chauffeur bringt die Gäste innerhalb des Ortsgebietes von 10:00 – 22:00 Uhr jederzeit kostenlos von A nach B. Sie können diesen Service nutzen so oft sie wollen; über ein Wertkartenhandy (pro Familie ein Handy), kann ELOIS jederzeit und überall erreicht werden.

- Die neue touristische Angebotsgruppe „Urlaub vom Auto" verknüpft Angebote für die autofreie Anreise und sanfte Mobilitätsangebote vor Ort mit dem Freizeit- und Beherbergungsangebot und bietet viele weitere Vorteile für umweltfreundlich Mobile. Um die autofreie Anreise per Bahn und Bus inklusive Gepäck-Service sowie Bus- und Taxitransfer als Reisekette gestalten zu können (Service von Haustür zu Hoteltür), wurden Kooperationen mit internationalen Verkehrsunternehmen und Reiseveranstaltern (TUI, Niederländische Eisenbahnen) geschlossen (Holzer 2004:5).

Wie sich zeigt, wird das Angebot „Urlaub vom Auto" sehr gut angenommen und hat zu überdurchschnittlichen Nächtigungszuwächsen geführt. Diese liegen im Modellort Werfenweng bei über 100 Prozent in der Wintersaison 1998/99 bis 2003/04 und bei 78 Prozent in der Sommersaison 2000 bis 2003 (ebd.:3f). Das Beispiel zeigt auch, dass alternative Mobilitätsformen zwar häufig Zeit brauchen, um sich zu etablieren. Diese Durststrecke muss in gemeinsamer Anstrengung von Verkehrsunternehmen und Tourismusakteuren mittels eines aktiven Marketings überwunden werden. Außergewöhnliche Fortbewegungsmöglichkeiten und umfassender Service können dann aber langfristig zum Standortfaktor werden.

2.4.3.2 Infrastrukturelles Angebot

Neben der Analyse der zur Verfügung stehenden Verkehrsmittel sowie deren Gestaltungs- und Verknüpfungsmöglichkeiten ist es erforderlich, auch das infrastrukturelle Angebot einer Region zu erfassen, um die Nutzerfreundlichkeit und Zielgruppenorientierung des Mobilitätsbausteins optimieren zu können. Auf die Gestaltung der Verkehrsinfrastrukturen selbst haben Reiseveranstalter nur begrenzten Einfluss, können aber durch die Routenwahl und die Wahl der Aufenthaltsorte und Schnittstellen unterwegs Einfluss auf die Attraktivität des Anreiseweges nehmen. Bei der Konzeption der Reise sollte von vorneherein klar stehen, aus welchen Quellgebieten und auf welchen Verkehrswegen Ausflügler und Kurzurlauber anreisen, denn nur dann ist es möglich, die richtigen Partner in die Planung einzubeziehen. Die Gestaltung von touristischen Mobilitätsangeboten sollte drei Aspekte beachten: Erstens den Erlebniswert und die Nutzerfreundlichkeit für die Reisenden, zweitens den effizienten und funktionalen Ablauf der Reise und drittens die Fokussierung auf ökologische und umweltfreundliche Lösungen. Ziel muss es sein, den Reisenden das Reisen und insbesondere notwendige Wechsel zwischen den Verkehrsmitteln so angenehm wie möglich zu machen (Bethge/ Jain/ Schiefelbusch 2004:121).

Wege und Wegeführung
Bei der Auswahl der Wege und der Wegeführung bietet sich unter dem Blickwinkel der Attraktivität und Nutzerfreundlichkeit u.a. die Integration von Ferienstraßen oder Fernradwegen in die Reiseroute an:

Ferienstraßen
Die Verkehrswege in Deutschland erlauben vielfältige Kombinationsmöglichkeiten zur An- und Abreise. Über der Verkehrswegestruktur liegt ein Netz von ca. 180 Ferienstraßen und touristischen Routen (Müller-Urban/ Urban 2000:4), mit denen Pkw- oder Busreisende von den Hauptverkehrsachsen auf themenorientierte Nebenrouten (z.B. zur Kultur, Geschichte oder Geographie) gelenkt werden können. Dies führt zu einer Entschleunigung des An- und Abreiseverkehrs. Synergien im Bereich der Regionalentwicklung durch Tourismus können erzielt werden, für Touristen erhöht sich der Erlebniswert der Reise.

Die einzige, bis heute gültige Leitlinie zu Ferienstraßen wurde 1981 vom Deutschen Fremdenverkehrsverband (seit 1999 Deutscher Tourismusverband e.V.) vorgegeben (DFV 1981:18f.). Folgende Punkte sind demzufolge beim Aufbau zu beachten:

1. Landschaftlich oder kulturell sinnvolle leitthematische Benennung,
2. Dauerhaftigkeit in Ausweisung und Vermarktung,
3. Eindeutigkeit in der Streckenführung, ohne Benutzung der Autobahn,
4. Verzeichnis besichtigenswerter Objekte entlang der Strecke,
5. Einrichtung einer zentralen Informationsstelle,
6. mehrsprachiges Informationsmaterial (Prospekte, Karten etc.),
7. vollständige Beschilderung (seit etwa 1960 üblich),
8. Verwendung von Logos und Slogans,
9. eindeutig verantwortliche Trägerschaft mit satzungsmäßig festgelegten Zielen und Aufgaben,
10. Bemühen um staatliche Anerkennung in Form von Mittelzuweisungen bzw. Unterstützung.

Die größte Zahl von Ferienstraßen findet sich in Bayern, es folgen Baden-Württemberg, Rheinland-Pfalz, Hessen, Niedersachsen und Nordrhein-Westfalen. Die themenorientierten Straßen lassen sich im wesentlichen unter die vier Leitthemen Landschaft, Kultur, Geschichte und Gastronomie einordnen. Besonders die regionale Wirtschaftsförderung nutzt Ferienstraßen als Marketinginstrument, da sie in der Regel Leistungsbündel überörtlicher Marketingziele von Städte und Gebietsgemeinschaften darstellen. Dabei geht es um die Sicherung von Marktanteilen, den Aufbau eines unverwechselbaren Images der Region, die Gewinnung und Bindung von Zielgruppen sowie die bessere Auslastung in touristischen Nebenzeiten bzw. um die Lenkung von Besuchern in Gebiete, die bisher kaum vom Tourismus profitieren konnten (vgl. Bethge 2001:49f.).

Fernradwege
In Deutschland gibt es ca. 180 Radfernwege (RFW) mit entsprechender Infrastruktur und über 3000 fahrradfreundliche Gastbetriebe (Bett & Bike; www.bettundbike. de) (vgl. ADFC 2002:1f.). Dieses Potenzial kann für die Planung von Aktiv- und Erlebnisreisen genutzt werden. Radreisen sind nach wie vor im Trend: 1,8 Millionen Deutsche verbrachten im Jahr 2001 ihren Urlaub „mehrheitlich im Fahrradsattel", somit nutzten 49,2% (1999: 42,4%) der Urlauber das Fahrrad als Urlaubsaktivität. Der Radurlaub wächst weiter: insgesamt 7,9% der Deutschen planten 2001 für die nächsten Jahre ziemlich sicher oder wahrscheinlich mindestens eine Radreise; dies entspricht einer Steigerung von 0,7% (ADFC 2002:1f.). Auch bei der Fortbewegung im Zielgebiet wird häufig auf umweltfreundliche Mobilität gesetzt: Wandern, Radfahren, Kanufahren oder Reiten setzen sich als aktive Fortbewegungsmöglichkeiten immer stärker durch (vgl. ADFC 2005/ DZT 2005:5[17]).

Im Hinblick auf die Nachhaltigkeit ist es schwierig, die sozialen, wirtschaftlichen und ökologischen Effekte des Fahrrades zu quantifizieren. Die Generaldirektion Umwelt der Europäischen Kommission (2000:5ff.) führt in ihrer Publikation „Fahrradfreundliche Städte: vorwärts im Sattel" u.a. folgende Vorteile für die Allgemeinheit an:

- *Wirtschaftlicher Nutzen für das Individuum*:
  Im Vergleich zu Pkw und ÖV kostengünstige Mobilitätsform, keine im Stau verloren gehenden Arbeitsstunden, sinkende Gesundheitsausgaben auf Grund der körperlichen Betätigung;

- *Wirtschaftlicher Nutzen für die Region*:
  Durch Fahrradausleihe, Fahrradausrüstung sowie radfahrerfreundliche Hotels und Restaurants können KMU in der Region Einnahmen erzielen (vgl. auch Bethge 2002:2);

- *Politischer Nutzen:*
  Die Abhängigkeit von nichterneuerbaren Energiequellen nimmt ab, außerdem bringt Fahrradfreundlichkeit ein positives Image für die Region;

---

17 Die Deutsche Zentrale für Tourismus (DZT) stellt ein steigendes Interesse an Nahzielen und erdgebundenen Reisen sowie eine Renaissance des Natur-, Berg- und Alpentourismus fest.

2 Theoriekonzept: Wirkungsfelder im touristischen Verkehr

- *Sozialer Nutzen:*
  die Mobilität wird demokratischer, Nicht-Pkw-Benutzer/-innen gewinnen an Eigenständigkeit;

- *Ökologischer Nutzen:*
  sowohl kurzfristige lokale Auswirkungen (Stichwort ‚Umwelt') und langfristige, nicht lokalisierbare Folgen (‚ökologisches Gleichgewicht');

- *Nutzen für Sinneswandel:*
  Die Umstellung von Mobilitätsgewohnheiten in der Freizeit schafft psychologische Voraussetzungen für umweltfreundliche Mobilität bei anderen Gelegenheiten.

Einflussnahme auf die ökologische Verbesserung der Verkehrswege

Seitens der touristischen Akteure kann vor allem bei Neu- und Ausbau von Infrastrukturen Einfluss genommen werden. Dennoch sollte der Tourismus Interesse an der Wahrung des Landschaftsbildes haben. So sind beispielsweise beim Bau von Straßen, Radwegen oder Schienenwegen geschützte Landschaftsbereiche auszusparen oder zumindest Ersatz- oder Ausgleichsflächen für vorgenommene Eingriffe vorzusehen. Eine die Verkehrswege begleitende Vegetation ermöglicht die ökologische Einbindung und Aufwertung des Verkehrsweges in die natürliche Umwelt. Die Bepflanzung stellt das wesentliche Element für die Gestaltung von Straße und Schiene im Hinblick auf die landschaftliche Eingliederung, die Verkehrslenkung, den bedingten Lärmschutz, die kulturhistorische Identität und vor allen Dingen für die emotionelle Wirkung dar (vgl. Rothstein 1995:17ff.). Die Auswahl der Pflanzen sollte daher nach ökologischen und funktionellen Kriterien stattfinden, so dass möglichst standortgerechte und wenig schutz- und pflegebedürftige Pflanzen verwendet werden. Außerdem ist die Orientierung an den kulturhistorisch geprägten Landschaftsformen, z.B. Alleen, Knicks oder Heckenstrukturen sinnvoll. Die Funktionen der Bepflanzung können hinsichtlich ihrer Wirkungen in verkehrstechnische, bautechnische und landschaftspflegerische Aufgaben unterschieden werden (vgl. Natzschka 1996).

Tabelle 40: **Aufgaben der Bepflanzung bei der Landschaftsgestaltung im Verkehrswegebau**

Verkehrstechnik
- optische Führung / Erkennbarkeit von Knotenpunkten
- Beeinflussung des Fahrverhaltens und der Fahrgeschwindigkeit
- Blendschutz auf Mittel- und Trennstreifen
- Auffangschutz abkommender Fahrzeuge
- Wind- und Schneeschutz

2.4 Wirkungsfeld Angebotsstruktur

Bautechnik
- Erosionsschutz
- Rutschsicherung an Böschungen und Hängen
- Schutz gegen Steinschlag und Lawinen
Landschaftspflege
- Förderung von Gliederung und Vielfalt der Landschaft
- Erhaltung schutzwürdiger Flächen und Objekte
- bedingter Lärm-, Staub- und Emissionsschutz
- optische Abschirmung
- Eingliederung von Bauwerken
- Verbesserung des Kleinklimas
- Schutz der Tierwelt

Quelle: Eigene Darstellung

Insgesamt besteht seitens der Tourismusverantwortlichen nur in längerfristiger Zusammenarbeit mit Kommunen und Verkehrsunternehmen die Chance zur Beeinflussung solch baulicher Veränderungen. Beispiele vom Einsatz Grüner Gleise zur Aufwertung des Straßenbildes und damit des Images von Städten zeigen allerdings, dass im Rahmen von Events (IGA Rostock 2003 bzw. BUGA Potsdam 2001) solche Maßnahmen bereits erfolgreich realisiert werden konnten.

Schnittstellen, Aufenthaltsorte und Zwischenstationen

Als Schnittstellen werden infrastrukturelle Einrichtungen bezeichnet, die einen direkten Wechsel zwischen verschiedenen Verkehrsträgern ermöglichen. Dazu gehören Bahnhöfe und Haltestellen des ÖPNV, aber auch (Bus-) Parkplätze und Kombinationsformen, wie Park&Ride- und Bike&Ride-Plätze sowie Kiss&Ride-Zonen (Kurzzeit Pkw-Halteplätze zum Bringen und Abholen). Schnittstellen sind auch Aufenthaltsorte, an denen Wartezeiten verbracht werden. Dieser Aspekt darf insbesondere unter Berücksichtigung der sozialen Sicherheit und des Sicherheitsbedürfnisses keinesfalls vernachlässigt werden. Aufenthaltsorte an Straßen dienen weniger dem Verkehrsmittelwechsel, sondern für Pausen oder der Erholung. Die wenigen, bisher bekannten Untersuchungen zur Qualität von Aufenthaltsorten an Verkehrswegen – speziell Raststätten – beschränken sich in der Regel auf Aussagen zur Qualität des gastronomischen Angebots sowie zur Hygiene von Sanitäranlagen. Selten wurde näher auf die Anforderungen und Erwartungen von Reisenden hinsichtlich Erholung und Entspannung oder gewünschter Freizeitmöglichkeiten eingegangen. Innerhalb des Forschungsprojektes EVENTS wurde das ‚Erlebnispotenzial' der An- und Abreise aufgegriffen und mit einer Analyse der Wünsche und Bedürfnisse der Reisenden verbunden.

Alle Schnittstellen müssen Mindeststandards erfüllen. Aus Kundensicht sind dies vor allem kurze Wege und komfortable Nutzung, außerdem Sicherheit, Barrierefreiheit, Übersichtlichkeit und Information. Eine weitere Anforderung ist die bequeme Erreichbarkeit, da gerade die Zu- und Abgangsstellen zum Fußgängerverkehr als erste bzw. letzte Glieder in der Reisekette der besonderen Beachtung bedürfen. Ihre Lage im Raum und ihre Entfernung zu den eigentlichen Quell- und Zielorten sowie die Möglichkeiten zur Orientierung, Kennzeichnung und Wegweisung ist in diesem Zusammenhang von hoher Bedeutung (Bethge/ Jain/ Schiefelbusch 2004:123).

Anforderungen an die Gestaltung von Raststätten

Die baulichen Gegebenheiten und die Serviceangebote von Tank- und Raststätten sind qualitativ sehr unterschiedlich. Bei Aufenthalten erwarten Reisende Erholung, Entspannung, Versorgung und Information. Die Ergebnisse einer Befragung, die an der Raststätte ‚Linumer Bruch Ost' (A24) durchgeführt wurde, spiegelt ein erstes Bild der Anforderungen an Reisewege und Aufenthaltsorte aus der Sicht der Nutzer wider (Jain 2002:65ff.)[18]. Da an Aufenthaltsorten das schnelle Ankommen am Ziel für einen Moment in den Hintergrund tritt, wird hier ein möglicher Ansatz für die Entwicklung neuer Konzepte gesehen, um Erlebnis, Bildung und Information bereits in den Weg zu integrieren. Daneben sollte in der Befragung die Akzeptanz von Möglichkeiten der ökologischen Gestaltung von Verkehrswegen erfasst werden, um Erkenntnisse über Einstellungen zur Mobilität im Sinne der Nachhaltigkeit zu gewinnen.

Das Ergebnis der Befragung zeigt, dass sowohl das Einlegen von Pausen während einer Fahrt, als auch die Fahrt selbst, als bedeutende Bestandteile des Reisens angesehen werden. Besonders deutlich wird dies durch Aussagen wie *„Meine Freizeit / mein Ausflug / mein Urlaub beginnt für mich schon mit der Fahrt"*, denen über 50% der Befragten voll zustimmt. Um die Pausenzeit an der Raststätte jedoch auch im Sinne der Freizeit nutzen und genießen zu können, ist für den Reisenden die Qualität dieser verbrachten Zeit entscheidend. Für knapp 90 % der Befragten ist die *„Aufenthaltsqualität"* von Rastplätzen sehr wichtig oder wichtig, auch wenn die Kriterien dafür zunächst nicht näher bestimmt wurden. Zwar sind die Ansprüche und Erwartungen, welche an die Qualität der Reise gestellt werden, nicht vergleichbar mit den Ansprüchen, die das Ziel einer Freizeit-Fahrt erfüllen muss. Dennoch entscheidet oft gerade der Verlauf der Rückreise darüber, ob Urlauber oder Ausflügler erholt, entspannt und zufrieden wieder zu Hause ankommen.

„Freizeitqualität" zählt, anders als „Aufenthaltsqualität" bisher nicht explizit zu den Kriterien, die zu einer positiven Bewertung von Aufenthaltsorten beitragen. Implizit zeigt sich jedoch am großen Zuspruch, den eine bekannten Schnellrestaurantkette von Familien erhält, die hohe Bedeutung von Freizeitbeschäftigung für Kinder. Auch treffen konkrete Vorschläge zur Erhöhung der Freizeitqualität auf höhere Resonanz, als die abstrakte Frage nach der Bedeutung. So legen Reisende während ihrer Pause

---

18 Die Befragung an der Autobahnraststätte ‚Linumer Bruch Ost' wurde an drei Tagen im Juli 2001 durchgeführt. Die befragten 165 Personen (Mindestalter 18 Jahre) wurden zufällig ausgewählt.

unterwegs großen Wert auf „*Grün, eine schöne Landschaft*" oder ein Stück Natur zum Entspannen oder spazieren gehen („*grüne Oase*"). Mit dem Wunsch nach „*Sitzgelegenheiten im Außenbereich*" oder einer „*Überdachung gegen Regen oder Sonne*" wird das Bedürfnis geäußert, auch an Aufenthaltsorten im Freien verweilen zu können. Zu Erholung und Entspannung gehört auch das Bedürfnis nach Ruhe, wie die mehrheitlich positive Meinung zum Lärmschutz deutlich macht („*Lärmschutz wichtig*" oder „*sehr wichtig*" 60 %). Auch hinsichtlich der Spielmöglichkeiten für Kinder wird von den Befragten ein Mehrbedarf geäußert.

Um der Bedeutung, die den Pausen beigemessen wird, auch gerecht werden zu können, sollten Erholungs- und Freizeitbedürfnisse in der Konzeption und Gestaltung von Aufenthaltsorten verstärkt Beachtung finden. Hierzu zählt einerseits die Möglichkeit, sich über die Verkehrssituation oder die umliegende Landschaft zu informieren. Andererseits erwarten die befragten Reisenden den Einsatz von Umweltschutzmaßnahmen beispielsweise Lärmschutz, die Verwendung alternativer Energien oder eine klimaverbessernde Dach- oder Fassadenbegrünung. Zur Erhöhung des Erholungseffektes sind vielfältige Maßnahmen möglich, die auch durch Besucherbefragungen bestätigt wurden (vgl. Holz, 2003:103ff.):

- Abschirmung des Erholungsbereichs vom Gelände des Parkplatzes; Trennung des Pkw-Parkplatzes von Lkw- und Bus-Parkplätzen,

- Angebote zur aktiven Erholung für verschiedene Altersgruppen,

- Verwendung von hochabsorbierenden Lärmschutzwänden,

- Dachbegrünung sowie eine teilweise Überdachung der Pkw- Stellplätze,

- Minimierung der Oberflächenversiegelung,

- Integration der Tank-/ Raststättenanlagen in die umgebende Landschaft durch naturnahe Gestaltung mit standortheimischen Gehölzen und Wiesenflächen.

Gestaltung von Bahnhöfen
Bahnhöfe stellen für Bahnreisende den Einstiegs-/ Ausstiegs- oder Umsteigeort dar und sind somit wichtige Stationen auf ihrer Reise. Im Sinne einer umweltverträglichen Mobilität und Stadtentwicklung und zur Wiederbelebung von Bahnhöfen und Bahnhofsquartieren stellen Erscheinungsbild, umfassende Servicekompetenz und funktionale Wegeleitung Kernaufgabenbereiche der Gestaltung dar. Noch sind die baulichen Gegebenheiten und Serviceangebote an Bahnhöfen qualitativ sehr unterschiedlich. Bisher kann lediglich ein geringer Teil der Bahnhöfe, dies betrifft vor allem Fernbahnhöfe in größeren Städten, als moderne Schnittstelle zwischen den Verkehrsträgern betrachtet werden. Damit bieten nur wenige Standorte Lösungen, die die heutigen technischen Gegebenheiten genauso einbeziehen wie die neuesten

raumplanerischen und ökologischen Erkenntnisse (Sperber 2003:79). Die wichtigsten Bahnhofsfunktionen sind (vgl. Hatzfeld 1999:71f.): Zentrale verkehrliche Verbindungsfunktion/ Mittelpunktsfunktion, Schnittstellenfunktion mit langsameren Verkehrsarten, Aufenthalts- und Austauschfunktion, Identifikationsfunktion (Architektur, Heimat, städtebauliche Gestaltungsqualität) und Orte der Zeitlosigkeit (lange Öffnungszeiten). Als beispielhafte Konzepte können die seit Beginn der 1990er Jahre in einigen Regionen neu gestalteten Umweltbahnhöfen angeführt werden. Verwiesen sei hier auf vier Modellstandorte in Rheinland Pfalz (vgl. Boczek 1997), auf den Hundertwasserbahnhof in Uelzen (vgl. Bahnhof 2000 Uelzen 2001) und den Umweltbahnhof Güstrow (vgl. Leverenz 1989). Diese Konzepte stehen für umweltverträgliche Mobilität und Stadtentwicklung, für eine Wiederbelebung der Bahnhöfe und der Bahnhofsquartiere. Im allgemeinen Herangehen an die Gestaltung von Bahnhöfen als Schnittstellen sollten folgende Punkte beachtet werden (vgl. u.a. Boesch 1989):

- Hochwertiger öffentlicher und barrierefreier Zugang:
  - Benutzerfreundlichkeit, Bequemlichkeit, Sicherheit und Attraktivität,
  - Orientierung, Übersichtlichkeit, soziale Kontrolle, Geborgenheit,
  - Verkehrssicherheit zwischen dem Bahnhof und den Haltestellen sowie dem Zugang zum MIV.

- Wiederbelebung des Bahnhofs als Verkehrsdrehscheibe:
  - Gestaltung des Bahnhofsplatzes mit fußgängerfreundlicher Wegeführung inklusive Verweilzonen,
  - Anschluss an das Fuß- und Radwegenetz, abgestimmte ÖPNV-Anbindung, Car-Sharing Verfügbarkeit und Pkw-Parkmöglichkeiten in beschränktem Umfang (Kurzzeitparkplätze, Park&Ride),
  - sichere, wettergeschützte und ausreichende Wartebereiche, Fahrradabstellmöglichkeiten,
  - Abstell- und Warteräume an Bus- und Taxihalten, Grundausstattung mit Information, Fahrplan, Fahrscheinautomat, Beleuchtung, Toiletten (vgl. Kradepohl 1999:74ff.),
  - enge Verknüpfung von verkehrlichen und touristischen Angeboten.

- Wiederbelebung des Bahnhofs als Aufenthaltsort:
  - Serviceeinrichtungen und Personal (Ansprechpartner, Auskünfte),
  - Gepäckaufbewahrung,
  - Aufenthaltsmöglichkeiten bei Wartezeiten, Verweilqualität, Erholung und Entspannung,
  - Versorgung (Einzelhandel, Dienstleistungen).

- Informations- und Wegeleitsysteme, Standortinformation.

- Minimierung der baulichen Eingriffe.

Kurzfristig bestehen auch hier seitens der Reiseveranstalter nur begrenzte Einflussmöglichkeiten. Im Zuge einer längerfristigen Zusammenarbeit mit Partnern in den Ziel- bzw. Transitregionen lässt sich jedoch auf eine nutzer- und umweltfreundlichere Gestaltung von Schnittstellen und Aufenthaltsorten hinwirken.

Integration von Zwischenstationen
Die Fahrt zu einem Event ist, wenn diese als Tagesausflug durchgeführt wird, für Reisende oft mit Strapazen verbunden, denn meist steht einer relativ kurzen Aufenthalts- und Erlebniszeit eine lange Fahrzeit gegenüber. Durch die Integration von ‚Nebenevents' in die An- und/oder Abreise kann dieses Verhältnis verbessert werden, die schnelle Anreise wird entschleunigt und der Erlebniswert der Fahrt erhöht. Unter Nebenevents werden hier touristische Attraktionen und Sehenswürdigkeiten im Umfeld der Reisestrecke verstanden, die die Eventbesucher als ‚kleine' Ziele entlang des Weges thematisch auf das Hauptevent einstimmen. Bei der Auswahl der Reiserouten und Verkehrsmittel sind die gegebenen Rahmenbedingungen (Ziele, Verkehrsinfrastruktur, Zielgruppen) zu beachten. Steht für die Reise mehr Zeit zur Verfügung, dann kann ein Teil der Strecke mit dem Fahrrad, per Schiff oder mit anderen „Erlebnismobilen" zurückgelegt und mit Bus oder Bahn kombiniert werden. Die Idee, Eventreisen mit einem längeren Besuch in der Umgebung zu verknüpfen, dient auch der nachhaltigen Tourismusentwicklung. Aus der räumlichen und zeitlichen Entzerrung der Verkehrsströme resultiert eine Entlastung von Verkehrsspitzen. Durch den Aufenthalt von Eventbesuchern werden in der umliegenden Region des Events wirtschaftliche Effekte erzielt. Neben bereits bekannten Zielgebieten erhalten so auch kleinere touristische Attraktionen die Chance, Eventreisende auf sich aufmerksam zu machen und für die Zukunft neue Kunden zu werben. Den Reisenden bleibt mehr Zeit vor Ort für Erholung oder Erlebnis – durch das Kennen lernen neuer Orte, Landschaften und Kulturräume wird bereits die Anreise zur Entdeckungsreise. Für überfüllte Eventorte mit ausgebuchten Übernachtungskapazitäten kann das touristische Hinterland durch die Integration regionaler Standorte zu einer Art „Auffang-Netz" werden. Auf diese Weise kommen attraktiv gestaltete Reiseketten nicht nur den Eventbesuchern und dem Eventstandort zugute, sondern dienen auch der regionalen Tourismusentwicklung. Eine Einbindung von Zwischenstationen ist aber nur dann möglich, wenn sich diese in den durchgängigen Ablauf der Reisekette integrieren lassen und ein lückenloses Netz von Mobilitätsdienstleistungen, touristischen Attraktionen und weiterer touristischer Infrastruktur (Gastronomie, Unterkünfte, Einkaufen etc.) geknüpft werden kann.

Ist ein längerer Aufenthalt unterwegs nicht möglich oder gewünscht, bietet sich für kürzere Zwischenstopps, z.B. bei Busreisen, zumindest ein Besuch gastronomischer Einrichtungen abseits der Autobahn an, die den Reisenden durch ihr Ambiente und ihr regionales Spezialitätenangebot einen kleinen Einblick vom Charakter der durchfahrenen Region vermitteln. Auf diese Weise können die Transitregionen ebenfalls an den touristischen Einnahmen partizipieren.

2.4.3.3 Service und Information

Eine Voraussetzung für die tatsächliche Nutzung von Reiseketten ist, dass Reisende schon im Planungsstadium ihrer Reise über die vorhandenen Möglichkeiten der Reisedurchführung und des Reiseablaufs informiert werden. Ein Schwerpunkt der Reisekettengestaltung sollte daher auf der Optimierung von Informationssystemen liegen. Alternative Verkehrsmittel können nur dann genutzt werden, wenn die potenziellen Reisenden auch davon erfahren und wenn gleichzeitig der Informationsaufwand im Vergleich zur Routenplanung mit dem Pkw möglichst gering bleibt. Die abgestimmte zeitliche Koordination der einzelnen Reisebestandteile und eine transparente Tarifierung stellen weitere Erfolgsfaktoren der Reisekette dar. Hinweise auf An- und Abreisemöglichkeiten, Reiserouten und Sehenswürdigkeiten entlang der Strecke sind sowohl für die 'Vorab-Information', als auch für 'Unterwegs-Information' erforderlich. Für die Analyse des Ist-Zustandes vorhandener Informationssysteme sollten alle vorhandenen Informationsmöglichkeiten und -elemente nach den nachfolgenden Reiseabschnitten aufgelistet werden (Fiedler 2001:95):

- vor Antritt der Reise (zu Hause),
- auf dem Wege zur Haltestelle/zum Bahnhof,
- an der Haltestelle/am Bahnhof,
- im Fahrzeug,
- an der Zielhaltestelle/ am Zielbahnhof, auf dem Weg zum eigentlichen Reiseziel (z.B. Unterkunft, Verantstaltungsort).

Im Mittelpunkt steht die durchgängige Informationsfolge entlang der Wegekette, um bei Verkehrsmittelwechseln Informationslücken zu vermeiden. Im Sinne einer nutzerfreundlichen Reisekette lassen sich vier Phasen mit unterschiedlichen Zielen der Kommunikation unterscheiden. Die Phasen sind analog zu den Phasen im Prozess der Angebotsgestaltung zu sehen. Die eigentliche Informations- und Leistungserbringung findet somit an drei unterschiedlichen Orten (Heimatort, unterwegs, Zielort) statt.

1. *Vor der Reiseentscheidung (Potenzialphase I):* Marketing / Information und Beratung über An- und Abreisemöglichkeiten.

2. *Nach der Reiseentscheidung / vor der Reise (Potenzialphase II):* Vermittlung konkreter Informationen zum Reiseverlauf, Bereitstellung der Reiseunterlagen.

3. *Während der Reise (Hin- und Rückreise) (Prozessphase):* aktuelle (dynamische) Information über evtl. Änderungen im Reiseverlauf, Unterwegsservice und Reisebegleitung.

4. *Nach der Reise (Ergebnisphase):* Nachbetreuungsaktivitäten, Beschwerdemanagement, Maßnahmen zur Kundenbindung.

Für die Entwicklung von Informationssystemen ist zu beachten, dass Fahrgastinformationen gut wahrnehmbar, handlungsleitend, zielführend und für jeden begreifbar sein müssen. Dies schließt die Lesbarkeit, auch bei schlechten Lichtverhältnissen, ebenso ein wie die Verständlichkeit – auch für Nicht-ÖPNV-Nutzer. Das gilt für die Vorbereitung und Planung der Reise wie auch für die Information während der Reise, besonders bei Betriebsunregelmäßigkeiten (Fiedler 2001:96). Die Fahrgastinformation sollte nicht erst an der Haltestelle oder am Verkaufsschalter erfolgen, sondern zukünftige Kunden wollen „an der Haustür abgeholt werden" (VCD o.J. o.S.). Auskünfte über die An- und Abreise-Alternativen sollten demzufolge Informationen über die Verbindungen der gesamten Reisekette beinhalten (vgl. DB Reise&Touristik AG 2001, o.S.). Eine sinnvolle Ergänzung sind aktuelle, dynamische Informationen während der Fahrt. Die Vermittlung von Informationen ist optimal, wenn sie zielgruppenspezifisch für individualisierte Mobilitätsansprüche erfolgt. Die Nutzung unterschiedlicher Medien (Katalog, Telefon, Internet, Übersichtspläne und Abfahrttafeln) und Technologien (I&K, Computer, Mobiltelefon, PDA, elektronische Leitsysteme) für unterschiedliche Nutzergruppen spielt dabei eine wichtige Rolle (Hunecke 2000a:45). Nachfolgend werden die Anforderungen an Service und Information für die einzelnen Reisephasen dargestellt.

VOR der Reise
Derzeit stehen für die Routenplanung von Pkw-Reisen bessere Informationsmöglichkeiten zur Verfügung als für die Fahrtenplanung im öffentlichen Verkehr. So sind heute in Pkw-Routenplaner beispielsweise auch Sehenswürdigkeiten und Hotels und Gaststätten integriert. Eine zusätzliche Unterstützung erhalten Pkw-Reisende durch Navigations- und Verkehrsleitsysteme. Der große Vorteil der Telematik ist ihre Flexibilität und dass sie, besonders in Form von Navigationssystemen, den Reisenden ständig zur Verfügung steht. Dies ist bei alternativen Verkehrsmitteln (ÖV, Fahrrad) nur selten der Fall und stellt einen enormen Wettbewerbsnachteil gegenüber der Pkw-Nutzung dar. Als Informationssysteme für die Reisekettenplanung eignen sich insbesondere solche Systeme, die ein besonderes Augenmerk auf das Schnittstellenmanagement zwischen den einzelnen Verkehrsmitteln legen. Ein Beispiel für eine funktionierende Kommunikationsplattform im Fernverkehr ist der Internet-Auftritt der Deutschen Bahn AG (www.bahn.de), die in ihr Auskunftssystem auch Nahverkehrsangebote einspeist sowie Fußwege auf einer ausdruckbaren Karte anzeigt. Dieser inter- und multimodale Reiserouter beinhaltet ein adressenscharfes Routing, stellt aus den Fahrplandaten der verschiedenen Verkehrsunternehmen eine intermodale Reisekette zusammen und zieht multimodale Mobilitätsvergleiche zwischen alternativen Verkehrsmitteln. Vielfach sind diese neuen Angebote aber bei den Reisenden unbekannt, da es zu ihrer Verbreitung augenscheinlich kein funktionierendes Informationsnetzwerk gibt und Werbemaßnahmen bisher ausblieben. Die Nutzungsmöglichkeiten von Park&Ride oder die Kombinationsmöglichkeiten von Fahrrad und Bahn werden in den Auskunftssystemen allerdings weitgehend vernachlässigt. Falls ÖV-Kunden nicht über einen Internetanschluss verfügt, werden sie für die regionale oder lokale Reiseinformation kaum eine verkehrsträgerüber-

greifende Verbindungsauskunft erhalten, die über den einzelnen Verkehrsverbund oder Landkreis hinausgeht. Auch die Zu- und Abgangswege (d.h. die Frage nach Fußwegen vom Bahnhof zum Hotel) müssen extra recherchiert werden. Erste Ansätze, diesen unbefriedigenden Zustand zu ändern, sind Mobilitätszentralen, die es sich zum Ziel gesetzt haben, den Reisenden notwendige Informationen über alle gängigen Kommunikationswege (persönliche Auskunft, Print, Telefon) zur Verfügung zu stellen.

WÄHREND der Reise

Sind Reisende erst einmal unterwegs, haben sie meist keine Möglichkeiten mehr, von aktuellen Änderungen im Reiseplan und Verspätungen zu erfahren oder spontan von ihrer geplanten Route oder ihrem Zeitplan abzuweichen. Hier wären dynamische Informationssysteme von großem Nutzen, um sich zu versichern, dass auch alle vorgesehenen Anschlüsse erreicht werden, und wenn das nicht der Fall sein sollte, welche Alternativen die günstigsten sind. So führt auch während der Reise die Tatsache, dass Pkw-Informationssysteme nahezu ubiquitär, hingegen Informationen über alternative Verkehrsmittel fast nie im öffentlichen Raum zu finden sind, zu Nachteilen gegenüber dem Pkw-Verkehr. Für den ÖV werden zur Zeit zwar in einigen Pilotprojekten Konzepte zur dynamischen Fahrgastinformation erprobt, doch noch beschränken sich diese auf Informationssysteme auf die allgemeine Übermittlung von Abfahrtszeiten einzelner Verkehrslinien per Informationstafel an Haltestellen oder per SMS bzw. WAP auf das Mobiltelefon und zielen nicht auf das individuelle Informations- und Verkehrsanschlussmanagement bei Einzelreisenden.

Im Folgenden wird an Beispielen zur Informationsvermittlung in Reisebussen bzw. an Schnittstellen und Aufenthaltsorten die Notwendigkeit für Service- und Informationsangebote während des Reisevorgangs dargestellt. Neben der reinen Fahrplaninformation sind im Tages- und Kurzreiseverkehr auch freizeitrelevante Informationen von Interesse. Diese lassen sich – je nach Verkehrsmittel, Reisezweck und Zielgruppe – auf höchst unterschiedliche Weise vermitteln.

Beispiel: Informationsvermittlung im Reisebus

Bei der Vermittlung von Reiseinformation für die Allgemeinheit ist zu beachten, dass sich die Bedürfnisse und Erwartungen der Reisenden auf der Hin- und Rückfahrt unterscheiden. Auf dem Hinweg sind vor allem Hinweise über Reiseroute, Reiseablauf und die umgebende Region von Interesse. Die Notwendigkeit, über die Sehenswürdigkeiten und aktuellen Veranstaltungen am Zielort zu informieren, besteht auf dem Rückweg kaum noch. Der Einsatz von Multimediakomponenten erfolgt abhängig von der Verfügbarkeit von Medien und technischem Equipment. Neben dem Abspielen von vorproduzierten Audioangeboten (Hörbeiträge) kann auch das Zeigen von (Dokumentar-)Videos eingeplant werden. Die personelle Kontinuität durch entsprechend geschultes Begleitpersonal ist für die persönliche Informationsvermittlung während der gesamten Reisekette abzusichern.

2.4 Wirkungsfeld Angebotsstruktur

Im Reisebus stehen herkömmlicher Weise folgende Instrumente zur Verfügung (vgl. Helling 2001):

- Information durch den Fahrer über Mikrofon,
- Audio-Anlage mit Radio, Kassette und CD,
- Video-Anlage mit Monitoren für alle Reisenden (Ton über Kopfhörer nicht Standard). Zur Zeit werden aber Monitore getestet, die ähnlich wie in Flugzeugen den Streckenverlauf satellitengestützt anzeigen.

Dass vielen Busreisenden der soziale Kontakt zu ‚ihrem' Busfahrer oftmals sehr wichtig ist, sollte im Informations- und Unterhaltungskonzept berücksichtigt und Konkurrenzsituationen zwischen Busfahrer und anderen Medien vermieden werden. Die Informationsvermittlung durch den Fahrer selbst hat den Nachteil, dass er als eine Art Entertainer auftreten müssen, der es versteht, seine Reisegäste bei guter Laune zu halten. Meist fungieren also Fahrer als Reiseleiter, deren Informationen jedoch eher auf Anekdoten und Erfahrungen als auf Wissen basieren – je nach Zielgruppe sind die Ansprüche an die inhaltliche Kompetenz allerdings unterschiedlich. Auch Audio- und Video-Anlagen ohne individuelle Wahlmöglichkeiten bezüglich der Nutzung oder Nicht-Nutzung sollten nur dann eingesetzt werden, wenn eine relativ homogene Gruppe im Bus verreist bzw. die gemeinsame Zeit begrenzt ist.

Beispiel: Informationsvermittlung an Schnittstellen/ Aufenthaltsorten
Informationssysteme (Informationstafeln o.ä.) an Haltepunkten und Aufenthaltsorten dienen der Orientierung und sollten folgende Inhalte vermitteln:

- Genaue und verständliche Fahrplan- und Tarifinformationen,
- Touristische Hinweise mit Übersichtskarten zu Sehenswürdigkeiten, Attraktionen und touristischer Infrastruktur (Gastronomie, Hotels, Einkaufsmöglichkeiten) in der Umgebung,
- Verknüpfung von touristischer Infrastruktur mit Erreichbarkeitsdaten,
- Information zu Landschaft, Region, Natur- und Kulturraum, regionale Produkte und regionale Spezialitäten.

Das Informationssystem muss robust sein, da es überwiegend an unbewachten Stellen steht und sollte ein verständliches, graphisch ansprechendes Design haben. Es sollte nach Möglichkeit als wiedererkennbares Modulsystem aufgebaut sein, welches in seiner Ausgestaltung den jeweiligen Räumen angepasst werden kann, beispielsweise durch Verwendung von regionaltypischen Materialien.

NACH der Reise
Im Sinne der durchgängigen Planung und Organisation der Mobilität während der gesamten Reise ist es erforderlich, den Reisenden nach ihrer Ankunft am Zielort Informationen über die optimalen Möglichkeiten der Fortbewegung vor Ort bereitzustellen, beispielsweise über Mobilitätszentralen, Tourismusinformationen oder durch die Gastgeber. Im Idealfall nutzen Reiseveranstalter bereits bestehende, nutzergerecht aufgearbeitete Informationssysteme und stellen ihren Kunden – je nach Zielgruppe – die interessantesten Angebote schon im Vorfeld der Reise zur Verfügung.

Service- und Informationsangebote in der Nachreisephase, d.h. nach der Rückkehr, erfüllen in erster Linie die Funktion von Nachbetreuungsaktivitäten und Beschwerdemanagement sowie „Aktivitäten zum Aufbau einer Stammkundschaft" (Freyer 2003:29). So können beispielsweise Reiseveranstalter ihre Kunden auf neue innovative Freizeitverkehrsangebote hinweisen oder ihnen Bonusprogramme anbieten, die die erneute Buchung einer umweltfreundlicher Mobilitätsangebote belohnen.

2.4.4 Fazit: Erfolgsfaktoren und Rahmenbedingungen für die Gestaltung von Freizeitmobilitätsangeboten

Wie die Untersuchung des Wirkungsfeldes ‚Angebotsstruktur' zeigt, stellen die Kooperations- und Kommunikationsstrukturen der an der Angebotsgestaltung beteiligten Partner zentrale Rahmenbedingungen dar. Um diese Strukturen effizienter nutzen zu können, ist die Identifikation und Einbindung potenzieller Kooperationspartner sowie der Aufbau funktionierender Kooperationsnetzwerke nötig. Dies wird auch von Reiseveranstaltern erkannt: Im Rahmen der Gestaltung und Vermarktung umweltfreundlicher Mobilitätsangebote sehen sie eine Erleichterung des organisatorischen Aufwands „durch verstärkte Kooperationen und durch das verstärkte Angebot von Packages" (Tobler 2000:13). Im Gegensatz zur Phase der Konzeption und Planung der Reise, wo sie handlungsleitend sind, sind Reiseveranstalter während der eigentlichen Durchführung der Reise (Prozessphase) auf eine funktionierende Zusammenarbeit mit ihren Kooperationspartnern angewiesen. Sie selbst haben in dieser Phase kaum Möglichkeiten der Einflussnahme. Findet jedoch die Gestaltung von An- und Abreiseangeboten in Form von integrierten ‚Reiseketten' statt, wird Reiseveranstaltern die Überwachung der beteiligten Dienstleistungsunternehmen und die Qualitätskontrolle der erbrachten Leistungen erleichtert.

Weitere wesentliche Einflussfaktoren sind die räumlichen und infrastrukturellen Gegebenheiten in den Quell-, Transit- und Zielregionen. Diese externen Rahmenbedingungen, wie das bestehende Mobilitäts- und Infrastrukturangebot sowie nutzbare Serviceangebote und Informationssysteme müssen im Rahmen der Angebotsgestaltung analysiert und berücksichtigt werden. In diesem Zusammenhang dürfen auch die Bedürfnisse der Reisenden sowie die Belange der Nachhaltigkeit keinesfalls ver-

2.4 Wirkungsfeld Angebotsstruktur

nachlässigt werden. Wie der Rückblick auf das Wirkungsfeld ‚Reisende' zeigt, lassen sich durch die Gestaltung der An- und Abreise als durchgängige Reisekette die Bedürfnisse der Reisenden am Besten berücksichtigen. Voraussetzung ist allerdings, dass das Mobilitätsangebot als Baustein in das Gesamtangebot integriert wird.

Zur Qualitätskontrolle spielt im Prozess der Angebotsgestaltung die Ergebnisphase eine zentrale Rolle, da in dieser Phase die Evaluation des Angebots stattfindet. Mit dem Ziel der fortwährenden Qualitätsverbesserung wird in dieser Phase überprüft, ob mit Hilfe der eingesetzten Kooperations- und Kommunikationsstrukturen und der entsprechenden Nutzbarmachung der räumlich-strukturellen Gegebenheiten die angebotenen Leistungen erfüllt und die Mittel optimal genutzt wurden oder ob Korrekturen erforderlich sind. Im Rahmen der Nachbereitung und Erfolgskontrolle ist auch die Überprüfung der Nachhaltigkeit von großer Bedeutung. Um eine kontinuierliche Umwelt- und Sozialverträglichkeit der Angebote sicherzustellen, wird die Evaluierung der Nachhaltigkeit in den Prozess der Angebotserstellung integriert und damit zu einem festen Bestandteil der Produktentwicklung gemacht. Zusammenfassend sind bei der Konzeption von Freizeitverkehrsangeboten folgende von der Angebotsstruktur ausgehenden Einflussfaktoren zu berücksichtigen:

Tabelle 41: **Möglichkeiten zur Beeinflussung der Angebotsstruktur im Prozess der Angebotsgestaltung**

Kooperations- und Kommunikationsstrukturen	Phase im Prozess der Angebotserstellung und Arbeitsziele
Aufbau eines Kooperationsnetzwerks mit funktionierenden Kommunikationsstrukturen zur Entwicklung und Nachbereitung von Reiseangeboten, Nutzung im Netzwerk bereits vorhandener Kontakte und Strukturen.	• Potenzialphase (1): Kontaktaufnahme mit Kooperationspartnern - gemeinsame Entwicklung und Umsetzung von Reisekonzepten/Angeboten, - gegenseitige Vermittlung bestehender Kontakte, - Nutzung bestehender und Entwicklung neuer Vermarktungsstrukturen. • Potenzialphase (2): Vermarktung und Verkauf - Marketingkonzept (Presse, PR, Werbung), - Information und Beratung (inklusive Informationen über umweltfreundliche Mobilitätsangebote sowie über die Umweltauswirkungen der Reise), - Buchung, Reservierung und Ticketverkauf, - Bereitstellung von Reiseunterlagen inklusive Informationen zum Reiseverlauf. • Prozessphase: Informations- und Serviceangebote unterwegs • Ergebnisphase: Nachbereitung der Reise - Kunden: Nachbetreuungsaktivitäten, Beschwerdemanagement und Maßnahmen zur Kundenbindung, - Kooperationspartner: Erfolgsbewertung und ‚Manöverkritik', Erörterung von Perspektiven für die weitere Zusammenarbeit.

2 THEORIEKONZEPT: WIRKUNGSFELDER IM TOURISTISCHEN VERKEHR

Räumlich-strukturelle Voraussetzungen	
Identifikation der im Rahmen der Angebotsgestaltung zu berücksichtigenden räumlich-strukturellen Gegebenheiten, Überprüfung von Möglichkeiten zur Optimierung des Angebots.	• Potenzialphase (1): Entwicklung eines zielgruppenorientierten Konzeptentwurfs - Auswahl der Ziele und Reiserouten, - Zusammenstellung der Reisebausteine, - Auswahl der Verkehrsmittel.
	• Potenzialphase (2): Detaillierte Planung der Reisekette - Mobilitätsangebot: Reiseverkehrsmittel, Transfer und Gepäcktransport, Fahrzeuggestaltung und -ausstattung, erlebnisbezogene Mobilitätsangebote, - Infrastrukturelles Angebot: Wege, Wegeführung und Zwischenstationen, Gestaltung der Schnittstellen und Aufenthaltsorte unterwegs, - Planung zusätzlicher Maßnahmen zur Verbesserung der Nachhaltigkeit hinsichtlich des Mobilitätsangebots, des infrastrukturellen Angebots und im Hinblick auf die nachhaltige Regionalentwicklung.
	• Prozessphase: Informations- und Serviceangebote unterwegs
	• Ergebnisphase: Bewertung der Nachhaltigkeit - Unternehmensmanagement, - (An- und Abreise-) Produkt, - Beitrag zur nachhaltigen Regionalentwicklung.

Quelle: Eigene Darstellung

Am Beispiel von Reisekonzepten zur Internationalen Gartenbauausstellung Rostock 2003 (IGA) erfolgt im Rahmen des Handlungskonzepts ‚Reiseketten' eine modellhafte Beschreibung der einzelnen beschriebenen Arbeitsschritte zur Entwicklung von Angeboten (siehe Kapitel 3.2.). Es wird aufgezeigt, wie sich Maßnahmen zur Verbesserung der Nachhaltigkeit in die Gestaltung von Reiseketten integrieren lassen und welche Schritte zur Steuerung der Kooperations- und Kommunikationsbeziehungen und zur Berücksichtigung der räumlich-strukturellen Voraussetzungen gegangen werden können.

2.5 Bewertung der Wirkungsfelder und Entwicklung von Lösungsstrategien für das Handlungskonzept

Als Ziel der Untersuchung wurden für die einzelnen Wirkungsfelder relevante Einflussfaktoren für die Gestaltung nachhaltiger Freizeitverkehrsangebote im Tourismus ermittelt und Handlungsoptionen für das weitere Vorgehen aufgezeigt. Der erforderliche Schritt der Bewertung wurde für jedes Wirkungsfeld im Rahmen der

2.5 Bewertung der Wirkungsfelder und Lösungsstrategien für das Handlungskonzept

Schlussfolgerung vorgenommen und darauf aufbauend Lösungsstrategien skizziert. Sie bilden die Grundlage zur Entwicklung von Lösungsansätzen im Handlungskonzept.

Folgende Lösungsstrategien konnten aus den im Theoriekonzept betrachteten Wirkungsfeldern abgeleitet werden:

Tabelle 42: **Entwicklung von Lösungsstrategien aus dem Theoriekonzept**

Wirkungsfeld	Lösungsstrategie
- Nachhaltigkeitsziele	Ansatz zur Evaluierung der Nachhaltigkeit von Reiseketten
- Reisende	‚Reisetypen': Nachfragetypen für nachhaltige An- und Abreiseangebote im Tourismus
- Angebotsstruktur	‚Reiseketten': Angebotsformen für die integrierte An- und Abreise im Tourismus

Quelle: Eigene Darstellung

Die Lösungsansätze sollen umsetzungsrelevanten Akteuren wie Reiseveranstaltern oder Verkehrsunternehmen eine Hilfestellung bei der Gestaltung nachhaltiger Freizeitverkehrsangebote im Tourismus bieten und Anregungen für freiwilliges Handeln geben.

Wirkungsfeld Nachhaltigkeit
Auf Basis relevanter Untersuchungen zur Nachhaltigkeit aus den Bereichen Tourismus und Verkehr und den daraus abgeleiteten Definitionen erfolgte die Entwicklung von Zielen zur Gestaltung nachhaltiger Freizeitverkehrsangebote im Tourismus. Diese wurden in einem hierarchisch aufgebauten Zielsystem zusammengefasst. Im Handlungskonzept erfolgt auf dieser Grundlage die Entwicklung eines Ansatzes zur Evaluierung von touristischen Mobilitätsangeboten bzw. Reiseketten. Der Ansatz soll es ermöglichen, Angebote im Hinblick auf ihre ökologische, ökonomische und soziale Verträglichkeit zu bewerten und die Umsetzung der definierten Handlungsziele zu überprüfen. Da die Überprüfung, in wieweit die Nachhaltigkeitsziele bei der Angebotsgestaltung berücksichtigt wurden, erst nach der Reisedurchführung erfolgt, wird – analog zum Planungsablauf – das Kapitel *Handlungskonzept ‚Nachhaltigkeitsbewertung'* an den Schluss der weiteren Betrachtungen gestellt.

Wirkungsfeld Reisende
Aus den betrachteten Untersuchungen zur Freizeitmobilitätsforschung und zur Freizeit- und Tourismusforschung wurden die zentralen Einflussfaktoren für eine bedürfnisgerechte Gestaltung touristischer Mobilitätsangebote ermittelt. Diese werden

im Rahmen des *Handlungskonzepts ‚Reisetypen'* wieder aufgegriffen und dienen als Grundlage zur Entwicklung eines eigenen Zielgruppenansatzes, den ‚Reisetypen'. Die Beschreibung der Reisetypen, die sowohl Freizeit- und Reisebedürfnisse als auch Ansprüche an die Mobilität beinhaltet, soll Reiseveranstaltern eine Hilfestellung für die Gestaltung zielgruppen- und bedürfnisgerechter Mobilitätsangebote bzw. Reiseketten bieten.

Wirkungsfeld Angebotsstruktur
Im Mittelpunkt der Betrachtungen im Wirkungsfeld ‚Angebotsstruktur' standen zu beachtende Einflüsse hinsichtlich der inhaltlichen und organisatorischen Planung von Freizeitmobilitätsangeboten im Tages- und Kurzreisetourismus. Wie festgestellt wurde, lassen sich diese Fragen am effizientesten lösen, indem die Mobilität in die Gesamtkonzeption von Reiseangeboten integriert wird. Am Beispiel von Reisekonzepten zur Internationalen Gartenbauausstellung Rostock 2003 (IGA) werden im *Handlungskonzept ‚Reiseketten'* exemplarisch zwei Reiseketten als zielgruppengerecht gestaltete Mobilitätsangebote vorgestellt. Die Beispiele dienen zur Veranschaulichung des zuvor beschriebenen Prozesses der Angebotsgestaltung und zur Darstellung der Einflussmöglichkeiten durch Reiseveranstalter oder andere touristische Akteure.

Die nachfolgende Abbildung stellt dar, wie sich aus der Untersuchung der Wirkungsfelder die Lösungsstrategien ableiten lassen und wie diese wiederum in das Handlungskonzept einfließen.

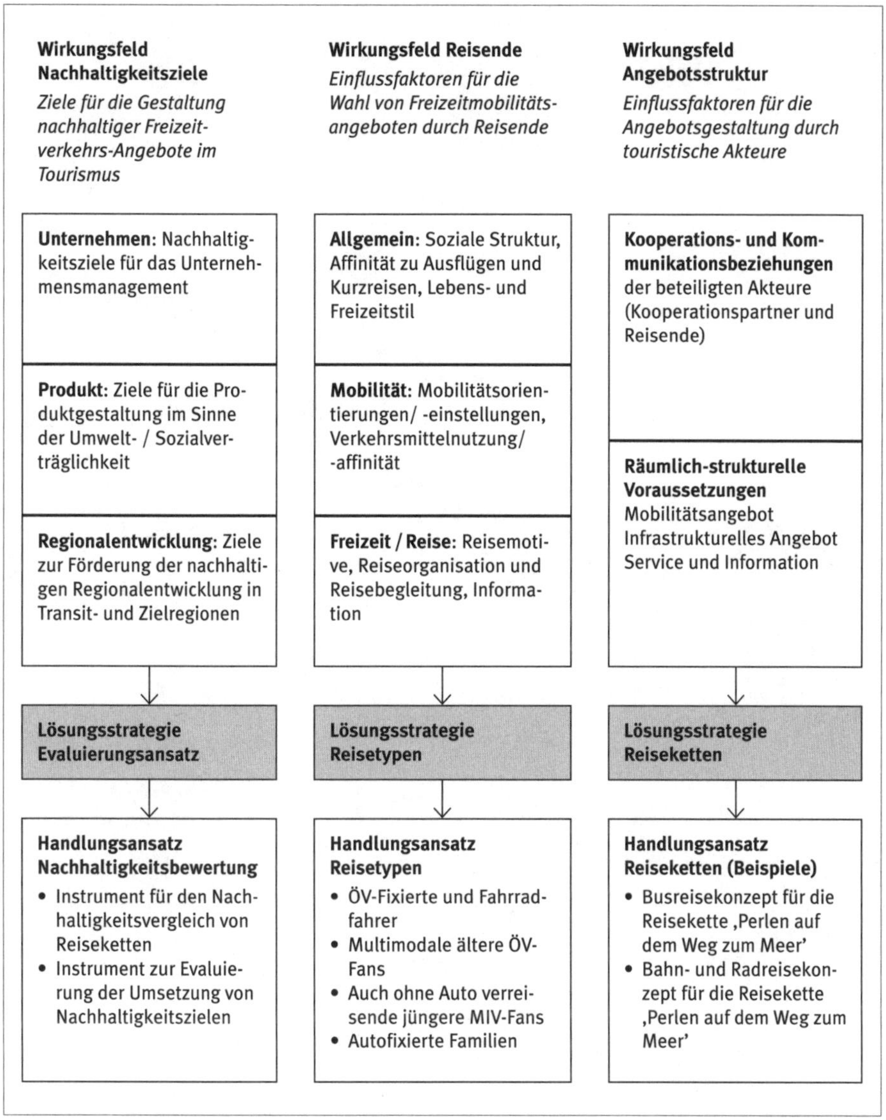

2.5 Bewertung der Wirkungsfelder und Lösungsstrategien für das Handlungskonzept

Wirkungsfeld Nachhaltigkeitsziele
Ziele für die Gestaltung nachhaltiger Freizeitverkehrs-Angebote im Tourismus

- **Unternehmen:** Nachhaltigkeitsziele für das Unternehmensmanagement
- **Produkt:** Ziele für die Produktgestaltung im Sinne der Umwelt- / Sozialverträglichkeit
- **Regionalentwicklung:** Ziele zur Förderung der nachhaltigen Regionalentwicklung in Transit- und Zielregionen

↓

Lösungsstrategie Evaluierungsansatz

↓

Handlungsansatz Nachhaltigkeitsbewertung
- Instrument für den Nachhaltigkeitsvergleich von Reiseketten
- Instrument zur Evaluierung der Umsetzung von Nachhaltigkeitszielen

Wirkungsfeld Reisende
Einflussfaktoren für die Wahl von Freizeitmobilitätsangeboten durch Reisende

- **Allgemein:** Soziale Struktur, Affinität zu Ausflügen und Kurzreisen, Lebens- und Freizeitstil
- **Mobilität:** Mobilitätsorientierungen/ -einstellungen, Verkehrsmittelnutzung/ -affinität
- **Freizeit / Reise:** Reisemotive, Reiseorganisation und Reisebegleitung, Information

↓

Lösungsstrategie Reisetypen

↓

Handlungsansatz Reisetypen
- ÖV-Fixierte und Fahrradfahrer
- Multimodale ältere ÖV-Fans
- Auch ohne Auto verreisende jüngere MIV-Fans
- Autofixierte Familien

Wirkungsfeld Angebotsstruktur
Einflussfaktoren für die Angebotsgestaltung durch touristische Akteure

- **Kooperations- und Kommunikationsbeziehungen** der beteiligten Akteure (Kooperationspartner und Reisende)
- **Räumlich-strukturelle Voraussetzungen** Mobilitätsangebot Infrastrukturelles Angebot Service und Information

↓

Lösungsstrategie Reiseketten

↓

Handlungsansatz Reiseketten (Beispiele)
- Busreisekonzept für die Reisekette ‚Perlen auf dem Weg zum Meer'
- Bahn- und Radreisekonzept für die Reisekette ‚Perlen auf dem Weg zum Meer'

Abbildung 12: **Ableitung von Lösungsstrategien aus den Erkenntnissen des Theoriekonzepts und Entwicklung von Handlungsansätzen für das Handlungskonzept**
Quelle: Eigene Darstellung

3 HANDLUNGSKONZEPT: ENTWICKLUNG NACHHALTIGER MOBILITÄTSKONZEPTE IM TOURISMUS

3.1 Reisetypen

Der in diesem Kapitel entwickelte Zielgruppenansatz ‚Reisetypen' soll dazu dienen, die individuellen Bedürfnisse und Ansprüche von Reisenden zu bündeln und damit die Gestaltung von An- und Abreiseangeboten im Tages- und Kurzreiseverkehr zu erleichtern. Zur Charakterisierung der Zielgruppen ist sowohl die Kenntnis entscheidungsrelevanter Merkmale hinsichtlich der Reiseentscheidung (Reiseziel, Reisedauer und Art bzw. Organisation der Reise) als auch der Verkehrsmittelwahl (Mobilitätseinstellungen und -anforderungen, individuelle An- und Abreisebedürfnisse) erforderlich.

Sowohl im Tourismus, als auch in der Freizeit- und Mobilitätsforschung wurde bis heute eine Vielzahl von Zielgruppenuntersuchungen durchgeführt. Analysen von Zielgruppen für touristische Mobilitätsangebote existieren bisher jedoch nicht (Freyer/ Groß 2003:4). Die in der Freizeitmobilitätsforschung vorhandenen Studien beziehen sich zumeist auf die Naherholung; Ausflüge und Kurzreisen werden kaum behandelt. In der Tourismusforschung gibt es wiederum nur wenige Untersuchungen, die sich mit Mobilität bzw. der An- und Abreise befassen und wenn sie dies tun, dann wird in erster Linie die Mobilität am Zielort betrachtet. Um dieses Defizit zu überwinden, werden allgemeingültige Mobilitätstypen unter dem Fokus Tourismus und Freizeit (Tages-/ Kurzreisen) gebildet. Für die Entwicklung der Reisetypen sind grundsätzlich zwei Herangehensweisen möglich. Erstens kann eine grundlegende empirische Erhebung der Bedürfnisse, Wünsche und Verhaltensweisen der Reisenden während der An- und Abreise zu touristischen Destinationen als Basis der Zielgruppensegmentierung dienen. Diese Vorgehensweise erfordert jedoch eine Vielzahl kosten- und zeitintensiver Befragungen. Auf Grund der Tatsache, dass aber in den relevanten Teilbereichen bereits zahlreiche Zielgruppentypologien bestehen, eröffnet sich ein zweiter Untersuchungsansatz, mit dem die Erkenntnisse aktueller Forschungsarbeiten zu den Themen Freizeitmobilität und Tourismus zur Entwicklung eines eigenen Zielgruppenansatzes nutzbar gemacht werden können. Bei dieser Vorgehensweise wird die Methode der *Metaanalyse* angewandt, die ausgewählte Forschungsergebnisse und zu unterschiedlichsten Fragestellungen entwickelte Zielgruppensegmentierungen und Typologien vergleichend betrachtet und miteinander verknüpft. Damit gelingt es, das große Potenzial vorhandener Untersuchungen für neue Ergebnisse zu erschließen und die schwache Datenlage auf dem Gebiet der touristischen Mobilität auszugleichen.

Mit Hilfe der Metaanalyse, sollen die zuvor betrachteten Untersuchungen zu Urlauber- und Freizeitmobilitätstypen dergestalt verknüpft werden, dass im Ergebnis verallgemeinerbare Reisetypen daraus entstehen. Mit den Reisetypen können Mobilitäts- *und* Freizeitbedürfnisse zielgruppengenau beschrieben und zur Gestaltung zielgruppenorientierter Mobilitätsangebote im Tourismus herangezogen werden. Da die Bildung der Reisetypen auf Basis der im Wirkungsfeld ‚Reisende' ermittelten Freizeit-, Reise- und Mobilitätsbedürfnisse erfolgt, werden hier die Merkmale der untersuchten Urlauber- und Freizeitmobilitätstypen zusammengeführt. Auf diese Weise kann die Gestaltung zielgruppenorientierter Freizeitverkehrsangebote sowohl auf Mobilitäts- als auch auf Freizeitbedürfnisse ausgerichtet werden. Zu dem Zweck ist es erforderlich, geeignete Verknüpfungsmerkmale zu identifizieren.

3.1.1 Zielgruppenmodell für touristische Mobilitätsangebote

Zur Durchführung der Metaanalyse ist zunächst die Selektion vorhandener Forschungsergebnisse erforderlich. Die entsprechende Auswahl der zu betrachtenden Zielgruppenansätze wurde bereits im Theoriekonzept vorgenommen (Kapitel 2.3). Es wurden Untersuchungen ausgewählt, die aus jeweils unterschiedlichen Perspektiven wichtige Erkenntnisse hinsichtlich entscheidungsrelevanter Merkmale liefern (Reiseentscheidung, Verkehrsmittelwahl). Besonderes Augenmerk wurde dabei auf die im Forschungsprojekts EVENTS entwickelten Event-Reisetypen gerichtet, die einen wesentlichen Baustein bei der Entwicklung von Reisetypen für die An- und Abreise im Tages- und Kurzreiseverkehr darstellen. Alle ausgewählten Zielgruppensegmentierungen beinhalten zum einen Merkmale wie Mobilitätsbedürfnisse und -orientierungen und zum anderen Freizeit- und Lebensstilmerkmale sowie Reisepräferenzen. Die Betrachtung dieser Merkmale trägt dazu bei, das Bild von Reisenden bezüglich ihrer Wünsche und Vorlieben für bestimmte An- und Abreiseangebote zu vervollständigen. Sie ist notwendig um Reisetypen entwickeln und beschreiben zu können, die für den Tages- und Kurzreiseverkehr Allgemeingültigkeit besitzen und auf deren Basis sich konkrete Angebote entwickeln lassen.

Um in der Praxis Anwndung finden zu können, müssen die gefundenen Zielgruppen auch auf dem Markt Bestand haben. Als grundlegende Voraussetzungen für die Marktsegmentierung anhand von Zielgruppen gelten Forderungen nach:

1. Messbarkeit: die speziellen Käufereigenschaften der Marktsegmente müssen hinreichend zu erfassen sein.

2. Tragfähigkeit: Größe und Potenzial der Marktsegmente müssen zu ermitteln sein.

3. Erreichbarkeit: spezielle Marketingprogramme müssen wirksam in diesem Marktsegment einzusetzen sein.

4. Profitabilität: der zusätzliche Kostenaufwand für die Marktsegmentierung muss sich in zusätzlichen Erträgen auszahlen.

5. Stabilität: die Marktsegmente müssen eine ökonomische Mindestzeit tragfähig sein (vgl. Freyer 2001:184).

Die innerhalb des EVENTS-Projekts entwickelte Typologie beinhaltet sowohl Anforderungen an die Reise (z.B. die Verkehrsmittelwahl) und Einstellungen zur Mobilität als auch Lebensstilmerkmale. Damit werden alle im Hinblick auf die Reise zu Events relevanten Merkmale beschrieben. Da der hier zu entwickelnde Zielgruppenansatz jedoch über das konkrete Beispiel der Eventtourismus hinaus verallgemeinerbar sein soll, müssen weitere Zielgruppensegmentierungen in die Betrachtung einbezogen werden. Jede der zuvor ausgewählten Typologien steht dabei für einen bestimmten Betrachtungsschwerpunkt, dessen Berücksichtigung für die Entwicklung der Reisetypen im Tages- und Kurzreiseverkehr relevant ist.

Folgende Typologien werden zur Bildung der ‚Reisetypen' herangezogen:

- *Event-Reisetypen:* Anforderungen an die Reise (Reiseverkehrsmittel), Verkehrsmittelaffinität (Eventreisen), Einstellungen zur Mobilität, Freizeit-/ Lebensstilmerkmale und Reisepräferenzen (vgl. Eventverkehr 2004).

- *Typologie von Harzreisenden:* Reiseverhalten und -präferenzen (Motive, Reiseart) und Informationsverhalten und -präferenzen von Besuchern des Landkreises Wernigerode (vgl. Götz / Schubert / Zahl 2001).

- *Typologie Wochenend-Freizeitmobilität von Stadtbewohnern* (Beispiel Köln): Einstellungen zu Verkehrsmitteln für Freizeitwege und Wichtigkeit von Verkehrsmitteleigenschaften (vgl. Lanzendorf 2001).

- *Mobilitätsstile in der (Alltags-) Freizeit:* Lebens- und Freizeitstilorientierungen (vgl. Umweltbundesamt 2003).

Bei der Verknüpfung der ausgewählten Untersuchungen untereinander wird nach der in Abbildung 13 dargestellten Vorgehensweise vorgegangen. Diese als relevant betrachteten Untersuchungen bilden die Grundlage der Metaanalyse. Als Ergebnis gehen daraus die Bedürfnisse und Anforderungen von Reisenden an die Freizeitmobilität hervor, die auch die typenkonstituierenden Merkmale zur Entwicklung der Reisetypen bilden. Die Bildung der Reisetypen beruht damit nicht unmittelbar auf einer empirischen Basis, sondern basiert auf Analogieschlüssen im Rahmen einer vergleichenden Untersuchung und der Synthese von vier Untersuchungsansätzen. Die auf diese Weise ermittelten Gruppen werden anhand ihrer jeweils übereinstimmenden Präferenzen und Ansprüche in Bezug auf die An- und Abreise beschrieben. Anschließend erfolgt die Zuordnung zu den ausgewählten Urlaubertypologien. Dies dient zum einen zur Abschätzung der Reisemotive der jeweiligen Typen. Zum anderen können durch diese Zuordnung weitere Aussagen zu den Freizeit- und Urlaubsbedürfnissen der Reisenden getroffen werden, die sich wiederum in die Gestaltung der An- und Abreise integrieren lassen.

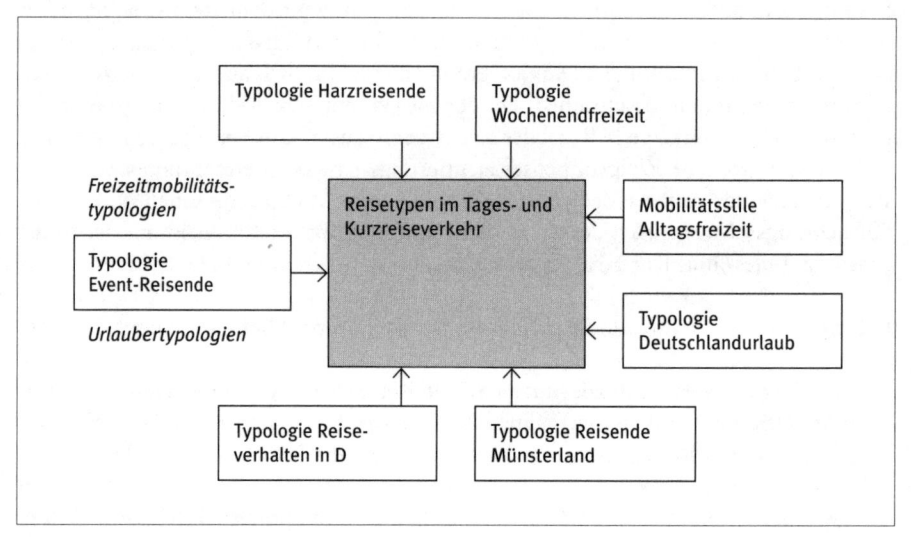

Abbildung 13: **Vorgehensweise bei der Verknüpfung der ausgewählten Untersuchungen**
Quelle: Eigene Darstellung

3.1.1.1 Zum Verfahren der Typenbildung

Das Verfahren zur Typenbildung wird am Beispiel der „Event-Anreisetypen" mit dem Bezugsraum IGA Rostock 2003 beschrieben. Um die Typologie zunächst einordnen zu können, werden im Folgenden ihre Eigenschaften dargestellt[19]. Bei der Entwicklung dieser Typologie spielte das (Mobilitäts-) Verhalten lediglich bei der Beschreibung der Gruppen, nicht aber bei der Typenbildung eine zentrale Rolle. „Da sich die einem Typus zugeordneten Elemente mehr oder weniger stark unterscheiden können, stellt sich die Frage, anhand welcher Merkmalsausprägungen der einzelne Typus charakterisiert wird" (Kluge 1999:43). Hier gibt es folgende Möglichkeiten:

- Durchschnittstypus (alle Elemente)
- Charakteristischer Prototyp (ein Element)
- Idealtypus (aus mehreren Elementen konstruiert)

---

[19] Die Beschreibung orientiert sich an Capecchi (1968) und Mc Kinney (1966, 1969, 1970), zit. in: Kluge 1999:53f.

3.1 REISETYPEN

- Der *Raum-Zeit-Bezug* der Haushaltsbefragung des EVENTS-Projekts und damit auch der Typologie beschränkt sich zwar zunächst auf die Gegenwart. Da aber innerhalb des Forschungsprojektes ein Szenarioprozess über die zukünftige Entwicklung des Eventverkehrs durchgeführt wurde, können auch Aussagen zur künftigen Entwicklung der Typen getroffen werden. Die räumliche Bezugsregion der Befragung umfasste den Raum Nord-Ostdeutschland, entsprechend ist auch die Typologie auf dieses Gebiet ausgerichtet.

- Die *Abstraktheit* der Typen kann auf Grund der engen räumlichen und zeitlichen Bindung an eine bestimmte soziale Realität als relativ konkret bezeichnet werden. Zudem war der Abstraktionsgrad durch das Forschungsziel der Typenbildung vorgegeben: Die Typen sollten als Grundlage für die Entwicklung zielgruppenspezifischer Event-Reiseketten dienen; somit war eine Beschreibung der Typen-Eigenschaften auf möglichst konkreter Ebene notwendig.

- Die Beschreibung der Typen ist eine *nicht-normative*, die sich an einer gegebenen Realität orientiert, d.h. konkrete Eigenschaften innerhalb eines bestimmten Raum-Zeit-Gefüges abbildet, und nicht das Ziel hat, einen fiktiven „Optimalzustand" darzustellen.

- Die *Komplexität* einer Typologie bezieht sich auf die Art und Anzahl der Merkmale, die bei der Bildung von Typen berücksichtigt werden (Kluge 1999:55). Da sich die Typologie vor allem auf Merkmale von Mobilitäts- und Freizeitbedürfnissen im Eventverkehr bezieht, sind die Typen, die auf Basis dieser Merkmale gebildet wurden, ausreichend komplex um das Forschungsziel zu erreichen.

- Eine *Quantifizierung der Variablen* ist insofern möglich, als dass Aussagen darüber gemacht werden können, wie viele der Befragten ein bestimmtes Merkmal bevorzugen oder ablehnen. Diese Zahlen können für die Unterscheidung der Typen herangezogen werden (Clusteranalyse). Aussagen über Präferenzen einzelner Typen zu bestimmten Merkmalen können allerdings nur in ihrer Tendenz angegeben werden, da es sich um ein nominales bis ordinales Messniveau handelt und sich die Antworten im Bereich zwischen „ich stimme voll und ganz zu" und „ich stimme überhaupt nicht zu" bewegen.

- Der *Realitätsbezug* wurde bereits unter dem Punkt räumlich-zeitlicher Bezug erwähnt. Die Typologie basiert demnach nicht auf der Formulierung von „Idealtypen", sondern auf sogenannten „extracted types" oder „empirischen Typen"[20], deren Zuordnung eine umfangreiche empirische Analyse vorausgeht und die sehr realitätsnah formuliert sind.

---

20 Mc Kinney (1966) verwendet den Begriff „extracted types" um nicht den Eindruck zu erwecken, dass Idealtypen keinen Bezug zur Empirie hätten (Kluge 1999:56).

- Als *Erkenntnisziel* der Typologie wird nach dem Generellen und Wiederkehrenden gesucht, so dass nicht ein konkretes Ereignis, beispielsweise ein bestimmtes Event, abgebildet werden soll, sondern die Typologie sich in diesem Fall auf die Reise zu allen Events bezieht. Auf diese Weise werden verallgemeinerbare „Anreisetypen" für den Eventverkehr gebildet und charakterisiert.

- In diesen Kontext ist auch die *Funktion* der Typologie einzuordnen: so wird diese zwar zu einem generalisierenden Zweck erstellt. Die Ergebnisse dienen letztlich aber der möglichen Anwendung auf einen spezifischen Zweck. Dies ist in dem vorliegenden Beispiel der Fall; hier diente die Typologie dazu, konkrete An- und Abreiseangebote für den Eventverkehr zur IGA Rostock 2003 zu entwickeln, diese Angebote umzusetzen und zielgruppenspezifisch zu vermarkten.

Die Auswertung der Daten für die Typenbildung erfolgt in der Regel in vier Stufen. „Zunächst müssen Merkmale bzw. Vergleichsdimensionen gefunden werden, anhand derer die untersuchten Fälle beschrieben und vor allem miteinander verglichen werden können" (Kluge 1999:89). Dies erfolgte in der Typologie des EVENTS-Projekts vorwiegend anhand wichtiger Faktoren für die „Fahrt zu einer Veranstaltung" (s.u.: Beschreibung der Merkmale). Der tatsächlichen Auswahl der Merkmale liegt eine intensive Analyse der empirischen Daten zugrunde, die hier nicht im einzelnen erläutert werden soll. „Durch die explizite Definition von Merkmalen wird zunächst der Eigenschaftsraum bestimmt, der der Gesamttypologie zugrunde liegt" (Kluge 1999:213). Mit Hilfe von Kreuztabellen werden alle denkbaren Kombinationsmöglichkeiten und damit alle potenziellen Typen sichtbar gemacht, wodurch auch deutlich wird, welche Kombinationen gehäuft auftreten und welche vernachlässigt werden können. Eine andere Möglichkeit ist, durch intensive Datenanalyse zu den relevanten Merkmalen und ihren Ausprägungen zu gelangen. Für beide Verfahren ist dabei die Suche nach Gemeinsamkeiten und Ähnlichkeiten (interne Homogenität) sowie nach Unterschieden (externe Heterogenität) zwischen den Untersuchungselementen zentral. Anschließend werden die einzelnen Fälle anhand der Vergleichsdimension gruppiert. Mit der Analyse inhaltlicher Sinnzusammenhänge erfolgt die Typenbildung. In diesem Prozess erfolgt meist auch eine Reduktion der Merkmale, wie sie beispielhaft unten aufgeführt ist (vgl. Tabelle 43). Im vierten Schritt werden schließlich die Charaktere der gebildeten Typen ausführlich beschrieben.

Im Folgenden werden die Merkmale, die innerhalb des EVENTS-Projekts zur Typenbildung herangezogen wurden, näher erläutert. Zur Beschreibung der Ist-Situation wurden Durchschnittstypen gebildet, d.h. für alle zur Typenbildung herangezogenen Merkmale wurde der durchschnittliche Wert (Median, Modus, arithmetisches Mittel) jedes Typs ermittelt (Kluge 1999:85). Der Durchschnittstyp wurde hier gewählt, da seine Eigenschaften eine möglichst große, homogene Gruppe repräsentieren sollen. Dies ist insbesondere unter Marketingaspekten sinnvoll. Anhand der Kombination von Typologien können, wie dies bei der Metaanalyse geschieht, ähnliche Untersuchungsobjekte zusammengefasst werden. Zunächst müssen sich jedoch alle

Typologien auf die gleiche Untersuchungsgruppe und den gleichen Merkmalsraum beziehen d.h. in einem inhaltlichen und systematischen Bezug zueinander stehen (Kluge 1999:29f.). Vor allem bei qualitativen Studien besteht leicht die Gefahr, dass die Typen lediglich anhand einzelner Fälle gebildet werden (Kluge 1999:30) und damit nicht klar ist, ob es sich um typische oder atypische Einzelfälle handelt. Diese Gefahr kann jedoch bei den nachfolgend betrachteten Untersuchungen ausgeschlossen werden, da die Typologien überwiegend auf quantitativen Erhebungen basieren. Letztlich kann jeder Typus „anhand der Kombination seiner spezifischen Merkmalsausprägungen beschrieben und charakterisiert werden". Anders als bei Klassifikationen sind „allerdings die Übergänge zwischen den einzelnen Typen fließend, so dass einzelne Untersuchungselemente auch mehreren Typen zugeordnet werden können" (Kluge 1999:43).

Häufig wird Typologien bzw. Zielgruppenansätzen vorgeworfen, dass sie allein deskriptiv seien und daher keine Kausalitäten darstellen können. Dieses Argument kann für die vorliegende Untersuchung insofern entkräftet werden, als dass die Reisetypen nicht auf Basis von Verhaltensmerkmalen, sondern auf Basis von Einstellungen, Orientierungen und Präferenzen gebildet wurden. Das Aufstellen einer Tautologie, die zukünftiges Verhalten auf der Grundlage von Verhaltensmerkmalen vorhersagt, wird auf diese Weise verhindert. Die Ergebnisse erlauben es, dass sich Reiseanbieter oder Mobilitätsdienstleister im Rahmen ihrer Angebotsentwicklung an den ermittelten Reisetypen orientieren. Anhand der unterschiedlichen Merkmalsgruppen der Reisetypen (soziodemographische Merkmale, Verkehrsmittelaffinität, Urlaubsmotive und -bedürfnisse) können die für das spezifische Reiseangebot anvisierten Zielgruppen besser eingeschätzt und entsprechende Mobilitätsangebote bedürfnisorientiert entwickelt werden.

3.1.1.2 Vorgehensweise bei der Bildung der Reisetypen
Für die Wahl von An- und Abreiseangeboten im Tages- und Kurzreiseverkehr spielen sowohl Merkmale der Reiseentscheidung als auch Merkmale der Verkehrsmittelwahl eine wichtige Rolle. Die Entwicklung der Reisetypen basiert auf den im Theoriekonzept hergeleiteten und im Folgenden nochmals aufgeführten Merkmalen. Diese Untersuchungsmerkmale stellen zunächst entscheidungsrelevante Oberkategorien dar. Erst durch die weitere Differenzierung lassen sich die Reisetypen genauer charakterisieren.

- Reisepräferenzen,
- Einstellungen zur Mobilität,
- Verkehrsmittelaffinität,
- Anforderungen an die Reise / Reiseverkehrsmittel,
- Freizeit-/ Lebensstilmerkmale,
- Soziostrukturelle Merkmale.

3 Handlungskonzept: Entwicklung nachhaltiger Mobilitätskonzepte im Tourismus

Um die Vergleichbarkeit der vier ausgewählten Zielgruppenansätze zur Freizeitmobilität zu ermöglichen, wurde in einem ersten Schritt gleich oder ähnlich benannten Merkmalen bzw. Oberkategorien eine einheitliche Bezeichnung zugeordnet. So wurden beispielsweise die in den betrachteten Untersuchungen verwandten Oberkategorien „Mobilitätsorientierung", „Einstellung zu Verkehrsmitteln" und „Einstellung zur Mobilität" einheitlich mit *Einstellung zur Mobilität* bezeichnet. In der selben Weise wurden auch die nachgeordneten Merkmale vereinheitlicht. Die nachfolgende Tabelle gibt ein Beispiel für Lebensstil- und Freizeitmerkmale und ihre Zuordnung zu einer Kategorie.

Tabelle 43: **Vergleich der Merkmalsbeschreibungen und Entwicklung eigener Reisetypen**

	Event-Reisende (Ebentverkehr 2004)	Harzreisende (Götz/ Schubert/ Zahl 2001)	Wochenend-Freizeit (Lanzendorf 2001)	Freizeitmobilitätsstile (Umweltbundesamt 2003)	NEU: Reisetypen
Oberkategorie	Persönliche Einstellungen, Freizeitverhalten	Lebensstilorientierungen, allgemeine Reisepräferenzen	Freizeitziele und -wünsche, Freizeitaktivitäten	Lebensstilspezifische Orientierungen, Freizeitdefinition, Freizeitaktivitäten	Lebens- und Freizeitstil
Merkmal	Abwechslung, offen für neue Trends	Abwechslung, modern, aufgeschlossen, Interesse an modernen Entwicklungen	Aufregendes erleben	Spaß- und Erlebnisorientierung	Abwechslung, neue Trends
	Familie steht im Mittelpunkt des Lebens, viel Zeit für Familie + Freunde	Familienorientierung, Kinder	Familie, Freizeitaktivitäten mit Kindern	Familien- (und Berufs-) Zufriedenheit	Familie
	Spaß an technischen Dingen, über techn. Neuerungen informiert	Interesse / Spaß an technischen Dingen	Freizeitaktivität Computer	PC-/ Internet-Affinität	Computer und Technik
	Besuch von Ausstellungen, sonstige kulturelle Veranstaltungen	Kulturinteressiert, kulturelle Sehenswürdigkeiten	Ausstellungen, Kultur, Theater	Affinität zu Kunst und Literatur	Kultur

3.1 REISETYPEN

	Event-Reisende (Ebentverkehr 2004)	Harzreisende (Götz/ Schubert/ Zahl 2001)	Wochenend-Freizeit (Lanzendorf 2001)	Freizeitmobilitätsstile (Umweltbundesamt 2003)	NEU: Reisetypen
	Ruhe und Erholung zu Hause	Erholung	Ausruhen, Nichtstun	Entspannung	Ruhe und Erholung
	Ausflüge und Reise, verreise gern	Reisehäufigkeit Ausflüge und Kurzreisen	aus eigenen Wänden herauskommen, Reisen	Reisehäufigkeit Ausflüge und Kurzreisen	Ausflüge und Reisen

Quelle: Eventverkehr 2004, Götz /Schubert /Zahl 2001, Lanzendorf 2001, Umweltbundesamt 2003

Da eine Verknüpfung der vier Zielgruppensegmentierungen unter Berücksichtigung sämtlicher entscheidungsbeeinflussender Merkmale als zu komplex und damit nicht handhabbar angesehen wird, ist es erforderlich, die Anzahl der Verknüpfungsmerkmale zu reduzieren. Dazu werden in einem zweiten Schritt nur die Oberkategorien herausgestellt, die in allen vier ausgewählten Untersuchungen verwendet wurden (siehe Tabelle 44).

Tabelle 44: **Oberkategorien Typenmerkmale**

Typologien / Verknüpfungsmerkmale	Event-Reisende	Harzreisende	Wochenend-Freizeit	Freizeitmobilitätsstile
Einstellungen zur Mobilität	X	X	X	X
Verkehrsmittelaffinität	X	X	X	X
Freizeit-/ Lebensstilmerkmale	X	X	X	X
Anforderungen an die Reise / (Reiseverkehrsmittel)	X		X	
Reisepräferenzen	X	X		

Quelle: Eigene Darstellung

Das Vorkommen der Oberkategorien ‚Einstellung zur Mobilität', ‚Verkehrsmittelaffinität' sowie ‚Freizeit- und Lebensstil' in allen vier Untersuchungen ermöglicht die erforderliche Eingrenzung. Innerhalb dieser Oberkategorien werden ebenfalls Merkmale zur Verknüpfung ausgewählt, die wiederum in allen vier Untersuchungen betrachtet wurden (siehe Tabelle 45). Anhand dieser Merkmale werden schließlich die betrachteten Untersuchungen miteinander verknüpft und auf diese Weise die Reisetypen gebildet. Die Beschränkung auf wenige ausgewählte Merkmale erfolgt auch, damit durch die Zusammenführung nicht zu viele Splittergruppen entstehen,

3 Handlungskonzept: Entwicklung nachhaltiger Mobilitätskonzepte im Tourismus

so dass die so ermittelten Zielgruppen für die Gestaltung besonderer Angebote eine gewisse Mindestgröße aufweisen, die zur Rentabilität der Angebote notwendig ist. Die weiteren als relevant betrachteten Oberkategorien bzw. Untersuchungsmerkmale, die in den vier Untersuchungen zusätzlich vorkommen (weitere Freizeit- und Lebensstilmerkmale, Anforderungen an Reiseverkehrsmittel und Reisepräferenzen), fließen erst später in die Beschreibung und Charakterisierung der Typen ein. Da das Reisen Ausdruck für bestimmte Lebensstile ist und die Freizeitmobilität sich immer mehr zur Erlebnismobilität wandelt, können besonders Freizeit- und Lebensstilmerkmalen Hinweise für die Gestaltung von freizeitgemäßen Mobilitätsangeboten entnommen werden.

Tabelle 45: **Verknüpfungsmerkmale**

Kategorien	Verknüpfungsmerkmale
Freizeit- und Lebensstilmerkmal	Affinität zu Ausflügen und Reisen
Einstellung zur Mobilität	MIV-Orientierung bzw. ÖV-Orientierung
Verkehrsmittelaffinität	Verkehrsmittel-Nutzung in der Freizeit

Quelle: Eigene Darstellung

Da die *Affinität zu Ausflügen und Reisen* ausschlaggebend ist, ob bestimmte Typen als Zielgruppen für bestimmte An- und Abreiseangebote im Tages- und Kurzreiseverkehr überhaupt in Frage kommen, steht dieses Merkmal bei der Verknüpfung der vier Untersuchungen an erster Stelle. Als zweites Verknüpfungsmerkmal wird die Einstellung zu öffentlichen Verkehrsmitteln bzw. zum motorisierten Individualverkehr (Pkw) betrachtet: Auf Grund ihrer *Einstellung zur Mobilität* kann darauf geschlossen werden, welche Reisetypen die An- und Abreise mit umweltfreundlichen Verkehrsmitteln überhaupt in Betracht ziehen würden. Dabei wird hier – auf Grund der angenommenen sehr hohen Pkw-Verfügbarkeit bei Ausflügen und Reisen – davon ausgegangen, dass Reisende frei zwischen den einzelnen Verkehrsmitteln wählen können und die Nutzung bestimmter Verkehrsmittel nicht aus Zwang, bzw. mangels Alternative erfolgt. Als drittes Verknüpfungsmerkmal werden schließlich die Nutzungsgewohnheiten in der Freizeit herangezogen, da auch auf die Wahl der Reiseverkehrsmittel routiniertes Verhalten und *Verkehrsmittelaffinitäten* eine besondere Bedeutung haben. Insgesamt interessiert bei der Wahl von An- und Abreiseangeboten zunächst die grundsätzliche Verkehrsmittelwahl, d.h. die Entscheidung für oder gegen ein bestimmtes Reiseverkehrsmittel. Erst wenn die grundsätzlichen Präferenzen und Einstellungen zur Verkehrsmittelwahl bekannt sind, lassen sich umweltfreundliche An- und Abreiseangebote zielgruppengerecht gestalten.

Angebote für umweltfreundliche An- und Abreiseformen sollten sich sowohl an Zielgruppen richten, die bereits offen für die Nutzung umweltfreundlicher Verkehrsmittel sind, als auch an diejenigen, die auf Grund ihrer Einstellung oder Routinen bisher vor allem den Pkw bevorzugen, aber ein Umsteigepotenzial erkennen lassen. Damit für beide Gruppen die Nutzung umweltfreundlicher An- und Abreiseangebote attraktiv erscheint, ist die Berücksichtigung der jeweiligen Mobilitätspräferenzen bei Gestaltung und Vermarktung erforderlich.

Für den eigentlichen Verknüpfungsprozess werden alle Oberkategorien der vier Typologien und die dazugehörigen Merkmale in eine Verflechtungsmatrix übertragen. Zu diesem Zweck ist ein weiterer Schritt der Komplexitätsreduzierung erforderlich: den einzelnen Merkmalen muss ein einheitliches skaliertes Bewertungsschema zugeordnet werden. In den Ausgangsdaten findet sich beispielsweise bei Lanzendorf (2001) ein Bewertungsschema, das die Abweichung der Merkmalsausprägungen vom absoluten Mittelwert bestimmt, während in der Untersuchung von Mobilitätsstilen (Götz et al. 2003) Merkmalsausprägungen durch Prozentzahlen beschrieben werden. Bei der Charakterisierung der Event-Reisetypen wurde die Vergabe von Plus- und Minus-Symbolen als Darstellungsform gewählt, um den Grad der Übereinstimmung der Zielgruppe mit dem Merkmal zu beschreiben (vgl. Dörnemann 2002). Bei der Entwicklung der Reisetypen wird zur Verknüpfung der ausgewählten Typologien diese Symbolik beibehalten, da diese sich als besonders anschaulich und übersichtlich erwiesen hat. Als einheitliche Symbole werden ‚Plus' (+) für einen positiven Zusammenhang und ‚Minus' (-) für einen negativen Zusammenhang verwendet; starke Zusammenhänge werden mit Doppelsymbolen (++ bzw. --) dargestellt. Wurde in den Untersuchungen keine bzw. keine eindeutige Aussage getroffen, so findet eine neutrale Wertung (+ -) statt. Kein Symbol bedeutet, dass dieses Merkmal in der jeweiligen Untersuchung nicht vorkommt. Diese Vorgehensweise stellt zwar eine Vereinfachung der Ergebnisse der betrachteten Untersuchungen dar, ist jedoch der einzig gangbare Weg, eine Metaanalyse für unterschiedlich skalierte Untersuchungen durchzuführen. Anschließend erfolgt die Zusammenfassung der Typen, die im Hinblick auf die betrachteten Verknüpfungsmerkmale gleiche oder ähnliche Ausprägungen aufweisen, zu einer Gruppe. Bei diesem Schritt der Gruppenbildung wird zunächst nicht nach sehr starken und weniger starken Zusammenhängen (++ und + bzw. – und -) unterschieden, da eine Differenzierung wiederum zu einer großen Vielzahl kleiner Untergruppen führt. Dies hat zwar den Nachteil, dass auf diese Weise zunächst Informationen vernachlässigt werden und nur noch der Durchschnitt der Typengruppen betrachtet wird. Die differenzierte Information über die Stärke der Merkmalsausprägungen gehen jedoch durch den Schritt der Verknüpfung nicht endgültig verloren; sie werden lediglich während des Verknüpfungsprozesses nicht berücksichtigt, später in der Typenbeschreibung aber wieder aufgegriffen.

Auf Basis der Verknüpfungsmerkmale und ihrer Ausprägungen lassen sich vier prägnante Reisetypen identifizieren (siehe Tabelle 46), die in ihren Anforderungen und Bedürfnissen hinsichtlich der An- und Abreise im Tages- und Kurzreiseverkehr übereinstimmen. Bei der Beschreibung der Typengruppen werden alle relevanten Kategorien bzw. Merkmale zur näheren Charakterisierung herangezogen. Letztere wurden für die jeweils betrachteten Freizeitmobilitätstypologien bereits in Kapitel 2.3 ausführlich beschrieben.

Tabelle 46: Verknüpfung der Typologien

Reisetypen	ÖV-Fixierte und Fahrradfahrer	multimodale ältere ÖV-Fans	auch ohne Auto verreisende Jüngere MIV-Fans	Autofixierte Familien
Merkmalsquellen (Betrachtete Typologien)	Reiseminimierende Individualisten (Event-Reisende)	Unterhaltungsinteressierte Pauschalreisende (Event-Reisende)	Pragmatiker (Harzreisende)	Belastete Familienorientierte (Mobilitätsstile)
	Multioptionale Jüngere (Harzreisende)	Bummler (Wochenendfreizeit)	Fun-Orientierte (Mobilitätsstile)	Komfort-bewusste Anspruchsvolle (Event-Reisende)
	Bequeme Selbstorganisierer (Event-Reisende)	Serviceorientierte Ältere (Harzreisende)	Junge Hedonisten (Harzreisende)	Modern-Exklusive (Mobilitätsstile)
		Gutsituierte Aufgeschlossene (Harzreisende)	Gruppenorientierte Autofans (Event-Reisende)	Schnelle Fitte (Wochenendfreizeit)
		Allseits Aktive (Wochenendfreizeit)		Moderne Familien (Harzreisende)
		Aktive Ältere (Wochenendfreizeit)		Traditionelle Ältere (Harzreisende)

Quelle: Eigene Darstellung (vgl. Tabelle 43)

3.1.2 Profil der Reisetypen: Freizeit- und Mobilitätsbedürfnisse

Mit Hilfe der zuvor beschriebenen Verfahrensweise wurden zunächst sechs Reisetypen identifiziert. Unter ihnen gibt es Typen, die grundsätzlich gerne verreisen bzw. viele Tages- und Kurzreisen durchführen. Allerdings sind auch Gruppen vorzufinden, die wenig verreisen oder sich eher im Nahraum erholen. Diese werden im weiteren Verlauf der Untersuchung nicht weiter berücksichtigt. Die unterschiedlichen Gruppen differieren in ihren Verkehrsmittelaffinitäten und in ihrer Einstellung zu (Reise-) Verkehrsmitteln. Die Namen der Reisetypen spiegeln jeweils ihre herausragenden Eigenschaften und Merkmale wider.

Folgende Reisetypen wurden im Rahmen der Metaanalyse identifiziert:

- Nahräumliche Zu-Hause-Bleiber
- Autofixierte Naherholer
- ÖV-Liebhaber und Fahrradfahrer
- Multimodale ältere ÖV-Fans
- Auch ohne Auto verreisende jüngere MIV-Fans
- Autofixierte Familien

Damit die Reisetypen auch an andere Zielgruppenmodelle – im Tourismus sind das zumeist Altersgruppen – anknüpfbar sind, werden bei den ausführlicheren Beschreibungen die soziostrukturellen Merkmale vorangestellt (siehe Kapitel 3.1.2.3 – 6). Es folgen Reisepräferenzen, Freizeit- und Lebensstilmerkmale, da auch die Urlaubertypen häufig auf Freizeitstilen beruhen. Die dritte Säule zur Charakterisierung der Reisetypen sind Mobilitätsorientierungen und die Verkehrsmittelnutzung in der Freizeit. In einem weiteren Schritt werden die identifizierten Mobilitäts-Gruppen mit den vorgestellten Freizeit- und Urlaubertypologien verknüpft. Zu dem Zweck müssen – wie auch bei den Mobilitätstypologien – zunächst vergleichbare Merkmale (z.B. Lebensstilmerkmale) gefunden werden. Der Vergleich dient dazu, zum einen Hinweise für die freizeitgerechte Gestaltung von Verkehrsangeboten zu erhalten. Zum anderen gibt der Vergleich Aufschluss darüber, welche Zielgruppen (Reisetypen) zu welchen Freizeit- und Urlaubszielen fahren und welche entsprechenden Angebote sie in Betracht ziehen könnten.

3.1.2.1 Kurzbeschreibung der Reisetypen

Da die Reisetypen als Grundlage für die Entwicklung von Mobilitätsangeboten im Tages- und Kurzreisetourismus dienen sollen, wird im weiteren Verlauf der Untersuchung nur auf die Typen näher eingegangen, deren Angehörige gerne bzw. häufig Tages- und Kurzreisen unternehmen und die somit potenzielle Zielgruppen für entsprechende Angebote darstellen. Wie die Ergebnisse zeigen, weisen die Typengruppen ‚nahräumliche Zu-Hause-Bleiber' und ‚autofixierte Nah-Erholer' nur eine geringe bis gar keine Affinität zu Ausflügen und Kurzreisen auf und werden daher im Folgenden nicht weiter betrachtet. Um einen ersten Eindruck zu bekommen, werden sie aber kurz in ihren Eigenschaften beschrieben.

Nahräumliche zu-Hause-Bleiber
Dieser Reisetyp setzt sich aus zwei unterschiedlichen Teilgruppen zusammen, die Ähnlichkeiten in ihren Verhaltensweisen aufzeigen, sich jedoch in Bezug auf die zugrunde liegenden Motive unterscheiden: Bei der einen Teilgruppe besteht grundsätzlich ein geringes Interesse am Reisen; wie die „Familienbewegten" und die „selbstzufriedenen Individualisten" aus der Untersuchung von Lanzendorf (2001) erholen sic sich lieber im Nahraum. Die zweite Teilgruppe ist auf Grund ihres Alters sowie ihrer finanziellen Situation und vermutlich auch aus Mangel an geeigneten Mobilitätsangeboten (geringer Führerschein- und Pkw-Besitz, starkes Bedürfnis nach Sicherheit) insgesamt weniger mobil. Sie besteht – wie die „häuslich Genüg-

samen" (Lanzendorf 2001) und die „traditionell Häuslichen" (Umweltbundesamt 2003) – überwiegend aus älteren, teils bereits verwitweten Frauen. Sowohl bei der Untersuchung der Harzreisenden, als auch bei den Event-Reisetypen wurde dieser (Nicht)-Reisetyp erwartungsgemäß nicht erfasst.

Autofixierte Naherholer
Die Gruppe der autofixierten Naherholer ist neben den ‚nahräumlichen zu-Hause-Bleibern' die zweite Gruppe mit einer geringen Affinität zu Ausflügen und Reisen. Dies könnte, wie bei den „konventionellen Familien" (Götz/ Schubert/ Zahl 2001) oder den „Benachteiligten" (Umweltbundesamt 2003) auch zum Teil auf deren sozial benachteiligte Situation zurückzuführen sein. Bei einem anderen Teil der Gruppe besteht jedoch ein generell geringes Interesse am Reisen, wie am Beispiel der „Auto-Kultur-Individualisten" (Lanzendorf 2001) deutlich wird. Bei Freizeitreisen werden vor allem Ausflüge in die nähere Umgebung unternommen und dafür in erster Linie das Auto genutzt. Die Nutzung öffentlicher Verkehrsmittel lehnen sie eher ab, worin sie sich von den ‚nahräumlichen zu-Hause-Bleibern' unterscheiden. Für den Eventtourismus konnte eine solche Gruppe nicht festgestellt werden, da sich die Befragung und die Bildung der Event-Reisetypen auf den Besuch von Großveranstaltungen bezog, diese Gruppe also gar nicht erreicht wurde.

ÖV-fixierte und Fahrradfahrer
Die Angehörigen dieses Typs weisen – im Gegensatz zu den anderen ÖV-affinen Gruppen – ein nur gemäßigtes Interesse an Ausflügen und Reisen auf. Wenn sie verreisen, wird jedoch das selbst Organisieren des Ausflugs oder Urlaubs bevorzugt. Als Reiseverkehrsmittel nutzen sie in erster Linie den öffentlichen Verkehr oder das Fahrrad. Diese Gruppe wurde in zwei Untersuchungen identifiziert; sie kommt als Typ im Harz- und im Eventtourismus vor. Bei Lanzendorf (2001) sind die ÖV-Nutzer eher älter, die Jüngeren nutzen in erster Linie das Auto bzw. verreisen insgesamt wenig. Die Gruppe weist einen hohen Anteil an Frauen auf, die – wie die „multioptionalen Jüngeren" (Götz / Schubert / Zahl 2001) – das Auto eher ablehnen oder die wie die „Bequemen Selbstorganisierer" aus dem EVENTS-Projekt (Eventverkehr 2004) – als Familie mit Kind mit dem Reisebus oder der Bahn fahren.

Multimodale ältere ÖV-Fans
Die Gruppe der ‚multimodalen älteren ÖV-Fans' besteht überwiegend aus Personen über 50 Jahren, die im Gegensatz zu den ‚nahräumlichen zu-Hause-Bleibern' äußerst reisefreudig sind. In der Gruppe sind vor allem die älteren Jahrgänge vertreten, die relativ aktiv sind und deren soziale Situation (mittlerer bis gehobener Lebensstandard) sowie ihre zur Verfügung stehende Zeit (ein großer Teil ist bereits im Ruhestand) es ermöglicht, viel zu verreisen. Da ihnen das Autofahren kein besonderes Vergnügen bereitet und der ÖV als bequem empfunden wird, sind sie entweder zu Fuß oder auf weiteren Strecken mit öffentlichen Verkehrsmitteln unterwegs. Wie die Überprüfung anhand der einzelnen Untersuchungen zeigt, ist dieser Reisetyp unter den Harzreisenden besonders stark vertreten. Auch unter den Eventreisenden sowie

in der Typologie der Freizeitmobilität am Wochenende wurde dieser Reisetyp identifiziert. Als Mobilitätsstil in der (Alltags-) Freizeit (Umweltbundesamt 2003) existiert zwar eine ähnliche Gruppe, die „traditionell Häuslichen", da diese aber nur eine geringe Affinität zu Ausflügen und Kurzreisen aufweist, wird sie nicht dem Reisetyp ‚nahräumlichen zu-Hause-Bleiber' zugeordnet.

Auch ohne Auto verreisende jüngere MIV-Fans
Reisende dieses Typs haben zwar eine positive Einstellung zum Auto, auf Reisen sind sie jedoch auch häufig mit öffentlichen Verkehrsmitteln unterwegs, besonders wenn sie in Gruppen verreisen. Grund für die Nutzung von Bus und Bahn ist zum einen, dass sie sich überwiegend in der ‚Pre-Familienphase' befinden und daher bei der Wahl der Reiseverkehrsmittel die Familie (finanziell) nicht berücksichtigen müssen. Zum anderen steht ihnen auf Grund ihres relativ niedrigen Lebensstandards vergleichsweise selten ein Pkw zur Verfügung. Sowohl in der Alltagsfreizeit, als auch im Harz- und Eventtourismus findet sich dieser Reisetyp. Auch für die Freizeitmobilität am Wochenende wurde eine solche Gruppe festgestellt. Da die „selbstzufriedenen Individualisten" aus der Untersuchung von Lanzendorf (2001) jedoch keine große Neigung zu Reisen haben, wurden auch sie dem Reisetyp der ‚nahräumlichen zu-Hause-Bleiber' zugeordnet.

Autofixierte Familien
Wesentliches Merkmal der gerne und viel verreisenden ‚autofixierten Familien' ist – wie der Name schon sagt – die fast ausschließliche Nutzung des Pkw für Reisen mit Partner oder Familie. Dies geschieht nicht nur aus pragmatischen Erwägungen, sondern weil Autofahren von einem Großteil dieses Reisetyps auch als Spaß empfunden wird. Der öffentliche Verkehr hingegen wird als Reiseverkehrsmittel in der Freizeit abgelehnt. Gründe dafür sind beispielsweise, dass viele der Familien ihren Wohnort eher in ländlichen Gegenden haben und dort das Angebot des öffentlichen Verkehrs im Vergleich zur Großstadt eingeschränkt ist. Zudem haben sie einen verstärkten Wunsch nach Intimität und Privatsphäre, den sie nur durch den Pkw wirklich befriedigt sehen. Autofixierte Familien wurden in allen vier betrachteten Untersuchungen identifiziert; dieser Reisetyp ist damit sehr prägnant und eindeutig. Wie auch bereits in der auf Basis qualitativer Interviews durchgeführten Untersuchung von Harzreisetypen vermutet wurde (Götz/ Schubert/ Zahl 2001), jedoch dort nicht quantitativ nachgewiesen wurde, befinden sich unter den Gruppen, die fast ausschließlich den Pkw nutzen, vor allem Familien mit Kindern.

3.1.2.2 Freizeitbedürfnisse und Reisepräferenzen der Reisetypen

Da es die Charakterisierung der Reisetypen ermöglichen soll, Freizeitmobilitätsangebote zielgruppenorientiert zu gestaltet, sind neben Mobilitätsbedürfnissen auch Kenntnisse über die Freizeitbedürfnisse und Reisepräferenzen der Typen erforderlich. So konnten auf Grundlage der vier miteinander verknüpften Freizeitmobilitätstypologien beispielsweise über Reisemotive nur wenig tragfähige Erkenntnisse gewonnen werden. Für die Gestaltung konkreter Angebote sind jedoch genauere Informationen darüber hilfreich, welche Freizeitziele für bestimmte Reisetypen in Frage kommen. Zu diesem Zweck werden den ermittelten Reisetypen in einem zweiten Schritt Urlaubertypen zugeordnet. An dieser Stelle wird der Untersuchungsgegenstand ‚Reiseangebot' nicht wie bei der Bildung der Reisetypen aus dem Blickwinkel der Mobilitätsanforderungen betrachtet, sondern im Hinblick auf die Anforderungen von Reisenden an ihre Freizeit- und Reisegestaltung.

Die Betrachtung ausgewählter Urlaubertypologien und deren Zuordnung zu den Reisetypen dient der differenzierteren Charakterisierung der einzelnen Typen hinsichtlich ihrer Freizeit- und Reisepräferenzen. Reisemotive, Lebens- und Freizeitstile sowie Organisations- und Informationspräferenzen lassen sich somit kritischer einschätzen und bei der Gestaltung von touristischen Mobilitätsangeboten genauer berücksichtigen. Auf diese Weise kann bei der Entwicklung von (Pauschal-) Reiseangeboten nicht nur auf die zielgruppenspezifischen Ansprüche eingegangen werden, sondern auch abgeschätzt werden, welche Reisetypen aus welchem (Reise-) Motiv heraus welche Ziele besuchen bzw. wie sie für ein bestimmtes Angebot zu motivieren sind. Die Charakterisierung der einzelnen Reisetypen erhält zudem in Bezug auf ihre Freizeit- und Lebensstilmerkmale sowie ihre Organisations- und Informationspräferenzen eine breitere Datenbasis. Die Zuordnung der Urlaubertypen erfolgt analog zur Verknüpfung der Freizeitmobilitätstypologien. Auf der Grundlage von Merkmalen, die sowohl zur Entwicklung der Reisetypen herangezogen, als auch im Rahmen der Urlaubertypologien untersucht wurden (siehe Tabelle 47), werden aus beiden Typologien Gruppen ermittelt, die in ihren Ausprägungen Ähnlichkeiten bzw. Übereinstimmungen aufweisen.

Tabelle 47: **Zuordnung von Urlaubertypen und Reisetypen**

Urlaubertypologien	Reisetypen
Urlaube, Kurzreisen und Ausflüge	Affinität zu Ausflügen und Kurzreisen
Soziale Struktur	Soziostrukturelle Merkmale
Reisepräferenzen (Reiseorganisation, Reisebegleitung)	Reisepräferenzen
Informationsvermittlung	
Werte, Freizeit- und Lebensstil	Freizeit- und Lebensstilmerkmale
Reisemotiv, Freizeit- und Urlaubsverhalten	
Verkehrsmittelaffinität/ Reiseverkehrsmittelnutzung	Verkehrsmittelaffinität (Verkehrsmittelnutzung in der Freizeit)

Quelle: Eigene Darstellung

Wichtigstes Merkmal für die weitere Betrachtung der einzelnen Urlaubertypen ist zunächst die auch beim ersten Schritt der Reisetypenentwicklung als besonders relevant angesehene *Affinität zu Ausflügen und Kurzreisen*. So werden entsprechend der Auswahl der Reisetypen auch Urlaubertypen, die keine Tages- und Kurzreisen bzw. ausschließlich Urlaube durchführen, nicht weiter betrachtet. Das Merkmal gibt im Hinblick auf die Gestaltung von Pauschalreisen Aufschluss darüber, für welches Segment Angebote lohnenswert sind. *Soziostrukturelle Merkmale* und besonders die Lebensphase werden im Rahmen der Weiterentwicklung der Reisetypen ebenfalls als bestimmende Merkmale angesehen, da die Gestaltung von Reiseangeboten im Tourismus vornehmlich auf diesen Merkmalen beruht. Aktuelle Forschungsarbeiten beweisen zwar die hohe Bedeutung von *Lebens- und Freizeitstilen* bei der Bildung von Zielgruppen im Tourismus (vgl. Frömbling 1993), doch insbesondere bei der Untersuchung von Freizeitmobilitätstypologien und deren Verknüpfung zu Reisetypen zeigte sich der noch größere Einfluss der Lebensphase auf das Gruppenverhalten. Die *Verkehrsmittelaffinität* ist letztlich das Merkmal, das darüber entscheidet, ob Anreisealternativen zum Pkw akzeptiert oder sogar bevorzugt werden.

Hauptaufgabe der Reisetypen ist es, als Zielgruppenmodell für An- und Abreiseangebote zu dienen. Nur bei Berücksichtigung der auf dieser Grundlage ermittelten typbedingten Reisepräferenzen ist die effiziente und zielgruppenspezifische Angebotserstellung überhaupt erst möglich. Da insbesondere die Organisationsform der Reise ein wesentliches Auswahlkriterium bei der Wahl aus unterschiedlichen Reiseangeboten darstellt, ist es für Reiseveranstalter unerlässlich, über die grundsätzliche Bereitschaft bestimmter Reisetypen zur Nutzung von Pauschalangeboten Kenntnis zu haben. Ein Fehlschluss wäre allerdings, die vermeintlich pauschalreiseresistenten Reisetypen zu vernachlässigen, stellen sie doch ein nicht zu unterschätzendes Potenzial an neu zu gewinnenden Kunden dar, die jedoch im Marketing anders angesprochen werden müssen als pauschalreisegewohnte Reisetypen.

Die Beschreibung zusätzlicher Merkmale, d.h. neben den im Rahmen der Reisetypenbildung bereits ermittelten Freizeit- und Lebensstilmerkmalen, macht die Bandbreite der Bedürfnisse und Präferenzen bestimmter Zielgruppen deutlich und bietet Ansatzpunkte für die Gestaltung von noch differenzierteren zielgruppenorientierten Angeboten. Da sich Reisemotive und Merkmale des Freizeit- und Urlaubsverhaltens häufig mit Freizeit- und Lebensstilmerkmalen überschneiden, werden diese in der Zuordnung der Urlaubertypen zu den Reisetypen nicht explizit unterschieden. Der Umstand, dass Einstellungen bzw. Präferenzen nicht eindeutig von Verhaltensmerkmalen getrennt werden konnten, ist bereits durch das Ausgangsmaterial bedingt, hat aber auf die Aussagekraft der gewonnenen Ergebnisse keinen Einfluss. Zumal die Verquickung von Präferenz und Verhalten schon dadurch deutlich wird, dass bei der Entscheidung für ein bestimmtes Reiseangebot Wünsche (die auf Einstellungen und Präferenzen beruhen) realisiert, d.h. in Verhaltensmerkmale umgesetzt werden.

3 Handlungskonzept: Entwicklung nachhaltiger Mobilitätskonzepte im Tourismus

Auf Grundlage der oben genannten Merkmale erfolgt die Zuordnung von Urlaubertypen zu den Reisetypen. Es wurden jedoch nicht bei allen Typologien die selben Merkmale betrachtet, da die unterschiedliche Schwerpunktsetzung der Untersuchungen optimal genutzt werden sollte. Die Unterschiede der in den Urlaubertypologien verwendeten Merkmalsbezeichnungen variieren geringfügig:

- In der Typologie zum Reiseverhalten in Deutschland (ADAC / IFAK 2001) sind folgende Merkmale besonders relevant: die Häufigkeit von Kurzreisen, die Organisationsform der Reise sowie die Verkehrsmittelnutzung.

- Die Untersuchung von Frömbling (1993) stützt sich in erster Linie auf psychographische Merkmale (Werte, Freizeit- und Lebensstile und Motive) von Reisenden, die zur Charakterisierung der Reisetypen in Bezug auf ihrer Freizeitgestaltung von Bedeutung sind.

- Im „Modell für das Neue Denken im Tourismus" charakterisiert Romeiß-Stracke (1989) Freizeit- und Lebensstilmerkmale und die soziale Struktur von Deutschlandurlauber-Typen und beschreibt ihr Freizeit- und Urlaubsverhalten.

Für die Zuordnung der Urlaubertypen zu den Reisetypen wurde die Reiseverkehrsmittelnutzung, also das reale Verhalten, nicht als Zuordnungsmerkmal herangezogen, da bestimmte Arten von Verkehrsmitteln sonst aus dem Betrachtungsfokus geraten würden. So sind in den Ausgangsdaten die Angaben über die genutzten Reiseverkehrsmittel nur bedingt aussagekräftig, da beispielsweise in der ADAC-Untersuchung ausschließlich das Automobil und das Flugzeug betrachtet und andere Verkehrsmittel als „Restgröße" nicht weiter differenziert wurden. In der Untersuchung von Romeiß-Stracke wird zwar die Verkehrsmittelnutzung nicht direkt untersucht, sondern aus den Charakteristika der jeweiligen Zielgruppe abgeleitet. Gleichwohl können diese Ergebnisse als Orientierungshilfe für das weitere Vorgehen dienen.

Unter Beachtung der oben skizzierten Grundüberlegungen werden im Folgenden Reisetypen und Urlaubertypologien zueinander in Beziehung gesetzt und Übereinstimmungen bzw. Ähnlichkeiten ermittelt. Die in Tabellenform dargestellten Charakteristika zu Freizeit- und Urlaubspräferenzen liefern außerdem detaillierte Informationen zu einzelnen Merkmalsausprägungen und vervollständigen damit die Beschreibung der vier zuvor identifizierten (Freizeitmobilitäts-)Typen.[21]

---

21 Die Reisetypen und ihre Merkmalsausprägungen basieren auf den Ergebnissen einer komplexen Metaanalyse. Eine bildliche Darstellung würde hier zu Unübersichtlichkeit führen. Daher wird das Resultat für jeden Typen ausführlich beschrieben.

3.1.2.3 ÖV-fixierte und Fahrradfahrer

Aus den vier Untersuchungen lassen sich im Rahmen der Metaanalyse drei Teilgruppen zum Reisetyp ‚ÖV-fixierte und Fahrradfahrer' zusammenführen.

Tabelle 48: **Zusammensetzung „ÖV-fixierte und Fahrradfahrer"**

Reisetyp	ÖV-Fixierte und Fahrradfahrer		
	Reiseminimierende Individualisten	Multioptionale Jüngere	Bequeme Selbstorganisierer
Merkmalsquelle	Eventreisende	Harzreisende	Eventreisende
Ausflüge und Reisen	+-	+ selten Kurzreisen	+
Autofahren = Spaß	-	-	-
Einstellung ÖV	+	+	+
Gruppengröße	25%		9%
Lebensphase	Familie mit (älteren) Kindern	Prefamilienphase	Familie mit Kind(ern)
Pkw-Nutzung überwiegt			
Bahn/Reisebus	+-	+	+
ÖPNV	+	+	+
Fahrradnutzung (in der Freizeit)	+	+	+

Quelle: Eigene Darstellung

Im Ergebnis setzt sich der Reisetyp aus folgenden Merkmalen zusammen:

Tabelle 49: **Reisetyp „ÖV-fixierte und Fahrradfahrer"**

Merkmale	ÖV-fixierte und Fahrradfahrer
Ausflüge und Reisen	+
Autofahren = Spaß	-
Einstellung ÖV	+
Gruppengröße	ca. 9-25%
Lebensphase	Heterogene Zusammensetzung
Pkw-Nutzung überwiegt	-
Bahn/Reisebus	+
ÖPNV	+
Fahrradnutzung (in der Freizeit)	+

Quelle: Eigene Darstellung

Soziostrukturelle Merkmale

Die Gruppe der ‚ÖV-fixierten und Fahrradfahrer' ist heterogen zusammengesetzt. Die eine Teilgruppe besteht überwiegend aus Frauen, die sich in der ‚Pre-Familienphase' befinden. Sie sind jünger und leben – vor allem bedingt durch ihre Ausbildungssituation – auf einem eher niedrigen Lebensstandard. Die zweite Teilgruppe besteht ebenfalls überwiegend aus Frauen mit einem Durchschnittsalter von 35 Jahren, diese haben Familie mit zumeist einem Kind. Die dritte Teilgruppe ist geprägt von Männern mit einem Durchschnittsalter von 47 Jahren, die Familie mit zum Teil schon älteren Kindern haben. Unter den Älteren in der Gruppe befinden sich vor allem Angestellte und Beamte sowie Selbständige. Der Wohnort befindet sich meist in der Stadt, die Teilgruppe der Familien mit älteren Kindern lebt zum Teil auch im Umland. Trotz dieser unterschiedlichen soziostrukturellen Grundvoraussetzungen stimmen die Teilgruppen hinsichtlich ihrer Freizeit- und Mobilitätsbedürfnisse überein.

Reisepräferenzen, Freizeit- und Lebensstil

Die ‚ÖV-fixierten und Fahrradfahrer' haben eine Affinität zu Ausflügen und Reisen, besonders zu Kurzreisen. Die Organisation der Reise wird von ihnen am liebsten selbst in die Hand genommen, so dass Pauschalangebote entsprechend wenig genutzt werden. Der Preis spielt bei der Reiseentscheidung keine dominierende Rolle. Die Reise wird überwiegend mit dem Partner oder zusammen mit der Familie durchgeführt, Gruppenreisen werden abgelehnt. Zur Beschaffung von Informationen im

Vorfeld werden sowohl technische Medien (Internet) als auch das persönliche Gespräch genutzt. Eine wesentliche Rolle im Rahmen der Freizeitgestaltung spielen Abwechslung und neue Trends. Auch gegenüber technischen Dingen ist dieser Reisetyp positiv eingestellt. Besonders wichtig sind diesem Typ Kinder und Familie, während kein großer Wert auf Individualität und Unabhängigkeit gelegt wird. Kulturelle Aktivitäten ebenso wie Bewegungsaktivitäten werden gerne durchgeführt, letztere sind jedoch nicht gleichzusetzen mit Sport.

Mobilitätsorientierung und Verkehrsmittelnutzung in der Freizeit
Der Reisetyp ist öffentlichen Verkehrsmitteln gegenüber sehr positiv eingestellt; dagegen lehnen sie Autofahren ab, wenn es aus reinem Spaß geschieht. Entsprechend ist der emotionale Bezug zum Auto gering, es wird als Teil einer pragmatischen Verkehrsmittelnutzung gesehen. Die Einstellung zu den öffentlichen Verkehrsmitteln spiegelt sich auch in deren häufiger Nutzung für Freizeitreisen wider. Am häufigsten wird für Freizeitreisen der öffentliche Nahverkehr genutzt, gefolgt vom Reisebus und der Bahn. Der Anteil des ÖV-Zeitkarten- und Bahncard-Besitzes liegt bei den Frauen deutlich höher, während Pkw-Besitz und -Verfügbarkeit bei ihnen geringer ausfallen. Als weitere Fortbewegungsmöglichkeit nutzen die ‚ÖV-fixierten und Fahrradfahrer' in der Freizeit viel und gerne das Fahrrad oder gehen zu Fuß.

Während der Reise sind Komfort und Bequemlichkeit wichtig; diese Merkmale werden aber nicht im Widerspruch zur Nutzung des öffentlichen Verkehrs gesehen. Bei einigen Erfordernissen hinsichtlich der Verkehrsmittelnutzung lässt sich ein deutlicher Unterschied zwischen Männern und Frauen feststellen: Der männerdominierte Teil der Gruppe möchte direkt und ohne Umwege oder Umsteigen ans Ziel gelangen, möglichst flexibel sein und spontan entscheiden können. Diese Merkmale sind dem frauendominierten Teil der Gruppe eher unwichtig.

Freizeit- und Urlaubspräferenzen des Reisetyps
‚ÖV-fixierte und Fahrradfahrer' führen gerne kürzere Reisen durch, was sich entsprechend in den zugeordneten Urlaubertypen widerspiegelt, deren Angehörige alle neben längeren Urlauben auch viele Kurzreisen unternehmen (vgl. Tabelle 50). Ausflüge werden dagegen selten unternommen. Die soziodemografischen Merkmale der Urlaubertypen stimmen überwiegend mit denen des Reisetyps überein: es sind zumeist jüngere Singles und Paare, einzelne Teilgruppen bestehen auch aus Familien mit Kindern. Das Bildungsniveau ist mittel bis hoch, ebenso der Lebensstandard – außer bei den sich noch in Ausbildung befindenden Personengruppen. Das Lebensumfeld ist zumeist (groß-) städtisch geprägt; die Familien wohnen jedoch auch teilweise im Umland.

Entsprechend der hohen Relevanz, die öffentliche Verkehrsmittel für diesen Reisetyp haben, wird auch von den zugeordneten Urlaubertypen der Pkw vergleichsweise wenig genutzt und öffentliche Verkehrsmittel durchaus für die Freizeitmobilität in Erwägung gezogen. Kennzeichnend ist, dass die Reisen zumeist selbst organisiert

3 Handlungskonzept: Entwicklung nachhaltiger Mobilitätskonzepte im Tourismus

und kaum Pauschalangebote genutzt werden. Paar- und Familienreisen oder auch Reisen mit Freunden und Bekannten stehen im Vordergrund. Die Reiseinformation erfolgt über technische Medien oder über das persönliche Gespräch (z.B. durch den Austausch mit Freunden und Bekannten oder das Reisebüro), beides wird durch Reiseliteratur, Bücher und Zeitschriften ergänzt.

Auf Grund der Freizeit- und Lebensstilmerkmale des Reisetyps (Abwechslung, neue Trends, Technik) wurden Urlaubertypen zugeordnet, die eine eher hedonistische und zeitgeist- und freiheitsorientierte Grundeinstellung haben, was insbesondere auf die in der Pre-Familienphase befindlichen Personen des Reisetyps zutrifft. Zudem sind bei diesem Reisetyp auch traditions- und sicherheitsorientierte Teilgruppen zu finden. Die Interessen richten sich entweder auf Sport und Bewegung oder auf Regeneration und Genuss, wozu auch die Gesundheit sowie Körper- sowie Naturerfahrung zählt. Kultur gehört, außer bei den sehr sport-orientierten Urlaubertypen, ebenfalls zu den relevanten Reisemotiven.

Tabelle 50: **Freizeit- und Urlaubspräferenzen des Reisetyps ‚ÖV-fixierte und Fahrradfahrer'**

Urlaubertypen Merkmals- Ausprägungen	Regenerations- und Genuss-orientierte (Reisende Münsterland)	Trendsensible (Deutschland-urlauber)	Land- und Kulturorientierte (Reisende Münsterland)	Junge Sport/ Hobby-Urlauber mit Alpen-Affinität (Reiseverhalten in Deutschland)
Urlaube, Kurzreisen und Ausflüge	Entfernungsgruppe II (Reisentfernung ab 300km): Kurzurlauber, Urlauber	Kurzreisen, Langzeiturlaub	Entfernungsgruppe I (Reisentfernung bis 300km): Ausflügler, Kurzurlauber, Urlauber für Naherholung	Mehrere kürzere Reisen (Januar, Mai – August) Hauptreiseziel: Deutschland/ Europa
Soziale Struktur	Singles und Paare (25-49 Jahre), auch Familien mit Kindern und Jugendlichen, Bildungsniveau: mittel, Beruf: heterogen, Einkommen: durchschnittlich	Personen unter 30 Jahren, alleinstehende Frauen mittleren Alters, hohes Bildungsniveau	Bildungsniveau: mittel, Beruf: Arbeiter, Einkommen: hoch (Zweitverdiener)	Junge Erwachsene (16 – 29 J.), Singles und Paare (30 – 49 Jahre), selten Kinder im Haushalt, hohes Bildungsniveau Lebensumfeld: Großstadt
Reisepräferenzen (Reiseorganisation, Reisebegleitung)				Individuelle Organisation, seltener Pauschalreisen Reisebegleitung: allein 19%, mit Partner 42%, mit Partner und Kindern 23%, Freunde/ Bekannte 22%

3.1 REISETYPEN

Urlaubertypen / Merkmals-Ausprägungen	Regenerations- und Genuss-orientierte (Reisende Münsterland)	Trendsensible (Deutschland-urlauber)	Land- und Kulturorientierte (Reisende Münsterland)	Junge Sport/ Hobby-Urlauber mit Alpen-Affinität (Reiseverhalten in Deutschland)
Werte, Freizeit- und Lebensstil	Alle überdurchschnittlich: Bildungs- und Gesellschaftsorientierung, hedonistische Grundorientierung Freiheitsorientierung, Gesundheit und Umwelt	Zeitgeist-orientiert, neue Technologien probieren, gezieltes und kritisches Konsumverhalten, politisch und kulturell interessiert, umweltbewusst, spontan, Freizeit und Urlaub als persönliche Bewusstseinserweiterung	Tradition und Sicherheit, Freiheitsorientierung	
Reisemotiv, Freizeit- und Urlaubsverhalten	Regenerations- und Genussbedürfnis	Naturerfahrung, Kultur, Selbsterfahrung, Abenteuer, Körperbewusstsein und gesunde Ernährung, Gruppenerlebnis, Beziehungen aufbauen	Vielseitig. Kultur, sportaverses Bewegungsbedürfnis	Sportliche Aktivitäten, kein Interesse an Kultur, kein Anspruch an Komfort und Luxus, Übernachtung: Hotel
Informationsvermittlung				Persönliche Erfahrungen durch Freunde, Bekannte oder eigene Reiseliteratur, Bücher, Zeitschriften, Reisebüro
Verkehrsmittelaffinität/ Reiseverkehrsmittelnutzung		Differenziert: in der Stadt wird guter ÖV erwartet, auf dem Land wird schlechte Erschließung bewusst hingenommen		Pkw (56%) Flugzeug (27%) Andere Verkehrsmittel: 17%

Quelle: Eigene Darstellung

3.1.2.4 Multimodale ältere ÖV-Fans

Aus den vier betrachteten Untersuchungen lassen sich im Rahmen der Metaanalyse sechs Teilgruppen zum Reisetyp ‚multimodale ältere ÖV-Fans' zusammenführen. Die relativ große Anzahl der zuordenbaren Teilgruppen spricht für die Prägnanz dieses Typs.

Tabelle 51: **Zusammensetzung „multimodale ältere ÖV-Fans"**

Reisetyp	multimodale Ältere ÖV-Fans					
	Unterhaltungsinteressierte Pauschalreisende	Bummler	Serviceorientierte Ältere	Gutsituierte Aufgeschlossene	Allseits Aktive	Aktive Ältere
Merkmalsquelle	Eventreisende	Wochenendfreizeit	Harzreisende	Harzreisende	Wochenendfreizeit	Harzreisende
Ausflüge und Reisen	++	+	++ häufige Kurzurlaube	++ viele Kurzreisen	+	+ Freizeitausflüge
Autofahren = Spaß		+-	+-	+-	+	+
Einstellung ÖV		+-	++	+	++ ÖV = Spaß Erholung, bequem, schnell	+
Gruppengröße	27%	12%			10%	
Lebensphase	Jungsenioren (Ruheständler)	Paar oder Alleinstehende im Ruhestand	Ruhestand	Postfamilienphase	Paare, Jungsenioren/ Ruhestand	Ruhestand
Pkw-Nutzung überwiegt						
Bahn/Reisebus	+		+	+		+
ÖPNV	+	+	+	+	+	+
Fahrradnutzung (in der Freizeit)		-			+	

Quelle: Eigene Darstellung

Nach Auswertung der sechs Teilgruppen ergeben sich folgende typenspezifischen Eigenschaften:

Tabelle 52: **Reisetyp „multimodale ältere ÖV-Fans"**

Merkmale	Multimodale ältere ÖV-Fans
Ausflüge und Reisen	+
Autofahren = Spaß	teilweise
Einstellung ÖV	+
Gruppengröße	10-27%
Lebensphase	Überwiegend Paare zwischen 50 und 65 Jahren, deren Kinder bereits nicht mehr zu Hause wohnen, sowie Personen im Ruhestand
Pkw-Nutzung überwiegt	
Bahn/Reisebus	+
ÖPNV	+
Fahrradnutzung (in der Freizeit)	verschieden

Quelle: Eigene Darstellung

Soziostrukturelle Merkmale
Die Gruppe der ‚multimodalen älteren ÖV-Fans' besteht überwiegend aus Paaren zwischen 50 und 65 Jahren, deren Kinder bereits nicht mehr zu Hause wohnen, sowie aus Personen im Ruhestand, die zum Teil auch allein leben. Das Verhältnis zwischen Männern und Frauen ist relativ ausgeglichen. Unter denen, die noch in Arbeitsverhältnissen stehen, sind Angestellte am weitesten verbreitet. Der Lebensstandard dieses Reisetyps ist als mittel bis gehoben zu bezeichnen. Als Wohnort wird eine städtische Umgebung bevorzugt.

Reisepräferenzen, Freizeit- und Lebensstil
Der Typ hat eine hohe Affinität zu Ausflügen und Reisen: besonders häufig werden Kurzreisen unternommen. Hinsichtlich der Organisation der Reise gibt es keine besonderen Präferenzen; vielfach werden Pauschalangebote genutzt. Die ‚multimodalen älteren ÖV-Fans' sind preisbewusst bis sparsam, zum Teil herrscht eine Schnäppchenmentalität vor. Im Urlaub gönnen sie sich jedoch auch ab und zu ein wenig Luxus. Reisen werden vor allem als Paarreisen durchgeführt. Häufig ist dieser Reisetyp auch in Gruppen unterwegs, sei es mit der Familie oder mit Freunden. Für die Informationsvermittlung wird das persönliche Gespräch sowie die Aufbereitung der

Information in Form von Printmedien, Reiseführern und Karten bevorzugt. Technische Medien spielen lediglich bei jüngeren Vertretern dieser Gruppe eine Rolle.

Die Neigung zur Traditionalität ist relativ stark ausgeprägt. Das Bedürfnis nach Abwechslung und neuen Trends ist nur bei den Personen anzutreffen, die sich in der Post-Familienphase bzw. noch nicht im Ruhestand befinden (Jungsenioren). Obwohl die Kinder überwiegend schon aus dem Haus sind, spielt die Familie bei der Freizeitgestaltung eine wichtige Rolle. Sport ist bei den ‚multimodalen älteren ÖV-Fans' weniger beliebt, statt dessen äußert sich das Bedürfnis nach Bewegung in anderen Aktivitäten wie zum Beispiel Spazieren gehen. Ebenso wichtig sind für fast alle Vertreter der Gruppe Ruhe und Erholung, nur die Freizeitaktiven lehnen dies ab. Allen gemeinsam ist ein großes Interesse an Kultur.

Mobilitätsorientierung und Verkehrsmittelnutzung in der Freizeit
Gemäß ihrem Namen haben die ‚multimodalen älteren ÖV-Fans' eine positive Einstellung zu öffentlichen Verkehrsmitteln, was jedoch nicht bedeutet, dass sie die Pkw-Nutzung ablehnen. Einzelnen Vertretern der Gruppe macht es durchaus viel Spaß, Auto zu fahren. Das Auto wird häufig aus Bequemlichkeit genutzt, doch insgesamt überwiegen bei der Entscheidung für ein Verkehrsmittel pragmatische Überlegungen. Entsprechend ihrer Einstellung zur Mobilität werden in der Freizeit in hohem Maß öffentliche Verkehrsmittel genutzt. Die Anzahl der in den Haushalten existierenden Pkw ist verhältnismäßig gering, hingegen besitzen viele Gruppenmitglieder Zeitkarten für den öffentlichen Verkehr. Auch das Zufußgehen wird als Fortbewegungsmöglichkeit häufig in Betracht gezogen, das Fahrradfahren aber eher nicht. Während der Reise legen sie großen Wert auf Komfort und Bequemlichkeit. Unterhaltung und Erlebnisangebote unterwegs wie beispielsweise die Verbindung der Fahrt mit anderen Zielen oder Sehenswürdigkeiten entlang der Strecke, sind eine willkommene Abwechslung. Auch Informationen zur Reiseroute oder zu auf dem Weg liegenden Attraktionen und Landschaften werden geschätzt, besonders wenn sie durch eine Reiseleitung vermittelt werden.

Freizeit- und Urlaubspräferenzen des Reisetyps
Entsprechend der hohen Affinität der ‚multimodalen älteren ÖV-Fans' zu Ausflügen und Reisen werden auch von den zugeordneten Urlaubertypen sowohl Kurzreisen als auch Freizeitausflüge häufig unternommen (vgl. Tabelle 53). Hinsichtlich der soziostrukturellen Merkmale sind trotz der generellen Übereinstimmung zwischen Urlauber- und Reisetypen einzelne Unterschiede feststellbar. Während die Lebensphasen aller Urlaubertypen mit denen des Reisetyps übereinstimmen (in der Gruppe befinden sich in erster Linie Paare zwischen 50 und 65 Jahren sowie Ruheständler), gibt es Differenzen hinsichtlich des Bildungs- und Lebensstandards. Dieser liegt bei dem ermittelten Reisetyp höher als bei den zugeordneten Urlaubertypen.

In Bezug auf die Wahl des Reiseverkehrsmittels wird sowohl von dem Reisetyp als auch von den relevanten Urlaubertypen der Pkw vergleichsweise wenig, alternative Verkehrsmittel hingegen stärker genutzt. Die Art und Organisation der Reise wird weitgehend ohne eine besondere Präferenz gewählt; sowohl selbstorganisierte Reisen, als auch Pauschalangebote mit geringerem eigenen Organisationsaufwand kommen in Frage. Es werden Paar- sowie Gruppenreisen unternommen. Insgesamt spielt Preisbewusstsein bei dieser Gruppe zwar eine Rolle, dennoch wird im Urlaub auf ein wenig Luxus und auf Qualität Wert gelegt. Die Informationsbeschaffung erfolgt in aktiver Art und Weise über die klassischen Informationsmedien – vor allem Printmedien, Reiseführer und Karten, aber auch über das Reisebüro. Technische Medien werden nicht genutzt. Lebens- und Freizeitstilmerkmale sind geprägt von eher traditionellen Werten und der Familie. Bei der Freizeit- und Urlaubsgestaltung werden Bewegungsaktivitäten wie Spazieren gehen, Ruhe und Erholung, aber auch das gemeinschaftliche Sehen und Erleben von Kultur bevorzugt.

Tabelle 53: **Freizeit- und Urlaubspräferenzen des Reisetyps ‚multimodale ältere ÖV-Fans'**

Urlaubertypen / Merkmals-Ausprägungen	Interkontinentalreisender Erlebnisurlauber (Reiseverhalten in Deutschland)	Traditionelle Spaziergängerfreunde (Reisende Münsterland)	Ältere Erholungsurlauber mit Deutschland Affinität (Reiseverhalten in Deutschland))	Familiäre (Deutschlandurlauber)
Urlaube, Kurzreisen und Ausflüge	Mehrere Kurzreisen pro Jahr, Hauptreiseziel: Europa, Fernreisen (Juni – August, Dezember)	Entfernungsgruppe I (bis 300 km): Ausflügler, Kurzurlauber, Urlauber für Naherholung	Kurzreisen (leicht unterdurchschnittlich) Hauptreiseziel: Deutschland (Januar, März – August)	Ausflüge ohne Übernachtung
Soziale Struktur	Jungsenioren und Ruheständler, Singles und Paare, z.T. mit Kindern Bildungsniveau überdurchschnittlich, Lebensumfeld: ländliche Umgebung	Altersgruppe 50+, Senioren, Bildungsniveau: niedrig, Beruf: Rentner, Hausfrauen, Einkommen: niedrig	Jungsenioren und Ruheständler, Bildungsniveau leicht unter dem Durchschnitt, Lebensumfeld: Stadt oder Großstadt	Senioren, (Familien mit Kindern)
Reisepräferenzen (Reiseorganisation, Reisebegleitung)	Nutzung von Pauschalangeboten, geringer Organisationsaufwand Reisebegleitung: mit Partner 59%, Freunde/ Bekannte 16%, mit Partner und Kindern 14%		Individuelle Organisation, Pauschalreisen Reisebegleitung: mit Partner 67%, allein 14%, mit Partner und Kindern 13%	

3 Handlungskonzept: Entwicklung nachhaltiger Mobilitätskonzepte im Tourismus

Urlaubertypen Merkmals- Ausprägungen	Interkontinental- reisender Erlebnis- urlauber (Reiseverhalten in Deutschland)	Traditionelle Spa- ziergängerfreunde (Reisende Münsterland)	Ältere Erho- lungsurlauber mit Deutschland Affinität (Reiseverhalten in Deutschland))	Familiäre (Deutschland- urlauber)
Werte, Freizeit- und Lebensstil		Tradition und Sicherheit, Umwelt und Gesundheit		Freizeit und Urlaub mit Familie, Verwandten, Freunden, Preis-/Leistungs-Denken, Konsum: Qualitätsbewusstsein, Gruppenerlebnis, Gemütlichkeit, mäßig aktiv, Ansätze von Umweltbewusstsein
Reisemotiv, Freizeit- und Urlaubsverhalten	Sehen und Erleben, die Welt kennen lernen, Gleichgesinnte treffen, auf Veranstaltungen gehen Übernachtung: Hotel	Sportaverses Bewegungsbedürfnis, Spazieren gehen	Natur und Ruhe Komfort, Übernachtung: Hotel, Ferienwohnung	Leichte Bewegungs-Aktivitäten in der Gruppe, ungezwungenes Miteinandersein, „etwas unternehmen" (Ausflüge, Besichtigungen)
Informationsvermittlung	Sich selbst aktiv über die Reise informieren (Bücher, Zeitschriften, Reiseliteratur)		Bücher/ Zeitschriften, Reiseliteratur, Reisebüro	
Verkehrsmittelaffinität/ Reiseverkehrsmittelnutzung	Pkw (39%) Flugzeug (39%) Andere: 22%		Pkw (65%) Flugzeug (20%) Andere: 15%	Sichere, schnelle Verkehrsanbindung, großräumige Verkehrberuhigung, getrennte Rad- und Wanderwege

Quelle: Eigene Darstellung

3.1.2.5 Auch ohne Auto verreisende jüngere MIV-Fans

Aus den vier Freizeitmobilitätstypologien lassen sich im Rahmen der Metaanalyse vier Teilgruppen zu dem Reisetyp ‚auch ohne Auto verreisende jüngere MIV-Fans' zusammenführen. Die Namensgebung ist darauf zurück zu führen, dass diese Gruppe zwar MIV-affin ist, aber nicht so auf den Pkw fixiert, dass nicht auch andere Verkehrsmittel für Freizeit und Reisen genutzt werden.

Tabelle 54: Zusammensetzung „auch ohne Auto verreisende jüngere MIV-Fans"

Reisetyp	auch ohne Auto verreisenDE Jüngere MIV-Fans			
	Pragmatiker	Fun-Orientierte	Junge Hedonisten	Gruppenorientierte Autofans
Merkmalsquelle	Harzreisende	Mobilitätsstile Alltagsfreizeit	Harzreisende	Eventreisende
Ausflüge und Reisen	+ wenige Kurzreisen (nähere Umgebung)	++ Kurzreisen über 500 km	+ ab und zu Tagesausflüge/ Kurzreisen	+
Autofahren = Spaß		++	++	++
Einstellung ÖV			--	-
Gruppengröße		22%		26%
Lebensphase	Prefamilienphase oder mittleres Alter ohne Kinder	Jüngere Singles	Prefamilienphase	Familie mit Kind(ern)
Pkw-Nutzung überwiegt				
Bahn/Reisebus	+	+	+	+
ÖPNV	+		+	+
Fahrradnutzung (in der Freizeit)		+		-

Quelle: Eigene Darstellung

3 Handlungskonzept: Entwicklung nachhaltiger Mobilitätskonzepte im Tourismus

Nach Auswertung der Teilgruppen lassen sich folgende Merkmalsausprägungen feststellen:

Tabelle 55: Reisetyp „auch ohne Auto verreisende jüngere MIV-Fans"

Merkmale	Auch ohne Auto verreisende jüngere MIV-Fans
Ausflüge und Reisen	+
Autofahren = Spaß	+
Einstellung ÖV	unterschiedlich
Gruppengröße	22-26%
Lebensphase	Überwiegend jüngere Männer, darunter viele Singles in der Pre-Familienphase
Pkw-Nutzung überwiegt	
Bahn/Reisebus	+
ÖPNV	+
Fahrradnutzung (in der Freizeit)	unterschiedlich

Quelle: Eigene Darstellung

Soziostrukturelle Merkmale

Die Gruppe der ‚auch ohne Auto verreisenden jüngeren MIV-Fans' ist überwiegend von jüngeren Männern geprägt, unter denen sich viele Singles in der Pre-Familienphase befinden. Sie sind vielfach noch in der Ausbildung, in diesem Fall ist ihr Lebensstandard niedrig bis mittel, oder sie sind selbständig. Eine kleinere Teilgruppe dieses Typs hat aber auch Familie mit meist einem Kind und weist ein Durchschnittsalter von 37 Jahren auf. Die Mehrheit gehört der Berufsgruppe der Angestellten an, es befinden sich unter ihnen aber auch Arbeiter und Selbständige.

Reisepräferenzen, Freizeit- und Lebensstil

Die Affinität zu Reisen variiert von Tagesausflügen über Kurzreisen in die nähere Umgebung bis hin zu Kurzreisen über 500 km Reiseentfernung. Viele Reisen werden in Gruppen oder mit der Partnerin durchgeführt. Für die Organisation der Reise werden (insbesondere von den Älteren) Pauschalangebote genutzt, das individuelle Organisieren von Reisen hat keine Priorität. Alle Mitglieder dieser Gruppe legen beim Reisen großen Wert auf ein günstiges Preisniveau. Für die Informationsbeschaffung werden technische Medien favorisiert. Hinsichtlich der Freizeitgestaltung sind die ‚auch ohne Auto verreisenden jüngeren MIV-Fans' offen für neue Trends und auch Abwechslung ist ihnen besonders wichtig. Dem entspricht auch ihr Interesse an neuen technischen Entwicklungen. Auf eine individuelle Lebensgestaltung und Unabhängigkeit wird in dieser Gruppe großer Wert gelegt. Besonders für die Jüngeren ist Freizeit eng mit Sport verbunden, auf der anderen Seite erholen sie sich gerne zu Hause. Für die Älteren spielt der Erholungsaspekt nur eine zweitrangige Rolle und sie bevorzugen statt Sport eher andere Formen der Aktivität und Bewegung.

Mobilitätsorientierung und Verkehrsmittelnutzung in der Freizeit

Das Autofahren ist bei den ‚auch ohne Auto verreisenden jüngeren MIV-Fans' in erster Linie mit Spaß verbunden, bei den Jüngeren auch mit dem Spaß an der Geschwindigkeit. Es gibt eine deutliche emotionale Bindung an das Auto, die sowohl durch Status, als auch durch ein Gefühl von Unabhängigkeit geprägt ist. Ebenso gibt es aber eine eindeutige Tendenz zur pragmatischen Verkehrsmittelnutzung. Die Haltung gegenüber öffentlichen Verkehrsmitteln ist zwar zum Teil ablehnend, in der Mehrheit aber neutral. Diese Einstellung drückt sich auch in der Verkehrsmittelnutzung in der Freizeit aus: entgegen ihrer positiven Haltung zum Auto wird es in der Freizeit nicht zwangsläufig auch genutzt, wodurch der Pragmatismus deutlich wird. Zwar hat ein Teil der Gruppe mehr als einen Pkw im Haushalt, doch besitzen viele auch eine Zeitkarte für den ÖV bzw. eine BahnCard. In der Freizeit sind die auch ohne Auto verreisenden jüngeren MIV-Fans multimodal unterwegs. Je nach Situation und Verfügbarkeit werden Bus, Pkw oder Bahn genutzt. Gruppenreisen werden vielfach mit dem Reisebus unternommen. Bei der Teilgruppe mit einer eher negativen Einstellung zum ÖV geschieht die Nutzung öffentlicher Verkehrsmittel eher unfreiwillig und ist ihrer ungünstigen finanziellen Situation geschuldet. Das zu Fuß gehen wird in der Freizeit als Fortbewegungsmöglichkeit nicht in Betracht gezogen. Besonders wenn die ‚auch ohne Auto verreisenden jüngeren MIV-Fans' in der Gruppe unterwegs sind, spielt schnelles Ankommen am Ziel keine große Rolle.

Freizeit- und Urlaubspräferenzen des Reisetyps

Bei der Freizeitgestaltung dieses Reisetyps spielt das Reisen insgesamt eine wichtige Rolle. Längere Urlaube werden zwar hauptsächlich als Fernreisen unternommen, es werden jedoch auch Kurzreisen und Tagesausflüge bis 500 km Reiseentfernung durchgeführt (vgl. Tabelle 56). Der Reisetyp sowie die zugeordneten Urlaubertypen bestehen überwiegend aus Personen zwischen 25 und 49 Jahren und jungen Erwachsenen. Sie befinden sich entweder noch in der Pre-Familienphase – oft auch in Ausbildung – mit einem eher niedrigen Lebensstandard oder leben als Singles bzw. Paare ohne Kinder. Häufig sind es junge Männer, die sich gerade selbständig gemacht haben. In den etwas höheren Altersgruppen finden sich auch einige Familien mit Kind. Insgesamt wird ein eher städtisches Lebensumfeld bevorzugt.

Wie bereits der Name des Reisetyps aussagt, werden neben dem Pkw auch häufig andere Reiseverkehrsmittel wie Bus oder Bahn genutzt. Dabei kommt es überwiegend auf die schnelle und direkte Erreichbarkeit der Ziele an und auch die Möglichkeit des Gepäcktransports (z.B. für die Sportausrüstung) spielt eine wichtige Rolle. Für die Reiseorganisation werden gerne Pauschalangebote in Anspruch genommen,

3 Handlungskonzept: Entwicklung nachhaltiger Mobilitätskonzepte im Tourismus

bei denen der Aufwand für Reisevorbereitungen reduziert ist. Die Reisen werden zumeist als Paar oder in der Gruppe mit Freunden und Bekannten durchgeführt. Dieser Reisetyp gilt als sehr preissensibel. Die Informationsbeschaffung erfolgt im Vorfeld über technische Medien, über Tipps von Freunden und Bekannten oder weiteren Informationsmedien wie Bücher, Zeitschriften oder Reiseliteratur. Die Planung selbst übernimmt das Reisebüro.

Neue Trends und Abwechslung, Technikinteresse sowie Individualität und Unabhängigkeit prägen den eher hedonistischen Lebens- und Freizeitstil der Gruppe. Sportliche Aktivitäten, Spaß und Genuss auf relativ hohem Niveau stehen bei der Freizeitgestaltung im Vordergrund; Erholung findet zu Hause statt. Die etwas Älteren der Gruppe bevorzugen auch Bewegungsaktivitäten wie Spazieren gehen.

Tabelle 56: **Freizeit- und Urlaubspräferenzen des Reisetyps ‚auch ohne Auto verreisende jüngere MIV-Fans'**

Urlaubertypen / Merkmals-Ausprägungen	Strand-/ Badeurlauber (Reisende Münsterland)	Junge, sonnenaffine Spaßurlauber (Reiseverhalten in Deutschland)	Fernreisende Luxusurlauber (Reiseverhalten in Deutschland)	Aktive Genießer (Deutschlandurlauber)
Urlaube, Kurzreisen und Ausflüge	Entfernungsgruppe I (bis 300 km): Ausflügler, Kurzurlauber, Urlauber für Naherholung, Entfernungsgruppe II (ab 300km): Kurzurlauber, Urlauber	Mindestens eine Kurzreise pro Jahr, Hauptreiseziel: südliches Europa (Sommer)	Mehrere lange Reisen, Kurzreisen, Hauptreiseziel: Europa, Fernreisen (Mai – August, Dez., Januar)	Kurzreisen, Wochenendtrips, Reisen insgesamt wichtig
Soziale Struktur	Lebensphase I, II (III), Bildung: mittel – hoch, Beruf: Ausbildung, Einkommen: gering, Gruppe II: hoher Männeranteil, kaum Kinder	Junge Erwachsene (16 – 29 J.), Singles und Paare (30 – 49 Jahre) ohne Kinder, Bildungsniveau über dem Durchschnitt, Lebensumfeld: Großstadt	Singles und Paare (30 – 49 Jahre) ohne Kinder, durchschnittliches Bildungsniveau, städtisches Lebensumfeld	Paare und Singles mit hohem Einkommen, Jungunternehmer, junge Menschen in der Ausbildung
Reisepräferenzen (Reiseorganisation, Reisebegleitung)		Nutzung von Pauschalangeboten, sich um nichts kümmern müssen, Reisebegleitung: mit Partner 49%, Freunde/ Bekannte 26%, allein 18%	Nutzung von Pauschalangeboten, sich um nichts kümmern müssen Reisebegleitung: mit Partner 72%, Freunde/ Bekannte 12%, allein 12%	

3.1 REISETYPEN

Urlaubertypen Merkmals-Ausprägungen	Strand-/ Badeurlauber (Reisende Münsterland)	Junge, sonnenaffine Spaßurlauber (Reiseverhalten in Deutschland)	Fernreisende Luxusurlauber (Reiseverhalten in Deutschland)	Aktive Genießer (Deutschlandurlauber)
Werte, Freizeit- und Lebensstil	Hedonismus, Freiheitsorientierung			Genuss, körperliches Wohlbefinden, anspruchsvolles Konsumverhalten, sportlich aktiv, Technik-Freaks, mäßiges Umweltbewusstsein, Selbstdarstellung
Reisemotiv, Freizeit- und Urlaubsverhalten	Sportbezogenes Aktivitäts- und Regenerationsbedürfnis	Feiern und Sonne, Übernachtung: Hotel	Hoher Komfort, Sehen und Erleben, Spaß haben, Übernachtung: Hotel	Sportliche Aktivitäten aller Art, Einkaufen gehen, gut Essen, Unterhaltung, Kontakte (Sehen und Gesehen werden)
Informationsvermittlung		Planung übernimmt das Reisebüro, Tipps von Freunden und Bekannten	Reisebüro und überdurchschnittliche Nutzung weiterer Informationsmedien (Bücher/ Zeitschriften, Reiseliteratur, Filme, Internet, Tipps von Freunden und Bekannten	
Verkehrsmittelaffinität/ Reiseverkehrsmittelnutzung		Pkw (65%) Flugzeug (20%) Andere: 15%	Pkw (20%) Flugzeug (69%) Andere: 11%	Schnelle und direkte Erreichbarkeit mit dem Pkw, Gepäcktransport

Quelle: Eigene Darstellung

3.1.2.6 Autofixierte Familien

Folgende Teilgruppen weisen in der Metaanalyse Übereinstimmungen auf, die sich stark auf Lebensphase und Verkehrsmittelnutzung und -einstellung beziehen. Auch dieser Reisetyp ist mit sechs Teilgruppen vergleichsweise prägnant.

Tabelle 57: Zusammensetzung „Autofixierte Familien"

Reisetyp	Autofixierte Familien					
	Belastete Familienorientierte	Komfort-bewusste Anspruchsvolle	Modern-Exklusive	Schnelle Fitte	Moderne Familien	Traditionelle Ältere
Merkmalsquelle	Mobilitätsstile Alltagsfreizeit	Eventreisende	Mobilitätsstile Alltagsfreizeit	Wochenendfreizeit	Harzreisende	Harzreisende
Ausflüge und Reisen	Kurzreisen +	+	Kurzreisen ++	+	mittel bis viele Kurzurlaube und Ausflüge ++	viele Kurzreisen ++
Autofahren = Spaß	+/-	++	+	++	+/-	++
Einstellung ÖV	--	--	-		-	--
Gruppengröße	24%	13%	17%	20%		
Lebensphase	Familie mit Kindern	Familie mit Kindern	Familien oder Paare	Junge Familien	Familien- oder Postfamilienphase	Ruhestand
Pkw-Nutzung überwiegt	+	+	+	+	+	+
Bahn/Reisebus						
ÖPNV	+	+				
Fahrradnutzung (in der Freizeit)	+	+	+	+		

Quelle: Eigene Darstellung

3.1 Reisetypen

In der Zusammenfassung kann der Reisetyp anhand nachfolgend dargestellter Merkmale charakterisiert werden:

Tabelle 58: **Reisetyp „Autofixierte Familien"**

Merkmale	Autofixierte Familien
Ausflüge und Reisen	+
Autofahren = Spaß	+
Einstellung ÖV	-
Gruppengröße	13-20%
Lebensphase	Überwiegend Familien mit Kindern oder Paare zwischen 25 und 50 Jahre
Pkw-Nutzung überwiegt	+
Bahn/Reisebus	
ÖPNV	
Fahrradnutzung (in der Freizeit)	+

Quelle: Eigene Darstellung

Soziostrukturelle Merkmale
Die Gruppe der ‚autofixierten Familien' besteht überwiegend aus Familien mit Kindern oder Paaren zwischen 25 und 50 Jahren. Eine Ausnahme bildet eine Teilgruppe, die sich bereits im Ruhestand befindet. Männer und Frauen sind etwa gleich stark vertreten; der größte Teil gehört der Berufsgruppe der Angestellten an. Mit einem durchschnittlichen bis gehobenem Lebensstandard gehört dieser Reisetyp – neben den ‚mutlimodalen älteren ÖV-Fans' – zu den finanzstärkeren Gruppen. Als Wohnumfeld wählen sie eher nicht die Großstadt, sondern das Umland oder auch Kleinstädte.

Reisepräferenzen, Freizeit- und Lebensstil
Die ‚autofixierten Familien haben – ebenso wie die ‚mulitmodalen älteren ÖV-Fans' – eine hohe Affinität zu Ausflügen und Reisen, vor allem zu Kurzreisen. Bei den Reisepräferenzen sowie dem Freizeit- und Lebensstil gibt es zwischen der großen Mehrheit und der Teilgruppe, die sich bereits im Ruhestand befindet, deutliche Unterschiede. Die Mehrheit der ‚autofixierten Familien' verreist am liebsten als Paar oder mit der Familie. Das Selbst-Organisieren der Reise wird abgelehnt, die Organisation wird gerne anderen überlassen. Auf der anderen Seite gibt es Vorbehalte gegen Pauschalangebote und Gruppenreisen. Der Preis spielt insgesamt keine große Rolle, dennoch besteht partiell eine Neigung zu Schnäppchen-Angeboten. Für die

Information vorab werden technische Medien in Anspruch genommen, die durch thematische Reiseführer ergänzt werden. Die Freizeitgestaltung zielt auf Abwechslung und neue Trends und ist auf Unternehmungen mit der Familie ausgerichtet. Bei einem kleineren Teil der Gruppe besteht eine Vorliebe, sich mit neuen technischen Entwicklungen zu befassen. Sonst wird dies eher abgelehnt, sondern eher Ruhe und Erholung gesucht oder dem Interesse an Kultur nachgegangen.

Von den älteren Personen der Gruppe werden Pauschalangebote sehr gerne genutzt und auch Gruppenreisen unternommen. Hinsichtlich der Preisgestaltung haben sie einen Hang zur Sparsamkeit. Technische Medien werden für die Informationsbeschaffung abgelehnt und statt dessen Printmedien und persönliche Beratung bevorzugt. Der Freizeit- und Lebensstil ist insgesamt eher auf Traditionen als auf neue Trends ausgerichtet.

Mobilitätsorientierung und Verkehrsmittelnutzung in der Freizeit
Gemeinsam ist den ‚autofixierten Familien' ihre positive Einstellung zum Pkw und der Spaß am Autofahren. Das Auto symbolisiert vor allem Unabhängigkeit, teilweise ist es auch Status-Symbol. Viele der Haushalte besitzen zwei Pkw, die entsprechend auch in der Freizeit überwiegend als Fortbewegungsmittel genutzt werden. Kürzere Strecken werden auch zu Fuß und vor allem mit dem Fahrrad zurückgelegt. Öffentliche Verkehrsmittel hingegen werden mehrheitlich abgelehnt und in Folge dessen für Freizeitreisen auch kaum genutzt. Als wichtige Bedürfnisse bei einer Reise werden eine schnelle Anreise und die direkte Fahrt von Tür-zu-Tür genannt. Weitere Anforderungen an die Qualität der An- und Abreise sind attraktive Serviceangebote, Informationen zu Reiseroute und Sehenswürdigkeiten, Komfort, Bequemlichkeit und eine angenehme Reiseatmosphäre.

Freizeit- und Urlaubspräferenzen des Reisetyps
Die Übereinstimmung zwischen dem Reisetyp und den Urlaubertypen, die in dieser Gruppe zusammengefasst wurden, besteht in der Präferenz des Pkws (vgl. Tabelle 59). Die den ‚autofixierten Familien' zugeordneten Urlaubertypen weisen allerdings eine insgesamt etwas geringere Affinität zu Ausflügen und Reisen auf. Der überwiegende Teil der Gruppe besteht aus Familien mit Kindern, kleinere Teilgruppen sind Paare zwischen 25 und 50 Jahren sowie Jungsenioren bzw. Personen im Ruhestand. Bildungsniveau und Lebensstandard lassen sich als durchschnittlich bis gehoben einstufen. Je nach Lebensphase werden als Wohnort Kleinstädte und ihr Umland (Familien) bzw. ein städtisches Umfeld (ohne Kinder) gewählt.

Die Wahl der Reiseverkehrsmittel erfolgt bei den Familien eindeutig zugunsten des motorisierten Individualverkehrs. Die kleinere Teilgruppe der Singles und Paare nutzt vielfach auch das Flugzeug; lediglich die Teilgruppe mit eher älteren Personen nimmt auch alternative Verkehrsmittel in Anspruch. In Bezug auf die Reiseorganisation verhält sich der Reisetyp indifferent: Einerseits wird für die Planung fremde Hilfe in Anspruch genommen, andererseits bestehen Vorbehalte gegenüber Pauschal-

3.1 REISETYPEN

angeboten sowie Gruppenreisen. Der Preis spielt eine eher untergeordnete Rolle, dennoch werden zum Teil Schnäppchen-Angebote genutzt. Für die Informationsbeschaffung werden in erster Linie Printmedien, das Reisebüro sowie persönliche Erfahrungen von Freunden und Bekannten bevorzugt.

Den Freizeitstil dieses Reisetyps prägt sowohl das Bedürfnis nach Abwechslung und neuen Trends, als auch Familie und Kinder. Traditionelle Werte und Gesundheit spielen ebenfalls eine wichtige Rolle. Als Reisemotive stehen zum einen Ruhe und Erholung und zum anderen das Sehen und Erleben von Kultur sowie familienorientierte Aktivitäten im Vordergrund.

Tabelle 59: **Freizeit- und Urlaubspräferenzen des Reisetyps ‚Autofixierte Familien'**

Urlaubertypen / Merkmals-Ausprägungen	Sportaktive Familienurlauber (Reisende Münsterland)	Fernreisende Luxusurlauber (Reiseverhalten in Deutschland)	Schulferienreisende Familienurlauber (Reiseverhalten in Deutschland)	Selten reisende Event-Urlauber (Reiseverhalten in Deutschland)
Urlaube, Kurzreisen und Ausflüge	Entfernungsgruppe I (bis 300 km): Ausflügler, Kurzurlauber, Urlauber für Naherholung Entfernungsgruppe II (ab 300km): Kurzurlauber, Urlauber	Mehrere lange Reisen, Kurzreisen Hauptreiseziel: Europa, Fernreisen (Mai – August, Dez., Januar)	Wenige Kurzreisen, mindestens eine längere Reise (Ferienzeit), Hauptreiseziel: Deutschland/ Europa	Unterdurchschnittliche Reisehäufigkeit, Hauptreiseziel: Deutschland (ganzjährig)
Soziale Struktur	Familien mit Kindern unter 18 Bildungsniveau: heterogen Beruf: Angestellte Einkommen: hoch	Singles und Paare (30 – 49 Jahre) meist ohne Kinder, durchschnittliches Bildungsniveau, städtisches Lebensumfeld	Familien mit Kindern, Bildungsniveau leicht überdurchschnittlich, Lebensumfeld: Kleinstadt	Singles, Paare und Familien mit Kindern (30 – 49 Jahre), Jungsenioren und Ruheständler, Bildungsniveau leicht überdurchschnittlich
Reisepräferenzen (Reiseorganisation, Reisebegleitung)		Nutzung von Pauschalangeboten, sich um nichts kümmern müssen, Reisebegleitung: mit Partner 72%, Freunde/ Bekannte 12%, allein 12%	Individuelle Organisation, z. T. Pauschalreisen, Reisebegleitung: mit Partner und Kindern 73%, mit Partner 17%	Selbstorganisation der Reisen mit Partner 46% allein 32%
Werte, Freizeit- und Lebensstil	Tradition und Gesundheit			

3 HANDLUNGSKONZEPT: ENTWICKLUNG NACHHALTIGER MOBILITÄTSKONZEPTE IM TOURISMUS

Urlaubertypen / Merkmals-Ausprägungen	Sportaktive Familienurlauber (Reisende Münsterland)	Fernreisende Luxusurlauber (Reiseverhalten in Deutschland)	Schulferienreisende Familienurlauber (Reiseverhalten in Deutschland)	Selten reisende Event-Urlauber (Reiseverhalten in Deutschland)
Reisemotiv, Freizeit- und Urlaubsverhalten	Sportbezogenes Aktivitäts-, familienorientiertes Erlebnisbedürfnis	Hoher Komfort, Sehen und Erleben, Spaß haben, Übernachtung: Hotel	Zeit mit Kindern und Familie, Übernachtung: Ferienhaus, Hotel	Besuch von Freunden und von Veranstaltungen, Übernachtung: bei Freunden und Bekannten
Informationsvermittlung		Reisebüro und überdurchschnittliche Nutzung weiterer Informationsmedien (Bücher/Zeitschriften, Reiseliteratur, Filme, Internet, Tipps von Freunden und Bekannten	Reiseliteratur, Reisebüro, Bücher, Zeitschriften	Kaum aktive Informationsbeschaffung, Tipps von Freunden und Bekannten
Verkehrsmittelaffinität/ Reiseverkehrsmittelnutzung		Pkw (20%) Flugzeug (69%) Andere: 11%	Pkw (63%) Flugzeug (29%) Andere: 8%	Pkw (63%) Flugzeug (18%) Andere: 19%

Quelle: Eigene Darstellung

3.1.3 Fazit: Reisetypen als Handlungsansatz zur zielgruppengerechten Gestaltung von Freizeitmobilitätsangeboten

„Nach den Erkenntnissen der zielgruppenspezifischen Freizeitmobilitätsforschung haben lebensstilspezifische Orientierungen, subjektive Motivationen und symbolische Faktoren einen signifikanten Einfluss auf die jeweilige Freizeitgestaltung, die Wahl des Verkehrsmittels und den Umgang mit Raum" (Zahl 2001:55). Aus diesem Grund erscheint es gerade für die sozialwissenschaftliche Freizeitmobilitätsforschung unumgänglich, neben den sogenannten „harten" Faktoren auch die „weichen" Faktoren (Orientierungen, motivationale Aspekte, Symbolik usw.) zu berücksichtigen. Demzufolge können nur solche Maßnahmen erfolgversprechend sein, „die auf äußerst heterogene Ansprüche, Orientierungen und Lebenslagen Bezug nehmen" (ebd.:54). Vor diesem Hintergrund wurden die ‚Reisetypen' als anwendungsbezogener Handlungsansatz entwickelt. Dieser Zielgruppenansatz ermöglicht es, Gruppen zu identifizieren, die auf alternative Mobilitätskonzepte ansprechbar sind, um auf dieser Basis bedürfnisorientierte Angebote gestalten zu können. Dazu wurde zuvor die Bandbreite möglicher Anforderungen und Bedürfnisse unterschiedlicher Zielgruppen aufgezeigt (vgl. Kapitel 2.3). Mit diesem Grundgedanken konnten vorhandene Untersuchungen und Erkenntnisse zur Freizeitmobilität sowie zum Urlaubs- und Reiseverhalten zusammengefasst und optimal genutzt werden. Es hat sich gezeigt, dass die Zuordnung der Urlaubertypen zu den Reisetypen anhand von Freizeit- und Lebensstilmerkmalen sowie Reisemotiven zu gut differenzierbaren und handhabbaren Zielgruppenbeschreibungen führt, aus denen konkrete Hinweise für die Gestaltung von Freizeitverkehrsangeboten abgeleitet werden können. Hier konnten Merkmale der Reisetypen und Urlaubertypen erfolgreich miteinander verbunden werden, auch wenn der Beleg für die empirische Richtigkeit der Verknüpfung soziodemographischer und einstellungsbezogener Merkmale insgesamt noch aussteht (vgl. Zahl 2001:57). Auf Grund der Eigenschaft von Lebensstilmerkmalen können sich Gruppen gleichen Alters erheblich in ihren Präferenzen und Interessen hinsichtlich der Freizeitgestaltung unterscheiden. Die Betrachtung von Freizeit- und Lebensstilmerkmalen sowie von Reisemotiven wurde daher als besonders wichtig eingestuft, da sie im Unterschied zu den reinen Altersgruppen zu differenzierteren Ergebnissen führen. Die Urlaubertypen stimmen nicht immer exakt mit den Merkmalen der Reisetypen überein, liefern aber insgesamt wertvolle Zusatzinformationen. Die durch die Metaanalyse ermittelten Reisetypen konnten somit wertvolle Erkenntnisse darüber liefern, welche Einflussfaktoren und Merkmale für die künftige Untersuchung von Mobilitätshandeln im Tourismus relevant sind. So ist die Schlussfolgerung zulässig, dass der Fokus bei der Gestaltung von Reiseangeboten in Zukunft stärker auf die mobilitätsrelevanten Anforderungen und Bedürfnisse von Reisenden gelegt werden sollte.

Auf Basis der ermittelten Reisetypen erfolgt im Rahmen des nachfolgenden Kapitels die Entwicklung von konkreten Angeboten. Neben allgemeinen Mobilitätsanforderungen von Reisenden müssen dabei auch Freizeit- und Erlebnisaspekte berücksichtigt werden. Dies dient insbesondere zur Identifikation von abzubauenden Hemmschwellen bei der Nutzung umweltfreundlicher Fortbewegungsarten (beispielsweise ungenügende Informationen, undurchsichtige Fahrpläne und Tarife sowie ein zu hoher Zeit-, Planungs- und Organisationsaufwand) für die An- und Abreise im Tages- und Kurzreiseverkehr.

3.2 Reiseketten

Wie bei der Analyse der Wirkungsfelder festgestellt wurde, lassen sich die Bedürfnisse der Reisenden und die Belange der Nachhaltigkeit am besten berücksichtigen, wenn Reiseangebote in Form von ‚Reiseketten' geplant werden. Eine Reisekette basiert auf dem Grundgedanken, unterschiedliche Verkehrsmittel innerhalb eines Reiseweges zu kombinieren sowie die An- und Abreise in den Gesamtkomplex eines touristischen Reiseangebotes (Pauschalangebot) zu integrieren. Um aus Zielgrup-

3 Handlungskonzept: Entwicklung nachhaltiger Mobilitätskonzepte im Tourismus

pen, die überwiegend an den Tür-zu-Tür-Verkehr mit dem privaten Pkw gewöhnt sind, Neukunden für die Bus- oder Bahnanreise gewinnen zu können, müssen Anbieter touristischer Verkehrsleistungen die gesamte Wegekette im Blickfeld haben und ihre Kunden umfassend über vorhandene An- und Abreisemöglichkeiten mit umweltfreundlichen Verkehrsmitteln informieren.

Zur Veranschaulichung des Planungsablaufs bei der Gestaltung nachhaltiger und zielgruppenorientierter An- und Abreiseangebote wird nachfolgend die Vorgehensweise bei der Entwicklung von Reiseketten am Beispiel der IGA Rostock 2003 dargestellt. Der Ansatz für diese modellhaft entwickelten Reiseketten entstand im Rahmen des Forschungsprojekt EVENTS, wo zu diesem Zweck die Methode der Handlungsforschung („action research"; vgl. Lewin 1946:36 zit. nach Mayring 1999) eingesetzt wurde. Handlungsforschung ist insbesondere dann anwendbar, „wenn an konkreten Praxisproblemen angesetzt wird, um Veränderungsmöglichkeiten zu erarbeiten" (Mayring 1999:36). Zur begleitenden Untersuchung und Steuerung des Forschungsprozesses kommen in erster Linie qualitativ-interpretative Techniken in Frage. Nach Moser (Moser 1977:26) sind dies beispielsweise Expertenbefragungen und Literatur- und Dokumentenanalysen. Mit dem Ziel der gleichzeitigen Analyse und Überprüfung des Prozesses der Handlungsforschung – also zur „Vorbereitung, Begleitung und Auswertung dieser praktischen Aufgabe" (Nagel/ Prager 2003:5) – wurden darüber hinaus Methoden der empirischen Sozialforschung eingesetzt und auf diese Weise eine Methodenoffenheit (vgl. Flick 1995, zit. in ebd.) erreicht. Durch die detaillierte Begleitanalyse des Forschungsprozesses selbst lassen sich u.a. die Kommunikations- und Kooperationsbeziehungen zwischen den an der Entwicklung von Reiseketten beteiligten Akteuren sehr gut verdeutlichen und auf dieser Grundlage die skizzierten Vorschläge für Reiseketten durch „interaktive Sozialforschung", d.h. Handlungsforschung (Kromrey 1995:434), weiter optimieren.

Im Folgenden wird zunächst die Vorgehensweise bei der Entwicklung von Beispiel-Reiseketten zur IGA Rostock 2003 dargestellt. Zur wissenschaftlichen Einordnung des Forschungsprozesses werden dazu die Rahmenbedingungen und eingesetzten Instrumente für die Handlungsforschung und die Begleitung und Analyse des Vorhabens erläutert. Die Erörterung der Prozesse und der praktischen Vorgehensweise erfolgt in Anlehnung an den im Theoriekonzept beschriebenen ‚Prozess der Angebotserstellung'. Am Beispiel der für spezifische Zielgruppen entwickelten Reisekette ‚Perlen auf dem Weg zum Meer' wird im weiteren Verlauf dargestellt, wie sich die Bedürfnisse und Anforderungen der Reisenden sowie die Belange der Nachhaltigkeit bei der Gestaltung von touristischen Mobilitätsangeboten umsetzen lassen, welche Kooperations- und Kommunikationsstrukturen vorausgesetzt und welche räumlich-strukturellen Rahmenbedingungen beachtet werden müssen. Im Vordergrund steht dabei die Verknüpfung von einzelnen Reisebausteinen zu einer leicht zugänglichen und durchgehend nutzbaren Reisekette.

Aus den Ergebnissen der vorgestellten und testweise umgesetzten Reisekettenkonzepte lassen sich Hinweise für die Praxis in Form von konkreten Maßnahmen ableiten. Zwar beziehen sich die Beispiele auf das spezielle Segment Eventtourismus, doch ist eine Übertragung und Anwendung auf andere Tourismusbereiche durchaus möglich. Ziel ist eine prozessoptimierte Gestaltung und Umsetzung nachhaltiger und attraktiver An- und Abreiseangebote im Rahmen touristischer Pauschalangebote. Mit Hilfe dieser Handlungsanleitung soll es Reiseveranstaltern oder Anbietern einzelner touristischer Leistungen (z.B. Hoteliers oder Kommunen) sowie Verkehrsunternehmen und anderen Mobilitätsdienstleistern erleichtert werden, innerhalb der touristischen Produktgestaltung erlebnisorientierte Mobilitätskonzepte zu entwickeln und anzubieten sowie Kooperationsbeziehungen zu gestalten.

3.2.1 Vorgehensweise im Prozess der Handlungsforschung

Zentrales Element der Handlungsforschung ist der aus vier Phasen bestehende „Forschungs-Aktions-Zyklus", der im Rahmen des Prozesses mehrfach durchlaufen wird (Moser 1975, zit. in Spöhring 1989:287). Dieser besteht zunächst in der Informationssammlung zur Bestandsaufnahme und Vorbereitung der Aktion. Aufbauend auf den ermittelten Daten erfolgt der Forschungsdiskurs im Sinne einer „gleichberechtigten Diskussion" zwischen Forschern und Beforschten mit dem Ziel, „einen argumentativ abgesicherten Konsens über die Handlungsorientierungen (das ‚richtige' Handeln) im Feld zu erzielen" (ebd.:288f). Zur Überprüfung, ob die gemeinsam definierten Ziele auch erreicht wurden, ist es erforderlich, dass sich die Umsetzung der Handlungsorientierungen auch an Handlungszielen messen lässt. Dieser Schritt der Evaluierung wurde in der folgenden Abbildung, die den Forschungs-Aktionszyklus darstellt, ergänzt.

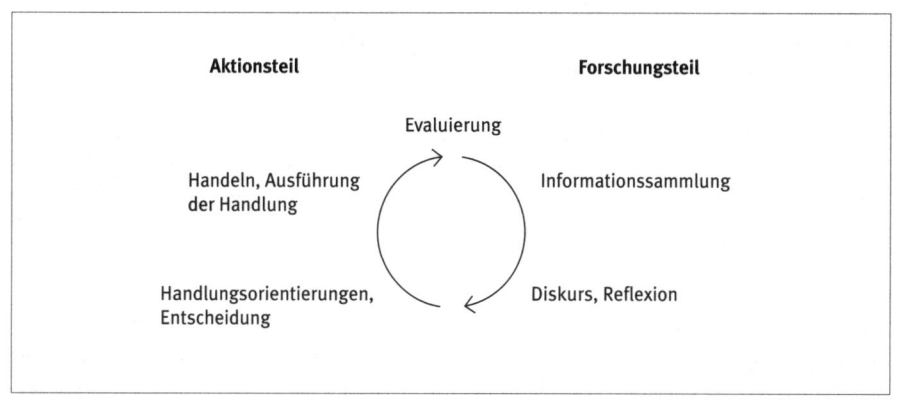

Abbildung 14: **Forschungs-Aktionszyklus Handlungsforschung**
Quelle: Eigene Darstellung nach Moser 1975

3 Handlungskonzept: Entwicklung nachhaltiger Mobilitätskonzepte im Tourismus

Bei der Entwicklung der Beispiel-Reiseketten als modellhafte Handlungsansätze wurde bezugnehmend auf die vier Forschungsphasen folgendermaßen vorgegangen:

Informationssammlung
Die den Diskussionsprozess und die Erarbeitung von Handlungszielen vorbereitende Informationssammlung basiert auf unterschiedlichen Quellen und Datengrundlagen:

- Haushaltsbefragung und Zielgruppensegmentierung des Forschungsprojekts EVENTS,

- Literatur-, Internet- und Dokumentenanalyse (Stichworte: Tourismus, Verkehr, Mecklenburg-Vorpommern),

- Experteninterviews mit unterschiedlichen Akteuren und Schlüsselpersonen im Umfeld der IGA Rostock 2003,

- Teilnahme an einer Diskussionsrunde des Arbeitskreises Lokale-Agenda-21 sowie des Tourismusverbandes der Region Nord-Vorpommersche Ostseeküste.

Die gesammelten Informationen wurden synoptisch ausgewertet und zur Erstellung von Vorschlägen für zwei verschiedene Reiseketten-Varianten (Arbeitstitel ‚Stationen auf dem Weg zur IGA Rostock') herangezogen (vgl. Jain 2001). Die je nach Zielgruppe unterschiedlichen Bedürfnisse und Anforderungen bezüglich der An- und Abreise zur IGA Rostock 2003 sollten sich jeweils in den unterschiedlich gestalteten Reiseketten-Vorschlägen widerspiegeln.

Wie sich bei der Analyse der Reisetypen herausstellte, bot sich für einige Typen auf Grund ihrer Eigenschaften an, bereits die Anreise zu einem Teil des Events zu machen und entsprechend erlebnisorientiert zu gestalten. Auf Basis von Expertengesprächen mit der IGA Rostock GmbH sowie einer Literatur-, Internet- und Dokumentenanalyse wurde daraufhin die Integration der zur IGA gehörenden IGA-Außenstandorte (Natur- und Gartenattraktionen in Mecklenburg-Vorpommern) in die An- und Abreise vorgesehen. Diese Idee diente als Anregung für die inhaltliche Ausgestaltung der beiden Reiseketten-Varianten.

Diskurs
Vor dem Beginn der Internationalen Gartenbauausstellung wurde unter Regie des Forschungsprojektes EVENTS und unter Schirmherrschaft der IGA Rostock ein Treffen zur Vernetzung der über 30 ausgewählten IGA-Außenstandorte veranstaltet. Zusammen mit der anschaulichen Darstellung der Reisekettenvorschläge wurden den Vertretern der IGA-Außenstandorte folgende Thesen zur Diskussion gestellt:

- Die Vernetzung zwischen den Akteuren aus den Bereichen Tourismus und Verkehr sowie dem Eventveranstalter (IGA Rostock 2003 GmbH) birgt Potenziale für die nachhaltige Tourismusentwicklung der Region.

- Die so entstandenen Netzwerke bieten Potenzial zur gemeinsamen Entwicklung attraktiver und nachhaltiger Reiseangebote. Die Nutzung umweltfreundlicher Verkehrsmittel sollte dabei eine zentrale Rolle spielen.

- Als Grundlage für die Gestaltung attraktiver und zielgruppengerechter Mobilitätsangebote für die An- und Abreise zur IGA Rostock 2003 sind die im Rahmen des Forschungsprojekts EVENTS ermittelten Event-Reisetypen geeignet.

Die Diskussion mit den Vertretern der IGA-Außenstandorte diente dazu, auf Basis der vorgestellten Beispiel-Reiseketten konkrete Handlungsziele zu definieren und diese in ein gemeinsames ‚Produkt' münden zu lassen. Entsprechend dem Ziel der Handlungsforschung sollte das Forschungsergebnis „zu sozialen Veränderungen führen" und dadurch die „Handlungsmöglichkeiten der Beteiligten" erweitern (Kromrey 1986:434ff.). Das Ergebnis des Diskurses zeigte, dass im Mittelpunkt des Interesses der Beteiligten die Nutzung der ‚Anziehungskraft' des Events stand, mit dem Ziel, das eigene Angebot zu verbessern, die Besucherzahlen zu erhöhen und dauerhafte Netzwerke zu bilden. Im Laufe der Diskussion wurde auch die Verkehrsproblematik angesprochen und der Gedanke befürwortet, Alternativen zum Pkw-Verkehr anzubieten. Die touristischen Akteure zeigten damit erstmals die Bereitschaft, über mögliche Anreisealternativen nachzudenken und diese – soweit vorhanden – ihren Kunden anzubieten bzw. sie darüber zu informieren.

Handlungsorientierungen
Im Rahmen des Diskussionsprozesses wurden im Konsens Handlungsziele entwickelt. Als Oberziel wurde die gemeinsame Entwicklung und Vermarktung von Reisepaketen (Pauschalangeboten), die den Besuch der IGA-Rostock mit der Besichtigung von IGA-Außenstandorten verbinden sollte, formuliert. Da die Umsetzung jedoch von vielen als finanziell und personell zu aufwändig angesehen wurde, bestand die Kompromisslösung darin, ein Marketing-Netzwerk und gemeinsame Marketing-Instrumente zu entwickeln. Zu diesem Zweck wurde ein gemeinsamer Werbeflyer mit dem Titel ‚Perlen auf dem Weg zum Meer' entworfen (siehe Abbildung 15). Mit der Zielstellung der nachhaltigen Tourismusentwicklung sollte darin auch über umweltfreundliche Mobilitätsangebote (Bus-, Bahn-, Fahrradanreise) informiert werden. Um dennoch die Idee der gemeinsamen Angebotsentwicklung aufzugreifen, wurden die vorgeschlagenen Reiseketten-Varianten auf die gegebene Situation vor Ort hin zugeschnitten und über die Internetseiten der einzelnen IGA-Außenstandorte, des Forschungsprojekts EVENTS sowie der IGA Rostock 2003 bekannt gemacht. Ein weiteres Handlungsziel, das allerdings nur in wenigen Ausnahmefällen umgesetzt wurde, war die Schaffung zusätzlicher Mobilitätsangebote zur Verbesserung der durchgängigen Erreichbarkeit der Standorte im Sinne der Reisekettenidee.

3 Handlungskonzept: Entwicklung nachhaltiger Mobilitätskonzepte im Tourismus

Abbildung 15: **Marketingflyer ‚Perlen auf dem Weg zum Meer'**
Quelle: Außenstandorte der IGA Rostock 2003

Ausführung der Handlungen

Der Marketingflyer ‚Perlen auf dem Weg zum Meer' wurde von den beteiligten IGA-Außenstandorten, in Zusammenarbeit mit dem Forschungsprojekt EVENTS entwickelt und mit Unterstützung des Umweltministeriums Mecklenburg-Vorpommern finanziert. Die Auflagenstärke betrug 50.000 Exemplare, davon 10.000 in englischer Sprache. Zur Distribution waren die ITB (Internationale Tourismusbörse Berlin), der Außenstandorte-Pavillon auf dem IGA-Gelände und die örtlichen Tourismusbüros vorgesehen. Zusätzlich verpflichteten sich alle Außenstandorte, ihren Besuchern auch Informationen über die jeweils anderen Standorte zur Verfügung zu stellen und Ansprechpartner zu vermitteln.

Von allen Standorten wurden darüber hinaus Informationen über alternative Anreisemöglichkeiten gesammelt und für Kundenanfragen zusammengestellt sowie auf den relevanten Internetseiten (IGA-Außenstandorte, Forschungsprojekt EVENTS, IGA Rostock 2003) veröffentlicht. Ebenfalls wurde im Internet auf die beispielhaft entwickelten Reiseketten-Varianten als An- und Abreisemöglichkeiten zum Event IGA Rostock 2003 hingewiesen.

Evaluierung
Mit dem Ziel, Erfolge oder Misserfolge bei der Umsetzung der Reiseketten abschätzen und die Zielerreichung untersuchen zu können, um für die Zukunft aus positiven Ergebnissen und aus Fehlern zu lernen, wurden die zuvor formulierten Handlungsziele nach der Umsetzungsphase evaluiert. Dazu wurden mit Vertretern der beteiligten IGA-Außenstandorte Experteninterviews mittels eines standardisierten Gesprächsleitfadens durchgeführt. Die Ergebnisse werden in Kapitel 3.2.5. Bewertung des Reiseketten-Konzepts ‚Perlen auf dem Meer' beschrieben.

3.2.2 Entwicklung von Reiseketten-Varianten

Mit dem Ziel, die Erfahrungen und Erkenntnisse aus dem Forschungsprojekt EVENTS weiter nutzbar zu machen, wurden die Ergebnisse der Handlungsforschung in der vorliegenden Untersuchung vertiefend ausgewertet und im Hinblick auf die folgenden Fragestellungen aufbereitet[22].

- Welche durch die Angebotsstruktur vorgegebenen Rahmenbedingungen, d.h. welche räumlich-strukturellen Voraussetzungen sowie Kooperations- und Kommunikationsstrukturen spielen bei der zielgruppengerechten Gestaltung nachhaltiger An- und Abreiseangebote eine zentrale Rolle?

- Wie lassen sich die Belange der Nachhaltigkeit, die Anforderungen von Reisenden und die Angebotsstruktur bei der Gestaltung von Mobilitätsangeboten für den Eventtourismus berücksichtigen (Beispiel IGA Rostock 2003)?

Auf Basis dieser Analyse wurden die vorgeschlagenen Varianten der Reisekette ‚Perlen auf dem Weg zum Meer' weiterentwickelt sowie die zur Umsetzung relevanten Kooperationspartner und ihre Aufgabenbereiche beschrieben. Zudem wurden Potenziale und mögliche Hemmfaktoren der betrachteten Kooperations- und Kommunikationsbeziehungen analysiert. Um die Validität der Arbeitsergebnisse über den Aktionsforschungsprozess hinaus sicher stellen zu können, wurden die Ergebnisse überdies mit wissenschaftlich-theoretischen Grundlagen zur Freizeit- und Touris-

---

[22] Zu diesem Zweck wurden die Interviews und Gespräche mit Experten folgender Einrichtungen analysiert: IGA- Außenstandorte, IGA Rostock 2003 GmbH, Tourismusverbände in Mecklenburg-Vorpommern (MV), Ferienstraßen-Vereine in Brandenburg und MV, Verkehrsverbund Warnow (VVW), Bund deutscher Omnibusunternehmen (BDO), versch. Tourismus- und Verkehrsunternehmen in Berlin, Brandenburg und MV, Forschungskonsortium EVENTS-Projekt.

3 Handlungskonzept: Entwicklung nachhaltiger Mobilitätskonzepte im Tourismus

musforschung sowie Erkenntnissen aus der Praxis konfrontiert. Dazu dienten die im Theoriekonzept analysierten Forschungsansätze aus der Freizeit- und Tourismusforschung sowie der Mobilitätsforschung. Nicht zuletzt wurden auch die zuvor formulierten Nachhaltigkeitsziele auf die vorgeschlagenen Reiseketten übertragen. Die folgende Abbildung stellt diese Rückkopplung des Forschungsprozesses dar.

Handlungsforschung (Forschungsprojekt EVENTS)

Informationssammlung Experteninterviews, Dokumentenanalyse, Diskussionsteilnahme	Diskurs mit den touristischen Akteuren Thesen: Reiseketten / Reisetypen	Evaluierung der Handlungen und Thesen Experteninterviews

↓ ↓ ↓

Reisekette „Perlen auf dem Weg zum Meer"

↑ ↑ ↑

Wirkungsfeld Nachhaltigkeit Nachhaltigkeitsdefinitionen und -ziele Mobilität / Tourismus	Wirkungsfeld Reisende Urlaubertypologien, Freizeitmobilitätstypologien	Wirkungsfeld Angebotsstruktur Freizeit- und Tourismusforschung, Mobilitätsforschung

Theoriekonzept (vorliegende Untersuchung)

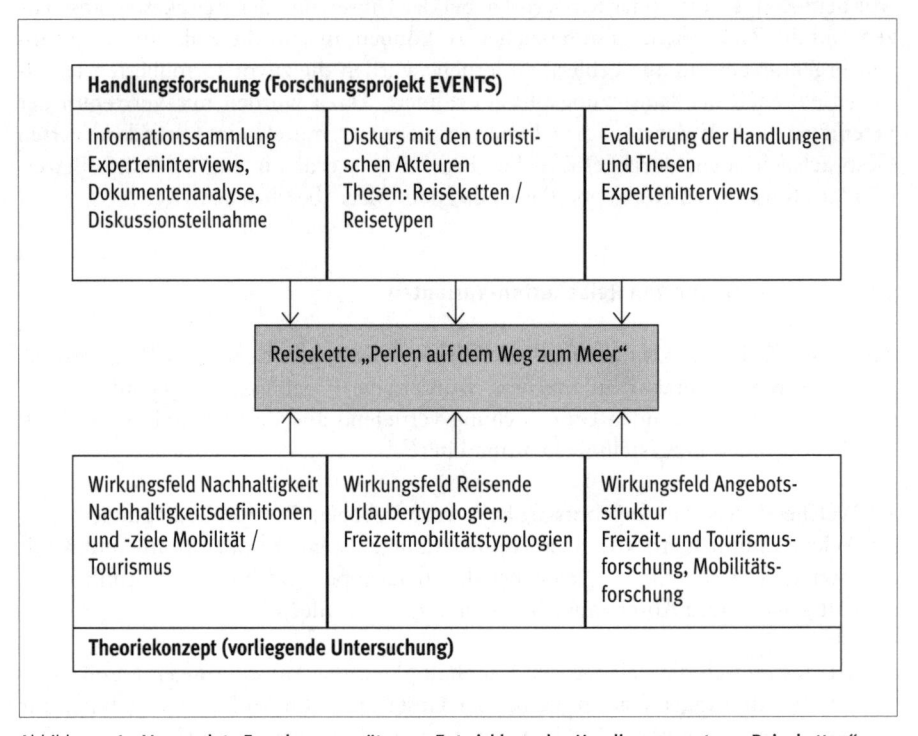

Abbildung 16: **Verwendete Forschungsansätze zur Entwicklung des Handlungsansatzes „Reiseketten"**
Quelle: Eigene Darstellung

Analog zu dem im Theoriekonzept beschriebenen ‚Prozess der Angebotserstellung' wird nachfolgend bei der Entwicklung und Darstellung der Beispielreiseketten ‚Perlen auf dem Weg zum Meer' vorgegangen. Auf diese Weise lässt sich veranschaulichen, wie die komplexen internen und externen Rahmenbedingungen (Struktur des Gesamtangebots, Anbieter- und Kommunikationsstrukturen, Mobilitätsangebot und Infrastruktur) bei der Erstellung touristischer An- und Abreiseangebote berücksichtigt werden können.

Da den beiden nachfolgend beschriebenen Beispielen (Busreise und Bahn-/ Radreise) die gleichen Ausgangsbedingungen zugrunde lagen, werden zunächst die zentralen Elemente im Prozess der Angebotserstellung gemeinsam beschrieben. Bei der nach-

3.2 Reiseketten

folgenden Darstellung der einzelnen Reiseketten-Varianten werden diese Variablen der Angebotsgestaltung näher beschrieben:

a) Auswahl der Zielgruppen,
b) Berücksichtigung der Nachhaltigkeit bei der Angebotserstellung,
c) Analyse der Kooperations- und Kommunikationsstrukturen.

Die Entwicklung der Beispielangebote dient der Zusammenführung der drei im Theoriekonzept ermittelten Lösungsansätze *Reisetypen*, *Reiseketten* und *Nachhaltigkeitsziele* sowie der Überprüfung ihrer praktischen Anwendbarkeit. Die aus dem begleitenden Prozess der Handlungsforschung gewonnenen Erkenntnisse über die zentrale Bedeutung von Kommunikations- und Kooperationsstrukturen fließen ebenfalls in die nachfolgenden Betrachtungen ein.

a) Auswahl der Zielgruppen

Voraussetzung für die Auswahl der Zielgruppen zur Gestaltung der Beispielangebote ist ihr potenzielles Interesse an organisierten Reisen mit umweltfreundlichen Verkehrsmitteln. Besonders interessant sind in diesem Zusammenhang neue Zielgruppen, die bisher kaum alternative Verkehrsmittel zum Pkw nutzen, die aber dem ÖV prinzipiell aufgeschlossen gegenüber stehen. Bezogen auf die zuvor identifizierten Reisetypen ist eine solche Ansprache neuer Zielgruppen insbesondere dann möglich, wenn die Reisetypen

a) entweder bereits umweltfreundliche Verkehrsmittel nutzen, bisher aber ihre Reisen selbst organisieren. Hier liegt das Potenzial darin, durch attraktive Angebote die bisherigen ‚Selbstorganisierer' zu Pauschalreisenden zu machen, oder

b) bevorzugt organisierte Reisen buchen, bisher aber die An- und Abreise überwiegend mit dem Pkw erfolgt. Vorausgesetzt diese Gruppe lehnt die Nutzung öffentlicher Verkehrsmittel nicht prinzipiell ab, kann sie durch besonders attraktive Mobilitätsangebote angesprochen und zur Buchung dieses ergänzenden Reisebausteins animiert werden.

Reisetypen, die sowohl öffentliche Verkehrsmittel als auch die Inanspruchnahme von Pauschalangeboten grundsätzlich ablehnen, stellen schwierig zu erreichende Zielgruppen dar. Sie werden hier nicht weiter betrachtet, da der Aufwand gegenüber dem möglichen Erfolg als zu hoch eingeschätzt wird. Dennoch eröffnet sich im Falle dieser spezifische Zielgruppen ein interessantes, bisher wenig bearbeitetes Forschungsfeld. In Anbetracht des Erfolgs zielgerichteter Werbestrategien – beispielsweise der Automobilindustrie – liegt die Vermutung nahe, dass ein entsprechendes Marketing, das auf eine Verbesserung des Produktimages des ÖV abzielt, durchaus erfolgreich sein kann. Auch wenn diese Art von Maßnahmen finanziell relativ aufwändig sind und langfristig angelegt werden müssen, ließen sich dadurch unter Umständen künftig auch diese schwer zugänglichen Zielgruppen zur Nutzung umweltfreundlicher Mobilitätsangebote anregen. Aufgabe wäre es, die Hintergründe des oft schlechten Images von öffentlichen Verkehrsmittel zu erforschen und in Zukunft im Zuge der Gestaltung von Angeboten wie auch mittels geschickter Marketingstrategien ein neues Image aufzubauen. Eine Imageverbesserung der öffentlichen Verkehrsmittel kann aber auch erreicht werden, indem publikumswirksame Werbeträger für attraktive, umweltfreundliche Verkehrsangebote gewonnen werden könnten. Der auf diese Weise ausgelöste Multiplikatoreffekt kann im günstigsten Fall auch beharrliche Pkw-Nutzer erreichen und zu einer Verhaltensänderung zugunsten umweltfreundlicher Verkehrsmittel beitragen.

Da es sich bei den beispielhaft beschriebenen Reiseketten jeweils um Eventreisen zur IGA Rostock 2003 handelt, basieren die vorgestellten Reisekettenkonzepte auf der Zielgruppensegmentierung des Forschungsprojekts EVENTS (Event-Reisetypen). Die Typologie wurde speziell auf den Reisezweck ‚Eventtourismus' zugeschnittenen, ist aber gleichzeitig auch Grundlage für die in Kapitel 3.1. ausführlich beschriebenen ‚Reisetypen' (vgl. rechte Spalte von Tabelle 60). Sie beschreibt die einzelnen Gruppen hinsichtlich ihren Einstellungen zur Mobilität, ihren spezifischen Anforderungen an die An- und Abreise zu Events sowie ihren Reisepräferenzen. Potenziale für die Nutzung umweltfreundlicher Mobilitätsangebote wurden insbesondere für folgende Event-Reisetypen festgestellt:

Tabelle 60: **Potenziale für die Nutzung umweltfreundlicher Mobilitätsangebote**

Typologie Eventreisende	Potenzial	Entspricht Reisetyp
Unterhaltungsinteressierte Pauschalreisende Gruppengröße 27% Entwicklung in Zukunft: abnehmend	- Nutzen gerne Pauschalangebote zur Minimierung des Organisationsaufwands. - Nutzen bereits in hohem Maße umweltfreundliche Verkehrsmittel. Potenzial: wichtige, aber keine neue Zielgruppe.	Ältere multimodale ÖV-Fans
Gruppenorientierte Autofans Gruppengröße 26% Entwicklung in Zukunft: gleichbleibend	- Nutzen gerne Pauschalangebote zur Minimierung des Organisationsaufwands. - Nutzen umweltfreundliche Verkehrsmittel bisher überwiegend für Gruppenreisen. Potenzial: neue Zielgruppe für Gruppenreisen in diesem Alterssegment und für Paar- und Familienreisen mit umweltfreundlichen Reiseverkehrsmitteln.	Jüngere MIV-Fans, die auch ohne Auto verreisen
Reiseminimierende Individualisten Gruppengröße 25% Entwicklung in Zukunft: zunehmend	- Organisieren ihre Reisen bevorzugt selbst. - Nutzen bereits umweltfreundliche Verkehrsmittel (ÖPNV), verreisen aber eher im Nahraum. Potenzial: neue Zielgruppe für organisierte Angebote im näheren Umfeld.	ÖV-Fixierte und Fahrradfahrer

Typologie Eventreisende	Potenzial	Entspricht Reisetyp
Komfortbewusste Anspruchsvolle Gruppengröße 13% Entwicklung in Zukunft: zunehmend	- Pauschalangebote werden eher abgelehnt. - Nutzung öffentlicher Verkehrsmittel wird abgelehnt, für Freizeitreisen wird ausschließlich der Pkw genutzt. Potenzial: sehr schwer erreichbare Zielgruppe.	Autofixierte Familien
Bequeme Selbstorganisierer Gruppengröße 9% Entwicklung in Zukunft: stark zunehmend	- Organisieren ihre Reisen bevorzugt selbst. - Nutzen bereits umweltfreundliche Verkehrsmittel (Reisebus, Bahn), große Reiseentfernung. Potenzial: neue Zielgruppe für organisierte (Kurzreise-) Angebote, insbesondere mit der Familie.	ÖV-Fixierte und Fahrradfahrer

Quelle: Eigene Darstellung nach Eventverkehr 2002

Auf Basis der in Tabelle 60 beschriebenen Eigenschaften der Event-Reisetypen wird zur Entwicklung der Beispielreiseketten erstens der Typ ‚**Gruppenorientierte Autofans**' ausgewählt, da dieser ein Potenzial hinsichtlich der Nutzung umweltfreundlicher Mobilitätsangebote aufweist. Zweitens wird die zwar kleine, aber in Zukunft stark zunehmende Gruppe der ‚**Bequemen Selbstorganisierer**' herausgegriffen, da hier bei einem attraktiven Angebot, das auch individuelle Gestaltungsspielräume lässt, die Vermarktung von Pauschalreisen erfolgversprechend erscheint. Auf die detaillierten Eigenschaften der ausgewählten Event-Reisetypen wird bei der Beschreibung der Beispielreiseketten ausführlich eingegangen.

b) Berücksichtigung der Nachhaltigkeit bei der Angebotsgestaltung
Um An- und Abreiseangebote im Hinblick auf das übergeordnete Ziel der Nachhaltigkeit gestalten zu können, muss sowohl bei der Angebotserstellung (ex-ante) als auch im realisierten Angebot (ex-post) eine Bewertung der einzelnen Teilziele und Maßnahmen ermöglicht werden. Darüber hinaus spielt auch die Berücksichtigung der drei Dimensionen der Nachhaltigkeit (Ökologie, Ökonomie und Soziales) eine wichtige Rolle. Für eine Abschätzung der Auswirkungen von Reiseketten lässt sich das Bewertungstool EVALENT anwenden, welches einen Vergleich unterschiedlicher Reiseketten-Varianten ermöglicht. Eine Gesamtbewertung ist erst für die Ergebnisphase vorgesehen, nachdem ersichtlich sein wird, wie die Reise tatsächlich durchgeführt wurde und welche Maßnahmen umgesetzt wurden[23].

---

[23] Eine ausführliche Herleitung und Beschreibung der hier aufgeführten Bewertungsinstrumente findet sich in Kapitel 3.3. ‚Handlungsansatz Nachhaltigkeitsbewertung'.

3 Handlungskonzept: Entwicklung nachhaltiger Mobilitätskonzepte im Tourismus

Die im Theoriekonzept für den Prozess der Angebotserstellung formulierten Nachhaltigkeitsziele beziehen auf drei unterschiedliche (Handllungs-)Ebenen:

- Unternehmen,
- Produkte,
- Regionalentwicklung.

Im Rahmen der Reisekettengestaltung für die IGA Rostock 2003 erfolgt die Berücksichtigung der Nachhaltigkeit a) beim Mobilitätsangebot und b) beim infrastrukturellen Angebot. Nicht alle Nachhaltigkeitsziele können durch die Initiatoren der Reiseketten (Reiseveranstalter) oder ihre unmittelbaren Kooperationspartner selbst erfüllt werden. So ist beispielsweise der Einfluss auf die bestehende Infrastruktur sehr begrenzt. Dennoch können auch hier die jeweils ökologisch und sozial verträglichsten Varianten aus den zur Verfügung stehenden Möglichkeiten ausgewählt werden. In wieweit sich Nachhaltigkeitsaspekte bei der Angebotsgestaltung berücksichtigen lassen, ist in folgender Tabelle dargestellt.

Tabelle 61: Berücksichtigung der Nachhaltigkeit bei der Angebotsgestaltung

Direkt beeinflussbare Ebene: Verbesserung der Nachhaltigkeit von Freizeitverkehrsangeboten	Indirekt beeinflussbare Ebene: Förderung der nachhaltigen Regionalentwicklung in Destinationen und Transitregion
Umwelt- und sozial verträgliche Mobilitätsangebote als Anreisealternative	Unterstützung der Region beim Erhalt und Ausbau einer vielfältigen Wirtschaftsstruktur
Bedürfnisorientierte Gestaltung von touristischen Mobilitätsangeboten	Verbesserung der Lebensbedingungen der Bevölkerung
Gezielte Information der Reisenden über nachhaltige Mobilitätsangebote	Förderung der Nachhaltigkeits-Idee in lokalen und regionalen Gemeinschaften
Information über die ökologischen und sozialen Auswirkungen des (touristischen) Verkehrs	
Schaffung von Anreizen zur Nutzung umweltfreundlicher An- und Abreiseangebote	

Quelle: Eigene Darstellung

Nachhaltigkeitspotenziale des Mobilitätsangebots

Die Verbesserung der Nachhaltigkeit des touristischen Verkehrs kann in erster Linie durch die Verlagerung auf umwelt- und sozialverträgliche Verkehrsarten erreicht werden. So beträgt beispielsweise der Energieverbrauch (bei einer Vergleichsstrecke von ca. 500 km) mit einem Durchschnitts-Pkw (Besetzungsgrad 3 Personen) 6,1 Liter Benzinäquivalente pro Person und 100 km. Im Vergleich dazu weisen die Bahn mit 3,3 Litern und der Bus mit 2,5 Litern Benzinäquivalenten pro Person und

100 km deutlich günstigere Werte auf (vgl. IFEU 2002b:11, TUI Group o.J. o.S.). Das Fahrrad verursacht keine Abgase, verbraucht nur die Energie seines Fahrers, belästigt nicht durch Geräusche, benötigt wenig Stellfläche und ist sehr wartungsfreundlich. Es ist damit eines der umweltfreundlichsten Verkehrsmittel, dessen Potenzial inzwischen in einigen Tourismusregionen erkannt wurde. Allerdings können mit dem Fahrrad im Normalfall keine großen Entfernungen in ähnlich kurzer Zeit überbrückt werden.

Im Verkehrskonzept der IGA Rostock 2003 wurde davon ausgegangen, dass die Verkehrsmittelwahl der Event-Besucher wie folgt verteilt ist: Pkw 30-50%, Busse 15-25%, ÖPNV 10-30%, Bahn 10%. Dabei ist zu berücksichtigen, dass ÖPNV-Nutzer zum überwiegenden Teil aus Rostock selbst anreisen und der größte Teil des Fernverkehrs den Pkw nutzt (Ingenieursgesellschaft Stolz 1997, zit. in Schäfer 2002:14). Daraus folgt insbesondere für den Fernverkehr ein erhebliches Umsteigepotenzial vom Pkw auf umweltfreundliche Verkehrsmittel. Damit dieses Potenzial auch erreicht werden kann, ist es erforderlich, umweltverträgliche Verkehrskonzepte und -modalitäten in vermarktbare Reiseangebote zu integrieren und potenzielle Kunden über die vorhandenen Angebote ausführlich zu informieren. Zudem sollten im Rahmen der Angebotsentwicklung sowohl die Verkehrsinfrastruktur als auch die verschiedenen Verkehrsträger optimal genutzt werden. Wichtige Aspekte stellen dabei die Optimierung der Anbindungen und die intermodale Vernetzung der Verkehrsträger zu einer durchgängigen Reisekette dar. Eine enge Zusammenarbeit zwischen Reiseveranstaltern und Verkehrsunternehmen oder anderen Mobilitätsdienstleistern bietet sich hier an. Alle diese Aspekte liegen im direkten Einflussbereich des Reiseveranstalters als Initiator der Angebotsgestaltung.

Förderung der nachhaltigen Entwicklung der (Transit-) Regionen
Je nach Gestaltung der Reiseangebote können einzelne Elemente und Maßnahmen einen positiven Einfluss auf die nachhaltige regionale Entwicklung ausüben. So trägt beispielsweise die Einbindung von Dienstleistungen kleinerer Unternehmen vor Ort zum Erhalt einer vielfältigen Wirtschaftsstruktur und zu einer Stabilisierung von Arbeitsplätzen und Lebensqualität in der Zielregion bei. Von Reiseangeboten, die eine Integration von Zwischenstationen in die An- oder Abreise vorsehen, profitieren zudem auch die Transitregionen entlang der Reisestrecken. Durch den Aufenthalt von Eventtouristen werden dort zusätzliche Einnahmen erzielt. Reiseangebote dieser Art können damit zu einer Verteilung der positiven (ökonomischen) Effekte und zu einer Erhöhung des Bekanntheitsgrades kleinerer touristischer Standorte und Attraktionen beitragen. Infolge eines höheren Besucheraufkommens besteht überdies die Chance zum Erhalt und Ausbau der vorhandenen (touristischen) Infrastruktur und damit die Möglichkeit zur Verbesserung der Lebens- und Arbeitsbedingungen.

Gerade in den Regionalentwicklungskonzepten eher strukturschwacher Regionen wird oft deutlich, dass der Verkehr, der ein wesentliches Kriterium für nachhaltigen Tourismus darstellt, selbst von den Interessenvertretern der Nachhaltigkeit häufig

3 Handlungskonzept: Entwicklung nachhaltiger Mobilitätskonzepte im Tourismus

vernachlässigt wird. Es scheint meist wichtiger, dass die (Straßen-) Infrastrukturen weiter ausgebaut und durch Großinvestitionen Arbeitsplätze geschaffen werden. Doch gerade in sich touristisch entwickelnden ländlichen Regionen stellt der zunehmende motorisierte Individualverkehr ein Problem dar, das sich kaum noch aus eigener finanzieller Kraft lösen lässt (vgl. Jain/ Kaygusuz 2002). Beispielhaft zu nennen sind hier An- und Abreisestaus und Einschränkungen der Erholungsqualität im Bereich der Mecklenburg-Vorpommerschen Ostseeküste. Anliegen von Reiseveranstaltern, die auf attraktive Landschaften mit Erholungswert angewiesen sind, sollte es daher sein, sich für eine nachhaltige Tourismus- und Verkehrsentwicklung zu engagieren und die Schaffung umweltfreundlicher Transportmöglichkeiten zu unterstützen. Denn längerfristig besteht die Gefahr, dass sich der Tourismus durch wachsende Folgen des Verkehrs seine eigene Grundlage entzieht (United Nations Economic and Social Council 2001:2ff.) und Regionen entlang von Verkehrsachsen auf ihre Transitraum-Funktion reduziert werden.

In den nachfolgend beispielhaft dargestellten Reisekettenangeboten werden direkt durch Reiseveranstalter zu beeinflussende Handlungsziele und Möglichkeiten von Maßnahmen beschrieben[24]. Die Angebote orientieren sich aber auch an den zuvor formulierten Handlungszielen zur Förderung einer nachhaltigen Regionalentwicklung, die sich meist nur indirekt und nur gemeinsam mit den Kooperationspartnern beeinflussen lassen. Abhängig von der Bereitschaft der beteiligten Akteure spielt hierbei der Aufbau von touristischen Netzwerken eine entscheidende Rolle. Entsprechend sind für die Planung von nachhaltigen Reiseketten die Aufgabenverteilungen sowie die Kooperations- und Kommunikationsstrukturen genau zu analysieren (siehe Kapitel 3.2.6.).

3.2.3 Beispiel: Busreisekonzept für ‚Gruppenorientierte Autofans'

Das Reiseangebot für die ausgewählte Zielgruppe ‚Gruppenorientierte Autofans' wird entsprechend ihren nachfolgend beschriebenen Bedürfnissen gestaltet.

3.2.3.1 Beschreibung der Zielgruppe

‚Gruppenorientierte Autofans' bilden mit einem Anteil von 26% die zweitgrößte Gruppe der Event-Reisetypen. Charakteristisch sind für sie vor allem zwei Eigenschaften, die auch namensbildend waren: der Spaß am Autofahren und das Reisen in Gesellschaft größerer Gruppen. Pauschalangebote werden genutzt, um den eigenen Organisationsaufwand gering zu halten, der Preis spielt dabei keine wesentliche Rolle. Auch an eine Betreuung unterwegs haben sie keine besonderen Anforderungen, sofern die Reise an sich bereits im Vorfeld organisiert wurde.

---

24 Beide Konzepte wurden von der Autorin im Rahmen des Forschungsprojekts EVENTS entwickelt.

Tabelle 62: **Typenbildende Merkmale für den Event-Reisetyp ‚Gruppenorientierte Autofans'**

Typenbildende Merkmale	Wichtig / Zustimmung	Unwichtig / Ablehnung
Mobilitätsanforderungen	- Unterwegs etwas erleben	- Information zu Reiseroute / Sehenswürdigkeiten - Kurze, schnelle Anreise - Parken am Ziel
Einstellungen zur Mobilität	- Spaß am Autofahren (Auto = Spaß, ÖV = Ausnahme)	
Reisepräferenzen	- Geselliges, organisiertes Reisen (Gruppen-/ Pauschalreise)	- Selbstorganisiertes Reisen

Quelle: Eigene Darstellung nach Eventverkehr 2002

In dieser Gruppe finden sich vor allem Männer mit einem durchschnittlichen Alter von 37 Jahren, die mit ihrer Familie (3-Personen-Haushalt) in eher kleinstädtischem Umfeld leben. Die überwiegende Mehrheit ist vollbeschäftigt; der größte Teil davon als Angestellte, es befinden sich aber auch Arbeiter und Selbständige darunter.

Zum Haushalt gehören durchschnittlich 1,5 Pkw, die den Angehörigen dieses Reisetyps zu 88% zur Verfügung stehen. Zeitkarten für den ÖV bzw. der Besitz einer Bahncard kommen eher selten vor. ‚Gruppenorientierte Autofans' nutzen etwa genauso häufig den Pkw wie auch andere Reisetypen, allerdings ist bei ihnen das Autofahren mit Spaß verbunden und nicht nur reine Zweckmäßigkeit (vgl. Dörnemann/ Schüler-Hainsch 2004:78ff). Sind sie jedoch in größeren Gruppen unterwegs, wie das häufig der Fall ist, dann wird oft der Reisebus genutzt. Besonders auffällig ist, dass die Eisenbahn als Fernverkehrsmittel für diese Gruppe ein völlig unattraktives Reiseverkehrsmittel darstellt; auch der Nahverkehr spielt keine große Rolle. Die ‚Gruppenorientierten Autofans' sind unterwegs überdurchschnittlich aktiv und wollen etwas erleben, daher wird auch kein besonderer Wert auf eine möglichst schnelle Anreise gelegt. Für sie ist es besonders wichtig, sich unterwegs der Kommunikation mit den Mitreisenden zu widmen oder mit ihren Kindern zu spielen. Sie finden dabei aber auch noch Zeit, sich über die zu besuchende Veranstaltung zu informieren und Radio zu hören.

Auf Grundlage des im Forschungsprojekt EVENTS durchgeführten Szenarioprozesses wird für die zukünftige Entwicklung dieses Event-Reisetyps weder eine Zu- noch eine Abnahme erwartet, so dass von einer konstant hohen Bedeutung ausgegangen werden kann.

Tabelle 63: **Typenbeschreibende Merkmale für den Event-Reisetyp ‚Gruppenorientierte Autofans'**

Typenbeschreibende Merkmale		
Soziodemographie	Männer-Anteil: Durchschnittsalter: Haushaltsgröße: Wohnort: Beruf: Angestellte Arbeiter Selbständige	66% 37 Jahre 3 Personen (Klein-) Stadt 56%, 19%, 14%
Verkehrsmittelaffinität	Pkw pro Haushalt: Pkw-Verfügbarkeit (privat) ÖV-Zeitkarte / Bahncard	1,5 88% 10% / 5%
Verkehrsmittel-Nutzung für die Event-Anreise	Pkw Fahrer/ Mitfahrer Bahn Reisebus ÖPNV	75% 0% 19% 6%
Reisebegleitung bei Eventbesuch	Zu zweit Zu viert Mehr als 5 Personen Davon insgesamt mit Familie 36%	29% 25% 21%
Reiseverhalten unterwegs	Mit Mitreisenden unterhalten Radio hören Über Ziel / Veranstaltung informieren Landschaft betrachten	
Freizeittyp / Freizeitpräferenzen: Abwechslungssuchende	Abwechslung, Abenteuer und neue Trends Ausflüge und Reisen	

Quelle: Eigene Darstellung nach Eventverkehr 2002

In der Freizeit wünschen sich die ‚Gruppenorientierten Autofans' Spannung und Abenteuer, möchten sich viel und intensiv amüsieren und sind offen für neue Freizeittrends. Am Wochenende bleiben sie nicht gerne zu Hause, sondern unternehmen lieber längere Ausflüge, allerdings seltener mit der ganzen Familie.

‚Gruppenorientierte Autofans' als Zielgruppe für erlebnisorientierte Reiseketten als Mobilitätsangebote im Tourismus

Auf Grund der beschriebenen Eigenschaften und Vorlieben der ‚Gruppenorientierten Autofans' bieten sich eine Reihe von Ansatzpunkten für die Entwicklung organisierter Reisen mit umweltfreundlichen Reiseverkehrsmitteln. So werden von diesem Typ für die Fahrt zu Events gerne organisierte Reisen unternommen und in diesem Zusammenhang Pauschalangebote bevorzugt, „um sich um nichts kümmern zu müssen". Wenn die vor allem männlichen ‚Gruppenorientierten Autofans' in größeren Gruppen unterwegs sind, sei es mit Freunden oder der Familie, so wird bevorzugt der Reisebus genutzt. Daher liegt ein großes Potenzial für die erfolgreiche Vermarktung umweltfreundlicher An- und Abreiseangebote bei dieser Zielgruppe zum einen darin, den durch zunehmende Reiseerfahrung gestiegenen Ansprüchen in Zukunft durch qualitativ hochwertige Produkte gerecht zu werden. Zum anderen kann über das Ausprobieren neuer Angebote die positive Erfahrung bei Busreisen in der Gruppe auf Paar- und Familienreisen übertragen werden.

Tabelle 64: **Kurzcharakteristik eines möglichen An- und Abreiseangebots für abwechslungssuchende ‚Gruppenorientierte Autofans'**

Kurzcharakteristik eines möglichen An- und Abreiseangebots	
Zielgruppe	- Männer ab Mitte 30 - Reisebegleitung: Partnerin, Familie oder Freunde
Reiseform	- Organisierte Reise (Pauschalreise) im gehobenen Preissegment
Verkehrsmittel	- Reisebus
Reiseerlebnis:	- Während der Fahrt Information über die Veranstaltung und den Zielort - Kommunikation und Unterhaltungsangebote während der Fahrt - Einbindung neuer Freizeittrends und das Gefühl von Spannung und Abenteuer

Quelle: Eigene Darstellung

3.2.3.2 Konzept-Entwurf: Busreise ‚Perlen auf dem Weg zum Meer'

Im ersten Konzept-Entwurf (Potenzialphase 1) werden die ermittelten Bedürfnisse und Anforderungen der Zielgruppe des Event-Reisetypen „Gruppenorientierte Autofans" aufgegriffen und auf das konkrete Produkt übertragen. Die zentralen Elemente der Konzept-Idee (Auswahl der Ziele und Reiserouten, Organisationsform der Reise sowie Auswahl der Reiseverkehrsmittel) werden nachfolgend beschrieben.

Das hier vorgestellte Reisekonzept wurde im Rahmen des Forschungsprojekts EVENTS umgesetzt; es diente als Anregung für mehrere Busreiseunternehmen (vgl. Jain 2001). Wie die IGA-Außenstandorte Befragungen zeigen, sind die teilweise erheblichen Besucherzuwächse an den Standorten im Jahr 2003 besonders Busreisegruppen zu verdanken (vgl. Müller 2003).

Auswahl der Ziele und Reiserouten:
Die Destination Internationale Gartenbauausstellung Rostock 2003 stand als Reiseziel für das Beispielangebot, bedingt durch den Rahmen des Forschungsprojekts EVENTS, im vorliegenden Fall bereits fest. Als Quellorte für den Eventbesuch als Tagesreise kamen für den ausgewählten Event-Reisetyp vorwiegend Kleinstädte in

Frage, die in einem Umkreis von etwa 150 km um Rostock lagen. Für Mehrtagesfahrten wurden hingegen auch weiter entfernt liegende Quellorte in die Betrachtung einbezogen. Da die Interessen der ‚Gruppenorientierten Autofans' auf Spannung, Unterhaltung und neue Trends ausgerichtet sind und nicht das schnelle Ankommen am Ziel im Mittelpunkt steht, wurde der Besuch thematisch zum Event passender Zwischenstationen in die Reise eingebunden. Auf diese Weise tragen Zwischenstopps und Aktivitäten unterwegs dazu bei, das Reiseerlebnis zu erhöhen.

Organisation der Reise, Kosten- und Tarifgestaltung:
Die Busreise wurde als organisierte Pauschalreise entwickelt, die auf die Anforderungen und Bedürfnisse der Zielgruppe ‚Gruppenorientierte Autofans' zugeschnitten war. Das Gesamtreisekonzept war als Wochenendreise mit einer Übernachtung vorgesehen und konnte sowohl als Gruppenreise, als auch zur individuellen Buchung für Paare angeboten werden. Da dieser Event-Reisetyp relativ hohe Ansprüche an die Fahrt hat und zudem der Preis für die Wahl eines bestimmten Angebots keine entscheidende Rolle spielt, wurde die Reise im höherwertigen Preissegment eingeordnet. Ein insgesamt hoher Standard in Bezug auf Komfort und Bequemlichkeit sowie individuelle Marketing- und Servicebausteine sollten einer anspruchsvollen Klientel gerecht werden. Um dem Bedürfnis nach Geselligkeit und Gemeinschaftserleben entgegen zu kommen, wurden diverse Möglichkeiten zur Kommunikation geschaffen – sowohl während der Fahrt als auch im Rahmen der Aufenthalte unterwegs. Gleichzeitig sollte genügend Raum für die Erfüllung individueller Bedürfnisse und Wünsche bleiben.

Auswahl / Kombination der Reiseverkehrsmittel:
Entsprechend der Zielgruppenbeschreibung kam für diesen Event-Reisetyp vor allem die ihm aus früheren Reisen schon vertraute Nutzung des Reisebusses in Frage, der eines der umweltfreundlichsten Verkehrsmittel ist. Wichtige Elemente, die letztlich auch die Busreise zu einer ‚Reisekette' machen, sind die ausführliche Information über die Transfermöglichkeiten zum Abfahrtsort des Busses sowie der im Reisepreis inbegriffene Hol- und Bringdienst. Ein hochwertiges Serviceangebot, das die Besucher bereits am Beginn der Reise auf das Event einstimmen sollte, wie beispielsweise ein exklusiver Empfangs- bzw. Lounge-Bereich am Abfahrtsort des Busses sowie Informations- und Unterhaltungsangebote während der Fahrt, bestimmte das Bild der Anreise. Auf das Event bezogene Dekoration und Ausstattung des Busses sowie eine durchgehende persönliche Betreuung und professionelles Catering im Bus und an den Zwischenstopps machten die Eventreise zu einem besonderen Gesamterlebnis.

3.2.3.3 Detailplanung der Reisekette

Die folgende Beschreibung der Busreise ‚Perlen auf dem Weg zum Meer' bezieht sich in erster Linie auf die Gestaltung der An- und Abreise. Die weiteren Elemente der Reisegestaltung (Aufenthalte, Verpflegung, Unterkunft, weitere Aktivitäten) werden daher nur grob umrissen (siehe Tabelle 65).

3.2 Reiseketten

Für die Umsetzung der Idee, als besonderes Element den Weg zum Event mit einem Besuch von Zwischenstationen zu verbinden, war es zunächst erforderlich, geeignete Zwischenziele ausfindig zu machen. Als thematisch zum Event passende Zwischenstationen wurden an der Reisestrecke gelegene IGA-Außenstandorte („Perlen") ausgewählt und in die Reise von Berlin nach Rostock integriert. Diese zum Konzept der IGA gehörenden Natur- und Garten-Attraktionen mit zum Teil überregionaler Bekanntheit sorgten für die Präsenz der IGA in ganz Mecklenburg-Vorpommern. Bei der Auswahl wurde schon von den Verantwortlichen der IGA darauf geachtet, dass der Zusammenhang zum Thema ‚Garten' deutlich erkennbar war.

Tabelle 65: **Reiseverlauf einer zweitägigen Eventreise für ‚Gruppenorientierte Autofans' mit dem Bus**

Erster Tag	
bis 8:00	Anfahrt der Gäste, Zubringerdienst, Warten im Loungebereich
8:00	Begrüßung und Abfahrt (Berlin)
10:30	Führung im Erlebnisgarten Wangelin, anschließend Mittagessen
13:00	Weiterfahrt nach Dobbertin, Klosterbesichtigung
15:30	Dampferfahrt auf dem Dobbertiner See
17:00	Fahrt mit dem Bus nach Güstrow
18:00	Einchecken im Hotel, anschließend Abendessen
20:00	Gemütliche Runde

Zweiter Tag	
9:00	Abfahrt nach Rostock (Busparkplatz im Überseehafen)
10:00	Fährüberfahrt zum IGA-Gelände, Besuch der IGA Rostock 2003
16:00	Rückfahrt nach Berlin

Quelle: Eigene Darstellung

Zur detaillierten Planung des Reiseablaufs war eine Kooperation mit den touristischen Partnern vor Ort unerlässlich. Um diese marketingseitig zu unterstützen, stellte die IGA interessierten Busreiseveranstaltern Informationsmaterialien über die IGA und ihre Außenstandorte zur Verfügung.

Mobilitätsangebot
Oberste Priorität bei der Gestaltung nutzerfreundlicher und attraktiver Mobilitätsangebote als Baustein für Pauschalreisen hat die Verknüpfung sämtlicher Reiseverkehrsmittel (Vorlauf – Hauptlauf – Nachlauf) zu einer durchgängigen Reisekette.

Dazu zählt bei der Busreise, durch einen Zubringerservice den Zugang bzw. Transfer zum Reisebus als gewähltes Hauptverkehrsmittel sicherzustellen. Damit von den Fahrgästen bereits die Anreise als Teil des Reiseerlebnisses wahrgenommen wird, spielen auch Aspekte der Fahrzeuggestaltung und -ausstattung im Bus eine wichtige Rolle, ebenso Serviceleistungen und Informationsvermittlung. Diese Elemente der Reisegestaltung werden im Folgenden beschrieben.

Zubringerservice, Transfer und Gepäcktransport

Damit die Reise nicht erst am Abfahrtsort, sondern schon an der Haustür beginnt, sollte bereits der Zugang zum Bus ein Maximum an Komfort und ein Minimum an Aufwand für die Nutzer bieten. Um dies zu erreichen, müssen die Abfahrtsstellen so gewählt werden, dass sie sowohl mit dem Pkw als auch mit dem ÖPNV gut erreichbar sind Der Gepäcktransport stellt für die weitere Fahrt im Bus sowie die Aufenthalte kein Organisationsproblem dar, da das Gepäck je nach Reiseablauf im Bus bleiben oder zur direkt Unterkunft gebracht werden kann.

Für das zielgruppengerecht gestaltete Angebot wurden demnach folgende Serviceelemente vorgesehen:

- Unterstützung für Reisende, die selbst zur Abfahrtsstelle kommen wollen, z.B. Zusammenstellen von Informationen zu ÖV- Verbindungen, Zusenden einer Anfahrtsskizze.

- Alternativ: Zubringer und Gepäcktransport per Kleinbus oder Taxi zum Abfahrtsort.

Zur besseren Organisation des Eventverkehrs und um Verkehrsspitzen zu vermeiden wurde in Rostock bei der Anfahrt zum IGA-Gelände eine Trennung des Bus- und Pkw-Verkehrs geplant. Reisebusse wurden über ein Verkehrsleitsystem zum auf der anderen Flussseite (Warnow) liegenden IGA-Gelände Überseehafen geleitet. Am dortigen Anleger warteten Fähren darauf, Fußgänger und Radfahrer über das Wasser direkt vor die Tore des IGA-Geländes bringen. Eine solche Art der Eventanreise bietet insbesondere für den Spannung und Abwechslung suchenden Reisetyp ‚Gruppenorientierte Autofans' einen besonderen Reiz. Durch die Fährüberfahrt wurde auf diese Weise bereits ein exklusives Begrüßungsevent geboten, bei denen die Besucher bereits einen ersten Eindruck von den am Wasser liegenden Attraktionen gewinnen konnten. Gleichzeitig ließ sich durch das physische Erleben der Schiffsfahrt das Themenkonzept von der „grünen Weltausstellung am Meer" optimal vermitteln.

Fahrzeuggestaltung und -ausstattung

Bei der Gestaltung und Ausstattung des Reisebusses sind unterschiedliche Zielgruppenbedürfnisse sowie die verschiedenen Phasen der Reise (Hinfahrt/ Rückfahrt) zu berücksichtigen. Entsprechend sollte die Teilnahme an Aktivitäten oder Informations- und Unterhaltungsangeboten frei gestellt werden. Am Beispiel des speziell

3.2 Reiseketten

konzipierten "Event-Busses" werden die Möglichkeiten der Innenraumgestaltung dargestellt (vgl. Bethge/ Jain/ Schiefelbusch 2004:112ff.). Der vorgesehene Doppeldeckerbus lässt vielfältige Gestaltungsvarianten zu und bietet die Möglichkeit, innerhalb des Fahrzeugs getrennte Bereiche einzurichten (siehe Tabelle 66). Die Überlegungen können weitgehend auch auf Bahnfahrzeuge übertragen werden, vielfach sind die Möglichkeiten zur Raumgestaltung dort sogar günstiger.

Im Reisekonzept für die Zielgruppe ‚Gruppenorientierte Autofans' gewährt der Doppeldeckerbus im oberen Stockwerk Raum für Kommunikation, Unterhaltung, Aktivitäten oder zum Landschaft ‚von oben' betrachten. Zur Förderung des Gemeinschaftsgefühls werden die Sitze als Vierer-Sitzgruppen mit Tischen angeordnet, die sich zum gemeinsamen Essen oder für Spiele spielen eignen. In der unteren Etage lassen sich Entspannungsbereiche für ruhigere Aktivitäten sowie ein Servicebereich und audiovisuelle Informationsmedien unterbringen. Zusammengefasst können bei der Gestaltung von Eventbussen unterschiedliche Gestaltungskriterien bezüglich Information, Unterhaltung, Kommunikation, Restauration, Entspannung und Ruhe berücksichtigt werden (Bethge/ Jain/ Schiefelbusch 2004:112ff.):

Tabelle 66: **Fahrzeuggestaltung und -ausstattung**

Kriterium	Gestaltungsvorschläge	Ziel
Kommunikation	- 4er Sitzgruppe, ev. mit Tisch, - alternative Sitzanordnung, z.B. Bänke	- Stärkung des Gemeinschaftsgefühls - Möglichkeit der Platzwahl
Information	- Info-Tisch mit Landkarte, Streckenführung u.ä. - Kopfhörer mit weiteren Infos - Infoscreen	- Info zur Reise - Werbung für weitere Angebote der Region und des Reiseveranstalters
Unterhaltung	- Spielecke für Kinder (Sicherheitserfordernisse noch nicht abschließend geklärt) - Fernsehecke - Live-Performances (z.B. Lesungen, Show-Einlagen) mit Bezug zum Event	- Steigerung des Erlebniswertes von An- und Abfahrt - Trennung von Gruppenerlebnis und Privatsphäre
Entspannung	- Ruhezonen, evtl. Liegesitze	- Erweiterung der Angebotspalette für Kunden mit Ruhebedarf

Quelle: Eigene Darstellung nach Bethge /Jain /Schiefelbusch 2004:112ff.

Sowohl die Innenraumgestaltung, als auch die Gestaltung der Fahrzeuge von außen (Logo, Symbole, Aufdrucke) sollte dem besonderen Anlass der Fahrt gerecht werden und einen klaren thematischen Bezug zum Event aufweisen. So können Fahrzeuggestaltung und -ausstattung (beispielsweise Dekoration mit Blumen und Grünpflanzen zur Gartenschau) die Einstimmung auf das Event emotional mitgestalten.

Infrastrukturelles Angebot
Bei der Gestaltung einer Busreise sind Reiseveranstalter hinsichtlich der Auswahl der Strechenführung von der zur Verfügung stehenden Infrastruktur im Umfeld der möglichen Reiserouten abhängig. Diese muss speziell für die Anreise mit Bussen geeignet sein und eine ausreichende Besucherkapazität aufnehmen können (z.B. Restaurants). Daneben beeinflusst auch die Qualität der Schnittstellen und Aufenthaltsorte die Attraktivität der An- und Abreise.

Wege und Wegeführung
Die Anreise im Reisekettenbeispiel ‚Perlen auf dem Weg zum Meer' verläuft über verschiedene Ferienstraßen, wobei besonders die landschaftlich schönen Strecken durch die Eventregion Mecklenburgs Gelegenheit für Zwischenstopps und den Besuch von Sehenswürdigkeiten bieten. Als Zwischenstationen wurden – in Abhängigkeit von Anfahrtsweg und geplanter Dauer der Reise – ein oder mehrere IGA- Außenstandorte in die Anreise integriert.

Integration von Zwischenstationen
Für das vorgestellte und teilweise realisierte Beispiel war ein Besuch von zwei IGA-Außenstandorten vorgesehen. Unterkünfte und Verpflegung befanden sich direkt am jeweiligen Außenstandort oder in der unmittelbaren Umgebung. Die erste Zwischenstation, der Wangeliner Garten, ist von den Richtung Rostock führenden Autobahnen A19 und A24 gut zu erreichen. Der Weg führt westlich des Plauer Sees über die touristisch interessante „Lehm- und Backsteinstraße" mit ihren kulturhistorischen Besonderheiten. Auf dem Gelände des Naturerlebnisgartens stehen mehrere Busparkplätze zur Verfügung. Im Wangeliner Garten können auf 1,5 ha Fläche über 900 Pflanzenarten in unterschiedlichsten Einzelgärten besichtigt und mit Hilfe einer Führung erfasst werden. Für Kinder steht eine Spiel- und Erlebnislandschaft mit Weidenlabyrinth zur Verfügung. Die Anlage umfasst auch ein Informationsgebäude mit regional geprägtem gastronomischem Angebot. Sie bietet ausreichend Platz für eine Busreisegruppe. Das Gebäude ist aus Lehm und mit Photovoltaik, Sonnenkollektoren und Gründach ausgestattet und entspricht einer ökologischen Bauweise. Es können dort auch landwirtschaftliche Produkte aus der Region erworben werden (Blumensamen, Naturkosmetik, Honig, etc.). Als weitere Zwischenstation wurde für die Mehrtagesreise die Besichtigung der Klosteranlage Dobbertin mit anschließender Rundfahrt auf dem Dobbertiner See empfohlen. Umgeben von einer ländlichen Parkanlage wird das ehemalige Benediktinerkloster heute von der Diakonie genutzt. Die Kirche, aus dem 14. Jahrhundert stammend, wurde später

im neogotischen Stil nach Entwürfen von Karl Friedrich Schinkel zum Prachtbau umgestaltet und ist die einzige doppeltürmige Kirche in Mecklenburg.

Hinsichtlich der Auswahl der Fahrtroute und der Zwischenstationen trägt der Wechsel zwischen Fahrt-, Ruhe- und Besichtigungszeiten zum kurzweiligen Erleben der Reise bei. Die gewählten Reisestationen kommen dem Bedürfnis der Zielgruppe nach Abwechslung und außergewöhnlichen Besichtigungen entgegen.

Gestaltung der Umstiegs- und Aufenthaltsorte

Die direkten Einflussmöglichkeiten auf die Gestaltung der Umstiegs- und Aufenthaltsorte durch Reiseanbieter beschränken sich in erster Linie auf die Einstiegssituationen am Abfahrtsort. Ansonsten ist das Busreiseunternehmen weitgehend abhängig von den Gegebenheiten vor Ort. Häufig wird bei Busreisen die Wahl der Reiseziele allerdings von attraktiven Rahmenbedingungen für Fahrer und Fahrgäste abhängig gemacht. Aus diesem Grund empfiehlt es sich, dass Eventveranstalter und Tourismusorganisationen nicht nur allein der Gestaltung der Attraktionen (des Events) selbst, sondern auch der umgebenden (touristischen) Infrastruktur Beachtung schenken. So war die IGA Rostock 2003 ein beliebtes Ziel für Busreisen, da u.a. folgende Punkte erfüllt wurden:

- funktionierendes und verständliches Verkehrsleitsystem auf der Autobahn und in der Stadt,

- separater Busparkplatz, die Anfahrt erfolgte getrennt und somit staufrei vom Pkw-Verkehr,

- Aufenthaltsmöglichkeiten mit Wetterschutz und Sitzgelegenheiten sowie ein Kiosk und Toiletten auf dem Parkplatz.

Service und Information

Über Möglichkeiten der An- und Abreise mit alternativen Verkehrsmitteln sowie über die Umwelteffekte der Reise sollten Reiseveranstalter schon im ersten Beratungsgespräch informieren. Wenn die Kunden darauf hingewiesen werden, dass sie sich mit einer Busreise für eine der nachhaltigsten Varianten entscheiden, trägt dies zu einem positiven Gesamterleben für die Reisenden bei. Die Qualität von Angeboten im Freizeitverkehr hängt außerdem entscheidend vom eingesetzten Personal ab. Das im Rahmen einer Busfahrt eingesetzte Fahr- und Servicepersonal ist daher mit Sorgfalt auszuwählen, da eine an der Zielgruppe orientierte Personalauswahl im Eventverkehr einen großen Beitrag zu Qualität und Erlebniswert der Reise leisten kann (Jain/ Schiefelbusch 2004:167).

Information über den Reiseverlauf vor Reiseantritt

Im Rahmen des vorgestellten Beispielangebots wurde den Reisenden hinreichend Information über Möglichkeiten der Erreichbarkeit des Abfahrtsortes des Busses bzw. über Zustiegsmöglichkeiten und Zubringer-Dienstleistungen zur Verfügung gestellt (s.o.).

Information und Service unterwegs

Idee war es, die Reisenden zur Begrüßung in einer Lounge zu empfangen, die so dekoriert ist, dass sie thematisch auf das Event einstimmt und den Besuchern Exklusivität vermittelt. Nach der Abfahrt des Busses wurden die Gäste mit einem Begrüßungsgetränk durch die Reiseleitung Willkommen geheißen. Anschließend erhielten sie ein Informationspaket zur IGA und ihren Attraktionen, zu den IGA-Außenstandorten sowie zu Region und Reiseroute. Ein persönliches Anschreiben informierte über den Programmablauf und gab Empfehlungen zu den sehenswerten Höhepunkten. Während der eintönigen Autobahnfahrt sollte ein Videofilm einen ersten Eindruck von der Gartenschau und der Landschaft Mecklenburgs vermitteln und auf diese Weise in das Thema der Reise einführen. Weitere Reiselektüre zu gartenbaulichen Themen und zur Geschichte der Region wurde von der Reiseleitung bereitgehalten.

Besonders bei längeren Reisezeiten oder bei speziellen Zielgruppen lassen sich darüber hinaus auch thematische Veranstaltungen (Vorträge, Präsentationen, Spiele und Showelemente) im Bus durchführen, die das Unterhaltungs- und Informationsangebot abrunden.

3.2.4 Beispiel: Bahn- und Radreise für ‚Bequeme Selbstorganisierer'

Die zweite Beispielreisekette wird in Form einer kombinierten Bahn-/ Radreise enthält Gestaltungselemente, die den Bedürfnissen der nachfolgend beschriebenen Zielgruppe ‚Bequeme Selbstorganisierer' entsprechen.

3.2.4.1 Beschreibung der Zielgruppe

Die ‚Bequemen Selbstorganisierer' bilden mit 9% die kleinste Gruppe der Event-Reisetypen. Für die Reise zu Veranstaltungen ist ihnen wichtig, dass sie die Organisation ihrer Reise selbst in die Hand nehmen. Dabei beziehen sie den Pkw seltener, die öffentlichen Verkehrsmittel dagegen häufiger in die Reiseplanung ein. Die Nutzung des Autos als ‚Spaßmobil' wird ablehnt. Unterwegs verbinden die ‚Bequemen Selbstorganisierer' ihre Fahrt gerne mit Zwischenstopps an weiteren Zielen, auch ein Unterhaltungsprogramm während der Fahrt kommt ihrem Interesse entgegen. Vor diesem Hintergrund sind eine direkte Verbindung von Tür-zu-Tür sowie Unabhängigkeit bei der Strecken- und Zeitwahl weniger von Bedeutung. Vor Ort angelangt, wird Wert darauf gelegt, dass der Veranstaltungsort bequem erreicht werden kann,

3.2 Reiseketten

sei es durch Park&Ride- Möglichkeiten oder durch die Nähe des Bahnhofs/ Parkplatzes zum Veranstaltungsort.

Tabelle 67: Typenbildende Merkmale für den Event-Reisetyp ‚Bequeme Selbstorganisierer'

Typenbildende Merkmale	Wichtig / Zustimmung	Unwichtig / Ablehnung
Mobilitäts-anforderungen	- Verbindung mit anderen Zielen - Unterhaltung während der Fahrt - P&R- Angebot bzw. Parkplatz direkt am Veranstaltungsort	- Tür- zu-Tür / kein Umsteigen - Individuelle Strecken- und Zeitwahl - Verkehrsinformationen - Angenehme Atmosphäre
Einstellungen zur Mobilität		- Spaß am Autofahren - (Auto = Spaß / ÖV = Ausnahme)
Reisepräferenzen	- Selbst organisiertes Reisen	- Preisgünstige Gruppen-/ Pauschalreise

Quelle: Eigene Darstellung nach Eventverkehr 2002

Unter den ‚Bequemen Selbstorganisierern' befinden sich zwei Drittel Frauen, Durchschnittsalter 35 Jahre, die meist zusammen mit Partner und Kind(ern) im Haushalt leben. Als Wohnort wird ein städtisches Umfeld bevorzugt. Personen dieses Reisetyps sind zu 80% erwerbstätig, zum überwiegenden Teil als Angestellte, zum kleineren Teil als Beamte. Der Pkw-Besitz pro Haushalt ist im Vergleich zu den anderen Event-Reisetypen eher gering, ebenso die zeitliche Verfügbarkeit für die private Pkw-Nutzung. Dagegen kommt der Besitz von ÖV-Zeitkarten und Bahncards sehr häufig vor. Der Pkw wird zwar für die Fahrt zu Events vorrangig als Verkehrsmittel genutzt (64%), doch ist der Anteil an Mitfahrern mit 27% sehr hoch. Im Vergleich zu anderen ist dieser Event-Reisetyp überdurchschnittlich häufig in Gemeinschaftsverkehrsmitteln unterwegs. Die Bahn und der Reisebus werden für die Fahrt zu Events gerne in Anspruch genommen, auf kürzeren Strecken auch der öffentliche Nahverkehr.

3 Handlungskonzept: Entwicklung nachhaltiger Mobilitätskonzepte im Tourismus

Tabelle 68: **Typenbeschreibende Merkmale für den Event-Reisetyp 'Bequeme Selbstorganisierer'**

Typenbeschreibende Merkmale:		
Soziodemographie	Frauen-Anteil:	68%
	Durchschnittsalter:	35 Jahre
	Haushaltsgröße:	3 Personen
	Wohnort:	Stadt
	Beruf:	
	Angestellte	68%,
	Beamte	23%
Verkehrsmittelaffinität	Pkw pro Haushalt:	1,1
	Pkw-Verfügbarkeit (privat)	53%
	ÖV-Zeitkarte / Bahncard	43% / 32%
Verkehrsmittel-Nutzung für die Event-Anreise	Pkw Fahrer/ Mitfahrer	37% / 27%
	Bahn	9%
	Reisebus	18%
	ÖPNV	9%
Reisebegleitung bei Eventbesuch	Zu zweit	29%
	Zu viert	32%
	Mehr als 5 Personen	21%
	Davon insgesamt 50 % mit Familie	
Reiseverhalten unterwegs	Mit Mitreisenden unterhalten	
	Radio hören	
	Landschaft betrachten	
	Über Ziel / Veranstaltung informieren	
Freizeittyp / Freizeitpräferenzen Abwechslungssuchende	Abwechslung, Abenteuer und neue Trends	
	Ausflüge und Reisen	

Quelle: Eigene Darstellung nach Eventverkehr 2002

Während der Fahrt sind die ‚Bequemen Selbstorganisierer' wenig aktiv. Zu ihren bevorzugten Beschäftigungen gehören im Wesentlichen die Kommunikation mit Mitreisenden, Radio hören und die Landschaft betrachten. Das Befassen mit Informationen über das Reiseziel bzw. die Veranstaltung nimmt nur einen geringen Stellenwert ein. Deutlich wird die ‚Bequemlichkeit' dieses Event-Reisetyps vor allem aber an der überdurchschnittlichen Häufigkeit des Nichtstuns und des Schlafens während der Fahrt. Trotz häufiger Begleitung durch Familienmitglieder und Kinder verbringen sie die Reise selten mit Spielen.

In den Ausprägungen ihres Lebensstils und Freizeitverhaltens, ihren Anforderungen an die Mobilität und Reisepräferenzen stimmen die ‚Bequemen Selbstorganisierer' mit den Eigenschaften des Reisetyps ‚ÖV-fixierte und Fahrradfahrer' überein. In der Freizeit wünschen sich die ‚Bequemen Selbstorganisierer' Spannung und Abenteuer, möchten sich viel und intensiv amüsieren und sind offen für neue Freizeittrends. Am

Wochenende legen sie keinen Wert darauf, sich zu Hause zu erholen, lieber werden Ausflüge unternommen.

‚Bequeme Selbstorganisierer' als Zielgruppe für erlebnisorientierte Reiseketten als Mobilitätsangebote im Tourismus
Die Wachstumstendenzen dieses Event-Reisetyps lassen sich auf ein steigendes Bedürfnis nach individueller Reisegestaltung und auf den Trend zur Ausdehnung der Reiseweiten – bei gleichem Zeitbudget – zurückführen. Zwar wurden organisierte Angebote von dieser Gruppe bisher kaum in Anspruch genommen, doch auf Grund ihrer Offenheit für neue Freizeittrends stellen sie eine attraktive Zielgruppe für Reiseveranstalter dar, die sich zur Entwicklung von Pauschalangeboten eignet.

Die Chance, die ‚Bequemen Selbstorganisierer' künftig auch im Rahmen von Pauschalangeboten für die Nutzung alternativer Verkehrsangebote zu begeistern, liegt zum einen in der Beachtung des Bedürfnisses nach Flexibilität, zum anderen in der Ermöglichung der weitgehend individuellen Planung und Gestaltung der Reise. Für diese eigenständig planende Zielgruppe muss der Reisemarkt also entsprechend der jeweiligen Bedürfnislage frei kombinierbare Reisebausteine bereit halten. Da eine direkte Tür-zu-Tür-Verbindung ohne Umsteigen für diesen Event-Reisetyp keine Priorität darstellt, liegt der Mehrwert organisierter Pauschalangebote vor allem im Service der Informationsbereitstellung zu den Nutzungs- und Kombinationsmöglichkeiten der Reiseverkehrsmittel. Für Individualreisende lässt sich mit Hilfe von Planungstools (Internet) die selbständige Planung von Bus- oder Bahnreisen vereinfachen. Ob sich diese Optionen von Reiseveranstaltern wirtschaftlich sinnvoll miteinander verbinden lassen, muss auf dem Markt unter Beweis gestellt werden.

Tabelle 69: **Kurzcharakteristik eines möglichen An- und Abreiseangebots für ‚Bequeme Selbstorganisierer'**

Kurzcharakteristik eines möglichen An- und Abreiseangebots	
Zielgruppe:	- Frauen Mitte 30 - Reisebegleitung: Partner oder Familie
Reiseform	- Individuell kombinierbare Reisebausteine - Flexible Gestaltung der Reise auch noch unterwegs - Detaillierte Information über An- und Abreisemöglichkeiten sowie touristische Attraktionen und Sehenswürdigkeiten am Ziel und entlang der Strecke
Verkehrsmitte:	- Reisebus/ Bahn und Fahrrad, Kanu oder andere ‚Erlebnismobile'
Reiseerlebnis	- Verbindung der Fahrt mit anderen Zielen/ Aktivitäten unterwegs - Einbindung neuer Freizeittrends und das Gefühl von Spannung und Abenteuer

Quelle: Eigene Darstellung

3.2.4.2 Konzept-Entwurf: Bahn- und Radreise ‚Perlen auf dem Weg zum Meer'

Der Konzeptentwurf beschreibt Maßnahmen zur Umsetzung der Zielgruppenbedürfnisse im Rahmen eines konkreten Reiseangebots. Die Herausforderung der Angebotsgestaltung liegt darin, für die Zielgruppe ‚Bequeme Selbstorganisierer', die eine individuelle Reiseplanung bevorzugt, ein ausreichend flexibles Angebot mit genügend Gestaltungsfreiräumen zu erstellen. Im Ergebnis wird eine kombinierte Bahn-/ Radreise als geeignet angesehen, diesen Ansprüchen gerecht zu werden.

Auswahl der Ziele und Reiserouten:
Da die Interessen der Zielgruppe eher auf Aktivität und Unterhaltung, als auf das schnelle Ankommen am Ziel ausgelegt sind, wurde auch hier die Anreise zur IGA Rostock 2003 mit einem Besuch von Zwischenstationen verbunden. Als Bestandteil der Reisekette kamen erlebnisbezogene Fortbewegungsarten wie Fahrrad, Kanu, Schiff- oder Kutschenfahrten in Betracht. Gerade die Kombination unterschiedlicher Verkehrsmittel stellt eine Besonderheit des Reisekettenkonzepts dar, da durch diese aktiven Elemente der Erlebniswert der Reise gesteigert wird.

Auswahl / Kombination der Reiseverkehrsmittel:
Die Kombination Fahrrad und Bahn ist – bei gegebener Fahrradtransportmöglichkeit – eine gute Möglichkeit zur Entdeckung der Region entlang der Anreisewege. Bei einer derartigen Tour sollten mindestens zwei Übernachtungen eingeplant werden. Bahn und Fahrrad wurden ausgewählt, da die Nutzung dieser Verkehrsmittel umweltfreundlich ist und Radtouren derzeit stark nachgefragt werden[25]. Mecklenburg-Vorpommern eignet sich als Destination in besonderer Weise, da diese Region im Jahr 2001 noch vor Bayern und dem Münsterland zur beliebtesten Radreiseregion in Deutschland gekürt wurde (vgl. ADFC 2002).

Organisation der Reise, Kosten- und Tarifgestaltung:
Als Beispielangebot wird für die ‚Bequemen Selbstorganisierer' ein Reisekonzept von Berlin zur IGA Rostock 2003 entwickelt, das als Teil-Pauschalreiseangebot mit flexiblen Einzelbausteinen vermarktbar ist. Es ist insbesondere als Familien- oder Paarreise geeignet. Die Mehrtagesreise beinhaltet die Möglichkeit, den Ablauf der Reise sowie die Reiseverkehrsmittel, Unterkunft, Art der Zwischenstationen und Dauer des jeweiligen Aufenthalts selbst zu bestimmen.

Eine detaillierte Planung sowie die Information der Reisenden über den genauen Reiseablauf (An- und Abfahrtszeiten, Umstiege, Übersichtspläne, etc.) sind für ein solches Reisekonzept unerlässlich. Wünschenswert wäre ein Ticket, das den Reisenden die Nutzung aller Reiseverkehrsmittel im Nah- und Fernverkehr ermöglicht und

---

[25] 1,8 Mio. Deutsche verbrachten im Jahr 2001 ihren mehrtägigen Urlaub auf dem Fahrrad. Insgesamt nutzten im Urlaub 2001 49,2%(1999: 42,4% = 27,04 Mio.) der Deutschen das Fahrrad als Urlaubsaktivität; vgl. ADFC 2002.

zudem den Eintritt aller Sehenswürdigkeiten beinhaltet. Ziel ist, den Aufwand der Informationsbeschaffung als Hemmnis für die ÖV-Nutzung soweit wie möglich zu reduzieren. Da unter den ‚Bequemen Selbstorganisierern' viele eine BahnCard besitzen, wäre auch ein besonders kostengünstiges Angebot für diese spezielle Teilgruppe denkbar.

3.2.4.3 Detailplanung der Reisekette

Bei der Entwicklung des zielgruppenspezifischen Reisekonzepts werden die wichtigsten Elemente der Reiseplanung (Potenzialphase 2), d.h. Mobilitätsangebot und infrastrukturelles Angebot entsprechend den Ansprüchen der Zielgruppe gestaltet bzw. ausgewählt. Zur Konkretisierung der Reiseablaufsplanung wird in Tabelle 70 beispielhaft der Verlauf einer dreitägigen Eventreise mit Bahn und Fahrrad entlang des Radwegs Berlin – Kopenhagen zur IGA Rostock beschrieben:

Tabelle 70: **Reiseverlauf einer dreitägigen Eventreise mit Bahn und Fahrrad**

Erster Tag	
Abreise von Berlin	- Bahn (RB), Reisezeit: 1,5 Stunden. - Bahnfahrkarte und Nahverkehrs-Ticket mit Fahrradtransport im Reisepaket inbegriffen. - Reservierter Fahrradabstellplatz im Zug. - Kartenmaterial mit Routenvorschlägen, Abfahrts- und Ankunftszeiten sowie Tipps zu Sehenswürdigkeiten entlang der Strecke wurden bereits mit den Reiseunterlagen zugesandt.
Fahrt zur 1. Zwischenstation	- Fahrradtour, Streckenlänge 65 km: Durch den Naturpark Nossentiner Heide führt der Weg zum IGA-Außenstandort Schloss Blücherhof. - Schlosspark des Schlosses Blücherhof Der Schlosspark beherbergt eine historische Gartenanlage mit einmaliger dendrologischer Sammlung. Durch Rhododendren und Magnolien sowie 15.000 Blumenzwiebeln verwandelt sich der Park im Frühjahr in ein Blütenmeer. Am Wochenende und auf Nachfrage werden Führungen angeboten. Sehenswert ist auch das Schloss- und Gutshofensemble, in dem für die Laufzeit der IGA ein Café untergebracht ist. Der Radweg „Mecklenburger Seenplatte – Rügen" führt direkt am Schloss vorbei; vom Radweg Berlin – Kopenhagen ist ein kleiner Abstecher notwendig. - Weiterfahrt zur Unterkunft.
Unterkunft	- Service vor Ort (im Reisepaket inbegriffen). - Sicherer Fahrradabstellplatz. - Überreichung weiterer Reiseunterlagen: Stadtplan mit Erläuterungen zu den Sehenswürdigkeiten, Informationen zu den Fortbewegungsmöglichkeiten vor Ort.

3 Handlungskonzept: Entwicklung nachhaltiger Mobilitätskonzepte im Tourismus

Zweiter Tag	
Fahrt zur 2. Zwischenstation	- Fahrradtour, Streckenlänge 30 km. - Stadt Güstrow: IGA-Außenstandorte „Natur- und Umweltpark" / „Wasser in Güstrow" Neben dem „Aquatunnel", wird in der Ausstellung „SUBTERRA – der Erde unter die Haut geschaut" das Thema ‚Boden' aufbereitet. Das Umweltbildungszentrum eignet sich ist gut als Schlechtwetterangebot. Daneben bietet Güstrow weitere Attraktionen, wie beispielsweise den Lehr- und Erlebnisrundweg „Der blaue Faden", der das Element ‚Wasser' und die historische Güstrower Wasserkunst erlebbar macht.
Unterkunft	- Überreichung weiterer Reiseunterlagen: - IGA-Ticket (ÖPNV-Ticket inbegriffen), - Anreiseinformationen mit Bahn und Fahrrad zum IGA-Gelände in Rostock, - Touristische Information zu den Sehenswürdigkeiten der IGA und der Stadt Rostock.

Dritter Tag	
Fahrt nach Rostock, Bf. Lütten Klein (IGA-Gelände)	- Bahn (RB), Reisezeit: 30 Minuten. - Reservierter, sicherer Fahrradabstellplatz. - Gepäckaufbewahrung. - Besichtigung der Internationalen Gartenbauausstellung.
Rückreise nach Berlin mit dem IGA-Express	- direkte Bahn-Verbindung vom IGA-Bahnhof Lütten Klein zu den Berliner Stadtbahnhöfen.

Quelle: Eigene Darstellung

Anhand des vorgestellten Reiseablaufs werden die Anforderungen an das Mobilitätsangebot, das infrastrukturelle Angebot sowie an die Serviceleistungen und die Informationsvermittlung definiert. Die Planung des Angebots sollte in enger Zusammenarbeit von Reiseveranstaltern mit ihren Kunden erfolgen: Je nach bevorzugtem Kommunikationsmedium (Reisebüro, Kataloge, Internet, etc.) werden Vorschläge für Reiserouten, Reiseverkehrsmittel und Zwischenstationen diskutiert. Außerdem werden unterschiedliche Unterkünfte zur Auswahl gestellt, Art und Preiskategorie können von den Reisenden individuell entschieden werden. Aus diesen Alternativen wählen die Reisenden aus und stellen sich ihre Reise selbst zusammen, was dem Bedürfnis dieser Zielgruppe nach Individualität entspricht. Aufgabe des Reiseveranstalters ist es, die verschiedenen Möglichkeiten anzubieten und diese zusammenzustellen sowie je nach Wunsch der Kunden Reservierungen bzw. die Organisation vorzunehmen.

Mobilitätsangebot
Bei der Gestaltung der Reisekette zur IGA Rostock 2003 wird die Verknüpfung des Hauptverkehrsmittels Bahn mit dem Fahrrad als erlebnisbezogenes Fortbewegungs-

mittel vorgesehen. Für die Bahnanreise eignen sich als Ausgangspunkte Städte mit Fern- bzw. Regionalverkehrsanbindung, die ohne Umsteigen zu erreichen sind. Von dort kann die Weiterreise mit dem Fahrrad entlang von gekennzeichneten Radwanderwegen erfolgen. Der internationale Radweg Berlin – Kopenhagen hat auf deutscher Seite seinen Endpunkt im Rostocker Hafen – eine ideale Ausgangslage für den Besuch der IGA in Rostock.

Als Ausgangspunkt für die Fahrradtour wurde die Städte Waren/ Müritz ausgewählt, die mit dem Regionalexpress von Berlin aus direkt zu erreichen ist. Die Reise zur IGA Rostock 2003 mit Bahn und Fahrrad erfolgt in mehreren Etappen. Als Reisestationen („Perlen") wurden für die Beispielreisekette an der Strecke des Fernradwegs gelegene Außenstandorte (Schloss Blücherhof, Güstrow) in das Konzept eingebunden. Die Strecke zwischen Waren und Güstrow sollte in zwei Tagesetappen zurückgelegt werden. Von Güstrow brachte schließlich eine S-Bahn die Reisenden direkt zum ‚IGA-Bahnhof' Lütten Klein. Am IGA-Gelände standen Fahrradstellplätze sowie eine Gepäckaufbewahrung zur Verfügung. Zur Förderung der An- und Abreise mit dem ÖPNV wurde die IGA-Eintrittskarte als Kombiticket angeboten: die Eintrittskarte zur IGA ließ sich somit im Verkehrsverbund Warnow (VVW) für den öffentlichen Nahverkehr nutzen. Für die Rückreise war der „IGA-Express", der als direkte Zugverbindung (mit Fahrradtransport) täglich die Eventbesucher von Berlin zur IGA und wieder zurück fuhr, als Verkehrsmittel vorgesehen..

Zubringerservice und Gepäcktransport
Als Kurzurlaub geplant, ist bei der Kombination Bahn-/ Radreise nicht unbedingt ein separater Gepäcktransport erforderlich (bei längeren Reisen jedoch anzubieten). Die Reservierung von Fahrradabstellplätzen im Zug sowie die Gewährleistung der sicheren Fahrrad- und Gepäckaufbewahrung an den Zwischenstationen sowie am Veranstaltungsgelände ist jedoch unabdingbar. Werden allerdings zusätzliche Ergänzungsangebote mit anderen Verkehrsmitteln in die Reisekette einbezogen (z.B. Kanufahrt oder Schiffstour), ist der Fahrrad- und Gepäcktransport in jedem Fall sicherzustellen.

Fahrzeuggestaltung und -ausstattung
Auf die Gestaltung und Ausstattung der Fahrzeuge bei der Bahn haben Reiseveranstalter in der Regel nur bedingt Einfluss. Allerdings können sie ihren Kunden Materialien zur Information und Reiseunterhaltung an die Hand geben. Zudem sollten Fahrrad- und Sitzplatzreservierungen im Angebot enthalten sein.

Integration erlebnisbezogener Mobilitätsangebote
Neben der vorgeschlagenen Nutzung von Bahn und Fahrrad als Reiseverkehrsmittel können noch weitere ‚Erlebnismobile' (Inlineskates, Kanus, Waterbikes, Draisinen, Solarmobile, etc.) in die Reise eingebunden werden, um den Weg abwechslungsreicher zu gestalten, bewusster wahrzunehmen und neue Erfahrungen zu ermöglichen. Bei der Konzeption eines solchen Reiseangebots müssen aber in jedem Fall Koope-

rationen eingegangen werden, um die Qualität und Kontinuität der Leistung garantieren zu können. Bei einer Verlängerung der Reise auf drei oder mehr Tage ist neben der Nutzung des Fahrrades auch der Umstieg auf das Kanu möglich. Auf diese Weise können sich die Event-Reisenden der Stadt Rostock auf dem Wasserweg nähern und so das für Stadt und IGA prägende Element Wasser hautnah erleben.

Infrastrukturelles Angebot
Abhängig von den vorgesehenen Reisestationen sind Besuchsreihenfolge der Zwischenstationen, Wegeführung und zu nutzende Verkehrsmittel im Ablauf detailliert im Voraus zu planen. Daher sollte die Qualität der im Reisepaket kombinierten Bausteine genau geprüft werden. Auf diese Weise können eigenständig organisierenden Zielgruppen die Vorteile einer unterstützenden Organisation durch Reiseveranstalter vermittelt werden. Bei einer Bahn-/ Radreise zählt dazu die Qualität der Radwege-Infrastruktur (Wege, Beschilderung, Abstellanlagen), radfahrerfreundliche Unterkünfte sowie Verpflegungs- und Einkaufsmöglichkeiten. Durch die Auswahl von „Bed&Bike"- Unterkünften kann dies weitgehend gewährleistet werden (vgl. Bundesministerium für Verkehr Bau- und Wohnungswesen 2002).

Service und Information
Bei der kombinierten Bahn-/ Fahrradreise spielen Gestaltungselemente im Fahrzeug bzw. der Service während der Fahrt – im Gegensatz zu Busreisen – kaum eine Rolle, da sie bei Individualreisen nur begrenzt eingesetzt werden können. Dennoch bestehen beispielsweise Möglichkeiten darin, den Reisenden im Vorfeld Informationspakete und Service-Gutscheine für den Imbiss- oder Speisewagen im Zug zukommen zu lassen.

Entsprechend dem geplanten Reiseablauf und zur störungsfreien Durchführung der Reise ist es außerdem erforderlich, die Reisenden über alle Details (Ein-/ Aus- und Umstiege, Fahrradabstellmöglichkeiten, Gepäckaufbewahrungsmöglichkeiten sowie Radwege-Beschilderung) zu informieren. Dies betrifft sowohl die Information vor Reiseantritt, als auch Informationsmöglichkeiten während der Reise. Zusammen mit den Reiseunterlagen sollte den Reisenden – neben dem Reiseablauf – auch Informations- und Kartenmaterial über Reiseroute und touristische Sehenswürdigkeiten entlang der Strecke sowie über die Außenstandorte und ihre Erreichbarkeit mit Bahn und Fahrrad bereitgestellt werden. Diese Materialien können vor oder während der Fahrt gelesen werden und tragen so zur Einstimmung auf die bevorstehende Reise bei. Als für die weitgehend individuell reisenden ‚Bequemen Selbstorganisierer' besonders geeignet wurden die Informationen und themenbezogene Reiseunterhaltung zu den Themen Gartenbau, Geschichte der Region Mecklenburg-Vorpommern etc. angesehen.

3.2.5 Bewertung der Reisekette ‚Perlen auf dem Weg zum Meer'

Die nachfolgend dargestellten Ergebnisse aus der Evaluierung des Reisekettenkonzepts ‚Perlen auf dem Weg zum Meer' basieren auf einer Expertenbefragung[26], die im Rahmen des Forschungsprojekts EVENTS durchgeführt wurden. Zur Eingrenzung der Forschungsproblematik, bei der im Mittelpunkt die Verbesserung der Nachhaltigkeit stand, wurden für die Reisekettenkonzeption drei Hypothesen aufgestellt:

1. Einige Event-Reisetypen haben auf Grund ihrer Anforderungen an Reiseangebote ein Interesse daran, ihren geplanten Besuch des Events Internationale Gartenbauausstellung (IGA) 2003 in Rostock mit einer Besichtigung von IGA-Außenstandorten zu verbinden.

2. Durch die Zwischenaufenthalte der Reisenden entstehen ökonomische Vorteile (u.a. mehr Konsum in der Region) und ökologische Nachteile (u.a. erhöhtes Verkehrsaufkommen). Jedoch wird die Nachhaltigkeit der Reisekette durch Integration von umweltfreundlichen Verkehrsmitteln gefördert.

3. Die Eventregion und insbesondere die IGA-Außenstandorte haben durch die hohe Anziehungskraft des Events die Chance, sich als Tourismusdestinationen zu etablieren, so dass sich vermehrt wirtschaftliche und soziale Effekte erzielen lassen und der Tourismusstandort gestärkt wird.

Die im Rahmen des Reisekettenkonzepts vorgesehenen Maßnahmen zielten primär auf die ökologisch verträglichere Gestaltung des Eventverkehrs ab. Gleichzeitig sollte die (regionale) Ökonomie gefördert und das Lebensumfeld der Bewohner entlang der Verkehrswege aufgewertet werden. Das Prinzip der Nachhaltigkeit besagt, dass die ökonomische Dimension mit der ökologischen und sozialen in ein ausgewogenes Verhältnis zu bringen ist. Wie dieses Verhältnis zu definieren und zu bewerten ist, stellt gegenwärtig noch ein weitgehend ungelöstes Problem in der Nachhaltigkeitsdebatte dar. Auf Grund dieser Tatsache ist es kaum möglich, die durch Verkehrswegebau und -nutzung verursachten Umweltkosten und andere negative Faktoren, z. B. volkswirtschaftlicher Schaden durch Stau, gegen die positiven Effekte auf Wirtschaft und Arbeitsplatzangebot abzuwägen.

Der Schwerpunkt der Bewertung des Reisekettenkonzepts ‚Perlen auf dem Weg zum Meer' liegt daher auf der Analyse der eingesetzten Kommunikationsmittel und der durch das Reisekettenkonzept erfolgreich umgesetzten Nachhaltigkeitsmaßnahmen. Die Beurteilung der Nachhaltigkeitseffekte der Reisekette auf die regionale Entwick-

---

[26] Als Experten wurden sechs verantwortliche Vertreter der IGA-Außenstandorte befragt. Die Ergebnisse wurden gestützt durch eine Telefonbefragung von Hotel- und Gaststättenbesitzern in der Eventregion.

lung erfolgt in Form einer qualitativen, verbal-argumentativen Betrachtung. Die Bewertung liefert wichtige Erkenntnisse und mögliche Ansätze zur Weiterentwicklung der Produktidee. Insgesamt wurden folgende Punkte untersucht:

- Erhebung der Besucherstruktur zur Ermittlung der Zielgruppen,
- Ermittlung des Erfolgs und des Misserfolgs der Außenstandorte und deren Gründe,
- Untersuchung der ökonomischen, ökologischen und sozialen Nachhaltigkeit für die Außenstandorte,
- Evaluierung der Wirkungen des Flyers „Perlen auf dem Weg zum Meer".

3.2.5.1 Ergebnisse der Expertenbefragung

Besucherzahlen

Die Besucherzahlen von fünf der sechs Außenstandorte haben sich im Jahr 2003 deutlich erhöht: bei zwei Standorten um ein Drittel gegenüber dem letzten Jahr, ein Standort hat seine Besucherzahlen verdoppelt, ein anderer sogar verzehnfacht. Ein Experte konnte keine genauen Angaben über die Steigerung der Besucherzahlen machen. Der sechste Außenstandort verzeichnete zwar Zuwächse von Gästen durch die IGA, musste aber im Gegenzug auf Besuche der traditionellen Hauptzielgruppe verzichten. Vier der Experten waren der Ansicht, dass der Gästezuwachs in einem direkten Zusammenhang mit der IGA stand. Zwei dieser Experten fügten jedoch noch weitere Gründe für die Zunahme hinzu: Zum einen sind in 2003 die Besucherzahlen in Mecklenburg-Vorpommern insgesamt rapide gestiegen (vgl. Statistisches Landesamt Mecklenburg-Vorpommern 2003), zum anderen wurden die positiven Zuwächse auf eigene neue Marketingaktivitäten und Mundpropaganda zurückgeführt. Weiterhin begründete einer der Experten die Zunahme damit, dass eine konkurrierende Einrichtung seit dem Jahr 2003 Eintritt erhebe, während die eigene weiterhin kostenfrei besucht werden könne.

Zielgruppen und Besucherverhalten

Zielgruppen

Bei der Expertenbefragung kristallisierten sich insgesamt vier Hauptbesucherzielgruppen heraus. Bei der ersten handelt es sich um Senioren über 60 bzw. 65 Jahre. Die zweite Zielgruppe stellen Familien mit Kindern dar. Die dritte Zielgruppe wird von den Interviewten als Individualreisende zwischen 40 und 65 Jahren beschrieben. Die letzte Zielgruppe sind die „special interest"-Touristen (dendrologisch, historisch, gärtnerisch interessierte Menschen aller Altersstufen). Der Reisegruppenanteil lag bei fünf Außenstandorten durchschnittlich bei 10% bis 30%. Nur einer der Außenstandorte wies ein umgekehrtes Verhältnis von Reisegruppen zu Individualbesuchern auf. Drei der Außenstandorte verzeichneten 2003 eine Zunahme der Reisegruppen. Sowohl im Hinblick auf die Altersgruppen, als auch auf die unterschiedlichen Organisationsformen (individuell/ organisiert) lassen sich damit die im Rahmen der Reisekette anvisierten Zielgruppen wiederfinden.

Reisedauer

Um das Spektrum des Angebots besser darzustellen zu können, wurden die Außenstandorte in zwei Gruppen zusammengefasst. Die erste umfasst drei Standorte, an denen Übernachtungsmöglichkeiten angeboten werden. Hier war es möglich, zwischen Tagesausflüglern und Übernachtungsgästen zu differenzieren. Die zweite Gruppe hatte keine Möglichkeiten, ihren Besuchern direkt am Standort Unterkunftsmöglichkeiten zu offerieren, so dass diese Einrichtungen ausschließlich von Tagestouristen besucht werden.

Bei der ersten Gruppe dominierten bei zwei Außenstandorten die Tagesausflügler. Den dritten Außenstandort besuchten durchschnittlich 50% Tagestouristen und 50% (Kurz-) Urlaubsreisende. Bei der zweiten Gruppe ohne Übernachtungsmöglichkeiten überwogen bei zwei Außenstandorten die Tagesausflügler, die von zu Hause anreisten, mit 60% bis 70%. Der dritte Außenstandort hatte einen etwa 20-prozentigen Anteil an Tagesgästen, die von zu Hause kamen; hingegen spielten die Tagesausflügler, die vom Urlaubsort anreisten, eine weitaus größere Rolle.

Herkunft der Gäste

Die Herkunft von Gästen hängt sehr stark von saisonalen Aspekten ab. Jeder der Außenstandorte hat eine spezielle Kernzeit, in der Gäste insbesondere aus den Bundesländern Nordrhein-Westfalen, Schleswig-Holstein, Niedersachsen, Berlin, Bayern und Hamburg sowie aus dem Ausland wie Schweiz, Niederlande, Schweden und Dänemark kommen. Bei den meisten Außenstandorten stellen die Monate Juli und August Besucherschwerpunkte dar. In den anderen Monaten kommen die Besucher erfahrungsgemäß aus der näheren Umgebung. Eine Veränderung der Quellgebiete gegenüber den Vorjahren stellten drei Experten der Außenstandorte fest. Demnach ist sowohl der Anteil an ausländischen Besuchern merklich gestiegen, als auch der Anteil der Gäste aus den an Mecklenburg-Vorpommern angrenzenden Bundesländern, wohingegen die Besucherzahlen aus der Region selbst gleich geblieben sind.

Die Idee, die Reisekette als Mehrtagesreise anzubieten und in die Anreise einen Aufenthalt an Zwischenstationen einzubinden, erweist sich angesichts der häufig weiter entfernten Quellgebiete als sinnvoll und scheint von den Besuchern auch so angenommen zu werden. So wurden nach Aussage der Experten viele der Gäste auf ihren Reisen spontan zu einem Besuch der Außenstandorte animiert. Daraus kann gefolgert werden, dass der Besuch von Events zwar auf Grundlage einer bewussten Entscheidung und Planung erfolgt, speziell der Besuch von Außenstandorten bisher aber bei einer Vielzahl von Reisenden eher spontan umgesetzt wird.

Genutzte Verkehrsmittel

Nach Meinung der Experten nutzten die Gäste der Außenstandorte zur An- und Abreise überwiegend den Pkw. Dabei schwankten die prozentualen Angaben der Einrichtungen zwischen 50% und 90%. Der Reisebus wird als ein weiteres entscheidendes Verkehrsmittel angesehen. Hier differieren die Werte je nach Einrichtung zwischen 8% und 25%. Als drittes wichtiges Verkehrsmittel wurde das Fahrrad genannt. Hier liegen die Anteile im Bereich zwischen 2% und 15%. Bedingt durch die unterschiedliche Anbindung der Standorte an das öffentliche Verkehrsnetz wurden vereinzelt auch die Bahn und der Linienbus genannt. Einen verschwindend geringen Anteil weisen Verkehrsmittel wie Pferdekutsche, Motorrad oder Wohnmobile auf.

Fünf von sechs Befragten der Außenstandorte wiesen darauf hin, dass sich der Anteil an Fahrradfahrern im Jahr 2003 stark erhöht hat. Dies wurde von allen auf den Europaradweg Berlin-Kopenhagen zurückgeführt, der in der Nähe einiger Außenstandorte vorbeiführt. Zwei der Interviewten sagten zudem aus, dass ebenso der Anteil an Reisebussen merklich zunahm. Begründet wurde dies mit dem erhöhten Besucheraufkommen durch die nahegelegene IGA. Des Weiteren wurde angeführt, dass es durch die IGA möglich war, Reiseveranstalter dahingehend zu animieren, die Außenstandorte in ihre Pauschalangebote aufzunehmen.

Auch wenn die hier diskutierte Reisekette ‚Perlen auf dem Weg zum Meer' nicht immer in der hier vorgestellten Form angeboten und vermarktet wurde, bestätigen die Ergebnisse sowohl die Auswahl der anvisierten Zielgruppen als auch die entsprechend vorgesehenen Reiseverkehrsmittel Bus sowie die Kombination Bahn und Fahrrad. Gleichzeitig wird durch das erwähnte hohe Aufkommen an motorisiertem Individualverkehr die Notwendigkeit der Verkehrsverlagerung auf umweltfreundlichere Verkehrsmittel deutlich.

Wirtschaftliche Effekte durch Einbindung der Außenstandorte

Arbeitsplatzeffekte

Nahezu alle Außenstandorte bewegen sich hinsichtlich der Arbeitsplätze in einem stark eingeschränkten Handlungsfeld. Es gibt nur wenige Festangestellte in jeder Einrichtung, der Rest der Angestellten wird jährlich bzw. saisonal über Arbeitsbeschaffungsmaßnahmen oder Strukturanpassungsmaßnahmen des Arbeitsamtes gefördert. Trotz dieser problematischen Situation haben drei der Außenstandorte während der Laufzeit der IGA insgesamt sechs zusätzliche Arbeitskräfte einstellen können. Diese neu geschaffenen Angestelltenverhältnisse waren jedoch alle durch das Arbeitsamt gefördert oder durch eine Stiftung finanziert. Zwei der Außenstandorte konnten die Arbeitsplätze in den Folgejahren nicht weiter finanzieren. Bei einem der Außenstandorte hing die Fortführung des Arbeitsverhältnisses noch von der Zusage einer Förderung ab. Ein weiterer Außenstandort hatte für die Laufzeit der IGA Projektmittel beantragt, die jedoch einschließlich der mitbeantragten Arbeitskräfte nicht bewilligt wurden. Die übrigen zwei Außenstandorte verfügten über einen ausreichenden Stamm an Arbeitskräften, um die zusätzlichen Besucher und Aktivitäten bewältigen zu können.

Zwar konnten langfristig nur geringe Effekte für den (sekundären) Arbeitsmarkt erzielt werden, dennoch ist der Anschubeffekt durch das Event offensichtlich. Um langfristigen Erfolg zu erzielen, wäre es jedoch hilfreich, diese Anschubeffekte zu nutzen und eine Fortführung der Reiseveranstalter-Angebote in Zusammenarbeit mit den touristischen Einrichtungen in der Region anzustreben.

Monetäre Effekte

Vier der IGA-Außenstandorte erzielten während der Laufzeit der IGA einen erhöhten Umsatz. Dies wurde mit einer Ausnahme auf ihren Status als offizieller „IGA-Außenstandort" zurückgeführt. Die Umsatzsteigerungen wurden über Eintrittsgelder (u.a. auch für Führungen), Souvenirshops, Cafés und Übernachtungen erwirtschaftet, sie gestalteten sich jedoch je nach Außenstandort sehr unterschiedlich. So konnten an einigen Außenstandorten bis zu 25 % Umsatzerhöhungen erzielt werden. Die Befragten zweifelten jedoch daran, dass diese Umsätze auch in den Folgejahren gehalten werden können. Für strukturelle Maßnahmen oder kulturelle Veranstaltungen gab es im Zusammenhang mit der IGA keine zusätzlichen finanziellen Mittel. Jedoch bestätigten drei Außenstandorte, dass das Event IGA Rostock 2003 für die Bewilligung der verschiedensten beantragten Mittel förderlich war. Langfristiges Ziel sollte es auch hier sein, durch eine dauerhafte Zusammenarbeit von Reiseveranstaltern und regionalen Anbietern auch künftig vom einmal erworbenen Image als „IGA-Standort" zu profitieren.

Kooperationen der Außenstandorte

Die existierenden Kooperationen der Außenstandorte mit anderen touristischen Anbietern waren vor der IGA-Laufzeit meist auf das regionale Umfeld des jeweiligen Standortes beschränkt. Mit der durch das IGA-Außenstandorte-Konzept geförderten Kooperation erfolgte erstmalig eine räumliche und inhaltliche Ausdehnung. Eine wichtiger Schritt der Zusammenarbeit wurde durch das Forschungsprojekt EVENTS initiiert. Gemeinsam mit der IGA und dem Forschungsprojekt wurde eine Kooperationsveranstaltung mit dem Ziel der Vernetzung durchgeführt. Darüber trug die Entwicklung des Flyers „Perlen auf dem Weg zum Meer", an der sechs Außenstandorte beteiligt waren, und die daraus resultierende Entwicklung gemeinsamer Produktideen entscheidend zur Erweiterung der Kooperationsbeziehungen bei. Die entstandene Zusammenarbeit wurde von den einzelnen Außenstandorten als sehr sinnvoll und effektiv bezeichnet. Auch wenn die Arbeitsplatzeffekte und ökonomischen Zuwächse durch zusätzliche Besucher zunächst nur auf die Laufzeit der IGA beschränkt blieben, so kommen den Akteuren die durch die Kooperationen erzielten positiven Effekte auch langfristig zugute.

So hat sich zum einen nach Aussage der Experten *„der Bekanntenkreis Gleichgesinnter vergrößert", „die wie eine Familie zusammengewachsen sind"*. Zum anderen wurde kritisch angemerkt, dass *„nach der Wende alle Konkurrenten untereinander"* waren, die mit dem jetzigen Projekt erkannt haben, dass *„jeder nur gemeinsam mit den anderen die Touristen erreichen kann"* (Müller 2003:22). Aus diesem Grund haben die meisten Außenstandorte im Zuge der IGA Rostock 2003 weitere Kooperationspartner hinzugewonnen, bzw. wollen auch ähnliche Formen der Kooperation wie die im Rahmen von ‚Perlen auf dem Weg zum Meer' unter einer speziellen Thematik weiter ausbauen. *„Was bleibt, sind die vielen Kontakte, die mit Gartenexperten, Parkgestaltern oder Vertretern ähnlicher Einrichtungen geknüpft wurden"*. Für die Zukunft wurde von allen Experten eindeutig herausgestellt, dass die Kooperationen erhalten bleiben, vertieft und ggf. sogar erweitert werden sollten. Einer der Interviewten sagte aus, dass das *„Netzwerk noch Potenzial birgt"* und das *„Konkurrenzdenken weiter abgebaut werden muss"*. Drei der Experten sahen vor, das Außenstandortekonzept in das Vorhaben der BUGA 2009 Schwerin zu integrieren. Zudem wurde angestrebt, über eine geförderte Arbeitsstelle das Netzwerk weiter zu erhalten und zu koordinieren (Müller 2003:22).

Ökologische Effekte des Außenstandortes

Eine genaue Bewertung der aus dem touristischen Verkehr resultierenden Umwelteffekte ist an dieser Stelle kaum möglich. Dazu wären zum einen detailliertere Angaben zu den Gesamtbesucherzahlen und zur Verkehrsmittelnutzung erforderlich, zum anderen wären eindeutige Angaben zu den Quell- und Zielorten notwendig. Diese Daten konnten im Rahmen des Forschungsprojekts in dieser Form jedoch nicht erhoben werden. Daher ist diesbezüglich lediglich eine qualitative Beurteilung möglich.

Festzustellen ist, dass sich das Besucheraufkommen und damit das Verkehrsaufkommen in der Region, aber auch die dadurch bedingten negativen Auswirkungen auf die Umwelt durch die zusätzlichen Besucher erhöht hat. Positiv zu vermerken ist dabei, dass trotz des hohen Pkw-Anteils bei den Besuchern auch der Anteil an Reisebussen und insbesondere der Anteil der Fahrradfahrer im Vergleich zu den Vorjahren gestiegen ist. Auch der Einsatz des IGA-Express als temporäres Bahn-Angebot ist als gutes Beispiel für ein nachhaltiges Verkehrsangebot anzuführen, auch wenn durch die Experten nicht genau eingeschätzt werden konnte, wie viele Besucher zum Umsteigen auf dieses Verkehrsmittel bewegt werden konnten. Hier lässt sich an die Reisekettenbeispiele der Busreise bzw. der kombinierten Bahn-/ Radreise anknüpfen, die bei einer stärkeren Vermarktung voraussichtlich ebenfalls dazu beigetragen hätten, den touristischen Verkehr auf umweltfreundlichere Verkehrsmittel zu verlagern und gleichzeitig positive ökonomische Effekte in der Region zu erzielen. In diesem Zusammenhang lässt sich insbesondere die Integration erlebnisorientierter Fortbewegungsmöglichkeiten, die als Anreiz für einen Umstieg genutzt werden kann, anführen. So sind die von einem Außenstandort zusätzlich eingesetzten Pferdekutschen ein direkter Beleg für ökologische Effekte an den Außenstandorten. Mit der Kutsche erfolgte der Transport der Reisenden von Hotels oder anderen touristischen Leistungsanbietern zu dem Außenstandort. Durch die hohe Nutzungsfrequenz dieses alternativen Verkehrsmittels kann zumindest in minimalem Umfang eine positive Ökobilanz gezogen werden.

Zusammenfassend kann konstatiert werden, dass die Verantwortlichen der Außenstandorte durch den Besuchermagneten IGA dazu angeregt wurden, *„neue konzeptionelle Ideen"* zu entwickeln und auch umzusetzen. Laut einem Experten sind einige dieser Ideen *„wieder in der Schublade gelandet"*, aber es besteht die Hoffnung, dass dennoch einige *„zukünftig umgesetzt werden"*. Damit wurden nicht nur im Kontext mit des Events neue Angebote für die Zukunft entwickelt und umgesetzt, sondern es wurde auch *„das eigene Konzept* [des jeweiligen Außenstandortes] *neu durchdacht"* und damit Voraussetzungen für ein verbessertes Angebot geschaffen (Müller 2003:22)

Image der Region

Image der Region durch die Wirkung der IGA

Durch die IGA erfolgte nach Aussage der Experten ein Imagegewinn für die gesamte Region. Begründet wird dies damit, dass dieses Event, im Gegensatz zur EXPO in Hannover, *„direkter mit der Region in Kontakt gekommen"* ist. Des Weiteren unterlegten zwei der Interviewten das durch die IGA erweiterte positive Bild mit der Aussage, dass der Imagetransfer durch die IGA-seitige Vermarktung entscheidend war und dass dadurch *„die Region in den Mittelpunkt gerückt wurde"*. Zusätzlich wurde als Grund für den Imagegewinn angeführt, dass die IGA als Event an sich als Erfolg beurteilt wurde. In diesem Zusammenhang wurde insbesondere darauf hingewiesen, dass vor Beginn der IGA *„die Menschen skeptisch waren"*, es wurde den Veranstaltern nicht zugetraut, dass die IGA *„wirklich ein gutes Produkt wird"*. Dass dies dennoch geklappt hat, *„darauf sind die Bewohner von Mecklenburg-Vorpommern stolz"* (ebd.:23).

Image der Region durch die Wirkung der Außenstandorte

Hinsichtlich der Frage, wie sich das Image der Region durch das Außenstandorte-Konzept verändert hat, bestehen unterschiedliche Experten-Meinungen. Vier sagten aus, dass die Etablierung der Außenstandorte positive Wirkungen auf das Bild der Region ausgeübt bzw. das bereits bestehende positive Image unterstrichen habe. Ein Experte äußerte sich hinsichtlich dieser Frage kritisch, da aus der Idee *„nicht alles rausgeholt wurde"* und es kein *„Geld für eine stärkere Entwicklung"* gab. Weitere Argumente der Experten für die positiven Effekte auf das Image waren, dass auch *„Leute für die Region sensibilisiert wurden, die diese vorher nicht gekannt haben"*, dass somit der Bekanntheitsgrad in und außerhalb von Mecklenburg-Vorpommern gewachsen ist, dass das touristische Angebot erweitert wurde und dass schließlich der Imagetransfer gemeinsam mit der IGA eine ausschlaggebende Wirkung hatte.

Aus der insgesamt positiven Resonanz kann abgeleitet werden, dass sich das Bild der Region sowohl nach außen als auch nach innen verbessert hat. Dies ist für die auch weiterhin bestehenden IGA-Außenstandorte im Hinblick auf ihre Marketingaktivitäten, d.h. Werbung von Besuchern und Vermarktung von Produkten, von großer Bedeutung. Gleichzeitig erhöhten sich auch die Chancen mit Reiseveranstaltern zu kooperieren.

Bildung und soziales Lernen in der Region

Nach der Angabe eines Experten hatte die Etablierung der Außenstandorte den zusätzlichen Nebeneffekt, dass der Bildungshorizont im Land Mecklenburg-Vorpommern sowohl bei den touristischen Anbietern als auch bei der Bevölkerung erweitert wurde. Dies ist unter anderem darauf zurück zu führen, dass sich Unternehmen wie Bewohner bewusst auch die Gäste einstellen mussten und zum Teil auf die Knüpfung von Netzwerken angewiesen waren.

Bewertung der Kommunikationsmittel der Außenstandorte

Insgesamt wurden zur Vermarktung der Außenstandorte unterschiedliche Kommunikationsmittel eingesetzt, darunter die Präsentation innerhalb des Internetauftritts der IGA, der Werbeflyer „Perlen auf dem Weg zum Meer" (deutsch/ englisch) sowie Werbetafeln an den Ortseingangsschildern. Hinzu kam die Werbung bzw. die kontinuierliche Berichterstattung durch die Presse und die Medien. Die Selbstvermarktung der eigenen Standorte wurde von der Mehrheit der Experten als Basis angesehen, um Touristen für den Besuch ihrer Einrichtung zu werben. Hier wurde von drei der sechs befragten Außenstandorte-Vertretern betont, dass das erfolgreichste Kommunikationsmittel die Mundpropaganda (Berichte durch Freunde, Verwandte und Bekannte) ist.

Als besonders erfolgreich bewerteten die Experten die Schilder an den Ortseingängen und den Flyer „Perlen auf dem Weg zum Meer". Vier der Interviewpartner benannten die Schilder auf Platz eins, einer der Experten auf Platz zwei. Sie sagten aus, dass viele der Besucher beim Vorbeifahren diese Schilder gesehen haben und davon angeregt wurden, sich den Außenstandort anzusehen. Daran wird zum einen deutlich, dass die Standorte den vorbei Fahrenden zuvor nicht bekannt waren, d.h. dass sie insgesamt nicht ausreichend vermarktet wurden. Zum anderen lässt sich daran der Bedarf erkennen, unterwegs (spontan) Zwischenstationen einzulegen und neue, am Wegesrand liegende Attraktionen entdecken zu können. Die Grundidee der Reisekette ‚Perlen auf dem Weg zum Meer' wird damit bestätigt.

Der Flyer „Perlen auf dem Weg zum Meer" wurde unter der Koordination des Forschungsprojekts EVENTS gemeinsam von den beteiligten Außenstandorten entwickelt und stellt ein erstes Ergebnis der Zusammenarbeit im Rahmen eines neu gegründeten Netzwerkes dar. Bei der Gestaltung der Broschüre wurde Wert darauf gelegt, Besucher dazu zu animieren, alle darin werbenden Außenstandorte zu besichtigen. Diesbezüglich wurde von den Experten unterstrichen, dass für die kleinen

Standorte insbesondere die englischsprachige Broschüre von Vorteil gewesen sei, da sie selbst keine fremdsprachigen Broschüren herstellen (können). Somit konnten auch verstärkt Touristen aus dem Ausland erfolgreich beworben werden. Auf Anregung des Projekts wurden auch explizit Hinweise zu den Anreisemöglichkeiten mit Bahn, ÖPNV und Fahrrad gegeben, sowie Möglichkeiten zur Fahrradausleihe aufgezeigt (siehe Abbildung 17). Dieses Kommunikationsmittel erhielt von den Experten zwei Mal den ersten Platz und zwei Mal den zweiten Platz in der Bewertung. Als ein vergleichsweise kurzfristig wirkendes Kommunikationsmittel wurde von den Experten die Presse- bzw. Medienarbeit eingestuft. So waren jeweils nach Berichterstattungen große Besucherströme zu verzeichnen, die aber schnell wieder abebbten. Das Internet bezeichneten nur zwei der Interviewten als effektives Werbemittel, für die anderen schien es hinsichtlich der Besucherzuwächse keine Bedeutung zu haben. Der Pavillon für die Präsentation der Außenstandorte auf dem IGA-Gelände wurde als wenig erfolgreiches Werbemedium eingestuft. Begründet wurde dies damit, dass der Standort des Pavillons auf dem Gelände schlecht platziert war und dadurch von den Gästen der Gartenschau nur selten besucht wurde[27].

Bei der Beurteilung der Kommunikationsmittel wird wiederum deutlich, dass sich der Aufbau von Kooperationsnetzwerken lohnt. Durch die gemeinsame Vermarktung ließen sich auf Grund der größeren Streuung sowohl insgesamt mehr potenzielle Besucher erreichen als auch die finanziellen Mittel bündeln und damit ein höherer Werbeeffekt bei gleich hohem Budget realisieren.

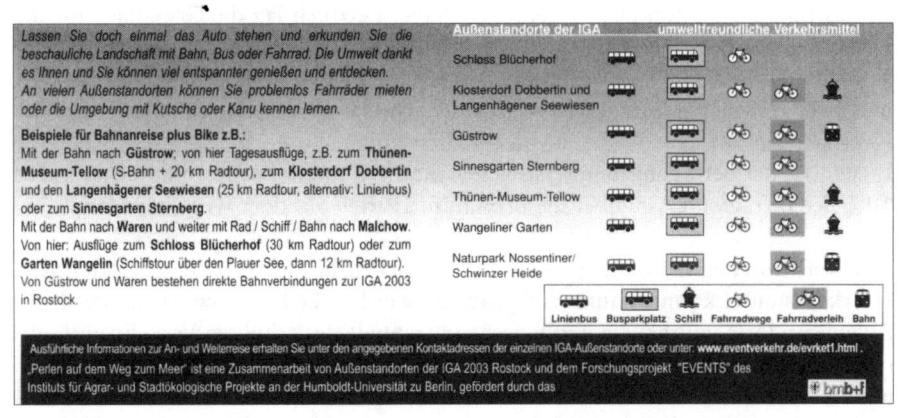

Abbildung 17: **Marketingflyer ‚Perlen auf dem Weg zum Meer' An- und Abreisemöglichkeiten**
Quelle: Eigene Darstellung

---

[27] Laut eines Experten besuchten 50.000 Gäste den Pavillon auf dem IGA-Gelände. Die IGA verzeichnete insgesamt 2,6 Millionen Gäste. Damit liegt der Besucheranteil des Pavillons bei knapp 2% der Besucher der IGA.

3.2.5.2 Effekte aus der Reisekette ‚Perlen auf dem Weg zum Meer'

Obwohl die Reisekette ‚Perlen auf dem Weg zum Meer' nicht immer in der vorgeschlagenen Form als Busreise bzw. als kombinierte Bahn-/ Radreise durchgeführt und vermarktet wurde, lassen sich anhand der Befragung an den IGA-Außenstandorten, die als Zwischenstationen in die Konzepte eingeplant wurden, eine Reihe von positiven Effekten feststellen, die allein durch die Integration solcher Standorte in Reiseangebote erreicht werden können:

Der Aufbau und die Stärkung von Kooperationen und Netzwerken ist der entscheidendste und auch zukünftig wirksamste Effekt, der mit dem Reisekettenprojekt erzielt worden ist. Die damit verbundenen Aspekte der sozialen und ökonomischen Dimension der Nachhaltigkeit tragen langfristig zur Förderung einer nachhaltigen Regionalentwicklung durch den Tourismus bei. Ein weiterer Effekt aus den Reisekettenkonzepten ergibt sich aus der grundlegenden Überarbeitung und damit der Qualitätsverbesserung der an den Außenstandorten bestehenden Angebote. So wurden im Zuge der IGA neue Produktideen entwickelt und umgesetzt und auch eine Reihe von thematisch eingebundenen Veranstaltungen durchgeführt. In diesem Zusammenhang kann positiv herausgestellt werden, dass diese Angebote größtenteils auch zukünftig weiterbestehen werden. Die Qualitätsverbesserung der Angebote wird auch durch eine Gästebefragung bestätigt, bei der Ende September 2003 die anwesenden Gäste der Außenstandorte Wangeliner Garten und Schloss Blücherhof in persönlich-mündlichen Interviews mit Hilfe eines standardisierten Fragebogens befragt wurden[28]. Über die Hälfte der befragten Besucher sagte aus, dass sich für sie das Bild der Region positiv verändert habe. Letztlich lag die Grundlage für die Erhöhung der Besucherzahlen, für die ökonomischen Erfolge und für ein positiv gewachsenes Image in einem effektiven Einsatz der Kommunikationsmittel der IGA und ihrer Außenstandorte. Dabei waren die Schilder an den Ortseingängen und der Flyer „Perlen auf dem Weg zum Meer" die erfolgreichsten Werbemittel. Auch die Ergebnisse der Befragungen unterstreichen dieses Resultat. So informierten sich über 10% der befragten Gäste über die Broschüre „Perlen auf dem Weg zum Meer".

Eine Verbesserung der ökologischen Nachhaltigkeit hinsichtlich der genutzten Reiseverkehrsmittel konnte kaum nachgewiesen werden. Lediglich bei einem der IGA-Außenstandorte wurden die ökologischen Nachteile des erhöhten Verkehrsaufkommens durch den Einsatz eines umweltfreundlichen Verkehrsmittels (Pferdekutschen) minimiert. Die nicht-Nachweisbarkeit ökologischer Effekte ist zunächst darauf zurückzuführen, dass diesbezüglich keine Erhebungen durchgeführt wurden. Es kann hier nur vermutet werden, dass durch die Tatsache, dass keine attraktiven Alternativen zur Pkw-Anreise bestanden bzw. vorhandene Möglichkeiten nicht ausreichend kommuniziert wurden, eher negative ökologische Auswirkungen die Folge waren.

---

28 Auf Grund der zu diesem späten Zeitpunkt sehr geringen Besucherzahl an beiden Außenstandorten (nach Ende der IGA-Laufzeit/ außerhalb der Ferien) konnte nur eine nicht-repräsentative Stichprobe von n = 44 erhoben werden, weshalb hier nicht näher auf diese Erhebung eingegangen wird.

3.2 Reiseketten

Positiv kann in diesem Zusammenhang jedoch vermerkt werden, dass sowohl die Zahl der Besucher mit Reisebussen als auch die Zahl der Fahrradfahrer deutlich angestiegen ist. Hier können eine attraktive Gestaltung und konsequente Vermarktung zur Nutzung umweltfreundlicher Verkehrsmittel zu weiteren Steigerungen führen.

Zusammenfassend führte das Konzept der Reisekette ‚Perlen auf dem Weg zum Meer' und die darin vorgesehene Einbindung der IGA-Außenstandorte zu folgenden Effekten:

- Gemeinsame Gestaltung und erfolgreicher Einsatz von Kommunikationsmitteln,
- Steigerung der Besucherzahlen (vorläufig kurzfristige Wirkung),
- Erhöhung der ökonomischen Effekte (vorerst kurzfristiger Effekt),
- positive Veränderung des Images (mittelfristiger Effekt),
- Entwicklung von Kooperationen und Netzwerken (langfristiger Effekt) und
- dauerhafte Erweiterung des Angebotes (langfristige Wirkung).

Von den Experten gab es eine Reihe von Verbesserungsvorschlägen, die bei ähnlichen Projekten in der Zukunft Beachtung finden sollten. Diese umfassten folgende Bereiche (vgl. Müller 2003:22):

Tabelle 71: **Kriterien für die Kooperation von Außenstandorten und Event**

Langfristigere Planung und früherer Einsatz der Kommunikationsmittel
Die Planung und Umsetzung der Außenstandort-Konzepte muss „langfristiger begonnen und zielstrebiger verfolgt werden". Auf Grund des Zeitverzugs wurden z.B. „Schilder zu spät an den Ortseingängen angebracht" und die Außenstandorte zeitlich verzögert an Marketingkampagnen der IGA beteiligt.
Eindeutigere Qualitätskriterien und räumliche Eingrenzung
Es sollten „zukünftig Kriterien für die Außenstandorte angelegt werden, da die Außenstandorte sehr unterschiedlich und zum Teil noch nicht präsentationsbereit waren". Weiterhin wurde nach Ansicht der Experten „der Umkreis der Außenstandorte zu weit gesteckt, weil der Aufenthalt der Gäste zu kurz war". Um vor oder nach einem Besuch der IGA die zum Teil weit entfernten Außenstandorte zu erkunden, blieb somit häufig zu wenig Zeit.
Engere Zusammenarbeit und Einbindung touristischer Anbieter
Obwohl die Kooperation zwischen den Außenstandorten und den Mitarbeitern der IGA von den Experten als gut eingestuft wurde, plädierten sie für eine noch „engere Zusammenarbeit" und „mehr Kommunikation" untereinander sowie für mehr gemeinsame Aktivitäten. Zudem sollten touristische Anbieter stärker in die Kooperation eingebunden werden. Dies wurde mit folgender Aussage unterlegt: „Das Netzwerk birgt noch Potenzial, das Konkurrenzdenken muss weiter abgebaut werden".
Einführung eines Kombitickets Event – Außenstandorte
Ein weiteres Problem lag nach Ansicht einiger Interviewten darin, dass die Besucher für einige Außenstandorte zusätzlich Eintritt bezahlen mussten. Die Gäste nahmen jedoch an, dass die IGA-Eintrittskarte zugleich als Ticket für den jeweiligen Außenstandort galt. Um dies zu vermeiden, sollte entweder „ein Kombiticket für die IGA und eine bestimmte Anzahl an Außenstandorten" offeriert oder die Notwendigkeit zusätzlicher Ausgaben für den Event-Besucher kommuniziert werden.

Quelle: Eigene Darstellung

3 Handlungskonzept: Entwicklung nachhaltiger Mobilitätskonzepte im Tourismus

Insgesamt bieten die Erfahrungen mit der Entwicklung und testweisen Umsetzung der Reiseketten eine Reihe von wertvollen Hinweisen für die Gestaltung von Reiseangeboten. Sie zeigen jedoch gleichzeitig mögliche Defizite, die sich aus ungenügender und nicht rechtzeitiger Kommunikation und Kooperation ergeben. Ein wesentliches Hemmnis stellte im konkreten Beispiel der IGA-Außenstandorte das Fehlen eines Initiators zur Vernetzung und gemeinsamen Entwicklung von Angeboten dar. Im Falle der Reisekette ‚Perlen auf dem Weg zum Meer' wurde diese Rolle teilweise durch die Forschungsarbeit des Projekts EVENTS ausgefüllt. Im Prinzip sollte diese Aufgabe jedoch von zentralen touristischen Akteuren wie z.B. Reiseveranstaltern oder Tourismusorganisationen, in Zusammenarbeit mit Verkehrsunternehmen und weiteren Akteuren vor Ort, übernommen werden.

Wie aus der Evaluierung der Beispielreiseketten deutlich wird, ist eine Analyse der Kooperations- und Kommunikationsstrukturen für die erfolgreiche Zusammenarbeit bei der Entwicklung von Reiseketten unumgänglich. Daher werden nachfolgend die in Zusammenhang mit dem Event IGA Rostock 2003 stehenden Akteursbeziehungen dargestellt und Potenziale und Hemmnisse aufgezeigt.

3.2.6 Netzwerkbildung: Analyse der Kooperations- und Kommunikationsstrukturen

Für die Planung und Umsetzung von Reiseketten spielen unterschiedliche Akteure aus den Bereichen Tourismus und Verkehr eine zentrale Rolle. In den Aufbau von Netzwerken ist daher zwangsläufig eine Vielzahl potenzieller Akteure wie z.B. Reiseveranstalter, Anbieter von Mobilitätsdienstleistungen, Tourismusdestination, Anbieter von Unterkünften, Gastronomie Servicepersonal etc. involviert. Bei der Umsetzung von Reisekettenkonzepten ist demzufolge ein hohes Maß an Kooperationswillen und Koordinationsfähigkeiten erforderlich. Im Rahmen des EVENTS-Projekts wurde die große Bedeutung der Kooperation erkannt. Ein Ziel des Forschungsprojektes war es, als unabhängige und als interessenneutral wirkende wissenschaftliche Institution die zur Gestaltung von attraktiven Reisekettenkonzepten wichtigsten Akteure zusammen zu bringen und zu vernetzen.

Basierend auf den Erkenntnissen, die im Rahmen des Forschungsprojekts EVENTS bei der Entwicklung und Initiierung der Reisekette ‚Perlen auf dem Weg zum Meer' gewonnen wurden, erfolgt die Darstellung der relevanten Akteure sowie ihrer Kooperationsbeziehungen und Kommunikationsstrukturen.

3.2.6.1 Potenzielle Kooperationspartner zur Entwicklung der Reisekette
Bei der Entwicklung von Angeboten wie die Reisekette ‚Perlen auf dem Weg zum Meer' können unterschiedliche Reise-Organisationsformen angestrebt werden. Wie in der Beispieldarstellung beschrieben, kann die Reise etwa in Form einer kom-

plett organisierten Busreise, d.h. inklusive Besichtigungen und weiteren Aktivitäten (Schiffs-, Kanutouren, Draisinefahrten), Übernachtung und Eventbesuch als Paket von Reiseveranstaltern vermarktet werden. Die einzelnen Teile lassen sich jedoch ebenso als einzelne Reisebausteine vermarkten, so dass den Reisenden die Kombination ihrer zu nutzenden Reiseverkehrsmittel (Bahn, ÖPNV, Fahrrad, Schiff, Kanu, Kutsche, etc.) sowie die Wahl der zu besuchenden Zwischenziele und Unterkünfte in der Kombination frei gestellt wird.

Je nach Struktur des zu gestaltenden Angebots müssen dabei unterschiedliche Akteure in das Kooperationsnetzwerk eingebunden werden. Für die Reisekette ‚Perlen auf dem Weg zum Meer' wurden folgende zentrale Partner als für das Netzwerk wichtig identifiziert:

Tabelle 72: **Kooperationsnetzwerk für die Reisekette ‚Perlen auf dem Weg zum Meer'**

Akteursgruppe	Einzelakteure
Hauptakteure	- Reiseveranstalter (Busunternehmen, Tourismus GmbH in der Region)
Wichtigste Kooperationspartner	- Eventveranstalter (IGA Rostock 2003) - Vertreter von Sehenswürdigkeiten und touristischen Attraktionen (IGA-Außenstandorte) - Verkehrsunternehmen (Verkehrsverbund), Deutsche Bahn/ andere Privatbahnen, Busreiseunternehmen, Schifffahrtsunternehmen bzw. Fährbetriebe, Taxi) - Andere Mobilitätsdienstleister (Velotaxi, Fahrradverleih, Car-sharing-Unternehmen, Autovermietungen, Veranstalter von Kutschen- und Kanutouren, etc.)
Weitere wichtige Partner im Netzwerk	- Beherbergungsbetriebe und Gastronomie (im Umfeld der IGA / der IGA-Außenstandorte) - Lokale / regionale Tourismusorganisationen - Interessenvertreter ‚nachhaltige Tourismusentwicklung' (Lokale-Agenda-21-Gruppen) - Sonstige: Medien, Personal- und Servicedienstleister, etc.

Quelle: Eigene Darstellung

Im Folgenden werden am Beispiel der Erfahrungen mit der Umsetzung der Reisekette ‚Perlen auf dem Weg zum Meer' diese relevanten Akteure in ihren Rollen beschrieben und mögliche Aufgaben benannt. In diesem Zusammenhang werden die Potenziale und Defizite sowie die zur Vermarktung von Reiseangeboten wichtigen Kommunikationsstrukturen analysiert.

3.2.6.2 Analyse von Kooperations- und Kommunikationsstrukturen

Grundlegend für den Erfolg der Reisekette ist die Stimulierung der Nachfrage potenzieller Kunden durch gezielte Informationsvermittlung und professionelles Produktmarketing. Die Vermarktungsaktivitäten können über die gezielte Öffentlichkeitsarbeit, in diesem Fall zu Anreisealternativen anstelle der Pkw-Nutzung, durch attraktive Pauschalangebote von Reiseanbietern oder einen Marketing-Zusammenschluss verschiedener Anbieter innerhalb der Reisekette (z.B. Außenstandorte, Tourismusorganisationen, Verkehrsunternehmen) durchgeführt werden. Soll die Nutzung umweltfreundlicher An- und Abreise-Alternativen gefördert werden, müssen gerade im Hinblick auf die Informationsvermittlung Hin- und Rückreise sowie eventuelle (Zwischen-) Aufenthalte eng mit dem eigentlichen Reiseziel verknüpft und diese gemeinsam vermarktet werden.

Wie die Erfahrungen bei der Umsetzung von Reiseketten im Rahmen des Forschungsprojekts zeigen, bestehen zwar häufig bilaterale Kooperationen zwischen einzelnen Akteuren, beispielsweise zwischen einigen IGA-Außenstandorten und Unterkünften oder Gaststätten. Netzwerke hingegen sind nur selben vorzufinden. Ein weiteres substanzielles Defizit bei der Entwicklung und Umsetzung von Reiseketten ist darüber hinaus die zumeist fehlende Integration vorhandener Bausteine in das Gesamtpaket, z.B. von Reiseveranstaltern. Da zur Vermarktung einzelner Standorte die eigene Kraft meist nicht ausreicht, bietet sich die Zusammenarbeit mit Reiseveranstaltern jedoch sehr an. Denn diesen fehlt oftmals die genaue Kenntnis über die Situation und die nutzbaren touristischen Potenziale vor Ort, so dass sich hier lokale Anbieter und Veranstalter optimal ergänzen können. Die Entwicklung von Reiseketten kann hier helfen, kleinere und mittlere Unternehmen aus der betreffenden Region, die mit den lokalen wie regionalen Gegebenheiten vertraut sind, in die Angebotsentwicklung größerer Reiseveranstalter einzubinden.

Beispiel: Reisekette ‚Perlen auf dem Weg zum Meer'
Bei der Umsetzung des Beispiels „Busreise" fand die Entwicklung von Angeboten zum einen durch einen Berliner Busreiseveranstalter und zum anderen durch eine an den regionalen Tourismusverband angegliederte Tourismus-GmbH in der Region statt. Das Forschungsprojekt EVENTS wirkte dabei zunächst als Ideengeber und Initiator. Bei den Akteuren wurde deutlich, dass auf Seiten des Busreiseveranstalters Kontakte zu Standorten in der Region fehlten bzw. keine Kenntnisse über mögliche Ziele für Zwischenstopps vorhanden waren. Die Anregung, IGA-Außenstandorte in die Anreise zum Event aufzunehmen, wurde gerne angenommen. Auf Seiten des regionalen Kooperationspartners, der über gute Ortskenntnisse sowie Beziehungen in der Region verfügt und vor allem den Aufenthalt in der Region anbietet, fehlte der Kontakt zu größeren Veranstaltern in Quellgebieten. An diesen Beispielen zeigt sich die Notwendigkeit der Kooperation beim Aufbau von Angeboten.

Hauptakteure (Initiatoren): Reiseveranstalter/ Tourismusorganisationen
Da die Entwicklung komplexer Reiseketten und die dafür erforderliche Netzwerk-Bildung zunächst Mehraufwand erfordert, muss zunächst die Frage geklärt werden, von wem bzw. welcher Institution innerhalb eines Kooperationsnetzes die Initiative ausgehen und damit entsprechend die Verantwortung sowie die Koordination der Vernetzung vor Ort übernommen werden soll. Im Beispiel des Akteursnetzwerks IGA-Rostock wurde diese Aufgabe beim regionalen Tourismusverband gesehen, da es zu seinem originären Auftrag gehört, die Region zu vermarkten und den Tourismus zu stärken.

Soll dagegen eine Reisekette wie ‚Perlen auf dem Weg zum Meer' als Pauschalangebot entwickelt und vermarktet werden, liegt die Verantwortung und wesentliche Initiative bei dem entsprechenden Veranstalter. Dabei sind unterschiedliche Varianten denkbar: Entweder übernimmt ein örtlicher Reiseveranstalter aus der Eventregion die Entwicklung und Umsetzung von Reiseketten oder größere, ortsfremde Reiseveranstalter suchen die Zusammenarbeit mit regionalen touristischen Akteuren, um gemeinsam Angebote zu entwickeln. In jedem Fall können die regionalen Partner ihre Kenntnisse über die Region und ihre bestehenden Kontakte vor Ort nutzen, während die Partner in den Quellregionen auf ihr größeres Kundenpotenzial zurückgreifen können, um das Produkt zu vermarkten.

Das wesentliche Potenzial der Kooperation besteht somit für Reiseveranstalter in der künftigen Nutzung eines zuverlässigen Netzwerkes, auf das dauerhaft zurückgegriffen werden kann. Dieses Netzwerk bietet ein Forum für den gegenseitigen Austausch und die gemeinsame Entwicklung von Ideen für innovative Reiseketten-Angebote. Durch die langfristige Zusammenarbeit können gegenseitig bessere Konditionen gewährt sowie die Qualität der Produkte gesichert werden.

Wichtigste Kooperationspartner (Beispiele)
Im Beispiel der Reisekette ‚Perlen auf dem Weg zum Meer' zählen zu den wichtigsten Kooperationspartnern des Hauptakteurs: der Eventveranstalter (IGA), lokale oder regionale Tourismusorganisationen, die IGA-Außenstandorte sowie Verkehrsunternehmen und andere Mobilitätsdienstleister. Ebenfalls eine zentrale Rolle spielen Unterkünfte und Gastronomie, Interessenvertreter der nachhaltigen Tourismusentwicklung sowie Personal- und Servicedienstleistung (siehe Tabelle 73).

Tabelle 73: **Kooperationsbeziehungen der Reiseveranstalter (Hauptakteure) bei der Reisekette ‚Perlen auf dem Weg zum Meer'**

Aufgaben	Kontaktaufnahme mit potenziellen Partnern und Koordination der Vernetzung (Aufbau und Pflege der Kommunikationsstrukturen)
Reiseveranstalter	Sind Reiseveranstalter bzw. Tourismusorganisationen die Initiatoren für die Entwicklung einer Reisekette, wird von ihnen auch die Kontaktaufnahme mit potenziellen Kooperationspartnern bzw. die Koordination der Vernetzung übernommen. Auf diese Weise kann die Auswahl der einzubindenden Akteure bestimmt und die Qualität des Produktes sichergestellt werden.
Kooperationspartner	**Potenziale der Kooperation**
Eventveranstalter:	Zählen zu den wichtigsten Kooperationspartnern, da das Event das Hauptziel der Reise ist. Das Event IGA Rostock 2003 stellte beispielsweise einen starken Entschlussauslöser, d.h. Anreiz zur Buchung einer Reise dar, verfügte zudem über ein entsprechendes Marketingpotenzial und sicherte die nationale und internationale Medienpräsenz, die wiederum Reiseveranstaltern nutzen konnten. Die Eventveranstalter liefern für Reiseveranstalter notwendige Informationen über das Event und bieten ihnen meist günstige Konditionen und Vertriebspartnerschaften an.
Kooperationspartner	**Potenziale der Kooperation**
IGA-Außenstandorte (bzw. sonstige touristische Ziele):	Stellen Informationen über den Standort und die Region bereit und verfügen über Kontakte zu Partnern vor Ort. Sie sind eine wichtige Schnittstelle, insbesondere im Hinblick auf die detaillierte Information über An- und Abreisemöglichkeiten sowie die Mobilität vor Ort. Zudem besteht die Möglichkeit der Vermittlung von Kontakten zum Hotel- und Gaststättengewerbe. Am Beispiel der Reisekette ‚Perlen auf dem Weg zum Meer' wurden IGA-Außenstandorte bei Tagesfahrten mit dem Bus thematisch zum Event IGA passende Zwischenstationen in die Anreise integriert. Von einem Reiseveranstalter in der Region wurde gemeinsam mit einigen Außenstandorten ein Rundreisekonzept erstellt, das auch sämtliche Transfers einschloss.
Verkehrsunternehmen:	Kennen die zur Verfügung stehenden Möglichkeiten zur Gestaltung der An- und Abreise, die sie – nach vorheriger Auswahl der Zielgruppen – in die gemeinsame Entwicklung zielgruppenorientierter Reiseketten einfließen lassen können. Im Rahmen dieser Zusammenarbeit können ebenfalls günstige Konditionen für Reiseveranstalter bzw. für Reisende angeboten werden. Die Kooperation mit Verkehrsunternehmen zählt zu den wichtigsten Verbindungen im Netzwerk zur gemeinsamen Entwicklung von Angeboten, da die Beförderung bzw. deren Qualität eine der wesentlichen Komponenten eines Reiseangebots darstellt.
Lokale/ regionale Tourismusorganisationen:	Bieten Informationen über die Region und touristische Ziele zur Einbindung in die Reisekette. Sie verfügen bereits über assoziierte Partner und lokale/ regionale Netzwerke, die sich aus unterschiedlichen Bereichen der Tourismuswirtschaft zusammensetzen und die zur gemeinsamen Produktentwicklung erschlossen werden können. Zudem bestehen häufig gute Kontakte zu den Behörden. Im Rahmen einer Zusammenarbeit lassen sich die Marketingstrukturen der Tourismusorganisationen durch Reiseveranstalter nutzen. Auf diesem Weg konnten sich die IGA-Außenstandorte beispielsweise im Rahmen des vom Tourismusverbande Mecklenburg-Vorpommern propagierten Themas „Schlösser, Parks und Herrenhäuser" präsentieren.

Unterkünfte und Gastronomie:	Zählen zum Grundgerüst der touristischen Infrastruktur. Die Betreiber sind mit den Örtlichkeiten vertraut und es bestehen häufig bereits Kooperationen mit kleineren oder größeren Reiseveranstaltern bzw. mit touristischen Zielen in der Nähe. So bestanden bei einigen IGA-Außenstandorten bereits Kontakte zu Hotels und Gaststätten, die für den Aufbau von Reiseangeboten genutzt werden konnten.
Interessenvertreter der nachhaltigen Tourismusentwicklung:	Bieten Hilfestellung bei der nachhaltigen Gestaltung von Reiseangeboten. Gerade in Regionen zu deren Hauptattraktionen Natur und Landschaft zählen, stellt der Tourismus auch ein Konfliktpotenzial dar. Findet rechtzeitig eine Zusammenarbeit zwischen Naturschützern und Tourismusakteuren statt, kann dieses minimiert werden. So können Interessenvertreter einer nachhaltigen Tourismusentwicklung Auskunft zu umweltfreundlichen Unterkünften und Hinweise zum rücksichtsvollen Verhalten und zur umweltschonenden Fortbewegung in sensiblen Gebieten geben. Bei der Entwicklung von Reiseangeboten im Rahmen der IGA Rostock 2003 arbeitete die an den Tourismusverband angeschlossene GmbH eng mit Lokale-Agenda-21- Akteuren zusammen.
Hemmnisse	
Mehraufwand	Als Hemmnisse für den Aufbau von Kooperationsnetzwerken zur Entwicklung von Reiseketten wird in erster Linie der Mehraufwand (Zeit und Personal) durch Partnersuche und die Organisation der Kontakte gesehen. Dieser zusätzliche Aufwand wird jedoch mittel- bis langfristig durch nutzbare Synergieeffekte ausgeglichen.
Konkurrenz	Konkurrenzsituationen stellen nur dann ein Hindernis dar, wenn Partner aus demselben Wirtschaftszweig bzw. aus derselben Region kommen. In der Regel ist es jedoch möglich, sich gegenseitig zu ergänzen.

Quelle: Eigene Darstellung

Eventveranstalter

Am Beispiel der IGA-Außenstandorte zeigt sich: Wenn Eventveranstalter und touristische Einrichtungen in der Region „gemeinsame Sache" machen, dann wirkt sich das positiv auf das Image des Events und somit auf die Besucherzahlen aus. Langfristig kann eine Verbesserung des Images der gesamten Region festgestellt werden (Müller 2003:18). Die Einbindung regionaler Akteure trägt zudem zur Identifikation der Bewohner mit dem Event und mit ihrer Region bei, was für die regionale gesellschaftliche und politische Kultur und für zukünftige Veranstaltungen von großer Bedeutung sein kann.

Tabelle 74: **Kooperationsbeziehungen der Eventveranstalter bei der Reisekette ‚Perlen auf dem Weg zum Meer'**

Aufgaben	Bestehende Kontakte vermitteln, erhöhte öffentliche Aufmerksamkeit und Medienpräsenz sowie Marketingstrukturen nutzen
Eventveranstalter	Als Anreiz und Grundlage für Kooperationsbeziehungen können Eventveranstalter die Vermittlung bestehender Kontakte zu anderen Akteuren und die Nutzung der eigenen Marketingstrukturen anbieten.
Kooperationspartner[29]	
Reiseveranstalter:	Entwickeln Reiseangebote zum Eventbesuch und garantieren dadurch – mehr oder weniger kontinuierlich – Besucher. Da Eventveranstalter i.d.R. selbst keine Reisen anbieten, da sie sonst für alle angebotenen Teilleistungen Haftung übernehmen müssten, sind sie auf Kooperationen mit Reiseveranstaltern angewiesen. Meist muss der Kontakt von Seiten der Reiseveranstalter aufgenommen werden, da Eventveranstalter in der Regel nur die Nähe zu großen bzw. räumlich nah gelegenen Unternehmen suchen. Im Gegenzug können Eventveranstalter Vertriebspartnerschaften anbieten und günstigere Konditionen gewähren. Bei der IGA Rostock 2003 erfolgt die Kontaktaufnahme zu Busreiseveranstaltern durch den Eventveranstalter, mit dem Erfolg, dass zur IGA rund 8900 Busse anreisten (IGA Rostock 2003 GmbH 2003:1).
Verkehrsunternehmen und andere Mobilitätsdienstleister:	Stellen – ggf. in Zusammenarbeit mit Reiseveranstaltern – sicher, dass Eventbesucher möglichst reibungsfrei und sicher zu ihrem Ziel gelangen. Selten wird von Eventveranstaltern jedoch die hohe Bedeutung der Zusammenarbeit mit Verkehrsunternehmen oder anderen Mobilitätsdienstleistern gesehen. Gerade alternative Verkehre – insbesondere der Fahrradverkehr – werden für die An- und Abreise häufig unterschätzt. Bei der IGA Rostock 2003 wurden zunächst zahlreiche Kooperationsmöglichkeiten in Betracht gezogen, die sich nicht alle realisieren ließen. Eingeführt wurde schließlich das IGA-Kombiticket, dass als Eintrittskarte und als Fahrschein im Rostocker Verkehrsverbund gültig war.
Lokale/ regionale Tourismusorganisationen:	Sehen in Events mit großem Einzugsgebiet – wie die IGA Rostock 2003 – eine Veranstaltung mit starker Ausstrahlungskraft auf den Tourismus der gesamten Region. Entsprechend wird die Veranstaltung mit Hilfe der Tourismusorganisationen in einem größeren Rahmen vermarktet, sofern sich die Eventveranstalter diesem Gedanken anschließen und ihrerseits nicht nur das Event, sondern die gesamte Region in ihr Marketing einbeziehen. Als Möglichkeit der Vermarktung von Reiseketten zur IGA Rostock 2003 konnte eine Angebotsbroschüre für Reiseveranstalter, der (kostenpflichtige) „Sales Guide" des Tourismusverbandes Mecklenburg-Vorpommern, genutzt werden.

---

[29] Grundlage: Experteninterviews mit Akteuren der IGA Rostock 2003 GmbH (Geschäftsführung, Marketing, Öffentlichkeitsarbeit)

IGA-Außenstandorte bzw. sonstige touristische Ziele:	Erhöhen durch die Marketing-Kooperation mit dem Event die Bekanntheit in der Region. Grundgedanke für die Ernennung von IGA-Außenstandorten war aus Sicht der Eventveranstalter, „die IGA- Fahne im ganzen Land wehen zu lassen". Da viele IGA-Besucher aus Mecklenburg-Vorpommern erwartet wurden, hatte die Zusammenarbeit mit den in dieser Region liegenden IGA-Außenstandorten große Bedeutung. Um das Event vor einem negativen Image zu bewahren, muss jedoch ein Qualitätsstandard bei allen Nebenevents gewahrt werden. Die Auswahl fand daher anhand eines Kriterienkatalogs statt. Bedingung war u.a. eine Teilfinanzierung der Beschilderung der Standorte sowie eine Orientierung an den Öffnungszeiten der IGA. Das Netzwerk der Außenstandorte wurde durch die IGA nur initiiert, nicht aber koordiniert oder unterhalten, die Verknüpfung sollte aus den Standorten selbst entstehen.
Hemmnisse	
Unzuständigkeit	Da Eventveranstalter meist nicht als Reiseveranstalter auftreten, sehen sie die Koordination der Reiseketten-Entwicklung und -Umsetzung nicht als ihre primäre Aufgabe. Eventveranstalter haben zudem oft optimistische Vorstellungen betreffend der Besucherprognosen. Gerade die Gestaltung von Tages(pauschal-)reisen wird von ihnen vernachlässigt.
Konkurrenz	Der Eventveranstalter IGA Rostock 2003 GmbH sah die IGA-Außenstandorte zu Beginn der Kooperationsphase als mögliche Konkurrenten an, was sich im weiteren Verlauf jedoch als unbegründet heraus stellte (Müller 2003:15f.).

Quelle: Eigene Darstellung

IGA-Außenstandorte

Dem anvisierten Kooperationsnetzwerk der IGA-Außenstandorte mangelte es im Hinblick auf gemeinsame Aktivitäten zunächst an einer ‚Vernetzungs-Idee', d.h. es fehlten gemeinsame Themen und Berührungspunkte zur Entwicklung attraktiver und nachhaltiger Tourismusprodukte. Durch das Aufgreifen des Reisekettenkonzepts ‚Perlen auf dem Weg zum Meer' boten sich jedoch interessante Ansatzpunkte für den Aufbau des Kooperationsnetzwerks.

Ein wesentliches Potenzial für die IGA-Außenstandorte bestand in der Nutzung des Events als kulturellen Höhepunkt der Region, von dessen erhöhter öffentlicher Aufmerksamkeit auch sie als kleinere Kooperationspartner mit sonst nur lokalem oder regionalem Bekanntheitsgrad profitieren konnten. Des Weiteren zeigte sich am Beispiel der Reisekette ‚Perlen auf dem Weg zum Meer', wie eine gelungene Marketingzusammenarbeit verschiedener touristischer Anbieter aussehen sollte. Zusammen mit den touristischen Informationen zu den Standorten wurden in einem gemeinsamen Flyer Hinweise zur Nutzung alternativer Verkehrsmittel gegeben sowie konkrete An- und Abreiserouten vorgeschlagen. Eine gezieltere Ergänzung des Verkehrsnetzes und rechtzeitige Vermarktung des bestehenden Verkehrsangebots während der Laufzeit der IGA hätte voraussichtlich dazu geführt, die verstärkte Nachfrage nach Anreisealternativen auch nach Ende der IGA aufrecht zu erhalten, um so dauerhaft die Erreichbarkeit der einzelnen Standorte zu verbessern.

3 Handlungskonzept: Entwicklung nachhaltiger Mobilitätskonzepte im Tourismus

Tabelle 75: **Kooperationsbeziehungen der IGA-Außenstandorte bei der Reisekette ‚Perlen auf dem Weg zum Meer'**

Aufgaben	Netzwerk vor Ort aufbauen und aufrecht erhalten Kontakte zu weiteren regionalen touristischen Anbietern herstellen (Gastronomie, Unterkünfte, etc.)
IGA-Außenstandorte	Die Aufgabe der IGA-Außenstandorte liegt im Aufbau eines lokalen bzw. regionalen Netzwerkes bzw. eines regionalen Marketingzusammenschlusses. Einzubeziehende Akteure sind in erster Linie andere Außenstandorte, Verkehrsanbieter und Mobilitätsdienstleister sowie das Hotel und Gastronomiegewerbe.
Kooperationspartner	
Reiseveranstalter:	Binden touristische Attraktionen wie die IGA-Außenstandorte in ihre Angebote ein und eröffnen dadurch auch weniger bekannten Standorte die Möglichkeit, sich durch den erhöhten Zustrom von Besuchern sowie verbesserte Marketingstrukturen als Destination zu etablieren.
Eventveranstalter:	Unterstützen die Außenstandorte im Marketing und lassen sie an Kontakten zu Presse und Medien partizipieren. Im Rahmen der Öffentlichkeitsarbeit der IGA, konnten die Außenstandorte zahlreiche Möglichkeiten der Präsentation nutzen: - Zur Verfügung Stellen von IGA-Fahne, IGA-Logo und Schildern mit Hinweisen auf den „offiziellen IGA-Außenstandort", Bereitstellung von Werbematerialien. - Ausstellung der Außenstandorte in einem Pavillon auf dem Veranstaltungsgelände mit der Möglichkeit zur Streuung von eigenem Informationsmaterial über den Standort. - Einbindung der Außenstandorte in den Internetauftritt der IGA Rostock 2003. - Erstellung einer Broschüre und eines Flyers zur Darstellung aller Außenstandorte in Zusammenarbeit mit dem Tourismusverband.
Verkehrsunternehmen und andere Mobilitätsdienstleister:	Sichern die Erreichbarkeit der Standorte mit alternativen Mobilitätsangeboten. Dabei ist sowohl die Verbindung von den Standorten zur IGA als auch die Verknüpfung der Außenstandorte untereinander zu sichern. Im Gebiet des Verkehrsverbundes Warnow wurden z.B. für die Laufzeit der IGA einige zusätzliche Fahrten (vor allem am Wochenende) bzw. die Anfahrt zusätzlicher Haltestellen zur besseren Anbindung der IGA-Außenstandorte angeboten. Ist durch Kooperation eine Verbesserung der Erreichbarkeit nicht möglich, muss nach anderen Mobilitätsangeboten, wie z.B. die Zusammenarbeit mit einem Fahrradverleih am nächsten Bahnhof, gesucht werden. Für bestimmte Zielgruppen können Touren mit Pferden, Kutschen oder dem Kanu angeboten oder Pendelbusse eingesetzt werden.
Lokale/ regionale Tourismusorganisationen:	Stellen gegen Entgelt ihre Strukturen zur Vermarktung der Destination zur Verfügung. Vom Tourismusverband Mecklenburg-Vorpommern bestand das Angebot, die IGA-Außenstandorte in die Informations- und Angebotsbroschüre „Schlösser, Parks und Herrenhäuser" aufzunehmen.

Andere IGA-Außenstandorte bzw. sonstige touristische Ziele:	Bieten die Vermittlung ihrer regionalen Kontakte und die gegenseitige Vermarktung an. Im Rahmen der Reisekette ‚Perlen auf dem Weg zum Meer' wurden von den interessierten Standorten Ideen zur Zusammenarbeit entwickelt und unterschiedliche Vermarktungswege genutzt: - Hinweis auf andere Außenstandorte im eigenen Angebotskatalog. - Darstellung der jeweils anderen Standorte in sonstigen Werbematerialien und gegenseitige Verlinkung der Internetseiten. - Nutzung von Kontakten zu (Bus-) Reiseveranstaltern, dem Allgemeinen Deutschen Fahrradclub (ADFC), zu den Tourismusverbänden und den Verbänden der Bustouristik. - Entwicklung eines gemeinsamen Marketing-Flyers in deutscher und englischer Ausgabe.
Unterkünfte und Gaststätten:	Vermitteln ihren Gästen Informationen über touristische Attraktionen in der Umgebung. Da hier häufig der engste Kontakt zu den Reisenden besteht, tragen sie einen großen Teil der Kundenkommunikation und der Verantwortung für die Information über vorhandene Angebote und Möglichkeiten. Bei den Außenstandorten der Reisekette ‚Perlen auf dem Weg zum Meer' bestanden neben Hotels und Pensionen auch Kontakte zu preislich günstigeren Übernachtungsmöglichkeiten in Gutshäusern von Vereinen, privaten Ferienwohnungen oder Campingplätzen.
Hemmnisse	
Fehlende Einsicht in die Kooperationsnotwendigkeit	Am Beispiel der IGA-Außenstandorte wurde deutlich, was auch für viele andere Kooperationspartner gilt: Die Notwendigkeit der Zusammenarbeit und die dadurch möglichen Potenziale werden nicht in ihrer hohen Bedeutung erkannt. Alle Außenstandorte hatten sehr starke Befürchtungen vor allem vor einem finanziellen Mehraufwand. Auch personelle Engpässe ließen die Kooperation der Außenstandorte untereinander, aber auch die Erfüllung der geforderten Öffnungszeiten bzw. Betreuung des Standorts zum Teil scheitern. Seitens der Tourismusorganisationen schränkte zudem die Zeitknappheit in der Hochsaison die Möglichkeiten der Zusammenarbeit mit den Außenstandorten ein.
Skepsis	Sehr deutlich erkennbar war die zunächst anklingende Skepsis, dass An- und Abreisekonzepte mit alternativen Verkehrsmitteln auf Grund unzureichender Mobilitätsangebote nicht angenommen werden. Ungeachtet dessen wurde der Grundgedanke begrüßt und es gab erstmals die Bereitschaft über mögliche Anreisealternativen nachzudenken und diese – soweit vorhanden – auch zu nutzen.

Quelle: Eigene Darstellung

Verkehrsunternehmen

Verkehrsunternehmen (Bahn- und Reisebusunternehmen, Verkehrsbetriebe des ÖPNV) stellen für die Entwicklung von Reiseketten, neben den Reiseveranstaltern, die wichtigsten Akteure dar, weil sie den reibungslosen Ablauf der An- und Abreise ermöglichen. Da ihnen die Kombination und Verknüpfung unterschiedlicher Verkehrsmittel innerhalb des Reiseweges obliegt, sind sie für die lückenlose Gestaltung der Reisekette verantwortlich. In jedem Fall ist zu beachten, dass Events „Massenereignisse und Veranstaltungen von kurzer Dauer" darstellen, bei denen innerhalb kurzer Zeit eine Spitzennachfrage entsteht (Heinze 2004:55). Die Abwicklung des

Eventverkehrs stellt eine so große Herausforderung dar, dass neben den hier aufgeführten Kooperationspartnern aus den Verkehrsunternehmen immer auch die enge Zusammenarbeit mit der betreffenden Kommune und der Polizei erforderlich ist (Heinze 2004:54). Bei der Verknüpfung des Events mit der Region sichern die Verkehrsunternehmen die Erreichbarkeit und werden damit bei entsprechenden Angeboten (z.B. Fahrten am Wochenende) besonders von Touristen genutzt.

Die kooperative Entwicklung von Angeboten für den Eventverkehr gemeinsam mit Eventveranstaltern, anderen Verkehrsunternehmen und Reiseveranstaltern sowie weiteren touristischen Akteuren hat den Vorteil, dass sich einmal entwickelte und bewährte Konzepte auch für zukünftige Events einsetzen lassen. So konnten beispielsweise Erfahrungen aus vergangenen Fußballspielen bzw. der internationalen Segelmeisterschaft „Hansesail" für die Gestaltung des IGA-Verkehrs und des Ticket-Systems genutzt werden. Ein weiteres Potenzial besteht darin, dass im Eventverkehr häufig neue Zielgruppen den öffentlichen Verkehr nutzen und damit auch längerfristig das Verkehrsmittelwahlverhalten beeinflusst werden kann. Die große öffentliche Aufmerksamkeit des Events kommt bei einem gemeinsamen Marketing auch den beteiligten Verkehrsunternehmen zugute. Im günstigsten Fall lassen sich erfolgreiche Spezialangebote dauerhaft etablieren und erweitern so das Mobilitätsangebot für Einheimische wie für Touristen.

Tabelle 76: **Kooperationsbeziehungen der Verkehrsunternehmen bei der Reisekette ‚Perlen auf dem Weg zum Meer'**

Aufgaben	**Sicherstellung eines touristisch attraktiven und qualitativ hochwertigen Verkehrsangebots** **Entwicklung zusätzlicher Angebotsalternativen für die An- und Abreise**
Verkehrsunternehmen	In Kooperation mit dem Reiseveranstalter werden die Reiserouten und Verkehrsmittel für die An- und Abreise zusammengestellt und daraus durchgängige Reiseketten entwickelt. Da ein Verkehrsunternehmen allein meist nicht in der Lage ist, die gesamte Wegekette zu bedienen, sollten weitere Verkehrsunternehmen oder andere Mobilitätsdienstleister eingebunden werden, wie beispielsweise Taxiunternehmen für den Transfer zum Bus oder Bahnhof. Aufgabe von Verkehrsunternehmen wie der Bahn oder Verkehrsverbünden ist auch, für die notwendige Infrastruktur zu sorgen. Diese dauerhaften Einrichtungen entstehen zumeist in Kooperation mit den betreffenden Kommunen, die von einem verbesserten Angebot auch langfristig profitieren.
Kooperationspartner	
Reiseveranstalter:	Tragen durch die Einbindung von Bus, Bahn und öffentlichem Personennahverkehr in ihre An- und Abreiseangebote zur verstärkten Nutzung dieser Verkehrsmittel durch Touristen bei. Damit können Zielgruppen erreicht werden, die im Alltag überwiegend den Pkw nutzen, sich aber in der Freizeit auf alternative Fortbewegungsmöglichkeiten einlassen. Eine zusätzliche Vermarktungs- oder Imagekampagne kann zur Aufwertung öffentlicher Verkehrsmittel beitragen.

Eventveranstalter:	Bringen den Verkehrsunternehmen durch Einbeziehung öffentlicher Verkehrsmittel in den Eventverkehr eine Vielzahl neuer Kunden und Zielgruppen. Die Beförderung von Eventbesuchern ist zum einen marketingwirksam, zum anderen bringt sie ebenfalls eine Image-Aufwertung (z.B. die Bahn als „offizielles Transportunternehmen" für die EXPO 2000 in Hannover oder für die WM 2006).
Andere Verkehrsunternehmen und Mobilitätsdienstleister:	Ergänzen das vorhandene ÖV-Angebot. Bei der Entwicklung von An- und Abreiseangeboten ist es erforderlich, dass Anbieter des Fern- und Nahverkehrs eng zusammen arbeiten, wenn der reibungslose Ablauf der Reisekette gewährleistet werden soll. Auf den Strecken, wo sich Angebote für den öffentlichen Verkehr auf Grund eines zu geringen Fahrgastaufkommens nicht mehr lohnen, können Velotaxi-, Fahrradverleih- oder Car-Sharing-Unternehmen die Reisekette sinnvoll ergänzen. Kooperationen von Verkehrsunternehmen mit kleineren Mobilitätsanbietern sind bisher eher selten. Eine Ausnahme bildet die Deutsche Bahn, die mit einigen Fahrradverleih-Firmen zusammen arbeitet bzw. Fahrräder selbst verleiht (Bahn&Bike, Call a bike; vgl. DB AG 2002).
Lokale/ regionale Tourismusorganisationen:	Können dazu beitragen, dass Touristen über alternative An- und Abreisemöglichkeiten ausführliche Informationen erhalten. Kontakte zu Verkehrsunternehmen bestehen allerdings selten. So entwickelte der Verkehrsverbund Warnow (VVW) eine Broschüre („Wenn das Auto Urlaub hat") mit Ausflugstipps und den dazugehörigen An- und Abreisemöglichkeiten in die Region, in der im Jahr 2003 auch einige IGA-Außenstandorte aufgenommen wurden. Bei den Tourismusverbänden fand diese Broschüre großen Anklang und wurde von ihnen ausgegeben, allerdings hätte der VVW eine zumindest finanzielle Beteiligung erwartet.
IGA-Außenstandorte bzw. sonstige touristische Ziele:	Bewerben neben den Tourismusorganisationen ebenfalls die Nutzung alternativer Verkehrsmittel und bewirken eine Erhöhung der Fahrgastzahlen unter der Voraussetzung, dass der Standort mit attraktiven Verkehrsangeboten bedient wird.
Hemmnisse	
Geringe Flexibilität Keine Eigeninitiative	Events bewirken häufig nur eine kurzfristige Erhöhung der Fahrgastzahlen, was die Bereitschaft zur Kooperation und Entwicklung entsprechender Angebote stark einschränkt. Da sich zudem die langfristigen Event-Planungen nur schwer in den Planungsablauf eines Verkehrsunternehmens einordnen lassen, reagieren Verkehrsunternehmen häufig unflexibel auf Änderungswünsche. Gewöhnlich erwarten die Verkehrsunternehmen von den Eventveranstaltern, dass von ihnen die Initiative für die Zusammenarbeit ausgeht, doch meist wird ihre Leistung vom Veranstalter als selbstverständliche Dienstleistung angesehen. Sinnvoller ist es, die Verkehrsunternehmen frühzeitig in die Event-Planungen einzubinden und auf die besondere Bedeutung einer durchgängigen Reisekette zu achten.

Quelle: Eigene Darstellung

Andere Mobilitätsdienstleister

Neben den ‚klassischen' Verkehrsunternehmen des Öffentlichen Personenverkehrs (ÖV) können auch zahlreiche weitere Mobilitätsdienstleistungsunternehmen dazu beitragen, vorhandene Lücken im Verkehrsnetz zu schließen und damit letztlich die Durchgängigkeit der Reisekette zu gewährleisten. Ein innovativer Aspekt bei der

Integration weiterer Mobilitätsdienstleistungen in die Reisekette ist die erlebnisorientierte Gestaltung der Fortbewegung, die bei der Nutzung des ÖV im Normalfall nur selten gegeben ist.

Als Mobilitätsdienstleister in diesem Sinne kommen beispielsweise Verleih-Firmen von ‚Erlebnismobilen' (Fahrrad, Kanu, Inline-Skates, etc.), Anbieter von Kanu- oder Kutschentouren oder auch Schifffahrtsunternehmen in Frage. Zur Sicherung der Mobilität in ländlicheren Regionen können darüber hinaus auch Autovermietungen und Car-sharing-Unternehmen das Netz von Bahn und ÖPNV ergänzen. Bei der Einrichtung von Fahrradstellplätzen oder Fahrradverleihstationen an Bahnhöfen zeigt sich die Bedeutung einer Kooperation mit der Deutschen Bahn AG bei der Ergänzung des öffentlichen Verkehrs. Als positives Beispiel ist hier die Zusammenarbeit der Bahn mit Car-sharing Unternehmen oder der Fahrradverleih „Call-a-bike" zu nennen, bei dem unabhängig von Öffnungszeiten in den Großstädten Berlin und München Fahrräder auch für one-way-Strecken gemietet werden können. So sind Reisende bei der Bahnanreise vor Ort mobil und können bei Zwischenstopps unterwegs auch nahegelegene Ausflugsziele besuchen (DB AG 2002). Im Hinblick auf den Fahrradtourismus und andere Formen der ‚Erlebnismobilität' ist eine Sicherstellung der Infrastrukturqualität (Radwege, Beschilderungen, Abstellanlagen und Gepäck) in Abstimmung mit den zuständigen Kommunen oder Regionalverbänden unbedingt erforderlich.

Das touristische Angebot wird durch die Integration erlebnisbezogener Fortbewegungsarten insgesamt erweitert. Allerdings mangelt es bei den traditionellen Verkehrsunternehmen bisher häufig an Kenntnis über die vorgenannten Angebote oder die Akzeptanz ist unzureichend. Oft wagen daher nur kleinere, bisher weniger stark etablierten Unternehmen den Schritt, innovative und nachhaltigen Mobilitätsalternativen anzubieten. Als erfolgreiches Beispiel beim Aufbau eines Netzwerkes für den Verleih von „Erlebnismobilen" ist hier die EXPO 2002 in der Schweiz zu nennen, die damit eine sehr große Nachfrage erzielen konnte (vgl. Tabelle 77). Von den Veranstaltern wurden die nachfolgenden Merkmale für den Aufbau des Netzes genannt:

Tabelle 77: **Fortbewegung mit Erlebnismobilen**

	Fortbewegung mit eigener Muskelkraft
Beschreibung	Human powered mobility – oder die Bewegung mit eigener Muskelkraft – ist ein zeitgemäßes Konzept, sich auf kürzeren Strecken auf umweltschonende Weise mit dem Fahrrad, zu Fuß, mit Inline-Skates, Kanus o.ä. fortzubewegen und dabei gleichzeitig etwas für den körperlich-geistigen Ausgleich zu tun. Strecken wie beispielsweise vom Bahnhof zum Event oder auch zwischen verschiedenen Standorten können attraktiv ausgewählt und gestaltet werden, so dass schon der Weg in das Freizeiterlebnis integriert wird.
Vorteile	Höherer Erlebniswert der Eventreise, Verbesserung des Event-Images, Möglichkeit der Strukturverbesserung und damit Erhöhung der touristischen Anziehungskraft einer Region, Verlagerung des MIV vor Ort auf umweltfreundliche Verkehrsmittel.
Kritische Punkte	Voraussetzung: vorhandene, attraktive Strecken (z.B. Radwege) bzw. Planung eines Neu-/ Ausbaus. Wichtig v.a. detailgenaue, korrekte Information für die Eventbesucher. Nachfrage an Spitzentagen und an Normaltagen sehr unterschiedlich (Anzahl der Fahrzeuge bedenken), Verleihstationen sollten direkt am Pkw-/ Busparkplatz bzw. Bahnhof und am Eingang des Events gelegen sein.
Aufwand / Zeitlicher Vorlauf	Kooperationen mit weiteren Mobilitätsdienstleistern sind notwendig, damit erhöht sich der Planungs- und Koordinationsaufwand. Bei vorhandenem Wegenetz Vorlauf von etwa einem Jahr, bei Neu- bzw. Ausbau von Strecken mehrjähriger Vorlauf.
Einsatzbereich	Einsatz auf Grund der Wetterabhängigkeit der genannten Fortbewegungsarten vor allem für Events im Sommer. Event-Zielgruppen sollten Spaß an der Bewegung und am Aktivsein haben.
Beteiligte	Verkehrsplanung (Event, Kommune) und Eventveranstalter in Kooperation mit den Verleihern. Eine rechtzeitige Einbindung in das Verkehrskonzept (Modal-Split) ist zu empfehlen.
Beispiel	Human Powered Mobility (HPM) – innovatives Mobilitätskonzept für die EXPO 2002 (Schweiz). Spezielles Routennetz zwischen den Standorten des dezentralen Events, Ausleihe der Fahrzeuge vor Ort, Rückgabe an jeder beliebigen Station (Velobüro Schweiz, www.humanpoweredmobility.ch).

Quelle: Eigene Darstellung, nach Jain/Schiefelbusch 2004:206

Ein Potenzial für die Einbindung von erlebnisorientierten Fortbewegungsmitteln in die An- und Abreise stellt der mittelfristig steigende Bekanntheitsgrad der Mobilitätsdienstleister sowohl bei touristischen Anbietern als auch bei Einheimischen und Touristen der Region dar. Eine gezielte Kooperation mit Beherbergungsbetrieben oder anderen touristischen Einrichtungen kann helfen, die bestehenden Angebote bekannt zu machen und Gäste zu werben. Die Folgen sind wachsende Kundenzahlen und eine künftig größere Nutzung der Dienstleistung und der Ausbau der Kooperation. Auch kann die engere Abstimmung z.B. mit Behörden und Tourismusorganisationen eine Verbesserung der Infrastruktur nach sich ziehen.

Lokale/ regionale Tourismusorganisationen
Tourismusorganisationen werden bei der Entwicklung von Reiseangeboten meist nicht selbst aktiv[30], sie sind aber wichtige Kooperationspartner, sowohl für Reise- und Eventveranstalter als auch für touristische Einrichtungen wie IGA-Außenstandorte, Unterkünfte und Gastronomie. Dies gilt besonders in Bezug auf eine mögliche Marketingzusammenarbeit. Sie stellen Vermarktungsstrukturen zur Verfügung, vermitteln aber auch ggf. notwendige Kontakte zu Behörden. Insgesamt befassen sich Tourismusorganisationen bisher kaum mit Verkehrsangelegenheiten. Eine Ausnahme bildet inzwischen der Radtourismus, der mehr und mehr als elementarer Teil des touristischen Angebots anerkannt wird. Für eine nachhaltige Tourismusentwicklung ist jedoch entscheidend, dass die negativen Wirkungen – vor allem des motorisierten Individualverkehrs – sowie die Bedeutung umweltfreundlicher Mobilitätsangebote für das menschliche und natürliche Lebensumfeld stärker wahrgenommen werden.

Ein Hemmnis bei der Kooperation mit Tourismusverbänden bei der Etablierung durchgängiger Reiseketten stellt die meist unflexible regionale Begrenzung (z.B. Landkreis) der touristischen Planung dar. Beispielsweise bei der Planung und Umsetzung von überregionalen Radwegekonzepten wird dies häufig zum Problem (vgl. Ohlhorst 2003:4).

3.2.6.3 Synergieeffekte aus Kooperation und Kommunikation
Insgesamt ist bei der Planung einer Reisekette ein hohes Maß an Koordination zwischen Anbietern touristischer Leistungen und Anbietern von Mobilitätsdienstleistungen erforderlich. Doch letztlich sind es diese ‚besonderen' Angebote, die den Besucher dafür begeistern, Neues auszuprobieren und von seiner bisherigen Planung, etwa für den Eventbesuch lediglich einen Tagesausflug vorzusehen, abzuweichen. Das Beispiel der Reisekette ‚Perlen auf dem Weg zum Meer' verdeutlicht, welche Potenziale eine Vernetzung und verbesserte Kommunikation bzw. Kooperation bergen. Ähnliche Synergien sind – neben dem Eventtourismus – auch in anderen Bereichen der touristischen Angebotsplanung zu erwarten. Bei dem hier beschriebenen Beispiel IGA Rostock 2003 lag es auf der Hand, das Event als thematischen ‚Aufhänger' für eine Vernetzung unterschiedlicher touristischer Anbieter zu nutzen. Letztlich lässt sich jedoch jedes Reiseangebot in ein bestimmtes Thema einordnen, sei es durch die Eigenart der Ziele (z.B. Burgen und Schlösser), der Zielgruppen (z.B. Naturliebhaber) oder der verwendeten Fortbewegungsmittel (z.B. Nostalgiezüge) und dieses als Grundlage für den Aufbau eines Kooperationsnetzwerks nutzen.

Die Hemmnisse, die einer Zusammenarbeit bei der gemeinsamen Erstellung von Angeboten entgegen stehen, sind meist einem kurzsichtigem Denken geschuldet.

---

30 Die inzwischen häufig an Tourismusverbände angegliederten Tourismus-GmbHs, die selbst auch Angebote vermarkten, zählen in diesem Fall nicht dazu, sondern zu den Veranstaltern.

Beispielsweise bestehen häufig gegenüber den potenziellen Partnern Bedenken, dass diese eine Konkurrenz darstellen könnten. Darüber hinaus fehlt es, besonders bei der Zusammenarbeit von größeren mit kleineren Unternehmen, oft an gegenseitiger Akzeptanz und an Verständnis. Gerade bei kleineren Unternehmen besteht die Gefahr, dass sie sich sowohl finanziell als auch personell nicht gegenüber größeren behaupten können, z.B. wenn es um die Teilnahme an Treffen oder um gemeinsame Marketingaktivitäten geht. Hier empfiehlt es sich, von Anfang an Regelungen zu treffen, welche Kapazitäten und Möglichkeiten – je nach Größe des Kooperationspartners – in das Netzwerk eingebracht werden können. Eine Erschwernis für die Zusammenarbeit kann weiterhin eine geringe Flexibilität und fehlende Eigeninitiative darstellen. Auch in diesem Zusammenhang ist es notwendig, die Zuständigkeiten und Aufgabenverteilung klar zu definieren. Die fehlende Einsicht in die Kooperationsnotwendigkeit ist das schwerwiegendste, aber häufig vorkommende Hemmnis, das meist aus mangelndem Interesse oder dem Gefühl der nicht-Zuständigkeit resultiert. Dieser Skepsis kann nur mit überzeugenden Argumenten begegnet werden. Die oben aufgeführten Tabellen sollen hierzu eine Hilfestellung geben. Da der für die Bildung von Netzwerken befürchtete Mehraufwand (Zeit, Arbeit, Personal) eine weitere typische Barriere darstellt, ist es für die Netzwerk-Initiatoren von zentraler Bedeutung, die zu erwartenden Synergieeffekte zu kommunizieren:

Tabelle 78: **Synergieeffekte durch Kooperationen im Tourismus**

Synergieeffekte durch Kooperationen im Tourismus
- Gemeinsame Entwicklung neuer, innovativer Ideen im Rahmen eines kreativen Prozesses.
- Verbesserte Marketingstrukturen und Ansprache größerer Kundenkreise.
- Gewinnung von Mehrkunden und neuer Kundengruppen durch Bildung eines gemeinsamen Kundenstamms.
- Verbesserung und Erweiterung des touristischen Angebots innerhalb der Region.
- Verbesserung der Qualität des Angebots durch zusätzliche Bausteine und zuverlässige Partner.
- Imageverbesserung und steigender Bekanntheitsgrad aller Beteiligten.
- Nutzbarer „Anschub-Effekt" für weitere Projekte zur gemeinsamen Angebotsentwicklung.
- Bildung eines zuverlässigen und dauerhaften Netzwerks, auf das sowohl regionale Anbieter als auch Reiseveranstalter und Verkehrsunternehmen zurückgreifen können.
- Gegenseitige Gewährleistung besserer Konditionen und bessere Planungssicherheit durch kontinuierliche Zusammenarbeit.
- Forum für den gegenseitigen Austausch.

Quelle: Eigene Darstellung

3.2.7 Fazit: Handlungsempfehlungen für die Gestaltung nachhaltiger und zielgruppenspezifischer Reiseketten

Anhand der vorgestellten Reiseketten wurden Beispiele aufgezeigt, wie sich die An- und Abreise als Baustein in Reiseangebote integrieren lässt. Die Einbindung der Mobilität in das Gesamtangebot und die Gestaltung der Reise als durchgängige Reisekette ist Voraussetzung für die Verlagerung des Verkehrs auf umweltfreundliche Verkehrsmittel. Die Vorgehensweise bei der Gestaltung und Umsetzung solcher Reiseangebote lässt sich durch den in Kapitel 2.4. vorgestellte ‚Prozess der Angebotsgestaltung', der nach Planungsphase, Durchführung und Nachbereitung (Potenzialphase, Prozessphase und Ergebnisphase) unterscheidet, systematisieren und vereinfachen. Eine Entwicklung von Ideen und zielgruppenorientierten Konzepten ist ohne die Kenntnis der Bedürfnisse und Anforderungen der Zielgruppen kaum möglich. Um die Anforderungen potenzieller Zielgruppen zu vermitteln, wurden in Kapitel 3.1. Reisetypen entwickelt, die sich als Grundlage für die Entwicklung von bedürfnisgerechten Reiseketten im Tages- und Kurzreiseverkehr eignen.

Großveranstaltungen wie die IGA Rostock 2003 bieten das Potenzial, passende Erlebnisreisen für den Eventtourismus zu realisieren und dabei die Bedürfnisse ausgewählter Zielgruppen bzw. Reisetypen sowie die Belange der Nachhaltigkeit zu berücksichtigen. Die Entwicklung der Reisekettenbeispiele wurde auf der Basis von zwei Zielgruppen (Reisetypen) mit unterschiedlichen Ansprüchen und Bedürfnissen vorgenommen. Bei der vorgestellten Busreise sind Kriterien wie qualifizierte Reiseleitung und Fahrpersonal, hoher Fahrzeugstandard, Zubringerdienstleistung und reisebezogenes Catering, vor allem aber die konsequent themenbezogene Reise- und auch Fahrzeuggestaltung unerlässlich, um erfolgreich Neukunden zu werben. Das Innovationspotenzial dieser Erlebnisanreise liegt in der Verbindung einer attraktiven An- und Abreise mit hochwertigen Serviceangeboten. Die Pausen an Zwischenstationen unterwegs lassen sich als besonderes Zusatzangebot verkaufen, das das Unternehmen gegenüber der Konkurrenz hervorheben kann. Die kombinierte Bahn-/ Radreise stellt neben der Busreise eine weitere Möglichkeit zur Entwicklung von Reiseangeboten für den Eventtourismus dar. Die Bedürfnisse der ausgewählten Zielgruppe liegen – im Gegensatz zu den Reisetypen für die Busreise – auf der vergleichsweise eigenständigen Planung und individuellen Durchführung der Reise. Der Zusatznutzen, der für die Reisenden aus der Buchung eines Pauschalangebots entsteht, liegt vor allem darin, dass durch den Reiseveranstalter

a) eine Vorauswahl der Ziele getroffen und Routenvorschläge gemacht werden,
b) detaillierte Informationsmaterialien zur Verfügung gestellt werden – sowohl vor Reisebeginn, als auch im Verlauf der Reise – und
c) Buchungen der Unterkünfte und Reservierungen in den Verkehrsmitteln vorgenommen werden.

Eine wesentliche Grundlage für die Erstellung von integrierten Reiseangeboten, d.h. von Angeboten, die die An- und Abreise als Baustein beinhalten, stellt der Aufbau von Kooperationsnetzwerken dar. Ohne Kooperationen und zuverlässige Partnerschaften ist eine qualitätsorientierte und abwechslungsreiche Gestaltung von Reisekonzepten kaum möglich. Die Einbindung von Partnern fördert die Kreativität im Entwicklungsprozess und schafft dadurch ein innovativeres Angebot. Ausgangspunkt für die Gestaltung von Reiseketten ist das übergeordnete Ziel der Nachhaltigkeit. Wie die Beispiele zeigen, kann auch die Berücksichtigung der Nachhaltigkeit zu besonderen Gestaltungselementen führen, wie beispielsweise die Integration von Zwischenstationen in die An- und Abreise oder die Einbindung von ‚Erlebnismobilen'. Allerdings sprechen nicht alle Zielgruppen gleichermaßen auf Angebote dieser Art an. Insgesamt lässt sich anhand der Beispielangebote jedoch zeigen, dass es unter der Prämisse einer weiterhin wachsenden Freizeit- und Tourismusnachfrage, die für viele Regionen das wirtschaftliche Überleben sichert, möglich ist, den daraus entstehenden Verkehr nachhaltig zu gestalten. Wie die Ergebnisse aus der Bewertung der Reisekette ‚Perlen auf dem Weg zum Meer' zeigen, können sowohl die anbietenden Reiseveranstalter und ihre Kooperationspartner als auch die regionale Entwicklung davon profitieren.

Im Folgenden werden abschließend, basierend auf den Erkenntnissen aus dem Theoriekonzept und der Analyse der Reisekettenbeispiele, die Kernpunkte für eine erfolgversprechende Gestaltung von nachhaltigen, zielgruppenorientierten Reiseketten dargelegt. Unter Berücksichtigung der drei Wirkungsfelder (‚Nachhaltigkeit', ‚Reisende' und ‚Rahmenbedingungen') sind die nachgenannten Punkte für die Entwicklung und Umsetzung von attraktiven und nachhaltigen Reiseangeboten von Bedeutung. Trotz des auf den ersten Blick sehr komplex erscheinenden Anforderungsprofils ist davon auszugehen, dass die eingesetzten zeitlichen wie auch finanziellen Ressourcen mittel- und langfristig Erfolg versprechend sind.

3 Handlungskonzept: Entwicklung nachhaltiger Mobilitätskonzepte im Tourismus

Tabelle 79: Kriterien für die Gestaltung nachhaltiger und zielgruppenspezifischer Reiseketten

- **Verbesserung der Nachhaltigkeit des touristischen Verkehrs**

  - Die Verbesserung der Nachhaltigkeit des touristischen Verkehrs wird in erster Linie durch die Verlagerung auf umwelt- und sozialverträgliche Verkehrsarten erreicht.
  - Die Entwicklung eines umwelt- und sozialverträglichen Reiseangebots erfordert umweltfreundliche Mobilitätsangebote als Alternative zum Pkw.
  - Erforderlich ist die bedürfnisorientierte Gestaltung von touristischen Mobilitätsangeboten sowie die Information der Reisenden über die vorhandenen Angebote und die ökologischen und sozialen Auswirkungen des touristischen Verkehrs.
  - Zusätzliche Anreize zur Nutzung von umwelt- und sozialverträglichen An- und Abreiseangeboten sind zu schaffen.
  - Zur Überwachung (Monitoring) und Bewertung der Nachhaltigkeit des gesamten Reiseangebots sind drei Bereiche zu berücksichtigen: das Unternehmens- und Marketingmanagement, die Auswirkungen der An- und Abreise sowie die Auswirkungen am Zielort.

- **Auswahl der Zielgruppen**

  - Für die Gestaltung der Angebote ist es notwendig, die Anforderungen und Bedürfnisse der Zielgruppen zu berücksichtigen.
  - Für unterschiedliche Zielgruppen kommen unterschiedliche Ziele, Organisationsformen, Preiskategorien und Reiseverkehrsmittel in Frage.
  - Die Zielgruppen lassen sich anhand ihrer Einordnung in die Reisetypen-Kategorien bestimmen.

- **Räumlich-strukturelles Angebot**

  - Das räumlich-strukturelle Angebot (Mobilitätsangebot und infrastrukturelles Angebot) ist je nach Anforderungsprofil auf die Bedürfnisse der Reisetypen auszurichten.
  - Die Gestaltung von Reiseangeboten als Reisekette erleichtert die Nutzung umwelt- und sozial verträglicher Verkehrsarten und ist für alle Zielgruppen am nutzerfreundlichsten.
  - Voraussetzung für die Durchführung der Reise mit umweltfreundlichen Verkehrsmitteln ist die detaillierte Information über den Verlauf der Reisekette.
  - Serviceangebote und -dienstleistungen sowie weitere Informationen unterwegs machen das Angebot attraktiver.

- **Kooperations- und Kommunikationsstrukturen der Akteure**

  - Kooperationsnetzwerke stellen eine wichtige Voraussetzung für die Entwicklung und Umsetzung von nachhaltigen und attraktiven Reiseketten dar.
  - Die Auswahl der Kooperationspartner ist abhängig von der Art des Reiseangebots (Ziel, Mobilitätsangebot, Zwischenziele, Aktivitäten unterwegs, Unterkünfte etc.).
  - Im Hinblick auf eine effektive Zusammenarbeit sind frühzeitig die Aufgaben und Verantwortlichkeiten der einzelnen Kooperationspartner festzulegen.
  - Eine Evaluation im Anschluss an die Prozessphase macht die Stärken des Angebots und der Kooperation deutlich und deckt Defizite auf. Sie bietet die Grundlage zur Entwicklung von Perspektiven für die weitere Zusammenarbeit.

> • **Kommunikation mit Endkunden (Marketing)**
> - Mit dem Ziel von Vermarktung und Verkauf müssen die gemeinsam entwickelten Reiseangebote ausreichend und zielgruppengerecht kommuniziert werden.
> - Die Kommunikation mit den Kunden erfolgt – je nach Reisephase – an unterschiedlichen Orten und durch unterschiedliche Medien.
> - Sowohl im Vorfeld der Reise als auch unterwegs sind detaillierte Informationen notwendig, wenn Reisende sich mit unterschiedlichen Verkehrsmitteln fortbewegen.
> - Die Nachbereitung der Reise (Nachbetreuung, Beschwerdemanagement) ist ein wichtiges Element der Kommunikation mit den Kunden. Sie ist Voraussetzung sowohl für die Kundenbindung als auch für die Qualitätsverbesserung der eigenen Angebote.

Quelle: Eigene Darstellung

3.3 Nachhaltigkeitsbewertung

Die Verwirklichung von Zielen zur Verbesserung der Nachhaltigkeit touristischer Mobilitätsangebote lässt sich nur erreichen, wenn bereits bei der Formulierung von Nachhaltigkeitszielen die Handlungs- und Einflussmöglichkeiten der relevanten Akteure berücksichtigt werden. Das im Rahmen des Theoriekonzepts entwickelte Zielsystem orientiert sich aus diesem Grund an den Erfordernissen von Reiseveranstaltern als Hauptakteure bei der Entwicklung von Reiseprodukten. Die Orientierung des Zielsystems an den Handlungsfeldern der Akteure stellt sicher, dass der Betrachtungsgegenstand ‚Freizeitverkehrsangebot' systematisch erfasst wird. Durch die Berücksichtigung des engen Verknüpfungszusammenhangs zwischen Angebot und ‚Prozess der Angebotsgestaltung' lassen sich drei relevante Handlungsbereiche identifizieren: das Unternehmensmanagement, die Produktgestaltung und das Engagement des Reiseveranstalters für die nachhaltige Entwicklung der Region. Auf dieser Grundlage baut das Zielsystem auf, das in Kapitel 2.2. beschrieben wurde. Die jeweils bereichsspezifisch formulierten Ziele weisen eine große Praxisnähe auf und dienen daher nicht nur der Evaluierung und Bewertung touristischer Mobilitätsangebote, sondern können Reiseveranstaltern auch schon bei der Entwicklung nachhaltiger Reiseprodukte als Handlungsanleitung dienen.

Vor diesem Hintergrund gilt es, die zu Beginn gestellte Forschungsfrage zu beantworten, wie sich die Nachhaltigkeit von touristischen Mobilitätsangeboten bestimmen und die Umsetzung der Ziele praxisbezogen überprüfen lässt. Diesbezüglich wurde die These aufgestellt, dass im Prozess der Angebotsgestaltung und -umsetzung eine Operationalisierung der definierten Nachhaltigkeitsziele erfolgen und darauf aufbauend eine Bewertung von Freizeitverkehrsangeboten bzw. Reiseketten ermöglicht werden muss. Zu diesem Zweck ist es mangels bereits vorhandener Ansätze erforderlich, die Entwicklung eines eigenen Bewertungsansatzes vorzunehmen. Mit dieser Absicht werden im folgenden Kapitel zunächst die Anforderungen an die Erstellung von Bewertungsverfahren dargestellt. Auf dieser Grundlage wird ein geeignetes Bewertungsinstrumentarium zur Beurteilung von Freizeitverkehrsangeboten entwickelt. Ziel ist es, ein möglichst praxistaugliches Werkzeug zu schaffen, das sich an den Anforderungen von Reiseanbietern, die letztlich damit arbeiten sollen, orientiert und das es ihnen erlaubt, sich einen Überblick über die ökologische, ökonomische und soziale Verträglichkeit ihrer Angebote zu verschaffen. Somit ist die Bewertung sehr produkt- bzw. angebotsbezogen; hingegen ist nicht beabsichtigt, mit Hilfe des Instruments sämtliche Auswirkungen des Freizeitverkehrs erfassen und bewerten zu können.

Der im Rahmen des ‚Handlungskonzepts Nachhaltigkeitsbewertung' entwickelte Lösungsansatz zur Beurteilung von An- und Abreiseangeboten bzw. Reiseketten beinhaltet folgende Bausteine:

A) einen Ansatz für den Vergleich von verschiedenen Reiseketten-Varianten,

B) einen Ansatz zur Evaluierung der Handlungsziele und deren Umsetzung in den drei Handlungsfeldern ‚Unternehmen', ‚Produkt' und ‚Regionalentwicklung'.

Zu A): Auf Grundlage des Zielsystems und in Anlehnung an bereits bestehende Instrumentarien wird ein Ansatz erarbeitet, mit dem unterschiedliche Reiseketten-Varianten miteinander verglichen werden können. Dieser Ansatz soll Reiseveranstaltern im Prozess der Angebotsgestaltung als Entscheidungshilfe bei der Wahl zwischen unterschiedlichen An- und Abreisemöglichkeiten dienen. Damit wird noch im Prozess der Angebotsentwicklung eine Beurteilung unterschiedlicher Handlungsalternativen angestrebt.

Zu B): Die umfassende Darstellung konkret formulierter Handlungsziele im ‚Zielsystem für nachhaltige Freizeitverkehrsangebote im Tourismus' (Kapitel 2.2.3) bietet eine gute Grundlage, die tatsächlich erfolgte Umsetzung der Nachhaltigkeitsziele zu evaluieren. Eine Evaluierung in diesem Sinne ist sehr anwendungsorientiert; „sie hat das Ziel, praktische Maßnahmen zu überprüfen und zu verbessern" (Wottawa/ Thierau 1990:9, zit. in: Appel 2002:28).

Als methodischer Hintergrund für die Entwicklung des eigenen Bewertungsansatzes wird nachfolgend dargelegt, welche Anforderungen generell an Bewertungsverfahren gestellt werden und welche Instrumentarien derzeit bereits für die Beurteilung der Nachhaltigkeit zur Verfügung stehen.

3.3 NACHHALTIGKEITSBEWERTUNG

3.3.1 Grundlagen zur Beurteilung der Nachhaltigkeit

Darüber, dass die ‚Messung' und Bewertung der Nachhaltigkeit eine Notwendigkeit darstellt, um zukünftige politische Entscheidungen oder Planungen darauf auszurichten, besteht weitgehende Einigkeit. Auch die Untersuchung des ‚Wirkungsfelds Nachhaltigkeit', bei der eine Vielzahl von Deklarationen, Erklärungen und Leitlinien zur nachhaltigen Tourismus- und Verkehrsentwicklung ausgewertet wurden, kommt zu diesem Ergebnis. „Nachhaltigkeit erfordert in stärkerem Maße als bisher zum einen überprüfbare Maßstäbe, zum anderen nachvollziehbare Entscheidungsvorgänge" (ARL 2000:5). Bislang wurde nachhaltige Entwicklung jedoch als ein Zielsystem definiert, das sich einer „genauen Bestimmung und damit einer Prozessbeobachtung entzieht" (Baumgartner 2001:1). Dem gemäß stellt sich die Frage, wie sich dieser Anspruch bei der Beurteilung der Nachhaltigkeit von touristischen An- und Abreiseangeboten realisieren lässt.

Ein Grund für die Schwierigkeiten bei der Erstellung von Bewertungsverfahren ist, dass nachhaltige Entwicklung keinen statischen Zustand, sondern ein „dynamisches System" darstellt, das die „Weiterentwicklung von sozioökonomischen Strukturen (‚Gesellschaften') mit der Erhaltung der natürlichen Lebensgrundlagen in Einklang bringt" (Baumgartner 2001:2). Für die Bewertung spielt daher die Interaktion und gegenseitige Beeinflussung der Systeme Ökologie, Ökonomie und Soziales eine zentrale Rolle. Im jeweiligen zeit-raumstrukturellen Kontext sind die verschiedenen Nachhaltigkeitsdimensionen neu miteinander in Beziehung zu setzen und zu gewichten (vgl. ARL 2000:5). Sie müssen mit all ihren Wechselwirkungen und Rückkopplungen in einem ganzheitlichen Zusammenhang betrachtet werden, denn Nachhaltigkeit betrifft nicht nur einzelne Bereiche, sondern ist „unteilbar". Wenn Nachhaltigkeit also als „langfristige Interaktion" definiert wird, ist es nach Baumgartner (Baumgartner 2001:2) sogar „sinnwidrig von ökologischer, ökonomischer oder kultureller Nachhaltigkeit zu sprechen". Daher müssen bei der Beurteilung der Nachhaltigkeit touristischer Mobilitätsangebote auch solche Komponenten betrachtet werden, die sich in einer engeren Definition nicht eindeutig nur dem Tourismus bzw. dem Verkehr zuordnen lassen. Trotz der spezifischen Ausrichtung des Zielsystems müssen bei der Umsetzung auch „Quer- und Wechselbeziehungen zu anderen Sektoren berücksichtigt werden" (ARL 2000:122). Diesem Anspruch wurde bereits beim Aufbau des Zielsystems Folge geleistet.

Tourismus- und verkehrsrelevante Prozesse und Aktivitäten können auch nicht ‚an sich' als nachhaltig oder nicht nachhaltig bezeichnet werden, da sich das Prinzip der Nachhaltigkeit jeweils auf eine konkrete Region, auf bestimmte Schutzgüter (Atmosphäre, Boden, Wasser, etc.), Produkte oder Unternehmen bezieht und die Auswirkungen daher bestenfalls im Hinblick auf das jeweilige Bezugssystem bestimmt werden können. Die Bewertung von Auswirkungen unterliegt darüber hinaus auch subjektiven Einschätzungen, die „in Fragen der Nachhaltigkeit durchaus ihre Berechtigung haben, sich aber einer 'objektiven' zahlenmäßigen Bewertung entziehen"

(Baumgartner 2001:2). Daraus wird deutlich, dass Nachhaltigkeit ein Wertsystem mit einer darauf basierenden Zielsetzung und kein absoluter Zustand ist. Die Bewertung steht dabei immer in Abhängigkeit zum wertenden Subjekt und zum jeweiligen geographischen oder sachlichen Bezugssystem. Um diese Diskussion zu präzisieren wäre es im Grunde angemessen, nicht von ‚der' Nachhaltigkeit oder von ‚nachhaltig' zu sprechen, sondern vielmehr von ‚mehr' oder ‚weniger' nachhaltig (vgl. Pils 2003:5) bzw. von „unnachhaltig" und „weniger un-nachhaltig" (Becker 2001:7).

3.3.1.1 Anforderungen an Bewertungsverfahren

Bewertungen sind ein wesentlicher Bestandteil von Entwicklungs- und Entscheidungsprozessen und dienen der Entscheidungsvorbereitung. Als Voraussetzung muss sich eine Be*wertung* der Nachhaltigkeit zunächst mit *Wert*fragen beschäftigen, die letztendlich als Grundlage für das Handeln dienen. Um aus möglichen Handlungsoptionen zur Verbesserung der Nachhaltigkeit touristischer Mobilitätsangebote prioritär umzusetzende Maßnahmen von sekundären trennen zu können, müssen Nachhaltigkeitsziele definiert und gegeneinander abgewogen werden.

Durch die Anwendung von Bewertungsmethoden kann die Rationalität von Entscheidungen erhöht werden. Sie strukturieren und reglementieren sowohl formal als auch inhaltlich den Bewertungsvorgang, indem sie Regeln für die Verknüpfung der Sachinformation mit den Wertmaßstäben bereitstellen (vgl. Bechmann 1989:91). Der Sinn von Bewertungsverfahren liegt darin, „Wertträger [Bewertungsobjekte] zu klassifizieren, zu ordnen oder hinsichtlich ihres Wertes zu quantifizieren" und damit eine Entscheidungsgrundlage zu schaffen. Unter formalen Gesichtspunkten bedeutet „Bewerten" das „Anordnen von Objekten auf Skalen"; somit lassen sich ‚Werten' und ‚Messen' so gut wie nicht unterscheiden (Bechmann 1981:103ff.). Mit Hilfe von Bewertungsverfahren werden Sachinformationen mit Wertmaßstäben zu einem Werturteil verknüpft und somit Normatives und Deskriptives miteinander verflochten. Eine Bewertung lässt sich in drei Komponenten aufspalten (vgl. Abbildung 16): die Sachkenntnis über das zu bewertende Objekt, die Stellungnahme des wertenden Subjekts gegenüber dem Bewertungsobjekt und das Wertbewusstsein (Bechmann 1981:103f.). Das Zusammenspiel dieser drei Komponenten führt dazu, dass wichtige Ziele ermittelt und Prioritäten für die Umsetzung festgelegt werden können.

3.3 NACHHALTIGKEITSBEWERTUNG

```
Bezugssystem                                    Wertesystem

                    Gewinnung von
                    Sachkenntnis       Wertebewusstsein
   ┌──────────────┐         →        ┌──────────┐        →   ┌──────────────────┐
   │ Bewertungs-  │                  │          │            │ Nachhaltigkeits- │
   │ objekt       │                  │ Subjekt  │            │ prinzipien       │
   │ Freizeit-    │                  │          │            │                  │
   │ verkehrs-    │                  │          │            │                  │
   │ angebot Tages│                  │          │            │                  │
   │ und Kurzreise│                  │          │            │                  │
   │ tourismus    │                  │          │            │                  │
   └──────────────┘         ←        └──────────┘        →   └──────────────────┘
                    Stellungnahme /        Gesellschaftliche
                    Bewertung              Diskussion
```

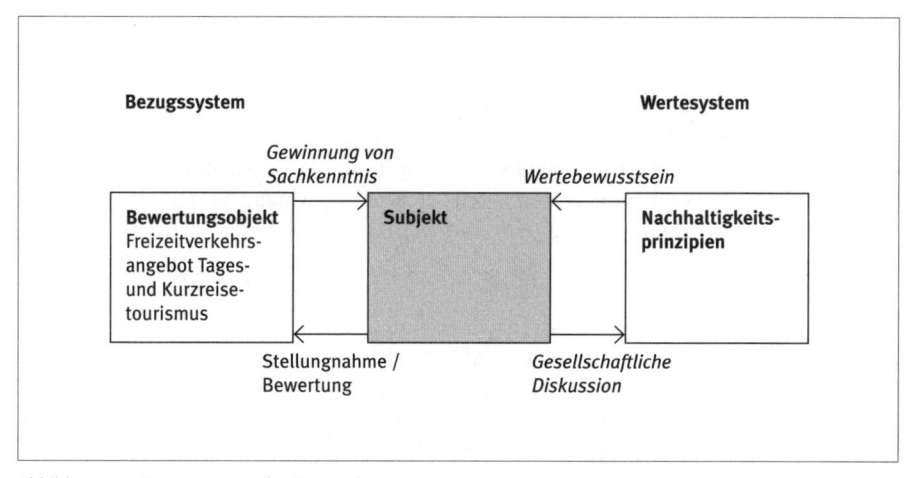

Abbildung 18: **Komponenten der Bewertung**
Quelle: Eigene Darstellung

Im Rahmen der Nachhaltigkeitsbewertung wird festgelegt, was in einem konkreten Teilraum oder auch für ein konkretes Bewertungsobjekt gewollt ist (vgl. ARL 2000:30). Zu diesem Zweck werden Nachhaltigkeitsziele formuliert. Sie bestimmen die „Auswahl von Handlungen und Verhalten" und dienen dazu, „beide zu legitimieren" (Bechmann 1981:103). Die Einstufung in ‚wichtig' und ‚unwichtig' erfolgt jeweils durch das wertende Subjekt. Neben der Schwierigkeit, die Komplexität der Wirkungszusammenhänge eines Bewertungsobjekts wirklichkeitsgetreu darzustellen, ist auch eine „objektive Beurteilung" durch das wertende Subjekt „nicht vorstellbar" (Wittmann 1990:9ff, zit. in Appel 2002:38). So werden komplexe Zusammenhänge je nach Sichtweise, Zielvorstellung und Informationsstand unterschiedlich beurteilt. Für das Bewertungsobjekt, so auch für den Verkehr im Allgemeinen und den Freizeitverkehr im Besonderen, wird der „übergeordnete Wertrahmen" für die Nachhaltigkeit zwar von der Politik gesetzt (vgl. CIPRA 1999:3). Doch liegt es dann in der Verantwortung jedes Einzelnen bzw. jedes einzelnen Unternehmens – also auch in der Verantwortung der Tourismus- und Verkehrswirtschaft – Nachhaltigkeit für den eigenen Bereich zu definieren, Ziele für das eigene Handeln aufzustellen und diese zu erfüllen. Weil es aber weder eine allumfassende Datenerhebung noch eine objektive Bewertung nachhaltiger Entwicklung geben kann, sollten die getroffenen Entscheidungen und in die Bewertung einfließenden Werturteile offengelegt und nachvollziehbar begründet werden. Vor allem aber müssen Werturteile verbindlich sein und damit das Verhalten steuern (Bechmann 1989:91ff.).

Als der Bewertung zugrunde liegende Wertmaßstäbe (Wertesystem) fungieren im Rahmen dieser Untersuchung die im Theoriekonzept formulierten Nachhaltigkeitsziele. Sie geben an, welche Handlungswirkungen – bezogen auf den Bewertungsgegenstand – beabsichtigt oder erwünscht sind (siehe unten: *Festlegung des Zielsys-*

tems). Für die Entwicklung eines praktikablen Bewertungsansatzes ist es darüber hinaus erforderlich, die Funktionen der Bewertung zu bestimmen und festzulegen, welche Aufgaben die Bewertung zu erfüllen hat, welche Ziele mit der Durchführung verfolgt werden und welche Art von Ergebnis gewonnen werden soll (siehe: *Funktion der Bewertung*). Anschließend müssen zur Durchführung der Bewertung die Ziele operationalisiert und Indikatoren ermittelt werden, welche sie messbar machen (siehe: *Operationalisierung von Zielen und Indikatorenbildung*).

Festlegung des Zielsystems

Nachhaltigkeitsziele werden in der Regel, abhängig vom jeweiligen Betrachtungsgegenstand, aus bestehenden Leitbildern oder Nachhaltigkeitsdefinitionen entwickelt. Dieser Schritt wurde hier für den Betrachtungsgegenstand ‚Freizeitverkehrsangebot' bereits durch die Formulierung des hierarchischen Zielsystems im Theoriekonzept vollzogen. Aus der übergeordneten Nachhaltigkeitsdefinition wurden in verschiedenen Stufen immer konkretere Ziele abgeleitet. Wie Erfahrungen gezeigt haben, können „hierarchisch aufgebaute und somit klar strukturierte Zielsysteme von den beteiligten Akteuren am Besten nachvollzogen werden" und damit auch die Handhabung erleichtern (vgl. Umweltbundesamt/ Surburg 2002:40).

Um die spätere Operationalisierung der Ziele zu vereinfachen, sollte bereits bei der Ableitung des Zielsystems unterschieden werden in (vgl. Umweltbundesamt 2000:15):

- wirkungsbezogene Ansätze (Betrachtung von Auswirkungen z.B. auf Schutzgüter wie Boden, Wasser, Luft) und

- verursacherbezogene Ansätze (Betrachtung der Verursacher/ Ursachen).

Da es bei dem vorliegenden Ansatz darum geht, die Handlungsmöglichkeiten von Reiseveranstaltern als verantwortliche Hauptakteure im Blick zu haben, erscheint die Anwendung eines verursacherbezogenen Ansatzes als sinnvoll. Wirkungsbezogene Ansätze werden daher im Folgenden nicht näher betrachtet.

Verursacher- bzw. ursachenbezogener Ansatz

Verursacherbezogene Ansätze existieren vor allem in Form von Leitfäden, Fragen- und Kriterienkatalogen oder Checklisten, die der Überprüfung und Bewertung der Nachhaltigkeit z.B. von Unternehmen oder Produkten dienen sollen. Da ihr vorrangiges Ziel ist, Handlungsoptionen zur Verbesserung der Nachhaltigkeit aufzuzeigen, besitzen sie zumeist eine an den relevanten Sachthemen orientierte Struktur. Eine solche handlungsfeldbezogene Ausrichtung ist auch für die Bewertung touristischer Mobilitätsangebote gut nutzbar, doch sollte dabei auch bedacht werden, wer letztlich die Bewertung durchführt und wer Entscheidungsträger für einzuleitende Maßnahmen ist. So werden für Bewertungsverfahren zwar meist Ziele für die nachhaltige Entwicklung definiert und die Bedeutung einer Nachhaltigkeitsbewertung für die zukünftige Entwicklung hervorgehoben, jedoch keine Verantwortlichen für die Umsetzung benannt. Dies ist insbesondere bei wirkungsbezogenen Ansätzen mit geographischem Bezugsraum oft der Fall. In den Deklarationen oder Leitlinien wird außerdem die Aufstellung konkreter Ziele und die Ermittlung messbarer Indikatoren gefordert, allerdings werden weder einzelne Politik- noch Wirtschaftsakteure explizit als zuständig benannt. So gilt der Tourismus als eine wesentliche Ursache – „one of the driving forces" (Pils 2003:5) – für Umweltbelastungen, aber in entsprechenden Bewertungsverfahren erfolgt in der Regel nur eine Analyse der möglichen Auswirkungen und Effekte auf die Umwelt und ggf. auf die sozio-ökonomischen Lebensbedingungen. Im Ergebnis werden dann diese Auswirkungen aufgezeigt, mögliche Handlungsalternativen und Verantwortliche werden aber nicht angegeben. Eine Ursache dafür ist, dass Ziele meist nicht verursacherbezogen formuliert und analysiert werden. Die Zielformulierung sowie die Struktur des Bewertungssystems ist jedoch sinnvollerweise gezielt an den beteiligten Akteuren auszurichten.

Handlungsziele beschreiben einen Soll-Zustand, der durch die Umsetzung von Maßnahmen erreicht werden soll. Hier muss abgewogen werden, wie anspruchsvoll Ziele formuliert werden: Sind sie so streng formuliert, dass eine Umsetzung kaum möglich ist, verliert die freiwillige Durchführung der Bewertung an Anreiz. Sind sie jedoch zu weich formuliert, so lassen sich keine spürbaren Verbesserungen erreichen. Als positives Beispiel wurde im Rahmen der EU-Initiative TERM (Transport and Environment Reporting Mechanism, vgl. European Environment Agency 2002) konsequent versucht, „auf die Bedürfnisse von Entscheidungsträgern einzugehen" und gleichzeitig Indikatoren vorzuschlagen, die „auch für die Umsetzung innovativer Maßnahmen- und Strategiepakete im Verkehrsbereich" eine Hilfestellung bieten (CIPRA 1999, Kapitel 4:5). Bei der Bewertung von Reise- bzw. Mobilitätsangeboten im Tourismus, wie bei der Bewertung von Produkten oder Dienstleistungen generell, lassen sich prinzipiell zwei Arten von Verantwortlichen benennen: die Anbieter und die Nachfrager.

Im Rahmen des vorliegenden Ansatzes wird die Hauptverantwortung für eine nachhaltige Tourismusentwicklung bei den Anbietern, also den Reiseveranstaltern oder Tourismusorganisationen und ihren Kooperationspartnern gesehen. Es wird davon ausgegangen, dass diese ein langfristiges Interesse am Schutz und Erhalt ihrer eigenen wirtschaftlichen Basis (Natur und Landschaft, Bevölkerung und Infrastruktur) in den Tourismusregionen haben. Demzufolge kommt ausschließlich ein verursacherbezogener Ansatz bzw. die Definition eines akteursorientierten Zielsystems in Frage. Als entscheidend für den Erfolg des Bewertungsinstruments muss allerdings die verbindliche Gültigkeit der Ziele gegeben sein (Umweltbundesamt 2000:7ff.).

Funktionen der Bewertung

Je nach Aufgabenstellung können die mit einer Bewertung zu erreichenden Ziele höchst unterschiedlich sein (vgl. Tabelle 80). Eng mit der Zielsetzung verbunden ist die Wahl des Bewertungszeitpunktes, an dem sich die meisten Bewertungsansätze auch in ihrer Namensgebung orientieren (vgl. Appel 2002:30). Entsprechend der Zielsetzung wird der Zeitpunkt der Bewertung bestimmt. Es kann grob unterschieden werden in Ex-ante-, Ex-post und Prozess begleitende Bewertungen:

Tabelle 80: **Zeitpunkt und Ziel der Bewertung**

Zeitlicher Schwerpunkt	Funktionen der Bewertung
Ex-ante-Bewertung	Beispiel: Wirkungsanalyse Untersuchung vor Beginn der Planung; dient der Abschätzung der Auswirkungen von Aktivitäten oder Maßnahmen. Die weitere Projektentwicklung wird durch die Bewertungsergebnisse beeinflusst.
Prozess begleitende Bewertung	Umfasst den gesamten Zyklus der Planung, die Ergebnisse dienen dazu, fortlaufend den Planungsprozess zu optimieren. Beobachtet werden Abweichungen von Zielen und Veränderungen der Rahmenbedingungen.
Ex-post-Bewertung	Beispiel: Erfolgskontrolle Untersuchung nach Abschluss der Planung bzw. nach Durchführung von Maßnahmen. Dient dem Vergleich des Ist- mit dem Soll-Zustand und nimmt Einfluss auf zukünftige Planungen und Vorhaben. Ermittlung, ob Ziele erreicht wurden und welche Ursachen dem zugrunde liegen ermöglichen Aussagen zum Erfolg eines Projektes.

Quelle: Eigene Darstellung nach Appel 2002:31, verändert

Operationalisierung von Zielen und Indikatorenbildung

Die Operationalisierung von Wertsystemen erfolgt in der Regel, indem ein System allgemeiner Ziele immer mehr konkretisiert wird, bis eine Ebene von operational abprüfbaren Zielen erreicht ist. Diese ‚konkrete' Ebene stellt im ‚Zielsystem für nachhaltige Freizeitverkehrsangebote im Tourismus' die Ebene der Handlungsziele dar. Zur Erfassung der Sachebene, d.h. des Bewertungsobjekts, müssen quantitativ messbare oder qualitativ beschreibbare Eigenschaften gefunden werden, die das Bewertungsobjekt im Hinblick auf das anzuwendende Wertsystem angemessen beschreiben. Diese stellvertretend für das Bewertungsobjekt stehenden Eigenschaften werden in der Regel ‚Indikatoren' genannt.

3.3 Nachhaltigkeitsbewertung

```
┌─────────────────────────────────────────────────────────────┐
│   Sachebene              Wertesystem                        │
│  ┌──────────────┐      ┌──────────────┐                     │
│  │Freizeitverkehrs-│   │Zielsystem für│                     │
│  │angebot als Dienst-│ │nachhaltige   │                     │
│  │leistungsprodukt│   │Freizeitverkehrs-│                   │
│  │              │      │angebote im   │                     │
│  │              │      │Tourismus     │                     │
│  └──────┬───────┘      └──────┬───────┘                     │
│   Indikatorbildung        Operationalisierung               │
│         ▼                     ▼                             │
│       ┌──────────────────┐                                  │
│       │ Werturteil       │                                  │
│       │ (Bewertungsver-  │                                  │
│       │ fahren)          │                                  │
│       └──────────────────┘                                  │
└─────────────────────────────────────────────────────────────┘
```

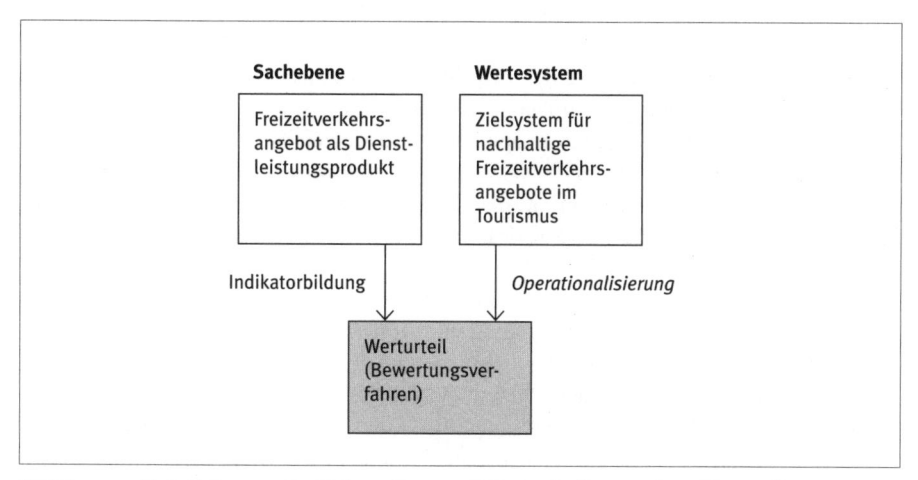

Abbildung 19: **Verknüpfung von Sachinformationen und Wertmaßstäben zu einem Werturteil**
Quelle: Eigene Darstellung nach Bechmann 1989:91, verändert

Operationalisierte Ziele geben Auskunft darüber, wann das Ziel erreicht oder nicht erreicht ist bzw. welcher Zustand als Erfolg oder Nicht-Erfolg zu bewerten ist. „Operational definierte Ziele sollen zugleich eine Überprüfung und Zielerreichungskontrolle ermöglichen" (ARL 2000:30). Um den Grad der Zielerreichung feststellen zu können, bedarf es eines Messinstrumentes. Diesen Zweck erfüllen zumeist Indikatoren (-Sets), welche das Bewertungsobjekt ‚messbar' machen. Indikatoren sind „gemessene, berechnete, beobachtbare oder abgeleitete Kenngrößen, die zur Beschreibung oder Bewertung des Zustandes eines Sachverhalts oder komplexen Systems dienen" (Bayerisches Staatsministerium für Landesentwicklung und Umweltfragen/ Umweltbundesamt 2000:17). Bewertungsobjekte, die sich der quantitativen Darstellung entziehen, d.h. eine Zuordnung quantitativ messbarer Indikatoren nicht möglich ist, bedürfen aber gleichwohl einer Operationalisierung. „In diesen Fällen sollten die Ziele möglichst klar präzisiert und durch einen Verweis auf diesem Ziel entsprechende, beispielhafte Maßnahmen, Handlungsansätze oder Nutzungsvorschläge verdeutlicht werden" (ARL 2000:30).

Entsprechend der Ausrichtung des Zielsystems (wirkungsbezogen oder verursacherbezogen) wird unterschieden in (vgl. WTO 1996:23f.):

- Belastungsindikatoren:
  dienen zur Bewertung von Belastung und Stress („Measures of pressure or stresses"), sie zeigen Veränderungen (z.B. Wachstum von Populationen oder sich ändernde Erwartungen und Anforderungen der Bevölkerung) an. Indikatoren zur Warnung („Warning indicators") sensibilisieren Entscheidungsträger für möglicherweise auftretende Probleme in einer Region und für die Notwendigkeit diese zu verhindern.

- Zustandsindikatoren:
ermöglichen die Beurteilung des Zustandes der natürlichen Ressourcen und die Bewertung derzeitiger Nutzungen („Measures of the state of the natural resource base and measures of demands upon it") und sie zeigen die Auswirkungen von Aktivitäten an. Als Einfluss- bzw. Wirkungs-Indikatoren („Measures of impacts/ consequences") ermöglichen sie die Berücksichtigung bekannter Einflüsse auf Umwelt bzw. Wirtschaft und Kultur und die Folgenabschätzung von Handlungen und Aktivitäten.

- Bewertungsmaßstäbe zur Beurteilung von Maßnahmen:
dienen der Bewertung von Fortschritten und Aktivitäten („Measures of management effort/ action") auf dem Weg zur nachhaltigen Entwicklung. Bewertungsmaßstäbe informieren Entscheidungsträger über die Folgen von Aktivitäten zur Beantwortung der Frage „Tun wir genug?". Die ebenfalls in diese Gruppen fallenden Indikatoren zur Beurteilung der Einflüsse durch nachhaltiges (Umwelt-) Management („Measures of management impact") geben Auskunft über die Effekte an den Prinzipien der Nachhaltigkeit orientierten Handelns, z.B. Reduzierung des Abfallaufkommens.

Zur Verdeutlichung der drei unterschiedlichen Kategorien einige Beispiele: Die ‚Geschwindigkeit der Änderung der globalen Lufttemperatur' stellt einen Zustandsindikator dar, die ‚jährlichen nationalen Kohlendioxid-Äquivalente der Treibhausgasemissionen' einen Belastungsindikator. Die ‚Entwicklung von energiebezogenen Steuern' ist Maßnahme, deren Umsetzung anhand eines festzulegenden Bewertungsmaßstabs überprüft werden muss.

Die wertmäßige Ausformulierung von Indikatoren kann auf unterschiedlichen Wegen erfolgen (vgl. ARL 2000:31):

- Vorgabe absoluter Größen (Festlegung von Grenzwerten und Mindeststandards),

- Vorgabe relativer Werte (Darstellung des Verhältnisses zwischen Ist- und Soll-Zustand, z.B. Reduzierung des CO_2-Ausstoßes um 25% innerhalb eines bestimmten Zeitraums),

- Vorgabe eines Wertebereichs (innerhalb dieses Bereichs kann ein bestimmtes Ziel als erfüllt angesehen werden).

Anhand eines indikatorgestützten Bewertungssystems lässt sich überprüfen, ob die Zielvorgaben auch tatsächlich erreicht wurden bzw. ob die eingesetzten Maßnahmen zum beabsichtigten Ergebnis führten. Schon die Entwicklung und noch mehr die Auswahl von Indikatoren ist als ein sehr stark wertender Prozess anzusehen (vgl. Reul 2002:127). Ideal als Bewertungsgrundlage geeignet wären „Indikatoren, die

die Zufriedenheit der Menschen und den Zustand der Umwelt als Ganzes abbilden" (Borken/ Höpfner o.J., o.S.). Da dies jedoch nicht möglich ist, werden diese Größen näherungsweise durch statistische und zum Teil qualitative Parameter (Indikatoren) ersetzt. Es ist jedoch weder endgültig geklärt, welche Aspekte zwingend erfasst werden müssen, noch in welcher Tiefe sie zu erfassen sind, noch wie die einzelnen Parameter miteinander zu verrechnen wären (ebd.). Auch wird sich dies auf Grund der zu hohen Komplexität der meisten Bewertungssachverhalten nicht endgültig klären lassen, da sich die Wirklichkeit mit allen ihren Wirkungszusammenhängen kaum darstellen und berechnen lässt. Entsprechend ist die Festlegung eines einheitlichen Maßstabs, der für alle Indikatoren und Kriterien bestimmte quantitative Zielwerte festsetzt, nicht möglich. Indikatoren können den Stand nachhaltiger Entwicklung zwar messen, stellen jedoch noch keinen vollständigen Bewertungsansatz dar, sondern „dienen allein der ökologisch, ökonomisch oder sozial orientierten Berichterstattung im Rahmen nachhaltiger Entwicklung" (Tischer/ Pütz 2000, o.S.). Die mit Hilfe der Indikatoren ermittelten Messergebnisse bzw. qualitativen Aussagen erhalten erst dann Bewertungscharakter, wenn sie mit einem Ziel- oder Wertesystem in Verbindung gebracht werden. Diese Tatsache wird in Forschung und Praxis allzu oft vernachlässigt, weshalb zwar eine Vielfalt von Kriterien- und Indikatorenkatalogen existiert, aber nur wenige praktikable Verfahren zur Bewertung der mit ihnen erzielten Ergebnisse zur Verfügung stehen (ebd.).

Ein generelles Problem der Nachhaltigkeitsbewertung besteht darin, dass in der Regel eine Abwägung zwischen ökologischen, ökonomischen und sozialen Interessen erfolgen muss. Dabei ist zunächst zu überlegen, ob alle zu betrachtenden Themen bzw. Ziele gleichrangig zu behandeln sind, oder ob prioritäre Ziele bestimmt werden sollen. So drückt sich beispielsweise in der Nachhaltigkeits-Formel ‚Ökologie + Ökonomie + Soziales = Nachhaltigkeit' eine Aggregationsformel aus, die alle drei Dimensionen gleichrangig behandelt. Je nach zu Grunde gelegtem Wertmaßstab lässt sich die Gewichtung jedoch beispielsweise ebenso zu Gunsten der Ökologie, also ‚2x Ökologie + Ökonomie + Soziales = Nachhaltigkeit' entscheiden (ebd.). Die Gewichtung der Nachhaltigkeitsdimensionen oder der einzelnen Ziele ist folglich auch gar nicht objektiv zu bestimmen, sondern muss im Rahmen eines Abwägungsprozesses ermittelt werden. So ist davon auszugehen, dass beispielsweise bei der Bewertung der nachhaltigen Entwicklung von Regionen oder Kommunen unterschiedliche Vorstellungen darüber existieren, welcher Zustand von Umwelt, Wirtschaft und Gesellschaft als nachhaltig anzusehen ist. Die Bewertung wird damit zu einem diskursiven Prozess, der von den Wertmaßstäben der beteiligten Akteure abhängt. Die zentrale Frage bei der Gewichtung von Nachhaltigkeitsindikatoren ist demnach, welcher Stellenwert den Einzelindikatoren eingeräumt wird.

Voraussetzung für eine ausgewogene Gewichtung ist, dass in allen Bereichen gleichermaßen nachvollziehbare Indikatoren vorhanden sind. Während die Entwicklung von Indikatoren im Umweltbereich bereits relativ weit fortgeschritten ist, stellt sich die Bestimmung von Kriterien und Indikatoren der ökonomischen und sozio-kulturellen Dimension als wesentlich schwieriger dar. Im sozialen Bereich zeigen sich nur wenige Ansätze für eine Operationalisierung. Diese sind – wenn vorhanden – bisher vor allem auf lokaler Ebene im Rahmen der Sozial- und Armutsberichterstattung angesiedelt (ARL 2000:27). Hier lassen sich häufig nur qualitative Aussagen treffen, die mit den Aussagen quantitativer Indikatorensysteme nur sehr schwer vergleichbar sind. Tatsache ist, dass zur *langfristigen* Erhaltung attraktiver touristischer Ziele alle Interessendimensionen (ökologische, ökonomische und soziale Interessen) gewahrt werden müssen. Gleichzeitig stehen aus Sicht touristischer Unternehmen aber vor allem kurzfristige wirtschaftliche Ziele im Vordergrund. Damit also die Umsetzung nachhaltiger Reisekonzepte für marktwirtschaftlich arbeitende Unternehmen überhaupt von Interesse ist, müssen entsprechende Angebote schon nach kurzer Zeit ökonomisch tragfähig sein.

Für die Operationalisierung und Indikatorenbildung ist zunächst die Klärung der Bezugsebene (geographisch bzw. sachlich) erforderlich. Hier kommt beispielsweise die Betrachtung einer Region oder eines einzelnen Unternehmens (z.B. Reiseveranstalter) bzw. einzelner Produkte und Dienstleistungen (z.B. Reiseangebote) in Frage. Neben der Festlegung des räumlichen, sachlichen und zeitlichen Bezugsrahmens sind folgende Anforderungen für die Entwicklung von Bewertungsansätzen bzw. Indikatoren zu erfüllen (vgl. dazu: ARL 2000:30; AUBE/ BUND 1998; Baumgartner 2000:48; Ernst Basler + Partner AG 1998:63f; Hübler 1989:136; Pils 2003:8; Tischer/ Pütz 2000, o.S.; Umweltbundesamt 2000:9f). Diese Anforderungen gilt es, bei der Entwicklung eines Ansatzes zur Bewertung der Nachhaltigkeit von Freizeitverkehrsgeboten bzw. Reiseketten zu berücksichtigen:

- *Berücksichtigung des Bewertungsziels und des Bewertungszeitpunkts*:
  die ausgewählten Indikatoren sollten eine Aussage im Hinblick auf die Funktion der Bewertung (z.B. Wirkungsanalyse oder Erfolgskontrolle) ermöglichen und repräsentativ für das abzubildende Nachhaltigkeitsziel sein. Die gewählten Einheiten sollten sich dabei an den Bedürfnissen der Anwender (Reiseveranstalter) bzw. den zur Verfügung stehenden Datengrundlagen orientieren.

- *Verbindlichkeit*:
  nicht nur die Formulierung von Zielen, sondern auch die Anwendung des Bewertungssystems muss verbindlich gehandhabt werden.

- *Darstellung der Wirkungszusammenhänge / Ursachen:*
  sowohl für wirkungsbezogene als auch für verursacherbezogene Ansätze ist die Darstellung von Wechselwirkungen zwischen den Verursachern und von Wirkungszusammenhängen zwischen den drei Nachhaltigkeitsdimensionen erforderlich. Auf diese Weise können verschiedene Alternativen durchdacht und Handlungsmöglichkeiten ermittelt werden.

- *Komplexitätsreduzierung:*
 Auf Grund der hohen Komplexität der Wechselbeziehungen zwischen den einzelnen Nachhaltigkeitsdimensionen bzw. Bereichen ist eine vollständige Erfassung und Darstellung des gesamten Wirkungsgefüges kaum möglich. Eine Komplexitätsreduktion verfolgt daher nicht die Absicht, komplexe Zusammenhänge zu vereinfachen, sondern den Zugang zu ihnen zu erleichtern.

- *Transparenz und Verständlichkeit:*
 da die Bewertung der Entscheidungsvorbereitung und auch der Kommunikation der Nachhaltigkeitsidee dient, sollte der Bewertungsvorgang, d.h. die ‚In Wert'-Setzung, leicht verständlich und nachvollziehbar sein.

- *Trennschärfe*:
 mit dem Wert des Indikators muss der Zustand des betrachteten Systems (geographisch oder sachlich) als „gut" oder „schlecht" einzustufen sein bzw. es muss abgeschätzt werden können, ob sich der Entwicklungstrend in Richtung der aufgestellten Zielgröße bewegt oder nicht.

- *Vertretbarer Erhebungsaufwand*:
 Indikatoren sollten mit einem vertretbaren Aufwand ermittelbar sowie kontrollierbar sein. Sie sollten daher möglichst auf vorhandenen Daten aufbauen.

- *Handlungsrelevanz, Praxisbezug, kurz-/ mittelfristige Umsetzbarkeit:*
 Für die Nachhaltigkeitsbewertung in den Bereichen Tourismus und Verkehr müssen geeignete Indikatoren eine hohe Relevanz für die Tourismusentwicklung aufweisen, einen starken Einfluss auf die Wahrnehmung der Konsumenten ausüben und auf existierenden oder leicht zu erhebenden Daten basieren.

- *Sensitivität gegenüber Zustandsänderungen, Dynamik und Innovation:*
 das Indikatorensystem muss sich verändernden Rahmenbedingungen flexibel und möglichst ohne Zeitverzögerungen anpassen können.

- *Berücksichtigung bestehender (bzw. gesetzlich vorgegebener) Qualitätsstandards*:
 die Definition von Indikatoren kann zwar strengere Auflagen fordern, darf jedoch nicht hinter bestehenden Standards zurückbleiben. Indikatoren sollten zudem eine Bewertung anhand geeigneter Richtlinien erlauben.

- *Berücksichtigung des Produkt-Lebenszyklus*:
 für die Bewertung von Umweltauswirkungen sind nicht nur die unmittelbaren Emissionen sondern auch Herstellungs- und Entsorgungsaspekte zu berücksichtigen.

- *Regionalisierung / interregionale Kompatibilität*:
  Je nach Ansatz müssen Indikatoren regionsspezifische Besonderheiten (z.B. besonders schützenswerte Gebiete) berücksichtigen oder interregional gültig sein und damit einen Vergleich von Regionen ermöglichen.

In den vorangegangenen Darstellungen wurden die Anforderungen an idealtypische Bewertungsverfahren identifiziert. Derart gestaltete Verfahren haben den Vorteil, dass durch deren schrittweise Anwendung der Bewertungsgegenstand sowohl inhaltlich als auch formal strukturiert wird. Durch die Bewertung selbst, d.h. die Verknüpfung der ermittelten Indikatoren mit Werturteilen, lässt sich schließlich die Rationalität von Entscheidungen erhöhen. Die beschriebenen Anforderungen stellen sich auch an die Entwicklung eines Ansatzes zur Bewertung der Nachhaltigkeit von Mobilitätsangeboten im Tages- und Kurzreisetourismus.

Bei der Übertragung der Anforderungen auf den konkreten Ansatz zur Bewertung von Freizeitverkehrsangeboten müssen folgende methodische Probleme berücksichtigt werden (vgl. Appel 2002:39):

- Hohe Komplexität des Bewertungsgegenstandes als ein Baustein eines Gesamtangebots (siehe: ‚Prozess der Angebotsgestaltung');
- Wirkungszusammenhänge lassen sich auf Grund der Komplexität kaum erfassen und darstellen;
- Operationalisierung der Ziele und Bildung von Indikatoren nur zum Teil möglich;
- Datenverfügbarkeit ist nicht immer gegeben;
- Erfolgsbestimmung ist nur in Relation zu anderen Angeboten bzw. Erfahrungswerten, nicht aber absolut (im Sinne von ‚nachhaltig' oder ‚nicht-nachhaltig') möglich.

Das größte Problem stellt die mit der Operationalisierung verknüpfte Erfolgsbestimmung dar. Nach dem heutigen wissenschaftlichen Erkenntnisstand fehlen Ergebnisse und Erfahrungen darüber, welche absolute Größe, welcher Grenzwert oder welcher Wertebereich als ‚Soll-Wert' zu definieren wäre. Entsprechend lässt sich kaum bestimmen, welcher ‚Ist-Wert' als Erfolg zu werten ist. Dieses Problem tritt jedoch nicht nur spezifisch, bezogen auf das Bewertungsobjekt ‚Freizeitverkehrsangebot' auf, sondern stellt eine generelle Schwierigkeit von Bewertungsverfahren dar. So bleibt der Soll-Ist-Vergleich häufig „unbefriedigend, wenn keine weitergehenden Aussagen darüber erfolgen, wie ein ‚nicht ganz' Erreichen der Ziele zu werten ist" (Appel 2002:39).

Aus diesen Darlegungen lässt sich für die Bewertung der Nachhaltigkeit von Freizeitverkehrsangeboten bzw. Reiseketten schlussfolgern,

A) dass eine wirkungsbezogene Bewertung des Angebots nur relativ (im Sinne eines Reisekettenvergleichs), nicht aber absolut (bezogen auf die Auswirkungen auf eine Region) durchgeführt werden kann. Gleichwohl ist aber die Aussage zulässig, dass z.B. durch den Einsatz von Erdgasbusen die Emissionen von NO_x auf dem gesamten Streckenkorridor *im Vergleich* zu konventionellen Bussen geringer sind und sich daraus eine Entlastungswirkung für die Region ergibt.

B) dass eine Erfolgskontrolle nur durch die Überprüfung der Umsetzung von Handlungszielen möglich ist, nicht aber die Bestimmung von Zielerreichungsgraden. Grund ist, dass sich auf Basis der bisherigen Erkenntnisse und Erfahrungen (Ausgangspunkt bilden hier die im Theoriekonzept untersuchten Ansätze zur nachhaltigen Tourismus- und Verkehrsentwicklung) nur bei den wenigsten Handlungszielen quantifizierbare Kriterien festlegen lassen.

Vor diesem Hintergrund gilt es Lösungen zu finden, die dennoch eine Beurteilung der Nachhaltigkeit ermöglichen. Zu diesem Zweck werden nachfolgend zunächst vorhandene Bewertungsansätze auf ihre Übertragbarkeit überprüft.

3.3.1.2 Vorhandene Ansätze zur Bewertung der Nachhaltigkeit

Sowohl im Hinblick auf eine nachhaltige Tourismus- als auch hinsichtlich einer nachhaltigen Verkehrentwicklung wurden in der Vergangenheit eine Reihe von Kriterienkatalogen, Indikatorensets und anderen Bewertungsansätzen für unterschiedliche Aufgabenstellungen erarbeitet. Grundsätzlich lassen sich zwei unterschiedliche Bezugsebenen unterscheiden: die geographische (z.B. Beurteilung der Nachhaltigkeit innerhalb einer Region) und die sachliche bzw. handlungsfeldbezogene Bezugsebene (z.B. Beurteilung von Produkten oder Dienstleistungen). Im Rahmen der Entwicklung des Zielsystems für nachhaltige Freizeitverkehrsangebote erfolgte im Theoriekonzept bereits eine Analyse von Ansätzen beider Bezugsebenen. Es wurden Definitionen und Leitbilder zur nachhaltigen Tourismus- und Verkehrsentwicklung auf ihre Anwendbarkeit auf den Betrachtungsgegenstand ‚Freizeitverkehrsangebot' überprüft. Keiner dieser Ansätze ließ sich jedoch unmittelbar als Bewertungssystem anwenden und auf den Betrachtungsgegenstand übertragen. Mit der Absicht, einen geeignetes Bewertungsinstrumentarium zu entwickeln, werden daher im weiteren Verlauf dieses Kapitels spezifische Ansätze zur Beurteilung von Unternehmen, Produkten oder Dienstleistungen betrachtet und hinsichtlich ihrer Anwendbarkeit auf Freizeitverkehrsangebote bewertet. Nicht näher betrachtet werden Ansätze mit geographischem Bezugssystem, da sich damit nur die Auswirkungen auf geographisch abgrenzbare Gebiete, nicht aber Verkehre als Dienstleistungsangebote bewerten lassen (vgl. Steierwald/ Nehring 2000; Gühnemann/ Rothengatter 2000).

Spezifische Ansätze: Unternehmen, Produkte und Dienstleistungen

Betriebliches Umweltmanagement: Öko-Audit / EMAS
EMAS (Environmental Management and Audit Scheme), im deutschsprachigen Raum auch Umwelt- oder Öko-Audit genannt, ist ein von der Europäischen Union initiiertes Instrument „über die freiwillige Beteiligung gewerblicher Unternehmen an einem Gemeinschaftssystem für das Umweltmanagement und die Umweltbetriebsprüfung" (Röhrer 1995, zit. in Baumgartner 2000:36). Ziel ist es, Unternehmen zu motivieren, innovative Maßnahmen zum betrieblichen Umweltschutz zu entwickeln und deren konkrete Umsetzung durch organisatorische Verankerung dauerhaft zu realisieren. Grundlage bildet die EMAS-Verordnung aus dem Jahre 1993, die in den Folgejahren wesentlich weiter entwickelt wurde. Die am 27. April 2001 in Kraft getretene Novelle EMAS II gilt, im Vergleich zu EMAS I, nicht mehr nur für gewerbliche Unternehmen, sondern auch für Dienstleistungsunternehmen und Behörden. Nach EMAS II besteht für Tourismusbetriebe und Verkehrsunternehmen als Dienstleistungsunternehmen die Möglichkeit zur Zertifizierung, so dass dieses Instrument neben dem ordnungsrechtlichen System des Umweltschutzes einen Anreiz für gewerbliche Betriebe, Dienstleistungsunternehmen und Behörden bietet, ihren betrieblichen Umweltschutz freiwillig durch ein Umweltmanagementsystem zu verbessern (Strothotte 2002:21f.).

Die EMAS II -Verordnung beinhaltet auch ausdrücklich den Verkehr als Umweltaspekt, da erkannt wurde, dass Verkehr insgesamt in vielen Unternehmen noch eine vernachlässigte Größe darstellt (Frings o.J, S.1). Gefordert wird danach die

- Berücksichtigung des Verkehrs in der Umweltpolitik von Unternehmen,
- Berücksichtigung des Verkehrs in der Definition von Umweltzielen und Maßnahmen,
- quantitative Erfassung des Verkehrs.

Das Öko-Audit, ebenso wie die nachfolgend beschriebene ISO-Zertifizierung stellen bereits etablierte Instrumente des umweltorientierten Unternehmensmanagements dar, dessen Systematik in die Bewertung der An- und Abreise bzw. in die Bewertung des Gestaltungsprozesses von An- und Abreiseangeboten integriert werden kann.

DIN EN ISO-Reihen
Mit EMAS vergleichbar ist die Zertifizierung nach ISO 14001 von der International Organization for Standardization (ISO) für das Umweltmanagement in Betrieben. Ziel ist die Reduzierung der Umweltbelastungen durch Produktionsabläufe und die ständige Verbesserung des betrieblichen Umweltmanagements. ISO 14001 ist detaillierter als EMAS und beinhaltet mehr Zertifizierungselemente (vgl. Wohlfahrt 1999:173). Die Reihe ISO 14000 umfasst mehrere Untergruppen. Mit ISO 14024 und ISO 14025 können sich touristische Initiativen auszeichnen lassen: ISO 14024 ist ein Standard für die Entwicklung von Umweltkennzeichnungen und berücksich-

tigt die Produktauswahl, die Umweltkriterien und den Zertifizierungsprozess der Umweltkennzeichnung (vgl. ISO 1998:3). Die Norm ISO 14025 ist sowohl ein Standard als auch eine Entwicklungsrichtlinie für Umwelterklärungen von Produkten und Dienstleistungen. In ihr werden technische Aspekte, Kommunikationsaspekte und administrative Richtlinien für die Entwicklung oder Veröffentlichung einer Umwelterklärung gegeben (vgl. ISO 1997:1).

Ein Standard für den Aufbau von Qualitätsmanagementsystemen stellt die DIN EN ISO 9000:2000 dar (vgl. DIN 2000). Sie ist kein genormtes System, sondern eine Sammlung von Empfehlungen zur Erreichung, Erhaltung und Verbesserung eines bestimmten Qualitätsniveaus. Dienstleistungsqualität aus Kundensicht kann im Sinne dieser Norm allgemein definiert werden als „Grad der Übereinstimmung von erwarteter mit erhaltener Leistung" (vgl. Norheim 1999, zit. in: ILS 2003:14). Wesentlich ist, das Qualitätsmanagementsystem auf die Gegebenheiten eines Unternehmens auszurichten, um auf diese Weise Akzeptanz und Erfolg zu sichern. Um die Servicequalität des öffentlichen Personenverkehrs „exakt beurteilen zu können", wurde ein Normentwurf für Dienstleistungen im Transportwesen Öffentlicher Personenverkehr (DIN EN 13816) entwickelt (Becker/ Behrens/ Hollborn 2003:30). Die Beschreibung der Dienstleistungsqualität erfolgt damit über einen Katalog von Qualitätskriterien. Als Messverfahren werden eingesetzt: Kundenbefragungen (Customer Satisfaction Surveys, CSS) zur Messung der Kundenzufriedenheit sowie der Einsatz von Testkunden (Mystery Shopping Surveys, MSS) zur Messung der Leistung (vgl. ebd.:31). Gemäß DIN EN 13816 soll das Qualitätsmanagement auf die Qualität der Verkehrsleistung angewendet werden.

Gütezeichen/ Umweltzeichen
Der Begriff Gütezeichen ist zeichenrechtlich geschützt und nicht frei verwendbar. Das Deutsche Institut für Gütesicherung und Kennzeichnung e.V. entwickelt und vergibt das RAL-Gütezeichen für eine Vielzahl von Produktgruppen, die meisten für Produkte oder Leistungen im Baubereich, gefolgt vom Gebrauchsgüterbereich. Zweck der Gütezeichen ist eine neutrale, verlässliche Verbraucherinformation und eine Steigerung der Qualität von Produkten oder Leistungen durch die Kennzeichnung. Der Begriff ‚Gütezeichen' gilt auf Grund seiner Schutzbestimmungen ausschließlich für RAL-Gütezeichen und funktioniert damit analog zum ebenfalls geschützten Begriff ‚Umweltzeichen', der ausschließlich für den „Blauen Engel" verwendet werden darf.

Obwohl es keine speziellen RAL-Gütezeichen für touristische Produkte oder Leistungen gibt, ergeben sich Schnittmengen mit einzelnen Teilleistungen, wie beispielsweise die fünf Sterne-Kategorisierung der Gütegemeinschaft Buskomfort (GBK e.V.). Die an die deutsche Hotelklassifizierung angeglichenen Kategorien von einem bis fünf Sternen sollen Auskunft über den zu erwartenden Komfort von Reisebussen geben und die Orientierung bei der Buchung des ‚Gesamtpakets Busreise' erleichtern. Da hier die Relevanz für die Entwicklung von Freizeitverkehrsangeboten offensichtlich ist, werden diese Kategorien – soweit es sinnvoll erscheint – in das zu entwickelnde Bewertungssystem integriert. Ob sich allerdings anhand von Kriterien wie „77 cm Sitzabstand, verstellbare Sitze und Rückenlehnen, persönliche Leselampe, WC/Waschraum, Miniküche und Klimaanlage" (GBK e.V. 2001) Qualität in ausreichendem Maße abbilden lässt, scheint fraglich.

Neben diesen geschützten Gütezeichen wurden im Bereich Tourismus eine Reihe von Umweltkennzeichnungen oder Gütesiegeln sowohl für Betriebe als auch für Reiseprodukte entwickelt, die keiner festgelegten Norm entsprechen. Einige davon beinhalten auch Bewertungsansätze, die den touristischen Verkehr einbeziehen. Im Verkehrsbereich existieren dagegen neben dem Öko-Audit bzw. der ISO-Zertifizierung keine weiteren Instrumente zur Bewertung von Betrieben oder Produkten.

Touristische Umweltkennzeichnungen (Gütesiegel) für Betriebe und Destinationen[31]
Mit dem Ziel einen umwelt- und sozialverträglichen Tourismus in der Praxis sicherzustellen und umzusetzen, wurden in den letzten Jahren insbesondere in Deutschland und Europa zahlreiche neue Umweltkennzeichnungen („eco-labels") kreiert. Derzeit stehen touristischen Unternehmen eine unüberschaubare Vielzahl solcher freiwilliger Selbstverpflichtungen zur Verfügung. Der Schwerpunkt liegt zumeist auf der Beurteilung einzelner Betriebe. Als Beispiele können genannt werden: der Kriterienkatalog des Deutschen Hotel- und Gaststättenverbandes (DEHOGA), das Österreichische Umweltzeichen für Tourismusbetriebe, welches seit 1997 Hotels, Privatunterkünfte, Campingplätze und Restaurants auszeichnet oder die „Blaue Europaflagge" als Zeichen für den Umweltzustand von Badestränden, Sportboothäfen und Segelflugplätzen. Ein früherer Ansatz, „der grüne Koffer", wurde 1996 vom Verein „Ökologischer Tourismus in Europa" (ÖTE) vorgestellt. Ursprünglich sollte damit eine europaweite Auszeichnung von Reiseveranstaltern und Fremdenverkehrsgemeinden ermöglicht werden. Dieser Anspruch scheiterte jedoch an der Unmöglichkeit die heterogene Angebotsstruktur eines Veranstalters oder einer Destination zu generalisieren, sowie an den Konflikten zwischen wirtschaftlichen und ökologischen Interessen (vgl. Becker/ Job/ Witzel 1996:121).

Die genannten Ansätze entsprechen vielfach den im Theoriekonzept beschriebenen Deklarationen und Leitlinien und enthalten zumeist einen Kriterienkatalog, der im Rahmen der Zertifizierung zu erfüllen ist. Die Umweltkennzeichnungen stellen Ansätze zur Operationalisierung der Nachhaltigkeit dar und dienen der Auszeichnung eines bestimmten Umwelt- und Sozialverträglichkeits-Standards. Darüber hinaus legen viele Auszeichnungen hohen Wert auf die Sicherstellung eines bestimmten Qualitätsstandards. Als übergeordnete Auszeichnung hat das Ecolabel VISIT (Eco-

---

31 Eine begriffliche Systematisierung der Umweltgütezeichen, Umweltzeichen, Umweltgütesiegel, Ökogütesiegel, Umweltsiegel, Umweltmarken, Umweltplaketten, Ökosiegel, Umweltpreise, Umweltwettbewerbe und Ökolabel gestaltet sich auf Grund der diffusen definitorischen Situation von touristischen Umweltkennzeichnungen schwierig (vgl. Strothotte 2002:20ff.)

trans e.V. 2003) den Anspruch, die Qualität anderer Umweltkennzeichnungen zu überprüfen. Ein generelles Problem von Siegeln und Labels stellt die inzwischen inflationäre Verbreitung unterschiedlichster Zeichen dar. Den Verbrauchern wird es nicht – wie ursprünglich angedacht – erleichtert, sondern teilweise unmöglich gemacht, sich auf dem Markt zu orientieren. Ein Vorteil dieser Operationalisierungsansätze ist allerdings für den vorliegenden Fall, dass sie bereits in der Praxis angewendet werden und damit ihre Praxistauglichkeit bereits erprobt ist. Die meisten befinden sich in einem Prozess der ständigen Weiterentwicklung wie beispielsweise der Kriterienkatalog des „forum anders reisen" (Forum Anders Reisen o.J.). Für die Mitgliedschaft in diesem Zusammenschluss mittelständischer Unternehmen, die sich dem umwelt- und sozialverträglichen Reisen verschrieben haben, wird die Erfüllung bestimmter Kriterien verlangt (siehe Tabelle 81). Die Bewertung der Reiseangebote erfolgt anhand von „MUSS-Kriterien" (die Nicht-Erfüllung eines Kriteriums führt zum Ausschluss aus dem Verfahren) und „KANN-Kriterien" (hier muss eine Mindestpunktzahl erreicht werden). Einige der Kriterien lassen sich auch auf die Beurteilung touristischer Mobilitätsangebote anwenden.

Tabelle 81: **Kriterienkatalog des forum anders reisen**

Beispiel für freiwillige Selbstverpflichtungen von Unternehmen Auszüge aus dem Kriterienkatalog des „forum anders reisen e.V."
II. Umweltverträgliches Reisen
- Fortbewegung 1. Umweltschonende Transportmittel (Bahn, Bus) und öffentliche Verkehrsmittel werden sowohl zur Anreise als auch vor Ort bevorzugt. 2. Eine langsame Fortbewegung wird favorisiert. 3. Nichtmotorisierte Fortbewegungen wie Wandern, Radfahren, Kanufahren, Naturbeobachtungen, Stadtspaziergänge etc. sind wesentliche Elemente der Reisen. 4. Flugreisen: Die Mitglieder [...] sind sich bewusst, dass Flugreisen in erheblichem Maße zu den Umweltbelastungen einer Reise beitragen. Deshalb müssen Urlaubslänge und Entfernung in einem vertretbaren Verhältnis stehen [...]. - In den Reiseinformationen werden, wenn möglich, Angaben zur Umweltsituation [...] im jeweiligen Zielgebiet gemacht. Dazu gehören auch Hinweise zu einem entsprechenden Verhalten des Reisenden. Auf die Umweltproblematik der Transportmittel wird im Prospekt hingewiesen [...]. - Ökologisch engagierte Regionen werden, wenn möglich, mit einbezogen. Auf ökologisch besonders belastete Gebiete wird verzichtet.
III. Sozialverantwortliches Reisen
- Die Teilnehmer-Zahl wird je nach Reiseziel und Reiseart den Gegebenheiten angepasst und beschränkt. Geführte Gruppenreisen sollen nicht mehr als 20 Personen umfassen. In besonders empfindlichen Gebieten soll die Gruppengröße weiter reduziert werden. - Gegenüber den Leistungserbringern im Zielgebiet wird auf eine faire Bezahlung geachtet und es werden langfristig tragfähige Verträge angestrebt. Wirtschaftliche Interessen werden dort nicht mehr weiterverfolgt, wo sie den Interessen, Sitten oder Moralvorstellungen der direkt betroffenen Bevölkerung zuwiderlaufen. - Um eine möglichst hohe regionale Wertschöpfung zu erreichen, werden regionale Wirtschaftskreisläufe gefördert. Die örtliche Infrastruktur in ihrer regionaltypischen Ausformung wird weitgehend genutzt.

IV. Verantwortung gegenüber dem Kunden

- Die Reisen der Mitglieder des forum anders reisen ermöglichen besonders intensive Urlaubserlebnisse und eine intensive Erholung. Dies wird unter anderem erreicht durch:
  1. Die Favorisierung der langsamen Fortbewegung im Reiseland,
  2. kleine Reisegruppen und
  3. die sinnvolle Einbindung öffentlicher Verkehrsmittel.
  4. Eine landes-/regionstypische Verpflegung und die Unterbringung in kleinen Häusern sind willkommener Teil des intensiven Reiseerlebnisses.
  5. Der Kunde lernt andere Menschen und sich selbst besser kennen. Er kann sich persönlich entfalten, in dem er angeregt wird, Verantwortung zu übernehmen und selbst aktiv zu werden.
- Der Kunde wird ehrlich beraten und erhält ausführliche Reiseinformationen.

V. Reiseleitung

- Die Reiseleitung ist engagiert und verantwortungsbewusst gegenüber der Umwelt und der sozialen Struktur des Reiselandes und gegenüber den Reiseteilnehmern.
- Es wird sehr begrüßt, wenn die Reise vor Ort von Einheimischen geleitet oder begleitet wird.

Quelle: Eigene Darstellung nach Forum Anders Reisen 2000, o.S.

Nach einem ähnlichen Prinzip funktioniert auch die Beurteilung touristischer Destinationen für die Lizenzvergabe des Gütesiegels der Umwelt-Dachmarke „Viabono", eine Initiative der Bundesregierung von 2001 zur Förderung von nachhaltigen Reisen mit Qualität. Hier werden im Rahmen der Zertifizierung nicht nur Umweltaspekte, sondern insbesondere auch Qualitätsmerkmale berücksichtigt. In beiden Ansätzen wird ein einfaches, praktikables Bewertungsverfahren (Punktesystem) verwendet, das versucht, komplexe Zusammenhänge zwischen Tourismus und Nachhaltigkeit anhand einfach zu überprüfender Kriterien darzustellen. Mit Hilfe offengelegter Kriterien und Bewertungsrichtlinien erfolgt eine Selbsteinschätzung durch die antragstellenden Unternehmen, die anhand mitzuliefernder Unterlagen (Viabono) oder stichprobenartiger Kontrollen (forum anders reisen) überprüft wird.

Tabelle 82: Kriterienkatalog Viabono

Beispielkriterien für touristische Gütesiegel (Destination)
Mobilität
Frage 17 (Pflichtfrage): Ist Ihre Kommune – auch ohne privaten Pkw – durchgängig 7 Tage in der Woche zwischen 8.00 Uhr und 20.00 Uhr mindestens alle zwei Stunden für jedermann erreichbar?
Frage 18 (Pflichtfrage): Verfügt die Kommune/Region über ein den touristischen Bedürfnissen angepasstes ÖPNV-System, das den Gast während seines Aufenthaltes bei der Erfüllung seiner Mobilitätsbedürfnisse unterstützt? Wenn ja, wodurch zeichnet es sich aus?

3.3 Nachhaltigkeitsbewertung

Frage 19 (Pflichtfrage):
Nimmt die Kommune/Region darüber hinaus die Chance wahr, Touristen bereits vor der Anreise über umweltgerechte Mobilitätsangebote zu informieren und vor Ort während des Aufenthaltes zum „Stehen lassen des Autos" zu motivieren?

Frage 20 (Pflichtfrage):
Mit welchen Maßnahmen versuchen Sie, den innerörtlichen motorisierten Individualverkehr zu reduzieren?

Frage 21 (Kannfrage):
Verfügt die Kommune/Region über ein Verkehrsentwicklungskonzept, das ausgehend von Entwicklungsszenarien des Verkehrsaufkommens ein langfristiges umweltgerechtes Mobilitätskonzept sowie Schritte zu dessen Realisierung beschreibt?

Information

Frage 26 (Pflichtfrage)
Informiert die Kommune Gäste, Betriebe und Bürger regelmäßig über den Zustand der Umweltqualität in der Kommune, die Umweltauswirkungen ihrer kommunalen Einrichtungen und ihre Maßnahmen im Bereich Umwelt- und Naturschutz? Wenn ja, zu welchen Themen und in welchem zeitlichem Abstand?

Regionale Wirtschaft

Frage 35 (Kannfrage)
Bestehen zwischen regionalen Wirtschaftsbetrieben und der Kommune Kooperationen hinsichtlich einer bevorzugten Auftragsvergabe bei gleicher fachlicher Eignung im Rahmen der Vergabebestimmungen für öffentliche Leistungen (VBOL)?

Management

Frage 36 (Kannfrage)
Verfügen Sie bereits über ein zertifiziertes/ validiertes Umweltmanagementsystem für kommunale – insbesondere touristische – Einrichtungen?

Frage 37 (Kannfrage)
Unabhängig von der Zertifizierung, welche der folgenden Komponenten eines kontinuierlichen kommunalen Umweltmanagements haben Sie schon erarbeitet?

Frage 38 (Pflichtfrage)
Nur die regelmäßige Betrachtung der wichtigen Umweltschutzaspekte in der Kommune stellt sicher, dass sowohl die Umweltbelastungen verringert werden als auch dauerhaft Geld gespart werden kann. Wer ist bei Ihnen für diese Themen in den touristischen Einrichtungen der kommunalen Hand verantwortlich?

Frage 40 (Kannfrage)
Bestehen Mitgliedschaften bzw. Kooperationen in/mit Natur- und Umweltschutzinitiativen? Wenn ja, welche?

Quelle: Eigene Darstellung nach Viabono, o.J.

Bewertung einzelner Produkte und Dienstleistungen

Im Gegensatz zur Beurteilung der Nachhaltigkeit von Unternehmen und Destinationen existieren zur Beurteilung einzelner Produkte oder Dienstleistungen sowohl im Bereich Tourismus als auch im Bereich verkehrlicher Dienstleistungen kaum geeignete Instrumentarien. Die oben genannten Standards (DIN EN ISO) decken zwar einzelne Aspekte ab, eine umfassende Bewertung erfolgt jedoch nicht.

Einen Vorschlag für einen Operationalisierungsansatz zur Erstellung einer „touristischen Nachhaltigkeitsbilanz" für Reiseprodukte entwickelte 1995 der Arbeitskreis Freizeit- und Fremdenverkehrsgeographie (Becker/ Job/ Witzel 1996:133ff.) mit dem sogenannten „Reisestern". In diesem Ansatz wird das gesamte Produkt ‚Reise' als Aggregat der vier Komponenten An- und Abreiseweg, Wege im Zielgebiet, Beherbergung und Reisezweck (Aktivitäten) betrachtet (vgl. Tabelle 83). Die An- und Abreise wird im Rahmen der ökologischen Dimension bei der Ableitung von Schlüsselindikatoren berücksichtigt („Raumüberwindungsindikator"); gemessen wird der Energiebedarf und die freigesetzten CO_2-Emissionen. In der ökonomischen Dimension spielen verkehrliche Aspekte im Hinblick auf die Wirtschaftlichkeit des Verkehrs am Zielort eine Rolle. Dieser Ansatz für eine ex-ante Bewertung von Reiseangeboten richtet sich in erster Linie an die Konsumenten touristischer Dienstleistungen und soll ihnen als Entscheidungshilfe für die Wahl von Reiseprodukte dienen sowie zur Bewusstseinsbildung beitragen. Die Zacken des zur Veranschaulichung dienenden „Reisesterns" repräsentieren die fünf untersuchten Indikatoren. Die Länge der Zacken spiegelt die sektoral dargestellten ökologischen und sozialen Belastungen sowie fehlende positive ökonomische Effekte wider.

Tabelle 83: **Indikatoren der ökologischen, ökonomischen und sozialen Dimension des Reisesterns**

Dimension	Komponenten / Kriterien
Ökologische Dimension A Raumüberwindungsindikator	Komponente: An- und Abreiseweg Kriterium: Transportmittel - Globaler Energiekennwert (Energieverbrauch in MJ/ Pkm) - Emissionskennwert Reiseweg (CO_2 / No_x in g/ Pkm)
Ökologische Dimension B Wohlstandsindikator	Komponenten: Beherbergung und Reisezweck Kriterien: Unterkunftsform und Freizeitaktivitätsspektrum
Ökonomische Dimension A Arbeitsplatzindikator	Komponente: Beherbergung Kriterium Unterkunftsform
Ökonomische Dimension B Wirtschaftlichkeitsindikator	Komponenten: Wege im Zielgebiet, Beherbergung, Reisezweck Kriterien: Transportmittel, Unterkunftsform und Freizeitaktivitätsspektrum
Soziale Dimension Akkulturationsindikator, Menschenrechtsindikator	Kriterien (globale Differenzierung): Indigene Ethnien, Tourismusintensität, Einhaltung der UN-Menschenrechtskonvention

Quelle: Eigene Darstellung nach Becker/Job/Witzel 1996:134ff.

Neben diesem Ansatz zur Bewertung von Reiseangeboten steht im Bereich Verkehr mit dem „UmweltMobilCheck" ein Instrument zur Verfügung, mit dem anhand von Emissions- und Verbrauchsparametern ein Umweltvergleich der Verkehrsmittelnutzung vorgenommen werden kann. Der UmweltMobilCheck ist seit Mai 2002 Bestandteil der Reiseauskunft der Deutschen Bahn. Er wurde mit Unterstützung des Institut für Energie und Umwelt (IFEU) entwickelt (vgl. IFEU 2002b). Wird über die Internet-Reiseauskunft der Bahn eine Zugverbindung abgefragt, so haben Reisende die Möglichkeit, zusätzlich zu den Verbindungsdaten auch die Auskunft des UmweltMobilChecks zu erhalten. Es können damit Energieverbrauch und Emissionen beliebiger Fahrten mit öffentlichen Verkehrsmitteln abgerufen und mit der Fahrt mit einem Pkw verglichen werden. Als Start- und Zielort kann sowohl ein Bahnhof oder eine Haltestelle als auch eine genaue Adresse innerhalb Deutschlands gewählt werden. Das Vorläuferprogramm „Reisen und Umwelt in Deutschland" wurde 1999 auf Grund einer gemeinsamen Initiative von DB und WWF (World Wildlife Fund) entwickelt und ist seitdem auf der CD-Version der Reiseauskunft enthalten oder kann direkt von der Internetseite der Deutschen Bahn AG heruntergeladen werden (www.bahn.de). Die Berechnung der Verbrauchs- und Emissionsdaten basiert auf dem Emissionsmodell TREMOD (Transport Emission Estimation Model), das den Energieverbrauch und die wichtigsten luftgetragenen Emissionen des motorisierten Verkehrs in Deutschland seit 1980 (bis 1990 differenziert nach BRD und DDR) ermittelt und die Entwicklung in verschiedenen Szenarien bis zum Jahr 2020 fortschreibt (Umweltbundesamt 2002). Der Verband der Automobilindustrie, der Mineralölwirtschaftsverband und die Deutsche Bahn AG sind offizielle Nutzer des TREMOD-Modells. Sie verständigten sich nach intensiver Diskussion mit dem Umweltbundesamt und den Entwicklern des Tools auf die dort enthaltenen Annahmen, Basisdaten und Methoden (vgl. IFEU 2002b).

Mit dem Instrument ist zwar lediglich eine Betrachtung der ökologischen Dimension der Nachhaltigkeit möglich, doch da diese im Rahmen der (Reise-) Verkehrsmittelwahl die entscheidende Nachhaltigkeitsdimension darstellt, kann es einen wertvollen Beitrag zur Bewertung von touristischen Mobilitätsangeboten liefern.

Übertragbarkeit auf die Bewertung von Freizeitverkehrsangeboten
Bei der Analyse und Auswertung vorhandener Bewertungsansätze zeigt sich, dass bisher überwiegend ökologischen Nachhaltigkeitszielen entsprechende Indikatoren als Messgrößen existieren, dass aber insgesamt die Operationalisierung nach wie vor das entscheidende Problem von Bewertungsverfahren darstellt. Auf Basis bisheriger Erkenntnisse und Erfahrungen ist es nicht möglich, Grenzwerte festzulegen oder Wertebereiche für Indikatoren zu definieren, die eine gesicherte Bewertung von ‚nachhaltig' oder ‚nicht nachhaltig' bzw. Erfolg oder Nicht-Erfolg erlauben. Diese Entscheidung ist nach wie vor subjektiv und daher von denjenigen zu treffen, die die Entwicklung bzw. die Anwendung des Verfahrens zu verantworten haben. Allerdings können Bewertungsverfahren durch die Aufschlüsselung des Bewertungsge-

genstandes in Einzelentscheidungen dabei helfen, die Bewertung zu rationalisieren und nachvollziehbarer zu machen.

Für die Bewertung von Unternehmen, Produkten oder Dienstleistungen existiert inzwischen eine Reihe von Ansätzen, die ausgewählte Aspekte der Nachhaltigkeit in Standards zu überführen versuchen (DIN EN ISO, Gütezeichen, Umweltzeichen, Gütesiegel). Für diese gilt, dass sie nicht verpflichtend sind, d.h. ihre Anwendung freiwillig ist, und dass sie sich durch zunehmende Anwendungserfahrung in einem fortwährenden Prozess weiterentwickeln (vgl. ILS 2003:14). Die Überprüfung, ob die geforderten Ziele erfüllt werden, übernimmt zumeist eine externe Zertifizierungsstelle. Insbesondere im Hinblick auf das nachhaltige Unternehmensmanagement lassen sich diese Instrumente des Umwelt- und Qualitätsmanagements (EMAS II, ISO 9000:2000, DIN EN 13816) auch zur Überprüfung von Freizeitverkehrsangeboten heranziehen. Ähnlich ist das Verfahren für die in der touristischen Praxis verwendeten Umweltkennzeichen (‚eco-labels'). Die Zertifizierungsverfahren stellen leicht nachvollziehbare Beurteilungsansätze dar, die für den Zweck der praxisnahen Beurteilung von Freizeitverkehrsangeboten geeignet sind. Eine weitere Sparte von Bewertungsansätzen setzt auf die Urteilsfähigkeit der Verbraucher. So dienen beispielsweise der ‚Reisestern' und der ‚UmweltMobilCheck' dem Zweck, das Verbraucherbewusstsein für die Belange der Nachhaltigkeit im Bereich Reisen und Verkehrsmittelnutzung zu schärfen.

Da einzelne touristische Reiseangebote in der Regel nicht Gegenstand gesellschaftspolitischer Bewertungsprozesse sind, sondern die Entscheidung von den Unternehmen (Reiseveranstaltern) getragen werden muss, kommen als ‚bewertende Subjekte' entweder externe Stellen oder die Unternehmen selbst in Betracht. Diese wichtige, in der Diskussion um die Nachhaltigkeitsbewertung aber häufig vernachlässigte Frage wird bei der Entwicklung eines speziellen Bewertungsansatzes für die Nachhaltigkeit von Freizeitverkehrsangeboten bzw. Reiseketten wieder aufgegriffen.

Die betrachteten Beurteilungsansätze können zusammenfassend folgendermaßen diskutiert werden:

- **Allgemeine Ansätze mit geographischem Bezugssystem:**
  Ansätze, die eine wirkungsbezogene Betrachtung zum Ziel haben, sind zur Bewertung touristischer Mobilitätsangebote ungeeignet, da sie nicht die Möglichkeit bieten, die Auswirkungen eines einzelnen Produkts isoliert darzustellen. Insgesamt sind diese Instrumente, die sich auf die Erfassung und Bewertung der Nachhaltigkeit von Ländern, Regionen oder Kommunen beziehen, meist zu allgemein und unspezifisch formuliert, um sie auf den Freizeitverkehr anwenden zu können. Soweit jedoch bereits Bewertungsmaßstäbe existieren, empfiehlt sich aber dennoch, diese in die Bewertung von Reiseangeboten zu integrieren, da regionale Aspekte und Unterschiede eine wichtige Rolle bei der Beurteilung der Auswirkungen spielen können. Dies gilt insbesondere für Ansätze wie ‚Carrying

Capacities' (vgl. u.a. WTO 1993) oder den ‚ökologischen Fußabdruck' (vgl. „Holiday Footprinting", WWF-UK 2002).

- **Betriebliches Umweltmanagement, DIN EN ISO- Reihen, Gütezeichen/ Umweltzeichen:**
Für die Integration der Nachhaltigkeit auf der betrieblichen Ebene existieren bereits eine Reihe von Instrumenten (Öko-Audit/ EMAS, DIN EN ISO), die sowohl auf touristische als auch auf Verkehrsunternehmen anwendbar sind. Sie bieten Ansätze zur Bewertung einzelner Aspekte des Unternehmensmanagements, insbesondere im Umweltbereich, und lassen sich daher auch auf die Ziele der vorliegenden Untersuchung übertragen. Auch Ansätze wie das RAL-Gütezeichen oder das Umweltzeichen ‚Blauer Engel' lassen sich in die Bewertung touristischer Mobilitätsangebote integrieren. Dies trifft insbesondere auf mit dem ‚Blauen Engel' ausgezeichnete Verkehrsmittel sowie auf das Gütezeichen ‚Buskomfort' zu.

Zur Beurteilung der Dienstleistungsqualität im Verkehr werden derzeit zwar Ansätze entwickelt, diese befinden sich aber noch in der Erprobungsphase. Eine Grundlage stellt hier der Entwurf der DIN EN 13816 dar, welcher eine Beschreibung der Verkehrsleistung und die Definition von Zielen zur Verbesserung der Dienstleistungsqualität ermöglicht. „Nicht Bestandteil ist eine Festlegung von Qualitätsniveaus für die verschiedenen Kriterien. Grenzen für die Beurteilung ob eine Leistung gut oder schlecht ist, müssen jeweils zwischen Besteller (z.B. Stadt oder Landkreis) und Ersteller der Leistung (z.B. Verkehrsunternehmen) ausgehandelt und festgelegt werden" (Becker/ Behrens/ Hollborn 2003:31). Da bei diesen Instrumenten bereits eine Anwendung in der Praxis erfolgt, werden sie sinnvollerweise auch in die Beurteilung der Nachhaltigkeit touristischer Mobilitätsangebote integriert.

- **Touristische Umweltkennzeichnungen (Gütesiegel) für Unternehmen und Destinationen**
Im Unterschied zu geographischen Ansätzen sind die Kriterienkataloge touristischer Umweltkennzeichnungen sehr an den Anwendern orientiert. Sie enthalten differenzierte Beurteilungskriterien, zeichnen sich jedoch meist durch das Fehlen von zuordenbaren Messgrößen (Indikatoren) aus. Im Hinblick auf Beurteilungsansätze, z.B. für Unterkünfte (z.B. DEHOGA) oder andere regionale Anbieter, kann Reiseveranstaltern im Hinblick auf die Verbesserung der Nachhaltigkeit ihrer Reiseprodukte zwar die Kooperation mit zertifizierten Betrieben empfohlen werden. Im Rahmen der speziellen Bewertung des Mobilitätsbausteins bei Tages- und Kurzreiseangeboten spielen Umweltkennzeichnungen für touristische Betriebe wie Hotels nur am Rande eine Rolle.

Auf die Ziele des hier vorgesehenen Bewertungsansatzes anwendbar ist hingegen die Beurteilung von Reiseveranstaltern (z.B. forum anders reisen) oder von Tourismusdestinationen (z.B. Viabono-Kriterien). Im Rahmen eines Zertifizierungsprozesses werden diese hinsichtlich ihrer Aktivitäten zur Sicherung bzw. Verbesserung der Nachhaltigkeit und bezüglich der Qualität ihrer Angebote überprüft. Mit dieser Art der Beurteilung findet allerdings keine absolute Bewertung der Nachhaltigkeit, d.h. der Auswirkungen auf die drei Nachhaltigkeitsdimensionen statt, sondern es wird vielmehr eine Art Unternehmens- bzw. Produktprofil erstellt. Eine direkte inhaltliche Übertragung auf den Betrachtungsgegenstand ‚Freizeitverkehrsangebot' ist jedoch nur zum Teil möglich, da der touristische Verkehr nur selten in der gebotenen Differenzierungsstufe betrachtet wird. Gut übertragbar ist dagegen das angewendete Verfahren (z.B. bei Viabono), da es eine differenzierte Beurteilung der Unternehmen, ihrer angebotenen Einzelbausteine und ihrer Aktivitäten zulässt. Die Beurteilung wird dabei anhand von Kriterien bzw. eines Fragenkatalogs durchgeführt, denen jeweils eine bestimmte Punktzahl zugeordnet ist. Mit dieser Punktzahl werden Prioritäten für die Umsetzung von Zielen bzw. für die Erfüllung von Kriterien ausgedrückt. An der jeweils erreichten Punktzahl können beispielsweise Reiseveranstalter als Anwender des Bewertungssystems erkennen, in welchen Bereichen noch Defizite bestehen und in welchen Bereichen eine hohe Punktzahl erreicht werden konnte. Auf diese Weise werden die künftig stärker zu berücksichtigenden Handlungsfelder aufgezeigt und gleichzeitig Hinweise zur Angebotsverbesserung gegeben.

- **Bewertung einzelner Produkte und Dienstleistungen**
Zur Bewertung der Nachhaltigkeit touristischer Produkte oder Dienstleistungen sind – über die oben genannten Umwelt- bzw. Qualitätsstandards hinausgehend – bisher kaum Ansätze vorhanden. Ein Grund dafür ist, dass Dienstleistungen wie Reiseangebote durch ihre vielschichtigen Wirkungszusammenhänge eines Bewertungssystems bedürfen, das in der Lage ist, die hohe Komplexität des Bewertungsgegenstandes ‚Reise' einzubeziehen. „Hierbei wären betriebliche Aspekte des Reiseveranstalters mit den Faktoren der Ortsänderung bis hin zu den weit entfernten Auswirkungen der Dienstleistung in den Destinationen zu berücksichtigen" (Baumgartner 2001:1).

Im Bereich Tourismus wurde mit dem „Reisestern" ein Ansatz versucht, der im Sinne einer Ex-ante Bewertung anwendbar ist, und der eine Beurteilung von Reiseangeboten hinsichtlich der ökologischen, ökonomischen und sozialen Dimension ermöglichen soll (Becker/ Job/ Witzel 1996:142ff.). Für die drei Dimensionen wurden jeweils Kriterien aufgestellt und Indikatoren abgeleitet, eine tatsächliche Operationalisierung erfolgte jedoch nicht. Es sollte lediglich von den Reisenden selbst eine Einteilung in drei Bereiche vorgenommen werden („Unbedenklichkeitszone", „Vorsichtszone" und „Stoppzone"); die Frage nach der Festlegung der Bereichsgrenzen blieb unbeantwortet. Im Verkehrsbereich erfolgt die Beurteilung von Produkten oder Dienstleistungen bisher überwiegend hinsichtlich ihrer Umweltverträglichkeit (z.B. UmweltMobilCheck der DB AG). In Ansätzen zur Beurteilung des Verkehrs bzw. der Verkehrspolitik wurden zwar auch Kriterien bzw. Indikatoren für die Bereiche Wirtschaft und Gesellschaft bestimmt (vgl. Ernst Basler + Partner AG 1998), doch lassen sich diese nur sehr bedingt auf das Produkt ‚Freizeitverkehrsangebot' übertragen. Anhand dieser Ansätze ist es ebenfalls nicht möglich, die Bewertung von touristischen Mobilitätsangeboten zu operationalisieren. Sie liefern dennoch Hinweise für die Bildung von produktspezifischen Indikatoren.

3.3.2 Evaluierungsansatz für die Nachhaltigkeit von Reiseketten

Mit der vorangegangenen Darstellung der Anforderungen an Bewertungsverfahren und der Untersuchung vorhandener Bewertungsinstrumente konnten die Möglichkeiten und Grenzen für spezifische Ansätze zur Beurteilung der Nachhaltigkeit touristischer bzw. verkehrlicher Dienstleistungen aufgezeigt werden. Vor diesem Hintergrund erfolgt die Entwicklung eines eigenen methodischen Vorgehens zur Beurteilung von Freizeitverkehrsangeboten bzw. Reiseketten.

3.3.2.1 Grundlagen zur Entwicklung des Evaluierungsansatzes

Die Bezugsebene für den Bewertungsgegenstand ist eine sachliche: die Beurteilung des Mobilitätsbausteins als Produkt bzw. Dienstleistung und als Teilleistung eines Pauschalangebots. Verantwortlicher Akteur für die Entwicklung dieses Produkts ist in der Regel ein Reiseveranstalter in Zusammenarbeit mit seinen Kooperationspartnern. Eine zu klärende Frage ist, wer die Verantwortlichkeit bei der Beurteilung übernimmt, um ein objektives Beurteilungsergebnis zu erhalten und um die Umsetzung der Handlungsziele sowie die Einbindung der Beurteilungsergebnisse in die Praxis zu gewährleisten.

Festlegung des Zielsystems

Die Grundlage für den Evaluierungsansatz bildet das im Theoriekonzept formulierte, akteurszentrierte Zielsystem. Da bereits bei seiner Entwicklung die Notwendigkeit der Operationalisierung eine zentrale Rolle spielte, wurde das Zielsystem hierarchisch mit steigendem Konkretisierungsgrad aufgebaut. Auf der ‚konkretesten' Ebene konnten Ziele als ‚Handlungsziele' klar und präzise formuliert werden. Bei Zielen, die eine quantitative Darstellung nicht erlaubten, wurden beispielhaft Maßnahmen, Handlungsoptionen oder Nutzungsvorschläge verdeutlicht (vgl. ARL 2000:30). Die wesentlichen Merkmale des Zielsystems sind:

- Hierarchischer Aufbau mit den drei Ebenen *Oberziele*, *Unterziele* und *Handlungsziele*;

- Differenzierung der Ziele nach den drei wesentlichen, für Reiseveranstalter relevanten Handlungsbereichen *Unternehmen*, *Produkte*, *Regionalentwicklung*;

3 Handlungskonzept: Entwicklung nachhaltiger Mobilitätskonzepte im Tourismus

- Grundgedanke: Erfassung aller Handlungsoptionen der beteiligten Akteure hinsichtlich der Gestaltung nachhaltiger Mobilitätskonzepte im Tourismus.

Aufbau
- Oberziele
- Unterziele
- Handlungsziele

→

Handlungsbereiche
- Unternehmen
- Produkte
- Regionalentwicklung

→

Handlungsoptionen
Gestaltung nachhaltiger Freizeitverkehrsangebote

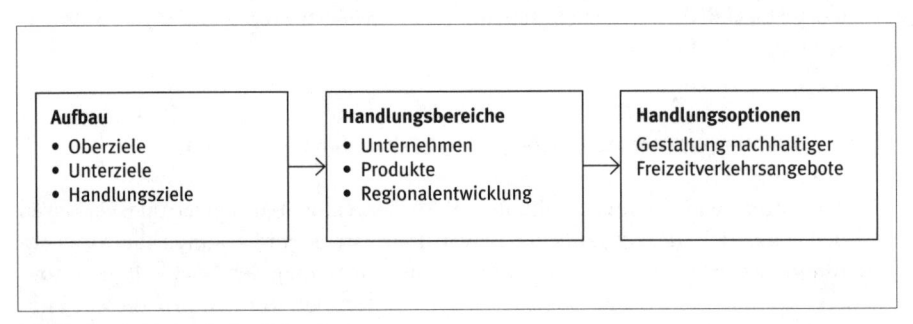

Abbildung 20: **Merkmale des Zielsystems**
Quelle: Eigene Darstellung

Durch die Unterteilung in die drei Handlungsbereiche und dem damit hergestellten Bezug zum Hauptakteur zeigt das Zielsystem ein großes Potenzial zur Umsetzung der Ziele auf. So finden sich vom Reiseveranstalter direkt zu beeinflussende Ziele in erster Linie im Bereich des Unternehmensmanagements und – in Zusammenarbeit mit den kooperierenden Unternehmen – bei der Produktgestaltung. Eine nur indirekte Einflussnahme ergibt sich aus der Kooperationen und dem Dialog mit beteiligten und betroffenen Akteuren in den Transit- und Zielregionen.

Ziel und Funktion des Evaluierungsansatzes
Ziel des Evaluierungsansatzes ist es, den verantwortlichen Akteuren eine Entscheidungsgrundlage für die nachhaltigere Produktgestaltung zu bieten. Darüber hinaus soll die Umsetzung der Nachhaltigkeitsziele überprüfbar werden. Entsprechend wird mit der Evaluierung folgende Zielsetzung verfolgt:

- Erleichterung des Nachhaltigkeitsvergleichs unterschiedlicher Reiseketten-Varianten,
- Evaluierung der tatsächlich erfolgten Umsetzung von Handlungszielen,
- Aufzeigen von Potenzialen und Defiziten bei der Gestaltung nachhaltiger Mobilitätsangebote (Reiseketten) im Tages- und Kurzreiseverkehr,
- Schaffung von Grundlagen für die Verbraucherinformation von Reisenden.

Mit dieser Absicht wird eine zweistufige Vorgehensweise vorgeschlagen, die eine Entwicklung von zwei unterschiedlichen Instrumentarien erforderlich macht (siehe Abbildung 21):

3.3 Nachhaltigkeitsbewertung

A) *Der Reiseketten-Vergleich* als Instrumentarium zur vergleichenden Wirkungsabschätzung unterschiedlicher Reiseketten durch den Reiseveranstalter (interne Bewertung):

Um bereits vor der konkreten Planung eines Reiseangebots die ökologische, ökonomische und soziale Verträglichkeit verschiedener An- und Abreisemöglichkeiten abschätzen zu können, muss zunächst eine ex-ante Bewertung erfolgen, die durch den Hauptakteur (Reiseveranstalter) selbst durchgeführt werden kann.

Analog zum Umweltvergleich verschiedener Verkehrsmittel (siehe: Bewertungsverfahren UmweltMobilCheck, IFEU 2002b) wird anhand zentraler Kriterien und daraus abgeleiteter Indikatoren ein Instrument entwickelt, das es ermöglicht, unterschiedliche Reiseangebote hinsichtlich der drei Nachhaltigkeitsdimensionen miteinander zu vergleichen, wenn auch nicht abschließend zu bewerten. Dabei werden, im Gegensatz zum UmweltMobilCheck, nicht nur die ökologische Nachhaltigkeitsdimension, sondern auch die Dimensionen Ökonomie und Soziales einbezogen und versucht, ein Gleichgewicht zwischen den drei Dimensionen herzustellen.

B) Die *Erfolgskontrolle* als Instrumentarium zur Evaluierung der Umsetzung von Handlungszielen (Beurteilung durch externe Evaluatoren):

Im Mittelpunkt der Zielerreichungs- oder Erfolgskontrolle steht der Vergleich von tatsächlich erreichten Ergebnissen mit den gesetzten Zielen (Soll-Ist-Vergleich). Zu diesem Zweck ist eine ex-post Evaluierung erforderlich, die von externen Gutachtern durchgeführt werden sollte. In einem beabsichtigten Rückkopplungsprozess dienen die Bewertungsergebnisse wiederum als Grundlage für die Ausrichtung konkreter Handlungen, z.B. bei der Gestaltung neuer Reiseangebote.

Um die Akzeptanz des Ansatzes zu erhöhen, orientiert sich die Vorgehensweise an bereits in der Praxis erfolgreich angewandten Instrumentarien bzw. baut auf bestehenden Zertifizierungssystemen auf (z.B. EMAS, DIN EN ISO). Beispiele sind die Kriterienkataloge des forum anders reisen (forum anders reisen o.J.) oder von Viabono (Viabono GmbH o.J.). Bei Antragstellung zur Teilnahme an diesen Zertifizierungsverfahren werden anhand eines Fragenkatalogs interessierte Reiseveranstalter bzw. Destinationen bezüglich ihrer Aktivitäten zur Sicherung und Verbesserung der Nachhaltigkeit überprüft.

Mit Hilfe des speziell zu entwickelnden Evaluierungsansatzes können unterschiedliche Handlungsoptionen zur Verbesserung der Nachhaltigkeit im Rahmen der Produktgestaltung beurteilt werden. Zudem wird das Handeln im Sinne der Umsetzung zuvor festgelegter, verursacherbezogener Handlungsziele evaluiert. Bewertet wird *nicht* die Summe aller Auswirkungen von Reiseangeboten, beispielsweise auf eine

Region, im Sinne eines wirkungsbezogenen Ansatzes. Es findet also keine absolute Bewertung der Nachhaltigkeit von Freizeitverkehrsangeboten bzw. Reiseketten statt.

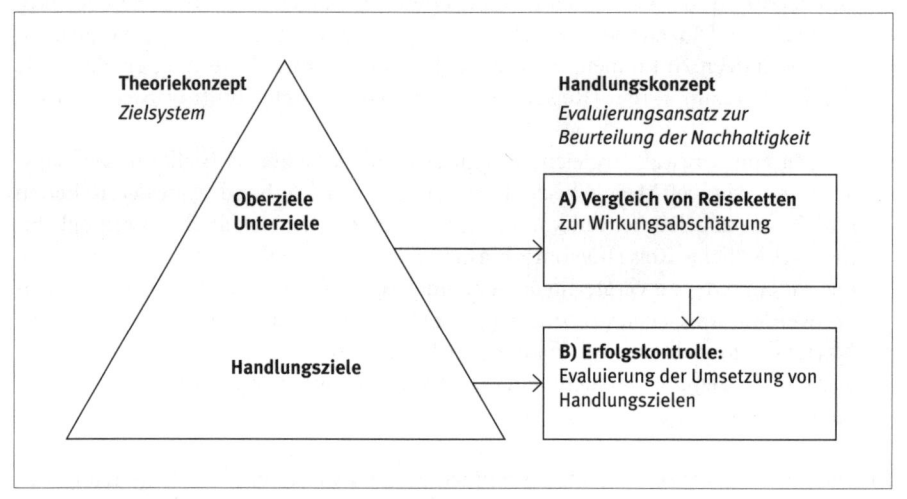

Abbildung 21: **Ableitung des Evaluierungsansatzes aus dem Zielsystem**
Quelle: Eigene Darstellung

Zusammenführung: Reiseketten-Vergleich und Erfolgskontrolle
Eine Zusammenführung beider Teile des Ansatzes erfolgt, indem die Ergebnisse des Reiseketten-Vergleichs in die Evaluierung der Handlungszielumsetzung (Erfolgskontrolle) integriert werden. Während der Reiseketten-Vergleich bei jeder Entwicklung eines neuen Produkts, d.h. bei der Gestaltung weiterer Reiseangebote erneut durchgeführt werden muss, erfolgt die Erfolgskontrolle zur Überprüfung der Handlungsziele in größeren Zeitabständen, z.B. einmal pro Jahr (siehe ‚Ablauf der Evaluierung').

Operationalisierung und Indikatorenbildung
Zur Durchführung der Evaluierung ist es notwendig, die Bewertungsziele weiter zu präzisieren. Zu diesem Zweck werden die Ziele des Zielsystems in Kriterien überführt. Die Vorgehensweise ist dabei in den beiden Stufen des Evaluierungsansatzes jeweils unterschiedlich:

Reiseketten-Vergleich (Teil A)
Für den Reiseketten-Vergleich werden aus den Ober- bzw. Unterzielen des Zielsystems Kriterien abgeleitet und geeignete Indikatoren ermittelt. Im Sinne einer Wirkungsanalyse sollen sich auf diese Weise mögliche, von den Reiseketten ausgehende Wirkungen bestimmen lassen. Hier ergibt sich das Problem, dass sich eine „Beschrei-

bung des tatsächlichen Ursache-Wirkungs-Zusammenhangs" nicht realisieren lässt, da „solche Beziehungen in der Realität und gerade bei komplexen Projekten nahezu unbekannt oder nicht feststellbar und externe Einwirkungen kaum isolierbar sind" (Appel 2002:35). Die Beurteilung der Reiseketten ist daher nur im Rahmen einer Gegenüberstellung unterschiedlicher Reiseketten-Varianten möglich. Eine Operationalisierung ließe sich an der im Theoriekonzept formulierten Nachhaltigkeitsdefinition ausrichten, nach der die ökologische Dimension als die zur Beurteilung touristischer Freizeitverkehrsangebote bedeutendste festgelegt wird. Eine Vorgabe über die Gewichtung der drei Dimensionen wird im Rahmen dieser Untersuchung jedoch nicht vorgenommen, sondern muss in einem Aushandlungsprozess zwischen den beteiligten Akteuren vereinbart werden. Die Grundlage für das Wertesystem, auf dessen Basis die Bewertung erfolgen soll, kann hingegen die Nachhaltigkeitsdefinition aus dem Theoriekonzept liefern.

Erfolgskontrolle (Teil B)
Aus den drei Einflussbereichen Unternehmen, Produkt und Regionalentwicklung und den untergeordneten Handlungszielen des Zielsystems werden in einer entsprechend feineren Abstufung ebenfalls Kriterien abgeleitet. Zur praxisnahen Evaluierung werden diese – ähnlich wie bei der Vergabe touristischer Umweltkennzeichnungen – in einen Fragenkatalog überführt, anhand dessen die Umsetzung der Ziele abgeprüft werden kann. Bei dieser Zielerreichungs- oder Erfolgskontrolle steht der Vergleich der tatsächlich erreichten Ergebnisse mit den zuvor festgelegten Zielen im Mittelpunkt der Betrachtungen (Appel 2002:35). Da eine Festlegung von Zielerreichungsgraden kaum möglich ist, wird im Rahmen der Evaluierung lediglich überprüft, ob eine Umsetzung erfolgt ist oder nicht. Mit der Operationalisierung der Handlungsziele werden Prioritäten für die Umsetzung festgelegt. Die Bewertung liegt somit im „Spannungsfeld zwischen Zuverlässigkeit, Aussagekraft (Reliabilität, Validität) und Anwendbarkeit (Praktikabilität)" (Becker/ Job/ Witzel 1996:127). Da sich insbesondere für die ökonomische und soziale Dimension der Nachhaltigkeit bisher kaum zuverlässige und aussagekräftige Indikatoren bestimmen ließen, stellt bei vielen bestehenden Ansätzen die Praktikabilität eine entscheidende Größe dar. Ein gangbarer Weg wurde diesbezüglich vom forum anders reisen (o.J.) aufgezeigt. Danach ist die jeweils für ein Kriterium vergebene Punktzahl abhängig vom „Schwierigkeitsgrad der Umsetzung und der direkten ökologischen und sozialen Auswirkung". Bedingt also die Umsetzung und Einhaltung eines Kriteriums einen „vergleichsweise hohen Einsatz an Ressourcen (Zeit, Geld, Arbeitskraft usw.) [...] und sind die ökologischen / sozialen Auswirkungen besonders hoch, wird dieses Kriterium mit einer möglichst hohen Punktzahl bewertet" (forum anders reisen o.J.:4). Spiegelt ein Kriterium hingegen schon als selbstverständlich geltende Standards dar, wird eine entsprechend geringere Punktzahl vergeben. Eine solche Vorgehensweise erscheint auch im Rahmen des vorliegenden Evaluierungsansatzes durchaus sinnvoll. Von hoher Bedeutung bei der Ableitung von Kriterien und Indikatoren aus dem Zielsystem ist, dass sich die Oberziele ausreichend repräsentiert im Kriterienkatalog wiederfinden. Mit der handlungsbezogenen Zielformulierung und der damit ver-

bundenen Veranschaulichung von Handlungsoptionen wird bereits im Zielsystem ein Höchstmaß an möglicher Verbindlichkeit bei der Ziel*umsetzung* ausgedrückt. Um aber auch die große Bedeutung einer *Überprüfung* der Ziele und der vollzogenen Handlungen hervorzuheben, wurde die Durchführung einer regelmäßigen Erfolgskontrolle mit in den Zielkatalog aufgenommen.

Im Sinne der Komplexitätsreduktion wurden zur Durchführung der Erfolgskontrolle im Zielsystem vorkommende Mehrfachnennungen von Handlungszielen identifiziert und zu einem Evaluierungskriterium zusammengefasst. Diese Mehrfachnennung von Zielen hat zwar im Zielsystem selbst ihre Berechtigung, da die Notwendigkeit einer bestimmten Handlung aus unterschiedlichen Blickwinkeln beschrieben wird, bei der Evaluierung sollten sie jedoch sinnvollerweise nur einmal beurteilt werden. Transparenz erhält der Ansatz dadurch, dass ebenfalls im Zielsystem ausdrücklich eine Offenlegung und Bekanntmachung der Evaluierungsergebnisse – unternehmensintern wie -extern – gefordert wird. Auf diese Weise können sich Kunden, Kooperationspartner oder auch konkurrierende Unternehmen vom ökologisch, ökonomisch und sozial verträglichen Handeln des Unternehmens überzeugen. Bei der Festlegung der Kriterien und Indikatoren wurde auf Verständlichkeit und Nachvollziehbarkeit geachtet. Wichtige Aspekte des Evaluierungsansatzes stellen weiterhin die Praktikabilität im Sinne eines vertretbaren Erhebungsaufwands, eine hohe Handlungsrelevanz und eine kurz- bis mittelfristigen Umsetzbarkeit dar. Wird die Evaluierung (Erfolgskontrolle) durch eine externe Stelle durchgeführt, so sollte das zugrunde liegende Werturteil für die Anwender offen gelegt werden und nachvollziehbar sein. In gängigen Bewertungsverfahren wie beispielsweise der Nutzwertanalyse richtet sich dieser Hinweis vor allem gegen die häufig „mangelhafte Nachvollziehbarkeit" von Evaluationen (Hübler 1989:136). Um dies zu vermeiden, ist es oft besser, eine verbal-argumentative Wirkungsbeschreibung vorzunehmen, die auch qualitative Elemente erfasst als eine subjektive ‚In Wert'- Setzung durch nicht nachvollziehbare Zahlenwerke sowie eine unbegründete Gewichtung darzulegen. Dazu ist es notwendig, dass ein Indikator jeweils ein Ziel widerspiegelt, da „hochaggregierte Gesamtindikatoren" solche Gewichtungen tendenziell verschleiern und einer offenen Diskussion über den Prozess der nachhaltigen Entwicklung „wenig zuträglich sind" (Ernst Basler + Partner AG 1998:79).

Ablauf der Evaluierung
Die Evaluierung orientiert sich in der Vorgehensweise am ‚Prozess der Angebotsentwicklung' (vgl. Kapitel 2.4.1.). In Abbildung 22 werden die einzelnen Schritte bei der Durchführung der Evaluierung durch ein Ablaufschema skizziert. Den einzelnen Phasen im Planungsprozess (rechte Spalte) werden entsprechende Evaluierungsschritte zugeordnet. Hauptakteur der Angebotsplanung ist der Reiseveranstalter, dessen Aktivitäten im Planungsprozess beschrieben werden (linke Spalte). Als weitere Akteure treten darin die Kooperationspartner sowie externe Evaluatoren auf. Die eingesetzten Beurteilungsinstrumentarien (mittlere Spalte) sind a) der zu Beginn der Angebotsplanung durchzuführende Reiseketten-Vergleich und b) die nach der Rei-

3.3 Nachhaltigkeitsbewertung

sedurchführung vorgesehene Erfolgskontrolle. Das Zielsystem, das sowohl für die Planung als auch für die Evaluierung Grundlage ist, stellt einen weiteren Baustein der Evaluierung dar.

Potenzialphase 1: Vor Durchführung des Reiseketten-Vergleichs, d.h. bereits bei der Entwicklung unterschiedlicher Konzept-Entwürfe (Reiseketten-Variante A/ B) sollten die Nachhaltigkeitsziele des Zielsystems angemessene Berücksichtigung finden. Liegen verschiedene Reisekettenkonzepte vor, können diese mit Hilfe des nachfolgend dargestellten Instrumentariums für den Reiseketten-Vergleich EVALENT gegeneinander abgewogen werden. Dieser Bewertungsschritt im Vorfeld der Planung (ex-ante) dient dazu, ein vergleichsweise umweltfreundliches und sozialverträgliches Reiseangebot zu bestimmen und für die weitere Detailplanung zu favorisieren (z.B. Reiseketten-Variante B).

Potenzialphase 2: Die Detailplanung der Reisekette und insbesondere die Planung zusätzlicher Maßnahmen zur Verbesserung der Nachhaltigkeit sollte sich auch im weiteren Verlauf der Angebotsgestaltung eng an den Handlungszielen des Zielsystems orientieren.

Prozessphase: Während der Prozessphase (Reisephase) liegt die Verantwortung der Leistungserbringung zumeist bei den Kooperationspartnern (Verkehrsunternehmen, Service-Dienstleister, etc.) und weniger beim Reiseveranstalter. Er hat in dieser Phase vor allem die Aufgabe der Koordination sowie der Dokumentation und Datensammlung. Diese Daten fließen später in die Evaluierung der Reisekette ein.

Ergebnisphase: Die Erfolgskontrolle zur Evaluierung der Zielumsetzung sollte durch externe Gutachter durchgeführt werden. In diesen Teil der Evaluierung werden sowohl die (quantitativen) Ergebnisse des Reiseketten-Vergleichs als auch die Dokumentation der Prozessphase integriert. Anhand von Unterlagen sollen Nachweise zur tatsächlich realisierten Reisedurchführung erbracht werden.

Für diesen Bewertungsschritt ist hier – im Gegensatz zum Reiseketten-Vergleich – keine Überprüfung jedes einzelnen Angebots vorgesehen. Im Hinblick auf den Anspruch der Praxisnähe und Handhabbarkeit soll die Überprüfung in regelmäßigen, aber längeren Zeitabständen (z.B. ein Jahr) erfolgen. Evaluiert werden alle drei Einflussbereiche des Reiseveranstalters (Unternehmen, Produkt und Regionalentwicklung). Im Bereich ‚Produkt' werden anhand der Dokumentation und Datensammlung des Reiseveranstalters stichprobenartig einige der im Untersuchungszeitraum durchgeführten Reisen überprüft. Einen wichtigen Teil der Ergebnisphase stellt die interne wie externe Veröffentlichung der Evaluierungsergebnisse dar. Gemeinsam mit den Kooperationspartnern werden diese im Unternehmen diskutiert und zur Verbesserung zukünftiger Angebote aufgearbeitet.

3 Handlungskonzept: Entwicklung nachhaltiger Mobilitätskonzepte im Tourismus

Hauptakteur: Reiseveranstalter	Beurteilungs-Instrumentarien	Phasen im Prozess der Angebotsgestaltung
Auswahl der Zielgruppen und Kontaktaufnahme zu Kooperationspartnern **Entwicklung eines Konzeptentwurfs** **Wirkungsabschätzung der Varianten A und B**	Zielsystem: Ober- und Unterziele Reiseketten-Vergleich (EVALENT)	Potenzialphase 1 (Vor-Reisephase) Reiseketten-Variante A Reiseketten-Variante B
Detailplanung gemeinsam mit Kooperationspartnern **Planung zusätzlicher Nachhaltigkeitsmaßnahmen**	Zielsystem: Handlungsziele	Potenzialphase 2 z.B. Reisekette B
Leistungserbringung durch Kooperationspartner Koordination, Dokumentation, Datensammlung		Prozessphase (Reisephase) z.B. Reisekette B
Aktivitäten zur Nachbetreuung der Kunden ‚Manöverkritik' gemeinsam mit Kooperationspartnern **Erfolgskontrolle durch externe Evaluatoren (z.B. einmal pro Jahr)**	Evaluierung der Handlungsziele ‚Unternehmen' ‚Produkt' ‚Regionalentwicklung'	Ergebnisphase (Nach-Reisephase) Reisekette B Reisekette X Reisekette Y
Veröffentlichung der Ergebnisse Planung neuer Angebote	**Ergebnis:** Potenziale und Defizite bei der Gestaltung nachhaltiger Reiseketten im Tages- und Kurzreiseverkehr - als Handlungsgrundlage für zukünftige Planungen und - als Information für die Verbraucher (Reisenden).	

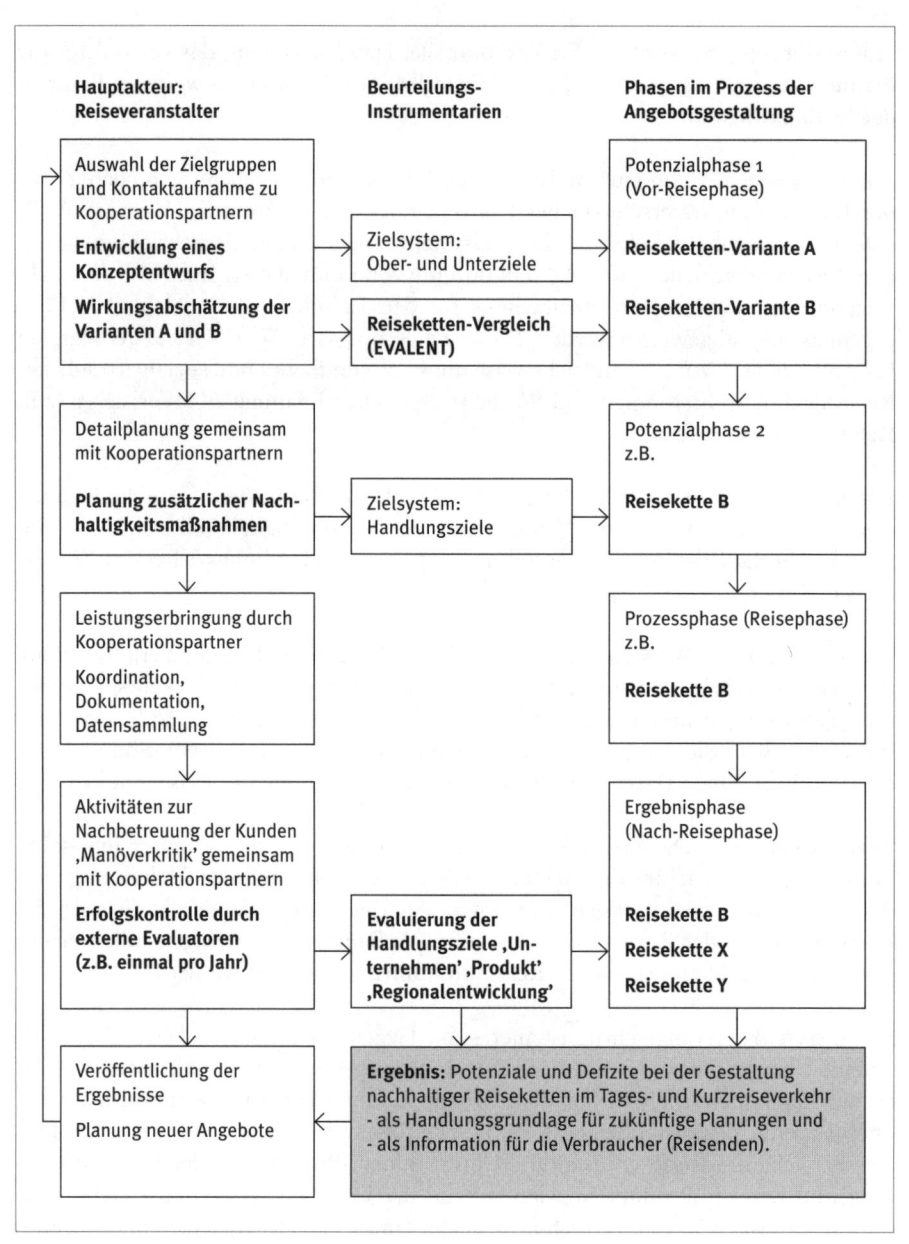

Abbildung 22: **Ablaufschema der Evaluierung**
Quelle: Eigene Darstellung

3.3.2.2 Vergleich von Reiseketten mit EVALENT (Teil A)

Ein wesentliches Ziel bei der Verbesserung der Nachhaltigkeit von Freizeitverkehrsangeboten bzw. Reiseketten stellt die Verlagerung des Verkehrs auf umweltfreundliche Verkehrsmittel dar. Da Verkehrsmittel für bestimmte Einsatzbereiche als vergleichsweise umweltfreundlich gelten können und für andere nicht, lässt sich keine absolute Aussage über ihre Nachhaltigkeit oder Nicht-Nachhaltigkeit treffen. Ob eine Verkehrsverlagerung, beispielsweise vom Pkw auf die Bahn also tatsächlich die gewünschten (Umwelt-) Effekte mit sich bringt, lässt sich nicht pauschal feststellen, sondern muss im Einzelfall durch den Vergleich in Frage kommender Reiseverkehrsmittel oder Verkehrsmittelkombinationen überprüft werden. Zu diesem Zweck wird im Folgenden ein Instrument für den Vergleich unterschiedlicher An- und Abreisevarianten (Reiseketten) vorgestellt, das es ermöglicht, die Nachhaltigkeit von Angeboten schon im Planungsprozess zu berücksichtigen. Mit Hilfe dieses Instruments können z.B. Reiseveranstalter eigenständig unterschiedliche Angebote vergleichen und gegeneinander abwägen und diese Ergebnisse als Entscheidungsgrundlage für die Detailplanung ihrer Reiseangebote heranziehen. Im Hinblick auf die Anwendbarkeit dieses Instruments im ‚Tagesgeschäft' von Reiseveranstaltern wird der vorgeschlagene Ansatz so gestaltet, dass der zeitliche und finanzielle Aufwand möglichst gering bleibt. Darüber hinaus zeichnet er sich durch leicht nachvollziehbare Arbeitsschritte aus und zeigt durch eine Vielzahl konkreter Handlungsanweisungen auf, wie mit relativ einfachen Mitteln eine Verbesserung der Nachhaltigkeit touristischer Mobilitätsangebote erreicht werden kann.

Ein Vergleich unterschiedlicher Reiseketten benötigt auf Grund der hohen Komplexität der Fragestellung eine Reihe von Daten und entsprechend aufwändige Berechnungsverfahren, z.B. bei der Berechnung von Emissionen für die Kombination unterschiedlicher Verkehrsmittel. Aus diesem Grund war es bislang kaum möglich, diese Form der Gegenüberstellung verschiedener An- und Abreisevarianten mit einem vertretbaren Aufwand selbst durchzuführen. Eine mögliche Hilfestellung bietet hier zwar der kostenfrei im Internet abrufbare UmweltMobilCheck (Internetseiten der DB AG, www.bahn.de), mit dem sich unkompliziert und kostengünstig ein Umweltvergleich unterschiedlicher An- und Abreisemöglichkeiten durchführen lässt. Dieses internetbasierte Bewertungsinstrument enthält allerdings ausschließlich umweltbezogene Daten und lässt sich zudem nur auf die Hauptverkehrsmittel Bahn und Pkw anwenden (vgl. Tabelle 84). Um aber auch andere Verkehrsmittel in die Beurteilung von Reiseketten integrieren und darüber hinaus weitere ökologische sowie ökonomische und soziale Belange berücksichtigen zu können, bedarf es der Weiterentwicklung eines solchen Ansatzes.

Die drei Dimensionen der Nachhaltigkeit können, je nach Betrachtungsgegenstand, durch sehr verschiedenartige Bewertungskriterien berücksichtigt werden. Aus diesem Grund existierte bisher kein standardisiertes Verfahren für Nachhaltigkeitsbewertungen und auch kein festes Set von Bewertungskriterien. Um dies zu ändern, erfolgte im Forschungsprojekt EVENTS die Entwicklung eines speziell auf den

3 HANDLUNGSKONZEPT: ENTWICKLUNG NACHHALTIGER MOBILITÄTSKONZEPTE IM TOURISMUS

Vergleich intermodaler Reiseketten ausgerichteten Bewertungstools (vgl. PTV AG 2004: 10). Zur Bewertung unterschiedlicher An- und Abreisevarianten im Eventtourismus wurden für dieses Instrument eigens relevante Kriterien und Indikatoren definiert. Das Bewertungstool ist über die Internetseiten der PTV Planung Transport Verkehr AG (http://www.ptv.de/cgi-bin/download/down_traffic.pl) frei zugänglich. Mit Hilfe des darin verwendeten Kriterienkatalogs ist es möglich, unterschiedliche Reisevarianten hinsichtlich ihrer Wirkungen auf die drei Dimensionen der Nachhaltigkeit (Ökologie, Ökonomie und Soziales) miteinander zu vergleichen. Um eine Beurteilung von Standardfällen zu erleichtern, wurde dazu eine benutzerfreundliche Excel-Anwendung entwickelt (PTV AG 2004:6f.), mit deren Hilfe sich aus einer vorgegebenen Auswahl alle im Rahmen möglicher Reiseketten vorkommenden Verkehrsmittel frei kombinieren lassen. Der Ansatz zur *Eval*uierung der verkehrlichen Wirkungen bei An- und Abreise zu einem Ev*ent* („EVALENT") trägt insbesondere den Anforderungen des Eventverkehrs Rechnung, lässt sich aber gleichermaßen auf alle anderen Arten von Tages- und Kurzreisen übertragen. Eine genaue Beschreibung zu den eventspezifischen Anwendungsmöglichkeiten findet sich im „Handbuch Eventverkehr" des Forschungsprojekts (vgl. Dienel/ Schmithals 2004).

Um den Überblick über die Eigenschaften der beiden Bewertungstools UmweltMobilCheck und EVALENT zu erleichtern, stellt die folgende Tabelle die wesentlichen Unterschiede dar:

Tabelle 84: **Vergleich der Instrumente „EVALENT" und „UmweltMobilCheck"**

Vergleich der Instrumente „EVALENT" und „UmweltMobilCheck"
In beiden Bewertungsinstrumenten können Reiseketten mit einem Hauptverkehrsmittel plus Vor- und Nachlauf miteinander verglichen werden.
UmweltMobilCheck
Ergänzungstool zur Umweltinformation der Reisenden im Rahmen der Fahrplanauskunft (DB) - der UmweltMobilCheck ist angelegt für den Umweltvergleich von Bahn und Pkw. Für Vor- und Nachlauf werden bei adressengenauer Zieleingabe die ÖPNV- oder Fußwege-Verbindungen automatisch ergänzt. - Start- und Zieleingabe adressengenau möglich. Wenn nur ein Ort eingegeben wird, erfolgt die Berechnung von Bhf. zu Bhf. (nur Hauptlauf). - Auswahl der günstigsten oder schnellsten Bahnverbindung, ebenso Auswahl des Zugtyps (RE, EC/IC, ICE) sowie Verkehrsmittel für Vor- und Nachlauf (nur Fuß, Taxi, ÖPNV) durch Anwender. - Für den Vergleich der Bahnfahrt mit dem Pkw (dieselbe Strecke) ist die Eingabe verschiedener Größenklassen (Kleinwagen, Mittelklasse, etc.) und Fahrzeugtypen (mit/ ohne Kat, Diesel) möglich. - Umweltvergleich auf Grundlage des Berechnungstools TREMOD: Energieverbrauch der Fahrzeuge, Energieressourcenverbrauch (Herstellung, Bereitstellung), Kohlendioxid, Schwefeldioxid, Stickoxide, Nicht-Methan-Kohlenwasserstoffe.

EVALENT
Bewertungstool zum Vergleich unterschiedlicher Reisekettenvarianten für Eventveranstalter, Verkehrsplaner, Reiseanbieter - EVALENT ist angelegt für den Vergleich unterschiedlicher An- und Abreisevarianten (Reiseketten) im Eventtourismus, lässt sich aber auch allgemein auf Tages- und Kurzreisen anwenden. - Berücksichtigung aller drei Nachhaltigkeitsdimensionen (ökologische, ökonomische und soziale Dimension). - Für den Umweltvergleich – analog zum UmweltMobilCheck – können für Vor-, Haupt- und Nachlauf folgende Verkehrsmittel ausgewählt werden: Pkw, Bahn, Reisebus, verschiedene Verkehrsmittel des ÖPNV, Fahrrad, Kanu. Diese lassen sich frei miteinander kombinieren. - Für jedes gewählte Verkehrsmittel muss eine km-Eingabe erfolgen, die Strecken werden nicht automatisch berechnet. - Umweltvergleich auf Grundlage des Berechnungstools TREMOD: Energieverbrauch, CO_2-Emissionen, NOx-Emissionen und weitere Indikatoren der ökologischen Nachhaltigkeitsdimension.

Quelle: Eigene Darstellung

Da mit Hilfe von EVALENT eine größere Vielfalt an Verkehrsmittelkombinationen möglich ist und zudem neben der ökologischen auch die ökonomische und soziale Dimension der Nachhaltigkeit Berücksichtigung findet, stellt es eine umfassendere Grundlage für die Beurteilung von Reiseketten dar, als der UmweltMobilCheck. Zwar wird der Umweltvergleich bei der Verkehrsmittelnutzung lediglich anhand von drei Werten durchgeführt, doch sind diese als Leitindikatoren ausreichend und dazu für den Zweck des Vergleichs mehrerer Reiseketten durch den Reiseveranstalter leichter überschaubar.

Um bei der Anwendung des Bewertungstools unterschiedlichen Zielgruppen wie Eventveranstaltern, Verkehrsplanern oder auch Reiseanbietern gerecht werden zu können, wurde das Instrument unter den Gesichtspunkten Handhabbarkeit und Überschaubarkeit der Kriterien – als Maß für den zeitlichen Aufwand der Anwendung – entwickelt. Eine möglichst große Vielfalt von Anwendungsfällen konnte dadurch berücksichtigt werden, dass zunächst ein Orientierungsrahmen abgesteckt wurde, der die Bandbreite möglicher Reiseketten-Varianten widerspiegeln sollte. Dieser reichte von der direkten Anreise unter Nutzung nur eines Verkehrsmittels bis hin zu mehrere Tage dauernden, multimodalen Reiseketten nach dem Vorbild der Reisekette ‚Perlen auf dem Weg zum Meer'. Dabei wurden alle Möglichkeiten der Verkehrsmittelkombination (ÖPNV, Pkw, Bahn, Reisebus, Fahrrad und Kanu) einbezogen.

Festlegung der relevanten Kriterien und Indikatoren
Als Grundlage für die Festlegung der Kriterien diente das zuvor definierte Zielsystem zur Verbesserung der Nachhaltigkeit von Mobilitätsangeboten im Tages- und Kurzreiseverkehr. Die Kriterienauswahl wurde auf dieser Basis im Forschungsprojekt EVENTS diskutiert. Das Ergebnis stellt eine Empfehlung dar, die mit zunehmenden Erkenntnissen und Erfahrungen im Bereich (Event-) Tourismus, Verkehr

3 HANDLUNGSKONZEPT: ENTWICKLUNG NACHHALTIGER MOBILITÄTSKONZEPTE IM TOURISMUS

und Nachhaltigkeit modifiziert werden kann (vgl. Schäfer/ Walther 2004:152). Die Bewertungskriterien beziehen sich – im Hinblick auf die Handlungsfelder des Zielsystems – in erster Linie auf den Bereich ‚Produkt'. Der Bereich ‚Unternehmen' spielt eine untergeordnete Rolle. Ziele aus dem Bereich ‚Regionalentwicklung', die sich der einzelnen Reisekette zuordnen lassen, werden ebenfalls in Kriterien überführt. Die Kriterien können den Dimensionen Ökologie, Ökonomie und Soziales zugeordnet werden.

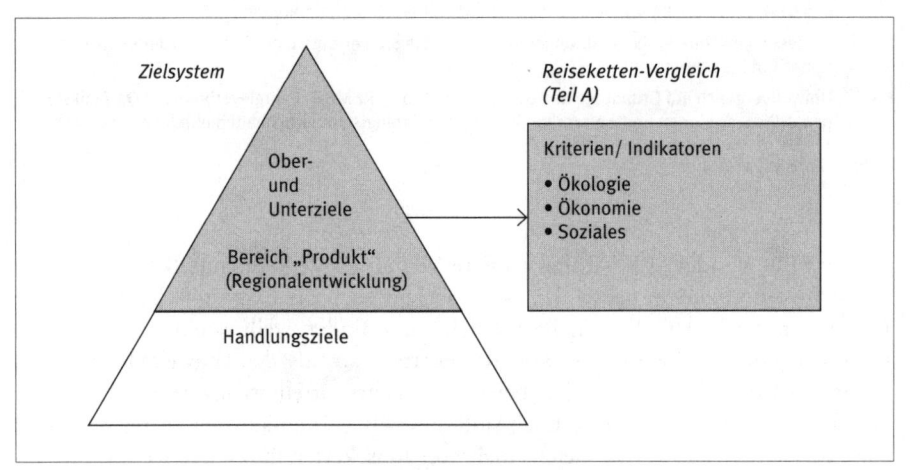

Abbildung 23: **Ableitung der Kriterien und Indikatoren aus dem Zielsystem**
Quelle: Eigene Darstellung

Für jede der drei Nachhaltigkeitsdimensionen wurde eine etwa gleiche Anzahl von Kriterien bestimmt (siehe Tabelle 85 bis 87). Für einige Ziele der ökologischen und ökonomischen Dimension war auch die Ermittlung quantifizierbarer Indikatoren möglich. Kriterien, die sich nicht anhand quantitativer Messgrößen darstellen ließen, wurden mit Hilfe einer verbal-argumentativen (qualitativen) Erläuterung beschrieben. Die Eingabe in das Bewertungstool EVALENT erfolgt bei den quantitativen Indikatoren in erster Linie durch Mengenangaben, qualitative Indikatoren werden in Form von Fragen mit der Ausprägung ja/ nein abgefragt. Bei positiver Beantwortung der Fragen werden jeweils Punkte vergeben, bei Verneinung bzw. Nichtwissen erfolgt keine Punktvergabe. Hierbei ist zu beachten, dass mit Hilfe dieser ‚Bewertungspunkte' lediglich eine Aussage über Erfüllung bzw. Nicht-Erfüllung des jeweiligen Bewertungskriteriums getroffen werden kann. Da die Kriterien bzw. Indikatoren vollkommen unterschiedliche Aspekte umfassen, können diese jedoch nicht gegeneinander verrechnet werden. Das Verfahren erlaubt daher generell keine Addition der Bewertungspunkte der Indikatoren, etwa um diese zu Nutzwertpunkten zu aggregieren (vgl. PTV AG 2004:17). Im Rahmen der Anwendung dieses Verfahrens erfolgt ebenfalls keine zusammenfassende Bewertung der Auswirkungen von Reiseketten. Auf der Grundlage von EVALENT erfolgt ausschließlich die Abbildung von unterschiedlichen Wirkungen der Reisekette bezogen auf die drei Nachhaltigkeitsdimensionen.

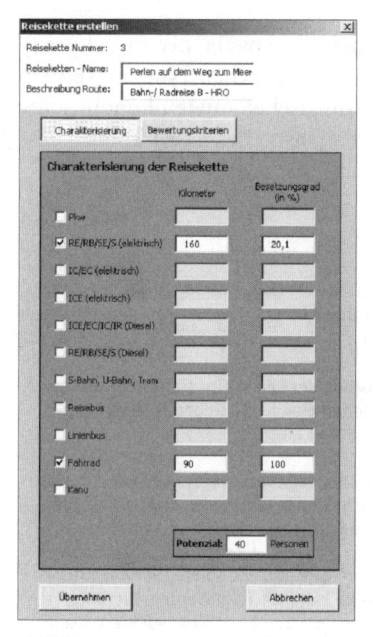

Abbildung 24: **Bewertungstool EVALENT**
Quelle: Bildschirmoberfläche des Bewertungstools EVALENT (PTV AG 2004)

Ökologische Dimension:
Der Vergleich der ökologischen Auswirkungen ausgewählter Reiseketten umfasst sowohl quantitative als auch qualitative Indikatoren. Die quantitativen Indikatoren Energieverbrauch, CO_2-Ausstoß und NO_x (als Leitkomponente für Luftschadstoffemissionen) lassen sich anhand von Kilometerangaben zu den genutzten Verkehrsmitteln automatisch berechnen. Abbildung 24 stellt eine Bildschirmansicht der Datenmaske von EVALENT dar. Hier können die innerhalb einer Reisekette kombinierten Verkehrsmittel zur Berechnung eingegeben werden. Anhand der gewählten Verkehrsmittel erfolgt die ‚Charakterisierung' der Reisekette. Die für die Berechnung benötigten Verbrauchs- und Emissionsfaktoren basieren auf Daten des Emissionsberechnungstools TREMOD (Umweltbundesamt 2002) und des Institut für Energie- und Umweltforschung (IFEU 2002a). Sie wurden für das spezielle Bewertungstool von der PTV AG zusammengestellt und aufbereitet. In Bezug auf die Besetzungsgrade der unterschiedlichen Verkehrsmittel werden empirisch abgesicherte Durchschnittswerte im Freizeitverkehr angeboten. Von diesen kann jedoch im Einzelfall abgewichen werden, soweit den Anwendern andere Daten vorliegen (vgl.

PTV AG 2004: 11). Für das ‚Potenzial' der Reisekette ist anzugeben, von wie vielen Personen die jeweilige Reisekette voraussichtlich genutzt wird. Auf diese Weise kann auch eine Abschätzung der Gesamt-Emissionen bzw. des Gesamtenergieverbrauchs bei größeren Reisegruppen erfolgen.

Im Anschluss an die Auswahl der Reiseverkehrsmittel, die Angabe der zurückgelegten Kilometer, des Besetzungsgrades sowie des voraussichtlichen Nutzungspotenzials der Reisekette erfolgt die Abfrage weiterer ökologischer sowie ökonomischer und sozialer Bewertungskriterien über weitere Eingabefenster des Excel-Tools. Diese Kriterien werden in den nachfolgenden Tabellen 85-87 dargestellt und erläutert.

Tabelle 85: Ökologische Bewertungskriterien EVALENT

Ökologische Bewertungskriterien/ Indikatoren	Definition / Erläuterung für Nutzer
Dauerhafter Flächenverbrauch (km2)	Flächenverbrauch, der auf Grund der Reisekette stattfindet und der auch nach Beendigung bestehen bleibt, z.B. Gebäude, Bahngleise, Straßen, Parkplätze etc.
Dauerhafte Bodenverdichtung (km2)	Bodenverdichtung, die durch die Reisekette verursacht wird und die auch nach der Durchführung bestehen bleibt, z.B. an Stellen, an denen temporäre, provisorische Parkplätze eingerichtet wurden etc.
Auf welcher Länge (km) beeinträchtigt die Route der Reisekette geschützte Gebiete?	Je nach Routenführung können geschützte Gebiete (Naturschutzgebiete etc.) durch die Reisekette beeinträchtigt werden. Hierunter ist nicht nur die Belastung der Gebiete durch zusätzlichen Kfz-Verkehr (Emissionen) zu verstehen. Auch bei Fahrrad- oder Kanufahrten können empfindliche Lebensräume durch Betreten, Lärm, Abfall etc. erheblich gestört werden.
Findet eine (temporäre) übermäßige Beanspruchung von Grünflächen statt?	In Abgrenzung zur dauerhaften Bodenverdichtung (s.o.) führt die übermäßige Beanspruchung von Grünflächen nicht zu einer dauerhaften Schädigung des Bodens, sondern lediglich zu einer temporären Schädigung der vorhandenen Vegetation.
Werden bei der Reisekette (durchgängig oder auf Teilabschnitten) besonders umweltfreundliche Fortbewegungsarten eingesetzt?	Hier sollen besonders umweltfreundliche Fortbewegungsarten wie Wandern, Rad oder Kanu fahren hervorgehoben werden, die auf Grund ihres ausschließlichen Verbrauchs von Körperenergie und nicht vorhandenen Emissionen nicht in den Energieverbrauchs- und Emissionsberechnungen berücksichtigt werden.
Enthält die Reisekette Elemente, die zur Bildung von Umweltbewusstsein beitragen?	Beispielsweise kann die Vermittlung von Information über die ökologischen Auswirkungen der Reisekette oder der Besuch von Umweltbildungseinrichtungen im Verlauf der Reisekette zum umweltbewussten Handeln anregen.
Werden öko-zertifizierte Betriebe in die Reisekette eingebunden?	Öko-zertifizierte Unternehmen produzieren oder verarbeiten nach anerkannten Öko-Richtlinien wie Demeter, Bio etc. oder es sind Betriebe, die über Instrumente des Umweltmanagements (DIN EN ISO 14001 oder EMAS II/ EG-Umwelt-Audit) zertifiziert sind.

Quelle: Eigene Darstellung nach PTV AG 2004

Ökonomische Dimension

Durch möglichst genaue Angaben über Umsätze, Investitionen und die Beteiligung regionaler Unternehmen soll der ökonomische Nutzen von Reiseketten für die Region bestimmt werden. Die ökonomischen Wirkungen beziehen sich ausschließlich auf Ausgaben und Investitionen in den von der An- und Abreise betroffenen Transit- und Zielregionen, nicht aber auf den Zielort selbst. Im Mittelpunkt steht die Möglichkeit der Teilhabe der Region an den positiven Effekten des Tourismus, weniger der Umsatz des Reiseveranstalters. Bei der Betrachtung der ökonomischen Dimension wäre eine Unterscheidung zwischen der unmittelbaren, temporären wirtschaftlichen Belebung durch die einzelne Reisekette und den eher mittel- bis langfristigen Folgewirkungen sinnvoll, aber kaum durchführbar. Während beispielsweise Event-Reiseketten überwiegend zu kurzfristiger Beschäftigung im Hotel-, Gaststätten- und Transportgewerbe führen, sind – bei einmaliger Wiederholung des Events – ihre längerfristigen Effekte zu hinterfragen. Im Sinne der Nachhaltigkeit wäre es positiv zu beurteilen, wenn die durch die Umsetzung von Reiseketten entstandenen Kooperationen und Angebote auch nach dem Event erhalten blieben und in diesem Fall der Tourismus dauerhaft gestärkt würde. Eine solche Einschätzung lässt sich bei der Beurteilung eines einzelnen Angebots jedoch nicht ableiten. Auf mittel- bis langfristige Wirkungen ausgerichtete Kriterien werden zwar – soweit möglich – im Rahmen des Reiseketten-Vergleichs abgefragt, die eigentliche Beurteilung erfolgt aber erst im zweiten Schritt bei der Evaluierung der Handlungsziele (Teil B), wo auch langfristige Kooperationen mit regionalen Unternehmen eine Rolle spielen. Bei der hier vorgenommenen Betrachtung eines Einzelangebots können in erster Linie kurzfristige Effekte abgeschätzt werden; die mittel- bis langfristigen Folgen sollten dennoch schon beim Reiseketten-Vergleich mit bedacht werden.

Tabelle 86: Ökonomische Bewertungskriterien EVALENT

Ökonomische Bewertungskriterien/ Indikatoren	Definition / Erläuterung für Nutzer
Anzahl der Reisetage (Tage je Reisekette)	Hierzu zählen ausschließlich die Tage bis zum Erreichen der Reisedestination. Bei der direkten Anreise handelt es sich dabei meist um einen Tag, bei Reiseketten wie ‚Perlen auf dem Weg zum Meer' um mehrere Tage bis zur Ankunft am Zielort.
Ausgaben je Person während der An- und Abreise in ¤	Hierunter sind alle Ausgaben für Restaurantbesuche, Lebensmittelkäufe, sonstige Einkäufe, ggf. Eintrittsgelder etc. zusammengefasst, die während der An- und Abreise getätigt werden. Hierdurch lässt sich der zusätzliche, durch die Reisekette erzeugte ökonomische Nutzen für die Region ermitteln.
Anzahl der Übernachtungen (Menge je Reisekette)	Gezählt werden nur Übernachtungen während der An- und Abreise, die zusätzlich durch die Reisekette erzeugt werden. Übernachtungen am Zielort selbst können nicht als zusätzlicher Nutzen der speziellen Reisekette betrachtet werden.

3 HANDLUNGSKONZEPT: ENTWICKLUNG NACHHALTIGER MOBILITÄTSKONZEPTE IM TOURISMUS

Preis für Übernachtung je Person in ¤	Hier wird der Preis angegeben, der pro Übernachtung und Person vom Reiseveranstalter oder von den Reisenden direkt an die Unterkunft gezahlt wird.
Investitionen in die örtliche Infrastruktur in ¤ (mittel- bis langfristig)	Gemeint sind in erster Linie verkehrliche Anlagen (Bahngleise, Straßen, Parkplätze etc.). Größere Touristenströme können aber beispielsweise auch die Renovierung eines alten Schlosses auslösen. Derartige Investitionen können ggf. mit diesem Indikator berücksichtigt werden.
Jährliche Folgekosten (Unterhaltungskosten) der neuen, örtlichen Infrastruktur (Summe) in ¤ (mittel- bis langfristig)	Die Höhe der jährlichen Folgekosten ist bei den entsprechenden Baulastträgern zu erfragen oder gem. der Richtlinien für die Berechnung der Ablösungsbeträge der Erhaltungskosten für Brücken, Straßen, Wege und andere Ingenieurbauwerke (vgl. Bundesministerium für Verkehr, Bau- und Wohnungswesen, 2000c) zu ermitteln.
Fördert die Reisekette die Bekanntheit und/ oder den Verkauf regionaler Produkte?	Wird bei der Auswahl gastronomischer Einrichtungen auf regionale Küche geachtet? Wird Reisenden die Möglichkeit gegeben, unterwegs regionale Spezialitäten oder regional hergestellte Produkte einzukaufen?
Profitieren auch Klein- und Mittelständische Unternehmen? (mittel- bis langfristig)	Haben die Klein- und Mittelständischen Unternehmen in der Transitregion einen direkten oder indirekten Nutzen durch die Reisekette? Direkt, indem sie beispielsweise als Dienstleister integriert sind. Indirekt, indem sie z.B. Werbeprospekte erstellen etc.
Werden durch die Reisekette Arbeitsplätze geschaffen? (mittel- bis langfristig)	Hier werden neben Arbeitsplätzen in Hotellerie oder Gaststättengewerbe auch Stellen in Museen etc. verstanden. Hinweise hierzu ggf. bei örtlichen Stellen der Wirtschaftsförderung erfragen.
Trägt die Reisekette zur Diversifizierung des regionalen touristischen Angebotes bei? (mittel- bis langfristig)	Unter Diversifizierung wird die Erweiterung des bisher vorhandenen (touristischen) Angebots verstanden, beispielsweise zusätzliche Führungen an Sehenswürdigkeiten oder zusätzliche Verkehrsangebote wie eine neue Buslinie oder ein neuer Fahrradverleih.

Quelle: Eigene Darstellung nach PTV AG 2004

Soziale Dimension

Die Kriterien der sozialen Dimension umfassen die Berücksichtigung der Chancengleichheit der Reisenden, die Informationsvermittlung über die Region und ihre Bewohner, die Integration von regionalen Besonderheiten in die Reisekette sowie die Verbesserung der Angebotsqualität. Darüber hinaus sollen auch die tourismusbedingten Auswirkungen auf die Bevölkerung ermittelt werden. Die Angaben ermöglichen eine Aussage über die Verbesserung oder Beeinträchtigung der Lebensqualität und des sozio-kulturellen Lebensumfeldes von Reisenden und Bewohnern der Region. Während die Effekte auf Reisende nur kurzfristig wirken, lassen sich die sozialen Effekte – ebenso wie einige ökonomische Aspekte – hauptsächlich in langfristiger Perspektive abschätzen. Die Folgen für Bevölkerung und regionale Gemeinschaften werden im Rahmen der Erfolgskontrolle (Teil B des Evaluierungsansatzes) überwiegend im Bereich ‚Regionalentwicklung' erfasst. Dennoch wurden zur Beurteilung von Reiseketten einige Kriterien ermittelt, die sich auf das einzelne Produkt anwenden lassen. Es wurden folgende – qualitative – Kriterien festgelegt:

3.3 Nachhaltigkeitsbewertung

Tabelle 87: **Soziale Bewertungskriterien EVALENT**

Soziale Bewertungskriterien	Definition / Erläuterung für Nutzer
Eignet sich die Reisekette für Kinder?	Sind beispielsweise spezielle Attraktionen für Kinder und kindgerechte Einrichtungen in den Verkehrsmitteln oder an den Haltepunkten vorhanden?
Eignet sich die Reisekette für Senioren?	Sind spezielle Attraktionen, Ruhemöglichkeiten etc. für Senioren in den Verkehrsmitteln oder an den Haltepunkten vorhanden?
Eignet sich die Reisekette für mobilitätseingeschränkte Personen?	Unter mobilitätseingeschränkten Personen werden Körperbehinderte, zeitweilig Verletzte, aber auch Personen mit Kinderwagen oder in Begleitung mehrerer Kinder und alte Menschen verstanden.
Eignet sich die Reisekette auch für gering Verdienende?	Lässt sich die Reisekette so gestalten, dass sie sich auch Bevölkerungsteile mit unterdurchschnittlichem Einkommen leisten können?
Werden soziale Kontakte im Verlauf der Reisekette gefördert?	Eröffnet die Reisekette Möglichkeiten, beispielsweise durch besonders eingerichtete Kommunikationsbereiche in den Fahrzeugen bzw. an Zwischenstationen unterwegs oder durch speziell arrangierte Treffen mit lokalen Gruppen etc. soziale Kontakte zu knüpfen?
Ist ein Begleitprogramm in die Reisekette integriert?	Hierunter sind alle Angebote zur Unterhaltung und Information auf der Reise (z.B. Reiseleitung, Videofilm, Lesung, Zwischenstop mit Programmpunkt etc.) zu verstehen.
Berücksichtigt die Reisekette die Besucherkapazitäten der touristischen Einrichtungen oder Sehenswürdigkeiten bei Zwischenstopps?	Insbesondere kleinere touristische Einrichtungen können häufig nur eine begrenzte Anzahl von Besuchern aufnehmen, ohne negativ beeinträchtigt zu werden (z.B. ein Klostergarten). Diese Kapazitätsgrenzen gilt es im Rahmen der Angebotsplanung zu erfragen und zu respektieren.
Dient die Reisekette der Erhaltung von historischen oder regionsspezifischen Verkehrsmitteln?	Im Zuge der fortschreitenden Angleichung von Regionen durch die Vereinheitlichung des Angebots sollten regionale Besonderheiten herausgestellt werden, um die Vielfalt zu erhalten. Beispiele hierfür sind: historische Bahnstrecken, Draisinenbahnen, Oldtimer-Busse, Pferdekutschen, etc.
Leistet die Reisekette einen Beitrag zum Erhalt der regionalen Identität? (mittel- bis langfristig)	Die Identität einer Region ergibt sich aus ihrer Geschichte, ihren Landschaftsformen, ihren Baustilen, ihrer Sprache etc. Der Beitrag der Reisekette zum Erhalt der regionalen Identität ist u.a. daran zu messen ob sie – beispielsweise durch zusätzliche Eintrittsgelder – zur Erhaltung der oben genannten Merkmale beiträgt.
Leistet die Reisekette einen Beitrag zur Verbesserung des Images der Region? (mittel- bis langfristig)	Das Image ist die Wahrnehmung der Region durch Dritte. Es geht somit über die regionale Identität (s.o.) hinaus. Imageförderung findet u.a. dadurch statt, dass sich im Rahmen des Marketings die Region positiv präsentieren kann (Sehenswürdigkeiten, Servicequalität, umwelt- und sozialverträglicher Tourismus etc.).
Fördert die Reisekette die regionale Selbstorganisation/ den Zusammenhalt in der Region? (mittel- bis langfristig)	Dies kann dadurch geschehen, dass in die Reisekette Angebote integriert sind, die in Eigeninitiative der Bevölkerung entstanden sind bzw. regionale und lokale Interessengruppen oder -verbände direkt an der Reisekette beteiligt sind.

Quelle: Eigene Darstellung nach PTV AG 2004

3 Handlungskonzept: Entwicklung nachhaltiger Mobilitätskonzepte im Tourismus

Durchführung der Bewertung

Die Antworten zu den abgefragten Bewertungskriterien können direkt in das computergestützte Bewertungstool EVALENT eingegeben werden. Sind alle Angaben erfasst, lassen sich die Ergebnisse sowohl für jede Nachhaltigkeitsdimension einzeln als auch im Gesamtüberblick anzeigen (siehe Abbildung 25). Die Darstellung im Ausgabefenster bietet eine komprimierte, aber nicht aggregierte Gesamtübersicht über alle drei Dimensionen der Nachhaltigkeit (PTV AG 2004: 17). Durch die unterschiedliche Qualität der Indikatoren (quantitativ und qualitativ) und ihre nicht durchgeführte Gewichtung ist diese Gesamtübersicht nicht dazu geeignet, die Ergebnisse zu einem Gesamtwert zusammenzufassen. Alle ausgewählten qualitativen Indikatoren sollen von den Anwendern des Verfahrens in der Regel noch in einem separaten Erläuterungstext verbal-argumentativ aufbereitet werden. Wurden schließlich zwei oder mehrere Reiseketten-Varianten in EVALENT eingegeben, so werden die Ergebnisse nebeneinander gestellt, so dass ein Vergleich der Reiseketten ermöglicht wird.

Aspekte ökologischer Nachhaltigkeit

	Einheit
Reisekette Nr.	
Name	
Beschreibung Route	
Quantitative Indikatoren ökologischer Nachhaltigkeit	
Emissions-/Energieberechnung - potenzialunabhängig	
Summe Energieverbrauch	MJ
Summe CO_2- Emissionen	kg
Summe NOx- Emissionen	g
Emissions-/Energieberechnung - potenzialabhängig	
Summe Energieverbrauch	MJ
Summe CO_2 - Emissionen	kg
Summe NOx- Emissionen	g
Analyse der Beeinträchtigung durch neue eventbezogene Verkehrsinfrastruktur	
Dauerhafter Flächenverbrauch	km^2
Dauerhafte Bodenverdichtung	km^2
Länge der Strecke, die geschützte Gebiete beeinträchtigt	km
Qualitative Indikatoren ökologischer Nachhaltigkeit	
Summe der Punkte (max. 4)	Punkte

Aspekte ökonomischer Nachhaltigkeit

	Einheit
Quantitative Indikatoren ökonomischer Nachhaltigkeit	
Summe der reisekettenspezifischen Einnahmen	€
Summe der Investitionen in neue, örtliche Infrastruktur	€
Summe der jährlichen Folgekosten für neue, örtliche Infrastruktur	€
Qualitative Indikatoren ökonomischer Nachhaltigkeit	
Summe der Punkte (max. 4)	Punkte

Aspekte sozialer Nachhaltigkeit

	Einheit
Qualitative Indikatoren sozialer Nachhaltigkeit	
Summe der Punkte (max. 11)	Punkte

Abbildung 25: **Ausgabefenster des Bewertungstools EVALENT**
Quelle: PTV AG 2004:18

Fazit: Vergleich von Reiseketten mit Hilfe des Bewertungstools EVALENT

Mit Hilfe von EVALENT lassen sich auf einzelnen Relationen (Reiseverbindungen) unterschiedliche An- und Abreisemöglichkeiten (Reiseketten) miteinander vergleichen. Diese Möglichkeiten reichen von der Pkw-Reise via Autobahn direkt zum Zielort bis hin zur mehrtägigen Reisekette, unter Einschluss von Zwischenzielen, wie im Beispiel der vorgestellten Reisekette ‚Perlen auf dem Weg zum Meer'. Durch so gestaltete Freizeitverkehrsangebote können unter anderem im Tages- und Kurzreisetourismus folgende Wirkungen erzielt werden:

- Verlagerung des Pkw-Verkehrs auf umweltfreundlichere Verkehrsmittel,
- Verstetigung und räumliche Verteilung der Besucherströme sowie
- ökonomische und soziale Entwicklung der häufig strukturschwachen Regionen entlang von Reisewegen (Transitregionen).

Mit diesen Intentionen werden hinsichtlich der Nachhaltigkeit teilweise widersprüchliche Effekte erzielt. So bewirkt der Besuch von Zwischenzielen und die damit verbundene Nutzung von Nebenstraßen einerseits eine Entlastung der Hauptreisewege sowie eine Steigerung des Umsatzes in der Region. Andererseits werden dadurch aber auch zusätzliche Verkehre in Erholungslandschaften gelenkt, die Lärm- und Emissionsbelastungen zur Folge haben (PTV AG 2004, S.10). Um möglichst viele solcher Effekte abzubilden und transparent machen zu können, ist eine Beurteilung von Reiseketten hinsichtlich solcher Wirkungen auf die drei Dimensionen der Nachhaltigkeit (Umwelt, Wirtschaft, Soziales) erforderlich. Das zu diesem Zweck entwickelte Bewertungstool EVALENT gibt unterschiedlichen Entscheidungsträgern – insbesondere Eventveranstaltern, aber auch Reiseveranstaltern und Mobilitätsdienstleistern – die Möglichkeit, sich mit einfachen Mitteln und relativ geringem Arbeitsaufwand einen Überblick über die ökologischen, ökonomischen und sozialen Wirkungen des tourismusbedingten Verkehrs zu verschaffen. Neben dem Eventverkehr – für den es ursprünglich entwickelt wurde – ist das Instrument geeignet, auch zu anderen Reisezwecken gestaltete Reiseketten abzubilden. Mit Blick auf den Anspruch der Praxisnähe wird durch die Verwendung des weitverbreiteten Standard-Programms Excel und der freien Zugänglichkeit über das Internet sichergestellt, dass das Tool für einen großen Benutzerkreis nutzbar ist (PTV AG 2004: 19). Ergänzungen im Bereich der Bewertungskriterien durch die Anwender des Verfahrens selbst sind in diesem Software-Umfeld leicht durchzuführen, da die Tabellen einfach zu exportieren und zu modifizieren sind.

Im Ergebnis liefert EVALENT einen Katalog von Kriterien bzw. Indikatoren, der die Gegenüberstellung einer Vielzahl von Reiseketten-Varianten ermöglicht und der somit als Entscheidungsgrundlage für touristische Akteure dienen kann. Insbesondere die quantifizierbaren Indikatoren im Bereich der Emissions- und Energieberechnung (ökologische Dimension) und ökonomische Indikatoren wie Ausgaben und Investitionen in der Region bieten eine gute Grundlage für die später erfolgende Erfolgskontrolle. Über den Vergleich unterschiedlicher Varianten soll letztlich die

3 Handlungskonzept: Entwicklung nachhaltiger Mobilitätskonzepte im Tourismus

Priorisierung und Weiterentwicklung besonders nachhaltiger Reiseketten-Angebote bewirkt werden. Allerdings lassen sich mit Hilfe des Bewertungstools keine absoluten Aussagen darüber treffen, ob ein Angebot an sich nachhaltig ist oder nicht. „Eine solche Aussage wäre nur möglich, wenn [...] Grenzwerte oder Schwellenwerte für die einzelnen Indikatoren oder für einen aggregierten Wert mehrerer Indikatoren festgelegt wären" (vgl. ASTRA 2003:5). Eine solche Aussage kann jedoch mit dem derzeitigen Wissen nicht getroffen werden. Wie bei schon bei der Betrachtung bestehender Bewertungsverfahren deutlich wurde, stoßen herkömmliche, quantitative, naturwissenschaftliche Messgrößen „sehr rasch an wissenschaftliche Grenzen": Während die Entwicklung ökologischer Indikatoren vergleichsweise am weitesten vorangeschritten ist, lassen sich für den ökonomischen Bereich nur wenige und für den soziokulturellen Bereich „keine brauchbaren Ansätze quantitativer Indikatoren" ableiten (Baumgartner 2001:28). Aus diesem Grund wurden neben quantitativ messbaren Indikatoren auch qualitative Kriterien beschrieben. Erst durch diese Kombination können objektivierbare Aussagen über Nachhaltigkeit getroffen werden. Hier macht sich jedoch auch bei EVALENT das Problem mangelnder Operationalisierungsmöglichkeiten bemerkbar: Zur leichteren Vergleichbarkeit von Reiseketten wurden die Ergebnisse der qualitativen Kriterien in Zahlen ausgedrückt. Bei Erfüllung eines qualitativen Kriteriums (Eingabe: ,Ja') erfolgt die Vergabe eines Punktes. Auf diese Weise kann für jede der drei Nachhaltigkeitsdimensionen eine Gesamtpunktzahl ermittelt werden. Dies dient jedoch nur der groben Übersicht zum Vergleich. Da jedoch die Aussagekraft einer solchen Punktzahl vergleichsweise gering ist, ist eine verbal-argumentative Erläuterung weshalb und auf welche Weise das Kriterium erfüllt wird, unerlässlich.

Gleichwohl liefert auch die Gesamtübersicht über alle drei Nachhaltigkeitsdimensionen mit den jeweiligen Punktezahlen der qualitativen Kriterien eine hilfreiche Entscheidungsgrundlage für den Vergleich unterschiedlicher Reiseketten. Auf diese Weise kann bei der Betrachtung mehrerer Reiseketten-Varianten besser abgeschätzt werden, welche Wirkungen von den einzelnen Reiseketten ausgehen. Gemäß der Maxime, dass der Weg vom Messen zum Handeln über das Bewerten führt (Tischer/Pütz 2000, o.S.), lässt sich durch den Vergleich ermitteln, welche Reiseketten-Variante aus ökologischer, ökonomischer oder sozialer Sicht höher oder niedriger zu bewerten ist als andere. Die letztendliche Entscheidung darüber, welche Variante bei der Angebotsgestaltung letztlich zu favorisieren ist, treffen die Anwender jeweils selbst. Das Bewertungstool liefert lediglich eine Datenbasis als Entscheidungsgrundlage. Ziel eines solchen Bewertungsvorgangs ist demnach die Erleichterung der Suche nach einem *vergleichsweise* nachhaltigen Mobilitätsangebot. Zusätzlich steht hinter dem Reiseketten-Vergleich aber auch der Grundgedanke der Bewusstseinsbildung. Bisher ist das Bewusstsein bezüglich der Auswirkungen des touristischen Verkehrs relativ gering ausgeprägt bzw. findet keine Konsequenzen in der Umsetzung von Angeboten. Um dieses Bewusstsein zu schärfen, um Verständnis zu wecken und dabei gleichzeitig Handlungsoptionen anzubieten, ist das Bewertungstool EVALENT außerordentlich geeignet. Durch die Anwendung dieses Bewertungsinstruments kann somit nicht nur kurzfristig auf die Verbesserung der Nachhaltigkeit eingewirkt, sondern auch perspektivisch eine Veränderung des Anbieterverhaltens bei der Angebotsgestaltung erreicht werden.

3.3.2.3 Erfolgskontrolle (Teil B)

Um sicherzustellen, dass bei der Planung und Umsetzung von Reiseketten auch tatsächlich die im Zielsystem formulierten Handlungsziele berücksichtigt wurden, ist eine Erfolgskontrolle erforderlich. Diese Ex-post-Evaluierung dient dazu, die Potenziale und Defizite bei der Gestaltung nachhaltiger Freizeitverkehrsangebote (Reiseketten) im Tages- und Kurzreiseverkehr aufzuzeigen und damit eine Grundlage für die Qualitätssicherung und die Verbesserung zukünftiger Planungen zu schaffen. Während die Ex-ante-Beurteilung einzelner Angebote sinnvollerweise durch Reiseveranstalter oder andere Anwender selbst durchgeführt wird, sollte die Erfolgskontrolle einer externen Bewertungsstelle übertragen werden. Nur so kann eine unvoreingenommene Überprüfung sichergestellt und damit die Objektivität der Bewertung erhöht werden.

Zur Entwicklung des Evaluierungsansatzes werden aus den Handlungszielen des Zielsystems Kriterien abgeleitet, mit deren Hilfe sich die Umsetzung der Ziele überprüfen lässt. Während beim Vergleich unterschiedlicher Reiseketten-Varianten (Teil A) das einzelne Produkt ‚Reisekette' im Mittelpunkt der Betrachtung steht, erfolgt im Rahmen der Erfolgskontrolle (Teil B) eine differenzierte Betrachtung der drei Bereiche *Unternehmen*, *Produkt* und *Regionalentwicklung* (siehe Abbildung 26). Diese Bereiche entsprechen der bereits im Zielsystem vorgenommenen Unterteilung der Ziele nach den unterschiedlichen Einflussmöglichkeiten von Reiseveranstaltern. Bei der Beurteilung von Reiseketten werden somit neben der eigentlichen Produktgestaltung (Bereich ‚Produkt') auch Aspekte des Umweltmanagements und der Kooperationen mit anderen Betrieben (Bereich ‚Unternehmen') sowie das Engagement des Reiseveranstalters in den Transit- und Zielregionen (Bereich ‚Regionalentwicklung') erfasst. Die beiden letztgenannten Bereiche haben zwar keinen unmittelbaren Einfluss auf die Nachhaltigkeit einzelner Reiseketten, dürfen aber im Rahmen der ganzheitlichen Betrachtung des Produkts in seinem Gesamtzusammenhang (Erstellung, Vermarktung und Verkauf) nicht unberücksichtigt bleiben.

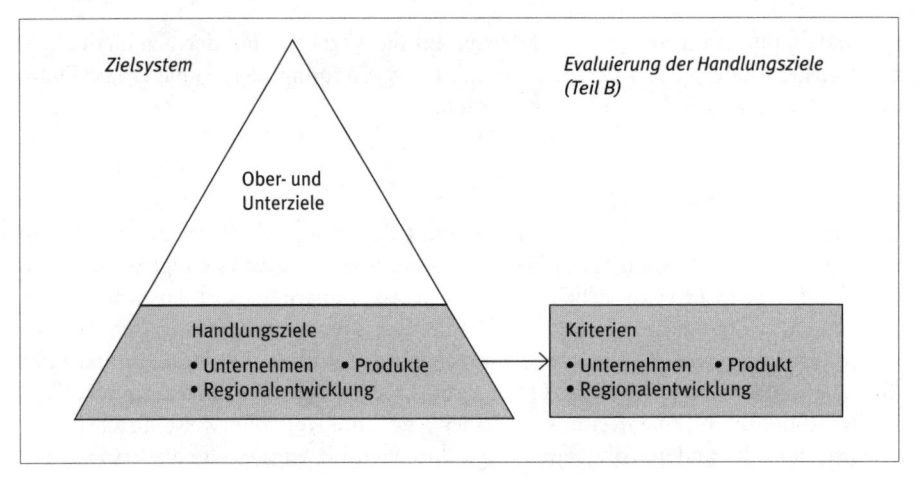

3 Handlungskonzept: Entwicklung nachhaltiger Mobilitätskonzepte im Tourismus

Abbildung 26: Ableitung der Kriterien und Indikatoren aus dem Zielsystem
Quelle: Eigene Darstellung

Im Zuge der Ableitung der Bewertungskriterien aus dem Zielsystem zeigt sich, dass einige der dort aufgeführten Handlungsziele zwar in unterschiedlichen Bereichen vorkommen (z.B. Produkt und Regionalentwicklung), aber dieselbe oder eine ähnliche Intention verfolgen. Grund dafür ist, dass die Formulierung eines Ziels aus unterschiedlichen Motiven heraus erfolgen kann und ein Handlungsziel daher möglicherweise mehreren Ober- bzw. Unterzielen entspricht. So kann beispielsweise der das Handlungsziel ‚Einsatz von Erlebnismobilen' (z.B. Fahrrad) zum einen durch die Steigerung des Erlebniswertes motiviert sein, zum anderen aber auch aus ökologischen Erwägungen heraus erfolgen. Da es aber für die Evaluierung unerheblich ist, aufgrund welcher Motivation ein Reiseveranstalter dieses Ziel umsetzt, sondern nur zählt, dass es umgesetzt wird, lassen sich solche Handlungsziele durch ein gemeinsames Kriterium abbilden. Dieser Schritt der Zusammenfassung ähnlicher oder gleicher Handlungsziele führt bei der Entwicklung des Evaluierungsansatzes zu einer Reduzierung der Kriterienanzahl. Es wird vermieden, dass ein Handlungsziel mehrfach beurteilt wird; gleichzeitig wird eine Komplexitätsreduktion im Sinne der Anwenderfreundlichkeit erreicht.

Um das Evaluierungsinstrument anschaulicher zu gestalten und für Anwender (externe Gutachter) wie Verbraucher nachvollziehbarer zu machen, werden die abgeleiteten Kriterien in einen Fragenkatalog überführt (siehe Tabelle 88).

Festlegung der Kriterien zur Evaluierung von Reiseketten
Wie auch bei dem im Theoriekonzept entwickelten Zielsystem wurde bei den Evaluierungskriterien versucht, den Untersuchensgegenstand ‚Freizeitverkehrsangebot' bzw. ‚Reisekette' in seinem Gesamtkontext abzubilden. Gleichzeitig sollte durch starke Akteursorientierung und möglichst konkrete Handlungsvorgaben (Hand-

lungsziele) eine hohe Praxistauglichkeit gewährleistet werden, da die Ergebnisse der Evaluierung wiederum als Handlungsorientierungen für zukünftige Planungsaktivitäten dienen sollen. Um die Akzeptanz des Ansatzes zu erhöhen, orientiert sich die Art der Kriterien bzw. der Fragestellung an bereits in der Praxis erfolgreich angewandten Instrumentarien wie beispielsweise der Kriterienkatalog des forum anders reisen (forum anders reisen o.J.) oder von Viabono (Viabono GmbH o.J.). Inhaltlich baut der Ansatz neben solchen Umweltkennzeichnungen auf bestehenden, gesetzlich geschützten Zertifizierungssystemen zum Unternehmens- und Qualitätsmanagement (z.B. EMAS, DIN EN ISO) auf. Ein erwähnenswertes Verfahren zur Nachhaltigkeitsbewertung von Unternehmen, das sowohl das Unternehmensmanagement und dessen Philosophie, als auch die gesamte Produkt- und Dienstleistungspalette sowie Aspekte der Kooperation und Partizipation umfasst, werden ebenfalls integriert. Dabei handelt es sich um den derzeit in der Probephase befindlichen Entwurf zur umfassenden Beurteilung von Reiseveranstaltern, der Tour Operators Initiative (TOI) for Sustainable Development (GRI 2002)[32].

Einen wichtigen Baustein für die Erfolgskontrolle stellen die Ergebnisse des Reiseketten-Vergleichs dar. Sie werden in die Evaluierung der Handlungsziele integriert. Die im Rahmen der Evaluierung vorzunehmende Zusammenführung der beiden Teile (A und B) des Bewertungsinstrumentariums sowie die Vorgehensweise bei der Durchführung der Erfolgskontrolle werden nachfolgend dargestellt.

Zusammenführung des Reiseketten-Vergleichs (Teil A) und Erfolgskontrolle (Teil B):
Soweit die Resultate des Reiseketten-Vergleichs als objektivierbar angesehen werden können, werden sie in die Erfolgskontrolle integriert. In diesem Zusammenhang sind insbesondere die Ergebniswerte der quantitativen Indikatoren von Bedeutung, da diese – soweit korrekte Angaben gemacht wurden – unabhängig von der subjektiven Einschätzung des Anwenders erhoben wurden und daher allgemeine Gültigkeit besitzen. Zur Überprüfung der qualitativen Kriterien erfolgt eine eigene Beurteilung durch die Gutachter. Anhand von Unterlagen zur Dokumentation der einzelnen Reisephasen muss zu diesem Zweck nachgewiesen werden, aus welchen Angebotsbausteinen die Reisekette bestand und ob sie so, wie in der Angebotsplanung vorgesehen, durchgeführt wurde.

Zusammengefasst werden folgende Ergebnisse aus dem Reiseketten-Vergleich (Teil A) in die Evaluierung der Handlungsziele (Teil B) übernommen:

---

[32] Im Rahmen dieses durch das Umweltprogramm der UN (UNEP) geförderten Netzwerks, zu dessen Mitgliedern auch die United Nations Educational, Scientific and Cultural Organization (UNESCO) und die World Tourism Organization (WTO) zählen und auch Reiseveranstalter wie Studiosus Reisen, LTU-Touristik und TUI beteiligt sind, wird derzeit ein gemeinsam entwickelter Ansatz erprobt. Der Bereich Mobilität und Verkehr wird darin allerdings weitgehend vernachlässigt (vgl. TOI 2003).

3 HANDLUNGSKONZEPT: ENTWICKLUNG NACHHALTIGER MOBILITÄTSKONZEPTE IM TOURISMUS

- Ökologische Dimension:
- Emissions- und Energieberechnungen,
- Beeinträchtigungen durch neue Verkehrsinfrastrukturen und Schädigung geschützter Gebiete.

- Ökonomische Dimension:
- reisekettenspezifische Umsätze und Ausgaben in der Region,
- Investition in die örtliche Infrastruktur und Beteiligung an den Folgekosten.

Bei der Übertragung der Ergebnisse des Reiseketten-Vergleichs (Teil A) in die Evaluierung der Handlungsziele (Teil B) wird nach kurzfristigen und mittel- bis langfristigen Wirkungen unterschieden. Kurzfristige Effekte, die unmittelbar aus einer einzelnen Reisekette resultieren, werden bei der Erfolgskontrolle dem Bereich ‚Produkt' zugeordnet. Dazu zählen ökologische Kriterien wie Emissionen oder ökonomische Effekte durch den Aufenthalt von Touristen in der Region. Hingegen werden mittel- bis langfristige Effekte, die erst bei einem kontinuierlich bestehenden Angebot wirksam werden, im Bereich ‚Regionalentwicklung' evaluiert, beispielsweise Investitionen in die örtliche Infrastruktur.

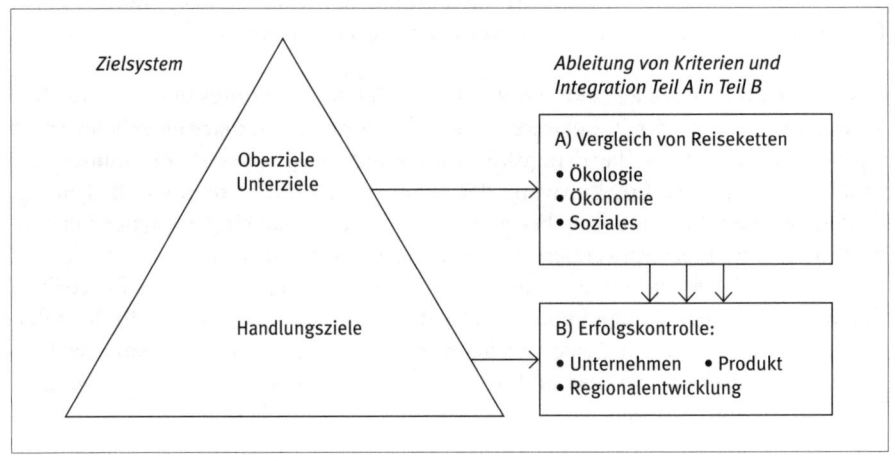

Abbildung 27: **Zielsystem von Reiseketten-Vergleich und Erfolgskontrolle**
Quelle: Eigene Darstellung

Durchführung der Erfolgskontrolle
Für die Durchführung der Erfolgskontrolle durch externe Gutachter sind Zeitabstände von etwa einem Jahr vorgesehen. Es ist davon auszugehen, dass ein Reiseveranstalter in diesem Zeitraum mehrere, unterschiedliche (Pauschal-) Reiseangebote erstellt und durchführt. Entsprechend sind innerhalb eines Evaluierungszeitraums eine größere Anzahl von Reiseketten als Bausteine von Pauschalangeboten

zu beurteilen. Je nach Anzahl der durchgeführten Reisen sollte die Überprüfung und Beurteilung im Bereich ‚Produkt' stichprobenartig erfolgen. Der Bereich ‚Regionalentwicklung' wird anhand nachgewiesener Aktivitäten des Reiseveranstalters bezüglich seines Engagements für die nachhaltige Entwicklung in den Transit- und Zielregionen überprüft. Als Nachweise hier werden beispielsweise Kooperationsvereinbarungen oder Protokolle von Sitzungen und Treffen gefordert. Für den Bereich ‚Unternehmen' sind ebenfalls Nachweise zu erbringen. Die Beurteilung der Bereiche ‚Unternehmen' und ‚Regionalentwicklung' erfolgt jeweils zusammenfassend für den Evaluierungszeitraum.

In den nachfolgenden Tabellen sind die Fragenkataloge zur Durchführung der Erfolgskontrolle dargestellt. Die gewählte Form des Bewertungsvorganges (Kästchen zum Ankreuzen) und der Ergebnisdarstellung bietet eine anschauliche Übersicht über die Potenzial- und Defizitbereiche des überprüften Unternehmens und seiner Produkte.

3 Handlungskonzept: Entwicklung nachhaltiger Mobilitätskonzepte im Tourismus

Fragenkatalog zur Evaluierung der Handlungsziele (Erfolgskontrolle)

Tabelle 88: **Beurteilungsansatz für nachhaltige Freizeitverkehrsangebote**

UNTERNEHMEN	Integration der Nachhaltigkeitsidee in das Unternehmensmanagement	
Ziele	Fragen zur Evaluierung der Aktivitäten im eigenen Unternehmen und der Kooperationen	Ja / Nein / Nicht zutreffend
1. Teilnahme an Zertifizierungssystemen/ freiwilligen Selbstverpflichtungen. Ggf. Einreichung der aktuellen Unterlagen	Welche der folgenden Instrumente werden im Unternehmen angewendet? - Ökolabel (z.B. Viabono, forum anders reisen) bzw. nach ISO 14024 oder VISIT- Standard - Umweltmanagement nach EMAS II (Öko-Audit) oder ISO 14001 - Qualitätsmanagement nach die DIN EN ISO 9000:2000 - Umwelterklärung für Produkte / Dienstleistungen nach ISO 14025 - Umweltwettbewerbe, z.B. Internationale DRV-Umweltauszeichnung	☐ ☐ ☐ ☐ ☐ ☐ ☐ ☐ ☐ ☐ ☐ ☐ ☐ ☐ ☐
2. Aufstellung unternehmenseigener Leitlinien und Handlungsziele. Ggf. Einreichung der aktuellen Unterlagen	Bestehen verbindliche, unternehmenseigene Nachhaltigkeits-Leitlinien (zusätzlich zu den o.g. Instrumenten), die Handlungsziele für die nachfolgend genannten Bereiche definieren? - Verbesserung bestehender Umweltqualitätsstandards, sozialer Standards und der ökonomischen Effizienz im eigenen Unternehmen - Verbesserung der Umwelt- und Sozialverträglichkeit der Produkte - Förderung der nachhaltigen Regionalentwicklung in Destinationen und Transitregionen. Existieren verbindliche Kommunikationsleitlinien zur Kommunikation der Mitarbeiter/ -innen mit den Kunden mit folgender Zielsetzung? - Sensibilisierung der Reisenden für die Auswirkungen der Reise auf die Region und ihre Bewohner - Information der Kunden über die Region, ihre kulturellen Eigenarten, Besonderheiten und Spezialitäten sowie regionale Produkte - Bereitstellen von Verhaltensrichtlinien zur Rücksichtnahme auf ökologisch sensible Gebiete - Bereitstellen von Information über die Ergebnisse des Unternehmensmonitoring	☐ ☐ ☐ ☐ ☐ ☐ ☐ ☐ ☐ ☐ ☐ ☐ ☐ ☐ ☐ ☐ ☐ ☐ ☐ ☐ ☐

3.3 Nachhaltigkeitsbewertung

Ziele	Fragen zur Evaluierung der Aktivitäten im eigenen Unternehmen und der Kooperationen	Ja / Nein / Nicht zutreffend
3. Organisationsstrukturen zur Sicherstellung der Nachhaltigkeit und zur Kommunikation der Nachhaltigkeitsidee im Unternehmen. Ggf. Einreichung der aktuellen Unterlagen	Wie erfolgt die Kommunikation der Nachhaltigkeitsidee im Unternehmen? - Schriftliche Darlegung der Nachhaltigkeits-Richtlinien des Unternehmens - Organisation von Treffen zur Einbindung der Mitarbeiter/-innen in das Aufstellen der Richtlinien - Organisation von Treffen zum Erfahrungsaustausch über Best-Practice-Beispiele - Workshops/ Weiterbildungsprogramme zur Förderung eines tourismus- und verkehrsbezogenen Umweltbewusstseins und zur Sensibilisierung der Mitarbeiter/-innen für die Bedürfnisse der Kunden. Gibt es Mitarbeiter/ -innen, die laut Stellenbeschreibung die Aufgabe eines Nachhaltigkeitsbeauftragten zu erfüllen haben? Werden mindestens einmal jährlich Mitarbeiterschulungen durchgeführt? Werden mindestens einmal pro Quartal innerbetriebliche Abstimmungsrunden zu Nachhaltigkeitsfragen abgehalten?	☐ ☐ ☐ ☐ ☐ ☐ ☐ ☐ ☐ ☐ ☐ ☐ ☐ ☐ ☐ ☐ ☐ ☐ ☐ ☐ ☐
4. Kooperation mit Betrieben mit nachhaltiger Unternehmensstrategie. Ggf. Einreichung der aktuellen Unterlagen	Welche der folgenden Instrumente werden in den kooperierenden Unternehmen angewendet? - Ökolabel (z.B. Viabono, forum anders reisen) bzw. nach ISO 14024 oder VISIT- Standard - Umweltmanagement nach EMAS II (Öko-Audit) oder ISO 14001 - Qualitätsmanagement nach die DIN EN ISO 9000:2000 - Umwelterklärung für Produkte / Dienstleistungen nach ISO 14025 - Umweltwettbewerbe, z.B. Internationale DRV-Umweltauszeichnung - Unternehmenseigene Nachhaltigkeits-Leitlinien und Handlungsziele	☐ ☐ ☐ ☐ ☐ ☐ ☐ ☐ ☐ ☐ ☐ ☐ ☐ ☐ ☐ ☐ ☐ ☐
5. Standardsetzung (Richtlinien) für kooperierende Unternehmen. Ggf. Einreichung der aktuellen Unterlagen	Bestehen verbindliche Nachhaltigkeits-Richtlinien mit darin definierten Kriterien und Handlungszielen für kooperierende Unternehmen? Bestehen vertragliche Vereinbarungen zwischen Reiseveranstalter und kooperierendem Unternehmen über die Umsetzung der Richtlinie?	☐ ☐ ☐ ☐ ☐ ☐

3 Handlungskonzept: Entwicklung nachhaltiger Mobilitätskonzepte im Tourismus

Ziele	Fragen zur Evaluierung der Aktivitäten im eigenen Unternehmen und der Kooperationen	Ja / Nein / Nicht zutreffend
6. Kommunikation der Nachhaltigkeitsidee an Kooperationspartner. Ggf. Einreichung der aktuellen Unterlagen	Wie erfolgt die Kommunikation der Nachhaltigkeitsidee an Kooperationspartner? - Schriftliche Darlegung der Nachhaltigkeits-Richtlinien des Unternehmens - Organisation von Treffen zur Einbindung der Kooperationspartner in das Aufstellen der Richtlinien - Organisation von Treffen zum Erfahrungsaustausch über Best-Practice-Beispiele - Workshops/ Weiterbildungsprogramme zur Förderung eines tourismus- und verkehrsbezogenen Umweltbewusstseins und zur Sensibilisierung der kooperierenden Unternehmen für die Bedürfnisse der Kunden.	☐ ☐ ☐ ☐ ☐ ☐ ☐ ☐ ☐ ☐ ☐ ☐
7. Nutzung der Nachhaltigkeitsprinzipien als Innovationsmotor.	Gibt es ein Anreizsystem für die Mitarbeiter/ -innen zur Belohnung eingebrachter Ideen und Vorschläge zur Verbesserung der Nachhaltigkeit? - Verbesserung der Öko-Effizienz zur Einsparung von Ressourcen - Verringerung der saisonalen Abhängigkeit - Qualitätsverbesserung des Produkts- und Dienstleistungsangebots	☐ ☐ ☐ ☐ ☐ ☐ ☐ ☐ ☐
8. Optimierung der Absatzmöglichkeiten für nachhaltige Produkte / Dienstleistungen.	Werden nachhaltig gestaltete Reiseangebote als Marketingstrategie, als Wettbewerbsvorteil oder zur Imageverbesserung genutzt?	☐ ☐ ☐
9. Evaluierung der Unternehmensziele (Monitoring). Ggf. Einreichung der aktuellen Unterlagen	Wird in regelmäßigen Zeitabständen ein Monitoring zur Überprüfung der Handlungsziele in folgenden Bereichen durchgeführt? - Unternehmen (nachhaltiges Unternehmensmanagement) - Produkt (Orientierung der Produktgestaltung an Nachhaltigkeitszielen) - Förderung der Regionalentwicklung (Engagement des Unternehmens in der Region) - Einhaltung der Standards durch die Kooperationspartner Erfolgt eine Auswertung und Diskussion der Ergebnisse hinsichtlich der Potenziale und Defizite? Werden die Handlungsziele und Kriterien mit Hilfe aller Beteiligter (Mitarbeiter/ -innen, Kooperationspartner) weiterentwickelt? Erfolgt eine schriftliche Fixierung der Ergebnisse im Rahmen eines Unternehmensberichts? Wie werden die Ergebnisse veröffentlicht? - im Angebotskatalog - im Internet - im Rahmen der Kundenberatung	☐ ☐ ☐ ☐ ☐ ☐ ☐ ☐ ☐ ☐ ☐ ☐ ☐ ☐ ☐ ☐ ☐ ☐ ☐ ☐ ☐ ☐ ☐ ☐ ☐ ☐ ☐ ☐ ☐ ☐

3.3 Nachhaltigkeitsbewertung

Ziele	Fragen zur Evaluierung der Aktivitäten im eigenen Unternehmen und der Kooperationen	Ja / Nein / Nicht zutreffend
10. Entwicklung von Handlungsstrategien und Maßnahmen zur Verbesserung der Nachhaltigkeit auf Basis der Ergebnisse des Monitorings. Ggf. Einreichung der aktuellen Unterlagen	Erfolgt auf Basis der im Monitoring ermittelten Defizitbereiche eine Entwicklung von Handlungsstrategien und -zielen sowie gegebenenfalls eine Korrektur bereits eingeleiteter Maßnahmen? - bei Produkten und Dienstleistungen - im Unternehmensmanagement des eigenen Unternehmens - bei der Einhaltung der Standards durch die Kooperationspartner	☐ ☐ ☐ ☐ ☐ ☐ ☐ ☐ ☐
	Werden die definierten Nachhaltigkeitsziele und Verbesserungsmaßnahmen schriftlich festgehalten und durch die Unternehmensleitung in die Unternehmensziele integriert?	☐ ☐ ☐

3 HANDLUNGSKONZEPT: ENTWICKLUNG NACHHALTIGER MOBILITÄTSKONZEPTE IM TOURISMUS

PRODUKT	Verbesserung der Nachhaltigkeit von An- und Abreiseangeboten	
Ziele	Fragen zur Evaluierung eines Angebots	Ja / Nein / Nicht zutreffend
1. Verlagerung des Verkehrs auf umwelt- und sozialverträgliche Verkehrsarten, effiziente Nutzung des Verkehrssystems und Einsatz umweltfreundlicher Verkehrstechnologien.	Hat die Reisekette vergleichsweise geringe negative Umweltauswirkungen zur Folge? - Umweltvergleich (Emissionen und Energieverbrauch) der Reiseverkehrsmittel mit Hilfe des Bewertungstools EVALENT (Übertragung der Ergebnisse des Reiseketten-Vergleichs)	☐ ☐ ☐
	Erfolgt die An- und Abreise zu Nebenzeiten, d.h. zu verkehrsschwächeren Zeiten außerhalb des Berufsverkehrs, Wochenendreiseverkehrs oder Ferienreiseverkehrs? Welche umweltfreundlichen Verkehrstechnologien werden im Rahmen der Reise eingesetzt?	☐ ☐ ☐
	- Einsatz von „Null-Emissions-Fahrzeugen" (z.B. Solarauto, Fahrrad)	☐ ☐ ☐
	- Einsatz von lärm- und schadstoffarmen Fahrzeugen mit Umweltzeichen (Blauer Umweltengel)	☐ ☐ ☐
	- Einsatz von Fahrzeugen mit aktuell höchster Euro-Abgasnorm	☐ ☐ ☐
2. Schaffung von Anreizen zur Nutzung umwelt- und sozialverträglicher Verkehrsarten.	Gibt es ein Bonussystem für die umweltfreundliche Anreise? - Kostenlose/ vergünstigte ÖPNV-Nutzung vor Ort	☐ ☐ ☐
	- besondere Serviceangebote für Reisende, die im Umweltverbund reisen	☐ ☐ ☐
	- kein Angebot kostenloser Pkw-Parkplätze	☐ ☐ ☐

3.3 Nachhaltigkeitsbewertung

Ziele	Fragen zur Evaluierung eines Angebots	Ja / Nein / Nicht zutreffend
3. Abstimmung der Reisewege auf die ökologische und soziale Belastbarkeit der Transit- und Zielregion und Steigerung des ökonomischen Nutzens durch den Tourismus. Ggf. Einreichung der aktuellen Unterlagen	Erfolgt eine bewusste Auswahl von Reisewegen, Zwischenhalten und Aktivitäten unter Rücksichtnahme auf geschützte Gebiete?	☐ ☐ ☐
	Existieren Verhaltensrichtlinien für Mitarbeiter und Reisende zur Rücksichtnahme auf geschützte Gebiete und zur Nutzung der ausgewiesenen Straßen, Wege und Parkplätze?	☐ ☐ ☐
	Sind die Beeinträchtigungen geschützter Gebiete durch die Reisekette vergleichsweise gering? - Beurteilung der Beeinträchtigung geschützter Gebiete mit Hilfe des Bewertungstools EVALENT (Übertragung der Ergebnisse des Reiseketten-Vergleichs)	☐ ☐ ☐
	Ist der mit der Reisekette verbundene Flächenverbrauch vergleichsweise gering? - Beurteilung des Flächenverbrauchs im Vergleich zu alternativen Angeboten (Ergebnisse Bewertungstool EVALENT)	☐ ☐ ☐
	Sind die durch die Reisekette verursachten, dauerhaften Bodenverdichtungen vergleichsweise gering? - Beurteilung dauerhafter Bodenverdichtungen durch die Reisekette (Ergebnisse Bewertungstool EVALENT)	☐ ☐ ☐
	Sind die in der Region verbleibenden Umsätze des Reiseveranstalters vergleichsweise hoch? - Beurteilung der in der Region verbleibenden Umsätze, z.B. Anzahl/ Preis pro Übernachtung (Ergebnisse Bewertungstool EVALENT)	☐ ☐ ☐
	Sind die in der Region verbleibenden Ausgaben der Reisenden vergleichsweise hoch? - Beurteilung der in der Region verbleibenden Ausgaben der Reisenden, z.B. durch Einkäufe, Gastronomiebesuch, etc. (Ergebnisse Bewertungstool EVALENT)	☐ ☐ ☐
4. Kooperationen mit Verkehrs- und Mobilitätsdienstleistern zur Gestaltung nachhaltiger An- und Abreiseangebote und Begünstigung von Destinationen und Unternehmen, die umweltschonende Formen der Mobilität fördern. Ggf. Einreichung der aktuellen Unterlagen	Bestehen Kooperationsverträge mit Verkehrsunternehmen und anderen Mobilitätsdienstleistern zur Gestaltung nachhaltiger An- und Abreiseangebote im Rahmen des Pauschalangebots?	
	- Eisenbahnverkehrsunternehmen	☐ ☐ ☐
	- Busunternehmen	☐ ☐ ☐
	- Verkehrsbetriebe/ Verkehrsverbund (ÖPNV)	☐ ☐ ☐
	- Car sharing-/ Mietwagenfirmen	☐ ☐ ☐
	- Fahrradverleih	☐ ☐ ☐
	- Sonstige, und zwar...	☐ ☐ ☐
	Wurden für die Reise Destinationen gewählt, die gut und regelmäßig mit öffentlichen oder nicht-motorisierten Verkehrsmitteln erreichbar sind? (à Erklärung siehe Punkt 8.)	☐ ☐ ☐
	Wurden für die Reise Destinationen gewählt, die mit einem den touristischen Bedürfnissen angepassten Verkehrsangebot vor Ort ausgestattet sind? (à Erklärung siehe Punkt 9.)	☐ ☐ ☐

3 HANDLUNGSKONZEPT: ENTWICKLUNG NACHHALTIGER MOBILITÄTSKONZEPTE IM TOURISMUS

Ziele	Fragen zur Evaluierung eines Angebots	Ja / Nein / Nicht zutreffend
5. Schaffung von Mobilitätsangeboten unter Berücksichtigung der Bedürfnisse aller Bevölkerungsgruppen	Wird die Reise in unterschiedlichen Preis-/ Qualitätskategorien angeboten? Ist eine barrierefreie Nutzung des Angebots möglich? Findet die Reise mit Verkehrsmitteln statt, die sich (nach aktueller Verkehrsstatistik) durch hohe Verkehrssicherheit auszeichnen?	☐ ☐ ☐ ☐ ☐ ☐ ☐ ☐ ☐
6. Verknüpfung von Einzelleistungen zu intermodalen, den touristischen Bedürfnissen angepassten Reiseketten.	Ist die freie Kombination verschiedener Verkehrsmittel im Rahmen des Angebots möglich? Erlaubt die Organisation der Reise eine flexible Wahl der Fahrzeiten oder der Verkehrsmittelkombination? Ist die An- und Abreise als durchgängige, nutzerfreundliche Reisekette von Tür-zu-Tür organisiert? - Zubringer zum Hauptverkehrsmittel (z.B. ÖPNV) - Fahrt mit Hauptverkehrsmittel (z.B. Reisebus, Fernbahn) - Zubringer zur Unterkunft (z.B. Abholdienst) - Gepäcktransfer, Fahrradmitnahme Sind die Anbindungen optimal gestaltet, d.h. mit kurzen Wartezeiten und Umsteigewegen verbunden? - Kurze Wartezeiten beim Umstieg ⤳ in der Hauptverkehrszeit und im werktäglichen Normalverkehr nicht mehr als 5 Minuten ⤳ im Spätverkehr bzw. am Wochenende nicht mehr als 10 Minuten - Kurze Wege (bis 300m) zwischen den unterschiedlichen Verkehrssystemen an den Schnittstellen. Beispiel: Übergang von der Fernbahn zum Nahverkehr (Schnittstelle Bahnhof) mit kurzen Wegen zu den Haltestellen des ÖPNV, Park & Ride-, Kiss & Ride Parkplätze vorhanden, Bike & Ride-Plätze, Fahrradverleih vorhanden.	☐ ☐ ☐ ☐ ☐ ☐ ☐ ☐ ☐ ☐ ☐ ☐ ☐ ☐ ☐ ☐ ☐ ☐ ☐ ☐ ☐ ☐ ☐ ☐
7. Einbindung der Reiseketten in Package-Angebote und Integration sämtlicher Mobilitäts- und Serviceangebote in den Reisepreis	Wird bei Buchung einer Reise die Organisation der An- und Abreise als kostenloser Service angeboten? Ist der Fahrkarten/ Ticketkauf direkt beim Reiseveranstalter möglich? Ist die Organisation des Gepäcktransfers/ der Fahrradmitnahme direkt beim Reiseveranstalter möglich? Direktbestellung über Telefon und Internet, Nutzung elektronischer Tickets möglich? Wurden sämtliche Mobilitäts- und Serviceangebote zu einem, im Vergleich zur Einzelbuchung, vergünstigten Preis in den Gesamt-Reisepreis des Pauschalangebots integriert? - Zubringer zum Hauptverkehrsmittel - Fahrt mit Hauptverkehrsmittel - Zubringer zur Unterkunft - Gepäcktransfer, Fahrradmitnahme	☐ ☐ ☐ ☐ ☐ ☐ ☐ ☐ ☐ ☐ ☐ ☐ ☐ ☐ ☐ ☐ ☐ ☐ ☐ ☐ ☐ ☐ ☐ ☐

3.3 Nachhaltigkeitsbewertung

Ziele	Fragen zur Evaluierung eines Angebots	Ja / Nein / Nicht zutreffend
8. Ständige Erreichbarkeit der Destination mit alternativen Verkehrsmitteln und Bereitstellen einer funktionierenden Infrastruktur für den nicht-motorisierten Verkehr.	Ist die Destination in regelmäßigen Zeitabständen mit öffentlichen Verkehrsmitteln erreichbar? - Bahn: 7 Tage/ Woche von 8 – 20 Uhr mindestens im 2-Stunden-Takt - Reisebus: Möglichkeit der direkten Ansteuerung des Ziels, günstig gelegene Busparkplätze Weist die Destination – Beispiel Fahrradverkehr – eine funktionierende und den Bedürfnissen angepasste Infrastruktur für den nicht-motorisierten Verkehr auf? - Anbindung an das Fernradwegenetz - ausgebaute und beschilderte Fahrradwege vor Ort - sichere und wettergeschützte Abstellanlagen - Fahrradleihmöglichkeiten	☐ ☐ ☐ ☐ ☐ ☐ ☐ ☐ ☐ ☐ ☐ ☐ ☐ ☐ ☐ ☐ ☐ ☐
9. Sicherung der umwelt- und sozialverträglichen Mobilität am Zielort sowie für Ausflüge und zur Weiterreise.	Wie wird die umwelt- und sozialverträgliche Mobilität am Zielort sowie die Verbindung zu touristischen Zielen in der Umgebung sichergestellt? - ÖPNV-Angebot 7 Tagen/ Woche mindestens von 8 – 22 Uhr Innenstädte der Metropolen: 5-min-Takt, Groß- und Mittelstädte: 10-min-Takt, Kleinstädte, Vororte: 20-min-Takt, ländliche Regionen: 30-Minuten-Takt - Fahrradverkehr: (siehe Punkt 8.) - Fahrradmitnahmemöglichkeiten in Bus und Bahn - Ergänzende Angebote zum Linienverkehr ⇢ Abhol-Service ⇢ Bedarfsverkehr (Sammeltaxi, Anrufbus) ⇢ Car-Sharing	☐ ☐ ☐ ☐ ☐ ☐ ☐ ☐ ☐ ☐ ☐ ☐

3 Handlungskonzept: Entwicklung nachhaltiger Mobilitätskonzepte im Tourismus

Ziele	Fragen zur Evaluierung eines Angebots	Ja / Nein / Nicht zutreffend
10. Erhöhung der Erlebnisqualität der Reise und Attraktivitätssteigerung durch zielgruppenorientierte Gestaltung der An- und Abreise.	Ist die An- und Abreise zielgruppengerecht gestaltet, d.h. wird auf zielgruppenspezifische Mobilitäts- und Freizeitbedürfnisse eingegangen? Mögliche Zielgruppen-Einteilungen in: ‚Reisetypen' (siehe Kapitel 3.1.), andere Mobilitäts-/ Urlaubertypologien, Altersgruppen/ Lebensphasen (Kinder/ Jugendliche, Familien, Paare, Singles, Senioren, etc.) Welche Leistungen werden zur Attraktivitätssteigerung der An- und Abreise angeboten?	☐ ☐ ☐
	- Zielgruppenorientierte Komfort- und Serviceangebote während der Fahrt (Unterhaltungs-/ Informationsangebote, Erholung, Abwechslung, Entspannung)	☐ ☐ ☐
	- Reiseleitung, persönliche Betreuung	☐ ☐ ☐
	Wird der Besuch von Zwischenstationen in den Reiseablauf integriert bzw. touristische Attraktionen in den Transitregionen besucht?	☐ ☐ ☐
	Werden gesundheitsfördernde, muskelbetriebene Fortbewegungsmittel in den Reiseablauf eingebunden (durchgängig / auf Teilabschnitten)?	☐ ☐ ☐
	Beispiele: Fahrrad, Zu Fuß gehen (Wandern, Spaziergänge), Kanu (Wasserwandern), Inlineskates	☐ ☐ ☐
	Erfolgt die Einbindung erlebnisbezogener Verkehrsmittel in den Reiseablauf (durchgängig oder auf Teilabschnitten)? Beispiele: historische Bahnen, Draisinenbahnen, Oldtimer-Busse, Pferdekutschen	☐ ☐ ☐

3.3 Nachhaltigkeitsbewertung

Ziele	Fragen zur Evaluierung eines Angebots	Ja / Nein / Nicht zutreffend
11. Vermarktung nachhaltiger Mobilitätsangebote bzw. Reiseketten Ggf. Einreichung der aktuellen Unterlagen	Werden alternative Mobilitätsformen, die mit den Prinzipien der nachhaltigen Entwicklung vereinbar sind, gezielt in das Produktmarketing einbezogen?	☐ ☐ ☐
	Erfolgt eine unaufgeforderte Information über Anreisemöglichkeiten mit alternativen Verkehrsmitteln und Information zum das Mobilitätsangebot in der Reisedestination bei Kundenanfragen oder im Beratungsgespräch?	☐ ☐ ☐
	Erfolgt eine gezielte Information der Kunden über die Umweltwirkungen unterschiedlicher An- und Abreisemöglichkeiten/ Reiseketten vor der Buchung (Bereitstellung der Ergebnisse aus dem Reiseketten-Vergleich mit EVALENT)?	☐ ☐ ☐
	Werden die zur Nutzung der Reisekette notwendigen Verkehrsinformationen im Verlauf der gesamten Reise bereit gestellt?	
	- detaillierte An- und Abreiseinformation vor Reisebeginn (durchgängige Fahrplaninformation von Tür zu Tür)	☐ ☐ ☐
	- aktuelle Informationen während der An- und Abreise (Meldungen über Verspätungen)	☐ ☐ ☐
	- Informationen bei Ankunft und für den Aufenthalt im Zielgebiet	☐ ☐ ☐
	Welche zielgruppenorientiert und ansprechend aufbereiteten Informationsmedien werden eingesetzt?	
	- Broschüren, schriftliche Information (Print)	☐ ☐ ☐
	- Tourismusinformationen, Mobilitätszentralen, Call-Center (persönlich, Telefon)	☐ ☐ ☐
	- mobilfunkgesteuerte Informationstechnologien wie Palm, Mobiltelefon	☐ ☐ ☐
	- benutzerfreundliche Internet-Sites	☐ ☐ ☐
12. Information über die Nachhaltigkeit des Produkts und des Unternehmens, Verhaltensrichtlinien zum eigenen Handeln	Welche Art der Nachhaltigkeits-Information wird den Reisenden vermittelt?	
	- Sensibilisierung der Reisenden für die Auswirkungen der Reise auf die Region und ihre Bewohner	☐ ☐ ☐
	- Information der Kunden über die Region, ihre kulturellen Eigenarten, Besonderheiten und Spezialitäten sowie regionale Produkte	☐ ☐ ☐
	- Verhaltensrichtlinien für Reisende zur Rücksichtnahme auf die kulturellen Eigenarten der Region und auf geschützte Gebiete Anweisung zur Nutzung der ausgewiesenen Straßen, Wege und Parkplätze	☐ ☐ ☐
	- Bereitstellen von Information über die Ergebnisse des Unternehmensmonitorings	☐ ☐ ☐

3 Handlungskonzept: Entwicklung nachhaltiger Mobilitätskonzepte im Tourismus

REGIONALENTWICKLUNG	Förderung der nachhaltigen Regionalentwicklung in Transit- und Zielregionen	
Ziele	Fragen zur Evaluierung der Aktivitäten des Reiseveranstalters	Ja / Nein / Nicht zutreffend
1. Gleichverteilung von Nutzen und Lasten zur Beteiligung der Reiseveranstalter an den externen Kosten und zur Teilhabe der Destinationen und Transitregionen an den ökonomischen Effekten des Tourismus. Ggf. Einreichung der aktuellen Unterlagen	Erfolgt eine Beteiligung an den Folgekostens des Verkehrs zur Internalisierung externer Kosten? - Unterstützung des öffentlichen Verkehrs durch Beteiligung an Investitions- und Betriebskosten - Beteiligung an Instandhaltung sowie ökologischer und landschaftsästhetischer Optimierung der Verkehrsinfrastruktur - Beteiligung an Ausbau und Erhalt der Infrastruktur für nicht-motorisierte Fortbewegungsarten - Beteiligung an Lärmschutz, geschwindigkeitsreduzierenden Maßnahmen und Lärmschutz - Beurteilung der Investitionen in die örtliche Infrastruktur und der jährlichen Folgkosten/ Unterhaltungskosten mit Hilfe des Bewertungstools EVALENT (Übertragung der Ergebnisse des Reiseketten-Vergleichs) Wird ein Beitrag zur Verringerung der saisonalen Abhängigkeit der Region vom Tourismus geleistet? - Angebote auch in der Nebensaison - Ansprache neuer, saisonungebundener Zielgruppen	☐ ☐ ☐ ☐ ☐ ☐ ☐ ☐ ☐ ☐ ☐ ☐ ☐ ☐ ☐ ☐ ☐ ☐ ☐ ☐ ☐
2. Stärkung regionaler Wirtschaftskreisläufe und Förderung der Wertschöpfung in der Region durch Nutzung regionaler Produkte und Dienstleistungen zur Diversifizierung des touristischen Angebots. Ggf. Einreichung der aktuellen Unterlagen	Besteht eine Verknüpfung zwischen tourismusspezifischen Dienstleistungen und dem bestehenden regionalen Angebot? - Nutzung von Dienstleistungen lokaler/ regionaler Verkehrsunternehmen - Nutzung von Dienstleistungen anderer Mobilitätsdienstleister - Einbindung regionaler Produkte in die touristische Versorgung (Unterkünfte, Gaststätten) - Vermarktung und Verkauf regionaler Produkte (Verpflegung, Souvenirs) Werden mit den beteiligten regionalen Unternehmen (insbesondere KMU) langfristige Kooperationsverträge geschlossen?	☐ ☐ ☐ ☐ ☐ ☐ ☐ ☐ ☐ ☐ ☐ ☐ ☐ ☐ ☐

3.3 NACHHALTIGKEITSBEWERTUNG

Ziele	Fragen zur Evaluierung der Aktivitäten des Reiseveranstalters	Ja / Nein / Nicht zutreffend
3. Förderung einer regionalen Innovationskultur durch den Aufbau regionaler Netzwerke aus verschiedener Wirtschaftssektoren, Politik und Wissenschaft.	Wird durch regelmäßige Zusammenarbeit in Netzwerken ein Beitrag zur Förderung einer regionalen Innovationskultur geleistet? - Zusammenarbeit in Netzwerken verschiedener Wirtschaftssektoren - Zusammenarbeit in Public-Private-Partnerships - Einbindung von Akteuren in das Informations- und Handlungsnetzwerk, insbesondere aus Transitregionen und dem Hinterland - Mitarbeit in Organisationsstrukturen zur Bündelung von Know-how - Investition in die Forschung	☐☐☐ ☐☐☐ ☐☐☐ ☐☐☐ ☐☐☐
4. Erhalt und Schaffung von qualifizierten Arbeitsplätzen. Ggf. Einreichung der aktuellen Unterlagen	Erfolgt ein Beitrag zum Erhalt und zur Schaffung von qualifizierten Arbeitsplätzen? - Beschäftigung lokaler Arbeitnehmer auch in höheren Positionen - Qualifizierte Beschäftigungsmöglichkeiten für Frauen mit gleichen Durchschnittseinkommen wie Männer - langfristige Verträge mit regionalen Leistungsträgern - Bereitstellung von Ausbildungsplätzen - regelmäßige Weiterbildung	☐☐☐ ☐☐☐ ☐☐☐ ☐☐☐ ☐☐☐
5. Gleicher Zugang der einheimischen Bevölkerung zu touristischen Infrastruktureinrichtungen und Dienstleistungen.	Wird der einheimischen Bevölkerung der Zugang zu touristischen Infrastruktureinrichtungen und Angeboten gewährleistet? - Gemeinsame Nutzung von Mobilitätsangeboten durch Reisende und Bevölkerung - Gemeinsame Nutzung von Freizeit-, Kultur- und Gesundheits- und Bildungsangeboten, gemeinsame Durchführung von Aktivitäten durch Reisende und Bewohner - Informationsaustausch und soziales Lernen durch Kontaktmöglichkeiten zwischen Reisenden und Bevölkerung - Ausweitung der ortsüblichen Öffnungs- und Verfügungszeiten	☐☐☐ ☐☐☐ ☐☐☐ ☐☐☐
6. Stärkung der regionalen Identität durch Information über die Region, ihre kulturellen Eigenarten, Besonderheiten und Spezialitäten.	Auf welche Weise wird zur Stärkung der regionalen Identität beigetragen? - Bereitstellung spezifischer Informationsmaterialien für das (Innen- und Außen-) Marketing der Region - Förderung vorhandener handwerklicher Traditionen und Lebensweisen bei Vermeidung kulissenhafter Zurschaustellung vermeintlich traditioneller Versatzstücke	☐☐☐ ☐☐☐

3 Handlungskonzept: Entwicklung nachhaltiger Mobilitätskonzepte im Tourismus

Ziele	Fragen zur Evaluierung der Aktivitäten des Reiseveranstalters	Ja / Nein / Nicht zutreffend
7. Partizipation und Verantwortungsübernahme.	Erfolgt eine Einbindung regionaler Akteure und Betroffener in eigene lokale Planungen und Vorhaben?	
	- Transparente Information und Partizipation der Beteiligten und Betroffenen bei Planungsvorhaben	☐ ☐ ☐
	- Abstimmung mit regionalen Akteuren und Betroffenen über Maßnahmen zur Minderung der Auswirkungen von Reiseangeboten	☐ ☐ ☐
	- Zusammenarbeit mit Umwelt- und Fachverbänden, Hochschulen und wissenschaftlichen Einrichtungen	☐ ☐ ☐
	Erfolgt eine Beteiligung an der Entwicklung touristischer Masterpläne im Rahmen der gemeinsamen Kommunal-, Regional- und Landesplanung mit dem Ziel der...?	
	- Sensibilisierung für die Bedürfnisse des Tourismus (Erhalt der Natur und Landschaft, kein Verkehrslärm)	☐ ☐ ☐
	- Sensibilisierung für die Verkehrsproblematik und für Möglichkeiten der nachhaltigen (Um-) Gestaltung	☐ ☐ ☐
	Wie ist das Engagement zur Förderung nachhaltiger Entwicklungsprozesse und der Selbstorganisation?	
	- Beteiligung an Lokale Agenda 21 Prozessen zur Kommunikation mit Öffentlichkeit und Behörden über die Möglichkeiten zur Entwicklung nachhaltiger Verkehrs- und Tourismusstrukturen	☐ ☐ ☐
	- Mitgliedschaften in bzw. Kooperationen mit Netzwerken, Organisationen, Initiativen und Interessenverbänden aus den Bereichen Umweltschutz und Nachhaltigkeit	☐ ☐ ☐
	- Bildung und Mitwirkung in Arbeitskreisen zur Reflexion des Tourismus in der Bevölkerung	☐ ☐ ☐

Quelle: Eigene Darstellung

3.3.3 Fazit: Handlungsansatz zur Beurteilung der Nachhaltigkeit von Freizeitverkehrsangeboten

Mit dem vorgestellten Evaluierungsansatz wurde ein auf klaren Kriterien basierendes Instrumentarium entwickelt, welches nicht nur eine Beurteilung der relevanten Handlungsfelder (Unternehmen, Produkt und Regionalentwicklung), sondern gleichzeitig auch eine Überprüfung der Philosophie des anwenden Unternehmens ermöglicht. Die vorgesehene Durchführung der Evaluierung in Form der Erfolgskontrolle durch eine externe Stelle gewährleistet eine weitgehend objektive Einschätzung. Vor allem Reiseanbietern, aber auch Anbietern einzelner touristischer Leistungen und Mobilitätsdienstleistern soll es mit Hilfe der Ergebnisse erleichtert werden, ihre Potenziale und Defizite zu erkennen. Sie erhalten Ansatzpunkte, wie sie die Nachhaltigkeit ihrer Produkte und Dienstleistungen verbessern und sich verstärkt im eigenen Unternehmen sowie in den betroffenen Regionen für eine umwelt- und sozialverträglichere Freizeitmobilität engagieren können. Die Vielfalt und das breite Themenspektrum der abgefragten Kriterien erlaubt es dabei, differenziert auf die Unterschiedlichkeit der Unternehmen, die Vielschichtigkeit der Angebote und die Bedürfnisse der Ziel- und Transitregionen einzugehen. Auf diese Weise wird die Beurteilung höchst unterschiedlicher Mobilitätsangebote und Reiseketten ermöglicht. Als Handlungsfelder unbedingt zu berücksichtigen sind, neben der zielgruppengerechten Konzeption der Mobilitätsangebote, auch die stärkere Einbeziehung und Teilhabe der vom An- und Abreiseverkehr betroffenen Transitregionen in die Angebotsplanung.

Bei der Entwicklung des Instruments wurde darauf geachtet, dass die zu überprüfenden Handlungsziele weitgehend auf vorhandenen Daten basieren und realistischen Forderungen entsprechen. Vielfach entsteht an dieser Stelle ein Konflikt zwischen dem gesetzten Anspruch und den Möglichkeiten bzw. dem Willen zur Umsetzung in die Realität: Einerseits lassen sich die Kriterien so streng definieren, dass sie zwar wissenschaftlich nicht angreifbar sind, sich dafür aber in der Praxis kaum umsetzen lassen und somit ihre Wirkung nicht entfalten können. Andererseits können die Anforderungen und Ziele so weich formuliert sein, dass sie zwar problemlos einzuhalten sind, dafür aber kaum eine Verbesserung für die Nachhaltigkeit bringen. Mit den gewählten Kriterien, die sich bewusst an den Möglichkeiten der effektiven Umsetzung orientieren, soll eine Motivation der Anwender erreicht werden. Denn letztlich entscheiden sie über die Evaluierung ihres Unternehmens und ihrer Produkte. Interesse und Motivation an der Durchführung einer Erfolgskontrolle sollen dadurch gesteigert werden, dass der Fragenkatalog und die darin aufgezeigten Handlungsoptionen eine Vielzahl von Anregungen für die Gestaltung zukünftiger Angebote bieten.

Im Ergebnis kann durch die Anwendung dieses praxisnahen Ansatzes der touristische Verkehr im Rahmen von Nachhaltigkeitsbewertungen erstmals in angemessener Form Berücksichtigung finden. Mit dem Handlungsansatz zur Verbesserung

3 Handlungskonzept: Entwicklung nachhaltiger Mobilitätskonzepte im Tourismus

und Bewertung der Nachhaltigkeit von Reiseketten bekommen Reiseveranstalter zum ersten Mal die Möglichkeit, ihre eigenen An- und Abreiseangebote anhand einer sehr komplexen Fragestellung überprüfen zu können. Die bereits im Zielsystem festgelegte Diskussion der Ergebnisse im anwendenden Unternehmen und die daran anschließende Erarbeitung von Handlungsorientierungen stellt die kritische Prüfung und Weiterentwicklung der Angebote sicher. Die Betrachtung der Einzelkomponente ‚An- und Abreise' trägt dazu bei, eine Lücke bei der Bewertung des Gesamtprodukts ‚Reise' (Pauschalangebot) zu schließen. Entsprechend ergänzt das hier entwickelte Bewertungsinstrument bestehende Systeme zur Bewertung touristischer Teilleistungen (z.B. Hotels). Auf diese Weise wird ein weiterer Schritt zur Annäherung an die bisher an der Komplexität gescheiterten Gesamtbewertung von Reiseangeboten bzw. touristischen Anbietern erreicht[33]. Der Intention perspektivisch auch Reiseangebote insgesamt zu bewerten zu können wird dadurch entsprochen, dass sich problemlos eine Verknüpfung zu Ansätzen anderer Angebotsbausteine (Unterkünfte, Gastronomie oder Destinationen) herstellen lässt. So wurde vorgesehen – auch im Hinblick auf die Steigerung der Akzeptanz – vorhandene Zertifizierungssysteme in den Beurteilungsansatz für Reiseketten zu integrieren bzw. es wurden Schnittstellen geschaffen, um den vorliegenden Ansatz in übergeordnete Systeme einzubinden. Der hier vorgestellte Evaluierungsansatz beschränkt sich aus diesem Grund ausdrücklich nicht auf bestimmte Arten von Reisen oder Reiseveranstaltern, sondern ermöglicht eine Beurteilung aller Arten von touristischen Angeboten.

Ein ungelöstes Problem dieses Ansatzes und auch anderer Bewertungsinstrumente ist nach wie vor, dass sich auf Grundlage der bisherigen wissenschaftlichen Erkenntnisse und praktischen Erfahrungen keine hinreichend nachvollziehbaren Zielerreichungsgrade definieren lassen. Eine Beurteilung von ‚Erfolg' oder ‚Nicht-Erfolg' kann daher im vorliegenden Fall nur auf Basis der Ausprägungen ‚Ja' oder ‚Nein' stattfinden. Die Erfolgsbestimmung ist entsprechend mit Einschränkungen zu versehen, da sich keine Aussagen darüber treffen lassen, „wie ein ‚nicht ganz' Erreichen der Ziele zu werten ist" (Appel 2002:39). Weil sich aber der Aufbau und die Struktur beider Instrumente (Reisekettenvergleich und Erfolgskontrolle) anhand der theoretischen Herleitung klar nachvollziehen lassen, ist jederzeit eine Anpassung und Weiterentwicklung der Kriterien und Indikatoren im Hinblick auf eine verbesserte Operationalisierung möglich.

---

33 Als Beispiel wurde der Bewertungsansatz „der grüne Koffer" („Ökologischer Tourismus in Europa" (ÖTE) e.V. 1996) vorgestellt. Ursprünglich sollte mit dem umfassenden Ansatz eine europaweite Auszeichnung von Reiseveranstaltern, Beherbergungsbetrieben sowie Fremdenverkehrsgemeinden ermöglicht werden. Dieser Anspruch scheiterte jedoch an der Unmöglichkeit, die heterogene Angebotsstruktur zu generalisieren sowie an den Konflikten zwischen wirtschaftlichen und ökologischen Interessen (Becker 1996:121).

3.3 Nachhaltigkeitsbewertung

Die Ableitung der Bewertungskriterien aus dem Zielsystem ermöglicht es, die Auswahl für den Fragenkatalog nachzuvollziehen und bietet somit die Chance, den Ansatz entsprechend neuer Erkenntnisse und Erfahrungen fortzuschreiben. Transparenz wird dadurch gewährleistet, dass ausdrücklich eine Offenlegung und Bekanntmachung der Evaluierungsergebnisse – innerhalb wie außerhalb des Unternehmens – gefordert wird. Auf diese Weise können sich Kunden wie Kooperationspartner vom ökologisch, ökonomisch und sozial verträglichen Handeln des Unternehmens überzeugen. So bietet die Evaluierung auch Ansätze für ein Benchmarking: Durch die Festschreibung ambitionierter Zielsetzungen wird angeregt, sich mit anderen Unternehmen zu vergleichen und in den Wettbewerb zu treten. In diesem Zusammenhang ist es allerdings erforderlich, die Ziele und Kriterien regelmäßig zu überprüfen und gegebenenfalls zu ergänzen bzw. zu korrigieren. So ist es beispielsweise möglich, dass mit zunehmender Anwendung des Instruments die Umsetzung einiger der geforderten Handlungsziele im Laufe der Zeit als Standard in die Angebotsgestaltung überführt und damit selbstverständlich wird. Auf der anderen Seite können mit fortschreitender Erkenntnis über Wirkungszusammenhänge im Untersuchungsfeld ‚Tourismus-Verkehr-Nachhaltigkeit' neue Ziele an Bedeutung gewinnen, die bisher nicht im Zielsystem enthalten sind. Auch müssen sowohl das Zielsystem als auch der darauf aufbauende Evaluierungsansatz vor dem Hintergrund sich wandelnder gesellschaftlicher Wertvorstellungen und neuer Erkenntnisse über die Wechselbeziehungen zwischen Tourismus, Verkehr und Nachhaltigkeitsanforderungen kontinuierlich verbessert werden (vgl. GRI 2002). Auch aus diesem Grund wurde auf Nachvollziehbarkeit bei der Entwicklung und Darstellung des Bewertungsansatzes großer Wert gelegt. Nur unter Berücksichtigung dieser Dynamik lässt sich dauerhaft eine Verbesserung der Nachhaltigkeit von Freizeitverkehrsangeboten im Tages- und Kurzreisetourismus erreichen.

Über den praktischen Nutzen hinaus bietet der Evaluierungsansatz eine gute Basis, um den tourismuspolitischen und tourismuswirtschaftlichen Nachhaltigkeitsdiskurs mit Blick auf die Sicherung der eigenen Existenzgrundlagen (wieder) anzuregen. Das Instrumentarium, das auf tourismus- und verkehrspolitischen Dokumenten wie Vereinbarungen der Wirtschaft beruht und somit begründete Werturteile enthält, kann bei der Weiterentwicklung eines umfassenden Bewertungssystems für Reiseangebote bzw. Reiseveranstalter einen entscheidenden Beitrag leisten, indem es den bedeutenden Stellenwert des bisher vernachlässigten Bausteins ‚Verkehr' hervorhebt. Dabei gilt es, ein ausgewogenes Verhältnis zwischen den Möglichkeiten bzw. dem Aufwand der praktischen Umsetzung und den Belangen der Nachhaltigkeit – im Zuge einer sinnvollen Zielgewichtung – zu finden. Eine tourismuspolitische Diskussion, die den Verkehr als zentrales Problemfeld anerkennt und die gemeinsam mit den Akteuren aus dem Bereich Mobilität und Verkehr nach Lösungswegen sucht, ist überfällig. Hier bietet der vorliegende Ansatz eine fundierte Diskussionsgrundlage und gibt gleichzeitig konkrete Handlungsoptionen als mögliche Lösungswege vor.

4 Schlussbetrachtung

Auslösende Motivation der vorangegangenen Untersuchung war der wachsende Freizeitverkehr mit seinen ökologischen und gesellschaftlichen Folgen und die zu geringe Wahrnehmung des dringenden Handlungsbedarfs seitens der Anbieter. So wird der Verkehr nur selten als wichtiger und notwendiger Teilbereich des Tourismus erkannt und in der Konsequenz der Mobilitätsbaustein kaum in die touristische Angebotsplanung integriert. Ziel der Herleitung des Theoriekonzepts und der Entwicklung von Handlungsansätzen war daher die Verbesserung der Nachhaltigkeit und die Qualitätssteigerung von Reiseangeboten durch deren engere Verknüpfung mit entsprechenden Mobilitätsangeboten.

4.1 Zusammenfassung der zentralen Ergebnisse

Ausgehend von den der Untersuchung bzw. dem Planungsansatz zugrunde liegenden normativen Bezugspunkten, dass

a) die Zukunftsfähigkeit des Tourismus nur dann gesichert werden kann, wenn Mobilität und Verkehr stärker in die Nachhaltigkeitsbetrachtungen einbezogen werden und

b) die Verbesserung der Nachhaltigkeit nur durch eine Steuerung des Verkehrsverhaltens – bewirkt durch attraktivere Mobilitätsangebote – erreicht werden kann,

sollten anhand der Untersuchungsergebnisse Lösungswege skizziert und daraus folgend handlungsorientierte Lösungsansätze abgeleitet werden. Zu diesem Zweck war es erforderlich, die drei komplexen Themenfelder Tourismus, Verkehr und Nachhaltigkeit in ihrem Zusammenhang und in ihren Wechselwirkungen zu analysieren. Dieser Zielstellung folgend orientierte sich die Vorgehensweise bei der Betrachtung theoretischer Grundlagen (Theoriekonzept) und der Erarbeitung von Handlungsansätzen (Handlungskonzept) eng am Handlungsrahmen der relevanten Akteure.

Theoriekonzept
Im Mittelpunkt des Theoriekonzepts stand die Bestimmung von auf die Angebotsgestaltung einwirkenden Einflussfaktoren sowie die Bewertung von möglichen Handlungsoptionen zur Verbesserung der Nachhaltigkeit von Freizeitverkehrsangeboten. Zu diesem Zweck wurden zunächst die für die Gestaltung nachhaltiger Freizeitverkehrsangebote relevanten Wirkungsfelder abgegrenzt und der Handlungsspielraum der zu betrachtenden Akteure analysiert. Es wurden drei zentrale Wirkungsfelder identifiziert: *Nachhaltigkeitsziele*, *Reisende* und *Angebotsstruktur*.

4 Schlussbetrachtung

Auf Grundlage aktueller Forschungsergebnisse und Ansätze in der Praxis erfolgte im **Wirkungsfeld ‚Nachhaltigkeitsziele'** die Ermittlung von Einflussfaktoren und Zielen, die zur Verbesserung der Nachhaltigkeit von Freizeitmobilitätsangeboten zu berücksichtigen sind. Im Rahmen der Literatur- und Dokumentenanalyse maßgeblicher Definitionen, Leitlinien und Vereinbarungen zur nachhaltigen Tourismus- und Verkehrsentwicklung wurde festgestellt, dass es nur durch die Verknüpfung dieser beiden Bereiche möglich ist, Aussagen zur Nachhaltigkeit touristischer Mobilitätsangebote zu treffen. Zudem wurde durch die Analyse die These bestätigt, dass erstens die Nachhaltigkeit von Reisen und Reiseangeboten nur verbessert werden kann, *wenn Ziele zur nachhaltigeren Gestaltung von Freizeitverkehrsangeboten in Form konkreter Handlungsziele formuliert werden*, um so den Akteuren eine Handlungsorientierung bieten zu können. Zweitens müssen sich diese umsetzungsorientierten Handlungsziele sowohl auf den Mobilitätsbaustein als auch auf den gesamten Prozess der Angebotserstellung beziehen und *an akteursrelevanten Handlungsfeldern ausgerichtet* sein. Das als Lösungsstrategie erstellte ‚Zielsystem für nachhaltige Freizeitverkehrsangebote im Tourismus' wurde demzufolge hierarchisch mit steigendem Konkretisierungsgrad gegliedert und an den akteursrelevanten Handlungsbereichen *Unternehmen*, *Produkt* und *Regionalentwicklung* ausgerichtet. Auf diese Weise wurde es vereinfacht, die Ziele im Hinblick auf eine Bewertung zu operationalisieren. Gleichzeitig eröffnet das Zielsystem Reiseveranstaltern die Möglichkeit, die darin vorgegebenen Handlungsorientierungen zur Verbesserung der eigenen Angebotsgestaltung zu nutzen.

Aus der Beschreibung des **Wirkungsfelds ‚Reisende'** ging die Erkenntnis hervor, dass umweltfreundliche Verkehrsarten nur dann als Reiseverkehrsmittel für Ausflüge oder Kurzurlaube gewählt werden, wenn diese auch den Bedürfnissen der Reisenden entsprechen. Auf der Grundlage bestehender Forschungsansätze wurde daher nach Handlungsoptionen geforscht, mit deren Hilfe Freizeitmobilitätsangebote bedürfnisorientierter gestaltet werden können. Unter Rückgriff auf die Erkenntnisse der Lebensstil-, Freizeit- und Tourismusforschung sowie auf aktuelle Ergebnisse der Mobilitätsforschung wurde festgestellt – und damit die eingangs aufgestellte These ebenfalls bestätigt, dass touristische Mobilitätsangebote nur dann attraktiv sind und von Reisenden nachgefragt werden, *wenn sowohl ihre Mobilitätsanforderungen als auch ihre Freizeitbedürfnisse berücksichtigt werden* und diese sich im Angebot widerspiegeln. Individuelle Mobilitätsanforderungen und Freizeitbedürfnisse können ökonomisch sinnvoll jedoch nur einbezogen werden, *wenn Freizeitverkehrsangebote zur Bündelung individueller Interessen auf bestimmte Zielgruppen ausgerichtet sind*. Als Lösungsstrategie wurde dementsprechend die Entwicklung eines Zielgruppenansatzes anvisiert, der für die bedürfnisorientierte Gestaltung von Freizeitmobilitätsangeboten im Tourismus geeignet sein sollte. Mit diesem Vorhaben wurden die bei der Angebotsgestaltung zu berücksichtigenden Anforderungs-, Bedürfnis- und Persönlichkeitsmerkmale von Reisenden ermittelt, die schließlich im Rahmen des Handlungskonzepts in die Entwicklung eines spezifischen Zielgruppenansatzes einfließen sollten.

4.1 Zusammenfassung der zentralen Ergebnisse

Um die primären Ziele ‚Nachhaltigkeit' und ‚Bedürfnisorientierung' in konkrete Angebote umsetzen zu können, mussten zudem Lösungsstrategien ausgearbeitet werden, mit deren Hilfe sich zielgruppengerechte Mobilitätsangebote in den Prozess der Gestaltung von Reiseangeboten integrieren lassen. Zu diesem Zweck wurden im **Wirkungsfeld ‚Angebotsstruktur'** zunächst einflussgebende Rahmenbedingungen, Erfolgsfaktoren und Schnittstellen analysiert, die eine Verknüpfung von Mobilitäts- und touristischer Dienstleistung ermöglichen. Dabei zeigte sich, dass die Analyse und gezielte *Integration der vorhandenen Angebotsstruktur* (d.h. der räumlich-strukturellen Voraussetzungen und der Kooperations- und Kommunikationsstrukturen) für Konzeption und Umsetzung touristischer Mobilitätsangebote eine wesentliche Voraussetzung ist. Der frühzeitige *Einbezug des Mobilitätsbausteins in den Prozess der Angebotsgestaltung* ermöglicht einen effizienten Entwicklungsprozess und sichert die gemeinsame Vermarktung von (Pauschal-) Reiseangebot und nachhaltigem Verkehrsangebot. Einen ganzheitlichen Lösungsansatz, der es ermöglicht, die ermittelten Einflussfaktoren optimal zu berücksichtigen, stellt das Konzept der *Reiseketten* dar. Mit der Reisekette ‚Perlen auf dem Weg zum Meer' wurde die Grundidee einer Reisekette am Beispiel der Reise zur IGA Rostock 2003 modellhaft veranschaulicht und testweise implementiert.

Aus diesen theoretischen Überlegungen konnten zu den einzelnen Wirkungsfeldern die nachfolgend genannten Lösungsstrategien abgeleitet werden. Sie dienten als Wissensgrundlage für die Entwicklung von Handlungsansätzen:

- *Das Zielsystem für nachhaltige Freizeitverkehrsangebote*: beinhaltet konkrete Handlungsorientierungen zur Verbesserung der Nachhaltigkeit touristischer Mobilität und ist die wesentliche Voraussetzung zur Entwicklung des Evaluierungsinstrumentariums (Reisekettenvergleich und Erfolgskontrolle).

- *Das Konzept der Reisetypen*: hat die Funktion eines Zielgruppenansatzes zur bedürfnisgerechten und wirtschaftlich tragfähigen Gestaltung von Freizeitmobilitätsangeboten, mit dessen Hilfe sich sowohl Mobilitäts- als auch Freizeit- und Reisebedürfnisse in Angebote integrieren lassen.

- *Das Leitbild der Reisekette*: ist der zentrale konzeptionelle Ausgangspunkt für die Integration des Mobilitätsbausteins in Reiseangebote (Pauschalangebote) und dient als Planungshilfe zur Berücksichtigung der Wirkungsfelder Nachhaltigkeitsziele, Reisende und Angebotsstruktur bei der Angebotsentwicklung.

Handlungskonzept

Die Erkenntnisse aus dem Theoriekonzept und die daraus abgeleiteten Lösungsstrategien wurden als Grundlage zur Entwicklung von anwendungsbezogenen Handlungsansätzen herangezogen. Diese sollten Reiseveranstaltern bei der Gestaltung nachhaltiger und bedürfnisgerechter Angebote als Hilfestellung dienen. Sie sollten außerdem dazu beitragen, den Mobilitätsbaustein ‚An- und Abreise' stärker in den

4 Schlussbetrachtung

gesamten Prozess der Angebotsgestaltung einzubinden und auf seinen Beitrag zur Nachhaltigkeit hin beurteilen zu können.

Zum Zweck der Beurteilung von Reiseketten wurde der **Handlungsansatz ‚Nachhaltigkeitsbewertung'** erarbeitet. Wie bereits zu Beginn der Untersuchung festgestellt wurde, ist zur Sicherstellung der Umsetzung von Nachhaltigkeitszielen ein Evaluierungsinstrumentarium erforderlich, das vor Planungsbeginn eine *Wirkungsabschätzung unterschiedlicher Reisekettenvarianten* ermöglicht und mit dessen Hilfe nach der Realisierung von Maßnahmen der *Erfolg der Planung kontrolliert* werden kann. Vor diesem Hintergrund wurde ein zweistufiger Ansatz entwickelt, der zum einen noch im Planungsprozess einen Vergleich der Auswirkungen unterschiedlicher Reiseketten ermöglicht und damit eine Favorisierung besonders nachhaltiger Angebotsvarianten erlaubt (*Reisekettenvergleich*). Zum anderen wird durch den Ansatz gewährleistet, dass nach Durchführung der Reise die tatsächlich erfolgte Zielumsetzung durch eine externe Überprüfung evaluiert werden kann (*Erfolgskontrolle*). Der zweistufige Evaluierungsansatz bietet zudem die Möglichkeit, anhand definierter Schnittstellen eine Verknüpfung zu bereits bestehenden Bewertungsinstrumenten bzw. Kriterienkatalogen im Tourismus herzustellen. Mit dem Kriterien- bzw. Fragenkatalog wurde aufgezeigt, welche Spannbreite an Kriterien neben den „klassischen" Emissionsparametern wie CO_2 oder Energieverbrauch in die Bewertung von (Freizeit-) Verkehrsangeboten einfließen können. Darüber hinaus konnte gezeigt werden, dass durch Angebote, die unter Berücksichtigung von Nachhaltigkeitskriterien und Zielgruppenbedürfnissen gestaltet werden, sowohl Anbieter als auch die gesamträumliche regionale Entwicklung profitieren können.

Auf Grundlage der ebenfalls im Theoriekonzept betrachteten Freizeitmobilitäts- und Urlaubertypologien wurde im Rahmen einer Metaanalyse der **Handlungsansatz ‚Reisetypen'** entwickelt. Die Eigenschaften der Reisetypen leiten sich in erster Linie aus den untersuchten Freizeitmobilitätstypologien ab, mit deren Hilfe zunächst die jeweils *optimale An- und Abreiseform* für einzelne Zielgruppen bestimmt wurde. Zusätzlich wurden die so ermittelten Reisetypen anhand von *Freizeit- und Reisemerkmalen* näher beschrieben und charakterisiert. Dies führte zur Bestätigung der Annahme, dass sich die spezifischen Bedürfnisse und Anforderungen von Reisenden am besten mittels der Verknüpfung von Mobilitätstypen und Freizeit-/ Urlaubertypen abbilden lassen. Somit kann zur Beschreibung der Anforderungen an Mobilitätsangebote im Tages- und Kurzreisetourismus das aus geeigneten Typologien weiterentwickelte, anwendungsorientierte Zielgruppenkonzept der ‚Reisetypen' als zielführend angesehen werden. Die Reisetypen sind eine Annäherung an eine bisher nicht existente, aber notwendige Form der Zielgruppensegmentierung. Sie ist insbesondere deshalb erforderlich, weil in der touristischen Praxis bisher noch zu wenig über Mobilitätsbedürfnisse bekannt ist, so dass damit verbundene Umsteigepotenziale auf umweltfreundlichere Verkehrsmittel nicht hinreichend genutzt sowie mögliche Geschäftsfelder durch die zusätzliche Vermarktung weiterer Angebotsbausteine nicht erschlossen werden können. Auch im öffentlichen Verkehr wird zurzeit erst

4.1 Zusammenfassung der zentralen Ergebnisse

begonnen, über Synergien zum Bereich Tourismus nachzudenken und kundenorientierte (Freizeit-) Verkehrskonzepte zu erstellen, was zur Erschließung neuer Märkte aber unabdingbar ist. Die Reisetypen stellen somit sowohl für Reiseanbieter als auch für Mobilitätsdienstleister einen hilfreichen Ansatz zur zielgruppenorientierten und bedürfnisgerechten Gestaltung von Freizeitmobilitätsangeboten dar.

Mit den im **Handlungsansatz ‚Reisekette'** entwickelten Beispielangeboten für die Reise zur IGA Rostock 2003 konnte schließlich gezeigt werden, dass eine *Ausrichtung von Freizeitverkehrsangeboten auf Nachhaltigkeitsbelange und auf die Bedürfnisse von Reisenden* zu Innovationen in der Angebotsentwicklung führen kann. Die Gestaltung von Freizeitverkehrsangeboten in Form von integrierten und mit dem Gesamtangebot verknüpften ‚Reiseketten' bietet die optimale Grundlage zur Berücksichtigung dieser Bedürfnisse und vereinfacht gleichzeitig die notwendige *Einbeziehung der Rahmenbedingungen der Angebotsstruktur* wie Kommunikations- und Kooperationsstrukturen oder die vorhandene Infrastruktur. Anhand des Beispiels Eventtourismus wurde modellhaft die Vorgehensweise bei der Angebotsgestaltung skizziert. Sowohl im Tourismus als auch im Bereich Verkehr wird heute zunehmend der Aufbau von Dienstleistungsketten sowie die Verknüpfung unterschiedlicher Verkehrsarten gefordert. Reiseketten sind das optimale Konzept, um diese Forderungen in Form von integrierten (Freizeit-) Mobilitätsangeboten umzusetzen. Um wirklich attraktive Reisekette entwickeln und anbieten zu können, gilt es, die bereits vorhandenen Einzelangebote miteinander zu verbinden und ggf. auszubauen. Eine ebenso zentrale Rolle spielen ‚weiche Faktoren' wie ein guter Service oder die rechtzeitige und umfassende Information der Erholungsuchenden über die gesamte Reisekette. Mit Hilfe des Konzepts ‚Reisekette' kann der Mobilitätsbaustein – entsprechend den Anforderungen der anvisierten Reisetypen – in Reiseangebote integriert und auf die Belange der Nachhaltigkeit abgestimmt werden.

Ein Problem der Reiseketten-Idee, die auf eine verstärkte Nutzung umweltfreundlicher Verkehrsmittel setzt, stellt das insbesondere in ländlichen Regionen häufig nur unzureichend ausgebaute Verkehrs- und Infrastrukturangebot dar. In vielen Regionen kann kaum von einem den touristischen Bedürfnissen angepassten öffentlichen Verkehr gesprochen werden. Teilweise entspricht selbst die Fahrradinfrastruktur nicht den Qualitätsansprüchen von Reisenden. Hier sind kreative Lösungen aus der Praxis gefragt. Diese bestehen oftmals schon darin, Informationen über die vorhandenen Mobilitätsangebote zu bündeln oder bei Bedarf Ergänzungen zum bestehenden Verkehrssystem selbst zu organisieren. Häufig geschieht dies bereits heute, z.B. in Form eines vom Hotel angebotenen Abhol-Service vom nächsten Bahnhof. Durch eine gut organisierte An- und Abreise kann die Qualität des Reiseangebots insgesamt gesteigert und damit ein Wettbewerbsvorteil geschaffen werden. Darüber hinaus kommt ein erweitertes, den touristischen Bedürfnissen angepasstes Verkehrsangebot auch der Bevölkerung der Region zugute.

4 Schlussbetrachtung

Weiterer Forschungsbedarf

Obwohl sich die aus dem Theoriekonzept entwickelten Lösungsstrategien und die darauf aufbauenden Handlungsansätze durchaus für eine unmittelbare Übertragung in die Praxis eignen, besteht in einigen Bereichen Bedarf, die gesammelten Erkenntnisse weiter zu vertiefen.

So wurde bei der Entwicklung des Evaluierungsinstrumentariums für Reiseketten deutlich, dass für die Nachhaltigkeitsforschung im Themenfeld Tourismus und Verkehr weiterer Forschungsbedarf besteht. Insbesondere die Operationalisierung von Nachhaltigkeitszielen stellt nach dem heutigen Erkenntnisstand ein Defizit dar, dem auch mit der vorliegenden Untersuchung nur in Teilen begegnet werden konnte. Um die Forschungslücke füllen zu können, gilt es, zusammen mit den Akteuren aus Forschung und Praxis die Grenzen von ‚nachhaltig' bzw. ‚nicht-nachhaltig' für den Freizeitverkehr genauer zu bestimmen, d.h. Richt- und Grenzwerte festzulegen. Zudem müssen im Zuge der Anwendung des vorgestellten Bewertungsinstrumentariums weitere Erfahrungen darüber gesammelt werden, wie die angestrebten Ziele in der Praxis umzusetzen und zu überprüfen sind. In einem notwendigen diskursiven Prozess müssen die Beurteilungskriterien entsprechend verfeinert werden, so dass es schließlich möglich ist, die gesetzten Ziele mit Hilfe handhabbarer Indikatoren zu operationalisieren und in Wert zu setzen. Das auf diese Weise fortgeschriebene Bewertungsinstrumentarium sollte sich weiterhin am Machbaren orientieren, aber dennoch die Ansprüchen einer nachhaltigen Tourismusentwicklung erfüllen.

Ein zusätzliches Wissensdefizit zeigt sich im Bereich der Zielgruppensegmentierung im Tages- und Kurzreisetourismus. Trotzdem bekannt ist, dass der inländische Markt zunehmend in diesen Segmenten expandiert, sind touristische Zielgruppenmodelle hierfür kaum zu finden. Auch ist insgesamt zu wenig über das (Mobilitäts-)Verhalten von Tagestouristen und Kurzurlaubern bekannt. Bei der zukünftigen Entwicklung von Zielgruppenansätzen sollte daher stärker Bezug genommen werden auf die Mobilitäts- und Freizeitbedürfnisse, die im Rahmen des hier entwickelten ‚Reisetypenkonzepts' identifiziert wurden. Insbesondere zu berücksichtigen sind die Änderungen der Marktanforderungen durch den demographischen Wandel. Im Hinblick auf die oft gravierende Unterversorgung des ländlichen Raums mit Angeboten des öffentlichen Verkehrs besteht darüber hinaus Forschungs- und Entwicklungsbedarf für Lösungen mit flexiblen Bedienformen, die sich als Alternativen zum ‚klassischen' öffentlichen Linienverkehr eignen. Hier können die umsetzungsorientierten Forschungsvorhaben des BMBF-Förderschwerpunkts „Personennahverkehr für die Region" (www.pnvregion.de, Laufzeit bis 12/04) bereits als richtungsweisend angeführt werden (vgl. Kagermeier 2004). In unterschiedlichen Regionen wurden Möglichkeiten des Mobilitätsmanagements unter den Bedingungen ländlicher Regionen sowie konkrete Mobilitätsangebote wie Rufbusse, TaxiBusse und Car-sharing Konzepte untersucht. Mehr als bisher noch müsste in diesem Zusammenhang erforscht werden, wie sich die Bedürfnisse der Bevölkerung und der Touristen innerhalb eines Verkehrssystems zu entsprechenden Angebotsformen verbinden lassen und wie diese Angebote für Verkehrsunternehmen oder andere Mobilitäts- und Servicedienstleister wirtschaftlich tragfähig entwickelt werden können.

4.2 Schlussfolgerung und Ausblick

Mit der vorliegenden Untersuchung wurde der Versuch unternommen, die Schnittstelle zwischen Tourismus und Verkehr unter dem Blickwinkel der Nachhaltigkeit näher zu beleuchten. Die unter dieser Leitvorstellung entwickelten Handlungsansätze zur Verbesserung der ökologischen und sozialen Verträglichkeit, der wirtschaftlichen Tragfähigkeit und der Qualität von Freizeitmobilitätsangeboten im Tages- und Kurzreisetourismus sollen in erster Linie Reiseveranstaltern, aber auch anderen Anbietern der Tourismus- und Verkehrswirtschaft als praktische Handreichung und als Denkanstoß dienen. Ziel für künftige Mobilitätskonzepte muss es sein, das Wachstum im Freizeitverkehr und bei Tages- und Kurzreisen abzukoppeln von mehr Verkehrsbelastung durch den motorisierten Individualverkehr. Gerade im Umland von Agglomerationsräumen, in denen die Pkw-Dichte geringer ist und die Bahn- und Busverbindungen vergleichsweise gut sind, lassen sich Reiseketten mit alternativen Verkehrsmitteln etablieren. Weniger Verkehr bedeutet eine Erhöhung der Erholungsqualität – für Bewohner der Region ebenso wie für Erholungssuchende.

Wie die Ergebnisse zeigen, lässt sich die Leitvorstellung der Gestaltung nachhaltiger Freizeitverkehrsangebote am einfachsten realisieren, wenn der Baustein ‚Verkehr' stärker in das Gesamtreisepaket integriert wird. Dabei sollte der Blick auf den gesamten Markt gerichtet werden, so dass die Angebote nicht auf Nischenmärkte wie den ‚sanften' Tourismus oder ‚Ökotourismus' beschränkt bleiben. Wünschenswert wäre in diesem Zusammenhang, wenn die hier entwickelten Handlungsansätze (Reisetypen, Reiseketten und Evaluierungsinstrumentarium) von den relevanten Akteuren aufgegriffen würden. In Kooperation mit Vertretern aus der Praxis (Tourismus- und Verkehrswirtschaft) und im Konsens mit Interessenvertretern der nachhaltigen Tourismus- und Verkehrsentwicklung ließen sich die vorgestellten Ansätze ‚Reisetypen', ‚Reiseketten' und ‚Nachhaltigkeitsbewertung' ohne großen Aufwand in einen praxisorientierten Leitfaden „Nachhaltige Mobilitätskonzepte für den Tourismus" mit Checklisten überführen.

Da Nachhaltigkeitsziele in der Praxis der Angebotsgestaltung aber häufig vernachlässigt werden, wurde es im Rahmen der Untersuchung als erforderlich angesehen, den relevanten Akteuren (Eventveranstaltern, Verkehrsplanern, Reiseveranstaltern) ein praxistaugliches Instrument an die Hand zu geben, das die Umsetzung von Zielen in konkrete Maßnahmen und deren Evaluierung erleichtert. Durch den selbst durchführbaren Nachhaltigkeitsvergleich eigener (potenzieller) Angebote werden den an-

4 SCHLUSSBETRACHTUNG

wendenden Unternehmen bestehende Defizite und gleichzeitig Handlungsmöglichkeiten zur Verbesserung der Nachhaltigkeit aufgezeigt. Das zu diesem Zweck entwickelte Bewertungsinstrument ‚Reisekettenvergleich' ermöglicht es, auf Basis der ermittelten Ergebnisse, Freizeitverkehrsangebote künftig nachhaltiger zu gestalten. Vor dem Hintergrund der gewünschten Nachfragesteigerung im Tourismus wurde dies als notwendig erachtet, um die in der Konsequenz ebenfalls steigenden Verkehrsbelastungen auffangen zu können.

Anhand der vorgestellten An- und Abreisekonzepte zur IGA Rostock 2003 konnte aufgezeigt werden, dass auch unter Berücksichtigung von Nachhaltigkeitszielen entwickelte Reiseketten durchaus relevante Nachfragegruppen ansprechen können. Es zeigte sich aber auch deutlich, dass unterschiedliche Besuchergruppen unterschiedliche Ansprüche an freizeitorientierte Mobilitätsangebote stellen. Daher wird eine zielgruppenspezifische Ausrichtung von Freizeitverkehrsangeboten als unabdingbar angesehen. In der Gesamtbetrachtung bedienen besonders gestaltete Reiseketten wie ‚Perlen auf dem Weg zum Meer' zwar keinen Massenmarkt, können aber eine interessante Nische für bestimmte Zielgruppen sein und dazu beitragen, die Gesamtbilanz des Eventverkehrs zu verbessern. Als ‚massentaugliche' Produkte kommen eher Angebote wie der IGA-Express in Frage, der als direkte Zugverbindung die Bedürfnisse der Tagesbesucher nach einer schnellen An- und Abreise befriedigt und dennoch eine umweltfreundliche Alternative zur Pkw-Anreise bietet. Die Übertragbarkeit der Forschungsergebnisse zum betrachteten Segment ‚Eventtourismus' auf andere Destinationen bzw. Tourismusteilmärkte ist augenscheinlich. So ist die Reiseketten-Idee ebenso auf das Marktsegment Städtereisen anwendbar. Die Integration der An- und Abreise in das Gesamtangebot und die freizeitgerechtere Gestaltung der Mobilität trägt insgesamt zur Intensivierung des Reiseerlebnisses bei. So kann durch den Aufenthalt an Zwischenstationen eine Entschleunigung bewirkt werden, die einen Kontrapunkt zur stressintensiven Städtetour bildet und als Entspannungsmoment einen ruhigen Ausklang der Reise ermöglicht.

Für Forschung und Politik können die Ergebnisse der Untersuchung als maßgebliche Hinweise für die künftige Ausgestaltung der Tourismus- und Verkehrsentwicklung herangezogen werden. Sie zielen insgesamt darauf ab, dem Freizeitverkehr, der einerseits einen zentralen Teilbereich des Tourismus- und Verkehrssektors darstellt und andererseits größter ökologischer Belastungsfaktor von Reisen ist, in Zukunft die notwendige Aufmerksamkeit zukommen zu lassen. Bezogen auf das beschriebene Spannungsfeld des Tourismus in ländlichen Regionen und der damit verbundenen Verkehrsproblematik können die Ergebnisse Anregungen, insbesondere für die Raum- und Landschaftsplanung, die Tourismusplanung und die Mobilitäts- und Verkehrsforschung bieten. Sie geben Aufschluss darüber, wie sich Freizeitverkehr und nachhaltige Regionalentwicklung besser miteinander vereinbaren lassen. Reiseketten wie ‚Perlen auf dem Weg zum Meer' integrieren zum Beispiel den Besuch von Zwischenstationen in die An- und Abreise und bewirken damit positive sozioökonomische Effekte in der Eventregion.

Die Vielfalt vorstellbarer Reiseketten macht insgesamt deutlich, dass es unter der Prämisse einer weiterhin wachsenden Freizeit- und Tourismusnachfrage durchaus möglich ist, den daraus entstehenden Verkehr nachhaltiger zu gestalten. Die Potenziale zur Verlagerung des Freizeitverkehrs auf umweltfreundliche Verkehrsmittel könnten jedoch noch effizienter realisiert werden, wenn die in Frage kommenden Akteure aus Verkehr und Tourismus stärker kooperieren und ihre Angebote besser ineinander greifen würden. Leitbild bei der künftigen Gestaltung von Mobilitätsangeboten für den Tages- und Kurzreisetourismus sollte daher die integrierte Reise- und Informationskette sein: Durch reduzierten Aufwand bei Information, Organisation und Durchführung der Reise entsteht für Reisende ein Mehrwert. Auf Seiten der wirtschaftlichen Akteure in Verkehr und Tourismus ergeben sich aus der verbesserten Erreichbarkeit große Chancen. Durch eine verbesserte Verkehrsanbindung erhöht sich die Qualität von Reiseangeboten und die Attraktivität von Destinationen, was gegenüber Konkurrenzregionen bzw. konkurrierenden Veranstaltern Wettbewerbsvorteile bringt. Für Veranstalter bietet sich die Möglichkeit, durch neue Kooperationen mit Mobilitätsdienstleistern vor Ort innovative Angebotsbausteine aufzubauen und zusätzlich zum bisherigen Angebotsspektrum zu vermarkten. Gleichzeitig werden die Unternehmen in den Ziel- und Transitregion verstärkt am ökonomischen Nutzen des Tourismus beteiligt. Die insbesondere für Verkehrsunternehmen dramatischen Folgen des demographischen Wandels können so durch eine stärkere Fokussierung auf den Freizeitverkehr zumindest teilweise aufgefangen werden. Auf diese Weise wird der nachhaltige Tourismus in attraktiven ländlichen Regionen gefördert und langfristig vermieden, dass immer mehr Menschen dem Chaos auf den Straßen entfliehen, indem sie mit dem Flugzeug – auf dem Weg zu bequemer erreichbaren Fernzielen – darüber hinweg fliegen.

ABKÜRZUNGSVERZEICHNIS

ADAC	Allgemeiner Deutscher Automobilclub
ADFC	Allgemeiner Deutscher Fahrradclub
ARL	Akademie für Raumforschung und Landesplanung
BBR	Bundesamt für Bauwesen und Raumordnung
BFN	Bundesamt für Naturschutz
BMBF	Bundesministerium für Bildung und Forschung
BMVBW	Bundesministerium für Verkehr, Bau- und Wohnungswesen
BUGA	Bundesgartenschau
CIPRA	Internationale Alpenschutzkommission
CSD	Commission on sustainable Development
DANTE	Die Arbeitsgemeinschaft für Nachhaltige Tourismusentwicklung
DB AG	Deutsche Bahn AG
DIN	Deutsches Institut für Normung
DIW	Deutsches Institut für Wirtschaftsforschung
DTV	Deutscher Tourismusverband
DVWG	Deutsche Verkehrswissenschaftliche Gesellschaft
DWIF	Deutsches Wirtschaftswissenschaftliches Institut für Fremdenverkehr
EEA	European Environment Agency
F.U.R.	Forschungsgemeinschaft Urlaub und Reisen e.V.
FGSV	Forschungsgesellschaft für Straßen- u. Verkehrswesen
GBK	Gütegemeinschaft Buskomfort e.V.
GRI	Global Reporting Initiative
HPM	Human Powered Mobility
IASP	Institut für Agrar- und Stadtökologische Projekte an der Humboldt-Universität zu Berlin
ICC	International Chamber of Commerce
IFEU	Institut für Energie- und Umweltforschung Heidelberg GmbH
IGA	Internationale Gartenbauausstellung
ILS	Institut für Landes- und Stadtentwicklungsforschung des Landes Nordrhein-Westfalen
ITB	Internationale Tourismusbörse Berlin
KMU	Kleine und mittlere Unternehmen
MIV	Motorisierter Individualverkehr
NMV	Nicht-motorisierter Verkehr
NOx	Stickstoffoxide
ÖPNV	Öffentlicher Personennahverkehr
Ö.T.E.	Ökologischer Tourismus in Europa e.V.
ÖV	Öffentlicher Verkehr
Pkw	Personenkraftwagen
PTV	Planung Transport Verkehr AG
SPNV	Schienenpersonennahverkehr
SRU	Der Rat von Sachverständigen für Umweltfragen
TOI	Tour Operators Initiative for Sustainable Development
TREMOD	Transport Emission Estimation Model

ABKÜRZUNGSVERZEICHNIS

UN	United Nations
UBA	Umweltbundesamt
UNEP	United Nations Environment Programme
VCD	Verkehrsclub Deutschland
VDV	Verband Deutscher Verkehrsunternehmen
VÖV	Verband öffentlicher Verkehrsunternehmen
WTO	World Tourism Organisation
WTTC	World Travel & Tourism Council
WWF	World Wildlife Fund

Verzeichnis der Abbildungen und Tabellen

Verzeichnis der Abbildungen

Abbildung 1:	Ganzheitliches Tourismusmodell	24
Abbildung 2:	Kybernetisches Planungsmodell	28
Abbildung 3:	Lineares Ablaufschema der Untersuchung	29
Abbildung 4:	Methodische Vorgehensweise der Untersuchung	31
Abbildung 5:	Tourismus und Freizeitverkehr	40
Abbildung 6:	Ableitung von Definitionen und Zielen aus vorhandenen Ansätzen	61
Abbildung 7:	Definitionen für die Gestaltung nachhaltiger An- und Abreiseangebote im Freizeitverkehr und Ableitung eines hierarchischen Zielsystems	83
Abbildung 8:	Zielgruppenspezifische Freizeitmobilität – Bestandsaufnahme der sozialwissenschaftlichen Forschung	94
Abbildung 9:	Kriterien zur Marktsegmentierung von Zielgruppen im Tourismusbereich	97
Abbildung 10:	Maslowsche Bedürfnispyramide	104
Abbildung 11:	Aufbau einer Reisekette	147
Abbildung 12:	Ableitung von Lösungsstrategien aus den Erkenntnissen des Theoriekonzepts und Entwicklung von Handlungsansätzen für das Handlungskonzept	183
Abbildung 13:	Vorgehensweise bei der Verknüpfung der ausgewählten Untersuchungen	188
Abbildung 14:	Forschungs-Aktionszyklus Handlungsforschung	225
Abbildung 15:	Marketingflyer ‚Perlen auf dem Weg zum Meer'	228
Abbildung 16:	Verwendete Forschungsansätze zur Entwicklung des Handlungsansatzes „Reiseketten"	230
Abbildung 17:	Marketingflyer ‚Perlen auf dem Weg zum Meer' An- und Abreisemöglichkeiten	263
Abbildung 18:	Komponenten der Bewertung	289
Abbildung 19:	Verknüpfung von Sachinformationen und Wertmaßstäben zu einem Werturteil	293
Abbildung 20:	Merkmale des Zielsystems	312
Abbildung 21:	Ableitung des Evaluierungsansatzes aus dem Zielsystem	314
Abbildung 22:	Ablaufschema der Evaluierung	318
Abbildung 23:	Ableitung der Kriterien und Indikatoren aus dem Zielsystem	322
Abbildung 24:	Bewertungstool EVALENT	323
Abbildung 25:	Ausgabefenster des Bewertungstools EVALENT	328
Abbildung 26:	Ableitung der Kriterien und Indikatoren aus dem Zielsystem	332
Abbildung 27:	Zielsystem von Reiseketten-Vergleich und Erfolgskontrolle	334

Verzeichnis der Tabellen

Tabelle 1:	Verkehrsmittelnutzung in der Alltagsfreizeit, im Urlaub und in einer Beispielregion	16
Tabelle 2:	Arbeitsmethoden im Wirkungsfeld Nachhaltigkeit	34
Tabelle 3:	Arbeitsmethoden im Wirkungsfeld Reisende	34
Tabelle 4:	Arbeitsmethoden im Wirkungsfeld Angebotsstruktur Reiseangebote	35
Tabelle 5:	Funktionen der Freizeit	51
Tabelle 6:	Definitionen, Leitlinien und Vereinbarungen von Regierungs- und Nicht-Regierungsorganisationen zum nachhaltigen Tourismus	64
Tabelle 7:	Definitionen, Leitlinien und Vereinbarungen der Tourismuswirtschaft und wirtschaftspolitischer Interessengruppen zum nachhaltigen Tourismus	69
Tabelle 8:	Definitionen, Leitlinien und Handlungsinitiativen einer nachhaltigen Entwicklung der (Freizeit-) Mobilität	77
Tabelle 9:	Zielsystem „Nachhaltige Freizeitverkehrsangebote im Tourismus"	88
Tabelle 10:	Soziale Lage, Milieu und Lebensstil	95
Tabelle 11:	Dimensionen und Operationalisierung von Lebensstilen	96
Tabelle 12:	Modelle und Ansätze in der Mobilitätsforschung	100
Tabelle 13:	Bedürfnis-Stufen touristischer Angebote	105
Tabelle 14:	Merkmalskategorien der Reiseentscheidung	106
Tabelle 15:	Typologie zum Reiseverhalten in Deutschland	109
Tabelle 16:	Psychographische Typologie Reisende im Münsterland	111
Tabelle 17:	Deutschlandurlauber-Typologie	112
Tabelle 18:	Freizeit- und reisebezogene Einflussfaktoren	113
Tabelle 19:	Der Preis als Faktor der Verkehrsmittelwahl	116
Tabelle 20:	Gegenüberstellung von Kriterien der Nutzungsqualität und Rangfolge	118
Tabelle 21:	Vergleich von Typologien mobilitätsbezogener Einstellungsmerkmale	122
Tabelle 22:	Untersuchungsmerkmale der Typologie von Harzreisenden	123
Tabelle 23:	Typologie von Harzreisenden	123
Tabelle 24:	Untersuchungsmerkmale der Typologie ‚Wochenendfreizeit'	124
Tabelle 25:	Typologie ‚Wochenendfreizeit' von Stadtbewohnern	125
Tabelle 26:	Untersuchungsmerkmale zur Bildung der Mobilitätsstile in der Alltagsfreizeit	126
Tabelle 27:	Mobilitätsstile in der Alltagsfreizeit	127
Tabelle 28:	Typenkonstituierende Merkmale der Event-Reisenden	130
Tabelle 29:	Typologie für die Event-An- und Abreise	131
Tabelle 30:	Typenbeschreibende Merkmale der Event-Reisenden	131
Tabelle 31:	Freizeitmobilitätsbezogene Einflussfaktoren auf die An- und Abreise	134
Tabelle 32:	Übersicht an- und abreiserelevante Einflussfaktoren	137
Tabelle 33:	Prozess der Angebotsgestaltung	142

Tabelle 34:	Kooperationspartner bei der Entwicklung und Umsetzung von Pauschalreiseangeboten	150
Tabelle 35:	Wirkfaktoren der Kooperation	152
Tabelle 36:	Gestaltung von An- und Abreiseangeboten	158
Tabelle 37:	Bestandteile einer Erreichbarkeitsanalyse	159
Tabelle 38:	Erfordernisse der Nachhaltigkeit bei Mobilitätsangeboten	160
Tabelle 39:	Anforderungen der Reisenden an Reiseverkehrsmittel	161
Tabelle 40:	Aufgaben der Bepflanzung bei der Landschaftsgestaltung im Verkehrswegebau	168
Tabelle 41:	Möglichkeiten zur Beeinflussung der Angebotsstruktur im Prozess der Angebotsgestaltung	179
Tabelle 42:	Entwicklung von Lösungsstrategien aus dem Theoriekonzept	181
Tabelle 43:	Vergleich der Merkmalsbeschreibungen und Entwicklung eigener Reisetypen	192
Tabelle 44:	Oberkategorien Typenmerkmale	193
Tabelle 45:	Verknüpfungsmerkmale	194
Tabelle 46:	Verknüpfung der Typologien	196
Tabelle 47:	Zuordnung von Urlaubertypen und Reisetypen	200
Tabelle 48:	Zusammensetzung „ÖV-fixierte und Fahrradfahrer"	203
Tabelle 49:	Reisetyp „ÖV-fixierte und Fahrradfahrer"	204
Tabelle 50:	Freizeit- und Urlaubspräferenzen des Reisetyps ‚ÖV-fixierte und Fahrradfahrer'	206
Tabelle 51:	Zusammensetzung „multimodale ältere ÖV-Fans"	208
Tabelle 52:	Reisetyp „multimodale ältere ÖV-Fans"	209
Tabelle 53:	Freizeit- und Urlaubspräferenzen des Reisetyps ‚multimodale ältere ÖV-Fans'	211
Tabelle 54:	Zusammensetzung „auch ohne Auto verreisende jüngere MIV-Fans"	213
Tabelle 55:	Reisetyp „auch ohne Auto verreisende jüngere MIV-Fans"	214
Tabelle 56:	Freizeit- und Urlaubspräferenzen des Reisetyps ‚auch ohne Auto verreisende jüngere MIV-Fans'	216
Tabelle 57:	Zusammensetzung „Autofixierte Familien"	218
Tabelle 58:	Reisetyp „Autofixierte Familien"	219
Tabelle 59:	Freizeit- und Urlaubspräferenzen des Reisetyps ‚Autofixierte Familien'	221
Tabelle 60:	Potenziale für die Nutzung umweltfreundlicher Mobilitätsangebote	232
Tabelle 61:	Berücksichtigung der Nachhaltigkeit bei der Angebotsgestaltung	234
Tabelle 62:	Typenbildende Merkmale für den Event-Reisetyp ‚Gruppenorientierte Autofans'	237
Tabelle 63:	Typenbeschreibende Merkmale für den Event-Reisetyp ‚Gruppenorientierte Autofans'	238
Tabelle 64:	Kurzcharakteristik eines möglichen An- und Abreiseangebots für abwechslungssuchende ‚Gruppenorientierte Autofans'	239

Tabelle 65:	Reiseverlauf einer zweitägigen Eventreise für 'Gruppenorientierte Autofans' mit dem Bus	241
Tabelle 66:	Fahrzeuggestaltung und -ausstattung	243
Tabelle 67:	Typenbildende Merkmale für den Event-Reisetyp 'Bequeme Selbstorganisierer'	247
Tabelle 68:	Typenbeschreibende Merkmale für den Event-Reisetyp 'Bequeme Selbstorganisierer'	248
Tabelle 69:	Kurzcharakteristik eines möglichen An- und Abreiseangebots für 'Bequeme Selbstorganisierer'	249
Tabelle 70:	Reiseverlauf einer dreitägigen Eventreise mit Bahn und Fahrrad	251
Tabelle 71:	Kriterien für die Kooperation von Außenstandorten und Event	265
Tabelle 72:	Kooperationsnetzwerk für die Reisekette 'Perlen auf dem Weg zum Meer'	267
Tabelle 73:	Kooperationsbeziehungen der Reiseveranstalter (Hauptakteure) bei der Reisekette 'Perlen auf dem Weg zum Meer'	270
Tabelle 74:	Kooperationsbeziehungen der Eventveranstalter bei der Reisekette 'Perlen auf dem Weg zum Meer'	272
Tabelle 75:	Kooperationsbeziehungen der IGA-Außenstandorte bei der Reisekette 'Perlen auf dem Weg zum Meer'	274
Tabelle 76:	Kooperationsbeziehungen der Verkehrsunternehmen bei der Reisekette 'Perlen auf dem Weg zum Meer'	276
Tabelle 77:	Fortbewegung mit Erlebnismobilen	279
Tabelle 78:	Synergieeffekte durch Kooperationen im Tourismus	281
Tabelle 79:	Kriterien für die Gestaltung nachhaltiger und zielgruppenspezifischer Reiseketten	284
Tabelle 80:	Zeitpunkt und Ziel der Bewertung	292
Tabelle 81:	Kriterienkatalog des forum anders reisen	303
Tabelle 82:	Kriterienkatalog Viabono	304
Tabelle 83:	Indikatoren der ökologischen, ökonomischen und sozialen Dimension des Reisesterns	306
Tabelle 84:	Vergleich der Instrumente „EVALENT" und „UmweltMobilCheck"	320
Tabelle 85:	Ökologische Bewertungskriterien EVALENT	324
Tabelle 86:	Ökonomische Bewertungskriterien EVALENT	325
Tabelle 87:	Soziale Bewertungskriterien EVALENT	327
Tabelle 88:	Beurteilungsansatz für nachhaltige Freizeitverkehrsangebote	336

Literatur

A

ADAC Allgemeiner Deutscher Automobil-Club e.V. (Hrsg.) (1993): Verkehr in Fremdenverkehrsgemeinden. München.

ADAC Allgemeiner Deutscher Automobil-Club e.V. / IFAK Institut GmbH & Co (2001): Touristik / ARS – Reiseverhalten in Deutschland. Reisetypologie (unveröffentlicht). Taunusstein.

ADFC – Allgemeiner Deutscher Fahrradclub (2005): Die ADFC-Radreiseanalyse 2005 – Schlechtes Wetter bremst nicht – Fahrradtourismus hat weiter Rückenwind. Pressemitteilung vom 14.03.2005 (http://adfc.de/1942_1)

ADFC Allgemeiner Deutscher Fahrradclub e.V. (2002): Radreiseanalyse 2002, Lust auf 'ne Tour – Fahrradtourismus wird immer beliebter, Pressemitteilung des ADFC vom 17. März 2002. Bremen.

Agrarsoziale Gesellschaft e.V. (1998): Gestalten und erhalten: Natur, Landwirtschaft, Tourismus. Göttingen.

Ajzen, Icek. (1991): The theory of planned behavior. Organizational Behavior an Human Decision Processes 50:179-211.

Allmer, Henning (1994): Psychophysische Erholungseffekte von Bewegung und Entspannung. In: Wieland-Eckelmann, Rainer / Allmer, Henning / et. al. (Hrsg.): Erholungsforschung:69-98. Weinheim.

Alpenkonvention (1991): Protokoll zur Durchführung der Alpenkonvention im Bereich Verkehr – Protokoll Verkehr. Luzern.

Altner, Günter / Mettler-Meibom, Barbara u.a. (Hrsg.) (1999): Jahrbuch Ökologie 2000. München.

Ammer Ulrich / Pröbstl Ulrike (1991): Freizeit und Natur – Probleme und Lösungsmöglichkeiten einer ökologisch verträglichen Freizeitnutzung. Hamburg / Berlin.

Ammer, Ulrich (1998): Freizeit im Alpenraum. In: Buchwald, Konrad / Engelhardt, Wolfgang (Hrsg.) (1998): Umweltschutz: Grundlagen und Praxis, Bd. 11 Freizeit, Tourismus und Umwelt:240-253. Bonn.

Appel, Elisabeth (2002): Konzeption und Durchführung von Projekten der nachhaltigen Regionalentwicklung. Dissertation an der TU Berlin. Berlin.

Arbeitsgruppe Ökotourismus (1995): Ökotourismus als Instrument des Naturschutzes? Möglichkeiten zur Erhöhung der Attraktivität von Naturschutzvorhaben. Forschungsberichte des Bundesministeriums für wirtschaftliche Zusammenarbeit und Entwicklung, Bd. 116. München, Köln, London.

ARGE Sanfte Mobilität / ÖAR-Regionalberatung GmbH (1997): Sanfte Mobilität in Tourismusorten und -regionen – Endbericht. Wien.

ARL Akademie für Raumforschung und Landesplanung (Hrsg.) (1996): Handwörterbuch der Raumordnung. Hannover.

ARL Akademie für Raumforschung und Landesplanung (Hrsg.) (2000): Nachhaltigkeitsprinzip in der Regionalplanung. Handreichungen zur Operationalisierung. Hannover.

LITERATUR

AUBE Akademie für Umweltforschung und -bildung in Europa / BUND (Hrsg.) (1998): Beschreibung und Bewertung der Umweltauszeichnungen im Tourismus. Bielefeld.

B

Bachleitner, Reinhard / Weichbold, Martin (2000): Die multioptionale Gesellschaft: Von der Freizeit- zur Tourismusgesellschaft. Wien.

Backes, Martina / Goethe, Tina (2003): Meilensteine und Fallstricke der Tourismuskritik. In: Peripherie – Zeitschrift für Politik und Ökonomie in der Dritten Welt, Nr. 89, 23. Jahrgang. Februar 2003:7-31. Münster.

Bahnhof 2000 Uelzen e.V. (2001): Projektbericht Bahnhof 2000 Uelzen.

Bamberg, S./ Bien, W. / Schmidt, P. (1995): Wann steigen Autofahrer auf den Bus um? Oder: lassen sich aus sozialpsychologischen Handlungstheorien praktische Maßnahmen ableiten? In: Diekmann, A. / Franzen, A. (Hrsg.): Kooperatives Umwelthandeln:89-111.Chur / Zürich.

BAT Freizeit-Forschungsinstitut (2001a): Deutsche Tourismus Analyse 2001. Hamburg.

BAT Freizeit-Forschungsinstitut (2001b): Freizeit-Monitor 2001. In: Freizeit aktuell – Ausgabe 163, 22. Jahrg., 6. November 2001.

BAT Freizeit-Forschungsinstitut (2002a): Deutsche Tourismusanalyse 2002. In: Freizeit aktuell – Ausgabe 165, 23. Jahrg., 6. Februar 2002.

BAT Freizeit-Forschungsinstitut (2002b): Tourismusumfrage vom 23. April bis 15. Mai 2002 bei 3.000 Personen ab 14 Jahren in Deutschland nach ihrem Reiseverhalten. In: Freizeit aktuell – Ausgabe 167, 23. Jahrg., 11. Juni 2002.

Baum, Herbert / Esser, Klaus / Höhnscheid, Karl-Josef (1998): Volkswirtschaftliche Kosten und Nutzen des Verkehrs. Bonn.

Baumgartner, Christian (2000): Nachhaltigkeit im österreichischen Tourismus – Grundlagen und Bestandsaufnahme. Wien.

Baumgartner, Christian (2001): Bewertungsmöglichkeiten von Nachhaltigkeit im Tourismus, unveröffentlichtes Manuskript. Wien. www.alpenforum.org/tourismus-baum-zusatz.pdf (7.4.2002).

Bayerisches Staatsministerium für Landesentwicklung und Umweltfragen / Umweltbundesamt (Hrsg.) (2000): Umweltqualitätsziele für die Alpen – Nationaler Beitrag Deutschlands im Rahmen der Arbeitsgruppe „Bergspezifische Umweltqualitätsziele der Alpenkonvention". München.

BDO Bund Deutscher Omnibusunternehmer (2002): Bustouristikunternehmen als Markenprodukte etablieren, Pressemitteilung vom 08.07.2002. http://www.bdo-online.de/cms/index.html, (17.7.2002).

Bechmann, Arnim (1981): Grundlagen der Planungstheorie und Planungsmethodik. Bern und Stuttgart.

Bechmann, Arnim (1989): Bewertungsverfahren – der handlungsbezogene Kern von Umweltverträglichkeitsprüfungen. In: Hübler, Karl-Hermann / Otto-Zimmermann, Konrad: Bewertung der Umweltverträglichkeit:84-103. Taunusstein.

Beck, Ulrich (1986): Risikogesellschaft. Auf dem Weg in eine andere Moderne. Frankfurt.
Becker, Christoph (1996): Tourismus und nachhaltige Entwicklung: Grundlagen und praktische Ansätze für den mitteleuropäischen Raum. Darmstadt.
Becker, Christoph / Job, Hubert / Witzel, Anke (1996): Tourismus und nachhaltige Entwicklung: Grundlagen und praktische Ansätze für den mitteleuropäischen Raum. Darmstadt.
Becker, Jörg (1996): Geographie in der Postmoderne? Zur Kritik postmodernen Denkens in der Stadtforschung und Geographie. Potsdam.
Becker, Josef / Behrens, Henrik / Hollborn, Saskia (2003): Qualität von Nahverkehrsleistungen. In: Internationales Verkehrswesen (55) 1+2/ 2003.
Becker, Udo J. (2001): Anforderungen an eine nachhaltige Verkehrsentwicklung: Konsequenzen und Zielkonflikte, unveröffentlichtes Manuskript. Dresden.
Bericht des Workshops über Biologische Vielfalt und Tourismus (2001): Workshop in Santo Domingo vom 4 – 7 Juni 2001, deutsche Übersetzung. Santo Domingo.
Berndt, Falk / Blümel, Hermann (2003): ÖPNV – quo vadis? Aufforderung zu verkehrspolitischen Weichenstellungen im ÖPNV. Discussion Paper SPIII 2003-106, Wissenschaftszentrum Berlin für Sozialforschung, Berlin.
Bethge, Hans-Horst (2001): Ferienstraßen in Deutschland. In: Eventverkehr: Forschungsprojekt Freizeitverkehrssysteme für den Event-Tourismus, 1. Ergebnisbericht 31.März 2001:49-54, www.eventverkehr.de/everg.html (2.5.2001).
Bethge, Hans-Horst / Jain, Angela / Schiefelbusch, Martin (2004): Bausteine für die Entwicklung von Reiseketten. In: Dienel, Hans-Liudger und Schmitthals, Jenny (Hrsg.): Handbuch Eventverkehr – Planung, Gestaltung, Arbeitshilfen:103 – 129. Berlin.
Bethge, Hans-Horst / Jain, Angela / Schiefelbusch, Martin (2004): Erlebnisorientierte Reiseketten für den Freizeit- und Eventverkehr – Anregungen für Kommunen und Verkehrsanbieter. In: Bracher, Tilmann et. al. :Handbuch der kommunalen Verkehrsplanung. Heidelberg.
Beutler, Felix (1996): Von der Automobilität zur Multimobilität? – Mobilitätsmuster in der Berliner Innenstadt, unveröffentlichte Diplomarbeit am Fachbereich Politische Wissenschaften der Freien Universität Berlin. Berlin.
Beutler, Felix / Brackmann, Jörg (1998): Neue Mobilitätskonzepte in Deutschland – Ökologische, soziale und wirtschaftliche Perspektiven. Berlin.
Biedenkamp, Anke / Baumgartner, Christian (1999): Raus auf's Land – Ländlicher Tourismus als Boomfaktor. Bonn.
Boesch, Hans (1989): Der Fußgänger als Passagier – Zugänge zu Haltestellen und Bahnhöfen, ORL-Bericht 73/1989. Zürich.
Bongardt, D./ Dalkmann, H./ Schäfer-Sparenberg, C.: Chancen für eine umweltverträgliche Mobilität – Was kann die Strategische Umweltprüfung leisten? In: Verkehrszeichen 4/04. Mülheim
Borken, Jens / Höpfner, Ulrich (o.J.): Sustainable mobility – nachhaltig verkehrt?, http://www.ifeu.de/verkehr/nav_seit/fr_nac.htm (24.2.2002).

LITERATUR

Brannolte, Ulrich / Axhausen, Kay / Dienel, Hans-Liudger / Rade, Andreas (Hrsg.) (1999): Freizeitverkehr – Innovative Analysen und Lösungsansätze in einem multidisziplinären Handlungsfeld. Berlin.
Braun, Ottmar L. (1993a): Vom Alltagsstress zur Urlaubszufriedenheit. München.
Braun, Ottmar L. (1993b): Reiseentscheidung. In: Hahn, Heinz / Kagelmann, Hans-Jürgen (Hrsg.): Tourismuspsychologie und Tourismussoziologie. Ein Handbuch zur Tourismuswissenschaft:302-307. München.
Brodmann, Urs / Eberle, Armin / Spillmann, Werner (1999): Nachhaltigkeit des Verkehrs messen. In: Internationales Verkehrswesen 1+2/1999:23-24.
Brodmann, Urs / Spillmann, Werner (2000): Verkehr – Umwelt – Nachhaltigkeit: Standortbestimmung und Perspektiven, Teilsynthese des NFP 41 aus Sicht der Umweltpolitik mit Schwerpunkt Modul C. Bern.
Buchwald, Konrad/ Engelhardt, Wolfgang (Hrsg.) (1998): Umweltschutz: Grundlagen und Praxis, Bd. 11 Freizeit, Tourismus und Umwelt. Bonn.
Buchwald, Konrad/ Engelhardt, Wolfgang (Hrsg.) (1999): Umweltschutz: Grundlagen und Praxis, Bd. 16 Verkehr und Umwelt – Wege zu einer umwelt-, raum- und sozialverträglichen Mobilität. Bonn.
BUND & Miserior (Hrsg.) (1996): Zukunftsfähiges Deutschland. Ein Beitrag zu einer global nachhaltigen Entwicklung. Basel, Boston, Berlin.
Bundesamt für Bauwesen und Raumordnung (2001): Tägliche Veränderung in der Bodennutzung in der BRD von 1993 bis 1997. In: Landesamt für Umwelt, Naturschutz und Geologie Mecklenburg-Vorpommern: Freiraum Landschaft – Der stille Schatz. Schwerin.
Bundesamt für Bauwesen und Raumordnung (Hrsg.) (1998): Entlastung verkehrlich hoch belasteter Fremdenverkehrsregionen. Bonn.
Bundesamt für Naturschutz (1997): Berliner Erklärung: Biologische Vielfalt und nachhaltiger Tourismus. Bonn. http://www.bfn.de/03/031402_berlinde.pdf (3.3.2003).
Bundesanstalt für Straßenwesen (BAST) (Hrsg.) (1999): Umweltbewusstsein und Verkehrsmittelwahl, Bergisch Gladbach.
Bundesministerium für Soziale Sicherheit und Generationen (1999): 3. Bericht zur Lage der Jugend in Österreich, Themenauszug: Freizeit, Österreichisches Institut für Jugendforschung. Wien.
Bundesministerium für Umwelt, Naturschutz und Reaktorsicherheit (Hrsg.) (1994): Auswirkungen neuer Freizeittrends auf die Umwelt. Aachen.
Bundesministerium für Umwelt, Naturschutz und Reaktorsicherheit (2002): Tourismus umweltverträglich gestalten – Bundesregierung beschließt Bericht Tourismus und Umwelt, Pressemitteilung Nr. 95/02 vom 24. April 2002. Berlin.
Bundesministerium für Verkehr (1997): Verbesserung der Verkehrsverhältnisse in den Gemeinden. Bonn – Bad Godesberg.
Bundesministerium für Verkehr Bau- und Wohnungswesen (BMVBW) (2002): Nationaler Radverkehrsplan 2002-2012 – FahrRad!. Berlin/ Köln.
Bundesministerium für Verkehr, Bau- und Wohnungswesen (BMVBW) (Hrsg.) (2000a): Verkehrsbericht 2000. Berlin.

Bundesministerium für Verkehr, Bau- und Wohnungswesen (BMVBW) (Hrsg.) (2000b): Bewertung der räumlichen Entwicklung und Planung in Deutschland im Licht der Anforderungen der Agenda 21. Bonn.

Bundesministerium für Verkehr, Bau- und Wohnungswesen (BMVBW) (Hrsg.) (2000c): Standardisierte Bewertung von Verkehrswegeinvestitionen des öffentlichen Personennahverkehrs und Folgekostenrechnungen, Version 2000. Bonn.

Bundesministerium für Wirtschaft und Arbeit (Hrsg.) (2001): Operationalisierbares Messsystem für Nachhaltigkeit im Tourismus. Wien.

Bundesministerium für Wirtschaft und Technologie (BMWi) (2000): Tourismuspolitischer Bericht der Bundesregierung. Berlin.

Bundesregierung der Bundesrepublik Deutschland (2001): Perspektiven für Deutschland, Unsere Strategie für eine nachhaltige Entwicklung, Entwurf der Nationalen Nachhaltigkeitsstrategie. Berlin.

Bundesregierung der Bundesrepublik Deutschland (2002): Tourismus und Umwelt. Berlin.

Busch, Heinrich / Luberichs, Johanes (2001). Reisen und Energieverbrauch. Sankt Augustin.

C

Carlowitz (1713). Zitiert nach Bernasconi, Andreas (1996): Von der Nachhaltigkeit zu nachhaltigen Systemen – Forstliche Planung als Grundlage nachhaltiger Waldbewirtschaftung, Beiheft. Nr. 76 Schweizerische Zeitschrift für Forstwesen:176. Zürich.

Cerwenka, Peter (2000): Nachhaltiger Verkehr? Unzeitgemäße Anatomie eines Modeschlagwortes. In: Der Nahverkehr, Heft 5/2000:30-34.

Charter for sustainable Tourism (1995): World Conference Sustainable Tourism on 27-28 April 1995. Lanzarote, Canary Island,

CIPRA Internationale Alpenschutzkommission (1999): Bergspezifische Umweltqualitätsziele im Verkehr, Zusammenfassung des Workshops in Brig/ Schweiz am 16. April 1999. Brig.

CIPRA Internationale Alpenschutzkommission (2001): Tourismus mit Zukunft – Positionen der CIPRA Schweiz, Kurzfassung. Zürich.

CIPRA Internationale Alpenschutzkommission (2003): Keine Ausreden bei der Umsetzung der Alpenkonvention. In: CIPRA Info 68/2003:8.

Commission on Sustainable Development (2001): Indicators of Sustainable Development: Guidelines and Methodologies. o.O.

D

DANTE Die Arbeitsgemeinschaft für Nachhaltige Tourismusentwicklung (2002): Rote Karte für den Tourismus? Freiburg.

DB AG (2002.): Bahn & Bike – Ihr Radreiseplaner 2002. Broschüre. Frankfurt/M.

DB AG (2003): Fahrtziel Natur. Broschüre. o.O.

LITERATUR

DB Reise&Touristik AG – Deutsche Bahn Gruppe (2001): Mit Tempo und Qualität in die Zukunft, Faltblatt. Frankfurt/M.

de Haan, Gerhard / Kuckartz, Udo (1996): Umweltbewusstsein – Denken und Handeln in Umweltkrisen. Opladen.

Deutsches Verkehrsforum (1998): Zehn Thesen zur Stärkung des Luftverkehrsstandortes Deutschland – Die Servicekette im Luftverkehr muss weiter verbessert werden. Bonn. http://www.verkehrsforum.de/aktiv/thesen.html (23.4.1999).

DFV Deutscher Fremdenverkehrsverband e.V. (Hrsg.) (1981): Die deutschen Ferienstraßen, Fachreihe Fremdenverkehrspraxis, Heft 13. Frankfurt/ Main.

Dienel, Hans-Liudger / Meier-Dallach, Hans-Peter / Schröder, Carolin (Hrsg.) (2004): Die neue Nähe – Raumpartnerschaften verbinden Kontrasträume. Schriftenreihe des Zentrum Technik und Gesellschaft der TU Berlin, Band 1. Berlin.

Dienel, Hans-Liudger / Richter, Thomas / Schiefelbusch, Martin (2003): Innovationen im Freizeitverkehr. Erste Ergebnisse der Forschungsinitiative des BMBF. In: Internationales Verkehrswesen, Nr. 11, November 2003:543-566.

Dienel, Hans-Liudger / Schmithals, Jenny (Hrsg.) (2004): Handbuch Eventverkehr – Planung, Gestaltung, Arbeitshilfen. Berlin.

Dietsch, Klaus A. (2000): Good practice – Studiosus Reisen, Studiosus Reisen München GmbH. München.

DIN Deutsches Institut für Normung (2000): Qualitätsmanagementsysteme – Grundlagen und Begriffe. Berlin.

DIW Deutsches Institut für Wirtschaftsforschung (2000). Energieverbrauch im Freizeitbereich steigt. DIW-Wochenbericht 39/00. http://www.diw.de/ (Stand 20.11.02).

DIW/Infas (2004): Mobilität in Deutschland 2002. Ergebnisbericht. Bundesministerium für Verkehr, Bau- und Wohnungswesen. Berlin.

Dörnemann, Martina (2002): Vorgehensweise und Zwischenergebnisse der Zielgruppensegmentierung beim EVENT-Projekt (Datenbasis: 1. Welle und 2. Welle der Event-Befragung Rostock), unveröffentlichtes Manuskript. Berlin.

Dörnemann, Martina / Schüler-Hainsch, Eckard (2004): Zielgruppen zur Gestaltung der Reise. In: Dienel, Hans-Liudger und Schmithals, Jenny (Hrsg.): Handbuch Eventverkehr – Planung, Gestaltung, Arbeitshilfen:73-95. Berlin.

Dosch, Fabian / Beckmann, Gisela (1999): Trend der Landschaftsentwicklung in der Bundesrepublik Deutschland. In: Bundesamt für Bauwesen und Raumordnung: Enthaltung und Entwicklung gewachsener Kulturlandschaften als Auftrag der Raumordnung, Informationen zur Raumentwicklung, Heft 5/6. 1999:291-310. Bonn.

DTV Deutscher Tourismusverband e.V. (2002): Verkehrspolitisches Positionspapier. Bonn.

DVWG Deutsche Verkehrswissenschaftliche Gesellschaft (2000): Dokumentation des Workshops über Statistik und Verkehr – Methoden der Marketingforschung von Mobilitätsdienstleistern am 7./8. Dezember 2000. Heilbronn.

DWIF – Deutsches Wirtschaftswissenschaftliches Institut für Fremdenverkehr (Hrsg.) (1995): Tagesreisen der Deutschen Struktur des Tagesausflugs- und Tagesgeschäftsreiseverkehrs in der Bundesrepublik Deutschland. Schriftenreihe des Deutschen Wirtschaftswissenschaftlichen Instituts für Fremdenverkehr. Heft 46, München.

DWIF – Deutsches Wirtschaftswissenschaftliches Institut für Fremdenverkehr (1998): Tourismus in der Mecklenburgischen Schweiz – Modellprojekt ‚Qualitätstourismus Mecklenburg-Vorpommern'. Berlin.

DZT – Deutsche Zentrale für Tourismus e.V. (2005): Bilanz des Deutschland-Tourismus 2004. Pressemappe zur ITB 2005. Frankfurt/Main. S. 1-6

E

ECOTRANS e.V. (2003): The VISIT Standards for Tourism – Ecolabels in Europe. Saarbrücken. http://www.ecotrans.org (25.3.2003).

Ellenberg, Ludwig (1997): Ökotourismus: Reisen zwischen Ökonomie und Ökologie, Heidelberg. Berlin, Oxford.

EMAS-Verordnung (1993): Eco Management and Audit Scheme (EWG) Nr. 1836/93 des Rates vom 29. Juni 1993 über die freiwillige Beteiligung gewerblicher Unternehmen an einem Gemeinschaftssystem für das Umweltmanagement und die Umweltbetriebsprüfung (EG-Öko-Audit-Verordnung).

Empacher, Claudia (2002): Die sozialen Dimensionen der Nachhaltigkeit – Vorschläge zur Konkretisierung und Operationalisierung, Vortrag auf der ordentlichen Mitgliederversammlung des Doktoranden-Netzwerk Nachhaltiges Wirtschaften am 26.4.02 in Köln. Köln.

Ernst Basler + Partner AG (1998): Nachhaltigkeit: Kriterien im Verkehr, Berichte des NFP 41 Verkehr und Umwelt, Bericht C5. Bern.

Ernst Basler + Partner AG (2000): Der Weg zu mehr Nachhaltigkeit im Verkehr in der Schweiz, Berichte des NFP 41 Verkehr und Umwelt, Materialienband M 26. Bern.

Ernst Basler + Partner AG / IKAÖ (1998): Leitfaden Nachhaltigkeit im Verkehr, Materialien des NFP 41 Verkehr und Umwelt, Materialienband M1. Bern.

EUROPARC Federation (2002): The European Charter for sustainable Tourism in Protected Areas. Grafenau. http://www.europarc.org/european-charter.org/full_text.pdf (12.4.2003).

European Environment Agency (EEA) (1999a): Towards a transport and environment reporting mechanism (TERM) for the EU, Part 1: TERM concept and process. Copenhagen.

European Environment Agency (EEA) (1999b): Towards a transport and environment reporting mechanism (TERM) for the EU, Part 2: Some preliminary indicator sheets. Copenhagen.

European Environment Agency (EEA) (2001): Indikatoren zur Integration von Verkehr und Umwelt in der Europäischen Union – Zusammenfassung. Kopenhagen.

LITERATUR

European Environment Agency (EEA) (2002): Paving the way for EU enlargement – Indicators of transport and environment integration, TERM 2002. Copenhagen.
Eventverkehr (2001): Forschungsprojekt Freizeitverkehrssysteme für den Eventtourismus, 1. Ergebnisbericht 31.März 2001, www.eventverkehr.de/everg.html (2.5.2001).
Eventverkehr (2002): Forschungsprojekt EVENTS – Freizeitverkehrssysteme für den Eventtourismus, 2. Ergebnisbericht.
F.U.R. Forschungsgemeinschaft Urlaub und Reisen e.V. (2001): Exklusivfragen der EMNID-Umfrage im November 2001 in der Reiseanalyse 2001. Kiel.
F.U.R. Forschungsgemeinschaft Urlaub und Reisen e.V. (2002): Die 32. Reiseanalyse RA 2002 – Erste Ergebnisse ITB 2002. Hamburg, Kiel.
F.U.R. Forschungsgemeinschaft Urlaub und Reisen e.V. (2004): Die 34. Reiseanalyse RA 2004 – Erste Ergebnisse ITB 2004. Hamburg, Kiel.
F.U.R. Forschungsgemeinschaft Urlaub und Reisen e.V. (2005): Die 35. Reiseanalyse RA 2005 – Erste Ergebnisse ITB 2005. Hamburg, Kiel.

F

Fastenmeier, Wolfgang (2003): Ein Erklärungsansatz für Motive und Aktivitäten in Alltags- und Erlebnisfreizeit. In: Hautzinger, Heinz (Hrsg.): Freizeitmobilitätsforschung – theoretische und methodische Ansätze. Mannheim.
FGSV Forschungsgesellschaft für Straßen- u. Verkehrswesen (2003): Nachhaltige Verkehrsentwicklung. FGSV-Arbeitspapier Nr. 59. Köln.
Fiedler, Joachim (2001): Mobilitätsmanagement – Anwendungsbeispiele aus verschiedenen Handlungsfeldern des Verkehrswesens und des Städtebaus, Tourismus und Fremdenverkehr. Wuppertal.
Filip-Koehn, R./ Hopf, R. / Kloas, J. (1999): Zur gesamtwirtschaftlichen Bedeutung des Tourismus in der Bundesrepublik Deutschland. In: DIW Berlin, Wochenbericht 9/99.
Flaig Jörn / Kill Heinrich (2003): Eventverkehrsplanung unter neuen Vorzeichen. In: Dienel, Hans-Liudger und Schmithals, Jenny (Hrsg.): Handbuch Eventverkehr – Planung, Gestaltung, Arbeitshilfen:65-72. Berlin.
Forum Anders Reisen (2000): Das Grüne Buch der Touristik, Informationsblatt. Nürnberg.
Forum Anders Reisen (o.J.): Kriterienkatalog forum anders reisen, Informationsblätter zur ITB 2004. Freiburg.
Frey, Claudia (1993): Tagestourismus – Ausmaß, Effekte und wirtschaftliche Bedeutung. Sankt Gallen.
Freyer, Walter (1997): Tourismus-Marketing. München.
Freyer, Walter (2001): Tourismus – Einführung in die Fremdenverkehrsökonomie, 7. Auflage. München, Wien.

Freyer, Walter / Groß, Sven (2003): Die Wechselwirkungen von mobilitätsrelevanten Ansprüchen von touristisch Reisenden und Angeboten touristischer Transportunternehmen, Diskussionsbeiträge aus dem Institut für Wirtschaft und Verkehr der Technischen Universität Dresden 1/ 2003. Dresden.

Freyer, Walter et. al. (Hrsg.)(1998): Events – Wachstumsmarkt im Tourismus?. Dresden.

Frings Ellen (o.J.): Verkehr im Öko-Audit. Skript des IFEU-Instituts. Heidelberg.

Frömbling, Simone (1993): Zielgruppenmarketing im Fremdenverkehr von Regionen: ein Beitrag zur Marktsegmentierung auf der Grundlage von Werten, Motiven und Einstellungen. Frankfurt a.M., Bern.

G

Gather, Matthias / Kagermeier, Andreas (2002): Freizeitverkehr als Gegenstand der Mobilitätsforschung. In: Gather, Matthias / Kagermeier, Andreas (Hrsg.): Freizeitverkehr – Hintergründe, Probleme, Perspektiven. Studien zur Mobilitäts- und Verkehrsforschung 1. S. 9-12. Mannheim.

GBK Gütegemeinschaft Buskomfort e.V. (2001): Reisebusse werden immer komfortabler, Pressemitteilung vom 5. März 2001. www.gbkev.de (10.05.2002).

Giegrich, Jürgen / Möhler, Sandra / Borken, Jens (2003): Entwicklung von Schlüsselindikatoren für eine Nachhaltige Entwicklung, im Rahmen des Umweltforschungsplans des Bundesministeriums für Umwelt, Naturschutz und Reaktorsicherheit. Heidelberg.

Götz, Konrad (1998): Mobilitätsleitbilder und Verkehrsverhalten. In: Libbe, Jens (Hrsg.): Mobilitätsleitbilder und Verkehrsverhalten: Potentiale und Beispiele für zielgruppenorientierte Kommunikations- und Vermittlungsstrategien. Deutsches Institut für Urbanistik, Seminar-Dokumentation „Forum Stadtökologie" 7, Berlin. S. 15-40.

Götz, Konrad / Loose, Wili / Schmied, Martin / Schubert, Steffi (2003): Mobilitätsstile in der Freizeit. Minderung der Umweltbelastungen des Freizeit- und Tourismusverkehrs, Bericht des Umweltbundesamtes 2/03. Berlin.

Götz,Konrad/Schubert,Steffi/Zahl,Bente(2001):MobiHarz–Mobilitätsmanagement und -service für einen umweltfreundlichen Ausflugs- und Kurzurlaubsverkehr im Landkreis Wernigerode. Zwischenbericht des Instituts für sozial-ökologische Forschung (ISOE) vom September 2001. Frankfurt am Main.

GRI Global Reporting Initiative (2002): Tour Operators' Sector Supplement – For use with the GRI 2002 Sustainability Reporting Guidelines, November 2002, GRI (Global Reporting Initiative) Secretariat. Amsterdam. www.globalreporting. org (1.3.2003).

Grüber, Bernhard / Röhr, Thomas / Zängler, Thomas (1999): Freizeitmobilität in Bayern. In: Der Nahverkehr, Heft 9 / 1999:8-10.

Gstalter, Herbert (2003): Thesen und Argumente zu den häufigsten Behauptungen zur Freizeitmobilität. In: Hautzinger, Heinz (Hrsg): Freizeitmobilitätsforschung. Theoretische und methodische Ansätze. (= Studien zur Mobilitäts- und Verkehrsforschung, 4). S. 105 – 117. Mannheim.

Gühnemann, Astrid / Rothengatter, Werner (2000): Neue Bewertungsverfahren in der Verkehrsplanung. In: TA-Datenbank-Nachrichten, Nr. 4, 9. Jg., Dezember 2000:64-73.

H

Haan, Gerhard de / Kuckartz, Udo (1998): Umweltbildung und Umweltbewusstsein. Opladen.

Hahn, Heinz / Kagelmann, Hans-Jürgen (Hrsg.): Tourismuspsychologie und Tourismussoziologie. Ein Handbuch zur Tourismuswissenschaft. München.

Halbritter, Günther (2000): Nachhaltige Mobilität. In: TA-Datenbank-Nachrichten, Nr. 4, 9. Jg., Dezember 2000:3-7.

Hall, Colin Michael (1994): Tourism and Politics: Policy, Power and Place. Chichcester.

Hammer, Antje und Scheiner, Joachim (2002): Lebensstile, Milieus und räumliche Mobilität – Technical Note für das Projekt StadtLeben, Arbeitspaket 1 + 2 (Stand 5.2.2002). Aachen.

Hatzfeld, Ulrich (1999): Zur städtebaulichen und verkehrlichen Funktion der Bahnhöfe. In: Institut für Landes- und Stadtentwicklungsforschung des Landes NRW (Hrsg.): Bahnhöfe – Sicherheit, Service, Aufenthaltsqualität:69-73. Dortmund.

Hautzinger, Heinz / Pfeiffer, Manfred (1999): Gesetzmäßigkeiten des Mobilitätsverhaltens. In: Berichte der Bundesanstalt für Straßenwesen, Reihe Mensch und Sicherheit, Heft M 57. Bergisch Gladbach.

Heinickel, Gunter / Dienel, Hans-Liudger (Hrsg.) (2002): Mobilitäts- und Verkehrsforschung – Neuere empirische Methoden im Vergleich. Berlin.

Heinze, Wolfgang (2004): Der Status Quo in der Eventverkehrsplanung. In: Dienel, Hans-Liudger und Schmithals, Jenny (Hrsg.): Handbuch Eventverkehr – Planung, Gestaltung, Arbeitshilfen:54-64. Berlin.

Heinze, Wolfgang / Kill, Heinrich (1997): Freizeit und Mobilität – Neue Lösungen im Freizeitverkehr. Hannover.

Held, Martin (1980): Verkehrsmittelwahl der Verbraucher – Beitrag einer kognitiven Motivationstheorie zur Erklärung der Nutzung alternativer Verkehrsmittel. Augsburg.

Hesse, Markus / Kühnert, Herbert / Welskop, Frank (1993): Verkehr und Umwelt in den neuen Bundesländern. Berlin.

Hilgers, Micha (1999): Wir sind der Stau – Zur Psychologie der Verkehrsmittelwahl. Vortrag anlässlich des Verkehrspolitischen Symposiums „Verkehrszunahme unausweichlich" des BUND, 26. 02. 1999. Stuttgart.

Hoffmann, Jan / Wolf, Angelika (1998): Umwelt- und sozialverträglicher Tourismus als Impulsgeber für eine eigenständige Regionalentwicklung im ländlichen Raum. In: Buchwald, Konrad / Engelhardt, Wolfgang. (Hrsg.): Umweltschutz – Grundlagen und Praxis. Bd. 11: Freizeit, Tourismus und Umwelt:123-149. Bonn.

Hofmann, Uwe (1997): Symbiose zwischen Landwirtschaft und Tourismus – Möglichkeiten und Grenzen am Beispiel des Landkreises Oberallgäu. Dissertation Universität Hohenheim. Hohenheim.

Holz, Cordelia (2003): Gestaltungsvorschläge für Tank- und Raststätten am Beispiel Linumer Bruch (A 24). In: IASP Institut für agrar- und stadtökologische Projekte an der Humboldt-Universität zu Berlin: Abschlussbericht Verbundvorhaben EVENTS. Berlin.

Holzer, Veronika / Österreichisches Bundesministerium für Land- und Forstwirtschaft, Umwelt und Wasserwirtschaft (2004): Das Modellprojekt Sanfte Mobilität – Autofreier Tourismus. http://www.werfenweng.org/show_page.php?pid=300

Hoplitschek, Ernst / Scharpf, Helmut / Thiel, Frank (1991): Urlaub und Freizeit mit der Natur – das praktische Handbuch für ein umweltschonendes Freizeitverhalten. Stuttgart/ Wien.

Hradil, Stefan (2001): Soziale Ungleichheit in Deutschland. Opladen.

Hübler, Karl-Hermann (1989): Bewertungsverfahren zwischen Qualitätsanspruch, Angebot und Anwendbarkeit. In: Hübler, Karl-Hermann / Otto-Zimmermann, Konrad: Bewertung der Umweltverträglichkeit:124 – 142. Taunusstein.

Hunecke, Marcel (2000b): Lebensstile, Mobilitätsstile und mobilitätsbezogene Handlungsmodelle. In: Institut für Landes- und Stadtentwicklungsforschung des Landes Nordrhein-Westfalen: U.move – Jugend und Mobilität. Dortmund.

Hunecke, Marcel (2002): Lebensstile, Mobilitätsstile und Mobilitätstypen. In: Hunecke, Marcel / Tully, Claus J. / Bäumer, Doris (Hrsg.): Mobilität von Jugendlichen:89-96. Opladen.

Hunecke, Marcel (Hrsg.) (2000a): Gestaltungsoptionen für eine zukunftsfähige Mobilität – Eine empirische Studie zum Zusammenwirken von Raumstruktur und Lebensstil im Mobilitätsverhalten von Frauen und Männern in vier ausgewählten Kölner Stadtquartieren, WerkstattBericht 27, Sekretariat für Zukunftsforschung. Gelsenkirchen.

Hunecke, Marcel / Schlaffer, Alexandra (2002): Bedeutung und Chancen sozial- und verhaltenswissenschaftlicher Ansätze für eine nachhaltige Verkehrsentwicklung. In: Umweltbundesamt (Hrsg.): Bedeutung psychologischer und sozialer Einflussfaktoren für eine nachhaltige Verkehrsentwicklung. Berlin. S. 1 – 19

I

IASP Institut für Agrar- und Stadtökologische Projekte an der Humboldt-Universität zu Berlin (2000): Mensch, Fahrweg, Fahrzeug. Berlin.

IASP Institut für Agrar- und Stadtökologische Projekte an der Humboldt-Universität zu Berlin (2003): Abschlussbericht Verbundvorhaben EVENTS. Berlin.

LITERATUR

ICC International Chamber of Commerce (1991): The Business Charter for Sustainable Development Principles for Environmental Management. o.O.

ifeu – Institut für Energie- und Umweltforschung Heidelberg GmbH (1999): Mobilitätsbilanz WWF und Deutsche Bahn, Grundlagenbericht zur Mobilitätsbilanz. Heidelberg.

ifeu – Institut für Energie- und Umweltforschung Heidelberg GmbH (2002a): Daten- und Rechenmodell, Energieverbrauch und Schadstoffemissionen aus dem motorisierten Verkehr in Deutschland 1980 bis 2020, sowie TREMOD (Transport Emission Estimation Model), Version 2.1, März 2002, im Auftrag des Umweltbundesamtes. Berlin.

ifeu – Institut für Energie- und Umweltforschung Heidelberg GmbH (2002b): Wissenschaftlicher Grundlagenbericht zum UmweltMobilCheck und zum Softwaretool Reisen und Umwelt in Deutschland, im Auftrag der Deutschen Bahn AG und der Umweltstiftung WWF-Deutschland. Heidelberg.

Ift Institut für Freizeit- und Tourismusberatung (1997): Besucherbefragung BUGA 97 Gelsenkirchen, Endbericht. Köln.

Ift Institut für Freizeit- und Tourismusberatung (1999): Besucherbefragung BUGA 99 Magdeburg, Endbericht. Köln.

IGA Rostock 2003 GmbH (2003): Daten und Fakten – Das war die IGA, unveröffentlichter Bericht, Stand November 2003. Rostock.

ILS Institut für Landes- und Stadtentwicklungsforschung des Landes Nordrhein-Westfalen (Hrsg.) (1999): Bahnhöfe – Sicherheit, Service, Aufenthaltsqualität. Dortmund.

ILS Institut für Landes- und Stadtentwicklungsforschung des Landes Nordrhein-Westfalen (Hrsg.) (2003): Standards für Mobilitätszentralen – Schlussbericht im Rahmen des Projektes „Standards für den Öffentlichen Verkehr – Instrument zur Steigerung der Effizienz und Sicherung der Qualität". Dortmund.

Ingenieurgesellschaft Stolz (1997): Verkehrskonzept IGA Rostock 2003, Teil 1: Konkretisierung des Anforderungsprofils. Rostock.

Internationaler Eisenbahnverband (UIC) (Hrsg.) (1995): Externe Effekte des Verkehrs. Paris.

Internationales Verkehrswesen (2002): Erneut mehr Fahrgäste im ÖPNV. In: Internationales Verkehrswesen (54, 6/2002):290.

ISO International Organization for Standardisation (1997): Environmental labels and declarations – Type 3 environmental declarations, ISO/TR 14025:(E). Genf.

ISO International Organization for Standardisation (1998): Environmental labels and declarations – Type 1 environmental labelling, Principles and procedures. Final Draft International Satandard ISO/FDIS 14024:(E). Genf.

J

Jain, A./ Müller, D./ Schäfer, T. (2004 in Vorbereitung): Beurteilung der Nachhaltigkeit von Reiseketten am Beispiel der IGA Rostock 2003. In: Tourismus Journal 3/2004. Stuttgart

Jain, Angela (2002): Ökologische und bedürfnisorientierte Gestaltung von Aufenthaltsorten an Verkehrswegen – Auswertung der Raststättenbefragung. In: Forschungsprojekt EVENTS – Freizeitverkehrssysteme für den Event-Tourismus – 2. unveröffentlichter Ergebnisbericht Februar 2002:65-83. Berlin.

Jain, Angela (2005 in Vorbereitung): Trends im Freizeitverkehr und Beispiele für attraktive Mobilitätsangebote. In: Wolf, Angelika et al. (Hrsg.): Naherholung in Stadt und Land. Stuttgart: Ulmer Verlag

Jain, Angela / Schiefelbusch, Martin (2004): Einzelmaßnahmen zur Reisegestaltung. In: Dienel, Hans-Liudger / Schmithals, Jenny (Hrsg.): Handbuch Eventverkehr – Planung, Gestaltung, Arbeitshilfen:159-207. Berlin.

Jansen, Kathrin / Perian, Thomas / Beckmann, Klaus J. (2002): Aktivitätenmuster und Raum-Zeit-Verhalten in der Freizeit. In: Institut für Stadtbauwesen und Stadtverkehr RWTH Aachen (Hrsg.): Stadt Region Land, Heft 73:109 – 131. Aachen.

Job, Hubert (1991): Freizeit und Erholung mit oder ohne Naturschutz? Bad Dürkheim.

Jochens, Peter / Tregel, Brigitte (1998): TouristScope und Mobility. In: Haedrich, Günther / Kaspar, Claude / Klemm, Kristiane / Kreilkamp, Edgar (1998): Tourismusmanagement, 3. Auflage:187-195. Berlin.

Jungk, Robert (1980): Wieviel Touristen pro Hektar Strand?". In: GEO, Heft 10:154-156.

Just, Ulrich/ Reutter, Ulrike (1993): Qualitätsstandards und integrierte Bewertungsansätze für den Verkehr. In: Ministerium für Stadtentwicklung und Verkehr des Landes Nordrhein-Westfalen (Hrsg.): Qualitätsstandards für den Verkehr. ILS Schriften Heft 77:7 – 10. Dortmund.

K

Kagermeier, Andreas (Hrsg.) (2004): Verkehrssystem- und Mobilitätsmanagement im ländlichen Raum. Studien zur Mobilitäts- und Verkehrsforschung Band 10. Mannheim: MetaGIS.

Kanzlerski, Dieter / Würdemann, Gerd (2002): Bewegen wir uns auf einem nachhaltigen (Fahr-) Weg? Nachhaltigkeit im Verkehr 10 Jahre nach Rio. In: Informationen zur Raumentwicklung, Heft 1/2.2002:47-57.

Karg, Georg / Schulze, Andrea / Zängler, Thomas (1998): Freizeitmobilität im Alltag. Vortragsskript, Veranstaltung des Institut für Mobilitätsforschung (IFMO). Berlin.

Kasper, Birgit (2004): Begründungen und Motive der Freizeitmobilität älterer Menschen – Ergebnisse einer qualitativen Untersuchung. In: Dalkmann, Holger / Lanzendorf, Martin / Scheiner, Joachim (Hrsg.): Verkehrsgenese – Entstehung von Verkehr sowie Potenziale und Grenzen der Gestaltung einer nachhaltigen Mobilität, Studien zur Mobilitäts- und Verkehrsforschung Band 5. S. 165 – 182. Mannheim.

Keimel, Hermann / Ortmann, Claudia / Pehnt, Martin (2000): Nachhaltige Mobilität in einem integrativen Konzept nachhaltiger Entwicklung. In: TA-Datenbank-Nachrichten, Nr. 4, 9. Jg., Dezember 2000:43-50.

Kiemstedt, Hans / Scharpf, Helmut (1998): Erholungsvorsorge im Rahmen der Landschaftsplanung. In: Buchwald, Konrad/ Engelhardt, Wolfgang (Hrsg.): Umweltschutz: Grundlagen und Praxis, Bd. 11 Freizeit, Tourismus und Umwelt:87-96. Bonn.

Kirstges, Torsten (1992): Sanfter Tourismus. München.

Klein, Hemjo (1992): Deutsche Bahn. In: Roth, Peter / Schrand, Alexander (Hrsg.): Touristik-Marketing:289-291. München.

Klein-Vielhauer, Sigrid (2002): Ein Baustein für nachhaltige(re)s Reisen. In: „Techni kfolgenabschätzung", Nr. 1 / 11. Jahrgang – März 2002:129-132.

Kluge, Susanne (1999): Empirisch begründete Typenbildung. Opladen.

Knoflacher, Hermann (1997): Landschaft ohne Autobahnen – Für eine zukunftsorientierte Verkehrsplanung. Wien, Köln, Weimar.

Knoflacher, Hermann (2000): Planungsprinzipien für eine zukunftsfähige Gestaltung des Stadtverkehrs. In: Naturschutz heute, Ausgabe 3/00:10-12.

Köhl, Werner / Turowski, Gerd (1976): Systematik der Freizeitinfrastruktur. Stuttgart.

Kradepohl, Peter (1999): Der Bahnhof der Zukunft in Nordrhein-Westfalen. In: Institut für Landes- und Stadtentwicklungsforschung des Landes Nordrhein-Westfalen (ILS): Bahnhöfe – Sicherheit, Service, Aufenthaltsqualität:74-77. Dortmund.

Kreilkamp, Edgar (1998): Strategische Planung im Tourismus. In: Haedrich, Günther / Kaspar, Claude / Klemm, Kristiane / Kreilkamp, Edgar (1998): Tourismusmanagement, 3. Auflage. Berlin.

Kreilkamp, Edgar (2000): Marketing und Marktsegmentierung, Vorlesungsskript zur Einführung in das Tourismusmanagement, Universität Lüneburg, WS 2000/01. Lüneburg.

Kreilkamp, Edgar (Hrsg.) (2003): Aufzeigen von Trends im Reisemarkt (AP 2.3). Arbeitspapier für das BMBF-Verbundprojekt „INVENT". Lüneburg.

Kreisel, Werner / Hoppe, Michael / Reeh, Tobias (2000): Mega-Trends im Tourismus – Auswirkungen auf Natur und Umwelt. Berlin.

Krippendorf, Jost (1984): Die Ferienmenschen – für ein neues Verständnis von Freizeit und Reisen. Zürich / Schwäbisch Hall.

Kromrey, Helmut (1995): Empirische Sozialforschung, Opladen

Kuckartz, Udo (1998): Umweltbewusstsein und Umweltverhalten. Heidelberg.

Kuckartz, Udo (2000): Umweltbewusstsein in Deutschland 2000 – Ergebnisse einer repräsentativen Bevölkerungsumfrage im Auftrag des Umweltbundesamtes. Berlin.

Kühn, Manfred / Moss, Timothy (1999): Nachhaltige Entwicklung – Implikationen für dei Stadt- und Regionalforschung. In: Kühn, Manfred / Moss, Timothy (Hrsg.): Planungskultur und Nachhaltigkeit. Berlin.

Kuom, Matthias (1999): Tourismus und Technik. Baden-Baden.

Kutter, Eckhard (1972): Demographische Determinanten städtischer Personenverkehrs, Dissertation. Braunschweig.

L

Lambrecht, Udo / Diaz-Bone, Harald / Höpfner, Ulrich (2001): Bus, Bahn und Pkw auf dem Umweltprüfstand – Vergleich von Umweltbelastungen verschiedener Stadtverkehrsmittel. Heidelberg.

Lanzendorf, Martin (2001): Freizeitmobilität – Unterwegs in Sachen sozial-ökologischer Mobilitätsforschung, Dissertation. Materialien zur Fremdenverkehrsgeographie Bd. 56. Trier.

Lanzendorf, Martin (2002): Freizeitmobilität verstehen? Eine sozial-ökologische Studie in vier Kölner Stadtvierteln. In: Gather, Matthias / Kagermeier, Andreas (Hrsg.): Freizeitverkehr – Hintergründe, Probleme, Perspektiven. (= Studien zur Mobilitäts- und Verkehrsforschung, 1):13 –35. Mannheim.

Lanzendorf, Martin (2003): 'Thrill und Fun' oder ‚immer die gleiche Leier'? Freizeitmobilität und Routinen. In: Hautzinger, Heinz (Hrsg.): Freizeitmobilitätsforschung – theoretische und methodische Ansätze", Mannheim.

Laumann, Gregor / Sauer, Axel / Röhrleef, Martin (2002): Servicegarantien – ein (noch) neues Thema im öffentlichen Verkehr. In: Internationales Verkehrswesen 6/2002:292-294.

Leverenz, Thomas (1998): Nachhaltige Entwicklung in Kommunen, Kongressdokumentation Stadt Güstrow. Bonn.

Lohmann, Martin (1998): Die Reiseanalyse – Sozialwissenschaftliche (Markt-)Forschung zum Urlaubstourismus der Deutschen. In: Haedrich, Günther / Kaspar, Claude / Klemm, Kristiane / Kreilkamp, Edgar (1998):Tourismusmanagement, 3. Auflage:145-159. Berlin.

Loose, Willi (2001): Mobilität im Spannungsfeld zwischen Berufs- und Freizeitverkehr. In: Öko-Mitteilungen 4/ 2001:4-14. Freiburg.

Lotz, Kurt (1990): Freizeit und Erholung. In: Olschowy, Gerhard / Deutscher Rat für Landespflege (Hrsg.): Freizeit und Erholung – Herausforderungen und Antworten der Landespflege. Meckenheim.

M

Majer, Helge (2000): Nachhaltigkeit – Leitbild für das 21. Jahrhundert. In: Betrifft Justiz, 16. Jahrgang 2000:340.

Mayring, Phillip (1999): Einführung in die qualitative Sozialforschung. Weinheim.

Megel, Katrin (2002): Das Auto und sein Stellenwert in der Gesellschaft, Handout für eine Ringvorlesung an der TU Dresden. www.verkehrspsychologie-dresden.de (8.5.2002).

Meier-Dallach, Hans-Peter / Hohermuth, Susanne (1999): Die Chancen soziokultureller Innovationen für Neuansätze im Freizeitverkehr. Bericht des NFP 41 ‚Verkehr und Umwelt', Bericht A5. Bern.

Meyer, Michael (2001): Die internationalen Richtlinien für nachhaltigen Tourismus und biologische Vielfalt. In: Forum Umwelt & Entwicklung, Rundbrief III/2001.

Meyer-Engelke, Elisabeth (1998): Beispiel nachhaltiger Regionalentwicklung – Empfehlungen für den ländlichen Raum. Stuttgart.

Ministerium für Stadtentwicklung und Verkehr des Landes Nordrhein-Westfalen (MSV), (1994): Qualitätsstandards für den Verkehr, ILS-Schriften 77. Dortmund.

Moll, Peter (Hrsg.) (1995): Umweltschonender Tourismus – eine Entwicklungsperspektive für den ländlichen Raum. Bonn.

Mörth, Ingo (2002): Freizeitsoziologie und Freizeitforschung, Online-Reader. http://soziologie.soz.uni-linz.ac.at/sozthe/freitour/skriptum.htm, (19.07.2002).

Mose, Ingo (1998): Sanfter Tourismus. Amsterdam.

Muheim, Peter / Reinhardt, Ernst (2000): Das Auto kommt zum Zug. Kombinierte Mobilität auch im Personenverkehr, TA-Datenbank-Nachrichten, Nr. 4, 9. Jg., Dezember 2000:50-56.

Müller, Bernhard (1998): Was ist Ökotourismus? In: Rauschelbach, Burghard (Hrsg.) (1998): (Öko-) Tourismus: Instrument für eine nachhaltige Entwicklung? Tourismus und Entwicklungszusammenarbeit. Heidelberg.

Müller, Diana (2003): Erfolgsbewertung des Reisekettenkonzepts ‚Stationen auf dem Weg zur IGA 2003 Rostock'. Unveröffentlichter Arbeitsbericht des Instituts für Agrar- und Stadtökologische Projekte an der Humboldt-Universität zu Berlin. Berlin.

Müller, Hansruedi (1995): Nachhaltige Regionalentwicklung durch Tourismus: Ziele – Methoden – Perspektiven. In: Europäisches Tourismus Institut (Hrsg.): Tourismus und nachhaltige Entwicklung – Strategien und Lösungsansätze. Texte des ETI, Heft 7. Trier.

Müller-Urban, Kristiane/ Urban, Eberhard (2000): Deutschlands Ferienstraßen – Die schönsten Routen zwischen Rügen und Bodensee. München.

N

Nagel, Uwe Jens / Prager, Katrin (2003): Kommunikationsprozesse bei der politischen Gestaltung von Agrarumweltprogrammen. Berlin. www.agrar.hu-berlin.de/sutra/tp7/tp7.pdf (15.04.04).

Nationaler Umweltplan Österreich (NUP) (1995): 3.4.3 Verkehr und Transportwesen, http://www.cedar.at/data/nup/nup-german/nup343.html (25.4.2001).

Nationaler Umweltplan Österreich (NUP) (2000): Umweltqualitätsziele für die Alpen, Alpenschutzkonvention. Wien.

Naturfreunde Internationale (o.J.): Naturfreunde – Qualitätskriterien für ökologisches Reisen. Wien.

Natzschka, Henning (1996): Straßenbau – Entwurf und Bautechnik. Stuttgart.

Naumann, Karl-P. (2002): Die Rechte der Fahrgäste im Öffentlichen Verkehr. Hamburg.

NETS Netzwerk Europäischer Tourismus mit Sanfter Mobilität (2002): Reisen mit garantierter Umweltqualität und Sanfter Mobilität, Presseinformation auf der ITB 2002. Berlin.
Netzwerk Langsamverkehr (2001): Investitionen in die Zukunft – Förderung des Fuss- und Veloverkehrs. Reihe Materialien des NFP 41 – Verkehr und Umwelt, Materialienband M31. Bern.
NFP 41 Nationales Forschungsprogramm Verkehr und Umwelt der Schweiz (2000): Der Weg zu mehr Nachhaltigkeit im Verkehr in der Schweiz. Bern.
NFP 41 Nationales Forschungsprogramm Verkehr und Umwelt der Schweiz (2001): www.nfp41.ch (13.06.2002).
Nohl, Werner/Richter, Ursula (1988): Umweltverträgliche Freizeit, freizeitverträgliche Umwelt – Ansätze für eine umweltorientierte Freizeitpolitik im Rahmen der Sta dtentwicklungspolitik. Dortmund.

O

Ö.T.E. Ökologischer Tourismus in Europa e.V. (2002): Recherche und Auswertung bestehender Indikatoren zu Tourismus und Biodiversität auf nationaler und internationaler Ebene. Bonn.
o.V. (2001): Bericht des Workshops über Biologische Vielfalt und Tourismus, Santo Domingo vom 4 – 7 Juni 2001, deutsche Übersetzung. Santo Domingo.
Obenaus, Hans (1999): Geographie der Erholung. Berlin.
OECD Organization for Economic Cooperation and Development (1997): Towards Sustainable Transportation – The Vancouver Conference, Conference organised by the OECD hosted by the Government of Canada Vancouver, British Columbia 24-27 March 1996. Vancouver.
Ohlhorst, Dörte (2003): Der Weg ist das Ziel... Radfernwanderwege als nachhaltige Verknüpfung kontrastreicher Regionen. Discussion Paper 07/ 03 des Zentrums Technik und Gesellschaft der TU Berlin. Berlin.
Öko-Institut e.V. (Hrsg.) (2001): Umwelt und Tourismus – Grundlagen für den Umweltforschungsplan des Bundesministeriums für Umwelt, Naturschutz und Reaktorsicherheit, im Auftrag des Umweltbundesamtes, Kurzfassung/Summary. Berlin.
Opaschowski, Horst W. (1995): Freizeit und Mobilität. Hamburg.
Opaschowski, Horst W. (1997): Deutschland 2010. Hamburg.
Opaschowski, Horst W. (1999): Umwelt. Freizeit. Mobilität, Freizeit- und Tourismusstudien Band 4. Opladen.
Opaschowski, Horst W. (2000): Freizeitmobilität im Erlebniszeitalter. In: Institut für Mobilitätsforschung (Hrsg.): Freizeitverkehr. Berlin. S. 21 – 42.
Opaschowski, Horst W. (2001a): Deutschland 2010. In: Freizeit aktuell – Ausgabe 158. 22. Jahrgang, 20. Januar 2001. Hamburg. http://www.bat.de (23.07.2002).
Opaschowski, Horst W. (2001b): Das gekaufte Paradies – Tourismus im 21. Jahrhundert. Hamburg.

LITERATUR

Österreichisches Bundesministeriums für Umwelt, Jugend und Familie (BMUJF) (1998): Bestimmung ökologisch besonders sensibler Gebiete. Wien.
Otto-Zimmermann, Konrad (1989): Beispiele angewandter Bewertungsverfahren. In: Hübler, Karl-Hermann/ Otto-Zimmermann, Konrad: Bewertung der Umweltverträglichkeit:143 – 196. Taunusstein.

P

Pearce, Douglas (1989): Tourism Today – a geographical analysis. London / New York.
Petersen, Rudolf / Schallaböck, Karl-Otto (1995): Mobilität für morgen – Chancen einer zukunftsfähigen Verkehrspolitik. Berlin.
Pfeiffer, Manfred (2001): Zufriedenheitsmessung durch Kundenbefragung – Ereignis- oder merkmalorientierte Messung? In: Der Nahverkehr 1-2/ 2001:48-52.
Pils, Manfred (1999): Mega-Tourismus cool betrachtet – Leitfaden zur Beurteilung von Mega-Tourismusprojekten aus der Sicht einer Nachhaltigen Entwicklung. Wien.
Pils, Manfred (2003): Destination indicators for tourism, sustainable development and quality management, European LIFE Project VISIT – Voluntary Initiatives for Sustainability in Tourism, ARPAER – Environmental Protection Agency of Emilia Romagna region – Italy, NFI – Friends of Nature International. o.O.
Pivonas, G. (1973): Urlaubsreisen 1973. Unveröffentlichte Untersuchung, Starnberg.
Preisendörfer, Peter et. al. (1999): Umweltbewusstsein und Verkehrsmittelwahl. Berichte der Bundesanstalt für Straßenwesen, Heft M 113. Bergisch Gladbach.
Prisching, Manfred (o. J.): Erlebnisgesellschaft und Stressgesellschaft, Graz. http://www-ang.kfunigraz.ac.at/~prischin/kulturth2-erlebnis.pdf (16.08.2002).
Pro Bahn (2000): Der Nah- und Regionalverkehr auf der Schiene hat Zukunft! – 12 Thesen aus Sicht der Fahrgäste. www.pro-bahn.de/disk/sub_index.php?sparte=regford (22.11.2002).
PTV AG (2004): Modelle zur Bewertung der unterschiedlichen Auswirkungen von Eventverkehren, Evaluationsbericht TP 5/II, unveröffentlichtes Manuskript. Karlsruhe.

R

Rat für Nachhaltige Entwicklung (2001): Entwurf für die nationale Nachhaltigkeitsstrategie der Bundesrepublik Deutschland (vorgelegt im Dezember 2001). Berlin. www.nachhaltigkeitsrat.de (5.6.2002).
Rauschelbach, Burghard (Hrsg.) (1998): (Öko-) Tourismus: Instrument für eine nachhaltige Entwicklung? Tourismus und Entwicklungszusammenarbeit. Heidelberg.
RDA Internationaler Bustouristikverband (2001): Zielmarkt Event. In: Jahrbuch der Bustouristik 2000/ 2001. Köln.

Regionaler Planungsverband Vorpommern (2001): ÖkoRegion Vorpommern – vom subventionierten Mauerblümchen zur wertschöpfenden multifunktionalen Region, Regionen Aktiv – Land gestaltet Zukunft. Greifswald.

Reheis, Fritz (1996): Die Kreativität der Langsamkeit: neuer Wohlstand durch Entschleunigung. Darmstadt.

Reul, Frithjof (2002): Entwicklung einer Nachhaltigkeitsstrategie für den Stadtverkehr – das Beispiel Berlin. Dissertation an der Mathematisch-Naturwissenschaftlichen Fakultät der Humboldt-Universität zu Berlin. Berlin.

Romeiß-Stracke, Felizitas (1989): Neues Denken im Tourismus. München.

Romeiß-Stracke, Felizitas (1997): Tourismus – gegen den Strich gebürstet. Essays. München, Wien.

Romeiß-Stracke, Felizitas (2001): (Freizeit-) Gesellschaft heute, Vortragsskript im Rahmen der Tagung „Stadt schafft Landschaft", 8. September 2001. Potsdam.

Rothstein, Herbert (Hrsg.) (1995): Ökologischer Landschaftsbau – Grundlagen und Maßnahmen. Stuttgart.

Rustemeyer, Ruth (1992): Praktisch-methodische Schritte der Inhaltsanalyse. Münster.

S

Sandermann, Andreas (2001): New Forms of Town / Hinterland Cooperation for Towns in Rural Areas. In: Akademie für Raumforschung und Landesplanung (Hrsg.): Cities – Engines in Rural Development? Arbeitsmaterial der ARL, Heft 268. Hannover.

Schäfer, C./ Bongardt, D./ Dalkmann, H.: Neue Wege für das Land – Strategische Umweltprüfung für eine zukunftsfähige Bundesverkehrswegeplanung. Stuttgart, 2003.

Schäfer, Tanja (2002): Haushaltsbefragung im Einzugsgebiet der IGA Rostock 2003. In: Forschungsprojekt Events – Freizeitverkehrssysteme für den Event-Tourismus – 2. unveröffentlichter Ergebnisbericht Februar 2002. Berlin. S. 12 – 37.

Schäfer, Tanja / Walther, Christoph (2004): Bewertung der Nachhaltigkeit von Eventverkehren. In: Dienel, Hans-Liudger / Schmithals, Jenny (Hrsg.): Handbuch Eventverkehr – Planung, Gestaltung, Arbeitshilfen:146 – 157. Berlin.

Scharpf, Helmut (1996): Regionale und kommunale Tourismusentwicklung unter dem Gesichtspunkt der Nachhaltigkeit. In: Hübler, Karl-Hermann / Weiland, Ulrike (Hrsg.): Nachhaltige Entwicklung – Eine Herausforderung für die Forschung? S. 129-140. Berlin.

Scheiner, Joachim (2002): Freizeitmobilität älterer Menschen. In: Gather, Matthias / Kagermeier, Andreas (Hrsg.): Freizeitverkehr – Hintergründe, Probleme, Perspektiven. Mannheim.

Schemel, Hans-Joachim (1990): Freizeit und Erholung. In: Olschowy, Gerhard / Deutscher Rat für Landespflege (Hrsg.): Freizeit und Erholung – Herausforderungen und Antworten der Landespflege. Meckenheim.

Schimanek, Uwe (2000): Handeln und Strukturen. Weinheim und München.

Schmidt, Heike (1994): Freizeitverhalten und gesellschaftlicher Umbruch – ein sozialgeographischer Ansatz am Beispiel des Erholungsraumes Potsdam. Potsdam.

Schmithals, Jenny / Schophaus, Malte / Leder, Susanne (2003): Kooperationsmanagement in der Eventverkehrsplanung. In: Dienel, Hans-Liudger / Schmithals, Jenny (Hrsg.): Handbuch Eventverkehr – Planung, Gestaltung, Arbeitshilfen:130-145. Berlin.

Schneider, Helmut (1999): Preisbeurteilung als Determinante der Verkehrsmittelwahl. Wiesbaden.

Scholl, Wolfgang / Sydow, Hubert (Hrsg.) (2002): Mobilität im Jugend- und Erwachsenenalter. Münster, New York, München, Berlin.

Schönhammer, Rainer (1991): In Bewegung – Zur Psychologie der Fortbewegung. München.

Schrand, Axel (1993): Urlaubertypologie. In: Hahn, Heinz / Kagelmann, Hans-Jürgen (Hrsg.): Tourismuspsychologie und Tourismussoziologie. Ein Handbuch zur Tourismuswissenschaft:547-553. München.

Schüler-Hainsch, Eckhard (2002): Die Strukturierung, Typisierung und Bedeutung von Reiseketten. In: Forschungsprojekt Events – Freizeitverkehrssysteme für den Event-Tourismus – 2. unveröffentlichter Ergebnisbericht Februar 2002. Berlin. S. 176-186

Schulz, Irmgard / Weller, Ines (1997): Nachhaltige Konsummuster und postmaterielle Lebensstile – Vorstudien. Berlin.

Schulze, Gerhard (1995): Die Erlebnisgesellschaft – Kultursoziologie der Gegenwart, 5. Auflage. Frankfurt.

Schulze, Gerhard / Günther, Tina (2000): Die Erlebnisgesellschaft – die Kulissen des Glücks. Bamberg.

Schwartz, H. (1977): Normative influences on altruism. In: Berkowitz, L. (ed.): Advances in Experimental Social Psychology, pp. 189-211. New York.

Seydel, Sabine (2004): Ökologieorientiertes Kommunikationsmanagement. Wiesbaden.

Sinus Institut Heidelberg (Hrsg.)(1991): Stadtverkehr im Wertewandel. Heidelberg.

Sinus Sociovision GmbH (2002): Informationen zu den Sinus-Milieus 2002. Heidelberg.

Slawinski, Ursula (1999): Nachhaltiger Tourismus – Probleme und Perspektiven, Rostocker Beiträge zur Regional- und Strukturforschung, Heft 14. Rostock.

Spellerberg, Annette (1992): Freizeitverhalten – Werte – Orientierungen. Empirische Analyse zu Elementen von Lebensstilen. Berlin.

Spellerberg, Annette / Berger-Schmitt, Regina (1998): Lebensstile im Zeitvergleich: Typologien für West- und Ostdeutschland 1993 und 1996. Berlin.

Sperber, Nicole (2003): Gestaltungsvorschläge für den Bahnhof Fürstenberg/Havel In: IASP Institut für agrar- und stadtökologische Projekte an der Humboldt-Universität zu Berlin: Abschlussbericht Verbundvorhaben EVENTS. Berlin.

SPIEGEL-Dokumentation (1993): Auto, Verkehr, Umwelt, Hamburg. Konzeptionelle Entwicklung: SINUS-Institut, Heidelberg; Alltagsmobilität: Socialdata, München; Datenaufbereitung, Gewichtung und Auswertung: ISBA. München.

Spöhring, Walter (1989): Qualitative Sozialforschung, Stuttgart.

Spörel, Ulrich (1998): Die amtliche Deutsche Tourismusstatistik. In: Haedrich, Günther / Kaspar, Claude / Klemm, Kristiane / Kreilkamp, Edgar (1998): Tourismusmanagement, 3. Auflage:127-145. Berlin.

SRU Der Rat von Sachverständigen für Umweltfragen (1996): Sondergutachten Landnutzung – Konzepte einer dauerhaft umweltgerechten Nutzung ländlicher Räume; Kurzfassung. Berlin.

SRU Der Rat von Sachverständigen für Umweltfragen (2002): Stellungnahme des Rates von Sachverständigen für Umweltfragen zum Regierungsentwurf zur deutschen Nachhaltigkeitsstrategie. Berlin. www.umweltrat.de/stel-nst.htm Anfang, (13. Februar 2002).

Statistischches Landesamt Berlin (2001): Mikrozensus 1999; Bevölkerung, Haushalte und Familien in Berlin; sowie Stat. Landesamt Hamburg (2001): Mikrozensus 2000; Statistik Magazin Hamburg Nr. 6.

Statistisches Bundesamt (2001): Haushalte und Bevölkerungsbewegung 1997 bis 1999. Wiesbaden.

Statistisches Landesamt Mecklenburg-Vorpommern (2003): Monatserhebung im Tourismus, November 2003. Schwerin.

Steierwald, Marcus / Nehring, Marita (2000): Bewertung – ein vernachlässigter Aspekt nachhaltiger Mobilität. In: TA-Datenbank-Nachrichten, Nr. 4, 9. Jg., Dezember 2000:80-89.

Stiens, Gerhard (1999):Veränderte Sichtweisen zur Kulturlandschaftserhaltung und neue Zielsetzungen der Raumordnung. In: Bundesamt für Bauwesen und Raumordnung: Enthaltung und Entwicklung gewachsener Kulturlandschaften als Auftrag der Raumordnung, Informationen zur Raumentwicklung, Heft 5/6. 1999:321-332. Bonn.

Streiffeler, Friedhelm (o.J.): Sozialer Wandel im ländlichen Raum. Unveröffentlchtes Vorlesungsskript für die Studiengänge „Agrarwissenschaft" und „Gartenbauwi ssenschaften" an der Humboldt-Universität zu Berlin, agrarsoziologischer Teil, BSc 2. Semester. Berlin.

Strothotte, Uta (2002): Chancen in deutschen Nationalparken und Biosphärenreservaten für die Tourismus-Umweltdachmarke Viabono, unveröffentlichte Diplomarbeit am Geographischen Institut der Humboldt-Universität zu Berlin. Berlin.

Surburg, Ulf (2002): Kommunale Agenda 21 – Ziele und Indikatoren einer nachhaltigen Mobilität. Berichte Umweltbundesamt 8/02. Berlin.

T

TAB Büro für Technikfolgen-Abschätzung beim deutschen Bundestag (1999): Entwicklung und Folgen des Tourismus, Bericht zum Abschluss der Phase II. Arbeitsbericht Nr. 59. Bonn.

Thomas-Morus-Akademie (Hrsg.) (1998): Fernweh, Seelenheil, Erlebnislust, Schriftenreihe Bensberger Protokolle (92). Bergisch Gladbach.

Tischer, Martin / Pütz, Marco (2000): Bewerten nachhaltiger Entwicklung. http://www.euregia.de/01-2000.html topthema (24.7.2001).

TMB Tourismus-Marketing Brandenburg / Staatskanzlei Mecklenburg-Vorpommern / Tourismusverband Mecklenburg-Vorpommern e.V. / Tourisme Region Syd Sjælland, Møn, Lolland, Falster (2001): Radweg Berlin-Kopenhagen, Broschüre. Potsdam, Schwerin, Rostock, Nykøbing F.

Tobler, Alexandra (2000): Die Marktfähigkeit sanft-mobiler Packages aus der Sicht der Reiseveranstalter. Wien.

TOI Tour Operators Initiative for Sustainable Development (2001): Intoduction. http://www.toinitiative.org/about/about.htm (13.4.2002).

TOI Tour Operators Initiative for Sustainable Development (2003): Sustainable Tourism: The Tour Operators' Contribution. Paris.

Tourismusverband Mecklenburg-Vorpommern e.V. (Hrsg.) (1999): Zahlen und Fakten des Tourismusverbandes Mecklenburg Vorpommerns. Rostock.

Tourismusverband Mecklenburg-Vorpommern e.V. (Hrsg.) (2001): Urlaubskatalog Mecklenburg-Vorpommern und Reisehandbuch Mecklenburg Vorpommern. Rostock.

Trommsdorf, Volker (1998): Konsumentenverhalten, Stuttgart.

TUI Group (o.J.): Auto und Umwelt. http://www.tui-umwelt.com/cms-site/index.php3 (25.7.2001).

TUI Group Umweltmanagement (2001): TUI Umweltkriterien 2001 für Destinationen. Hannover.

U

Umweltbundesamt (2002): Emissionsberechnungstool TREMOD (Transport Emission Estimation Model), Version 2.1. Berlin.

Umweltbundesamt (Hrsg.) (1996): Mobilität um jeden Preis? In Texte 66/96. Berlin.

Umweltbundesamt (Hrsg.) (1997a): Konzeptionelle Entwicklung von Nachhaltigkeitsindikatoren für den Bereich Verkehr – UFOPLAN 1997, Schlussbericht. Berlin.

Umweltbundesamt (Hrsg.) (1997b): Nachhaltiges Deutschland. Berlin.

Umweltbundesamt (Hrsg.) (1999): Mega-Trends im Tourismus – Auswirkungen auf Natur und Umwelt. Berlin.

Umweltbundesamt (Hrsg.) (2000): Umweltqualitätsziele für die Alpen – Abschlussbericht der Arbeitsgruppe „Bergspezifische Umweltqualitätsziele" der Alpenkonvention. Berlin.

Umweltbundesamt (Hrsg.) (2001a): Kommunikation und Umwelt im Tourismus. Berlin.

Umweltbundesamt (Hrsg.) (2001b): Umweltfakten. Zusammenfassung aus: „Daten zur Umwelt – der Zustand der Umwelt in Deutschland 2000", Berlin.

Umwelterklärung der deutschen Tourismuswirtschaft (1997). In: Rauschelbach, Burghard (Hrsg.) (1998): (Öko-) Tourismus: Instrument für eine nachhaltige Entwicklung:129 – 140. Heidelberg.

UNEP United Nations Environment Programme (1999): UNEP's Governing Council at its 20th Session, February 1999, Decision UNEP/GC.20/L.4/Rev.1. New York. http://www.uneptie.org/pc/tourism/policy/about_principles.htm toppage (3.3.2003).

UNEP United Nations Environment Programme (2001): Convention on biological diversity – Workshop on biological diversity and tourism, Santo Domingo, 4-7 June 2001 – Compilation and analysis of Existing Codes, Guidelines, Principles and Position Papers on sustainable Tourism. Santo Domingo.

UNEP United Nations Environment Programme (2002): Contribution to the World Summit on Sustainable Development (WSSD). New York. http://www.uneptie.org/pc/tourism/wssd/ (12.6.2003).

United Nations Commission on Sustainable Development (1997): Programme for the Further Implementation of Agenda 21, resolution S-19/2, Decisions of the general assembly and the commission on sustainable development", 19th Special Session of the General Assembly – Resolution Adopted By The General Assembly for the Programme for the Further Implementation of Agenda 21. http://www.un.org/documents/ga/res/spec/aress19-2.htm, (18.12.1999).

United Nations Commission on Sustainable Development (1999a): Decisions of the general assembly and the commission on the sustainable development. 7th session, 19-30 April 1999. New York. http://www.un.org/esa/sustdev/tour2.htm dec (23.2.2002).

United Nations Commission on Sustainable Development (1999b): CSD Decisions and resolutions, E/CN.17/1999/L.6. New York.

United Nations Economic and Social Council (2001): Commission on Sustainable Development acting as the preparatory committee for the World Summit on Sustainable Development: Sustainable development of tourism, Report of the Secretary-General, E/CN.17/2001/PC/21. New York.

United Nations General Assembly (1992): Report of the United Nations Conference on Environment and Development, Rio de Janeiro, 3-14 June 1992, Annex I: Rio Declaration on Environment and Development. New York.

United Nations General Assembly (2002): Report of the World Summit on Sustainable Development, Johannesburg, South Africa, 26.8-4.9. 2002. New York.

V

Valentin Anke / Spangenberg, Joachim H. (1999): Indicators for Sustainable Communities. Wuppertal.

van Lier, Hubert N. / Taylor, Pat D. (1993): New challenges in recreation and tourism planning. Amsterdam.

VCD (Verkehrsclub Deutschland) (2004): Keine neue Ökosteuer. In: fairkehr 6/2004

LITERATUR

VCD Verkehrsclub Deutschland (2002): Nachhaltige Mobilität im Tourismus durch Optimierung der Reisekette. Abschlussbericht im Auftrag des Umweltbundesamtes. Bonn.
VCD Verkehrsclub Deutschland (o.J.): Der kundenfreundliche öffentliche Verkehr von morgen. http://www.verkehrsclub-deutschland.de/index2.html (19.06.2002).
VDV Verband Deutscher Verkehrsunternehmen / Socialdata GmbH (1993): Chancen für Busse und Bahnen. Köln.
Velobüro Schweiz (o.J.): Human Powered Mobility. www.humanpoweredmobility.ch (17.11.2002).
Vester, Frederic (1990): Ausfahrt Zukunft – Strategien für den Verkehr von morgen. München.
Viabono GmbH (o.J.): Antragsunterlagen für Kommunen, vierzig Fragen auf dem Weg zu Viabono – Reisen natürlich genießen. Bergisch Gladbach.
Viabono Trägerverein (o.J.): Steckbrief des Viabono Trägervereins.e.V., Informationsblatt. Starnberg.
Viegas, Angela (1998): Ökomanagement im Tourismus. München.
VÖV Verband öffentlicher Verkehrsunternehmen (1981): Empfehlungen für einen Bedienungsstandard im öffentlichen Personennahverkehr. In: VDV Reihe Technik, Nr. 1.41.1. Köln.

W

Wahl, Anke (2000): Lebensstile im Kontext von Generationen-, Lebenslauf- und Zeitgeisteinflüssen. Berlin.
Walter, Felix (2001): Auch Freizeit- und Luftverkehr müssen nachhaltig werden. Pressemitteilung vom 29. Januar 2001 zum Abschluss des Nationalen Forschungsprogramms Verkehr und Umwelt der Schweiz (NFP 41). Bern.
Weltkommission für Umwelt und Entwicklung (1987): Unsere Gemeinsame Zukunft. Der Brundtland-Bericht der Weltkommission für Umwelt und Entwicklung. Deutsche Ausgabe. Greven.
Wieland-Eckelmann, Rainer / Baggen, Robert (1994): Beanspruchung und Erholung im Arbeits-Erholungs-Zyklus. In: Wieland-Eckelmann, Rainer et. al. (Hrsg.): Erholungsforschung:141-154. Weinheim.
Willi-Scharnow-Institut für Tourismus der FU Berlin (2003): Das Ausflugsverhalten der Berliner 2003. Unveröffentlichter Bericht. Berlin.
Willi-Scharnow-Institut für Tourismus der FU-Berlin (1999): Das Ausflugsverhalten der Berliner 1998, Berlin.
Wirtschaftsministerium Mecklenburg-Vorpommern / Schelling, Thilo (2002): Eine gesunde Umwelt als touristischer Standortfaktor in Mecklenburg-Vorpommern. Schwerin. www.um.mv-regierung.de/agenda21/download/14schell_n.doc (21.10.2002).
Wöhler, Karlheinz (2001): Tourismus und Nachhaltigkeit. In: Aus Politik und Zeitgeschichte. Beilage zur Wochenzeitung Das Parlament. 16. November 2001:40 – 46.

Wohlfahrt, Werner (1999): Der Weg zum Umweltmanagementsystem – Gegenüberstellung von Öko-Audit-Verordnung und DIN-EN-ISO 14001. Berlin, Wien, Zürich.

Wolf, Klaus (1998): Theoretische Aspekte der räumlichen Planung. In: Akademie für Raumforschung und Landesplanung (Hrsg.): Methoden und Instrumente räumlicher Planung. Hannover. S. 39-50.

WTO World Tourism Organisation (1980): Manila Declaration on World Tourism. Madrid. http://www.eco-tour.org/info/w_10195_de.html (3.3.2003).

WTO World Tourism Organisation (1993): Sustainable Tourism Development; Guide for Local Planners. Madrid.

WTO World Tourism Organisation (1996): What Tourism Managers need to know – a practical guide to the Development and Use of Indicators of Sustainable Tourism. Madrid.

WTO World Tourism Organisation (2001): The Global Code of Ethics for Tourism. Madrid.

WTO World Tourism Organisation (2002). Latest Data on International Tourism, Stand: 18.09.02. http://www.world-tourism.org/market_research/facts&figures/menu.htm (3.9.2003).

WTO World Tourism Organisation / United Nations Environment Programme (2002): World Ecotourism Summit, Québec Canada 19-22 May 2002, Final Report. Madrid.

WTTC World Travel & Tourism Council (1991): Environmental Guidelines. London. http://www.eco-tour.org/info/w_10051_de.html (11.4.2003).

WTTC World Travel & Tourism Council (1996): Agenda 21 for the Travel & Tourism Industry. London. http://www.wttc.org/promote/agenda21.htm (11.4.2003).

WTTC World Travel & Tourism Council / International Hotel & Restaurant Association / International Federation of Tour Operators / International Council of Cruise Lines / United Nations Environment Programme (2002): Industry as a partner for sustainable development. London, Paris, East Sussex, Arlington.

WWF / Deutsche Bundesbahn / Deutsche Reichsbahn (1993): Kilometer-Bilanz Personenverkehr, Informationen über die Verkehrssysteme in Deutschland. Frankfurt am Main.

WWF-UK (2002): Holiday Footprinting – A Practical Tool for Responsible Tourism. o.O.

Z

Zahl, Bente (2001): Zielgruppenspezifische Freizeitmobilität – Bestandsaufnahme der sozialwissenschaftlichen Forschung, aus der Reihe ISOE DiskussionsPapiere 18. Frankfurt am Main.

BLICKWECHSEL

Schriftenreihe des Zentrum Technik und Gesellschaft der TU Berlin und des nexus Instituts für Kooperationsmanagement und interdisziplinäre Forschung GmbH

Herausgegeben von Hans-Liudger Dienel und Susanne Schön

ISSN 1613-3277

1. **Hans-Liudger Dienel / Hans-Peter Meier-Dallach / Carolin Schröder**, Hrsg.: **Die neue Nähe**. Raumpartnerschaften verbinden Konstrasträume. 2004. 329 S. m. 38 Abb., 19 Tab., kt. *ISBN 3-515-08492-4/5*

2. **Shahrooz Mohajeri: 100 Jahre Berliner Wasserversorgung und Abwasserentsorgung 1840–1940**. 2005. 320 S. m. 55 Abb., 24 Tab. u. 4 Farbktn., kt. *ISBN 3-515-08541-6/0*

3. **Christine von Blanckenburg / Birgit Böhm / Hans-Liudger Dienel / Heiner Legewie: Leitfaden für interdisziplinäre Forschergruppen: Projekte initiieren – Zusammenarbeit gestalten**. 2005. 255 S. m. 35 Abb. u. 20 Tab., kt. *ISBN 3-515-08789-3/6*

4. **Birgit Böhm: Vertrauensvolle Verständigung – Basis interdisziplinärer Projektarbeit**. 2006. 275 S. m. 19 Abb. u. 3 Tab., kt. *ISBN 3-515-08857-1/2*

5. **Angela Jain: Nachhaltige Mobilitätskonzepte im Tourismus**. 2006. 393 S. m. 27 Abb., kt. *ISBN 3-515-08873-3/2*

FRANZ STEINER VERLAG
Postfach 10 10 61, D-70009 Stuttgart

Internet: http://www.steiner-verlag.de
E-mail: service@steiner-verlag.de